GEOGNOSTISCHE BESCHREIBUNG

DER

UMGEGEND VON HEIDELBERG

ZUGLEICH ALS ERLÄUTERUNGEN ZUR GEOGNOSTISCHEN
KARTE DER UMGEGEND VON HEIDELBERG.

(SECTIONEN HEIDELBERG UND SINSHEIM)

VON

E. W. BENECKE UND E. COHEN.

STRASSBURG.
KARL J. TRÜBNER.

LONDON.
TRÜBNER & COMP.
1881.

Buchdruckerei von G. Otto in Darmstadt.

Vorwort.

Die von Bronn seiner im Jahre 1830 erschienenen Gaea Heidelbergensis beigegebene „petrographische Karte" bildete bis vor kurzem die einzige specielle Darstellung der geognostischen Verhältnisse der Umgegend von Heidelberg. Dass eine vor nun bald einem halben Jahrhundert erschienene Arbeit, so vortrefflich dieselbe auch für ihre Zeit war, nicht mehr genügen konnte, bedarf keiner weiteren Ausführung. Dem Lehrer der Geologie in Heidelberg fehlte es stets an einer Karte, die seinen Schülern eine Erinnerung an das auf Excursionen gezeigte in der dem jetzigen Stande der Wissenschaft entsprechenden Form bot und sie in einer Gegend, die schon ihrer landschaftlichen Reize wegen mehr als andere zu Ausflügen anregt, bei selbständigem Beobachten unterstützte. Die günstige Lage des Orts führt ausserdem alljährlich eine Anzahl Reisender herbei, deren oft wiederholte Frage nach einer geognostischen Karte der Umgegend nicht ohne Beschämung stets negativ beantwortet werden musste. Um den angeführten Uebelständen abzuhelfen, begannen daher die Unterzeichneten im Jahre 1867 mit Vorarbeiten zur Herstellung einer neuen geognostischen Karte.

Da zu jener Zeit in Baden eine geologische Landesaufnahme im Gange war, erschien es als das natürlichste, zunächst beim Grossherzoglichen Handelsministerium, zu dessen Ressort diese Aufnahmen gehören, um vorzugsweise Berücksichtigung der Heidelberger Gegend bei der Disposition der weiteren Arbeiten nachzusuchen. Leider war es bei aller Anerkennung des vorliegenden Bedürfnisses dem Grossherzoglichen Handelsministerium unmöglich, die Bearbeitung der Heidelberger Gegend zu jener Zeit in Angriff nehmen zu lassen, da bereits früher die Aufnahme einer so grossen Anzahl anderer Sectionen gleichzeitig begonnen worden, dass über die zur Verfügung stehenden Geldmittel schon auf Jahre hinaus disponirt war. So musste denn — sollte der Mangel einer geognostischen Karte der Heidelberger Gegend nicht noch länger fühlbar bleiben — versucht werden, unabhängig von der officiellen Aufnahme, eine Karte herzustellen, welche wenigstens dem nächstliegenden Bedürfniss abzuhelfen geeignet wäre.

Zunächst war es unsere Aufgabe, eine passende topographische Grundlage zu finden. Die Landesaufnahme benutzt die Blätter der Generalstabskarte im Masstabe $^1/_{50000}$ und überdruckt diese mit dem geognostischen Colorit. Es hätte sich für uns etwa darum handeln können, um Ueberlassung einer hinreichenden Anzahl von Blättern der genannten Karte zu ersuchen und auf diese unsere Aufnahmen zu übertragen. Die fertige Karte hätte sich dann, vorausgesetzt dass die gleiche Farbenscala gewählt worden wäre, nicht von den Blättern der Landesaufnahme unterschieden. Da jedoch ein grosser Theil unseres Gebietes gebirgiges Terrain darstellt, wäre bei diesem Verfahren in Folge der Ausführung der Generalstabskarte in Schraffirmanier entweder bei matten Farben die Wirkung der letzteren beeinträchtigt, oder bei Anwendung greller Farben das Terrain verdunkelt worden. Wir zogen daher die Herstellung einer besonderen topographischen Grundlage für unseren Zweck vor und beschlossen, um ein möglichst klares Bild zu gewinnen, statt der Schraffirmanier für die Gebirge äquidistante Horizontalcurven anzuwenden.

Bekam unsere Karte demnach ein wesentlich anderes Ansehen, als die von der Regierung herausgegebenen Blätter, so lag auch kein Grund mehr vor, uns an die dort gewählten Farben zu halten.

Von der Oberdirection des Strassen- und Wasserbaus in Karlsruhe wurden uns photographische Abzüge der mit Höhencurven versehenen Originalaufnahmen unserer Gegend, theils im Masstabe 1/25000, theils 1/8000 überlassen, nach denen der seitdem verstorbene Lehrer Fritschi an der polytechnischen Schule in Karlsruhe eine Karte im Masstabe von 1/50000 mit Curven von 40' Abstand anfertigte. Es blieb derart noch hinreichender Raum, eine grössere Anzahl von Localbezeichnungen, die der Generalstabskarte fehlen, Steinbrüche, Höhenzahlen u. s. w. einzutragen, was bei dem Verfahren eines einfachen Ueberdrucks der Farben auf eine der vorhandenen Karten nicht möglich gewesen wäre. Durch Nachträge aus der öfters revidirten Generalstabskarte auf unsere neue Karte wurden die Mängel der z. Th. ziemlich alten Originalaufnahmen wenigstens der Hauptsache nach ausgeglichen.[1]

Als in dieser Weise der Plan unserer Arbeit eine bestimmtere Gestalt gewonnen hatte, und ein Blatt der Karte vollendet vorlag, wurde uns dann auf von anderer Seite erfolgte Anregung von dem Grossherzoglichen Handelsministerium ein Beitrag zu den über Erwarten angewachsenen Kosten bewilligt.[2]

---

[1] Ein nicht unerheblicher Fehler ergab sich im Laufe des Neckars zwischen Heidelberg und Neckargemünd, der sich aber nicht ohne durchgreifende, über ein grösseres Kartengebiet sich erstreckende Veränderungen eliminiren liess. In Folge dessen sind die Curven am südlichen Thalgehänge in der Gegend des Auerhahnenkopfes dichter gedrängt, als der Böschung entspricht.

[2] Eine Aufnahme gleich im Masstabe 1/25000 hätte natürlich ihre

Die Ausdehnung unserer Aufnahme wurde theils durch die Zusammensetzung des Gebirges bedingt, indem es darauf ankam, eine möglichst grosse Mannigfaltigkeit zur Darstellung zu bringen, theils durch die Entfernungen, die nicht grösser sein durften, als es für eine Karte der Umgegend angemessen ist.

Nach Westen liegt unmittelbar bei Heidelberg die Rheinebene, die bei allem allgemeinen Interesse ihrer Erscheinung doch gerade zwischen Heidelberg und Mannheim wenig einer specielleren Aufnahme Lohnendes zeigt. Eine genaue Untersuchung ist wohl auch für sie am Platze, doch nur im Zuzammenhang mit einer solchen der Rheinebene von Basel bis Mainz überhaupt. Hier war also eine Grenze nahe am Gebirge für uns von vornherein angezeigt.

Das den östlichen, und zwar den Haupttheil der Karte einnehmende bergige Gebiet gehört theils dem Odenwald, theils dem niederen Hügellande zwischen diesem Gebirge und dem Schwarzwald an. Um die hauptsächlichsten den krystallinischen Odenwald zusammensetzenden Gesteine auf die Karte zu bringen, genügte nach Norden eine Ausdehnung bis Weinheim, während in südlicher Richtung bis zum Dorfe Ubstadt alle Sedimentärbildungen, die überhaupt zwischen Odenwald und

---

grossen Vortheile gehabt. Allein ganz abgesehen von den Kosten, mussten wir uns sagen, dass die Zeit nicht fern sein könne, wo man sich in Baden zur Herstellung einer, auch für das grössere Publicum bestimmten Karte im Masstabe $^1/_{25000}$ würde entschliessen müssen, wie solche z. B. in Preussen schon länger existirte. Die dann nothwendige vollständige Revision hätte natürlich eine in jeder Beziehung bessere topographische Grundlage geschaffen, als wir mit den uns zu Gebote stehenden Mitteln herstellen konnten. So schien es denn das Richtige, uns mit einem kleineren Masstabe zu begnügen. In der That hat die Regierung unlängst mit der Ausgabe von Blättern $^1/_{25000}$ begonnen, doch ist die Gegend von Heidelberg noch nicht erschienen.

Schwarzwald auftreten, zu finden sind. Weiter nördlich oder südlich zu gehen, hätte keinen Zweck gehabt. Diese beiden Endpunkte bezeichnen zugleich die Grenzen der beiden Atlasblätter Heidelberg und Sinsheim der Generalstabskarte gegen Norden und Süden. Da nach Osten hin durch die geognostischen Verhältnisse keine natürliche Grenze gegeben war, so wurde auch hier diejenige der genannten Sectionen als Anhalt genommen und damit ein bequemes Format in zwei Blättern für die ganze Karte gewonnen.

Gegen Nordosten bedeckt einförmiger Buntsandstein die Höhen der Gegend von Hirschhorn, so dass hier, ohne etwas Wichtiges wegzulassen, ein Raum für den Titel und ein kleines Separatkärtchen des Katzenbuckels gewonnen werden konnte. Der letztere Berg liegt nur wenig entfernt von der Grenze der Hauptkarte, und als oft genanntes und interessantes Vorkommen eines jüngeren Eruptivgesteins im Odenwald war es wünschenswerth, denselben noch zur Darstellung zu bringen. Die Theilung in zwei Blätter bot ausserdem den Vortheil, dass das eine vollendete vor dem anderen ausgegeben werden konnte.

Beinahe jeder Punkt unserer Karte kann mit Hülfe der bequem gelegenen Eisenbahnen in einem Tage besucht werden. Mit dem Katzenbuckel, dessen Besuch jetzt noch zwei Tage erfordert, wird dies nach Vollendung der Eisenbahn im Neckarthal von Neckargemünd aufwärts, in kurzem auch der Fall sein.

In die Arbeit theilten wir uns derart, dass der eine vorzugsweise das krystallinische Gebirge und die im Sedimentgebirge aufsetzenden Massengesteine bearbeitete. Wegen der innigen Beziehungen der Dyas zu den Porphyren war es zweckmässig, hier keine getrennte Behandlung eintreten zu lassen, um so mehr, als schon früher eine zusammenfassende

Darstellung dieser Formation erschienen ist.[1] Dem anderen verblieb dann das Sedimentgebirge vom Rothliegenden bis zu den jüngsten Bildungen herunter. Dieser Theilung entspricht auch bis zu einem gewissen Grade das Vorkommen auf den Sectionen Heidelberg (krystallinisch) und Sinsheim (sedimentär). Doch wurde dieselbe nicht streng inne gehalten, sondern es sind bei der schliesslichen eigentlichen Kartirung, sowohl die Grenzgebiete, als auch nicht unbeträchtliche andere Theile beider Sectionen gemeinschaftlich fertiggestellt worden. Aus diesem Grunde haben wir auch auf jedem Blatte beide Bearbeiter als Autoren angegeben. Eine im wesentlichen gleiche Theilung der Arbeit fand dem entsprechend bei Abfassung des erläuternden Textes statt.[2]

Obwohl ein beträchtlicher Theil der Karte schon 1870 vollendet war, verzögerte sich doch die Herausgabe des Blattes Sinsheim bis 1874, des Blattes Heidelberg bis 1877. Zum grossen Theil wurde dies veranlasst durch den längeren Aufenthalt des einen von uns in Afrika und die Uebersiedelung des anderen nach Strassburg.

In Folge dieser und anderer Umstände traten mancherlei keinen Aufschub duldende Arbeiten hindernd in den Weg. Doch war von vornherein schon die Aufnahme auf eine längere Reihe von Jahren angelegt, um die sehr erheblichen Kosten eines derartigen Privatunternehmens angemessen zu vertheilen.

Dass unsere Karte noch mancher wesentlichen Verbesserungen, die z. Th. auf den folgenden Seiten angedeutet werden sollen, fähig ist, dessen sind wir uns sehr wohl be-

---

[1] E. Cohen: Die zur Dyas gehörigen Gesteine des südlichen Odenwaldes. Heidelberg 1871.

[2] Die im Jahre 1869 für einen besonderen Zweck zusammengestellten Notizen: Lagerung und Zusammensetzung des geschichteten Gebirges am südlichen Abhang des Odenwaldes von Benecke finden durch diese Erläuterungen ihre Verbesserung und Erweiterung.

wusst. Ist man doch bei jeder derartigen Aufnahme nur zu oft darauf angewiesen, nach der grösseren Wahrscheinlichkeit einzuzeichnen. Auch verhehlen wir uns nicht, dass wir in den Erläuterungen dem Einen zu viel, dem Anderen zu wenig geboten haben werden. Eine geologische Localbeschreibung erfordert eben einerseits ein Eingehen auf das dem Gebiet Eigenthümliche, andererseits den steten Hinweis auf den Zusammenhang mit dem Ganzen. Da ist es dann schwer, das rechte Mass zu finden. Ist es uns nur gelungen, zum Besuch einer der interessantesten und schönsten Gegenden Deutschlands anzuregen und eine nützliche Vorarbeit zu einer Aufnahme in grösserem Masstabe zu liefern, so ist unser nächster Zweck erreicht. Möge es dann Anderen beschieden sein, mit besseren Mitteln ausgerüstet, und unter weniger erschwerenden Umständen ein vollkommneres Bild des geognostischen Baues der Umgebungen von Heidelberg zu entwerfen, als es uns gelungen ist.

Wir halten es für geeignet, schon hier hervorzuheben, dass die Gesteinsbenennung im Text hie und da von derjenigen auf der Farbentafel der geognostischen Karte abweicht. Es erklärt sich dies zum Theil durch ein Augenleiden des einen der Verfasser, welches zu einer längeren Unterbrechung der mikroskopischen Untersuchungen nöthigte. Um den Druck der vollendeten Karte nicht noch weiter zu verzögern, wurde letztere vor der Beendigung der petrographischen Studien abgeschlossen. Einige nachträgliche Veränderungen erwiesen sich ferner noch als wünschenswerth in Folge des Erscheinens der bahnbrechenden „Mikroskopischen Physiographie der massigen Gesteine“ von H. Rosenbusch.

Die im folgenden mitgetheilten Analysen wurden zumeist im Universitäts-Laboratorium zu Heidelberg ausgeführt. Wir benutzen gern die Gelegenheit, Herrn Geheime Rath Bunsen für das uns bewiesene Entgegenkommen unseren verbindlichsten Dank auszusprechen.

Strassburg, im December 1878.

Benecke. Cohen.

Topographischer Ueberblick.

Blickt man von einem geeigneten Aussichtspunkte des pfälzer Hardgebirges, etwa der Madenburg bei Eschbach über die Rheinebene gerade gegen Osten, so bemerkt man in dem langen Gebirgszuge, der den Horizont begrenzt, eine auffallende Einsenkung. Niederes Hügelland schliesst dort, in solcher Entfernung dem Auge kaum bemerkbar, das Bild ab. Diese Einsenkung bezeichnet die natürliche Grenze zwischen Odenwald und Schwarzwald.

Beide Gebirge haben einen Kern von krystallinischen Schiefer- und Massengesteinen, auf welchem Sedimentbildungen ruhen. Die jüngsten der letzteren, Lias und Jura, treten ziemlich in der Mitte der Einsenkung zu Tage. Allmählich heben sich, in symmetrischer Anordnung auf einander folgend, nach Norden und Süden Keuper- und Muschelkalk, bis endlich die Massen des Buntsandstein, zu dem eigentlichen Gebirge ansteigend, allein herrschen.

Während der Lias bei Malsch etwa 400′ Höhe erreicht, geht Buntsandstein im Königstuhl bei Heidelberg 1540′ und im Hohloh zwischen Murg- und Enzthal 2860′ über die Rheinebene hinauf.

Kein Flussthal vermittelt die directe Verbindung zwischen Württemberg und Baden durch die Einsenkung hindurch. Die beiden bei Bruchsal und Durlach das Rheinthal verlassenden Schienenwege müssen in den Tunneln von Maulbronn und Pforzheim, wenn auch niedrige, Wasserscheiden überschreiten. Auffallender Weise hat der Neckar, nachdem er einen grossen Theil der östlichen Abflüsse des Schwarzwaldes aufgenommen hat und an der Einsenkung vorbei geflossen ist, erst durch den Odenwald sich einen Ausweg zum Rhein gebahnt, indem er die ganze Mächtigkeit des Buntsandstein bis auf den Granit durchsägte und noch in diesem sein Bett eingrub. Der Einschnitt des Neckarthales macht ein so wesentliches Moment in der Oberflächengestaltung aus, dass es nicht Wunder nehmen kann, wenn man demselben auch eine besondere Bedeutung für die Eintheilung des Gebirges beimass und als südliche Grenze des Odenwaldes überhaupt ansehen wollte. Doch ist der Königstuhl auf dem linken Neckarufer nur eine Fortsetzung des Buntsandsteingebirges auf dem rechten Ufer. Die Aushöhlung des Flussthales hat mit der Entstehung des Gebirges nichts zu thun, und die Kräfte, welche dem Königstuhl seine Form und Stellung verschafften, sind gleicher Art und wirkten gleichzeitig mit jenen, welche das ganze Gebirge entstehen liessen. Es würde also durchaus unnatürlich sein, hier eine Grenze zu ziehen.

Der im allgemeinen steile und nicht selten ganz unvermittelte Abfall sowohl des Schwarzwaldes wie des Odenwaldes gegen das Rheinthal bedingt für beide eine sehr in die Augen fallende westliche Grenze. Die Rheinebene und das Gebirge sind zwei scharf contrastirende Terrainabschnitte. Am Schwarzwald unterscheidet man allerdings häufig noch ein besonderes gegen die Ebene liegendes hügeliges Vorland. Am Odenwald ist ein solches südlich des Neckars auch noch deutlich entwickelt, während nördlich desselben an der „Bergstrasse“ kaum noch Andeutungen davon zu sehen sind.

Ein ganz anderes und von einander abweichendes Verhalten zeigen die Gebirge gegen Osten. Der Schwarzwald senkt sich nach Württemberg zu allmählich, indem die concentrisch auf einander folgenden Zonen des Buntsandstein, Muschelkalk, Keuper und Lias immer tiefere Lagen einnehmen. Weiter im Osten bildet das schwäbische Juragebirge (die Alp) dann wieder einen Abschnitt, indem es, ebenso wie der Schwarzwald, seinen Steilabfall nach Westen kehrt. Da aber der schwäbische Jura und der Schwarzwald nicht parallel laufen, sondern die Kante des ersteren weiter gegen Norden immer mehr nach Osten ausbiegt, so gewinnen die zwischen beiden Gebirgen liegenden Trias- und Juramassen eine immer grössere Ausdehnung, und es entwickelt sich bei vorwaltend horizontaler oder wenig geneigter Lage der Schichten eine Landschaft, welche aus einem Wechsel sehr verschieden ausgedehnter Plateaus mit zwischen denselben sich einsenkenden Thälern besteht. Der Neckar durchfliesst diesen fruchtbarsten Theil Schwabens. Auf seiner rechten Seite liegt das Plateau der Löwensteiner Berge, auf der linken ragen jene des Strombergs und Heuchelbergs auf. Denselben Plateaucharakter zeigt nun unsere eingangs erwähnte Einsenkung zwischen Schwarzwald und Odenwald, die sich nach Westen unmittelbar an den Heuchelberg anschliesst. Wir werden später sehen, dass z. B. der Eichelberg bei Elsenz ganz nach dem Typus jener schwäbischen Landschaft gebaut ist, und alle Verhältnisse, nur im kleineren Masstabe, sich wiederholen.

Auch gegen Norden und Nordosten setzt die Plateaubildung sich noch fort, und es gestaltet sich dadurch das Gebiet im Osten des Odenwaldes ganz anders, als die entsprechende Gegend des Schwarzwaldes. Die krystallinischen Massen des letzteren ragen am höchsten empor, der Sandstein und die anderen Sedimentbildungen liegen tiefer, das Gebirge hat einen wirklichen Abfall. Der krystallinische Odenwald stellt hingegen nicht den höchsten Theil des Gebirges dar, sondern die demselben aufliegenden Sandsteinmassen überragen noch den Melibocus (1730′). Auch Muschelkalk liegt noch höher als ganze Partien der gegen die Rheinebene gekehrten krystallinischen Kette. Der höchste Punkt des Odenwaldes, der Katzenbuckel bei Eberbach, ist zwar krystallinisch, doch ist das denselben zusammensetzende Gestein tertiären Alters und kann mit den alten Gesteinen des krystallinischen Odenwaldes in keiner Weise verglichen werden. Auch ist der Katzenbuckel nur eine kleine, auf einem Sandsteinplateau von über 1700′ Höhe aufsitzende, vereinzelte Kuppe.

In weiter Ausdehnung erstreckt sich der Sandstein des hinteren Odenwaldes gegen den Main und setzt sich jenseits desselben in den Spessart fort. Der Main bezeichnet hier ebensowenig, wie der Neckar bei Heidelberg, eine natürliche

Grenze. Noch zum Odenwald rechnet man das Muschelkalkplateau zwischen Neckar und Tauber, welches als Bauland bezeichnet wird. Auf ihm liegen die Städte Buchen und Walldürn. Es zieht sich auf dem rechten Tauberufer nach Würzburg und weiter hin. Aehnlich gebaut, nur mit geringerer mittlerer Höhe ist das südöstlich vorliegende Keuperland, welches wegen seiner leichteren Zerstörbarkeit durch die Gewässer in eine Anzahl einzelner Plateaus zerschnitten wurde. Dieselben erstrecken sich von den oben genannten Löwensteiner Bergen bis zur Frankenhöhe bei Anspach. Die Geographen sprechen hier von einer fränkischen Terrasse. Auf ihr nehmen Zuflüsse des Rheins durch Neckar und Main und der Donau durch Wörnitz und Altmühl ihren Ursprung. Das Flussnetz vom Odenwald nach Osten und Südosten hin gestaltet sich daher auch viel complicirter, als jenes der Ostseite des Schwarzwaldes. Hier nimmt die eine Wasserader, die des Neckars, die tiefste Lage zwischen Schwarzwald und Alp bezeichnend, alle Gewässer auf. Nördlich der Breite von Stuttgart bedingt aber der Unterlauf des Neckars und des Mains ein ganz eigenthümliches Flussystem, auf dessen in unserem engeren Gebiet liegenden Theil wir noch zurückkommen werden. Ein auffallender Parallelismus im allgemeinen nord-südlich verlaufender, tief eingeschnittener Flussthäler im Gebiet des Buntsandstein, radiale, von der fränkischen Terrasse ausstrahlende Anordnung der Flüsse mit wenig in die Augen fallenden Wasserscheiden für das Plateau-Gebiet des Muschelkalk und Keuper, können als bezeichnend angegeben werden.

Das geologisch bearbeitete Gebiet unserer Karte umfasst nun einen Theil des südlichen Odenwaldes und der Einsenkung zwischen Odenwald und Schwarzwald, soweit dasselbe auf den Sectionen Heidelberg (nördlich) und Sinsheim (südlich) der topographischen Karte von Baden im Masstabe $^{1}/_{50000}$ liegt. In geringer Ausdehnung kommt auch die Rheinebene auf der Karte noch zur Darstellung; doch wurden die an der Oberfläche derselben auftretenden diluvialen und alluvialen Massen nicht weiter geschieden; dieselbe trägt daher keine Farben.

Abgesehen von der Rheinebene erhalten wir also auf

der Karte zwei natürliche Terrainabschnitte, das Gebirge (den Odenwald) und das Hügelland der Einsenkung. Beide können getrennt werden durch eine Linie die bei Nussloch an der Rheinebene anfangend über Gauangelloch nach Bammenthal, Langenzell Schloss und im Bogen nach Lobenfeld, Spechbach und Epfenbach läuft. Es deutet diese Linie ungefähr die Südgrenze der fast durchweg waldigen Region des Buntsandstein an. Die Fruchtbarkeit und der durch sorgfältigen Anbau bedingte andere Charakter des Hügellandes beruht zum Theil auf der Zusammensetzung desselben aus Kalkmergel und Thonmassen der im Alter auf den Buntsandstein folgenden Sedimentär-Bildungen, ganz besonders aber auf dem Vorhandensein einer Lössbedeckung, deren Ausdehnung die gelbe Farbe auf Section Sinsheim augenfällig bemerkbar macht. Das eine Gebiet ist eben Wald (Odenwald), das andere Gau (Kraichgau).

Im Odenwald unterscheidet sich, der Zusammensetzung entsprechend, auch orographisch das Buntsandsteingebiet von dem krystallinischen Theil. Ersteres liegt höher und stellt im allgemeinen eine ausgedehnte Plateaulandschaft dar, welche durch die Flüsse in einige Abschnitte getheilt wird. Südlich des Neckars, zunächst an der Rheinebene, erhebt sich das Massiv des Königstuhls (1893′) nach Süden und Südwesten allmählich abfallend und darum nicht plateauartig erscheinend. In Gestalt einer Stufe ist gegen Westen der Geisberg und dessen südliche Fortsetzung vorgelagert. Im Osten schneidet das Elsenzthal scharf ab. Jenseits desselben steigt der Köstenberg auf, den eine vom Neckar bei Rainbach heraufziehende Einsenkung von der übrigen noch südlich des Neckars auf der Karte liegenden grösseren Buntsandsteinmasse trennt, welche in den Punkten Epfelberg (1196′) und „im Höchsten“ bei Ober-Schönbrunn gipfelnd, den Plateaucharakter des Buntsandstein schon ausgezeichnet zur Geltung bringt. Blickt man von dem Waldrande östlich des genannten Berges gegen Nordost nach dem Katzenbuckel hin, so bemerkt man deutlich, dass es sich hier um ein breites Plateau handelt, in welches die Flüsse tiefe Rinnen eingeschnitten haben.

Nördlich des Neckars fällt zunächst eine geschlossene,

nahezu rechteckige Partie Buntsandstein zwischen Heidelberg, dem Oelberg, Heiligkreuzsteinach und Neckarsteinach auf. Dieselbe ist im Westen von der Rheinebene und von dem krystallinischen Gebirge, im Osten von der Steinach begrenzt. Das von Petersthal herunter kommende Thal bedingt noch eine weitere Theilung. Nordwestlich dieses Thales erreicht das Gebirge nahe an der Grenze des nördlich vorliegenden krystallinischen Gebietes im weissen Stein 1822′ und im Mühlhang 1826′; nordöstlich desselben steigt der Heidenbuckel zu 1722′ auf. Diese drei Erhebungen liegen in einer beinahe geraden Linie von Westen nach Osten und sind nur durch ganz schwache Einsenkungen von einander geschieden. Vom weissen Stein nach dem Holtermann und vom Heidenbuckel nach dem Kirchberg (Kirrberg der Generalstabskarte) laufen in südlicher Richtung Aeste ab, die nach dem Neckar hin steil abfallen. Dem ganzen Massiv sind westlich der Heiligenberg (1458′) und der hohe Nistler (1656′) vorgelagert, die durch den Schmalbach getrennt werden. Nach Osten bildet längs des Schönauer Thales der Leiterwald (1624′), Salzlackenberg (1482′) und Felsenberg (1566′) mit dem seitlich vorliegenden Schattig bei Neckarsteinach einen besonderen Zug.

Von Heiligkreuzsteinach an greift der Buntsandstein viel weiter nach Norden vor und bedeckt mit Ausnahme des Grundes einiger Thäler, in welchen krystallinisches Gebirge freigewaschen ist, den ganzen östlich der Steinach noch übrig bleibenden Theil unserer Karte. Hier liegen die höchsten Punkte des südlichen Odenwaldes. Der lang gezogene Rücken zwischen Eiterbachthal und Steinachthal gipfelt in dem Hardberg (1984′) und der Stiefelhöhe (1964′), einem Walle ähnlich das westlich krystallinische Gebirge überragend.

Den nächsten tiefen Einschnitt östlich vom Eiterbachthal bildet der Laxbach oder Ulvenbach. Von seinem Ursprung bis nach Heddesbach folgt derselbe, ziemlich parallel dem Eiterbach fliessend, einer nordsüdlichen Richtung und begrenzt so einen schmalen Sandsteinrücken, dem eben beschriebenen durchaus ähnlich. Derselbe endet im Norden in dem 1836′ hohen Kottenberg, der sich um mehrere hundert Fuss über das Granitgebiet zwischen Siedelsbrunn und Waldmichelbach erhebt. Eine Anzahl Höhen, deren bedeutendste der Kautzenkopf (1864′) ist, schliessen sich nach Süden bis zum Eichköpfel (1454′) an, welches ziemlich den schmalsten Theil des Rückens nahe der Strasse von Heiligkreuzsteinach nach Heddesbach bezeichnet.

Von Heddesbach bis nach Hirschhorn fliesst der Laxbach gegen Südosten, so dass hier durch den Unterlauf dieses Flusses, den Neckar von Neckarsteinach bis Hirschhorn und den Unterlauf der Steinach eine grössere unregelmässig dreieckige Partie Buntsandstein umschlossen wird, in welcher der Plateaucharakter wieder deutlich zum Ausdruck kommt. Die höchste Erhebung, an der „rothen Sohle“, liegt 1640′ hoch. Von Schönau und Lanzenbach her einschneidende Thälchen bedingen eine etwas complicirtere Gliederung in radial ausstrahlende Aeste, die nahe bei dem auf wenig fruchtbarer, sandiger Hochfläche liegenden Dorfe Grein zusammentreffen.

Einen in die Augen fallenden Parallelismus zeigen wieder die nun folgenden Höhenzüge zwischen Laxbach und Finkenbach, zwischen diesem und Hammelsbach, endlich zwischen Hammelsbach und Sensbach. Letztere sind unter dem Namen der Hirschhorner und Sensbacher Höhe bekannt. Sie fallen nur zum Theil noch auf die Section Heidelberg. Die Sensbacher Höhe endigt nördlich von Eberbach in der hohen Warte (1834′), während sich östlich das auf unserer Karte noch mit aufgenommene Plateau erhebt, welches den Katzenbuckel trägt.

Ganz anders beschaffen ist die Oberflächengestaltung des krystallinischen Odenwaldes. Die Mannigfaltigkeit der hier auftretenden Gesteine und die verschiedenartige Widerstandsfähigkeit derselben gegen die Einflüsse der Erosion bedingt eine Abwechslung in der Landschaft, die mit der Einförmigkeit des Sandsteingebietes auf das angenehmste contrastirt; die Thäler sind gewundener, die Berge haben ausgesprochenere Formen und heben sich von ihrer Umgebung viel auffallender ab, als es bei den Sandsteinkuppen der Fall ist, die dem Plateau aufgesetzt sind. Man braucht nur von der Rheinebene aus die Gebirge südlich und nördlich des Neckars mit einander zu vergleichen, um sich den Unterschied zu veranschaulichen. In einförmiger, kaum durch leichte Einschnitte gebrochener Linie sinkt der Buntsandstein vom Königstuhl bis nach Nussloch, während das Porphyr- und Granitgebiet zwischen Handschuchsheim und Weinheim in eine Anzahl einzelner, scharf individualisirter Berge zerfällt, unter denen der Oelberg bei Schriesheim besonders hervortritt. Der Reiz der nächsten Umgebung Heidelbergs beruht auf dem Umstande, dass der Neckar auch das krystallinische Gebirge unter dem Buntsandsteine noch freilegte, und so die Abhänge stufenartig gegliedert wurden. Man denke sich den Neckar in der Höhe des Schlosses fliessend und das tiefer liegende Thal noch geschlossen: wie wenig Abwechslung würden dann die Gehänge des Königstuhls und des Heiligenbergs zeigen. Die Einförmigkeit würde noch grösser sein, wenn nicht, wie wir später sehen werden, durch ein Zerreissen des Sandsteins bei seiner Hebung einzelne Schollen losgerissen und in verschiedener Stellung gegen das Hauptmassiv gelehnt worden wären.

Der krystallinische Odenwald wird durch die bei Weinheim einmündende Weschnitz und die in der Verlängerung derselben nach Nordosten fliessende Gersprenz in zwei Hälften getheilt, eine nach Nordwesten und eine nach Südosten gelegene. Von ersterer fällt nur der Hirschkopf noch auf unsere Karte. Letztere bildet einen anfangs breiten, nach Nordosten hin schmäler werdenden, dem Sandsteingebirge vorgelagerten Streifen, von welchem die Gewässer nach drei Richtungen hin abfliessen: nördlich nach der Weschnitz, südlich nach dem Neckar und westlich nach der Rheinebene. In letzterer werden dann alle Wasserläufe wieder vom Neckar und der Weschnitz aufgenommen, ehe sie den Rhein erreichen.

Gegenüber dem, wie erwähnt, im allgemeinen gewundenen Verlauf der Flussthäler im krystallinischen Gebirge fällt die gerade Richtung des Unterabsteinacher und des Eiterbachthales auf. Letzteres liegt zwar mit seinem unteren Theil im Granit; die oberen Theile des Gehänges werden aber, wie wir oben schon sahen, durch Buntsandstein gebildet. Das Unterabsteinacher Thal hat auf der linken Seite unten Granit, oben Buntsandstein, auf der rechten nur Granit. Es ist leicht einzusehen, dass die Gradlinigkeit dieser Thäler durch den Buntsandstein bedingt wurde. In diesen schneiden in parallelem Laufe von Norden nach Süden beinahe alle Thäler von Neckargemünd bis Eberbach, durch die Natur der Spalten bedingt, fast genau gradlinig ein. Das Eiterbachthal lag einst nur im Buntsandstein, wie ein Blick auf die Karte zeigt. Die Richtung des Thales war also bereits vorgezeichnet, ehe der Granit erreicht wurde. Da nun das Unterabsteinacher Thal dem Eiterbachthal durchaus gleicht, so darf man annehmen, dass der Buntsandstein früher auch auf dessen rechten Seite vorhanden war, überhaupt eine weiter ausgedehnte Decke desselben das krystallinische Gebirge überzog, die später weggewaschen wurde. Als Reste dieser Decke sind die unten ausführlicher zu besprechenden Sandsteinfetzen anzusehen, die längs der Bergstrasse dem krystallinischen Gebirge vorgelagert sind, und welche für sich allein schon zu einem analogen Schluss berechtigen würden. Wenn die der Weschnitz und der Rheinebene zulaufenden Thäler gewundener und unregelmässiger sind, so braucht darum nicht gefolgert zu werden, dass hier früher keine sedimentäre Decke vorhanden war. Es ist zu berücksichtigen, dass, je tiefer die Thäler sich in krystallinisches Gebirge eingruben, desto mehr auch dessen eigenartige Beschaffenheit sich in der Gestaltung derselben geltend machen musste. Es konnte also allmählich die ursprüngliche Form der Thäler ganz verwischt werden und aus einem einförmig gradlaufenden ein vielfach gewundenes Thal entstehen.

Eine hochliegende Wasserscheide trennt das Abflussgebiet nach dem Neckar von jenem nach dem Rheinthal und der Weschnitz. Dieselbe beginnt, wenn wir das Buntsandsteingebiet ausser Acht lassen, nördlich von Wilhelmsfeld, läuft über den Feuersteinbuckel bis an den Eichelberg (1760') und dann auf der Höhe fort, durch den Weg von Lampenhain nach Unterabsteinach bis dicht vor diesen Ort bezeichet; biegt nun gegen Nordwest nach dem Waldsknopf, um sich dann in unregelmässigem Verlauf nach Osten wendend, den Anfang des Oberabsteinacher Thal zu umziehen und über den Hardberg (Buntsandstein), Siedelsbrunn und den Kottenberg aus unserer Karte herauszutreten. Folgt man dieser Linie noch einige Meilen weiter nördlich über den Wagenberg (nicht mit dem Weinheimer Wagenberg zu verwechseln) bis in die Gegend von Lindenfels, so trifft man auf einen wichtigen Knotenpunkt. Denn hier schliesst sich von Osten herkommend die Wasserscheide zwischen Main und Neckar an, die nach Ueberschreitung des Muschelkalkplateaus von Buchen, dem schmalen Rücken folgt, welcher Tauber und Jagst zwischen Mergentheim und Krautheim trennt, und in der früher erwähnten fränkischen Terrasse endigt.

Als längere Thäler in dem krystallinischen Gebiet unserer Karte sind das Gorxheimer und das Schriesheimer zu nennen. Ersteres endet bei Weinheim. Ziemlich parallel mit demselben läuft das von Birkenau nach Kallstadt und Löhrbach hinaufziehende Thal, welches den Rücken nördlich begrenzt, der am Hohberg beginnend mit dem Wagenberg bei Weinheim (1297′) endigt. Das Schriesheimer Thal läuft ziemlich der Grenze des Sedimentärgebirges parallel, lässt aber das zungenförmig vorspringende Porphyrgebiet noch südlich, welches am Steinsberg bei Handschuchsheim anfangend bis zum Oelberg bei Schriesheim (1503′) sich fortsetzt.

Zwischen dem Schriesheimer und dem Gorxheimer liegen noch einige kürzere, unmittelbar in die Rheinebene hinaustretende Thäler, nämlich von Süden nach Norden gerechnet: das Grossachsener, Hohensachsener und Lützelsachsener. Dieselben zerfällen das Gebirge in eine Anzahl Rücken, über welche einige höhere Berge gegen das Rheinthal hin sich erheben; so der Gerstenberg (1367′) und die hohe Waid (1380′) in dem Abschnitt Schriesheim-Grossachsen; der Belzkopf (1132′) und der Aepfelberg (1022′) zwischen Grossachsen und Lützelsachsen; endlich der Geiersberg (1141′) gegenüber dem schon genannten Weinheimer Wagenberg.

Wenn wir noch zweier vom Eichelberg nach dem Gorxheimer Thal gegen Trösel und Unterflockenbach ziehender Thälchen erwähnen, so ist mit dem bisher gesagten die Gliederung des krystallinischen Gebietes, so weit es uns hier interessirt, in den Hauptzügen angegeben. Die Beschreibung der Gesteine und die Angabe der Verbreitung derselben wird uns später noch Gelegenheit geben, manches nachzutragen.

Die mittlere Höhe des krystallinischen Gebietes bleibt etwa 300′ unter jener des Sandsteinplateaus. Einen Vergleich einiger höheren Punkte gibt folgende Uebersicht:

Sedimentärgebirge:		Krystallinisches Gebirge:	
Katzenbuckel . . .	2094	Waldsknopf . . .	1893
Königstuhl	1893	Eichelberg	1759
Hardberg	1984	Höhe bei Hilsenhain	1604
Stiefelhöhe	1964	Daumberg	1532
Kottenberg	1836	Oelberg	1503
Mühlhang	1826	Kanzelberg	1406
Weisse Stein . . .	1822	Hohe Waid . . .	1380
Leonhardskopf . .	1778	Wagenberg	1297
Hohe Nistler . . .	1656	Schafpferch . . .	1276
Auerhahnenkopf . .	1635	Pfaffenwald . . .	1221
Klafterwald . . .	1578	Wendenkopf . . .	1203
Neckarberg	1580	Hirschkopf	1166
Gebrannte Berg . .	1576	Bachberg	1154
Drei Eichen . . .	1549	Geiersberg	1141
Im Höchsten . . .	1531		
Heiligenberg . . .	1458		
Geisberg	1252		

Das Hügelland. Da der kleine, auf unsere Karte fallende Theil der Rheinebene zu besonderen Bemerkungen über seine Oberflächengestaltung keine Veranlassung gibt, wenden wir uns nun noch zu einer kurzen Besprechung des nördlich durch den Odenwald in der oben angegebenen Definition, südlich durch den Rand unserer Karte begrenzten Hügellandes.

Als vorgeschobene Posten der württembergischen Keupermassen, die im Heuchelberg und im Stromberg noch eine beträchtliche Ausdehnung zeigen, treten auf unsere Karte die isolirten Plateaus des Kreuzbergs bei Elsenz (1106′), Kapellenbergs bei Dorf Eichelberg (1011′) und des Eichelbergs (1091') herüber. In der südöstlichen Verlängerung derselben liegt die Höhe bei Sternenfels (auf württembergischem Gebiet), wohl der beste Aussichtspunkt, um sich über die Configuration des ganzen Hügellandes zwischen Schwarzwald und Odenwald einen Ueberblick zu verschaffen.

Hier sind die höchsten Schichten Sandsteine, welche die tiefer liegenden Mergel vor der Abwaschung schützten. Zu beinahe derselben Höhe steigt noch der Steinsberg bei Weiler (1118') an, dessen Kuppe von basaltischem Gestein gebildet wird.

Die Gliederung der Oberfläche in diesem Gebiet hängt nun von zwei verschiedenen Momenten ab, die in ihrer Wirkung sich ziemlich ausgeglichen haben. Darum fällt bei einer flüchtigen Betrachtung, besonders bei einer solchen, welche auf den inneren Bau des Landes nicht Rücksicht nimmt, die eigentliche Natur der Oberflächengestaltung nicht sofort in die Augen.

Wir werden später sehen, dass ein System paralleler, von Südwesten nach Nordosten laufender Spalten vorhanden ist, deren Richtung mit der scharfen Grenze der blauen Liasfarben gegen die gelbe des Löss zwischen Stettfeld und Oestringen, welcher hier den Keuper überdeckt, zusammenfällt. Der Schlüsselberg, der Schindelbacher Berg und der Sandkellerberg mit den sie verbindenden Rücken erheben sich wallartig über der Niederung von Langenbrücken und Rettigheim. In derselben Richtung liegen die oben genannten Keuperberge bei Eichelberg hinter einander, und in ihrer Nähe treten wiederholt Spalten von Südwest nach Nordost auf. Die ununterbrochen vor sich gehende Abwaschung hat diese Höhenzüge sehr erniedrigt; sie ragten einst jedenfalls viel höher empor. Es haben sich aber ausserdem Flussläufe eingegraben, die nahezu rechtwinklig gegen die Höhenzüge stehen: von Süden nach Norden das Thal des Katzbaches, des Angelbaches, Leimbaches und vor allem der Elsenz, des Hauptwasserlaufs des Hügellandes. Natürlich bedingen diese eine Reihe von Südosten nach Nordwesten ziehender, hemmender Rücken resp. Wasserscheiden, für die es sehr bezeichnend ist, dass sie nicht concentrisch, immer niedriger werdend um das ältere Gebirge des Odenwaldes laufen, sondern unter spitzem Winkel gegen den oben angegebenen Grenzverlauf des Gebirges anstossen. Die Verschiebung der Oberfläche längs der Spalten einerseits, die Thätigkeit der Erosion andererseits arbeiteten nämlich nach verschiedener Richtung. Das Resultat muss also beide Wirkungen abgeschwächt erscheinen lassen.

Der Lauf der Elsenz kommt übrigens hier zunächst nur auf der Strecke von Ittlingen bis nach Bammenthal in Betracht. Der eigenthümlich hakenförmig zurückgebogene Oberlauf derselben ergoss sich aller Wahrscheinlichkeit nach früher in ein Wasserbecken, welches die Eppinger Niederung bedeckte. Später erst fand die jetzige Anordnung statt, die auf keinem wesentlichen Moment des Gebirgsbaus beruht. Unterhalb Bammenthal schneidet die Elsenz tief in den Buntsandstein ein, um bei Neckargemünd den Neckar zu erreichen, und bildet ein Thal ganz ähnlich jenem des Neckars selbst. Es ist das eine sehr auffallende Erscheinung, zu deren Erklärung sich wenigstens einige Andeutungen in dem Vorkommen gewisser jüngerer Ablagerungen finden, auf welche wir später noch einzugehen haben werden. Die von Nordosten in die Elsenz fallenden Zuflüsse hängen in ihrem Verlauf von der Gestalt des Abfalls des Odenwaldes ab, ebenso die von Nordwesten in den Baierthaler Angelbach mündenden Bäche. Das Hügelland beeinflusst sie nicht. Ausgenommen ist vielleicht der nahe Meckesheim in die Elsenz mündende Schwarzbach, dessen Thal an einigen Punkten allerdings durch die Verwerfungen des Hügellandes getroffen und dadurch in seinem Lauf von denselben abhängig wird. Das halbe Gebiet der Section Sinsheim entsendet seine Wasser durch die Elsenz nach dem Neckar und indirect in den Rhein. Die directen Zuflüsse zum Rhein nehmen ihren Ursprung auffallend nahe an der Elsenz, so dass diese nur ganz kurze linke Seitenflüsse hat. Bei einer Wanderung von der Höhe zwischen Dühren und Eschelbach nach Norden bis auf den Auerhahnenkopf bei Neckargemünd blickt man nach rechts immer unmittelbar in das Elsenzthal, während nach links lange, gewundene Thäler sich bis zu der einige Stunden entfernten Rheinebene hinziehen, in welcher Leimbach und Kraichbach alle Zuflüsse aus dem Hügellande aufnehmen und dem Rhein zuführen.

An atmosphärischen Niederschlägen und an starken Quellen fehlt es im Gebirgsland nirgends, und der Regenreichthum der Umgegend von Heidelberg ist ja geradezu sprichwörtlich geworden. Wie reichlich die circulirenden Wassermengen sind, kann man daraus ersehen, dass im Gebirge die jährliche Regenmenge 70—85, in der Rheinebene nur 55—70 Centimeter beträgt. Im Bereiche des Buntsandstein wirken besonders die Thonschichten, welche zwischen den Sandsteinbänken liegen, als Quellenbildner, indem sie die einsickernden Wasser aufhalten.

Im Hügelland der Section Sinsheim liegen abweichende Verhältnisse vor. Die Bewaldung ist nicht nur eine schwächere, sondern man trifft auch oft stark thonige Schichten an der Oberfläche, welche die atmosphärischen Wasser zurückhalten und so eine Quellenbildung verhindern oder wenigstens erschweren. Den angeführten Verhältnissen entsprechend trocknet der gebirgige Odenwald sehr bald nach starkem Regen auf; das Muschelkalk- und Keuper-Gebiet bleibt dagegen lange mit einem zähen, schmierigen Lehm bedeckt, aus dem das Wasser nur langsam durch Verdunstung austreten kann.

Während die Quellen, welche im Gebiet der krystallinischen Gesteine oder im Buntsandstein entspringen, arm an fixen Bestandtheilen sind, enthalten diejenigen des Hügellandes einen grösseren Reichthum an aufgelösten Stoffen, ja, durch locale Ursachen begünstigt, entstehen hie und da an Mineralbestandtheilen so reiche Wasser, dass sie heilkräftig werden. Derart bilden sich bei Langenbrücken aus den bituminösen und schwefelkieshaltigen Schiefern des oberen Lias eine Reihe von Schwefelquellen, von denen einige im dortigen Amalienbad Verwendung finden. Die eisenhaltigen Säuerlinge in der Gegend von Weinheim, welche nach der Angabe von Bronn aus Diluvialablagerungen entstehen, die reich an vegetabilischen Stoffen sind, gehören schon dem Gebiet der Rheinebene an.

In directem Zusammenhang mit der Form und der Zusammensetzung der Oberfläche steht die Kultur derselben. Die Rheinebene und der demselben zugekehrte Abfall des Odenwaldes, letzterer wenigstens in seinem unteren Theil, gestattet reichen und verschiedenartigen Anbau. Die Gegend ist denn auch dicht mit Ortschaften besetzt, die von einer wohlhabenden Bevölkerung bewohnt werden. Getreide- und Hopfenbau wird in der Ebene, Weinbau an der Bergstrasse betrieben. Obst gedeiht überall in Fülle.

Ebenso fruchtbar ist das Hügelland. Der Weinbau tritt hier zurück, um beinahe allein dem Getreidebau Platz zu machen, für welchen der so weit verbreitete Löss besonders günstige Bedingungen bietet. Ausgezeichnete Wiesen tragen die oft breiten Flussthäler. Wald, und zwar Laubwald, nimmt nur wenig ausgedehnte Flächen auf den Rücken und Plateaus ein. Früher war das allerdings anders, und einzelne Reste alter Bestände, wie der Orleswald bei Sinsheim legen noch Zeugniss davon ab, welch herrliche Wälder auch dieses niedere Land einst trug.

Ganz anders im Gebirge. Beinahe das ganze Gebiet des bunten Sandstein und ein grosser Theil des krystallinischen Gebietes sind von Wald bedeckt. Ohne denselben zu verlassen, könnte man von Heidelberg nach Erbach oder Miltenberg wandern und brauchte dabei vom nächsten Wege kaum abzuweichen.

Vergleicht man die Zahl der Ortschaften und Gehöfte im Hügelland und im Gebirge, so bemerkt man keinen erheblichen Unterschied. Scharf tritt jedoch der geringe Nährwerth des Gebirges hervor, wenn man statt der Zahl die Grösse in Betracht zieht. Was auf der Karte wie ein Ort erscheint, ist oft nur eine Gruppe weniger Häuser, deren Bewohner sich mehr durch Einsammeln von Waldfrüchten und Anfertigung von Besen und Holzschnitzereien ernähren, als durch Bodencultur. Buntsandstein ist an und für sich unfruchtbar und kann nur durch reichliche Düngung für anderen als Kartoffel- und Buchwaizenertrag geeignet gemacht werden. Aber selbst eine solche erweist sich gewöhnlich als nutzlos. Die reichlichen atmosphärischen Niederschläge spülen nicht nur jeden Zusatz zum Boden, sondern auch die durch Verwitterung sich bildende Ackerkrume stetig an den steilen Gehängen abwärts ins Thal. Daher sind selbst im Gebiete des Granit, der doch die nöthigen Bestandtheile für einen fruchtbaren Boden in reichlichem Maasse enthält, die Aecker mager und steinig, die Wiesen dagegen durch Aufspeicherung aller werthvollen Producte vorzüglich. Zudem ist auch vielfach das durch die bedeutende mittlere Höhe des Gebirges bedingte Klima ein Hinderniss für den Anbau.

Bekannt ist die Anmuth der Landschaft an der Bergstrasse zur Frühlingszeit, wo die Hügel von der Fülle der Blüthen wie von einer Schneedecke überzogen scheinen, aus der nur hie und da das frische Grün hervorbricht. Wohlthuend wirkt in der Hügelgegend der Gegensatz saftiger Wiesen und der im Winde wallenden Getreidefelder. Der Ernst und die Einförmigkeit der Waldlandschaft des Gebirges aber wird nur durch den gelegentlichen Ausblick auf die freundlichen tief eingeschnittenen Thäler gemildert, welche auch in der heissesten Jahreszeit des fliessenden Wassers nicht entbehren.

Die ältesten bei Heidelberg auftretenden Gesteine sind Gneisse, Glimmerschiefer, Granite, Diorite, Syenite und eine Anzahl anderer krystallinischer Felsarten, welche das gemeinsam haben, dass sie älter sind. als alle Sedimentbildungen.

Sie stellen also ein Grundgebirge gegenüber diesen letzteren dar.

Auf demselben ruhen, z. Th. in Verbindung mit eruptiven Massen:

1) Die Dyas, Rothliegendes und Zechstein. Porphyre stehen mit dieser Formation in innigster Beziehung.

2) Die Trias in ihren drei Gliedern.

3) Die Juraformation mit dem ganzen Lias und dem unteren Theil des Dogger (braunen Jura).

4) Tertiärbildungen. In die Zeit derselben fallen die Nephelinbasalte.

5) Diluviale Bildungen.

6) Alluviale Bildungen.

Vergleichen wir die bei uns entwickelten geschichteten Bildungen mit der vollständigen Formationsreihe, so vermissen wir zunächst die ältesten Formationen: Silur, Devon und Kohle. Man darf mit Sicherheit annehmen, dass keine derselben auf dem Gebiete der Karte jemals gefunden werden wird. Vom Rothliegenden bis zum unteren Dogger folgen sich die Schichten regelmässig, ohne wesentliche Lücke und in concordanter Lagerung. Oberer Jura und Kreide fehlen ganz, tertiäre Sandsteine und Thone liegen unmittelbar und zwar discordant auf den älteren Gesteinen auf. Gesonderte Bildungsräume nehmen dann die diluvialen Bildungen ein, während das Alluvium, wenn wir das Wort im Sinne jüngster und noch unter unseren Augen entstehender Massen nehmen, zumal in Form des Verwitterungsbodens das ganze Gebiet überzieht.

Wir gewinnen so naturgemäss zwei grössere Abschnitte: das Grundgebirge mit seinen gangförmigen Gliedern und die Sedimentärformationen. Innerhalb eines jeden derselben ordnet sich Alles nach dem Alter.

Das Grundgebirge.

I. Krystallinische Schiefer.

Krystallinische Schiefer, welche im Schwarzwald und wahrscheinlich auch im nördlichen Odenwald eine hervorragende Rolle spielen, treten im südlichen Odenwald nur höchst untergeordnet auf. Nach den älteren Angaben musste man eine grössere Verbreitung erwarten; es wurden nämlich früher, wie in anderen Gegenden, so auch im Odenwald manche Gesteine zum Gneiss gerechnet, die sich bei eingehenderer Untersuchung als schiefrige Granite erwiesen.[1] Demgemäss werden alle von Bronn angeführten Gneissvorkommnisse[2] und die von Leonhard als porphyrartige Gneisse charakterisirten Varietäten[3] bei den massigen Gesteinen Berücksichtigung finden. Uebrigens darf nicht unerwähnt

---

[1] Nach dem Vorschlag von Lossen (Der Bodegang im Harz. Zeitschr. d. deutschen geol. Ges. 1874. 856) wird im folgenden scharf zwischen Gneiss und schiefrigem Granit unterschieden werden, so dass die Bezeichnung Gneiss für eruptive Gesteine keinerlei Verwendung findet. Gegen die Worte „gneissartig“ oder „gneissig“ würde an und für sich nichts einzuwenden sein, wenn nicht dadurch der Möglichkeit Raum gegeben würde, dass mancher bei denselben eine innigere Beziehung zwischen Gneiss und Granit als die einer Structurähnlichkeit vermuthen könnte. Das Wort „Gneissgranit“ dagegen sollte unbedingt aus der petrographischen Nomenclatur ausgemerzt werden. Je länger vage Bezeichnungen allgemein in Gebrauch waren, um so nothwendiger erscheint eine möglichst scharfe und consequente Scheidung der Begriffe.

[2] Gaea Heidelbergensis 61.

[3] Geognost. Skizze d. Grossh. Baden 12.

bleiben, dass Bronn schon die Vermuthung ausspricht, der (ihm damals bekannte) Gneiss des südlichen Odenwaldes sei vielleicht nur als gangförmige Ausscheidung im Granit anzusehen.

Die Hauptverbreitung der krystallinischen Schiefer fällt in das Gebiet zwischen Leutershausen, Ursenbach und Schriesheim, wo zusammenhängende und recht mächtige Schichtencomplexe die höchsten Erhebungen bedecken, wie die Hohe Waid, den Gerstenberg und den Gipfel „im neue Wald“, oder sich als abgerutschte Schollen an die Gehänge anlehnen. Von den letzteren liegt die bedeutendste oberhalb Leutershausen, von der Höhe der Albertsteige bis dicht an den Ort sich hinaberstreckend und zuletzt unter dem Löss verschwindend. Die übrigen Fetzen im Thal des Münichbächleins nördlich von Leutershausen, im „weite Thal“ und in der Umgegend von Ursenbach mussten ihrer geringen Ausdehnung wegen schon erheblich vergrössert auf der Karte eingetragen werden. Vereinzelte auf dem Bahnwald gefundene Bruchstücke wurden unberücksichtigt gelassen, da sie sich nicht einmal genügend mit den übrigen Vorkommnissen identificiren liessen. Dagegen wurde die kleine im Granit eingeklemmte Scholle oberhalb der Strahlenburg bei Schriesheim vergrössert aufgenommen, da sie das einzige Vorkommen krystallinischer Schiefer südlich vom Schriesheimer Thal repräsentirt.

Weiter nach Norden fortschreitend treffen wir dann erst wieder auf krystallinische Schiefer im Gebiete des Gorxheimer Thals. Den Einzeichnungen mussten hier fast überall frei umherliegende Gesteinsstücke zu Grunde gelegt werden, so dass die Grenzen keinen Anspruch auf Genauigkeit machen können. Anstehend, in Form von Klippen, die aus dem Waldboden hervorragen, findet man die hierher gehörigen Gesteine nur oberhalb der Heubachwiese, westlich von Gorxheim. Schliesslich treten noch einmal krystallinische Schiefer an der Nordgrenze der Karte, am Gütlersberg bei Kreidach auf[1], die zwar ziemlich verbreitet zu sein scheinen, aber schlecht aufgeschlossen sind und ihrer Bedeutung nach erst

[1] Durch ein Versehen des Lithographen ist im Thal von Kreidach und am östlichen Gehänge die Granitfarbe fortgefallen.

bei einer genauen Untersuchung der angrenzenden Theile des Odenwaldes richtig erkannt werden können.

So unbedeutend und schlecht aufgeschlossen auch die meisten dieser Vorkommnisse sind, so gestatten sie doch den Schluss, dass früher eine grössere zusammenhängende Decke von krystallinischen Schiefern im südlichen Odenwald vorhanden war, die sich nach Süden sicher bis über das Schriesheimer Thal hinaus erstreckte. Was noch erhalten ist, müssen wir als geringfügige, von der Erosion verschont gebliebene Reste ansehen. Nicht nur in horizontaler, sondern auch in verticaler Richtung muss die Zerstörung eine sehr beträchtliche gewesen sein, da im Verhältniss zur Ausdehnung eine ziemlich bedeutende Mannigfaltigkeit an Gesteinen herrscht. Die Hauptschichten bestehen zwar nur aus Gneissen und Glimmerschiefern, aber bei den erheblichen petrographischen Differenzen, welche sie im Süden und Norden unseres Gebietes zeigen, muss man annehmen, dass sie verschiedene Niveaus repräsentiren.

Der hohe Grad von Zerstückelung und die kräftige verticale Abtragung wurden wahrscheinlich durch eine Reihe verschiedenartiger, aber in gleichem Sinne wirkender Ursachen bewirkt.

Vor allem kann es kaum zweifelhaft sein, dass die krystallinischen Schiefer älter als der Granit und demgemäss das älteste Gebirge unseres Gebietes sind. Dafür sprechen die vielen Granitvorkommnisse in ihnen, die sich wohl nur als Apophysen und intrusive Lagergänge auffassen lassen, und die vom Granit eingehüllte Scholle an der Strahlenburg.

Ist demnach eine Hebung durch den Granit anzunehmen, bei welcher sich derselbe gleichzeitig zwischen die gehobenen Schichten eindrängte, so muss dadurch schon ihr Zusammenhang gelockert und ihrer leichteren Zerstörung vorgearbeitet worden sein. Bei der Erosion der Thäler im Granit verschwanden dann diejenigen Massen, welche früher die Verbindung hergestellt hatten, zum Theil ganz, zum Theil rutschten sie in Form kleiner Schollen ab. Wir finden letztere daher in der Nähe der grösseren, verhältnissmässig wenig gestörten Schichtencomplexe, die auf den höchsten Terrainanschwellungen liegen. Die mächtige vorhin erwähnte Partie oberhalb Leutershausen,[1] welche vielfach verworfen und gleichsam an den Abhang des Gebirges angelehnt ist, wird wohl nicht durch Erosion der Unterlage ihre jetzige abnorme Stellung erlangt haben. Wir werden später ausführlicher erörtern, wie sich in Folge der Rheinspaltenbildung am ganzen Westabhang des Gebirges mächtige Partien der verschiedensten Formationen vom Hauptgebirge lostrennten und senkten, so dass sie jetzt ein stark erniedrigtes Niveau einnehmen. Bei dieser Katastrophe scheint auch die Leutershausener Scholle, welche wahrscheinlich früher mit dem Gneiss der Hohen Waid zusammenhing, mit dem Gebirgsrand gegen die Rheinspalte hin gesunken zu sein. Dabei wurde dann gleich oder später die Verbindung mit der Hauptpartie unterbrochen; gleichzeitig löste sich eine kleine Nebenscholle los und rutschte gegen das Münichbächlein hin ab.

Die Gruppe der nördlichen krystallinischen Schiefer ist zu wenig aufgeschlossen, als dass sich an die Lagerungsverhältnisse irgend welche Erörterungen knüpfen liessen.

1. Südliche Gruppe der krystallinischen Schiefer.

Die krystallinischen Schiefer der südlichen Gruppe bestehen, abgesehen von untergeordneten Einlagerungen, aus Gneiss und Glimmerschiefer. Da letzterer in zusammenhängenden Schichten nur als Theil der grossen Scholle von Leutershausen beobachtet wurde, so lässt sich nicht mit Sicherheit über sein Altersverhältniss zum Gneiss entscheiden. Er scheint jedoch ursprünglich ein höheres Niveau als letzterer eingenommen zu haben, da er im Thal am tiefsten liegt, und die Stellung der Schichten eine sehr steile ist. Dann muss man allerdings annehmen, dass die ursprüngliche Fortsetzung des Glimmerschiefers über dem Gneiss der Hohen Waid vollständig der Erosion anheim gefallen ist.

---

[1] Die Leutershausener Scholle ist in den oberen Partien von weit geringerer Mächtigkeit, als in den unteren, so dass der Granit, auf dem sie ruht, öfters zu Tage tritt. Auf der Karte ausscheiden liess er sich jedoch nicht.

Der Gneiss der südlichen Gruppe zeigt im ganzen einen recht gleichförmigen Habitus. Er ist zumeist ein feldspatharmer, dunkelgefärbter Glimmergneiss mit stets deutlicher, zuweilen sogar sehr vollkommener Schieferung. Schwach wellige oder unebene Schieferungsflächen sind vorherrschend. Man kann es für alle Varietäten als besonders charakteristisch bezeichnen, dass der tombackbraune bis schwarze Glimmer immer in kleinen isolirten Blättchen von rundlicher Form, nie zu Häuten oder Flasern verwolen, auftritt. Er ist oft so reichlich vorhanden und so regelmässig vertheilt, dass der Gneiss selbst auf dem Querbruch gleichmässig dunkelgefärbt erscheint. Solche besonders feldspatharme Varietäten stehen dem Glimmerschiefer nahe. Einige sehr dünne und ebenschiefrige Gneisse, die besonders auf der Hohen Waid vorkommen, zeigen auf dem Querbruch eine feine Streifung durch äusserst zarte glimmerärmere Lagen. Im „Neue Wald" werden diese letzteren erheblich breiter, und es entstehen schöne Lagengneisse sowohl mit parallel schiefriger als unvollkommen schiefriger Structur. Am Münichbächlein findet man zuweilen gebänderte Absonderungsflächen, entstanden durch Anreicherung des Glimmers in parallelen Streifen, aber ohne merkliche Streckung der Blättchen. Alle diese Varietäten besitzen ein sehr feines Korn, da nicht nur der Glimmer, sondern auch der Quarz und Feldspath fast ausschliesslich in sehr kleinen Individuen vorkommen. Nur in den glimmerarmen Lagen wird das Korn wohl etwas gröber, so dass man lichtgrauen Quarz und matten weissen Feldspath mit der Lupe deutlich unterscheiden kann. Letzterer nimmt ausnahmsweise in der von Granit eingehüllten Gneisscholle an der Strahlenburg eine röthliche bis rothe Farbe an und bildet hier mit Quarz kleine linsenförmige, fast glimmerfreie Partien, welche eine sehr unregelmässige, krummflächige Schieferung erzeugen.

Während man in den übrigen Gneissen nur Biotit wahrnimmt, führen diejenigen vom Gerstenberg zumeist neben diesem Glimmer auch makroskopischen Muscovit und besitzen dann eine unvollkommnere Schieferung.

An makroskopischen accessorischen Gemengtheilen wurde

nur lichtrother Granat in losen Blöcken auf dem Gerstenberg beobachtet, hier aber in so bedeutender Menge und gleichmässiger Vertheilung, dass man die Varietät als einen glimmerreichen Granatgneiss bezeichnen kann. Die durchschnittlich Millimeter grossen abgerundeten Krystalle sind von einer feinen ochrigen Rinde umkleidet.

Die mikroskopische Untersuchung bestätigte im wesentlichen die einfache mineralogische Zusammensetzung der Hauptschichten. Die vorherrschenden Bestandtheile sind Quarz und Glimmer. Feldspath tritt gegen beide — besonders in den glimmerreichen Lagen — weit mehr zurück, als man nach der Besichtigung mit einer scharfen Lupe erwarten sollte. Gut beobachten lässt er sich nur in Schnitten senkrecht oder wenigstens geneigt zur Schieferung. Der weitaus überwiegende Orthoklas ist zumeist gleichmässig und stark getrübt, der spärliche Plagioklas durchgängig frischer und bisweilen vollständig wasserklar. Die Vertheilung des Feldspath ist jedenfalls eine sehr ungleichförmige, so dass auch im typischen Gneissgebiet Lagen, die keinen oder nur wenig Feldspath enthalten, mit feldspathreicheren wechseln.[1] Der Quarz ist durchweg ausgezeichnet durch ein recht gleichmässiges Korn, eckige Umrisse und eine auffallende Armuth an Flüssigkeitsporen. Vielen Individuen fehlen dieselben gänzlich, und eigenthümlicherweise häufen sie sich nur in den dünnen, fast glimmerfreien Zwischenlagen hie und da an, obwohl der durchschnittliche Reichthum granitischer Gesteine nicht erreicht wird. Auch sind nur hier lebhaft bewegliche Libellen häufig, während sonst ein Theil der spärlichen Poren leer zu sein scheint. Sehr constant trifft man kleine Biotitblättchen im Quarz eingebettet. In solchen Lagen im typischen Gneissgebiet, welche so feldspatharm sind, dass man sie für sich allein betrachtet als Glimmerschiefer bezeichnen müsste, erweisen sich die Quarze als sehr reich an farblosen, doppelbrechenden, spiessigen Mikrolithen, die vereinzelt den Quarz durchspicken oder häufiger zu dichten und wirren

[1] Bei erneuter Durcharbeitung des Odenwaldes wäre darauf zu achten, ob die feldspatharmen Schichten etwa die vorherrschenden sind. Sollte dies der Fall sein, so müssten die hier als Gneisse beschriebenen Gesteine als feldspathführende Glimmerschiefer bezeichnet werden.

Haufwerken sich scharen. Sie sind oft quer gegliedert und gleichen vollkommen den für Sillimanit gehaltenen Einschlüssen im Cordierit. Da aber nirgends Pleochroismus oder auch nur Spuren von Umwandlungserscheinungen zu beobachten waren, so liegt trotz der sehr täuschenden Aehnlichkeit sicherlich kein Cordierit vor. In diesen Gneissen trifft man auch vereinzelt, aber häufiger als in den anderen, die später zu beschreibenden verschiedenartigen Mikrolithe, welche in den selbständig auftretenden Glimmerschiefern die Rolle charakteristischer Einschlüsse spielen.

In vielen Gesteinen der Gneisszone ist der Glimmer ausschliesslich Biotit, in anderen tritt sehr untergeordnet wohl charakterisirter, wasserklarer Muscovit hinzu, und nur auf dem Gerstenberg überwiegt letzterer zumeist um ein geringes. Wo der Muscovit vorkommt, ist er recht gleichmässig vertheilt und sowohl in isolirten Blättchen, als in Verwachsung mit dem Biotit vorhanden. Dabei wechseln bald Lamellen beider Glimmerarten, bald greifen sie zackig in einander über. Nur der Muscovit tritt mit dem Quarz zu feinkrystallinischen Aggregaten zusammen, die sich erst bei sehr starker Vergrösserung vollkommen auflösen. Am stärksten entwickelt sind diese in den Gneissen vom Gerstenberg. Der Biotit zeigt stets sehr kräftigen Pleochroismus (nur lichtgelbe und dunkelbraune Töne), und ist bald von idealer Reinheit und Frische, bald reich an dunklen, zwischen die Lamellen eingedrungenen Infiltrationsproducten, welche Blättchen parallel zur Basis fast undurchsichtig erscheinen lassen. Regelmässige Krystallumrisse fehlen gänzlich. Durch Salzsäure wird der Biotit vollständig gebleicht, bleibt aber doppelbrechend. Nur spärlich trifft man die Umwandlung zu einer schwach pleochroitischen, grünlichen, chloritartigen Substanz mit Aggregatpolarisation. Dabei hat sich ein Theil des Eisengehaltes als Magnetit ausgeschieden, der wieder einer weiteren Oxydation zu Eisenoxyd anheimfällt. Wenigstens finden sich neben isolirten bräunlichen bis blutrothen Blättchen von Eisenglimmer solche, die Magnetit umgeben, und beide Mineralien trifft man fast allein in der Nähe der chloritischen Partien, hier aber sehr constant. Dagegen fehlt Eisenglimmer sowohl als auch sonstiges ursprüngliches Eisenerz denjenigen Dünnschliffen vollständig, welche nur unveränderten Biotit enthalten. Statt dessen treten in einem Gestein von der Hohen Waid in grosser Anzahl und gleichmässiger Vertheilung opake Beimengungen auf, die sich weder mit dem Magnet aus dem Gesteinspulver ausziehen, noch in Salzsäure lösen lassen, aber nach sehr starkem Glühen mit Ausschluss der im Quarz eingeschlossenen Flitter verschwinden. Man muss sie daher für Graphit oder graphitartige Kohle halten.

Selbständige Einlagerungen treten im Gneissgebiet nur sehr spärlich auf und spielen eine um so untergeordnetere Rolle, als sie zumeist nicht anstehend beobachtet werden konnten. Es sind Granatfels, Quarzschiefer und ein lichtölgrüner, sehr dünnschiefriger Glimmerschiefer.

Der Glimmerschiefer (vom Gerstenberg) besteht aus Quarz mit spiessigen Mikrolithen, Muscovit und beide an Menge überwiegenden büschlig-faserigen Aggregaten eines farblosen glimmerartigen Minerals, augenscheinlich desselben, welches in den Glimmerschiefern der nördlichen Gruppe eine hervorragende Rolle spielt. Hier ist es ausserordentlich reich an winzigen, höchst mannigfach gestalteten Gebilden von lichtgelblicher Farbe, die aber zumeist durch ein dichtes Netz feiner dunkler Linien, vielleicht zarter Risse, fast undurchsichtig werden und unbestimmbarer Natur sind. Röthlichbraune Eisenverbindungen scheinen auf den Schieferungsflächen eingedrungene Infiltrationsproducte zu sein.

Die Quarzschiefer findet man am häufigsten als lose Blöcke in den Thälern, welche vom Gneissgebiet ausgehen; anstehend wurden sie nur am Nord-West-Abhang der Hohen Waid und am West-Abhang des Kanzelberges beobachtet.

Es sind bald dünn-, bald dickschiefrige, graue bis schwarze, einfarbige oder gefleckte Gesteine von feinem Korn, deren Absonderungsflächen zuweilen ein glänzender schwarzer Spiegel bedeckt. Nach dem mikroskopischen Befund bilden nur kleine Körner farblosen Quarzes, in dem sich keine Flüssigkeitseinschlüsse auffinden liessen, die eigentliche Gesteinsmasse. Die dunkle Färbung wird durch schwarze

Körner oder Schuppen verursacht, die in zweifacher Form in sehr regelmässiger Vertheilung auftreten. Die einen sind von winzigen Dimensionen und liegen im Centrum der Quarzkörner angehäuft, während sie in dem fast die Hälfte der Körner ausmachenden peripherischen Theil nur ganz vereinzelt vorkommen. Die anderen sind erheblich grösser und liegen zwischen den Quarzkörnern. Es sind jedenfalls gleichartige kohlige Substanzen, obwohl nur die grösseren beim kräftigen Glühen der Dünnschliffe verschwinden; die kleineren müssen, durch den Quarz geschützt, unverändert bleiben. Erstere hinterlassen beim Glühen ein feines bräunlichgelbes Häutchen von Eisenoxyd, welches sich durch Salzsäure leicht entfernen lässt. Accessorisch tritt noch in sehr reichlicher Menge ein lichtgelbliches Mineral in rundlichen Körnern und kleinen scharf begrenzten Krystallen auf. Da letztere sich zuweilen als zierliche, ringsum ausgebildete Dodekaëder bestimmen lassen und mit dem Wirth dunkel werden, so kann man sie trotz der ungewöhnlichen Färbung nur für Granat halten.

Ein ausnahmsweise lichter, grünlichgrau gefärbter Quarzschiefer zeigt eine erheblich abweichende Zusammensetzung. Er besteht etwa zu zwei Drittel aus einer quarzigen Masse mit Aggregatpolarisation, aus der bei starker Vergrösserung zahllose winzige doppelbrechende Leisten hervortreten, die glimmerartiger Natur zu sein scheinen. Vielleicht ist es nur deren ungeheure Zahl, welche die Erscheinung der Aggregatpolarisation erzeugt, und ihr Wirth wäre demnach einheitlicher Quarz, wie es einige spärliche wasserklare Körner sind. Mindestens ein Drittel des Gesteins bildet ganz licht gefärbter Augit in unregelmässigen Körnern oder unvollkommen ausgebildeten Säulen. Zuweilen treten deutliche parallele Risse auf, und dann liess sich immer eine sehr schiefe Auslöschung (bis zu 40°) nachweisen. Der grössere Theil des Augit ist vollkommen frisch, der kleinere theilweise oder ganz in ein schwach pleochroitisches, oft faseriges chloritisches Mineral umgewandelt. Man kann dieses Gestein als einen Augit-Quarzschiefer bezeichnen.

Der lichten Färbung entsprechend treten opake Körner

weit spärlicher auf, als in den dunklen Quarzschiefern. Nach dem bräunlichen Hof zu urtheilen sind jene zumeist wenigstens nicht organischer Natur.

Obwohl der Granatfels in so zahlreichen Blöcken auf dem westlichen Gipfel der Hohen Waid angehäuft ist, dass man unzweifelhaft seine Lagerstätte in unmittelbarer Nähe zu suchen hat, so lässt sich doch nur nach Analogie anderer Vorkommnisse im Gebiete krystallinischer Schiefer vermuthen, dass er in Lagerform auftritt. Am südlichen Abhang kann man ihn im dichten Wald noch wiederholt aufspüren, an einigen Stellen, wie es scheint, auch als anstehenden Fels. Dann würde das Lager, vorausgesetzt, dass es ein solches ist, sich nach Süden senken. Wenn der Granatfels auf der Karte in Form eines langgestreckten Rechtecks eingetragen wurde, so soll dies nur die aufgefundene Verbreitung, nicht die Gangnatur zur Darstellung bringen.

Der bei weitem vorherrschende Bestandtheil ist Granat in kolophoniumbraunen, fettartig glänzenden Körnern, denen sich accessorisch graulicher, wenig durchscheinender Quarz, hie und da Kalkspath, grünlichschwarze, strahlige Hornblende und Epidot in grösserer oder geringerer Menge zugesellen. Bald ist die Verwachsung eine innige, bald häufen sich die einzelnen Gemengtheile putzenweise an. Alle diese Mineralien treten in der Gesteinsmasse selbst nur in Körnerform auf, in den häufigen Drusen dagegen nicht selten in wohlausgebildeten Krystallen. Neben dem vorherrschenden Dodekaëder ist am Granat meist noch das gewöhnliche Trapezoëder, seltener ein die Combinationskanten schmal abstumpfendes Hexakisoktaëder entwickelt. Durchaus nicht selten, aber durch ihre geringe Grösse leicht zu übersehen, sind schwach gelbliche, fettglänzende Kryställchen von Scheelit. Nur ausnahmsweise erreichen sie eine Grösse von 2—3 Millimeter. Die Kanten und Ecken sind meist bis zur Unkenntlichkeit abgerundet, und nur hie und da lässt sich eine vorherrschende Pyramide und eine spitzere Pyramide anderer Ordnung sicher erkennen. Eine krystallographische Bestimmung konnte daher nicht ausgeführt werden, doch lässt der chemische Nachweis von Wolframsäure und Kalk, verbunden mit der für Scheelit charakteristischen Combination nicht daran zweifeln, dass wirklich Scheelit vorliegt.[1]

Derber milchweisser und fettglänzender Quarz tritt in Adern auf. Dieselben müssen eine ziemliche Mächtigkeit erreichen, da man am südlichen Abhang der Hohen Waid zuweilen in Gesellschaft des Granatfels grosse Stücke reinen Quarzes findet. Vollständig frische Stücke des Granatfels sind selten; zumeist ist er mürbe und geht schliesslich in eine bräunlichgelbe, nicht allzu schwer zerdrückbare Masse über. Granat, Epidot und Quarz scheinen in der angeführten Reihenfolge entstanden zu sein, da der Quarz mit Eindrücken von Epidot und dieser mit solchen von Granat vorkommt. Local reichert sich der Epidot zuweilen derart an, dass ein wahrer Epidotfels entsteht, ein körniges Gemenge von grasgrünem Epidot und rauchgrauem Quarz mit accessorischem dunkel fleischrothem Feldspath, der im typischen Granatfels nicht beobachtet wurde. In Drusen trifft man hier besonders häufig wohl ausgebildete Epidotkrystalle.

Unter dem Mikroskop wird der Granat gelbbraun durchsichtig; an Einschlüssen enthält er nur höchst unregelmässig gestaltete Poren und Eisenglimmer oder dunkle Infiltrationsproducte auf den sehr zahlreichen Sprüngen; der Quarz führt an Interpositionen reichlich Flüssigkeitsporen mit oft lebhaft beweglichen Libellen, Epidot und Granat, letzteren zumeist in tropfenförmigen Gestalten, ausnahmsweise in kleinen zierlichen Dodekaëdern.

Nicht allzu selten findet man im Gneissgebiet gangförmig oder auch wohl lagerförmig, aber nie in erheblicher Aus-

[1] Zuerst erwähnt wird der Granatfels auf der Hohen Waid (Hohen Art) von K. C. von Leonhard (Zeitschr. f. Mineralogie 1825. II. 247—251). Später beschreibt ihn G. Leonhard in seiner „Mineralogisch-geognostischen Beschreibung der Umgegend von Schriesheim etc. (Neues Jahrbuch für Miner. 1839. 38) als Begleiter eines Quarzganges im Granit und führt an accessorischen Mineralien noch Eisenkies und Molybdänglanz an. Granatfels bildet jedoch jedenfalls die Hauptmasse des Vorkommens. Jene beiden begleitenden Mineralien scheinen später nicht mehr gefunden worden zu sein und sind auch von Leonhard in den „Mineralien Badens nach ihrem Vorkommen“ (3. Aufl. Stuttgart 1876) nicht mehr aufgeführt.

dehnung, granitische Gesteine, welche zum Theil sicher petrographisch identisch sind mit den später zu beschreibenden Ganggraniten. Es sind bald schiefrige Varietäten, bald recht grobkörnige Muscovitgranite mit grossen Tafeln von Kaliglimmer. Von den glimmerarmen Lagen im Gneiss unterscheiden sie sich deutlich, folgen auch nicht wie jene stets der Schichtung. Fasst man sie als intrusiv auf — und diese Auffassung erscheint jedenfalls als die einfachste — so beweisen sie streng genommen nur, dass die Ganggranite, nicht dass alle Granite des Odenwaldes jünger als der Gneiss sind.

Die Glimmerschiefer resp. Graphitschiefer, welche den tiefsten Theil der Leutershausener Scholle bilden, wurden auf der Karte ausgezeichnet, weil sie in mannigfacher Beziehung von den oben beschriebenen Gneissen und deren feldspatharmen Lagen abweichen, so dass der Gesammthabitus ein recht verschiedener ist. Die hier auftretenden Gesteine sind nämlich ausgezeichnet durch ein feineres Korn, durch lichtere Färbung trotz grösseren Reichthums an Glimmer, durch die in weit höherem Grade dünnschiefrige Structur und durch das häufige Vorkommen von Quarzlinsen. Auf diese letzteren ist das grösste Gewicht zu legen, da sie dem typischen Gneissgebiet ganz fehlen. Auch sind die Glimmerblättchen inniger verflösst und von mehr gestreckter Form, so dass häufig eine Art stengliger Absonderung senkrecht zur Schieferungsebene angedeutet wird. Nach makroskopischem Befund erscheint demnach die durchgeführte Trennung gerechtfertigt. Die eingehenderen Untersuchungen nach vollendetem Druck der Karte ergaben jedoch, dass in petrographischer Beziehung die gewählten Bezeichnungen nicht recht zutreffend sind. Einerseits ist der „Gneiss“, wie oben angegeben wurde, oft recht feldspatharm, andererseits hat der „Glimmerschiefer“ zuweilen einen nicht unerheblichen Feldspathgehalt. Es wäre vielleicht den Verhältnissen entsprechender gewesen, alle krystallinischen Schiefer von Leutershausen auf der Karte zusammenzufassen und etwa nur die Graphitglimmerschiefer auszuzeichnen.

Die Schichten sind meist mannigfach geknickt oder gebogen und auf geringe Entfernung hin stark wechselnd in

Bezug auf Streichen und Fallen. Durch ihre steile Stellung, welche das Eindringen der Atmosphärilien befördert, wird wahrscheinlich die stärkere Zersetzung der Glimmerschiefer im Vergleich mit den meist annähernd horizontal liegenden Gneissen bedingt. Einlagerungen granitischer Gesteine treten auch hier vielfach auf, die wohl zum Theil als Apophysen aufzufassen sind, zum Theil aber sich sicher als granitoïdische Ellipsen erkennen lassen.

Die mikroskopische Untersuchung bestätigt die makroskopische Wahrnehmung, dass unter den Gemengtheilen der Biotit bei weitem vorherrscht. Er ist zu länglichen Flasern verwoben und zeichnet sich auch da, wo er frisch ist, durch gelbbraune Farbe und schwächere Absorption von dem kaffeebraunen und sehr stark absorbirenden Glimmer der Gneisse aus. Zumeist aber hat er seinen Pleochroismus fast vollständig verloren und unter Ausscheidung reichlicher opaker Eisenverbindungen schmutzig gelbe oder braune Farbentöne angenommen. Ein Theil der Blättchen ist mit dunklen, wohl primären Stacheln erfüllt. Zwischen den Biotitflasern liegen eingeschlossen Quarz, arm an Flüssigkeitsporen, dagegen mehr oder minder reich an spiessigen Mikrolithen, isolirte Leisten oder feinblättrige Aggregate von Muscovit und Partien mit Aggregatpolarisation, welche aus einem zarten Gemenge von Quarz mit lichtem Glimmer bestehen. Diese Aggregate, sowie auch zumeist der selbständige Quarz treten in Schnitten senkrecht zur Schieferung in Form langgestreckter Ellipsen auf, wie sie im Gneiss nicht vorkommen. Ferner ist die eigenthümliche Vertheilung des Muscovit hervorzuheben, der fast ausschliesslich auf die von den Biotitflasern eingehüllten Partien beschränkt ist, welche ihrerseits beinahe biotitfrei sind. Stark getrübter Feldspath ist in den typischen Varietäten recht spärlich vorhanden.

Die auf der Karte als Graphitschiefer bezeichneten Einlagerungen erweisen sich bei eingehender Untersuchung als echte Graphitglimmerschiefer. Stark vor dem Gebläse geglühte Stücke unterscheiden sich von den Glimmerschiefern nur durch das spärlichere Auftreten von Biotit, der durch den Graphit ersetzt wird. Einige Schichten der stets dünn- und ebenschiefrigen Gesteine erscheinen durch kleine parallel angeordnete Flasern auf den Absonderungsflächen gestreift. Es sind äusserst zarte verworrenfasrige Aggregate eines farblosen glimmerartigen Minerals, die nur makroskopisch an Talk erinnern. Die sonst gleichmässige dunkelgraue Färbung wird durch die Vertheilung der Graphitschüppchen, nicht durch deren Menge bedingt, denn der am Pulver bestimmte Glühverlust beträgt nur 12—13 Procent. Dass die färbende Substanz in der That graphitartig und nicht kohlig ist, ergibt sich aus dem Verhalten der Dünnschliffe. Glüht man dieselben nach der Behandlung mit Salzsäure auf der gewöhnlichen Bunsen'schen Lampe, so bleiben sie unverändert; erst nach anhaltendem Glühen vor dem Gebläse gelingt es, kleinere Schliffstücke fast vollständig zu entfärben. Auch hier zeigt sich wieder das verschiedene Verhalten von Dünnschliffen und Gesteinspulver: in letzterem lässt sich leicht der Graphit über der einfachen Gasflamme verbrennen. Accessorisch treten blutrother Eisenglimmer in der Umgebung des Graphit und besonders reichlich braune Körner und Krystalle auf, die aber auch den graphitfreien Glimmerschiefern nicht fehlen. Die Kryställchen von sehr schwankender Grösse erreichen eine Länge von $^1/_3$ mm bei $^1/_{12}$ mm Breite. Ihre Form entspricht einer Combination von Säule und Pinakoid; isotrope Durchschnitte wurden nicht beobachtet, Pleochroismus ist deutlich wahrnehmbar (die Töne sind gelblichbraun und braun bis rothbraun), die Absorption meist sehr schwach. Die meisten Individuen sind reich an Sprüngen, die nur selten unvollkommen prismatisch verlaufen. Das vorliegende Mineral ist wahrscheinlich Staurolith. Die Bestimmung würde eine sichere sein, wenn die Winkelmessungen ein vollständig genügendes Resultat ergeben hätten.

Das Resultat früherer Schurfarbeiten auf Graphit konnte bei dem geringen Gehalt der Schiefer an diesem Mineral selbstverständlich nur ein ungünstiges sein.

Isolirte Fetzen von Graphitglimmerschiefer kommen noch südlich und nördlich von der auf der Karte ausgezeichneten Partie vor, deren Begrenzung eine ziemlich willkürliche ist, da bei den ungenügenden Aufschlüssen nur der Ort, nicht die Art und richtige Verbreitung des Vorkommens, zur Anschauung gebracht werden konnte.

2. Nördliche Gruppe der krystallinischen Schiefer.

Mit Ausnahme eines Theils der Schichten am Gütlersberg bei Kreidach gehören alle krystallinischen Schiefer im nördlichen Gebiet der Section Heidelberg dem Glimmerschiefer an und zwar einer Varietät, die in jeder Beziehung erheblich von den Glimmerschiefern der südlichen Gruppe abweicht. Unter einander ist jedoch die Uebereinstimmung der einzelnen Vorkommnisse eine hinreichende, um sie als kleine erhaltene Reste eines ausgedehnten zusammenhängenden Schichtencomplexes anzusehen, dessen Fortsetzung über Mackenheim und Kreidach hinaus im hessischen Odenwalde zu suchen wäre. Der Glimmerschiefer bildet in vollständig frischem Zustand, wie man ihn besonders auf der Höhe oberhalb der Heubachwiese bei Gorxheim findet, ein unvollkommen schiefriges Gestein von rein weisser Farbe mit schimmerndem Glanze. In der kryptokrystallinischen, talkschieferähnlichen Hauptgesteinsmasse erkennt man nur vereinzelte Blättchen von Muscovit. An weniger frischen Stücken tritt eine dünnschiefrige Structur mit unebenen Absonderungsflächen hervor. Gleichzeitig stellen sich auf letzteren Schuppen von Eisenglimmer und Eisenrahm oder gelbbraune Häute von Eisenoxydhydrat ein, welche zumeist von aussen zugeführte Infiltrationsproducte zu sein scheinen, da rein weisse Gesteinsstücke sich auch unter dem Mikroskop als vollständig frei von Eisenverbindungen irgend welcher Art erweisen. Untergeordnet trifft man am Grossbutzenfeld, westlich von Gorxheim, quarzreichere Varietäten von gröberem Korn mit kaum erkennbarer Schieferung, die in eine dichte, grünlichgraue, saussuritähnliche Masse übergehen.

In Dünnschliffen der frischesten Gesteine erkennt man neben grossen, wohl charakterisirten Muscovitleisten nur noch zwei wesentliche Gemengtheile: erstens Quarz in kleinen unregelmässig, aber meist scharfeckig begrenzten Individuen, die sich mit spärlichen Muscovitblättchen untermengt dicht zusammenscharen, zweitens einen wahren Filz farbloser Fasern, der streifenweise mit den Quarz-Muscovit-Aggregaten wechselt oder linsenförmige Partien der letzteren einhüllt. Die Fasern sind meist so fein und so innig verwoben, dass sie im compacten Theil der Anhäufungen selbst bei 900facher Vergrösserung nur eine zarte Aggregatpolarisation liefern; selten sind sie etwas grösser und zu Bündeln vereinigt. Gewöhnlich lockern sich die Aggregate am Rand auf und senden einzelne Fasern in den benachbarten Quarz, der sie auch sonst reichlich in Form isolirter nadelförmiger Mikrolithe einschliesst, im übrigen aber sehr arm an Interpositionen, besonders an Flüssigkeitsporen ist. Die Fasern sind doppelbrechend und werden beim Glühen mit Cobaltsolution blau. Eigenthümlich ist ihr Verhalten beim Glühen der Dünnschliffe ohne Reagentien. Sie ballen sich zusammen, werden schwach bräunlich und trübe, während der Muscovit unverändert bleibt. Man erkennt dann auch, dass sie der Masse nach nicht so reichlich an der Zusammensetzung des Gesteins Theil nehmen, als es vor dem Glühen den Anschein hat. Von den sonst sehr ähnlichen Mikrolithen in den Schiefern der südlichen Gruppe unterscheiden sie sich durch die viel innigere Verfilzung und dadurch, dass ein Zerfallen in Glieder nicht beobachtet wurde. Für ein glimmerartiges Mineral muss man sie auch hier halten. Da das Gestein fast nur Kieselsäure, Thonerde und Alkalien enthält und besonders Magnesia und Kalk nur spurenweise vorhanden sind,[1] so ist weder an ein talkartiges Mineral noch an ein Zersetzungsproduct von Cordierit zu denken, woran man lebhaft erinnert wird. Besonders ausgezeichnet sind diese Glimmerschiefer noch durch das constante und reichliche Auftreten verschiedenartiger Mikrolithe, die zwar den übrigen krystallinischen Schiefern nicht fehlen, aber sich doch nirgends alle gleichzeitig und in so grosser Menge finden. Wo sie sich durch Einstellen des Wirthes auf dunkel optisch prüfen liessen, erwiesen sie sich als doppelbrechend. Ein Theil zeigt sehr zierliche, scharf contourirte Krystallformen und meist deutlichen,

[1] Herr Güssefeld fand für die Hauptgemengtheile die folgenden Daten als Annäherungswerthe: Kieselsäure 75, Thonerde $16^1/_2$, Kali 6, Natron $2^1/_2$ Procent.

wenn auch schwachen Pleochroismus (der parallel zur Längsrichtung der Säulen schwingende Strahl ist grünlich, der senkrecht zu dieser Richtung schwingende gelblich gefärbt). Da hie und da hemimorphe Endausbildung angedeutet ist und, wenn auch selten, geknickte Säulen vorkommen, so scheint Turmalin vorzuliegen, obwohl eine deutliche Absorption nicht wahrzunehmen ist. Ebenso häufig und durchschnittlich grösser sind farblose bis schwach gelbliche, stark lichtbrechende Körner und säulenförmige Kryställchen, die grell hervortreten und der Beschreibung nach an die von Törnebohm als Zirkon gedeuteten Mikrolithe erinnern. Sie könnten zum Theil wenigstens ebensogut Topas als Zirkon sein. Einige wenige zumeist im Glimmer liegende, stets farblose Körner sind von deutlichen pleochroitischen Höfen umgeben, welche sich genau so verhalten, wie die von Rosenbusch beschriebenen,[1] von Kundt erklärten. Schliesslich finden sich in erheblicher Menge die oben als Staurolith gedeuteten Körner und Krystalle.

In den verschiedenen Dünnschliffen herrschen bald die einen, bald die anderen dieser accessorischen Gemengtheile vor.

Sehr ähnliche Schiefer findet man in einzelnen Stücken noch an manchen anderen Punkten wie z. B. bei Hornbach, im Kallstädter Thal, am Ostabhang des Wagenbergs und in dessen Nähe am Westabhang des Jägersköpfchens.

Als besonders charakteristisch für alle krystallinischen Schiefer des südlichen Odenwaldes kann man nach den bisherigen Erörterungen ansehen: die Armuth des Quarz an Flüssigkeitsporen, dessen Reichthum an farblosen Nadeln, das accessorische Auftreten zahlreicher Mikrolithe, die als Turmalin, Staurolith, Zirkon (?) sich deuten lassen, das Fehlen der sonst so allgemein in diesen Gesteinen verbreiteten opaken Eisenverbindungen. Ferner ist hervorzuheben, dass alle Gemengtheile dieser Gesteine sich auch im Quarz eingeschlossen finden, und dass man daraus den Schluss ziehen muss, der Quarz habe nicht etwa bei der Bildung der Schiefer fertig vorge-

---

[1] Die Steiger Schiefer und ihre Contactzone an den Granititen von Barr-Andlau und Hohwald. Abh. z. geolog. Specialkarte v. Elsass-Lothringen I. 2. 221.

legen, sondern alle Bestandtheile der letzteren seien wesentlich gleichzeitiger Entstehung. Auch die Form der Quarzindividuen spricht für diese Auffassung.[1] Als Hauptunterschied zwischen den Glimmerschiefern der südlichen und nördlichen Gruppe ergibt sich das Vorherrschen des Biotit in ersteren, das vollständige Fehlen desselben in den letzteren.

Nur die südlich von Unter-Kunzenbach auf der Karte eingetragenen kleinen Glimmerschieferfetzen (am Steinrutsch, an der Geisenklinge und auf der Kohlplatte) weichen von den übrigen der nördlichen Gruppe in mancher Beziehung ab. Der Quarz ist sehr reich an Flüssigkeitsporen; accessorisch tritt mit strahligen Gebilden erfüllter Biotit auf, der auch in vielen kleinen Tafeln vom Quarz eingeschlossen wird; mitunter stellt sich makroskopischer Feldspath ein. Wenn aber auch manche Eigenschaften an die der später zu erwähnenden Muscovitgranite derselben Gegend erinnern, so stimmen doch die wichtigsten mit denen der Glimmerschiefer überein, wie das Vorherrschen glimmerartiger Fasern neben grossen Muscovitleisten und das Auftreten der bräunlichen Mikrolithe, während andererseits der in den kleinkörnigen Muscovitgraniten des Odenwaldes constante Granatgehalt fehlt. Uebrigens bedarf der grosse Waldbezirk südlich von Unterflockenbach jedenfalls noch einer Revision unter günstigeren Verhältnissen, als sie bei der Kartenaufnahme vorlagen.

Die am Gütlersberg zwischen dem Mackenheimer und Kreidacher Thal auftretenden Gesteine zeigen einen recht wechselnden Habitus. Einige enthalten nur Muscovit und unterscheiden sich dann von den Glimmerschiefern aus der Nähe von Gorxheim nur durch etwas gröbere Structur und grösseren Quarzgehalt, andere gehen durch Aufnahme von Feldspath in Muscovitgneisse über; in anderen wiederum tritt zum Muscovit Biotit hinzu, bis schliesslich reine Biotitgneisse entstehen. Accessorisch trifft man Eisenkies und aus diesem entstandenen Brauneisenstein, ersteren in wohlausgebildeten Würfeln, besonders in den nicht seltenen linsenförmigen Aus-

[1] Vgl. die Bemerkungen von Kalkowsky: Das Glimmerschiefergebiet von Zschopau. Zeitschr. d. deutsch. geolog. Ges. 1876. 746 ff.

scheidungen, die aus ziemlich grobkörnigem, fettglänzendem Quarz bestehen. Da genügende Aufschlüsse am Gütlersberg fehlen, und diese Partie nur in untergeordneter Weise auf die Section Heidelberg übergreift, so mögen diese kurzen Notizen genügen. Jedenfalls scheinen die Gneisse über die Glimmerschiefer an diesem Punkte vorzuherrschen, und in diesem Sinne wurden die Gesteine auf der Karte ausgezeichnet.

II. Massige Gesteine.

Sehen wir ab von den untergeordneten gangförmigen Gebirgsgliedern und von den Quarzporphyren, welche als integrirende Theile der Dyas dieser zugezählt werden müssen, so besteht das massige Gebirge im südlichen Odenwald weitaus vorherrschend aus zwei Abtheilungen der granitischen Gesteine, nämlich aus hornblendefreien und hornblendeführenden Graniten. Mehr local entwickeln sich aus letzteren durch Zurücktreten des Orthoklas Diorite, durch Zurücktreten des Quarz Syenite. Trotz dieser im grossen und ganzen einfachen Gliederung treten im einzelnen zahlreiche Varietäten innerhalb der beiden Gruppen auf, nach allen Richtungen durch Uebergänge mit einander verbunden. Die während der Aufnahme versuchte Trennung lieferte ein zu buntes Bild, als dass sie bei der Reduction der Originalblätter ganz hätte zum Ausdruck gebracht werden können. Um aber auch bei denjenigen Gesteinstypen, welche schliesslich ausgeschieden wurden, das Fehlen scharfer Grenzen anzudeuten, wurden die Farben ohne die sonst üblichen Contourlinien aufgetragen. Uebrigens deutet eine einheitliche Farbe keineswegs stets an, dass nur das eine oder das andere Gestein in dem betreffenden Gebiet vorhanden ist, sondern oft nur, dass dasselbe als das vorherrschende betrachtet werden kann. Aber selbst bei dieser Beschränkung können leicht Irrthümer in einem fast durchweg dicht bewaldeten Terrain vorkommen, wo oft recht ausgedehnte Gebiete ausschliesslich nach wenigen losen Stücken beurtheilt werden mussten. Ob diese aber dem vorherrschenden Gestein angehören, ist zum mindesten im Bereich der hornblendereichen Granite oft fraglich. Diese enthalten nämlich in grosser Zahl Gänge und Ausscheidungen hornblendefreier Granite, welche langsamer als erstere verwittern und daher vorzugsweise im Waldboden stecken.

Die zeitraubenden Versuche einer Gliederung innerhalb der wahrhaft chaotisch sich darstellenden Granitformation konnten aber auch nicht zu einem befriedigenden Resultat führen: denn nach wiederholtem Begehen einzelner Gebiete musste man die Ueberzeugung gewinnen, dass die hier in Betracht kommenden Gesteine trotz grosser Differenzirung in mineralogischer und chemischer Beziehung nicht im gewöhnlichen Sinne als zeitlich getrennte Bildungen aufzufassen sind, und dass sie daher auch nicht gegen einander scharf abgegrenzt sein können. Es scheint, als ob ein der Zeit der Entstehung nach im wesentlichen einheitliches Magma vorgelegen habe, welches sich aus nicht nachweisbaren Ursachen verschiedenartig gespalten hat. Mit einer einheitlichen Entstehung soll jedoch nicht die Ansicht ausgesprochen werden, als ob das ganze Gebirge in Form einer compacten Masse emporgedrungen und erstarrt sei, sondern sie ist derart aufzufassen, dass noch nicht Haupttheile des Gebirges vollständig erhärtet waren, bevor neue Massen nachgeschoben wurden. Man kann sich den Vorgang etwa folgendermassen denken: nachdem ein Theil des granitischen Materials zur Eruption gelangt, und durch theilweise Erhärtung schon ein bestimmter Typus vorgezeichnet war, erfolgte ein weiteres Emporheben eines gleichen oder ähnlichen Magma, welches durch ersteres bei seinem halb verfestigten und wohl vielfach zerklüfteten Zustand leicht hindurchgepresst werden konnte. Es erfüllte Spalten, riss Schollen los und hüllte sie ein, breitete sich über die älteren Massen aus und erweichte dieselben von neuem an den peripherischen Theilen. In Folge dessen vermochte sich an den Contactstellen ein so inniger Verband und ein so allmählicher Uebergang herauszubilden, wie er häufig vorliegt, und es konnten gangförmige Gebirgsglieder entstehen mit grossen Orthoklaskrystallen, die halb im scheinbaren Gang, halb im angrenzenden Gestein stecken. Je nach dem Grade der schon stattgefundenen Erstarrung werden sich die Grenzen schärfer ausgebildet oder mehr verwischt haben, und die Differenz des

Erstarrungsproducts von scheinbarem Gang und Nebengestein musste verschieden gross ausfallen. Solche Vorgänge mögen sich mehrfach und nach verhältnissmässig kurzen Zeitintervallen wiederholt haben. Diese Annahme, es stelle das Massiv granitischer Gesteine ein vielfach zu Schollen zertrümmertes Gebirge dar, welches durch gleich oder ähnlich zusammengesetztes Material wieder verkittet und gleichsam zu einem einheitlichen Gebirge regenerirt wurde, bevor die petrographische Entwickelung der älteren Eruptivmassen vollendet war, ist natürlich nur eine hypothetische. Doch scheint keine thatsächliche Beobachtung mit ihr in Widerspruch zu stehen. Bei dieser Anschauung ist es keineswegs nothwendig, an Eruptionen zu denken, welche das Material bis über die Oberfläche erhoben; es ist im Gegentheil anzunehmen, dass zur Zeit der Entstehung der Granite und der verwandten Gesteine zum mindesten eine zusammenhängende Bedeckung durch krystallinische Schiefer vorhanden war, welche erst später fast vollständig der Erosion zum Opfer fiel.

Da öfters — besonders deutlich in der Gegend von Waldmichelbach — porphyrartiger Biotitgranit an den unteren Gehängen, fein- und mittelkörnige Granite im Wechsel mit hornblendereichen Graniten auf den Höhen vorkommen, so könnte man vielleicht daraus schliessen, dass die letzteren Gesteine vorzugsweise einem späteren Nachschub ihre Entstehung verdanken.

Schliesslich finden sich aber in dem besprochenen Gebiet auch zahlreiche wirkliche Gänge, die als selbständige geologische Körper jüngeren Alters aufzufassen sind, als Spaltenausfüllungen, welche enstanden, nachdem die Hauptgesteinsmasse vollständig erstarrt war.

Das im obigen seiner etwaigen Entstehung nach besprochene Gebirge bildet im nördlichen und nordwestlichen Theil des Kartengebietes ein geschlossenes Massiv, nur bei Weinheim und Trösel von dyadischen Porphyren unterbrochen, oder hie und da von Löss und krystallinischen Schiefern oberflächlich bedeckt. Wiederholt steigt es zu bedeutenden Höhen an, am Waldsknopf bei Oberabsteinach bis zu 1893, am Eichelberg bis zu 1759, am Gutenberg bei Hilsenhain bis zu

1634 Fuss. Die Haupterhebung fällt in den östlichen Theil, während der westliche durchschnittlich 4—500 Fuss niedriger ist. Nach Süden und Osten senkt sich das Massiv stark, so dass es südlich vom Schriesheimer und östlich vom Absteinacher Thal bald verschwindet und dann nur noch hervortritt, wenn das Terrain tief einschneidet. Da dies aber mehrfach und in grösserer Entfernung vom Hauptmassiv der Fall ist, so ergibt sich daraus mit Sicherheit, dass das granitische Gebirge die Unterlage der sedimentären Formationen bildet. Mit dem Hauptmassiv verbunden sind die schmalen Granitzonen in den Thälern des Eiterbachs und des Laxbachs bei Schönmattenwaag[1] und am westlichen Gehänge des Oelbergs; vollständig isolirt ist der Granit von Heidelberg, Wilhelmsfeld, Heddesbach und am Leichtersberg bei Altenbach.

Obgleich die Gesteine der Granitfamilie zusammen mit den untergeordneten Vorkommnissen von Diorit und Syenit sich am einfachsten als geognostisches Ganze auffassen lassen, muss man doch petrographisch eine Reihe von Typen unterscheiden. Es sind dies abgesehen von den gangförmigen Gebirgsgliedern die folgenden:[2]

Hornblendearme Gesteine:

1. Biotitgranit
   porphyrartiger
   normaler
   hornblendeführender

Hornblendereiche Gesteine:

2. Amphibolgranit
3. Amphibol-Biotitgranit
4. Diorit
   eigentlicher Diorit
   Quarzdiorit

---

[1] Möglicherweise tritt der Granit im Thal des Laxbachs noch weiter abwärts bis Ludwigsdorf einige Male an die Oberfläche; er wurde nicht eingezeichnet, weil er sich nicht ganz sicher constatiren liess.

[2] Indem ich mich, wie ersichtlich, der von Rosenbusch (Zeitschr. d. deutsch. geolog. Ges. 1876. 369 ff.) vorgeschlagenen Gliederung der granitischen Gesteine anschliesse, erlaube ich mir nur insofern eine geringfügige Abweichung, als ich den Namen Biotitgranit der Bezeich-

(Quarzglimmerdiorit)
Augitdiorit
5. Syenit
Anhang: chloritische Gesteine.

1. Biotitgranit.

Biotitgranit tritt in zweifacher Form auf: ohne grössere Orthoklasausscheidungen in stetem Wechsel mit hornblendereichen Gesteinen und als porphyrartiger Biotitgranit. An den Grenzen geht zwar letzterer hie und da durch Aufnahme von Hornblende allmählich in Amphibolgranit über, aber ist der Uebergang einmal vollzogen, so stellt sich der porphyr-

---

nung Granitit vorziehe und für diejenige Gruppe, welche Amphibol und Biotit als wesentliche und gleichwerthige Gemengtheile führt, den Namen Amphibol-Biotitgranit wähle. Dadurch erhält man nicht nur eine einheitliche Nomenclatur für die Haupttypen Biotit-, Muscovit- und Amphibolgranit, sondern vermeidet auch die wenig wohlklingenden und allzulangen Bezeichnungen magnesiaglimmerführender Amphibolgranit u. s. w. Der fünfte von Rosenbusch aufgestellte Typus, welcher die gleichzeitig Amphibol and Biotit enthaltenden, im Odenwald stark vertretenen Granite umfasst, wird zwar von demselben den übrigen Gruppen gleichwerthig angereiht, aber ohne gleichwerthigen Namen. Denn Rosenbusch schlägt selber vor (l. c. 371 Anm.), den adjectivischen Anhang 'führend' nur bei accessorischen und nicht gleichmässig vertheilten Mineralien anzuwenden, eine Bedingung, die bei der in Frage stehenden Gruppe nicht zutrifft. Dieser Inconsequenz wird durch die von mir gewählte, jedenfalls vereinfachte Bezeichnung, wie ich hoffe, in entsprechender Weise abgeholfen. Zweifelhafter mag die Berechtigung erscheinen, Granitit durch Biotitgranit zu ersetzen. Rosenbusch hat augenscheinlich den Namen Biotit vermieden, weil man denselben früher für identisch mit hexagonalem Magnesiaglimmer ansah und die nicht hexagonalen Varietäten als Phlogopite bezeichnete. In neuerer Zeit ist es aber zum mindesten fraglich geworden, ob Biotite in diesem Sinne überhaupt vorkommen, und eingewachsen in Gesteinen sind sie jedenfalls noch nicht nachgewiesen worden. Man darf daher wohl Biotit mit Magnesiaglimmer identificiren, um nicht diesen alten eingebürgerten Namen ganz oder fast ganz in Wegfall bringen zu müssen. Eine Neuerung liegt darin um so weniger, als Groth, Knop, Zirkel und Des Cloiseaux Biotit und Magnesiaglimmer als synonym aufführen. und die meisten Petrographen — sogar Rosenbusch selbst (Mikrosk. Phys. d. massigen Gesteine 23) — bald die eine, bald die andere Bezeichnung verwenden, ohne im ersteren Fall das beobachtete Krystallsystem bezeichnen zu wollen. (C.)

artige Biotitgranit nicht wieder ein, und innerhalb seiner Grenzen zeigt er allein unter den granitischen Gesteinen einen durchaus gleichförmigen Habitus. Daher liesse er sich bei einer Aufnahme in grösserem Masstab leicht ausscheiden. Wenn überhaupt einem, so würde noch am ehesten diesem Granittypus eine gesonderte Eruption zuzuschreiben sein. In Anbetracht dieser selbständigen Stellung und der bedeutenden Verbreitung mag auch derselbe zuerst beschrieben werden.

Aus porphyrartigem Biotitgranit bestehen die vorhin erwähnten isolirten Vorkommnisse granitischer Gesteine und die äusseren Zonen des massigen Gebirges im Süden und Osten in erheblicher Breite. Von der Schauenburg bei Dossenheim an erstreckt er sich etwa bis Leutershausen; seine nördliche Grenze folgt dann im grossen der Wasserscheide bis zum Eichelberg und zieht sich über die Gegend von Steinklingen und Wünschmichelbach nach Unterabsteinach. Er herrscht dann wieder in der ganzen nordwestlichen Ecke bei Waldmichelbach und in der Umgebung von Weinheim vor. Von den Hauptthälern liegen die von Heidelberg, Schriesheim, Eiterbach, Schönmattenwaag, soweit sie in Granit einschneiden, ganz, die von Absteinach, Gorxheim und Birkenau zum Theil in dieser Varietät. Am Waldsknopf und Hohberg tritt sie zungenförmig in das Gebiet der hornblendereichen Gesteine ein. Die Gehänge des Schriesheimer- und Neckarthals, der Eichelberg und seine Umgebung und die Gegend von Waldmichelbach können als besonders typische Gebiete hervorgehoben werden.

Es wurde schon erwähnt, dass der porphyrartige Biotitgranit von allen Granittypen den constantesten Habitus zeigt. Geringfügige Variationen werden meist bedingt durch Abweichungen in der Färbung oder in der Korngrösse einzelner Gemengtheile, seltener durch ihre Anordnung.

Er besteht fast durchgängig aus einem mittelkörnigen Gemenge von weissem, grauem oder röthlichem bis fleischrothem Orthoklas, weissem Plagioklas, rauchgrauem oder röthlichem Quarz und schwarzem Glimmer mit grossen porphyrartig eingelagerten leistenförmigen Orthoklasen von meist weisser, seltener röthlicher Farbe. Durch den stets vorherrschenden Feldspath wird besonders der weisse, graue oder röthliche Ton in der Gesammtfärbung bedingt. Der Plagioklas zeichnet sich meist durch einen stärkeren perlmutterartigen Glanz auf den vollkommenen Spaltungsflächen vor dem Orthoklas aus. Der Biotit ist gewöhnlich in isolirten Tafeln und niedrigen Säulen oder kleinen Gruppen gleichmässig vertheilt, aber regellos orientirt. Nur hie und da — besonders in der Gegend von Waldmichelbach — häuft er sich zu grösseren schuppigen Aggregaten mit vorwiegend paralleler Lage an und bedingt dann zugleich mit der übereinstimmenden krystallographischen Orientirung der grösseren Orthoklase eine Neigung zu schiefriger Structur, die sich mit der bekannten des Syenit aus dem Plauen'schen Grund vergleichen lässt.

Die porphyrartig eingebetteten Orthoklase scheinen um so unreiner zu sein, je grösser sie sind. Schon mit der Lupe erkennt man in sehr reichlicher Menge Einschlüsse von Quarz und Biotit, daneben vereinzelt honiggelbe scharfe Kryställchen oder braune Körner von Titanit und spärlich Magnetit. (Titanit besonders schön im Speckbachthal bei Waldmichelbach.) Am Eichelberg findet man auch scharf rectangulär begrenzte Einschlüsse der mittelkörnigen Gesteinsmasse, so dass die Orthoklassubstanz selbst nur einen aus schmalen Leisten bestehenden Rahmen bildet. Die grossen Orthoklase sind meist so reichlich vorhanden, dass es schwieriger ist, ein Handstück ohne, als mit denselben zu schlagen. In der Gegend von Heiligkreuzsteinach und am Westfuss der Hohen Waid treten sie jedoch hie und da zurück, während sie sich andererseits an der Daumhöhe bei Hilsenhain ganz local so mehren, dass der Granit vorwiegend aus ihnen besteht. Hier stellen sich dann gleichzeitig feinkörnige, sehr glimmerreiche Ausscheidungen ein. Bei günstiger Verwitterung des Granit kann man die grossen Orthoklase aus dem Grus herauslesen, wie z. B. an dem Südabhang der Brahnig bei Schriesheim, auf dem Wolfsacker an der Gemarkungsgrenze zwischen Schriesheim und Leutershausen und an einem kleinen Abhang an der Chaussee oberhalb Heddesbach. Die Krystalle sind entweder horizontal leistenförmige einfache Individuen oder vertical tafelförmige Karlsbader Zwillinge, beide von der

Combination $\infty P \infty$. $0P$. ∞P . $2\bar{P}\infty$. und mit stets rauher Oberfläche. Spaltet man solche Krystalle, so sieht man, dass ihre Rinde makroskopisch wenigstens reichlicher mit Quarz und Biotit durchwachsen ist, als der Kern.

Die Einwirkung der Atmosphärilien zeigt sich im Odenwald sehr deutlich als eine zweifache, nämlich als eine chemische und als eine mechanische. Bei der ersteren werden alle Gemengtheile mehr oder minder verändert, so dass man oft glauben könnte, ein fremdartiges Gestein vor sich zu haben. Der Feldspath wird zersetzt und schliesslich zu Kaolin umgewandelt, der Glimmer erst messinggelb, dann matt und rothbraun oder grün und talkähnlich; der Quarz erhält stärkeren fettartigen Glanz. Eisenoxydhydrat scheidet sich in grosser Menge aus, und es tritt neu gebildeter lichter Glimmer auf, der dem frischen Gestein vollständig fehlt. Kann man auch solche Erscheinungen überall im porphyrartigen Biotitgranit unter geeigneten Bedingungen beobachten, so treten sie doch besonders energisch da auf, wo das Rothliegende demselben auflagert. Es erklärt sich dies leicht dadurch, dass an der Grenze dieser Formationen die Circulation der Atmosphärilien sehr begünstigt wird. Früher, als man noch die Tuffe des Rothliegenden mit eruptiven Porphyren verwechselte, hielt man die beschriebenen Veränderungen für eine Contactwirkung der letzteren auf den Granit.[1]

Die zweite, mechanische Wirkung der Atmosphärilien verursacht eine Erscheinung, die man kurz als „Zerfallen" bezeichnen kann. Die entstehenden Producte sind Anhäufungen von Grus oder von wollsackähnlichen Blöcken. Dabei zeigen die einzelnen Brocken im Grus keine merkbare chemische Veränderung. Eine abweichende Structur oder ein anderer Grund für dieses oder jenes Verhalten lässt sich nicht nachweisen. Die grossen abgerundeten Blöcke sind stets ausserordentlich fest und vollkommen frisch, wenn sie fast frei liegen. Die auffallende Feuchtigkeit tropft ab oder verdunstet, bevor sie chemisch einwirken kann. Ist aber der grössere

---

[1] Vgl. Cohen: die zur Dyas gehörigen Gesteine des südlichen Odenwaldes 16.

Theil eines Blocks im lockeren Boden eingesenkt, so wirkt die stete Feuchtigkeit des letzteren sehr schnell zersetzend ein.

Zu einer eigentlichen Felsenmeerbildung kommt es nicht, da das Terrain nirgends für eine stärkere Ansammlung günstig ist. Am reichlichsten trifft man Blockbildung wohl am Steckenheller bei Steinklingen und am Eichelberg. Auf dem letzteren Berge gipfelt auch der anstehende Granit in stark zerklüfteten Felspartien, während am Steckenheller die Höhe nur mit losen Blöcken von riesigen Dimensionen bedeckt ist, welche auf das mannigfachste geborsten sind, ohne dass die Stücke aus ihrer Lage gerückt wären.

Nicht allzuselten beobachtet man am Granit eine im grossen parallel verlaufende Zerklüftung, welche hie und da wohl an Schichtung erinnert. Sie mag die Veranlassung gewesen sein, dass Ludwig die Hauptpartien des Odenwaldes für ein metamorphisirtes geschichtetes Gebirge erklärt hat, eine Anschauung, welche für den südlichen Theil wenigstens als entschieden unbegründet zurückgewiesen werden muss.

Für die mikroskopische Untersuchung wurde eine Reihe von Vorkommnissen derart ausgewählt, dass das ganze Kartengebiet gleichmässig repräsentirt wird, und zugleich die kleinen Nüancirungen im Korn, in der Färbung u. s. w. vertreten sind. Dabei ergibt sich, dass die porphyrartigen Biotitgranite im Odenwald, wie wohl überall, sich nicht nur makroskopisch, sondern auch mikroskopisch äusserst constant verhalten. Alle führen an wesentlichen Bestandtheilen Orthoklas, Plagioklas, Quarz, Biotit, an accessorischen Apatit, Magnetit, Titanit, aber letztere in so ausserordentlich spärlicher Menge, dass man die Armuth an accessorischen Gemengtheilen als besonders charakteristisch für diese Odenwälder Granite ansehen kann. Besonders der Magnetit ist stets nur in einigen wenigen Körnchen oder Kryställchen vorhanden, und demnach treten auch Eisenglimmer und andere gewöhnlich durch Umwandlung des Magnetits entstehende Eisenverbindungen so selten auf, dass sie einigen Dünnschliffen gänzlich fehlen.

Die grossen porphyrartig eingebetteten Orthoklase führen als Einschlüsse alle übrigen Gemengtheile, ausserdem, und zwar bei weitem am häufigsten, kleine leistenförmige Orthoklase in einfachen Krystallen und Karlsbader Zwillingen, die nicht gleicher optischer Orientirung mit ihrem Wirth sind. Während der letztere in den untersuchten Fällen eine für den Orthoklas der Granite ungewöhnliche Frische zeigt, sind die ersteren durchweg stark getrübt und zwar entweder überall gleichmässig oder nur im Centrum, so dass eine recht regelmässig begrenzte Zone vollständig wasserklar geblieben ist. Der Gang der Zersetzung ist also ein möglichst complicirter: die frischeste Substanz liegt in der Mitte, die umhüllende ist etwas weniger frisch und die von beiden eingeschlossene vollständig getrübt. Nur vereinzelt erweist sich die wasserklare Zone als Plagioklas. Die grossen, die porphyrartige Structur bedingenden Orthoklase scheinen das letzte Ausscheidungsproduct aus dem Granitmagma zu repräsentiren, entstanden, nachdem die übrige Gesteinsmasse schon vollständig individualisirt war, da sie nicht nur alle übrigen Gemengtheile einschliessen, sondern auch denjenigen in grösster Menge, welcher im Gestein vorherrscht. Man kann annehmen, dass die kleinen interponirten Orthoklase in Folge schnelleren Wachsthums reicher an primären Einschlüssen — Hohlräumen und anderen vielfach gestalteten winzigen Gebilden — wurden, als die grossen Wirthe, in denen allein man jene noch auf das deutlichste wahrnimmt, und dass diese abweichende Structur die Ursache des verschiedenen Zersetzungszustandes sei.

Die rothe Färbung mancher Orthoklase und Quarze wird durch winzige Schüppchen von Eisenglimmer bedingt, beim Orthoklas zumeist aber durch einen nicht bestimmbaren rothbraunen Staub. Zonenstructur am Orthoklas ist eine sehr seltene Erscheinung, und pegmatolithartige Streifung, die auf Mikroklin deuten könnte, tritt nirgends deutlich auf. Ebenfalls selten sind innige Durchwachsungen mit kleinen Quarzkeilen, obwohl sie in keinem Dünnschliff ganz fehlen. Sie beschränken sich jedoch auf wenige kleine Individuen oder auf eine schmale Randzone grösserer. Blättchen von Kaliglimmer als Umwandlungsproduct trifft man wie gewöhnlich in den stärker zersetzten Feldspathen; als primärer Gemengtheil ist er nur in einem Granit von Heiligkreuzsteinach aufzufassen, wo er einige Apatitnadeln einschliesst.

Der Plagioklas zeigt fast durchweg ein constantes optisches Verhalten, nämlich geringe Abweichung der Hauptschwingungsrichtung von der Zwillingsnaht.

Die reichlich im Quarz vorkommenden Flüssigkeitsporen führen Libellen von stark schwankenden Dimensionen und geringer Beweglichkeit. Die winzigsten Bläschen liegen oft in sehr grossen Poren, während in anderen kaum noch Flüssigkeit wahrgenommen werden kann. Die Einschlüsse häufen sich meist zu Bändern an und erstrecken sich dann sowohl im porphyrartigen Biotitgranit, wie in allen Granittypen des Odenwaldes vollständig bis zum Rand. Man ersieht daraus, dass das von einigen Petrographen als Unterscheidungsmerkmal für primären und abgerollten Quarz angegebene Verhalten der Flüssigkeitsporen jedenfalls nicht hinreichend constant ist, als dass Gewicht auf dasselbe zu legen wäre. Mit Ausnahme der untersuchten Granite aus der Gegend von Waldmichelbach enthält der Quarz in allen übrigen bald in grosser Menge, bald vereinzelt feine Trichite, die ihrer Gestalt, Lage und Länge nach ganz die gewohnte Mannigfaltigkeit zeigen. Trichite in Graniten scheinen selten oder bisher wenig beachtet zu sein; Hull beobachtete sie wohl zuerst in einem irländischen Granit;[1] später beschrieb sie Zirkel in einigen nordamerikanischen Vorkommnissen[2] und J. Clifton Ward erwähnt sie im Skiddaw Granit (Nord-England).[3] An sonstigen Einschlüssen trifft man Glimmer und Apatit.

Der Biotit ist meist frisch, seine Absorption fast eine vollständige. Neben dem Bräunlichschwarz tritt spärlich ein Dunkelgrün auf; eigenthümlicherweise zeigen beiderlei Leisten bei Drehung um 90 Grad den gleichen lichtgelben Farbenton. Verwachsungen grüner und brauner Lamellen sind selten. Die nicht ganz frischen Biotite erweisen sich reich an opaken Körnchen, die entweder gleichmässig auf den Spaltungsdurchgängen abgelagert sind oder den Rand dicht erfüllen. Bei den dunklen,

---

[1] Observations on the microscopic structure of Irish Granites. Geol. Mag. XI. 1874. 3.

[2] Microscopical Petrography. 1876. 40 ff.

[3] The Geology of the northern part of the English Lake District. London 1876. 30.

zu Büscheln aggregirten Nadeln, die übrigens nur hie und da auftreten, erscheint es zweifelhaft, ob sie als primäre Einschlüsse oder als secundäre Producte aufzufassen sind.

Der spärliche Apatit tritt als Einschluss in allen Gemengtheilen auf, der Titanit dagegen fast nur in den grösseren Orthoklasen, hier aber zum Theil recht reichlich (Speckbachthal bei Waldmichelbach). Neben der gewöhnlichen bräunlichen und pleochroitischen Varietät finden sich auch lichtgelbe Körner und Krystalle, die man kaum für Titanit halten würde, wenn nicht einige der letzteren ringsum so regelmässig ausgebildet wären, dass man die für den syenitischen Titanit so charakteristische Krystallform auf das deutlichste erkennen kann. Vereinzelt trifft man in den Biotitgraniten, wie auch in anderen Graniten, Syeniten und Dioriten des Odenwaldes ein farbloses apolares Mineral in Körnern, welches abgesehen von einer schuppigen Schliffläche keinerlei charakteristische Merkmale besitzt. Es ist wasserklar, frei von Einschlüssen, Spaltungsdurchgängen und Rissen und tritt im gewöhnlichen Licht grell hervor. Man könnte dasselbe als Flusspath deuten.

Der im obigen charakterisirte porphyrartige Biotitgranit behält überall da den gleichförmigen Habitus, wo man sich in einiger Entfernung von demjenigen Theil des Gebirges befindet, der aus einem innigen Wechsel hornblendereicher und hornblendefreier, aber nicht porphyrartiger Biotitgranite besteht. Da, wo die beiden Gebiete aneinander grenzen, treten jedoch einige Modificationen auf, die den Uebergang vermitteln oder eine Aenderung der Gesteinsfacies andeuten.

Besonders am Steinsberg und in dessen Umgebung — zwischen den Orten Ursenbach, Ober-Flockenbach und Rippenweiher — tritt mit grosser Constanz Hornblende zu den übrigen Gemengtheilen, aber im Verhältniss zum Glimmer in so geringer Menge, dass man sie nur als einen accessorischen, wenn auch charakteristischen Bestandtheil ansehen kann. Dieser hornblendeführende Biotitgranit wurde von den hornblendereichen Gesteinen auf der Karte getrennt, weil er im Gesammthabitus und in der Mikrostructur von diesen sehr viel erheblicher abweicht, als vom porphyrartigen

Biotitgranit. Abgesehen von dem erwähnten Gebiet trifft man ähnliche Gesteine auch sonst noch, aber so typisch, dass sie eine Auszeichnung gestatteten, nur noch oberhalb Troesel und südwestlich vom Hohberg bei Unterabsteinach.[1]

Der hornblendeführende Biotitgranit scheint im Vergleich zum porphyrartigen durchschnittlich den Quarz in grösseren Körnern zu führen und etwas ärmer an basischen Gemengtheilen zu sein; auch treten die grossen Orthoklasleisten nicht so reichlich auf. Die grünlichschwarzen Hornblendesäulen liegen theils isolirt, theils vereinigen sie sich mit dem Biotit zu kleinen Gruppen. Unter dem Mikroskop erkennt man neben einfachen Individuen reichlich Zwillinge. Pleochroismus und Absorption sind sehr kräftig; die Farben beschränken sich auf Gelbgrün, Bläulichgrün und Schwärzlichgrün, während der Glimmer stets braune Töne zeigt. Der auch hier sehr spärliche Magnetit findet sich fast ausschliesslich mit Hornblende verwachsen oder in deren Nähe, obwohl er bei ihrer Frische sicherlich nicht secundärer Entstehung ist. Südlich vom Hohberg färbt reichlicher Eisenglimmer den Feldspath auch makroskopisch roth. Apatit stellt sich gern als Gast in der Hornblende und im Biotit ein und zwar etwas häufiger als in dem hornblendefreien Granit. Es mag Zufall sein, dass in den sechs untersuchten Dünnschliffen Titanit fehlt, der sich sonst gern mit Hornblende associirt. Trichite wurden nur im Quarz eines Präparats etwas reichlicher beobachtet, in den übrigen fand sich selten ein einzelnes Härchen. Zwischen den grösseren Individuen eingeklemmte feinere Quarz-Feldspath-Aggregate, in den vorhin beschriebenen Graniten häufig, sind hier sehr spärlich vorhanden. Die etwas gröbere Structur mag es bedingen, dass der Feldspath, besonders der Orthoklas durchgängig getrübter ist; in demselben eingebettete grünliche Körner scheinen secundärer Epidot zu sein. Ein nicht auf der Karte ausgezeichnetes Vorkommen vom rechten Thalgehänge oberhalb Kreidach ist reich an

[1] Am letzteren Punkte dehnen sie sich nach dem Hohberg zu weiter aus, als auf der Karte angegeben wurde, indem sie am Ost-, West- und Süd-Abhang in recht typischer Weise auftreten.

Glimmer und grossen Plagioklasen, während Hornblende nur ganz vereinzelt sich einstellt.

Am Bildstöckel bei Ober-Flockenbach tritt sehr untergeordnet eine feinkörnige, plagioklasarme Varietät auf mit spärlichen und kleinen Feldspathleisten. Grössere Orthoklase zeigen öfters Zonenstructur oder am Rand kranzförmig eingelagerte runde Quarzkörnchen. Der Quarz enthält auffallend wenige Flüssigkeitsporen.

An anderen Punkten — besonders deutlich auf der rechten Seite des Birkenauer Thals und in der Gegend zwischen Siedelsbrunn und Unterabsteinach — vermittelt eine Structuränderung den Uebergang. Die grossen porphyrartig eingebetteten Orthoklase, welche überhaupt im nördlichen Gebiet spärlicher vorhanden sind, als im südlichen, werden durch kleine leistenförmige Individuen ersetzt, die nur wenig hervortreten, so dass die Gesteine schon aus geringer Entfernung das Ansehen eines rein mittelkörnigen Granit erhalten. Die lichte Färbung wird theils durch den geringen Gehalt an Glimmer überhaupt bedingt, theils dadurch, dass letzterer öfters zu einem talkig aussehenden Mineral ausbleicht oder sich chloritisch verändert (Birkenauer Thal). Unter dem Mikroskop erweisen sich diese Granite sehr arm an Plagioklas und fast frei von accessorischen Gemengtheilen. Der Quarz führt keine Trichite, aber sehr reichlich Flüssigkeitsporen.

Der Biotitgranit schlechthin, welcher bei normaler Ausbildung den Orthoklas nur in unregelmässig begrenzten Körnern enthält, nicht in mehr oder minder scharf ausgebildeten Leisten, tritt weder in so ausgedehnten und geschlossenen Massen auf, wie der porphyrartige Biotitgranit, noch mit einem so constanten Habitus. Der Wechsel mit hornblendereichen Gesteinen ist ein so inniger, dass man bei dem Mangel guter Aufschlüsse stets wieder in Zweifel geräth, ob man es mit vorherrschendem Gestein, mit localen Ausscheidungen, d. h. Erstarrungsmodificationen oder mit wirklichen Gängen zu thun hat.

Charakteristisch für diese Biotitgranite ist es, dass sie niemals Hornblende als accessorischen Gemengtheil aufnehmen, und Trichite dem Quarz vollständig fehlen. Für ihr Vorkommen sind besonders die Gegenden von Ober- und Unterabsteinach, Mackenheim, Kreidach und Siedelsbrunn, ferner die Gebiete südöstlich von Birkenau und zwischen Gorxheimer und Hohensachsener Thal hervorzuheben.

Diese Biotitgranite besitzen durchschnittlich ein kleineres Korn, als die bisher beschriebenen, deren Hauptgesteinsmasse als mittelkörnig zu bezeichnen ist. Ein Theil — und zwar wohl der grössere — ist glimmerarm und daher sehr licht gefärbt, graulich, gelblich oder röthlich. Die Gesammtfärbung wird meist durch den Feldspath bedingt, zuweilen trägt auch röthlicher Quarz mit zu derselben bei. Tritt Glimmer reichlicher auf, so liebt er es, sich zu kleinen Aggregaten anzuhäufen, die sich recht gleichmässig vertheilen und öfters durch parallele Lage eine mehr oder minder deutliche schiefrige Structur erzeugen (besonders häufig in der Gegend östlich vom Absteinacher Thal). Bei Vöckelsbach tritt in einer solchen Varietät sehr reichlich fein eingesprengter Eisenkies auf, in hornblendefreien Graniten wohl ein seltener accessorischer Gemengtheil.

Der Verwitterung widerstehen die glimmerarmen Granite ebenso gut, wie die gangförmigen, was mit dazu beiträgt, die Trennung zu erschweren; bei den glimmerreichen beobachtet man dagegen öfters eine gleichmässige und tiefgehende Zersetzung.

Unter dem Mikroskop erweisen sich diese Granite bald fast frei von Plagioklas, bald recht reich an demselben. Der Orthoklas in unregelmässiger Körnerform bildet beinahe ausschliesslich einfache Krystalle. Es scheinen in den Graniten überhaupt — wenigstens gilt dies für diejenigen aus dem Odenwald durchgängig — als Zwillinge meist nur leistenförmige Individuen ausgebildet zu sein. Zuweilen stellt sich der vorherrschende Quarz im gewöhnlichen Licht als eine Art Grundteig dar, in dem die Feldspathkörner eingebettet liegen; im polarisirten Licht zerfällt er jedoch in viele Individuen mit verschiedener Orientirung. Wo Eisenglimmer reichlich auf Sprüngen im Quarz abgelagert ist, färbt er letzteren makroskopisch gleichmässig roth. An sonstigen, jedoch höchst spärlichen accessorischen Gemengtheilen trifft man Apatit, lebhaft polarisirende Mikrolithe, Magnetit, Eisenkies, Kaliglimmer und Epidot, die beiden letzten als secundäre Producte. Magnetit und Eisenkies ersetzen sich oder fehlen auch wohl ganz. Der Quarz ist bald reich, bald arm an Flüssigkeitsporen, der Biotit öfters stark ausgebleicht; in dessen Nähe siedeln sich dann allerlei bräunliche Eisenverbindungen an, welche auch auf Sprüngen in die übrigen Gemengtheile eindringen.

Specielle Erwähnung verdienen die Biotitgranite, welche im Kallstädter Thal und im Schwabsgrund am Raubschlösschen in grossen Steinbrüchen abgebaut werden und auch an der Erlenbach bei Oberkunzenbach untergeordnet vorkommen. An allen diesen ziemlich weit von einander entfernten Punkten ist ihr Habitus ein sehr gleichförmiger und von den übrigen Biotitgraniten abweichender. Ihre technische Verwerthbarkeit beruht auf dem gleichmässigen kleinen Korn, verbunden mit einer Neigung zu schiefriger Structur, welche die Herstellung regelmässiger Hausteine erleichtert. Alle übrigen hornblendefreien Granite des südlichen Odenwaldes liefern ein schlechtes Material und werden nur noch in sehr beschränkter Weise verwandt, seitdem man die Vorzüglichkeit der Quarzporphyre zu Schotter und Pflastersteinen erkannte.[1]

Der Glimmer tritt in diesen Biotitgraniten in weit feineren Blättchen und regelmässigerer Vertheilung auf, als in den übrigen und bedingt dadurch eine recht gleichmässige graue Färbung. Als accessorischen Gemengtheil trifft man zuweilen rothen Granat, der sich sonst nur in gewissen Ganggraniten findet. Entweder sind grössere Krystalle mit treppenförmigem Aufbau isolirt eingewachsen oder kleine Körner bilden zusammen mit Quarz, Biotit und etwas Eisenkies körnige Aggregate. Hie und da treten auch prächtige grobkörnige Gemenge

---

[1] Nach der bildlichen Darstellung der Materialgattungen zur Unterhaltung der wichtigeren Strassen des Grossherzogthums Baden wurden 1868 im Odenwald nur noch etwa $1^1/_4$ geogr. Meilen Chaussee in der Gegend von Heiligkreuzsteinach mit Granit beschottert, während zahlreiche alte Steinbrüche — besonders in der Gegend von Schlierbach — eine ausgedehnte Verwendung des Granit in früherer Zeit bekunden.

von fleischrothem Orthoklas, rauchgrauem Quarz und Muscovit auf, letzterer mit kräftigem, grünlichem Perlmutterglanz. Sie sinken bis zu wenige Millimeter breiten Adern hinab und sind wohl als granitoïdische Bestandmassen aufzufassen, d. h. nicht als Eruptivgänge, sondern als gangförmige oder gestreckt linsenförmige Bildungen, welche wie die von H. Credner[1] beschriebenen granitischen Gänge des sächsischen Granulitgebietes ihr Material auf wässrigem Wege aus dem Nebengestein bezogen haben und gleichartiger Entstehung mit den Erzgängen sind. Andere in gleicher Weise aufzufassende Partien bestehen aus weissem Orthoklas, wenig Quarz, Muscovit und schwarzem Turmalin.

Der Quarz ist in dem vorliegenden Biotitgranit sehr arm an Flüssigkeitsporen, und die vorhandenen scharen sich nur ausnahmsweise in der für Granite charakteristischen Weise; zumeist sind sie vereinzelt unregelmässig zerstreut. Auch andere Einschlüsse sind selten; man trifft Biotit, farblose Mikrolithe, wahrscheinlich Apatit, und relativ am häufigsten lichtgefärbte, wohlabgerundete Körner, welche übrigens in geringer Zahl in den meisten Graniten zu finden sind. In Folge ihrer stark gekrümmten Oberfläche besitzen sie einen breiten dunklen Saum, treten schon im gewöhnlichen Licht in auffallender Weise grell hervor und liefern sehr lebhafte Polarisationsfarben. Sie lassen sich ebensowenig sicher deuten wie vereinzelte säulenförmige Mikrolithe mit pyramidaler Endausbildung und treppenförmigem Aufbau, deren physikalische Eigenschaften genau die gleichen sind. Vereinzelt liegen diese Körner und Mikrolithe auch im Feldspath.

Neben kaffeebraunem Glimmer ist recht reichlich wahrscheinlich aus diesem entstandener grüner vorhanden. der aber selten mit jenem verwachsen ist. Auffallender Weise enthält ersterer an Interpositionen nur opake Körner, letzterer nur dunkle büschlig gruppirte Stacheln. Accessorisch gesellen sich einige grosse Leisten von Muscovit hinzu, dessen secundäre Entstehung nicht sicher nachweisbar ist. Der wasserklare Plagioklas zeichnet sich durch breitere Lamellen und schiefere

[1] Zeitschrift der deutschen geolog. Ges 1875. 104 ff.

Orientirung aus, als in den übrigen Biotitgraniten. Einige Individuen sind sehr reich an winzigen Biotitblättchen; eine wohl nicht häufige Erscheinung. Auch Durchwachsungen des Feldspath mit Quarz sind weit spärlicher als sonst. Magnetit scheint ganz zu fehlen; statt seiner stellt sich in einigen Dünnschliffen etwas Eisenkies in zierlichen Würfeln ein.

Am ausgedehntesten und in Form eines recht gut abgeschlossenen Massivs treten Biotitgranite mit vorherrschend gleichartigem Korn in dem Gebirgsstock auf, welcher zwischen dem Gorxheimer und dem Hohensachsener Thal liegt und in den Höhen: Geiersberg, Ziegelberg (Ziehberg), Befeldesberg (westlich vom Bachberg), Goldkopf, Bachberg und Aepfelberg [1] gipfelt. In diesem Gebiet sind jedoch die Granite selten typisch entwickelt, sondern zeigen meist einen hohen Grad von Veränderung.

Ein Theil dieser Veränderungen ist insofern normal, als er denjenigen gleicht, welche der porphyrartige Biotitgranit an der Grenze gegen das Rothliegende erlitten hat, und welche ausschliesslich auf eine Einwirkung der Atmosphärilien auf die Feldspathe und Glimmer zurückzuführen sind. An der Zugehörigkeit solcher Gesteine zum Granit kann auch im Handstück gewöhnlich kein Zweifel sein. Der Glimmer ist talkähnlich; die kleineren Feldspathkörner sind bald zu Kaolin, bald zu einem typischen ölgrünen Pinitoid umgewandelt, während die grösseren Orthoklase wenig angegriffen scheinen. Zuweilen tritt noch rothbraunes Eisenoxydhydrat in äusserst feiner und gleichmässiger Vertheilung hinzu, und dann wird der Gesteinshabitus schon zu einem recht fremdartigen.

In weit höherem Grade ist dies der Fall bei einer anderen Gesteinsreihe veränderter Granite, welche augenscheinlich in Folge complicirterer chemischer Processe entsteht.

---

[1] Bezüglich der Bezeichnungen Bachberg und Aepfelberg stimmen die Angaben der badischen Generalstabskarte und der Waldkarten nicht überein. Nach letzteren würde der auf der Karte verzeichnete Aepfelberg der Bachberg sein, und ersterer Name der mehr nach Westen gelegenen Spitze zukommen.

Neben der Umwandlung einzelner Gemengtheile in loco scheint gleichzeitig eine Dislocation von Zersetzungsproducten, besonders von Kieselsäure und Eisenverbindungen eingetreten zu sein. Dabei sind dieselben bald in der Nähe des ursprünglichen Materials abgesetzt worden, bald verhältnissmässig weit gewandert. Man kann solche Granite anstehend am besten beobachten, wenn man den über den Geiersberg führenden Grenzpfad zwischen der Weinheimer und Lützelsachsener Gemarkung entlang geht. Nach Handstücken würde man häufig eher glauben, einen Porphyr oder eine Porphyrbreccie, als einen Granit vor sich zu haben. Oefters bestehen dieselben fast ganz aus einer bräunlichen oder violetten, meist mehrfarbig gefleckten, vollkommen dichten Masse, in der Granitbrocken oder isolirter Quarz und Feldspath in abgerundeten Körnern und in Form eckiger Fragmente spärlich eingebettet liegen. In anderen Gesteinen herrschen scheinbar scharf begrenzte eckige Granitpartien vor, die durch ein felsitähnliches Bindemittel verkittet werden. In beiden Fällen ist der Glimmer ganz oder fast ganz verschwunden. Die felsitähnliche Substanz gleicht auf das täuschendste, bald in Folge ihres vollkommen splittrigen Bruches der Grundmasse eines sogenannten hornsteinartigen Porphyr, bald bei matterem und unebenem Bruch einem sogenannten Feldstein. Sie unterscheidet sich aber vom Felsit schon wesentlich dadurch, dass dünne Splitter vor dem Löthrohr unschmelzbar sind, oder doch nur eine äusserst schwache Abrundung an den feinsten Kanten erleiden. Die sehr charakteristische breccienähnliche Structur tritt noch deutlicher im Dünnschliff hervor. Die farblose, im gewöhnlichen Licht einheitlich erscheinende Grundmasse liefert im polarisirten Licht feinkörnige Aggregatpolarisation; sie enthält unregelmässig begrenzte kleine Quarzkörner, die fast frei von Flüssigkeitsporen sind, und in grosser Menge gelbe bis braune Körner oder flockige Anhäufungen von Eisenverbindungen. Die grösseren Brocken von polysynthetischem Quarz sind reich an Flüssigkeitsporen, führen Apatitnadeln und treten — wie auch die trüben Feldspathreste — scharf hervor, als wären es fremdartige Einschlüsse.

Man wird diese felsitähnlichen Partien, welche sich gar

nicht oder sehr unvollständig vom Messer ritzen lassen und vor dem Löthrohr nicht schmelzen, für eine unreine, hornsteinähnliche Kieselsubstanz halten können, welche sich bei der Zersetzung der Feldspathe und Glimmer ausschied und in den vorliegenden Gesteinen die Stelle der ursprünglichen Mineralien einnahm, oder deren Reste einhüllte.

In anderen Fällen wurde sie in Lösung fortgeführt und an geeigneten Stellen abgesetzt. Waren dies Spalten, so entstanden sehr homogene Ausfüllungen derselben, die sich dann als scharf begrenzte, dem Granit fremdartige Adern oder schmale Gänge darstellen. Derartige Bildungen findet man gar häufig im Odenwald. Dabei ist das Nebengestein zuweilen nicht merklich verändert, so dass das Material von entfernteren Granitpartien herstammen muss.

Bei allen solchen Adern liefert die Hauptgesteinsmasse Aggregatpolarisation; grössere Einschlüsse, die man als Granitfragmente ansehen könnte, fehlen mit ganz vereinzelten Ausnahmen vollständig, dagegen treten Partien mit groberer Aggregatpolarisation breccienartig hervor. Ausserdem liegen in der gleichmässig feinkörnigen Kieselsubstanz zahlreiche kleine Quarze, die fast frei von Flüssigkeitsporen sind und als Neubildung angesehen werden müssen, obwohl ihre durchgängig scharfeckige und entschieden an Fragmente erinnernde Form immerhin auffallend ist. Der sehr spärliche Glimmer erweist sich stets als Muscovit. Ueberall ist die Kieselsubstanz äusserst reich an lichtgrau bis gelb oder rothbraun gefärbten Körnchen und trüben Flocken, die so innig mit derselben verwachsen sind, dass sie sich nur höchst unvollkommen durch Digeriren mit Salzsäure entfernen lassen, selbst wenn sie augenscheinlich aus Eisenoxydhydraten bestehen.

Für das Vorkommen solcher Gebilde mögen einige Punkte hervorgehoben werden. Makroskopisch homogen erscheinende, dunkelbraun gefärbte Adern durchsetzen z. B. recht häufig den Granit am Nord-Abhang des Oelberges und am Geisenberg bei Schriesheim. Sie lösen sich leicht vom Nebengestein ab und sind gegen den Granit zuweilen durch ein Salband von farblosem stängligen Quarz abgegrenzt, dessen feine centrale Naht den secretionären Charakter bekundet. Die Breite der Adern übersteigt selten ein Centimeter, sinkt aber häufig auf wenige Millimeter herab.

In dem Steinbruch des Gorxheimer Thals, welcher dem Raubschlösschen gegenüber liegt, wird der Granit von einem 10 Centimeter breiten, scharf begrenzten Gang durchsetzt, welchen man leicht für einen Felsitfels halten könnte, da das Gestein in hohem Grade einem hornsteinartigen Felsit gleicht. Es ist lichtgrünlich und violett gefleckt und parallel dem Salband fein gebändert. Aehnliche aber ledergelb gefärbte Massen findet man in losen Blöcken an der nahe gelegenen Heubachwiese. Sie entstammen wahrscheinlich einer ziemlich mächtigen Kluftausfüllung.

Als veränderte Granite fasst man wohl auch am einfachsten einige eigenthümliche Gesteine auf, welche am West-Fuss des Eichelberges, am sogenannten Breitloch, in Verbindung mit Minette und am Ost-Fuss des Dörrberges, oberhalb der Daummühle gefunden wurden, an beiden Punkten jedoch nur in losen Blöcken. Sie bestehen aus einer dunkelbraunen, feinkörnigen bis dichten, bald sehr harten, bald porösen und mürben Grundmasse und zahlreichen Brocken oder scheinbaren Einsprenglingen von Feldspath und Quarz. Ein Theil der Feldspathe ist auffallender Weise recht frisch, zuweilen sind sogar die Spaltungsflächen scharf und glänzend, während die Gesteine sonst den Eindruck einer starken Veränderung machen. Die feinkörnige, die grösseren Elemente verkittende Substanz zeigt schwache Aggregatpolarisation, ist überaus reich an braunen Eisenverbindungen und enthält secundäre Muscovitblättchen und Kalkspath. Einige wenige Biotite sind stark umgewandelt.

Hornblendereiche Gesteine.

Die auf der Karte mit einheitlicher Farbe ausgezeichneten hornblendereichen Gesteine bestehen, wie schon erwähnt wurde, aus Gliedern der Granit-, Diorit- und Syenitfamilie. Sie sind durch Uebergangs- und Zwischengesteine derart unter einander verbunden, dass der Masstab keine Sonderung gestattete, wie man sich leicht in der Umgebung des Götzensteins bei Löhrbach, bei Ober-Flockenbach oder am Wässrigen Weg bei Grossachsen überzeugen kann, Oertlichkeiten, an denen sich die verschiedensten Gesteinstypen innerhalb enger Grenzen sammeln lassen. Damit soll jedoch keineswegs geleugnet werden, dass nicht auch ein Theil der hornblendereichen Gesteine in Form echter Gänge oder Stöcke auftreten könne — ja, es erscheint dies sogar für einige, wie z. B. für die Augitdiorite sehr wahrscheinlich, wenn man die scharf begrenzten, im Granit der Gegend von Schriesheim aufsetzenden Gänge nahe verwandter dioritischer Gesteine in Betracht zieht. Bei den mangelhaften Aufschlüssen ist nur der Nachweis im einzelnen Fall ein sehr schwieriger und jedenfalls nur durchführbar bei einer Aufnahme in grösserem Masstab und mit Zugrundelegung genauerer Karten, als sie bis jetzt vorliegen. Bei späteren eingehenderen Untersuchungen würden in dieser Richtung besonders die Syenite und Diorite zu berücksichtigen sein, während die amphibolreichen Granite sich schwerlich überall von den amphibolfreien trennen lassen werden, und soweit die Beobachtungen reichen, nie gangförmig auftreten.

Ist schon die Orientirung im Freien schwierig durch den Wechsel der mineralogischen Zusammensetzung auf beschränktem Gebiet, so wird sie noch dadurch erhöht, dass auch ein und derselbe Gesteinstypus sehr wenig constant bleibt. Bald sind die Gesteine feinkörnig, bald mittelkörnig oder porphyrartig; bald reicher, bald ärmer an basischen Gemengtheilen. In der Gegend von Ober-Flockenbach kann man sogar einzelne mächtige Blöcke finden, an denen Syenit, Diorit und Amphibolgranit in recht typischer Ausbildung neben einander vorkommen.

Weitaus die Mehrzahl der hornblendereichen Gesteine zeichnet sich vor dem Biotitgranit durch eine sehr dunkle Farbe aus, da der basische Gemengtheil — Amphibol resp. Amphibol und Biotit, selten Pyroxen — in ihnen weit reichlicher vertreten ist, als im letzteren. Demgemäss sind sie anstehend schon von weitem leicht zu erkennen, während es schwer ist, aus der Ackerkrume oder aus dem Waldboden auf ihr Vorherrschen oder selbst auf ihr Vorhandensein zu schliessen. Ein Theil zerfällt nämlich leicht je nach der

Korngrösse zu einem feineren oder gröberen Grus, und in diesem verschwindet der Amphibol meist nach kurzer Zeit vollständig. In Folge seiner vollkommenen Spaltbarkeit theilen sich die Säulen nicht nur bald in minutiöse Splitter, die selbst mit scharfer Lupe nicht mehr zu erkennen sind, sondern die Hornblende setzt sich auch in glimmer- oder chloritartige Producte um. Besonders die letzteren lassen sich von den sehr ähnl'chen, wenn nicht identischen Umwandlungsgebilden des Biotit nicht unterscheiden. Man kann im Odenwald oft beobachten, dass die Ackerkrume grösserer Gebiete hornblendefrei erscheint, bis ein kräftiger Gewitterregen die oberen Erdschichten abschwemmt, und plötzlich der hornblendereiche Fels zu Tage tritt. Die leichte Angreifbarkeit der Hornblende durch die Atmosphärilien zeigt sich auch an der Verwitterungsoberfläche der Blöcke und Felsen, welche durch die hervorragenden Feldspathe und Quarzkörner grobhöckerig wird. Erschwert wird die Erkennung des vorherrschenden Gesteins noch durch die Gänge feinkörniger, amphibolfreier Granite, deren schwer verwitternde Bruchstücke auch da zahlreich vorhanden sind, wo die Masse des Granit in der That eine verschwindend kleine ist, und schliesslich durch die schon oben beschriebenen Inseln von Biotitgranit im Gebiet der hornblendereichen Gesteine.

Wenn auch unter den Veränderungen, welchen der Amphibol unterworfen ist, die Umbildung zu einem glimmerigen Mineral entschieden die Hauptrolle spielt, so erscheint es doch nach den mikroskopischen Untersuchungen sehr zweifelhaft, ob die messinggelben oder tombackbraunen Blättchen, welche so häufig auf den Spaltungsflächen auftreten, stets als Umwandlungsproducte aufzufassen sind. Diejenigen Biotite, welche unter dem Mikroskop rein an Farbe und Substanz erscheinen, sind wohl primäre Gemengtheile. Aber auch da, wo eine secundäre Entstehung anzunehmen ist, kommt es nie zu einer vollständigen Pseudomorphosenbildung mit Erhaltung der ursprünglichen Form. Eine solche scheint überhaupt beim Amphibol selten zu sein und nur unter ganz besonders günstigen Umständen einzutreten. Sehr vereinzelt trifft man auch Säulen, die äusserlich vollständig frisch erscheinen, aber einen scharf begrenzten grünlichen erdigen oder bräunlichgelben ochrigen Kern enthalten.

Die Feldspathe neigen nicht so stark zu einer Umbildung zu Kaolin oder Muscovit, wie in den Biotitgraniten, so dass die mechanische Verwitterung im allgemeinen durchgreifender wirkt, als die chemischen Veränderungen. Grus- und Blockbildungen sind daher eine häufige Erscheinung. Da die ersteren ein recht gleichartiges Product liefern, so ist die entstehende Ackerkrume weniger steinig, als die des Biotitgranit, und scheint für den Anbau günstiger zu sein. Die Blöcke nähern sich gewöhnlich der Kugelform mehr oder minder und bilden nicht, wie der porphyrartige Biotitgranit so häufig, wollsackähnliche oder pfeilerartige Formen. Die Gestalt wird wohl bedingt durch eine versteckte Neigung zu kugliger Absonderung; nur selten ist sie, wie z. B. am Syenit der Wehling bei Ober-Flockenbach, so vollkommen, dass schalige Kugeln von einiger Vollkommenheit bei beginnender Verwitterung deutlich hervortreten. Hier allerdings blättern sich schliesslich fast papierdünne Lagen ab. Die rundlichen Blöcke liegen entweder einzeln im Grus eingebettet, oder reichern sich auf der Oberfläche an, wie am Götzenstein und am Hohberg. Wenn im allgemeinen die hornblendereichen Gesteine widerstandsfähiger zu sein scheinen, als die hornblendefreien, so wird dies wohl mit daran liegen, dass bei ersteren feinkörnige, bei letzteren mittelkörnige Varietäten vorherrschen.

Ihrer Verbreitung nach treten die hornblendereichen Gesteine in zwei Hauptgruppen auf. Die südliche liegt im wesentlichen zwischen dem Hohensachsener Thal und der Leutershausen-Ursenbacher Wasserscheide und erstreckt sich im Westen bis an die Bergstrasse, im Osten bis zum Steinsberg, hier durch die hornblendeführenden Biotitgranite gegen den Biotitgranit abgegrenzt. Die nördliche, ausgedehntere bildet den grössten Theil des Gebiets, welches nördlich vom Gorxheimer, westlich vom Absteinacher und Kreidacher Thal liegt, indem nur bei Weinheim eine mächtige Partie hornblendefreien Granit sich einschiebt. In dem angrenzenden, nicht untersuchten Gebirge scheinen diese Gesteine sehr erheblich an Verbreitung zu gewinnen. Durch die kleineren isolirten Partien, welche einerseits zwischen Trösel und Unter-Flockenbach, andererseits zwischen Kunzenbach und Ritschweier liegen, wird eine Verbindung der beiden Hauptgruppen hergestellt.

Die hier in Betracht kommenden Gesteine steigen fast bis zur gleichen absoluten Meereshöhe an, wie die Biotitgranite. Die höchsten Erhebungen mit 1700 bis 1800 Fuss liegen bei Löhrbach und Absteinach nämlich am Kisselbusch, Götzenstein und Hohberg. Im südlichen Theil sind die Höhen geringer und übersteigen 1400 Fuss nur wenig und selten.

2. Amphibolgranit.

Echte Amphibolgranite, welche nur aus Feldspath, Quarz und Amphibol bestehen, treten nicht allzuhäufig im Odenwald auf und gehen gewöhnlich bald in Amphibol-Biotitgranite über. Dieser Uebergang scheint eigenthümlicherweise zumeist in der Art vor sich zu gehen, dass der Biotit sich gleich in hinreichender Menge einstellt, um ihn als wesentlichen Gemengtheil ansehen zu können.

Von einiger Verbreitung sind Amphibolgranite nur im Grossachsener Thal, östlich von Rohrbach und auf der Nord-Spitze des Hohbergs.

An allen diesen Punkten ist die häufigste Varietät porphyrartig durch grosse Orthoklaskrystalle, die gewöhnlich als Karlsbader Zwillinge ausgebildet sind. Das Korn der Hauptgesteinsmasse ist gleich dem des porphyrartigen Biotitgranit, so dass der Typus beider Gesteine ein sehr ähnlicher ist. Sie unterscheiden sich in der That nach Structur und Zusammensetzung nur durch die Ersetzung des Biotit durch Amphibol. Da letzterer sich nirgends so stark anhäuft, wie in den übrigen hornblendereichen Gesteinen, so zeigt der porphyrartige Amphibolgranit unter ihnen eine ausnahmsweise lichte Färbung.

Die grossen Orthoklase sind weiss bis lichtgelblich oder lichtfleischroth; sie führen zwar auch makroskopische Einschlüsse von Quarz und besonders von Amphibol, sind aber durchschnittlich von reinerer Substanz als im Biotitgranit, weniger scharf ausgebildet und inniger mit der übrigen Gesteinsmasse verbunden, so dass sie sich nirgends einigermassen gut erhalten aus dem Grus auslesen lassen, wie schon Leonhard hervorhebt.[1] Sind sie auch im ganzen wohl etwas kleiner, als im Biotitgranit, so erreichen doch einzelne eine erhebliche Grösse.

Der Plagioklas tritt nur selten deutlich hervor, wie z. B. im Grossachsener Thal, wo er grünlich gefärbt ist und gleich dem Orthoklas sowohl in Körnern als auch in Form von Leisten, allerdings relativ kleinen, ausgebildet ist. Die grünlichschwarze Hornblende bildet isolirte Säulen oder kleine stenglige Aggregate; bei beginnender Veränderung gehen Spaltung und Glanz oft ganz verloren. Man könnte glauben, echten Chlorit vor sich zu haben, wenn man nicht durch das Mikroskop anders belehrt würde.

Einer zweiten weniger verbreiteten Varietät fehlen die grösseren Feldspathleisten; sie ist klein bis feinkörnig, hornblendereicher und daher dunkler gefärbt. Im Weiten Thal bei Schriesheim ist die Hornblende fast nur in feinen isolirten Nadeln ausgebildet. Ein Vorkommen aus der Gegend des Dörrbergs bei Unter-Flockenbach ist ausgezeichnet durch einen grossen Reichthum an Titanit und einen starken Gehalt an Eisenkies, während andere makroskopisch wahrnehmbare accessorische Gemengtheile im Amphibolgranit überhaupt nicht beobachtet wurden.

Unter dem Mikroskop erweist sich der Orthoklas zumeist stark getrübt und entsprechend dem makroskopischen Befund arm an Interpositionen. Die beim Biotitgranit erwähnten, abweichend vom Wirth orientirten Orthoklase und Quarzkörner kommen hier ebenfalls in den porphyrartig eingebetteten grossen Leisten vor, aber weit seltener als dort. Am häufigsten sind noch, im Orthoklas wie auch im Plagioklas, Einschlüsse von Hornblende und zwar derart, dass sie sich in einzelnen Individuen stark anreichern, in anderen ganz fehlen. Herrscht eine Dimension bei den Mikrolithen vor, so beobachtet man oft — durchaus jedoch nicht immer — eine Orientirung nach den krystallograpischen Axen des Wirths.

---

[1] Geognost. Skizze d. Grossherzogth. Baden. 1866 33

Wie so oft in granitischen Gesteinen, so sind auch hier viele Feldspathe dicht erfüllt mit einem feinen rothbraunen Staub oder reich an roth bis bräunlich durchscheinenden Blättchen von Eisenglimmer und Körnchen von Eisenoxydhydraten in recht gleichmässiger Vertheilung. Diesen Interpositionen gesellen sich hie und da sehr feine Stäbe hinzu, welche bei schwacher Vergrösserung wie Trichite aussehen, bei stärkerer jedoch durchsichtig werden. Das Umwandlungsproduct des Feldspath besteht meist aus kleinen doppelbrechenden Körnern und Schuppen; äusserst selten treten hier wie in allen hornblendereichen Gesteinen des Odenwaldes neben denselben Blättchen von Muscovit auf. Am Dörrberg bildet letzterer in blättrig-schuppigen Aggregaten zuweilen feine Trümer und dringt dann auch in ihrer Nähe in die Gesteinsmasse selber ein. Der centrale Theil der Trümer wird stellenweise durch Kalkspath mit eingehüllten Flocken von Eisenoxydhydrat ausgefüllt. In einem anderen Dünnschliff liegt zwischen Quarz eingeklemmt bald reiner Kalkspath mit Zwillingsstreifung, bald Kalkspath mit Epidot vergesellschaftet. Epidot stellt sich auch sonst hie und da im Feldspath ein, aber nirgends reichlich. Recht auffallend erscheint die Thatsache, dass in einigen Gesteinen der Feldspath gleichmässig getrübt ist, in anderen sich die Trübung gern auf den centralen Theil beschränkt. Die Ursache mag bald auf geringfügigen structurellen Verschiedenheiten beruhen, wie z. B. grösserer oder geringerer Porösität, bald auf ursprünglich vorhanden gewesenen oder fehlenden Interpositionen.

Der Plagioklas, welcher nirgends fehlt und oft kaum hinter dem Orthoklas an Menge zurücksteht, zeigt zumeist eine feine Zwillingsstreifung. Einzelne Individuen sind aber aus verhältnissmässig breiten Lamellen aufgebaut, und dann ist ihre optische Orientirung eine so erheblich schiefere, und ihre grössere Frische eine so auffallende, dass die Annahme mindestens zweier Plagioklase von abweichender chemischer Zusammensetzung nahe liegt. Der Plagioklas mit breiten Lamellen würde nach dem Auslöschungswinkel dem Labradorit, der andere vorherrschende dem Oligoklas nahe stehen, und, wie so oft, würde der weniger saure Feldspath durchschnittlich der frischere sein.

Der oft stark polysynthetische Quarz ist reich an Flüssigkeitsporen und führt in den porphyrartigen Varietäten bald nur vereinzelte, bald stärker angehäufte Trichite, in den feinkörnigen Varietäten dagegen nur ganz ausnahmsweise einige Härchen. Hornblende tritt nur äusserst selten als Gast im Quarz auf. Mikroschriftgranitartige Verwachsungen von Quarz und Feldspath beobachtet man nur spurenweise. Die Bläschen in den Flüssigkeitseinschlüssen sind öfters von ungewöhnlicher Grösse. Die typischen Amphibolgranite erweisen durch ihren Reichthum an Quarz sehr deutlich ihre Zugehörigkeit zur Granitfamilie.

Der Amphibol ist recht häufig frisch und entweder von idealer Reinheit oder mässig erfüllt mit opaken Körnern und Stäbchen. Er ist fast stets als stängliges Krystalloid ausgebildet, und nur höchst vereinzelt lassen Schnitte, welche geneigt zur Hauptaxe liegen, eine Begrenzung durch Säule und Pinakoid wahrnehmen. Herrschen auch einfache Krystalle vor, so sind doch Zwillinge nicht selten. Sie bestehen entweder aus zwei gleich stark entwickelten Individuen, oder eine schmale Leiste ist einem einheitlichen Krystall eingeschaltet. Breite interponirte Lamellen sind eine sehr seltene Erscheinung.

Das erwähnte makroskopisch chloritisch aussehende Umwandlungsproduct scheint nach den mikroskopischen Eigenschaften oft eher einem glimmerartigen Mineral anzugehören. Dafür sprechen der kräftige Pleochroismus (Lichtgelb und lebhaftes Grün), die sehr vollkommenen Blätterdurchgänge und die grossen einheitlich polarisirenden Leisten und Tafeln, alles Eigenschaften, welche der Chlorit, wenigstens wenn er als Umwandlungsproduct auftritt, nicht in dem Grade zu zeigen pflegt. Vom primären grünen Biotit unterscheidet sich der vorliegende in sehr charakteristischer Weise durch reichliche trübe Flecken ohne scharfe Begrenzung und durch bräunliche Körner. Beide Einschlüsse sind ihrer Natur nach nicht bestimmbar, aber augenscheinlich Zersetzungsproducte. Die Blätterdurchgänge sind sehr häufig wellig gebogen, so dass es scheint, als ob das Umwandlungsproduct mehr Raum beanspruche, als der ursprüngliche Amphibol. Solche wellige Structur zeigt jedoch auch primärer Biotit in granitischen Gesteinen nicht selten. Neben diesen mehr glimmerartigen kommen eben so häufig schuppige oder faserige chloritartige Umwandlungsproducte vor, welche ersteren sehr ähnlich sind, so dass die Entscheidung im einzelnen Fall eine recht schwierige wird. Vielleicht sind die chloritischen Substanzen häufiger mit einer Ausscheidung von Kieselsäure verbunden.

Nach dem makroskopischen Befund sollte man eine nachweisbare Herausbildung von echtem Biotit aus dem Amphibol häufiger erwarten, als es in der That der Fall ist. Es gelang nur in verhältnissmässig wenigen Dünnschliffen, den Verlauf der Veränderungen zu beobachten. Die Hornblende erscheint zuerst, je nach der Lage des Schnitts, von einem feinen gelben bis braunen Netzwerk durchflochten oder von parallelen Streifen durchsetzt. Bei diesem Stadium erhält man den Eindruck, als ob Eisenoxydhydrat auf den Spaltungsflächen eingedrungen sei. Allmählich verbreitert sich die fremdartige Substanz, kräftiger Pleochroismus wird öfters deutlich wahrnehmbar, parallele feine Blätterdurchgänge lassen sich erkennen, und schliesslich erhält man Durchschnitte, in denen Glimmer und Hornblendereste mit einander wechseln. Zugleich lagert sich Eisenoxydhydrat auf den Grenzflächen ab, und es fehlen auch nicht die gewöhnlichen, chloritisch aussehenden Gebilde, so dass das Endproduct ein buntes, mannigfach variirendes Bild liefert. Diese Veränderungen liessen sich am deutlichsten in einem feldspathreichen, grobkörnigen Amphibolgranit verfolgen, der untergeordnet bei Ober-Kunzenbach vorkommt, und in dem sich auch makroskopisch besonders deutlich die secundäre Natur des dunklen Glimmer erkennen lässt.

An accessorischen Gemengtheilen fehlen Titanit und Apatit keinem Dünnschliff, obwohl ihre Menge sehr schwankend ist, und ersterer nie so reichlich auftritt, wie in den übrigen hornblendereichen Gesteinen. Der Titanit tritt sowohl in den bekannten keilförmigen Durchschnitten auf, als auch in höchst unregelmässig gestalteten Körnern, welche häufig von eigenthümlich tropfenförmiger Gestalt sind. Je nach den Dimensionen ist die Färbung bald intensiv braun, bald kaum merklich, und dem entsprechend ist der Pleochroismus bald kräftig, bald unter dem Mikroskop nicht mehr wahrnehmbar. Zwillinge, sonst am Titanit durchaus nicht selten, wurden in keinem Dünnschliff hornblendereicher Gesteine beobachtet; mag auch ein einzelner Fall übersehen worden sein, so wäre doch schon das ausnahmsweise seltene Vorkommen erwähnenswerth. Den Apatit trifft man als Einschluss in allen Gemengtheilen, besonders häufig im Amphibol; er ist, wie gewöhnlich, unregelmässig vertheilt, indem er sich an einzelnen Stellen stark anhäuft, an anderen ganz fehlt. Vereinzelt tritt er in sehr regelmässig ausgebildeten scepterförmigen Krystallen auf. Nicht ganz so constant wie Titanit und Apatit, aber doch in geringer Menge zumeist vorhanden, ist der Eisenkies, neben unregelmässigen Körnern auch die zierlichsten Würfel bildend und öfters von einem Hof von Oxydationsproducten umgeben. In den porphyrartigen Varietäten lassen sich die meisten opaken Gemengtheile durch ihren Glanz im reflectirten Licht sicher als Eisenkies bestimmen; daneben mag hie und da ein Körnchen Magnetit vorkommen. In grösserer Menge, so dass er sich mit dem Magneten ausziehen lässt, enthalten ihn feinkörnige Varietäten. Einzelne Kryställchen sind hier zuweilen vollständig oxydirt, und es entstehen zierliche, roth durchscheinende Pseudomorphosen von Eisenoxyd nach Magnetit. Am häufigsten beobachtet man sie in einem durch nadelförmige Hornblende ausgezeichneten Amphibolgranit aus dem Weiten Thal bei Schriesheim, in dem auch die Hornblende selbst reich an Magnetit-Interpositionen ist. Hie und da stellt sich noch Eisenglimmer auf Sprüngen oder Blätterdurchgängen ein, aber im allgemeinen sind alle hornblendereichen Gesteine, wie auch die hornblendefreien, durch eine grosse Armuth an Eisenverbindungen ausgezeichnet.

Biotit, den man für primär halten kann, fehlt den meisten Gesteinen ganz und stellt sich überhaupt nur in einigen wenigen Blättchen ein.

Ein sehr typischer porphyrartiger Amphibolgranit aus dem Grossachsener Thal enthält noch einige accessorische

Gemengtheile, deren Bestimmung nicht ganz sicher ist. Der eine tritt in säulenförmigen Krystallen auf, die schmutzig gelbbraune Farbe und deutlichen Pleochroismus besitzen; sie sind wahrscheinlich Orthit. Der andere bildet farblose runde Partien mit Aggregatpolarisation und scheint ein Zersetzungsproduct der Hornblende zu sein, Chalcedon oder irgend eine andere Kieselsäurevarietät. Aehnliche, nur weniger scharf charakterisirte Substanzen trifft man auch sonst in der Nähe veränderter Hornblende angesiedelt.

Am Wässrigen Weg bei Grossachsen tritt untergeordnet eine feinkörnige Varietät auf, die in Folge ihres grossen Reichthums an Amphibol und ihrer schiefrigen Structur einem Hornblendeschiefer ähnlich sieht. Das Gestein ist sehr reich an winzigen Apatitnadeln, reich an Titanit, fast frei von Eisenerzen. Einige stark polysynthetische Quarzkörner mit vereinzelten Trichiten und Plagioklase mit vielen Hornblendemikrolithen treten mikroporphyrisch, grössere Orthoklase makroporphyrisch hervor.

3. Amphibol-Biotitgranit.

Zu den Amphibol-Biotitgraniten sind hier alle Gesteine der Granitfamilie gestellt, in denen sowohl Amphibol als Biotit in so bedeutender Menge auftreten, dass man beide als gleichwerthige wesentliche Gemengtheile ansehen muss. Diese Gruppe ist verbreiteter, als die vorige. Sie tritt nicht nur an den meisten Punkten mit der letzteren zusammen auf, sondern fast überall, wo hornblendereiche Gesteine auf der Karte verzeichnet wurden. Ausgezeichnete Vertreter trifft man im Grossachsener Thal in der Nähe der Hopp'schen Mühle, im Weiten Thal bei Schriesheim, in der Gegend von Ursenbach und Ober-Flockenbach, bei der Daummühle unweit Trösel. Sehr verbreitet sind Amphibol-Biotitgranite in dem Gebiet nördlich von Löhrbach, Oberabsteinach und Siedelsbrunn, wo die Spitze des Götzensteins und der Rotzenberg als leicht auffindbare Punkte hervorzuheben sind. Sie bilden ferner die als Steinerne Kanzel bekannten Felsen auf dem Kanzelberg bei Leutershausen und die gang- oder nesterförmigen, dem Diorit untergeordneten Massen im Gebiet des

Birkenauer Thals bei Weinheim. Ausser diesen auf Excursionen leicht zu erreichenden Punkten liessen sich noch eine grosse Reihe anderer anführen. Wie der Amphibolgranit, so tritt auch der Amphibol-Biotitgranit in zwei Hauptvarietäten auf, als porphyrartiger und als kleinkörniger.

Im allgemeinen gilt für den ersteren das schon bei der analog ausgebildeten Varietät des Amphibolgranit mitgetheilte, nur sind die Gesteine durchschnittlich erheblich dunkler, da nicht ein Theil des Amphibol durch Biotit ersetzt wird, sondern dieser neu hinzutritt, die basischen Gemengtheile dadurch bedeutend vermehrend. Auch hier stellt sich hie und da matter grüner Feldspath ein, der sich sehr scharf von dem weissen oder röthlichen Orthoklas mit glänzenden Spaltungsflächen abhebt (Weite Thal, Daummühle); meist ist jedoch aller Feldspath in einem und demselben Handstück gleichmässig gefärbt. Der Biotit unterscheidet sich nicht von dem des Biotitgranit. Er ist meist frisch und fast schwarz, zuweilen in Folge rein oberflächlicher Veränderung messinggelb. Fast immer vereinigt er sich mit dem Amphibol zu Aggregaten, welche häufiger grössere oder kleinere Putzen zwischen den übrigen Gemengtheilen bilden, als sich gleichmässig vertheilen. Eisenkies und Titanit sind gewöhnlich schon mit der Lupe als accessorische Gemengtheile wahrzunehmen, letzterer sogar manchmal in sehr erheblicher Menge und in den zierlichsten Kryställchen. In manchen Gebieten beobachtet man häufiger, als in anderen einen abrupten Wechsel des Korns, so dass einschlussähnliche Ausscheidungen entstehen. Sie sind bald grobkörniger, feldspathreicher und lichter, bald feinkörniger, reicher an basischen Gemengtheilen und dunkler als die Hauptgesteinsmasse.

Die klein- bis feinkörnigen, spärlicher vertretenen Varietäten sind im äusseren Habitus den später zu beschreibenden Dioriten sehr ähnlich und vermitteln auch den Uebergang der Granite in dieselben durch Zunahme des Plagioklas, Abnahme des Quarz. Die Färbung ist um so dunkler, je feiner das Korn. Hie und da stellen sich kleine lichtere Ausscheidungen von gröberem Korn ein. Die basischen Gemengtheile, unter denen der Biotit zuweilen reichlicher vertreten ist, als in den porphyrartigen Varietäten, sind im allgemeinen recht gleichmässig vertheilt. Solche dioritische Amphibol-Biotitgranite trifft man bei Unter-Flockenbach, am Ostfuss des Hohbergs, südlich vom Götzenstein und mit Neigung zu schiefriger Structur in der Gegend von Kreidach.

Auch bezüglich der mikroskopischen Eigenschaften verhalten sich, wie zu erwarten, Amphibolgranit und Amphibol-Biotitgranit sehr ähnlich. Ein wesentlicher Unterschied besteht nur in dem reichlichen Auftreten des Biotit, der niemals bis zu einem accessorischen Gemengtheil zurücktritt, obwohl er gewöhnlich in geringerer Menge vorhanden ist, als der Amphibol. Nur an der Steinernen Kanzel und am Götzenstein überwiegt er entschieden letzteren. Der Biotit zeigt fast durchgängig gradlinige Spaltung und lichtgelbe oder bräunlichschwarze Farben, je nachdem ein parallel oder senkrecht zur Hauptaxe schwingender Strahl das Blättchen durchläuft. Sehr selten trifft man in den porphyrartigen, etwas häufiger in den anderen Varietäten grüne eingeschaltete Lamellen, welche durch ihre vollständige Reinheit ihre primäre Natur darthun. Dabei ist, wie überhaupt im Odenwald, nur der senkrecht zur Hauptaxe schwingende Strahl grün, während der lichtere Ton sich nicht merklich von dem der stark absorbirenden Lamellen unterscheidet. Ganz vereinzelt wird die hellgelbe Farbe durch eine röthlichbraune vertreten. Im allgemeinen ist der Biotit vollständig frisch, selbst wenn er makroskopisch messinggelb erscheint, und besonders ist die Umwandlung zu einer grünen chloritischen Substanz in dieser Gesteinsreihe selten. Dagegen beobachtet man hie und da mitten im unveränderten Glimmer einzelne vollkommen gebleichte Lamellen, die trüb sind und keine oder sehr schwache Einwirkung auf polarisirtes Licht ausüben; ganz selten trifft man ein ganzes Blättchen in dieser Weise ausgebleicht. Da man künstlich durch Behandlung mit Säure eine gleiche Veränderung erzeugen kann, so wird wohl die Ausbleichung in der Natur durch kohlensäurehaltige Gewässer verursacht werden. Der Amphibol hebt sich sehr scharf vom Biotit ab, da er hier, wie in allen hornblendeführenden Gesteinen des südlichen Odenwaldes stets grün gefärbt ist,[1] während der unveränderte Biotit nie einheitlich grün vorkommt. Gewöhnlich schwanken die pleochroitischen Farben zwischen licht Grüngelb, Grün bis Olivengrün und Bläulichgrün, und zwar ist die letztere Farbe die am stärksten absorbirte. Aber obwohl die Absorption stets eine kräftige ist, so wird sie doch selten auch nur annähernd so stark wie beim Biotit. Es ist dies nur dann der Fall, wenn dem Grün ausnahmsweise viel Braun beigemischt ist, so dass ein dunkles Olivengrün resultirt. Neben den gewöhnlichen Zwillingen nach dem Orthopinakoid trifft man in fast allen hornblendereichen Gesteinen des Odenwaldes ziemlich gleichmässig, aber nie in grosser Menge, Zwillingsbildungen nach einem anderen Gesetz. Am häufigsten ist einem einheitlichen Krystall eine breite Lamelle eingeschaltet; öfters besteht auch der Zwilling aus zwei gleich stark entwickelten Hälften. In allen Schnitten aus der Verticalzone verlaufen die Spaltungsdurchgänge in beiden Individuen vollkommen parallel. Ferner konnte in einer Reihe von Schnitten, welche nach der Lage der Auslöschungsrichtungen im Hauptindividuum sehr annähernd mit dem Klinopinakoid zusammenfallen müssen, eine optische Orientirung der Lamellen [oder der einen Hälfte] nach der Spaltung mit Sicherheit constatirt werden. Nach diesen Daten müssen in beiden Individuen die Verticalaxen parallel liegen, und es muss das Orthopinakoid des einen mit dem Klinopinakoid des andern in eine Ebene fallen. Herr Professor Klein war so freundlich, aus diesen Daten $\infty P\grave{2}$ als Zwillingsfläche zu berechnen. Die Zusammensetzungsfläche weicht erheblich von der letzteren ab, da die Zwillingsnaht die Spaltungsrichtung unter einem sehr spitzen Winkel schneidet, wie es die Fläche eines Doma oder einer Pyramide thun würde.[2]

Amphibol und Biotit verwachsen gern auf das mannig-

[1] Rosenbusch führt an (Mikroskop. Physiogr. d. massigen Gesteine 260), dass sich in manchen Odenwälder Quarzdioriten braune Hornblende neben grüner finde. Diese Gesteine werden wohl aus einem anderen Theile des Odenwaldes stammen, als dem hier in Betracht kommenden.

[2] Diese Zwillinge sind wohl identisch mit denjenigen, welche Rosenbusch sowohl beim Augit. als bei der Hornblende erwähnt

faltigste mit einander und legen sich in einigen Vorkommnissen kranzförmig um grössere Feldspathe oder Quarze. Nur in der schiefrigen Varietät von Kreidach sondern sich die basischen Gemengtheile fast vollständig und reichern sich in wechselnden Lagen an, wodurch augenscheinlich die ungewöhnliche Structur bedingt wird. Während man den Biotit sehr oft als Einschluss in Amphibol antrifft und zwar in der regellosesten Anordnung, scheint die umgekehrte Durchwachsung nicht vorzukommen. Zur Grösse von Mikrolithen sinken Amphibol und Biotit nicht häufig herab und treten auch selten als Gäste im Quarz oder Feldspath auf. Am ehesten trifft man noch den Amphibol im Feldspath; dann stellt er sich in einzelnen Individuen in grosser Menge ein, während die übrigen ganz oder fast frei von ihm sind.

Der Quarz ist da, wo er in grösseren Körnern auftritt, stark polysynthetisch und enthält in den porphyrartigen Varietäten überall Trichite, aber in sehr wechselnder Menge, während sie in den feinkörnigen fehlen. Flüssigkeitsporen sind nicht sehr reichlich vorhanden und besonders spärlich in den dioritischen Varietäten. Bewegliche Libellen beobachtet man nur selten.

Der Feldspath zeigt alle Eigenschaften und Zersetzungserscheinungen, wie in den übrigen Gliedern der Granitfamilie. In den dioritischen Amphibol-Biotitgraniten scheint der Plagioklas zuweilen den Orthoklas etwas an Menge zu überwiegen. Mikroschriftgranitartige Verwachsungen von Quarz und Feldspath sind nur hie und da angedeutet.

Unter den accessorischen Gemengtheilen verdient vor allem der Pyroxen Erwähnung, obwohl er sich nur in zweien unter den 16 untersuchten Dünnschliffen vorfand und auch hier nur in einigen wenigen Individuen. Das eine Gestein stammt aus der Nähe der Hopp'schen Mühle bei Grossachsen, das andere vom Rotzenberg bei Siedelsbrunn. Im ersteren besteht der stark vorherrschende Kern eines grossen Krystall-

---

(Mikrosk. Physiogr. d. massigen Gesteine 298, 410, 483), und von denen er vermuthet, dass die Zwillingsfläche einem Klinodoma angehöre.

durchschnitts aus einem feinfaserigen, lichtgrünlichen Mineral ohne Pleochroismus mit sehr schiefer optischer Orientirung (38°) gegen die Faserung, an dessen pyroxenartiger Natur nicht zu zweifeln ist. Dasselbe ist auf das innigste durchwachsen von Amphibolfetzen und bräunlichen Flocken und wird auch vollständig von Amphibol umgeben, welcher lappenförmig in den Pyroxen eingreift, aber scharf gegen ihn abgegrenzt ist. An dem anderen Fundort bildet der nicht faserige Augit zahlreiche unregelmässige Kerne in einem grossen Hornblendeindividuum, welches ausserdem noch viele Biotitblättchen beherbergt. Da dieser mit Pyroxen verwachsene Amphibol ebensowenig wie aller übrige eine faserige Structur zeigt, so ist an Uralit nicht zu denken, sondern es liegen ursprüngliche Umwachsungen und Verwachsungen vor. Solche sind auch früher schon beobachtet worden, und es erscheint nur das vereinzelte Vorkommen auffällig in einer grossen Gesteinsreihe, die sich sonst als augitfrei erwies.

Am constantesten stellt sich accessorisch der Apatit ein, der in allen Gemengtheilen als Gast auftritt, am spärlichsten im Feldspath, am häufigsten in einzelnen Biotiten und Amphibolen. Einige Säulen verjüngen sich scepterförmig; ein Krystall ist zerbrochen mit unregelmässiger Bruchfläche und geringer Verschiebung der Stücke.

Weniger constant als der Apatit ist gelbbrauner bis brauner, seltener rothbrauner Titanit, da er zuweilen, wenigstens dem untersuchten Dünnschliff fehlt. Meist ist er jedoch vorhanden und manchmal sehr reichlich. Vereinzelt tritt eine sehr vollkommene prismatische Spaltung auf nach ∞P, da in einem annähernd basischen Schnitt ein Winkel von ca. 128° gemessen wurde. Die spärlichen Eisenverbindungen sind meist durch Eisenkies, seltener durch nachweisbaren Magnetit oder durch Eisenoxyd vertreten und finden sich gern in der Nähe der basischen Gemengtheile ein. In Form opaker Körner und Stäbchen häufen sie sich auch in der Mitte einzelner Amphibole oder mit theilweiser Umwandlung zu Eisenoxyd im Orthoklas an. Epidot tritt sehr spärlich auf, und Orthit wurde nur in einem Dünnschliff beobachtet.

Zu den Amphibol-Biotitgraniten kann man auch die

gang- oder nesterförmigen Ausscheidungen zählen, welche in grosser Zahl und in Massen von erheblicher Ausdehnung in dem bekannten Diorit (früher Syenit) des Birkenauer Thals bei Weinheim (besonders im Steinbruch gegenüber der Fuchsmühle) auftreten. Sie setzen bald scharf gegen den Diorit ab und erscheinen dann echten Gängen ähnlich, bald gehen sie allmählich in denselben über. Die Hauptgesteinsmasse ist von mittlerem Korn und reich an Glimmer, Plagioklas und Quarz. In dieser liegen porphyrartig eingebettet grosse, durch Einschlüsse reichlich verunreinigte Orthoklaskrystalle. Schon makroskopisch sind Titanit, Eisenkies, Orthit und Epidot — letzterer sehr reichlich in nicht frischen Gesteinsstücken — als accessorische Gemengtheile wahrnehmbar, denen sich unter dem Mikroskop Magnetit und Apatit hinzugesellen. Der Biotit zeigt in besonders schöner Weise einen Wechsel grüner und brauner Lamellen. Erstere liefern ein prächtiges Grasgrün, welches sich scharf vom Gelb- oder Blaugrün der Hornblende abhebt. Hie und da fehlen bei besonders feldspath- und quarzreichen Varietäten die grossen Orthoklaskrystalle und werden durch porphyrartig hervortretende Amphibolsäulen ersetzt.

4. Diorit.

Nächst den Amphibol-Biotitgraniten gehören die Diorite zu den verbreitetsten hornblendereichen Gesteinen. Südlich vom Gorxheimer Thal stellen sie sich allerdings nur untergeordnet ein; nördlich von demselben bilden sie jedoch öfters das vorherrschende Gestein, wie auf der Ostseite des Hirschkopfes bei Weinheim und ganz besonders in dem Gebiet östlich vom Rohrbacher und nördlich vom Löhrbacher Thal.

Von den zwei Hauptgruppen der dioritischen Gesteine — den Glimmerdioriten und den eigentlichen Dioriten — ist mit einer Ausnahme nur die letztere vertreten. Dagegen kommt eine dritte Gruppe hinzu, welche in der ihr eigenthümlichen Ausbildungsweise bisher kaum bekannt war, nämlich die der Augitdiorite.

Das Korn der Diorite ist ein mittleres bis feines; aphanitische Varietäten fehlen vollständig, eine schiefrige Structur ist sehr selten. Die Färbung ist durchweg eine dunkle.

Abgesehen vom Augit sind die Gemengtheile der Diorite dieselben wie in den hornblendereichen Graniten und besitzen auch im wesentlichen die gleichen Eigenschaften; nur die Association ist eine mannigfaltigere, und das Mengenverhältniss selbstverständlich ein sehr verschiedenes. Orthoklas und Quarz fehlen zuweilen gänzlich und selbst da, wo sie am reichlichsten vertreten sind, ist ihre relative Menge sehr gering. Der Biotit spielt eine ähnliche Rolle wie in den Amphibol- und Amphibol-Biotitgraniten. Entweder fehlt er ganz oder fast ganz, oder er stellt sich in so erheblicher Menge ein, dass man ihn entschieden zu den wesentlichen Gemengtheilen zählen muss. Da er jedoch auch dann hinter der Hornblende an Menge zurückbleibt, so entstehen keine echten Glimmerdiorite. Apatit, Titanit und Eisenkies sind fast in allen Vorkommnissen als accessorische Gemengtheile vorhanden, selbständig auftretender Magnetit dagegen ist nur spärlich sicher nachweisbar.

Bei der Hornblende fehlen Umwandlungserscheinungen in den frischen zur Untersuchung verwandten Gesteinen zumeist gänzlich. Da trotzdem in allen Dünnschliffen einzelne Individuen sehr reich an opaken Körnern und Stäben sind, deren Menge ganz unabhängig von dem Erhaltungszustand des Wirthes ist, so kann man sie hier jedenfalls nicht als Zersetzungsproducte auffassen. Dafür spricht auch der Umstand, dass die peripherischen Theile der Krystalle oft ganz frei von ihnen sind, während sie sich in der Mitte stets am dichtesten anhäufen. So regelmässig pflegen Umwandlungserscheinungen nicht aufzutreten. Herrscht bei den opaken Körpern eine Dimension vor, so liegen sie untereinander annähernd parallel, zeigen aber durchaus keine constanten Beziehungen zu den krystallographischen Elementen des Wirthes. In den meisten Fällen scheint das opake Erz Magnetit zu sein, da es sich in Salzsäure nicht allzu schwer löst, und das Pulver der Gesteine, in welchen es reichlicher auftritt, einen starken Bart am Magneten liefert. Die Hornblende tritt öfters in kürzeren und breiteren Säulen auf, als in den hornblendehaltigen Graniten. Die Absorption ist durchgängig eine kräftige, und fast in allen Präparaten finden sich vereinzelt Zwillinge nach $\infty \grave{P} 2$.

Der Biotit ist vorherrschend von gelber bis bräunlichschwarzer Farbe, je nach der Schnittlage; daneben finden sich aber gewöhnlich einzelne Leisten, die aus grünen und braunen Lamellen aufgebaut sind. Es wiederholen sich alle die früher erwähnten Erscheinungen. Neben Blättchen von idealer Reinheit und Frische trifft man chloritisch veränderte mit den charakteristischen Zersetzungsproducten und gebleichte. Letztere sind meist trübe, zuweilen aber wasserklar und doppelbrechend und dann leicht mit Muscovit zu verwechseln. Bezüglich der Verwachsungen und Durchwachsungen von Biotit und Amphibol gilt das beim Amphibol-Biotitgranit mitgetheilte.

Orthoklas scheint einigen Gesteinen vollständig zu fehlen; in den meisten ist er sicher vorhanden, doch bleibt die Unterscheidung im speciellen Fall selbst am frischen Feldspath oft eine unsichere. Jedenfalls konnte ein grosser Theil der einfachen Krystalle oder Zwillinge nach der Orientirung der Hauptschwingungsrichtungen entschieden als Plagioklas erkannt werden, so dass dessen Menge weit grösser ist, als es beim flüchtigen Ueberblick erscheint. Eine doppelte Zwillingsstreifung tritt nur höchst selten am Plagioklas auf. Während die kleineren Feldspathe sehr arm an Einschlüssen sind, enthalten die grösseren zuweilen reichlich winzige farblose oder lichtbräunliche Mikrolithe in Form von Nadeln oder rhombischen Blättchen; andere beherbergen kleine Leisten von Biotit und Amphibol oder (besonders in einigen Quarzdioriten) von Eisenglimmer. Bei der Umwandlung liefert der Orthoklas sowohl wie der Plagioklas gewöhnlich eine gleichmässig trübe, körnige Masse mit Aggregatpolarisation, während sich weit seltener als in den Graniten Muscovit entwickelt. Es wäre wohl möglich, dass zur Ausbildung desselben ein gewisser Kaligehalt nothwendig sei, den die Diorite zumeist nicht erreichen.

Der Quarz ist nirgends reich an Flüssigkeitsporen und nur da, wo er reichlicher und in grösseren Körnern auftritt, scharen sie sich zuweilen in der für Granite charakteristischen Weise. Kleine und vereinzelte Körner enthalten nur wenige unregelmässig zerstreute Poren, die aber oft sehr gross sind und sehr grosse Bläschen führen. Für manche dieser Quarzkörner erscheint eine secundäre Entstehung nicht unwahrscheinlich. Trichite wurden nur in einem Dünnschliff beobachtet, und dieser stammt von dem einzigen entschieden porphyrartigen Diorit. Es ist immerhin bemerkenswerth, dass Trichite sich im Odenwald, wenn auch nicht allein, so doch entschieden vorzugsweise in porphyrartig ausgebildeten Gesteinen einstellen. Häufiger begegnet man im Quarz lichtbräunlichen Mikrolithen, die so fein sind, dass sie bei schwacher Vergrösserung opak und haarförmig erscheinen.

Der Titanit zeigt in einer Reihe von Gesteinen eigenthümliche Formen, Gruppirungen und Einschlüsse. Regelmässig ausgebildete Krystalle sind selten; dagegen findet man sehr häufig ovale und tropfenförmig gestaltete Körner, theils isolirt, theils in dicht gedrängten Aggregaten, die sich am besten mit einem Häufchen Insecteneier vergleichen lassen. Im letzteren Fall ist die optische Orientirung der einzelnen Körner eine verschiedene. Ebenfalls sehr häufig enthalten einheitliche Titanite von sehr unregelmässiger äusserer Begrenzung oder die erwähnten Aggregate mannigfach gestaltete opake Kerne, die so gross werden, dass nur ein schmaler Saum von Titanit übrig bleibt. In vielen Fällen liessen sie sich sicher als Eisenkies erkennen, in anderen scheint Magnetit vorzuliegen. Titaneisen, welches man am ehesten als Einschluss im Titanit erwarten könnte, kommt wohl nicht vor, da in Säuren unlösliche Kerne den Glanz des Eisenkies besassen. Der Titanit tritt zwar nicht ausschliesslich, doch vorwiegend in der Nähe der basischen Gemengtheile auf, sie zuweilen förmlich garnirend.

Secundäre Producte wie Kalkspath, Epidot, Eisenglimmer, Muscovit sind spärlich vorhanden. Ersterer lässt sich oft nur durch ein schwaches Brausen des Gesteins beim Betupfen mit Säure nachweisen, letzterer wurde einige Male in rundlichen und scharf begrenzten blättrigen Aggregaten beobachtet.

Nach diesen allgemeinen Bemerkungen über die Bestandtheile der Dioritgruppe mag es genügen, die einzelnen Varietäten kurz hervorzuheben.

Eigentlicher Diorit.

Als Diorit schlechthin mögen hier nach dem Vorschlage von Rosenbusch die quarzfreien oder quarzarmen Diorite zusammengefasst werden, welche keinen Augit als wesentlichen Gemengtheil enthalten.

Ihr Hauptverbreitungsgebiet ist das Kreidacher Thal und die Gegend zwischen Kreidach und Siedelsbrunn; zur Untersuchung gelangten noch vereinzelte Vorkommnisse vom Götzenstein, aus dem Lützelsachsener Thal, von der Wehling bei Ober-Flockenbach und vom Wässrigen Weg bei Grossachsen.

Ein typischer Vertreter der Combination Plagioklas-Amphibol ohne Quarz und Biotit ist nur vom Wässrigen Weg bekannt. Es ist ein mittelkörniges Gestein von lichter Färbung, da der weisse saussuritähnliche Plagioklas in Körnern bis zu Erbsengrösse auftritt. Die Hornblende ist lichter gefärbt, als in irgend einem anderen hornblendeführenden Gestein des Odenwaldes und demgemäss auch nur schwach absorbirend. Sie ist theilweise von idealer Reinheit und Frische, zum geringeren Theil in das bekannte, schwach doppelbrechende chloritische Mineral mit trüben Zersetzungsproducten umgewandelt. Einige wenige Säulen enthalten einen Augitkern. Neben Feldspath und Amphibol ist nur etwas Kalkspath und Eisenkies vorhanden. Die Körner und Würfel des letzteren liegen zwar sehr vereinzelt, aber doch regelmässig vertheilt.

Herr K. Olszewsky fand folgende Zusammensetzung:

Kieselsäure	48.53
Thonerde	18.40
Eisenoxyd	7.56
Eisenoxydul	2.88
Kalk	8.56
Magnesia	6.83
Kali	2.65
Natron	2.84
Wasser	2.66
	100.91

Ob ein der gefundenen Kalimenge entsprechender Gehalt an Orthoklas (15.7 Procent) vorhanden ist, lässt sich nicht sicher erkennen. Da der frische Feldspath aber stets als Plagioklas bestimmbar ist, so fällt ein Theil der Alkalien wahrscheinlich der Hornblende zu. Der hohe Wassergehalt wird durch das chloritische Zersetzungsproduct der Hornblende bedingt sein.

Sowohl makroskopisch als mikroskopisch mit dem eben genannten fast identisch erwies sich ein Diorit von der Breiten Err bei Oberabsteinach. Er unterscheidet sich nur durch das Fehlen der chloritischen Umwandlungsproducte, dunklere Farbe der Hornblende und geringen Gehalt an Quarz. Letzterer ist wahrscheinlich secundär und durch Zersetzung von Feldspath entstanden, da die kleinen Körner öfters von Lamellen farblosen Glimmers umflochten sind, eine ganz ausnahmsweise Erscheinung bei den Dioriten des Odenwaldes.

Etwas reichlicher vorhanden und wahrscheinlich primär ist der Quarz in einem ebenfalls biotitfreien Gestein, welches südlich vom Götzenstein auftritt. Dieser quarzführende Diorit ist reich an Titanit und Apatit, enthält etwas Eisenkies und wohl auch etwas Orthoklas.

Als quarzfrei aber recht biotitreich erwies sich ein kleinkörniger Diorit vom Rücken zwischen Kreidach und Siedelsbrunn, der wahrscheinlich etwas zersetzten Augit und in grosser Menge die oben erwähnten Titanitaggregate enthält.

Die übrigen Diorite führen gleichzeitig Quarz und Biotit, so dass sie eine Verbindung zwischen den drei Gruppen der Glimmerdiorite, Diorite und Quarzdiorite vermitteln. Der Glimmer tritt bald nur spärlich und rein accessorisch auf, bald in hinreichender Menge, um ihn als wesentlichen Gemengtheil aufzufassen. Solche Zwischengesteine könnte man als glimmerführende Diorite und als Amphibol-Glimmerdiorite bezeichnen. Es sind sehr dunkel gefärbte, mittel- bis feinkörnige Gesteine, die bisweilen durch grössere leistenförmige Plagioklase porphyrartig werden. Auch die Hornblende tritt hie und da in grösseren Säulen hervor. Titanit und Eisenkies sind schon makroskopisch leicht zu erkennen. Hervorzuheben wäre nur, dass ein Diorit aus dem Kreidacher Thal (rechte Thalseite) sehr reich an Magnetit ist, einzelne Apatite in grösserer Menge Flüssigkeitsporen führen, und Kalkspath, Epidot und Muscovit als Zersetzungsproducte auftreten.

Quarzdiorit.

Die quarzreichen Diorite sind nicht ganz so verbreitet, wie die quarzfreien oder quarzarmen, kommen jedoch zum Theil in ausgedehnteren Partien vor. Mit Amphibol-Biotitgranit zusammen bilden sie die Spitze des Götzensteins; im Wechsel mit Dioriten trifft man sie in der Kreidacher Gegend; auf der Ostseite des Hohbergs scheinen sie in Beziehung zu Augitdioriten zu stehen. Am stärksten entwickelt sind sie im Gebiet des Birkenauer Thals, wo sie bei der Fuchsmühle und weiter thalaufwärts an der Schienkaut seit langer Zeit in Steinbrüchen gewonnen werden. Dieser letztere Quarzdiorit ist in Sammlungen vielfach unter der Bezeichnung „Syenit" verbreitet und mag daher zuerst und etwas ausführlicher beschrieben werden.[1]

Besagter Quarzdiorit ist ein kleinkörniges Gestein, in welchem alle Hauptgemengtheile annähernd gleiche Dimensionen besitzen. Sowohl diese Eigenschaft, als auch der constante Habitus auf grössere Erstreckungen hin machen dasselbe zu einem sehr geschätzten Pflaster- und Schotterstein, ja, zum besten Material des Odenwaldes überhaupt.

Farbloser, frischer Feldspath, zumeist mit deutlicher Zwillingsstreifung, kurze, grünlichschwarze Hornblendesäulen und dunkelbraune bis schwarze Glimmerblättchen sind schon makroskopisch als vorherrschende Bestandtheile zu erkennen. Der Glimmer häuft sich hie und da zu kleinen schuppigen Aggregaten an, ohne die gleichmässige Festigkeit des Gesteins zu beeinträchtigen. Mit Hülfe der Lupe kann man stets noch Quarz, Eisenkies und Titanit sicher unterscheiden. Besonders letzterer sammelt sich zuweilen in ganz erstaunlicher Menge an und zwar in scharf ausgebildeten, bis zu 7 Millimeter grossen Krystallen der bekannten syenitischen Form. Individuen von weniger regelmässiger Form erreichen sogar eine Grösse von zwei Centimeter. Auch Eisenkies tritt stellenweise in sehr bedeutender Menge auf. Obwohl der Quarz-

---

[1] Schon Fischer erwähnt beiläufig, dass in den „Syeniten" von Weinheim der Plagioklas zum Theil den Orthoklas überwiege. Ber. d. naturf. Ges. zu Freiburg 1857. Nr. 26. 448.

diorit im allgemeinen sehr frisch ist, trifft man doch local energische Neubildungen, wie epidotreiche Adern, innige Verwachsungen von stark fettglänzendem Quarz, Epidot, Eisenkies und erdigen chloritischen Substanzen. Kluftausfüllungen von röthlichem Kalkspath mit eingebetteten zierlichen Epidotkrystallen. Dann pflegt auch der Epidot sich reichlicher in dem sonst wenig veränderten Nebengestein anzusiedeln. Die gang- oder nesterförmigen Ausscheidungen von porphyrartigem Amphibol-Biotitgranit wurden schon oben beschrieben, die feldspathreichen granitischen Gänge werden wir später noch näher betrachten.

Bei der mikroskopischen Untersuchung findet man, dass makroskopisch identisch aussehende Handstücke nicht so gleichartig zusammengesetzt sind, als man vermuthen möchte. Der Hauptunterschied wird dadurch bedingt, dass ein Theil — und zwar der grössere — keinen Augit, ein anderer Theil dieses Mineral in erheblicher Menge enthält. Es tritt aber nicht, wie in den Augitdioriten, in selbständigen compacten Individuen auf, oder wenigstens nur sehr vereinzelt in dieser Form, sondern wie in den früher beschriebenen Amphibolgraniten als Kern in der Hornblende und öfters mit einer Streifung, die an Diallag erinnert. Die schmale äussere Amphibolzone ist, wie dort, nicht faserig und auch nach Innen scharf aber unregelmässig lappig begrenzt und unterscheidet sich von dem lichtgrünlichen, nicht pleochroitischen Kern leicht durch dunklere Färbung, Pleochroismus und geringere Schiefe der optischen Orientirung. Der an Amphibolfetzen reiche Kern zeigt bald eine echte Faserung, die durch eine versteckte Theilbarkeit bedingt erscheint, bald eine scheinbare Streifung durch feine, parallel gelagerte Stäbchen und umschliesst auch unregelmässig vertheilte opake Erzkörner. Eine primäre Umwachsung eines Minerals der Pyroxenfamilie durch Amphibol liegt hier ebenso entschieden vor, wie beim Amphibolgranit. Auch solche Hornblende, die frei von Augitkernen ist, zeigt sehr häufig eine eigenthümliche Durchlöcherung oder lappige Formen, und alle Umrisse sind nicht gradlinig, sondern abgerundet, wie durch Anschmelzung.

Ein weiterer Unterschied ergibt sich durch den grösseren

oder geringeren Gehalt an Quarz, so dass man manche Handstücke, namentlich die augitführenden eher als quarzführende, denn als Quarzdiorite bezeichnen könnte.

Im übrigen stimmen die Präparate vollständig untereinander überein. Biotit ist reichlich vorhanden; mitten zwischen frischen Lamellen liegen hie und da trübe oder wasserklare gebleichte Lamellen eingeschaltet, aufdas schärfste sich abgrenzend. In der Nähe trifft man dann vereinzelte gelbgrüne Epidotsäulchen, die auch wohl in den Glimmer eindringen. Der recht frische Plagioklas zeigt spärlich doppelte Zwillingsstreifung; der untergeordnet neben ihm vorkommende Orthoklas häufiger zonalen Aufbau, eine Structur, die am Feldspath der älteren krystallinischen Gesteine des Odenwaldes viel seltener ist, als in anderen Gebieten. Die einzelnen Zonen sind gewöhnlich etwas abweichend optisch orientirt, und der Kern ist meist getrübt, der peripherische Theil wasserklar. Häufiger, als wohl sonst in Dioriten, entwickelt sich aus dem Feldspath Muscovit. Einschlüsse fehlen meist; einzelne Individuen enthalten Mikrolithe von Hornblende und Glimmer, compacten Augit oder winzige unbestimmbare Stäbchen und Körnchen. Zu den erwähnten accessorischen Gemengtheilen kommt noch Magnetit hinzu, der sich in geringer Menge aus dem Pulver mit dem Magneten ausziehen lässt und etwas Flusspath (?).

Herr W. B. Rising hat die pyroxenführende Varietät analysirt und die folgende Zusammensetzung ermittelt:

Kieselsäure	52.97
Thonerde	22.56
Eisenoxyd	5.47
Eisenoxydul	4.03
Kalk	7.51
Magnesia	2.13
Kali	0.44
Natron	2.31
Wasser	2.24
	99.66

Nesterförmige Ausscheidungen, welche makroskopisch aus Amphibol und Biotit allein zu bestehen scheinen, enthalten unter dem Mikroskop dieselben Bestandtheile, wie das vorherrschende Gestein; es sind nur starke locale Anreicherungen der basischen Gemengtheile von körnig-schuppigem Gefüge. Als vereinzelter Fall wurde Amphibol als Gast in einer Biotitlamelle beobachtet.

In den breiten epidotreichen Adern sind Amphibol und Biotit vollständig verschwunden. Epidotkörner, Quarz und Feldspath liegen in einer trüben körnigen Masse eingebettet.

Ein Quarzdiorit von wesentlich abweichendem Habitus steht ungefähr der Fuchsmühle gegenüber am Ost-Abhang des Hirschkopfes an. Zahlreiche leistenförmige Plagioklase und mit Plagioklas verwachsene Orthoklase treten porphyrartig hervor und machen wohl die Hälfte der Gesteinsmasse aus. Beide Feldspathe zeichnen sich durch einen eigenthümlichen glasigen Glanz aus, wie man ihn vorzugsweise in jüngeren Gesteinen findet, und erweisen sich auch unter dem Mikroskop als besonders frisch. Die Hornblende zeigt auffallend starke Absorption, der Orthoklas schöne Zonenstructur. Der recht reichlich vorhandene Quarz führt Trichite und viele Flüssigkeitsporen mit stark mobilen Libellen.

Die übrigen Quarzdiorite sind klein- bis feinkörnig, sehr dunkel gefärbt und meist recht reich an Quarz. Je höher der Gehalt an letzterem ist, um so stärker pflegt sich auch der Biotit an der Zusammensetzung des Gesteins zu betheiligen. Nur am Ost-Fuss des Hohbergs kommt ein quarzreicher Diorit vor, der arm an Biotit ist. An den Gemengtheilen beobachtet man alle die für den Diorit überhaupt angegebenen mikroskopischen Eigenschaften.

Dem Quarzdiorit schliessen sich am nächsten die schiefrigen Gesteine an, welche im Mackenheimer und Kreidacher Thal als Unterlage der aus Gneiss und Glimmerschiefer zusammengesetzten Scholle recht verbreitet sind. Sie sind bald vollkommen- und dünnschiefrig, bald unvollkommner schiefrig; im letzteren Fall beobachtet man auf den Absonderungsflächen eine Art Streckung, an der sich besonders ein strahlsteinähnlicher Amphibol betheiligt. Genauer untersucht wurden eine amphibolführende und eine amphibolfreie Varietät.

Die erstere zeichnet sich durch die ausserordentliche

Frische aller Bestandtheile aus. Der fast wasserklare Plagioklas baut sich aus sehr breiten, hie und da sich kreuzenden Zwillingslamellen auf und zeigt eine so schiefe Auslöschung, wie sie Des Cloiseaux für den Labradorit angibt. Auch die meisten einheitlichen Individuen oder einfachen Zwillinge liessen sich nach ihrer optischen Orientirung unzweifelhaft als Plagioklas bestimmen. Der Quarz steht an Menge dem Feldspath kaum nach und enthält stets nur ganz vereinzelte, oft gar keine Flüssigkeitsporen, dagegen häufiger Mikrolithe von Glimmer und Hornblende. Letztere zeigt lichte, reine Farben, sehr schwache Absorption und unregelmässig gelappte Umrisse. Der prächtig rothbraune, in den gleichen Formen auftretende Biotit mag die Hornblende um ein geringes überwiegen, und die Individuen beider erweisen sich je unter einander meist krystallographisch gleich orientirt. Grosse Körner und Krystalle von Eisenkies sind recht gleichmässig vertheilt und reichlich vorhanden, weniger reichlich Apatitnadeln, während der sonst so häufige Titanit fehlt.

Die zweite Varietät ist der einzige Diorit in dem hier in Betracht kommenden Theil des Odenwaldes, den man als Quarzglimmerdiorit bezeichnen kann, da er nur aus Feldspath, Quarz und Biotit und zwar zu annähernd gleichen Theilen besteht. Neben dem entschieden vorherrschenden Plagioklas, der die gleichen Eigenschaften zeigt, wie in der zuletzt beschriebenen Varietät, dürfte in geringer Menge Orthoklas vorkommen. Der rein kaffeebraune Biotit absorbirt die senkrecht zur Verticalaxe schwingenden Lichtstrahlen fast vollständig. Das Korn ist in diesem schiefrigen Gestein weniger gleichförmig, indem hie und da eine Neigung zu mikroschriftgranitartiger Verwachsung hervortritt. Da diese Structur allen übrigen Dioriten fremd ist, auch die mineralogische Zusammensetzung sich sonst nirgends wiederholt, so liegt die Vermuthung nahe, es könne „der Quarzglimmerdiorit“ sich geognostisch an die Granite und nicht an die Diorite anschliessen. Ueberhaupt sind die Beziehungen dieser schiefrigen Gesteine, einerseits zu den krystallinischen Schiefern, andererseits zu den massigen Gesteinen nicht ganz klar. Zu einer Aufklärung würde wohl erst eine genauere Durchforschung des nördlich von der Section Heidelberg gelegenen Gebiets führen. Bei der Verwitterung liefern die schiefrigen Diorite eine feine glimmerige Ackerkrume, die übrigen Diorite eine mehr grusige.

Augitdiorit

Als Augitdiorite kann man diejenigen Diorite bezeichnen, welche neben Amphibol und Plagioklas Augit in reichlicher Menge als selbständigen und wesentlichen Gemengtheil enthalten. Sie treten besonders am Südfuss des Götzensteins und am Ostfuss des Hohbergs auf. In der Nähe des Bildstocks zwischen Kreidach und Waldmichelbach wurden Blöcke von bedeutenden Dimensionen gefunden, die wahrscheinlich aus einem nahegelegenen Acker dorthin gebracht waren. Ebenfalls nicht anstehend bekannt sind einige Vorkommnisse an den Gehängen des Kanzelbergs.

Makroskopisch lässt sich der Augit erst erkennen, nachdem man durch die mikroskopische Untersuchung auf denselben aufmerksam geworden ist, und die Gesteine wurden daher bei der Aufnahme für typische Diorite gehalten. Es muss demgemäss einer weiteren Untersuchung vorbehalten bleiben zu entscheiden, ob ihnen eine ausgedehntere Verbreitung zukommt, und ob sie durch Uebergänge mit den anderen Dioriten verbunden sind, oder Gänge bilden. Der Nachweis ist um so schwieriger, als gerade die Hauptfundorte — die Umgebungen des Götzensteins und des Hohbergs — eine ganz besondere Mannigfaltigkeit in petrographischer Beziehung bieten.

Die typischen Augitdiorite sind Diorite von besonderer Schönheit. Das Korn ist ein mittleres bis fast grobes. Die grossen Amphibole sind am Götzenstein und Bildstock eben so breit als lang, am Hohberg kurzstänglig. Die prismatische Spaltung ist sehr vollkommen. Zwischen der Hornblende liegt ein kleinkörniges Aggregat von lichtem Feldspath, in dem man mit guter Lupe dunkel lauchgrüne, kräftig glänzende Krystalle und Körner von Augit, sowie accessorische Körner von Titanit und Eisenkies erkennen kann.

Im Dünnschliff erscheint der Amphibol zwar an Masse

überwiegend durch die Grösse der Individuen, aber ihrer Zahl nach herrschen die Augite meist vor. Sie bilden blassgrüne bis fast farblose Körner oder unvollkommen begrenzte Säulen, nie ringsum ausgebildete Krystalle, lassen keinen Pleochroismus wahrnehmen und enthalten am häufigsten ganz unregelmässige Sprünge. Oft auch beobachtet man sehr scharfe, parallele Blätterdurchgänge, zu denen hie und da ein zweites System von weniger vollkommenen Rissen unter annähernd rechtem Winkel hinzutritt. Diese Spaltung verbunden mit der Lage der Hauptschwingungsrichtungen lässt keinen Zweifel an der Richtigkeit der Bestimmung. Eine feine Diallagähnliche Streifung tritt nur äusserst selten auf. Viele Augite sind von ganz reiner Substanz; die meisten enthalten lappig geformte Einschlüsse von Amphibol oder sind mit letzterem regellos verwachsen; wenige sind vollständig oder theilweise zu einem faserigen chloritischen Mineral umgewandelt. Die Vertheilung des Augit ist keine regelmässige, indem er sich bald dicht anhäuft, bald vereinzelt auftritt, oder auch in kleineren Partien des Schliffs ganz fehlt.

Die Hornblende unterscheidet sich durch Spaltbarkeit, Farbe, Pleochroismus und optische Orientirung auf das schärfste vom Augit. Während sie sich häufig als Gast in letzterem einstellt, ist der umgekehrte Fall sehr selten. Sie ist von reiner gelbgrüner bis grüner Farbe, fast ausnahmsweise sehr frisch und vollständig compact, nie faserig. Es kann keinem Zweifel unterliegen, dass Augit und Hornblende gleichwerthige und primäre Bestandtheile sind. Einige Hohlräume scheinen mit Flüssigkeit gefüllt zu sein und Bläschen zu führen; doch ist die Beobachtung nicht ganz sicher.

Der Plagioklas ist zum Theil sehr frisch, zum Theil stark getrübt, zeigt vereinzelt doppelte Zwillingsstreifung und würde der optischen Orientirung nach zumeist als Labradorit anzusehen sein. Orthoklas war mit Sicherheit nicht nachweisbar. Biotit tritt nur am Hohberg accessorisch auf und meidet gern die augitreichen Stellen; den übrigen Vorkommnissen fehlt er gänzlich. Während Amphibol und Augit hier nicht merklich verändert sind, ist der Biotit auffallender Weise vielfach ausgeblichen oder zu dem grünen chloritischen

Mineral umgewandelt. Quarz mit wenigen Flüssigkeitsporen und grossen Bläschen, die fast den ganzen Raum erfüllen, fehlt nie, wenn er auch stets in geringer Menge vorkommt. Desgleichen sind Titanit, Eisenkies und Apatit stets vorhanden, bald sehr spärlich, bald reichlicher. Am Götzenstein ist der Eisenkies meist zu Eisenoxydhydrat umgewandelt; am Hohberg häuft sich der Titanit an den biotitreichen Stellen in ganz ungewöhnlichem Grade an.

Mineralogisch ähnlich zusammengesetzt, aber von stark abweichendem Habitus ist das in losen Blöcken am West-Abhang des Kanzelbergs auftretende Gestein. Es besteht aus einer sehr feinkörnigen, grauen, unvollkommen schiefrigen Hauptgesteinsmasse, in der zahlreiche kleine und kurze Säulen von Amphibol in regelmässiger Vertheilung porphyrartig eingebettet liegen. Die Grundmasse erweist sich unter dem Mikroskop als eine trübe, körnige Masse mit Aggregatpolarisation, aus welcher sich mikroporphyrisch vereinzelte Quarzkörner und zahlreiche Augite scharf abheben, letztere nach Färbung und Spaltung identisch mit denen der übrigen Augitdiorite. Gelbe bis braune Eisenoxydhydrate, wahrscheinlich durch Umwandlung von Eisenkies entstanden, sind reichlich in flockigen Partien vertheilt und dringen auf Spalten in den Augit ein, demselben ein olivinähnliches Ansehen verleihend. Ausserdem trifft man noch in bedeutender Menge Titanit mit grossen opaken Kernen oder in den erwähnten insecteneierähnlichen Anhäufungen. Die trüben Körner, aus denen sich die Grundmasse zum grössten Theil zusammensetzt, bestehen wahrscheinlich aus einem Feldspath, ob aber aus einem monoklinen oder triklinen, lässt sich nicht entscheiden. Im ersteren Fall würde das vorliegende Gestein als Augitsyenit zu bezeichnen sein. Die vollständige Uebereinstimmung jedoch von Hornblende und Augit hier und in den Augitdioriten liess eine Anreihung an letztere um so passender erscheinen, als Augitsyenite sonst im Odenwald nur unter den Minetten bekannt sind, die sich in jeder Beziehung abweichend verhalten.

Ebenso unsicher ist die Stellung eines zweiten Gesteins, welches in losen Blöcken zwischen Kanzelberg und Eselsbrunnen gefunden wurde. Es unterscheidet sich vom vorigen durch das gleichmässige, feine Korn, durch die dunkle, graulichschwarze Farbe und durch den hohen Quarzgehalt; im übrigen ist die mikroskopische Structur ähnlicher, als man es nach dem makroskopischen Befund erwarten sollte. Ein feinkörniges Aggregat eckiger Körner, die nur aus Quarz und Feldspath, und zwar vorwiegend aus ersterem, zu bestehen scheinen, bildet eine Art Grundmasse, in der zahlreiche kleine, fast farblose Augitkörner und grössere, gedrungene Amphibolsäulen regelmässig vertheilt sind. Augit und Hornblende sind vollständig frisch, während der Feldspath durchgängig so stark getrübt ist, dass er sich nicht näher bestimmen lässt. Der Quarz enthält nur vereinzelte Flüssigkeitsporen und tritt auch in einigen grösseren polysynthetischen Körnern auf. Accessorisch betheiligen sich etwas Eisenkies und reichlich Titanit mit opaken Kernen an der Zusammensetzung.

Sieht man von den beiden zuletzt beschriebenen Vorkommnissen ab, so bleibt eine wohl charakterisirte Abtheilung dioritischer Gesteine übrig, welche in mancherlei Beziehung von den bisher bekannten hornblende- und augitführenden Plagioklasgesteinen abweicht. Von der durch Gümbel[1] und Rosenbusch[2] beschriebenen Gruppe der Epidiorite unterscheidet sie sich scharf durch das Auftreten compacter statt faseriger Hornblende; von geringerer Bedeutung erscheinen die Ersetzung des Titaneisen durch Titanit und die blassgrüne Farbe des Augit statt der hell rothbraunen. Mit den Proterobasen derselben Forscher[3] zeigen die vorliegenden Gesteine eine bessere Uebereinstimmung im mineralogischen Bestande, wenn man mit Rosenbusch eine faserige Structur der Hornblende nicht als charakteristisch betrachtet. Da sie aber in inniger geognostischer Beziehung mit Dioriten zu stehen scheinen, ihrem Gesammthabitus nach sich auch entschieden letzteren anschliessen, so würde ihre Auffassung als Proterobase, d. h. als „hornblendeführende Diabase“, eine unnatürliche

---

[1] Die paläolithischen Eruptivgesteine des Fichtelgebirges. München 1874. 10.

[2] Mikroskopische Physiographie der massigen Gesteine 271.

[3] Gümbel l. c. 14. Rosenbusch l. c. 346.

sein und zwar um so mehr, als Diabase sonst im Odenwald nicht bekannt sind.

Die meisten der von Streng[1] als Augitdiorite und Augit-Quarzdiorite bezeichneten Gesteine von Minnesota in Nord-Amerika enthalten nach der Beschreibung den augitischen Gemengtheil nur als einen charakteristischen accessorischen, nicht als einen wesentlichen. Man würde ihnen daher passender den Namen augitführende Diorite, resp. Quarzdiorite beilegen, wenn man sich dem Vorschlage von Rosenbusch[2] zur Gesteinsbezeichnung, wie es geeignet erscheint, streng anschliesst. Sie lassen sich, da der Augit diallagähnlich ist und als Kern in der Hornblende oder mit derselben verwachsen auftritt, mit den augitführenden Dioriten und Amphibolgraniten vergleichen, die oben beschrieben wurden. Am nächsten dürften den Augitdioriten des Odenwaldes, für welche der entschieden wesentliche Gehalt an compactem Augit neben compacter Hornblende als charakteristisch anzusehen ist, einige Gesteine aus den argentinischen Cordilleren und von Little Falls in Minnesota stehen; in den ersteren beschreibt Francke[3] neben „ächtem Diallag“ und Hornblende blassgrünen Augit, in den letzteren scheint der ausführlichen Beschreibung nach typischer Augit in grösserer Menge vorhanden zu sein, obwohl Streng in seinem Rückblick über diese Gesteine nur Diallag als Gemengtheil angibt. Der mineralogischen Zusammensetzung, nicht der Structur nach nahe verwandt erscheint auch der von G. vom Rath[4] beschriebene Dioritporphyr aus der Gegend von Catanzaro in Calabrien.

5. Syenit.

Rechnet man zu den Syeniten nur solche Gesteine mit vorherrschend orthoklastischem Feldspath, welche keinen oder nur entschieden accessorischen primären Quarz enthalten, so ist diese Familie unter den hornblendereichen Gesteinen am

---

[1] Neues Jahrbuch für Mineralogie etc. 1877. 113 ff. und 225 ff.
[2] Zeitschr. d. deutschen geolog. Ges. XXVIII. 1876. 371 Anm.
[3] Studien über Cordillerengesteine. Inaug.-Diss. Leipzig 1875. 14.
[4] Zeitschrift der deutschen geolog. Ges. XXV. 1873. 180.

schwächsten vertreten. Wenn früher der Syenit als weit verbreitete Felsart im Odenwald angeführt wurde, so kommt dies daher, dass man nach der Definition von G. Rose die Amphibolgranite und Amphibol-Biotitgranite mit demselben vereinigte, oder ohne Zuhilfenahme des Mikroskops den vorherrschenden Plagioklasgehalt nicht zu erkennen vermochte. Die isolirten Vorkommnisse echter, und sogar sehr typischer Syenite beschränken sich meist auf wenig zugängliche Punkte und konnten daher erst bei einer systematischen Durchforschung des Gesammtgebietes aufgefunden werden. Alles, was Bronn, Leonhard und andere Autoren als Syenite beschreiben, musste von denselben abgetrennt werden und wurde schon im vorhergehenden bei anderen Gesteinsfamilien untergebracht.

Unter den Syenit-Vorkommnissen sind es nur zwei, denen eine selbständige Stellung zuzukommen scheint, und welche jedenfalls eine Ausscheidung bei einer Aufnahme in grösserem Masstab gestatten würden. Das eine Gebiet liegt am Kisselbusch bei Löhrbach, das andere im Gorxheimer Thal zwischen Unter-Flockenbach und Trösel.

Am Kisselbusch erstreckt es sich nach Norden nicht weit über die höchste Spitze hinaus; nach Süden durchschneidet es beim neuen Schulhaus von Löhrbach die Thalsohle und tritt auf der linken Thalseite noch einmal in ziemlich mächtigen Felsen anstehend auf. Nach diesen beiden Richtungen sind die Grenzen mit einiger Schärfe zu bestimmen. Weniger deutlich ist die Abgrenzung nach Osten und Westen. Gegen Osten scheint der Syenit nicht ganz den Schnorrenbacher Weg zu erreichen; westlich von der Spitze des Kisselbusch verschwindet er sehr bald. Rings umgeben wird er von eigenthümlichen chloritischen Gesteinen, die später noch Erwähnung finden werden.

Makroskopisch erkennt man in dem Hauptgestein nur zwei Bestandtheile: eine körnige Masse von dunkel fleischrothem Feldspath, aus der nur ganz vereinzelt kleine leistenförmige Individuen hervortreten und dunkelgrüne Hornblende in isolirten breiten Säulen oder seltener in körnig-schuppigen Aggregaten. Erst nach sehr sorgfältiger Untersuchung mit scharfer Lupe liessen sich einige Plagioklasleisten auffinden, die sich aber nur durch die Zwillingsstreifung, durch die Färbung nicht im geringsten vom Orthoklas unterscheiden. Zuweilen berühren sich die Feldspathkörner unvollständig, wodurch eine schwach poröse Structur erzeugt wird; hie und da ist auch eine Streckung der Hornblendesäulen nicht zu verkennen.

Unter dem Mikroskop lässt sich der Plagioklas in einigen Dünnschliffen etwas reichlicher nachweisen; doch sind alle Feldspathe so constant durch die gleichen winzigen rothbraunen Körner und Flocken getrübt, dass eine sichere Bestimmung unmöglich ist. Die Körnchen scheinen primärer Natur zu sein und bei ihrer Zersetzung das Material zu den zarten Flocken zu liefern. Ausserdem sind fast alle Feldspathe überaus reich an farblosen, lebhaft polarisirenden Schuppen oder Tafeln, die Kaliglimmer oder ein verwandtes Mineral zu seiu scheinen und sich öfters auch zu grösseren blättrigen Aggregaten scharen. Die Hornblende zeigt durchschnittlich schwächere Absorption als in den bisher beschriebenen Gesteinen. Ein Theil ist vollkommen frisch und oft von prächtig licht grasgrüner Farbe, ein anderer vollständig umgewandelt und zwar hier entschieden zu einem chloritischen Mineral. Als primärer accessorischer Gemengtheil erscheint nur der Titanit von einiger Bedeutung, dessen grössere Krystalle nicht selten eine prismatische Spaltbarkeit von gleicher Vollkommenheit wie die Hornblende erkennen lassen. Apatit und Eisenkies sind nur in einigen wenigen Nadeln und Würfeln vorhanden. Secundäre Producte sind dort besonders entwickelt, wo die Hornblende stärker verändert ist, so dass diese vorzugsweise das Material geliefert zu haben scheint. Am reichlichsten tritt der Epidot auf, entweder im Feldspath eingebettet oder in Form kleiner Trümer; ausserdem Kalkspath, etwas Muscovit und ein farbloses Mineral, wahrscheinlich zum Theil Quarz, zum Theil chalcedonartige Kieselsäure. Die als Quarz angesehenen Partien enthalten keine Flüssigkeitsporen und werden hauptsächlich von stark zersetztem Feldspath eingeschlossen.

Während der Hauptvarietät primärer Quarz wohl gänzlich fehlt, stellt dieser sich zuweilen auf der Südspitze des Kisselbusch so reichlich ein, dass sich aus quarzführenden

Syeniten schliesslich Gesteine entwickeln, welche man nicht anders als Amphibolgranite nennen kann. Der Quarz lässt sich dann schon deutlich mit der Lupe erkennen und erweist sich unter dem Mikroskop als stark polysynthetisch, trichiteführend und sehr reich an Flüssigkeitsporen. Hervorzuheben ist noch der grosse Reichthum an Titanit in zierlichen Krystallen mit deutlichen Spaltungsdurchgängen. Im Gesammthabitus schliesst sich übrigens der Amphibolgranit aufs innigste den Syeniten an und würde auch, soweit die Beobachtungen reichen, geognostisch nicht von ihnen zu trennen sein.

Mit der quarzfreien Varietät des Kisselbusch ist ein Syenit, der auf dem West-Abhang des Kanzelbergs, am oberen Theil des Münichbächleins ansteht, fast identisch. Dunkel fleischrother Feldspath und breite, dunkelgrüne Hornblendesäulen bilden ein ziemlich grobkörniges Gemenge mit etwas accessorischem Titanit und Eisenkies und mit denselben Zersetzungsproducten, die oben angeführt wurden.

Ebenfalls sehr ähnlich und nur durch lichteren Feldspath und etwas dunklere Hornblende ausgezeichnet ist ein kleinkörniger Syenit, den man in losen Blöcken auf der Weidenhöhe oberhalb der Wollenklinge (zwischen Unter-Flockenbach und Löhrbach) findet. Der spurenweise Quarz ist auch hier augenscheinlich secundärer Entstehung.

Allen diesen Fundorten ist das vollständige Fehlen von Biotit und das kaum nennenswerthe Vorkommen von Eisenerzen gemeinschaftlich. Auch in der Hornblende stellen sich letztere nicht, wie so häufig, in Form central angehäufter Körner oder Stäbchen ein. Primärer Quarz wurde nur in einigen wenigen Handstücken beobachtet.

Der Syenit von Trösel beginnt auf beiden Thalseiten gleich oberhalb Unter-Flockenbach, da, wo das Thal sich plötzlich stark verengt, und dehnt sich bachaufwärts ungefähr bis an die Tröseler Mühle aus. Auch erhebt er sich ziemlich hoch über die Thalsohle. Ueberall tritt er an den Abhängen in mächtigen Felsen zu Tage.

Dieser Syenit unterscheidet sich makroskopisch von dem des Kisselbusch durch feineres Korn, grösseren Reichthum an Amphibol, weissen Feldspath und zuweilen durch accessorischen tombackbraunen Glimmer; unter dem Mikroskop durch fast constantes Auftreten einer geringen Menge von Quarz. Feldspath und Amphibol sind durchschnittlich frischer, als am Kisselbusch, und die chloritischen Producte scheinen hier vorzugsweise aus Biotit entstanden zu sein, da man öfters noch dessen Spaltung zu erkennen glaubt und auch zwischen den grünen Lamellen schmale, bräunliche, weniger veränderte Reste erhalten findet. Bei der Umwandlung haben sich als Nebenproducte Epidot und besonders chalcedonartige Kieselsäure gebildet, welche im polarisirten Licht eine zarte Aggregatpolarisation liefert. In diesen, sowie in manchen anderen Gesteinen beobachtet man öfters, dass eine licht gefärbte, schwach pleochroitische, also wahrscheinlich eisenarme Hornblende weniger zur Zersetzung geneigt ist, als eine dunkle, anscheinend eisenreichere. Die Hornblende liefert nicht allzu selten, wie in Syeniten überhaupt, Durchschnitte, welche auf eine vollkommene Begrenzung der Säulen in der Prismenzone schliessen lassen, während in keinem der hornblendereichen Gesteine eine regelmässige Endausbildung beobachtet wurde. Zwillinge nach $\infty P\grave{2}$ treten vereinzelt auf, aber erheblich seltener, als in den Dioriten.

Der Feldspath ist meist gleichmässig getrübt; ausnahmsweise trifft man einen krystallographisch scharf begrenzten Kern vollständig verändert, während eine breite äussere Zone wenig oder gar nicht angegriffen erscheint. Das Zersetzungsproduct weicht wesentlich von dem am Kisselbusch beschriebenen ab und ist genau das gleiche, welches man gewöhnlich in Graniten beobachtet.

Plagioklas fehlt keinem Dünnschliff, ist aber nirgends reichlich vorhanden.

An accessorischen Gemengtheilen sind vorzugsweise Apatit und Titanit vertreten, letzterer häufig in tropfenähnlichen Formen oder mit opaken Kernen ausgestattet, wie sie in den Dioriten beschrieben wurden. Obschon Eisenkies etwas reichlicher vorkommt, als am Kisselbusch, so sind doch auch diese Syenite ausgezeichnet durch ihre Armuth an Eisenerzen. Einige der zierlichen Pyritwürfel sind vollständig in blutroth durchscheinenden Hämatit umgewandelt, andere nur am Rande.

Da das Centrum dann noch deutlich den speisgelben Glanz im reflectirten Licht erkennen lässt, so liegen sicher Pseudomorphosen von Eisenoxyd nach Eisenkies, nicht die gewöhnlicheren nach Magnetit vor.

Während die Syenite vom Kisselbusch und von Trösel, wie mehrfach erwähnt wurde, eine selbständigere geognostische Stellung einzunehmen scheinen, als die meisten übrigen hornblendereichen Gesteine, ist dies bei einer anderen Reihe verwandter Vorkommnisse nicht der Fall, welche vereinzelt im Gebiete der Amphibolgranite und Diorite auftreten und gleichsam eine syenitische Facies derselben repräsentiren. Auch in ihrem makroskopischen Habitus sind sie jenen Familien ähnlicher als den oben beschriebenen Syeniten. Alle sind sehr amphibolreich und demgemäss dunkel gefärbt. Ein Theil ist gleichmässig feinkörnig; ein anderer klein- bis mittelkörnig und reich an porphyrisch eingebettetem fleischrothen, matten Feldspath, der aber nicht leistenförmig, sondern unregelmässig rundlich begrenzt ist. Das entschiedene Vorherrschen von orthoklastischem Feldspath verhindert die Einreihung dieser Gesteine bei den Dioriten, das höchstens accessorische Auftreten von Quarz ihre Auffassung als Amphibolgranite.

In dem feinkörnigen Syenit von der Wehling bei Ober-Flockenbach bilden lichtgrüner Amphibol und Orthoklas bei weitem die Hauptgemengtheile. Kaffeebrauner oder in zierlicher Weise aus braunen und grünen Lamellen aufgebauter Biotit ist auf das mannigfaltigste mit der Hornblende verwachsen und recht gleichmässig vertheilt, tritt aber gegen letztere so erheblich zurück, dass er als unwesentlich betrachtet werden kann. Beide Mineralien sind vollständig frisch, während ein Theil des Feldspaths besonders im Innern stark getrübt ist. Quarz, Plagioklas und Titanit sind spärlich vorhanden, reichlicher Eisenkies und besonders reichlich Apatit. Hie und da stellt sich auch Epidot ein, ohne dass ersichtlich wäre, aus welchem Gemengtheil er sich entwickelt hat.

Dieser Typus bleibt aber nicht auf grössere Entfernung hin constant. Zuerst treten aus der feinkörnigen Gesteinsmasse vereinzelte fleischrothe Feldspathe mit mattem körnigen Bruch und Hornblendesäulen porphyrartig hervor; bald mehren sich dieselben, und schliesslich entstehen grobkörnige Ausscheidungen. Obwohl die grösseren Feldspathe ihren physikalischen Eigenschaften nach alle makroskopisch identisch erscheinen, erweisen sie sich doch unter dem Mikroskop zum Theil als Orthoklas, zum Theil als Plagioklas.

Eine von Herrn A. Nietzsche analysirte porphyrartige Varietät ergab folgende Zusammensetzung:

Kieselsäure	52.14
Thonerde	15.37
Eisenoxyd	6.83
Eisenoxydul	3.35
Kalk	6.54
Magnesia	6.62
Kali	4.43
Natron	3.38
Wasser	2.15
	100.81

Der niedrige Kieselsäuregehalt erklärt sich durch den Reichthum an basischen Gemengtheilen, welcher letztere sich auch aus dem hohen Procentsatz von Kalk und Magnesia ergibt. Die Grösse des Wassergehalts steht nicht recht im Einklang mit der Frische des Gesteins.

Mit dem letztgenannten Syenit in jeder Beziehung als nahe verwandt, erwies sich ein untergeordnetes Vorkommen vom Wässrigen Weg bei Grossachsen. Feldspathe mit den gleichen physikalischen Eigenschaften sind auch hier einer etwas gröberen Gesteinsmasse porphyrisch eingebettet. Glimmer fehlt, Quarz ist in geringer Menge vorhanden. Neben frischem Amphibol treten chloritische Zersetzungsproducte desselben auf, begleitet von Kalkspath und chalcedonähnlicher Kieselsäure.

Die Zusammensetzung ermittelte Herr Beck wie folgt:

Kieselsäure	55.43
Thonerde	12.94
Eisenoxyd	14.94
Kalk	6.41
Magnesia	2.41
Kali	3.20
Natron	3.11
Wasser	2.61
	101.05

Vergleicht man diese Analyse mit der vorigen, so entspricht der höhere Gehalt an Kieselsäure, der geringere an Magnesia recht gut dem Auftreten von accessorischem Quarz und dem Fehlen des Biotit.

Ein in losen Blöcken bei Ritschweier gefundenes Gestein besteht aus einer feinkrystallinischen Grundmasse trüber Orthoklaskörner mit mikroporphyrisch hervortretenden Hornblendesäulen. Letztere sind dadurch ausgezeichnet, dass sie fast durchgängig und in mannigfacher Weise mit Biotit verwachsen sind, der selbständig nicht vorkommt. Zuweilen bildet er einen vorherrschenden Kern, der von einer schmalen Zone grasgrüner, frischer Hornblende umgeben wird, gewöhnlich aber wechseln schmale Glimmerleisten mit der Hornblende derart, dass die Spaltungsdurchgänge in Schnitten aus den Verticalzonen parallel verlaufen; selten ist die Verwachsung eine ganz unregelmässige. Es erscheint unzweifelhaft, dass der Biotit hier als ein Umwandlungsproduct aufzufassen ist.

Den Uebergang zum Amphibol-Biotitgranit vermitteln schliesslich kleinkörnige Gesteine aus der Gegend von Mackenheim und Oberabsteinach. Der Amphibol herrscht erheblich im Vergleich zum Biotit vor. Anhäufungen von ovalen Titanitkörnern mit grossen opaken Kernen sind sehr reichlich vertreten. Ein Theil der letzteren löste sich erst nach langem Digeriren mit concentrirter Salzsäure auf, so dass sie ihrem chemischen Verhalten nach hier wohl Titaneisen sein könnten.

Nachträglich mag noch hervorgeboben werden, dass die Hornblende durchgängig in den Syeniten auffallend arm an Einschlüssen ist.

Chloritische Gesteine.

In der Gegend südlich von Unter-Flockenbach tritt eine eigenthümliche Gruppe chloritischer Gesteine auf, welche bald zu den dortigen Syeniten, bald zu Amphibolgraniten in genetischer Beziehung zu stehen scheinen. Ihr Habitus ist ein ziemlich schwankender, und obwohl sie an verschiedenen Punkten auftreten, ist die Verbreitung doch nirgends eine erhebliche. Man trifft sie in besonders charakteristischer Ausbildung am Nord-Abhang des Gängelbacherhangs (Ost vom Pfaffenwald), nahe am Ausgang des Gängelbachthales in dem kleinen auf der Karte angegebenen Steinbruch und nördlich vom Dörrberg. Gewöhnlich ist die Structur eine recht vollkommen schiefrige, so dass man die Gesteine leicht für krystallinische Schiefer halten könnte. Der innige geognostische Verband mit den übrigen massigen Felsarten lässt jedoch an ihrer Zugehörigkeit zu diesen nicht zweifeln, und die mikroskopischen Verhältnisse stimmen auch mit dieser Auffassung vollkommen überein.

Auf den Absonderungsflächen parallel zur Schieferung erkennt man bei den meisten Varietäten nur ein feinschuppiges, aus lauchgrünen chloritischen Blättchen zusammengesetztes Aggregat mit schimmerndem Glanze. Nur bei unvollkommener Schieferung tritt gleichzeitig der zweite Hauptgemengtheil — Feldspath — in Form unregelmässiger Körner von weisser bis röthlicher Farbe hervor, der aber auf dem Querbruch stets deutlich wahrzunehmen ist. Alle Gesteine bekunden durch kräftiges Aufbrausen mit Säure ihren veränderten Zustand, und an geeigneten Stellen sammelt sich der Kalkspath auch zu Trümern und Nestern an. Ausserdem ist mit unbewaffnetem Auge nur noch Eisenkies zu erkennen.

Aus der mikroskopischen Untersuchung ergibt sich, dass die ganze Gruppe durch Umwandlung hornblendeführender Gesteine entstanden ist, und man kann daher die Gesteinsreihe als chloritische Syenite und chloritische Amphibolgranite bezeichnen, je nachdem die einzelnen Glieder quarzarm oder quarzreich sind.

Als Hauptgemengtheil tritt überall das erwähnte, makroskopisch chloritisch aussehende Mineral hervor. Die Farbenunterschiede bei Drehung des unteren Nicol sind kräftig; der parallel zur Verticalaxe schwingende Strahl ist lichtgelb, der senkrecht zu dieser Richtung schwingende rein grün bis bläulichgrün. Schnitte parallel zur Basis lassen keinen Pleochroismus wahrnehmen. Nirgends beobachtet man so scharfe und regelmässige Blätterdurchgänge, wie sie an einem primären grünen Glimmer wohl nie ganz fehlen. Nur spärlich trifft man regelmässig begrenzte isolirte Leisten oder grosse einheitliche Tafeln mit lappigen Formen; gewöhnlich sind die fetzenförmigen Blättchen zu schuppigen Aggregaten vereinigt. Sehr constant und in sehr reichlicher Menge sind alle die Nebenproducte vertreten, welche die chloritische Umwandlung von Amphibol oder Biotit zu begleiten pflegen. Es sind vorherrschend mannigfach geformte opake Gebilde und trübe, kaum durchscheinende gelbliche bis bräunliche Körner, seltener feine, sternförmig gruppirte schwarze Stacheln. Kann man demnach nicht daran zweifeln, dass ein secundäres Product vorliegt, so ist doch der Nachweis, aus welchem Mineral dasselbe entstanden ist, schwieriger. Bei sorgfältiger Durchmusterung der Dünnschliffe war allerdings keine Spur von unverändertem Biotit aufzufinden, aber Stellen, an denen sich noch mit einiger Sicherheit eine schiefe Orientirung der Hauptschwingungsrichtungen constatiren liess, waren auch nur höchst spärlich vertreten. Erst durch Behandlung der Präparate mit Salzsäure gelang es, Hornblendereste etwas reichlicher freizulegen, welche das chloritische Mineral vorher vollständig überwuchert hatte. Ja, in einem Dünnschliff, der ungeätzt mit den übrigen nahezu übereinstimmte, zeigte sich nach der Aetzung, dass noch ein sehr beträchtlicher Theil der Hornblende unzersetzt war. Die übrigen Gemengtheile bieten wenig Bemerkenswerthes. Der Feldspath ist meist vollständig getrübt und daher nicht mit Sicherheit zu bestimmen. Die unregelmässig gestalteten Körner, welche dem Chlorit an Menge fast gleichkommen, scheinen Orthoklas zu sein, während unter den wenigen grösseren, mikroporphyrisch hervortretenden Leisten sicher auch Plagioklas vertreten ist. Der accessorische Quarz bildet zum Theil sehr kleine, fast einschlussfreie Körner, welche wohl secundärer Natur sind. Daneben sind auch grössere vorhanden, die reichlicher Flüssigkeitsporen führen und als ursprüngliche Bestandtheile aufzufassen sind.

In den chloritischen Amphibolgraniten sind letztere in grösserer Zahl vorhanden, aber makroskopisch nicht wahrnehmbar, weil sie vom Chlorit überwuchert werden. Apatit und besonders Titanit stellen sich in sehr bedeutender Menge ein. Abgesehen von den im Chlorit eingebetteten opaken

Gebilden fehlen Eisenerze fast gänzlich. Der Kalkspath erscheint als Ausfüllung unregelmässiger Hohlräume oder kleiner Spalten zwischen den übrigen Gemengtheilen.

Am Gängelbacherhang tritt in Mitte der chloritischen Syenite untergeordnet ein kleinkörniger Biotitgranit mit accessorischem Orthit auf.

Etwas abweichend ist das Gestein aus dem Steinbruch im Gängelbachthal zusammengesetzt. Es ist grobkörniger, unvollkommener schiefrig, reicher an Quarz und Plagioklas als die übrigen Varietäten. Ausserdem erscheint das chloritische Mineral unter dem Mikroskop in zweifacher Form der Ausbildung. Ein Theil tritt entweder in Leisten auf mit deutlichen Spaltungsdurchgängen und sehr kräftigem Pleochroismus oder in grossen nicht pleochroitischen und unregelmässig begrenzten Tafeln. Die letzteren sind dicht erfüllt mit opaken Stacheln, welche sich häufig unter 60 Grad schneiden und eine zierliche Gitterung erzeugen. Diese Eigenschaften, verbunden mit der glimmerähnlichen Gestalt der Leisten sprechen für die Annahme, dass ursprünglich Biotit vorgelegen habe, obwohl unveränderte Reste desselben nicht vorhanden sind. Ein anderer Theil bildet gedrungene säulenförmige Durchschnitte von schmutzig graulichgrüner Farbe, liefert Aggregatpolarisation und enthält abgesehen von Epidotkörnchen nur grössere bräunlichschwarze Einschlüsse, keine opaken Stacheln. Die Form deutet hier auf Amphibol als Muttermineral. Von Säuren wird das erstere Umwandlungsproduct leicht und vollständig zersetzt, während das letztere hie und da schwach pleochroitische, lichtgrünliche Reste hinterlässt. Die opaken Stacheln lösen sich auf, während die übrigen dunklen Gebilde zwar gebleicht werden, aber ihrer Form nach erhalten bleiben.

Auch den Syenit des Kisselbusch umgeben Gesteine mit eigenthümlichem Habitus, die sich einerseits in der Richtung von Schnorrenbach und Rohrbach, andererseits gegen Buchklingen hin erheblich ausdehnen. Es sind zumeist quarzreiche Granite, die aus fleisch- bis ziegelrothem, seltener lichtem Feldspath, rauchgrauem Quarz und aus einem untergeordneten, chloritisch aussehenden Mineral bestehen. Letzteres tritt entweder in unregelmässigen Putzen auf oder schmiegt sich zu dünnen Flasern verwoben um Feldspath und Quarz, welche beide eine ähnliche Form besitzen wie in den Augengneissen.

Der stark polysynthetische Quarz enthält besonders in einem Präparat einen Reichthum an den winzigsten Flüssigkeitsporen, wie man ihn wohl nur selten beobachtet. Selbst bei 900facher Vergrösserung bleiben viele Stellen gleichmässig grau gefärbt, und in allen Körnern überwiegen die einschlussreichen Partien solche, in denen die Poren weniger gedrängt liegen. Der Feldspath ist grösstentheils dicht erfüllt von rothbraunen Körnchen, die sich durch Digestion mit Salzsäure entfärben, aber nicht auflösen, sondern gleichgestaltete trübe Flocken hinterlassen. Andere Feldspathe enthalten secundären Muscovit, wiederum andere sind recht frisch. Eine mikroschriftgranitartige Durchwachsung mit Quarz ist häufiger, als in den übrigen granitischen Gesteinen des Odenwaldes. Accessorische Gemengtheile sind von bemerkenswerther Seltenheit. Das chloritische Mineral ist reich an opaken Körnern und Stacheln, die sich hier als recht widerstandsfähig gegen Säuren erwiesen. Es scheint häufiger aus Glimmer, als aus Hornblende entstanden zu sein, so dass man die ganze Gesteinsreihe als chloritische Granite zusammenfassen kann.

Auf der Karte findet man alle beschriebenen chloritischen Varietäten mit den hornblendereichen Gesteinen vereinigt. Für das zuletzt erwähnte Gebiet wäre allerdings durch Wahl der Granitfarbe der Durchschnitts-Charakter besser zum Ausdruck gekommen. Die incorrecte Darstellung ward dadurch veranlasst, dass bei der Feldarbeit auf die untergeordnet auftretenden quarzfreien und quarzarmen, ursprünglich entschieden hornblendereichen Varietäten, ein grösseres Gewicht gelegt wurde, als gerechtfertigt ist.

III. Gangförmige Gebirgsglieder.

Die im vorhergehenden beschriebenen massigen Gesteine, welche das Hauptmassiv des krystallinischen Odenwaldes bilden, werden überall von gangförmigen Gebirgsgliedern durchsetzt, jedoch in sehr ungleichmässiger Vertheilung. Während letztere sich zuweilen derart scharen, dass es schwer ist, zu entscheiden, welches das vorherrschende Gestein ist, treten sie an anderen Punkten in verhältnissmässig grossen Abständen von einander auf. Ersteres gilt besonders von den Granitgängen, von denen daher nur einige Gruppen auf der Karte eingetragen werden konnten. Solche Gangmassen dagegen, deren Material sehr wesentlich von dem des Hauptgebirges abweicht, liessen sich einigermassen vollständig auszeichnen. Ihrer Bildung nach kann man die Gänge in zwei scharf getrennte Gruppen theilen: in Eruptivgänge und in Gänge wässriger Entstehung, und demgemäss erscheint es geeignet, die verschiedenen Vorkommnisse in nachstehender Reihenfolge zu beschreiben:

Eruptivgänge:

1. Muscovitgranit und Turmalingranit
2. Normaler Biotitgranit
3. Ganggranit von Grossachsen
4. Feldspathreicher Granit
5. Gangdiorit
   eigentlicher Diorit
   Augitdiorit
6. Hornblendefels
7. Olivin-Diallag-Gestein
8. Minette
   Glimmer-Minette
   Augit-Minette

Gänge wässriger Entstehung:

9. Schwerspath
10. Quarzit
11. Erzgänge.

So verschiedenartig auch die chemische und mineralogische Zusammensetzung dieser Gangmassen erscheint, so ist sie doch vollständig unabhängig vom Nebengestein. Man trifft die meisten eben so häufig in den hornblendefreien, wie in den hornblendereichen Felsarten. Wenn das Olivin-Diallag-Gestein oder die Turmalingranite eine Ausnahme zu bilden scheinen, so kann man dies wohl nur als eine zufällige Beschränkung ansehen, bedingt durch das vereinzelte Vorkommen.

Eruptivgänge.

Es wurde schon oben hervorgehoben, dass manche gangförmig erscheinenden Partien im Odenwald wahrscheinlich gleichzeitig mit dem Hauptgebirge entstanden sind; andere können nur als Ausscheidungen angesehen werden, deren fremdartiger Habitus durch einen abrupten Wechsel in der Structur oder in dem Mengungsverhältniss der Bestandtheile bedingt wird; einige wenige ergaben sich als granitoïdische Massen, welche nach Art der Erzgänge gebildet sind. Alle Vorkommnisse, welche sich nach der einen oder anderen Richtung hin mit einiger Sicherheit bestimmen liessen, wurden bei den folgenden Betrachtungen ausgeschlossen. Es wäre allerdings wohl möglich, dass ein Theil der grobkörnigen Muscovitgranite und die Schriftgranite zu den Granitoïden gehören; da aber bis jetzt eine sichere Entscheidung nicht gelang, so wurde die übliche Einreihung unter die Eruptivgesteine beibehalten. Sieht man aber von solchen zweifelhaften Fällen ab, so scheinen die hier beschriebenen Gänge granitischen, dioritischen und syenitischen Materials echte Eruptivgänge zu sein, d. h. untergeordnete Gebirgsmassen, welche Spalten erfüllten, nachdem das Nebengestein schon vollständig erstarrt war und einen bestimmten petrographischen Habitus angenommen hatte. Für diese Anschauung sprechen: die scharfe Trennung von Gangmasse und Nebengestein, der meist erhebliche chemische und mineralogische Unterschied zwischen beiden, die gleichartige Ausfüllung der ganzen Gangspalte mit Ausnahme der wenigen Fälle, wo eine Verdichtung oder eine Contactwirkung am Salband zu constatiren ist, überhaupt das Fehlen jeglicher Structurform, welche granitoïdische Massen zu charakterisiren pflegt.[1]

---

[1] Es lässt sich jedoch nicht leugnen, dass diese Kriterien keineswegs immer für eine sichere Entscheidung ausreichen, und in sehr vielen Fällen lassen sie sich überhaupt nicht einmal mit genügender Schärfe beobachten. Jedenfalls wird man leichter eine gangförmige Ausscheidung für einen Eruptivgang halten, als den umgekehrten Fehler begehen, und so mag auch hier noch manches Vorkommniss — besonders unter den Graniten — beschrieben werden, welches richtiger

Wenn bei diesen allgemeinen Betrachtungen vorzugsweise auf die Gänge granitischen Materials Rücksicht genommen wurde, so liegt dies theils daran, dass sie an Menge alle anderen weit überwiegen, theils an der Schwierigkeit, welche gerade sie bei der Frage nach ihrer Entstehung darbieten. Der Zahl der Vorkommnisse entsprechend zeigen sie so mannigfaltige Schwankungen in Bezug auf Structur, Korngrösse und Mengungsverhältniss der Hauptbestandtheile, dass nur die Haupttypen herausgegriffen und geschildert werden konnten. In manchen recht ausgedehnten Gebieten tritt anstehendes Gebirge gar nicht an die Oberfläche, und dann ist es oft schwer zu bestimmen, ob die lose gefundenen Blöcke und Schollen Gängen oder dem Hauptmassiv entstammen. Bei den Muscovitgraniten kann allerdings ein solcher Zweifel nicht vorkommen, da sie im Odenwald — wie auch wohl sonst — nur gangförmig auftreten; bei den Biotitgraniten lassen sich dagegen mit einiger Sicherheit nur die glimmerarmen Varietäten, die sogenannten Aplite, auf Gänge zurückführen, während glimmerreiche zur Feststellung ihrer Natur stets einer Beobachtung im Anstehenden bedürfen.

1. Muscovitgranit.

Gänge von Muscovitgranit trifft man im ganzen südlichen Odenwald, mag das Hauptgestein aus hornblendefreien oder hornblendereichen Graniten bestehen. Sie scheinen nur den beschränkten Gebieten zu fehlen, in denen Diorite und Syenite vorherrschen. Während sie meist nur vereinzelt auftreten, häufen sie sich in der Umgebung von Heidelberg, südöstlich von Buchklingen und ganz besonders in dem ausgedehnten

---

von den Eruptivgängen zu trennen wäre. Es wurde jedoch vorgezogen, das petrographisch Zusammengehörige übersichtlich zu vereinigen, als im einzelnen Fall Bedenken zu wiederholen, welche nicht genügend begründet werden können. Je eingehendere geognostische Untersuchungen man anstellen wird, um so mehr wird sicherlich die Zahl der Eruptivgänge sich lichten. (Vgl. auch Fischer: Ueber die Verbreitung der triklinoëdrischen Feldspathe in den sogenannten plutonischen Gesteinen des Schwarzwaldes. Ber. d. naturf. Ges. zu Freiburg 1857 an mehreren Stellen.

Waldbezirk südlich von Unter-Flockenbach, welcher Steinrutscherhang, Pfaffenwald, Kohlplatte und Gängelbacherhang umfasst, in sehr hervorragender Weise. Bei Heidelberg bieten der Schlossgarten (hinter der grossen Terrasse), das Karmeliterwäldchen und die Thalgehänge bei Schlierbach zahlreiche gute Aufschlüsse; in der Gegend von Unter-Flockenbach verhindert jedoch der dichte Waldbestand jegliche genaue Untersuchung. Bei der grossen Menge der Bruchstücke und dem Fehlen anderer Granitvarietäten kann man leicht zweifelhaft werden, ob hier der Muscovitgranit nicht ausnahmsweise stockförmig auftritt. Die Annahme dicht gescharter Gänge hat nach Analogie der sonst bekannten Vorkommnisse immerhin die grössere Wahrscheinlichkeit für sich.

Durch die wechselnde Korngrösse, durch das Mengenverhältniss und die Vertheilung der wesentlichen oder durch das Eintreten charakteristischer accessorischer Gemengtheile und schliesslich durch die Art, wie die Gesteinselemente mit einander verwachsen sind, wird eine beträchtliche Mannigfaltigkeit bedingt. Die meisten Varietäten sind schon makroskopisch deutlich ausgeprägt.

Alle Abstufungen, welche zwischen einem feinen und einem sehr groben Korn liegen, findet man vertreten. Dabei zeigt sich, dass mit geringen Ausnahmen die Extreme in dieser Beziehung glimmerarm, die Varietäten mittleren Korns relativ reich an Glimmer sind. Die Grösse der Blättchen und Tafeln des silberweissen bis lichtgrünlichen Muscovit steht im Verhältniss zu den Dimensionen der übrigen Gemengtheile. Da, wo er in unregelmässig begrenzten dünnen Schüppchen auftritt, ist er recht gleichmässig vertheilt, während die grossen und besonders die gleichzeitig dicken Tafeln oft sechsseitige Umrisse erkennen lassen und sich local anhäufen. Nur selten tritt der Muscovit zu grossen blumig-blättrigen oder zu kleinen schuppigen Aggregaten zusammen. An einigen Fundorten erscheint er roth getüpfelt durch prächtig blutrothe Schüppchen von Eisenglimmer, die zwischen feinen Lamellen liegen, während derselbe selbständig nicht vorkommt, ebenso wenig wie andere Eisenverbindungen.

Der Feldspath ist vorherrschend weiss, seltener licht- bis

dunkel fleischroth, und dem entsprechend schwankt die Gesammtfärbung des Gesteins, da der farblose bis rauchgraue, hie und da auch milchweisse Quarz nur in den gröber struirten Varietäten hervortritt. In diesen zeigen auch die grossen Feldspathe reichlich Einschlüsse, die sich zum Theil als Quarzkörner und scharf begrenzte Feldspathleisten bestimmen lassen, zum Theil sich als feine Adern mit mattem Glanze darstellen. Dadurch erscheinen die Hauptspaltungsflächen zart geflammt, wie es beim Mikroklin öfters der Fall ist. Auch eine Neigung zu schriftgranitartiger Verwachsung von Quarz und Feldspath ist zuweilen nicht zu verkennen; diese Structur erreicht jedoch nie die Regelmässigkeit wie in den eigentlichen Schriftgraniten und beschränkt sich stets auf einzelne Individuen.

Den constantesten accessorischen Gemengtheil bildet lichtrother Granat, der in kleinen, Millimetergrösse nur ausnahmsweise übersteigenden Körnern, selten in Krystallen, in den meisten Muscovitgraniten mit der Lupe nachgewiesen werden konnte und nur den grobkörnigen ganz zu fehlen scheint. Weniger häufig tritt Turmalin auf und zwar einigermassen reichlich nur im isolirten Granitgebiet der Umgegend von Heidelberg, welches allerdings auch durch die kräftige Erosion des Neckars und durch alte Steinbrüche und neue Eisenbahnbauten am besten aufgeschlossen ist. Hier kommen turmalin- und granatreiche Gänge am reichlichsten in der unmittelbaren Nähe der Stadt (hinter der grossen Schlossterrasse und oberhalb der Station am Karlsthor) vor, erstrecken sich aber am linken Neckarufer bis zum Wolfsbrunnen, während sie am rechten Ufer spärlicher auftreten. Die vorherrschende Varietät besteht aus kleinkörnigem, glimmerarmem Granit mit recht gleichmässig vertheilten, aber richtungslos eingestreuten Turmalinsäulen und zahlreichen Granatkörnern. Der centrale Theil der Gänge pflegt sehr gleichartig entwickelt zu sein, und nur selten stellen sich hier grobkörnige Ausscheidungen ein. Nach dem Salband zu beobachtet man aber öfters Veränderungen in der Gesteinsbeschaffenheit. Bei einigen Gängen treten hier grosse Turmalinkrystalle auf, deren Längsrichtung annähernd rechtwinklig zur Gangfläche steht; bei anderen tritt der Turmalin zurück und wird ersetzt durch grosse

Biotittafeln von matter brauner oder grünlicher Farbe, denen sich auch grössere Feldspathkrystalle zugesellen. Diese Erscheinungen lassen sich wohl als endomorphe Contacterscheinungen deuten. Der Turmalin zeigt durchgängig einen säulenförmigen Habitus mit scharfer Begrenzung in der Verticalzone, während es nur selten gelingt, eine Endbegrenzung durch R und —2R deutlich zu erkennen. Sehr häufig verdrängt der Turmalin den Muscovit vollständig oder wenigstens in so hohem Grade, dass man auch letztere Varietäten als echte Turmalingranite bezeichnen kann.

Andere accessorische Gemengtheile sind stets nur vereinzelt beobachtet worden. Eisenkies in stark veränderten kleinen Würfeln führt ein Handstück von der Kohlplatte. Krystalle von Apatit, Disthen und Pinit, theils in Muscovitgranit, theils in grobkörnigem Turmalingranit eingewachsen, besitzt die Heidelberger Universitätssammlung aus der Gegend von Schlierbach. Wahrscheinlich stammen die dort aufbewahrten schönen Säulen von Beryll, welche früher in der Hirschgasse gefunden wurden, ebenfalls aus Muscovitgraniten. Kleinere Beryllkrystalle kommen auch im Karmeliterwäldchen vor. Nicht allzuhäufig trifft man Drusen mit wohlausgebildeten Krystallen von Quarz und Orthoklas.

An diese typischen Muscovitgranite schliessen sich besonders in der Heidelberger Gegend, aber auch im Kallstädter Thal und an anderen Punkten solche an, welche neben sehr stark vorherrschendem Muscovit grünlichschwarzen Biotit in spärlichen, aber recht gleichmässig vertheilten Blättchen enthalten. Da diese Gesteine mit den obig beschriebenen alle sonstigen Eigenschaften gemeinsam haben, besonders eben so constant Granat oder Turmalin führen, und auch das geognostische Auftreten das gleiche ist, so kann man sie nur als biotitführende Muscovitgranite, resp. Turmalingranite bezeichnen. Die Zusammengehörigkeit zeigt sich auch deutlich dadurch, dass in letzteren biotitfreie Turmalingranite in Form von scharf begrenzten Ausscheidungen vorkommen.

Während diese Ganggesteine im Gesammthabitus nicht von dem normalen Muscovitgranit abweichen, ist dies in recht hohem Grade der Fall bei einer anderen Reihe, welche Kali-

und Magnesiaglimmer in annähernd gleicher Menge enthält und ebenfalls im Neckargebiet sehr reichlich auftritt. Auf dem rechten Neckarufer bildet sie sogar entschieden die vorherrschende Varietät. In der Gegend von Schlierbach nehmen die Gangmassen oft bedeutende Dimensionen an und wurden in früherer Zeit wegen ihrer Festigkeit abgebaut. Das ältere Heidelberger Strassenpflaster bestand zum grössten Theil aus dem hier gewonnenen Material. Solche Granite würden nach rein petrographischen Gesichtspunkten entschieden als eigentliche Granite zu charakterisiren sein. Trotzdem muss man auch sie aus geognostischen Gründen und wegen der Uebereinstimmung der accessorischen Gemengtheile als biotitreiche Muscovitgranite auffassen. Sie neigen nicht zu aplitischer Ausbildung, sondern sind sogar recht glimmerreich. Wenn auch ein Theil frei von Turmalin ist, so tritt dieser doch in den meisten Gängen auf und zuweilen reichlich. Allerdings ist derselbe wohl nie so gleichmässig vertheilt, wie in den Turmalingraniten, sondern er stellt sich bald mehr in vereinzelten, aber grösseren Säulen ein, bald reichert er sich local an. Besonders auf Absonderungsflächen trifft man ihn gern in dichter Anhäufung, und wenn längs derselben eine Senkung der Gangmasse stattgefunden hat, so bilden seine plattgequetschten Säulen auf den Rutschflächen einen zusammenhängenden Spiegel. Dem Turmalin gesellt sich oft, wenn auch nicht immer, Granat hinzu und häufiger, als in den anderen Varietäten Pinit oder verwandte Umwandlungsproducte des Cordierit.[1] In manchen Vorkommnissen ist der Magnesiaglimmer durchgängig verändert und hat unter Verlust des metallischen Glanzes eine lichtbraune oder grünliche Färbung angenommen. Auch trifft man hie und da unter den sonst kleinen Blättchen von Biotit mit gleichen Dimensionen einzelne sehr grosse langgestreckte Tafeln, wie sie reichlicher

[1] Der Pinit aus der Gegend von Heidelberg wurde zuerst von Blum beschrieben (Zeitschrift für Mineralogie 1828. 679), später von Knop chemisch untersucht (Neues Jahrbuch f. Mineralogie etc. 1861. 142). An beiden Stellen findet man ausführliche Mittheilungen über Vorkommen und Eigenschaften.

in gewissen Biotitgraniten auftreten und dort Erwähnung finden werden. Ausnahmsweise entsteht bei den biotitreichen Muscovitgraniten durch parallele Anordnung beider Glimmerarten eine schiefrige Structur.

Die mikroskopische Untersuchung einer grösseren Gesteinsreihe liess neben manchem Gemeinschaftlichen noch eine Reihe von Verschiedenheiten bei den einzelnen Vorkommnissen erkennen. Vor allem zeigte sich eine ausserordentliche Armuth, ja zumeist ein vollständiges Fehlen jeglicher Eisenerze. Magnetit wurde nirgends wahrgenommen, und selbst Eisenglimmer, sonst in Muscovitgraniten so häufig, findet sich, wenn überhaupt, nur in vereinzelten Schüppchen und nicht viel reichlicher, als sich schon makroskopisch wahrnehmen lässt. Ebenso spärlich ist der Apatit, der zuweilen ganz fehlt. Der Feldspath ist nur selten als Karlsbader Zwilling ausgebildet, und der Quarz nicht so häufig polysynthetisch, wie in den Granitmassiven. Mikroschriftgranitartige Verwachsung tritt nur hie und da in Spuren auf, und zwar vorzugsweise in den biotitführenden Varietäten. Alle Gemengtheile sind auffallend arm an Einschlüssen, die meisten, wie der Granat, Turmalin, Muscovit durchaus frei von ihnen, wenn man von unbedeutenden Infiltrationsproducten absieht, welche Sprünge und Blätterdurchgänge in Form zarter Häute bekleiden. Nur der Quarz bildet insofern eine Ausnahme, als er zwar zuweilen sehr arm, oft aber ganz ausserordentlich reich an Flüssigkeitsporen ist, so dass er selbst bei sehr starker Vergrösserung stellenweise gleichmässig grau gefärbt bleibt.

Die Eigenschaften der einzelnen Gemengtheile sind die normalen. Der Kaliglimmer wird stets wasserklar und zeigt durchgängig eine deutliche Absorption des parallel zur Spaltung schwingenden Strahls. In Folge dessen erscheint dieser Strahl lichtgelb gefärbt; die beiden anderen sind absolut farblos. Die Leisten erweisen sich zuweilen an den Enden aufgeblättert oder ausgefasert, öfters wellig gebogen. Grössere Granate sind rundlich begrenzt und reich an Sprüngen, kleinere mitunter in scharfen Dodekaëdern ausgebildet und frei von Rissen. Je nach der Dicke des Präparats ist der Granat fast farblos bis roth durchsichtig. Er wird bald von Quarz, bald von Feldspath eingeschlossen. Die Begrenzung des Turmalin ist unter dem Mikroskop häufiger eine unregelmässige, als man nach dem makroskopischen Befund erwarten sollte. Der parallel zur Hauptaxe schwingende Strahl ist lichtbraun oder von einem unreinen Blau, der als ordinärer Strahl durchgehende dunkel blauschwarz. Ein grünlicher Ton oder eine fleckige Vertheilung mehrerer Nüancen ist selten; Zonenstructur tritt nie auf. Ganz sporadisch beobachtet man wohl eine Flüssigkeitspore oder ein eingeschlossenes Quarzkorn, welches selbst wieder Turmalinmikrolithe beherbergt. Alle Krystalle, welche eine beiderseitige Endausbildung erkennen lassen, sind nicht hemimorph, sondern an den Polen durch die Grundrhomboëder begrenzt. Gewöhnlich erscheint jedoch das eine Ende wie abgebrochen. Sehr spärlich sinkt der Turmalin zu Mikrolithengrösse hinab; dann scharen sich die feinen, oft quer gegliederten Nadeln zu wirren Häufchen, die sowohl im Quarz, als auch im Feldspath eingebettet liegen. Nur ausnahmsweise findet man Turmalin oder Granat im Dünnschliff, wenn sie makroskopisch im Gestein nicht wahrnehmbar sind.

Während Rosenbusch die Armuth an Plagioklas bei den Muscovitgraniten als Regel hervorhebt, bilden diejenigen des Odenwaldes eine Ausnahme, indem weitaus die meisten sehr reich an diesem Feldspath sind, der nicht selten und besonders in den Turmalingraniten sogar den Orthoklas überwiegt. Dabei treten in den plagioklasreichen Varietäten die monoklinen und triklinen Feldspathe in scharf gesonderten Individuen auf, während in den wenigen plagioklasarmen fast aller Plagioklas mit dem Orthoklas verwachsen ist. Die Neigung der Hauptschwingungsrichtungen zur Zwillingsnaht ist gewöhnlich eine geringe; selten sind solche Werthe, welche auf eine labradoritähnliche Mischung schliessen lassen, und noch seltener sich kreuzende Zwillingslamellen. Als ein wohl nicht sehr häufiges Phänomen verdienen wellig gebogene Lamellen in einem ziemlich grobkörnigen Muscovitgranit von der Koppeneiche (Nord-West vom Kunzenbacherhof) erwähnt zu werden.

Quarz ist überall reichlich vorhanden und führt neben

Flüssigkeitsporen vereinzelte farblose Mikrolithe, stark doppelbrechende Körnchen und opake Härchen; nur in einem turmalinführenden biotitreichen Granit vom Haarlass bei Heidelberg ist der Quarz ausnahmsweise reich an Gästen, neben Turmalinnadeln und Biotitblättchen, besonders an farblosen, stabförmigen Mikrolithen und langen Trichiten. Eine mittelkörnige Varietät von der Kohlplatte ist dadurch ausgezeichnet, dass der Quarz in hohem Grade polysynthetisch ist, und die optisch verschieden orientirten Partien auf das mannigfachste in Form langer und feiner Zacken in einander übergreifen.

Da, wo Biotit neben Muscovit vorkommt, ist er gewöhnlich in isolirten Leisten scharf vom letzteren getrennt; regelmässige Verwachsungen scheinen nicht vorzukommen, da sich wohl beide Glimmer mit parallelen Blätterdurchgängen aneinander legen, aber keine Individuen beobachtet wurden, deren Basis in eine Ebene fällt. Der Biotit zeigt niemals die chloritische Umwandlung, welche in den biotitführenden Gesteinen des Hauptmassiv so häufig ist, obwohl er fast durchweg stark verändert ist. Die Veränderung besteht in einer bald spärlichen, bald vollständigen Erfüllung mit braunen Körnern und Flocken, denen sich etwas Eisenglimmer zugesellt. Diese Producte sind augenscheinlich nicht von Aussen durch Infiltration zugeführt, sondern aus dem Biotit selbst durch Auslaugung des Eisengehaltes entstanden, da sie nur in ihm, nicht in den andern Gemengtheilen und besonders nicht in dem nahe gelegenen Muscovit auftreten, welcher für die Infiltration gleich günstige physikalische Bedingungen darbietet. Der makroskopisch grünliche Glimmer unterscheidet sich nicht von dem braunen in Bezug auf die Art der Veränderung, sondern scheint nur ein verschiedenes Stadium derselben zu repräsentiren. Biotit tritt nur in solchen Varietäten auf, in welchen man ihn auch schon ohne Hülfe des Mikroskops wahrnimmt.

In den fein- bis mittelkörnigen Muscovitgraniten ist der Feldspath abgesehen vom Plagioklas stets Orthoklas, der bald recht frisch, bald stark getrübt ist und die gewöhnlichen Eigenschaften besitzt. In den grob- bis grosskörnigen Varietäten dagegen wird er grösstentheils durch Mikroklin ersetzt.

Die Structur dieser Gesteine gestattete natürlich nur einzelne Individuen zu schleifen; aber es wäre sehr auffallend, wenn zufällig meist Mikrokline gewählt worden wären, und dieselben nicht zum mindesten stark vorherrschten.

Es wurden drei Vorkommnisse genauer untersucht, nämlich diejenigen von der Knopfklinge bei Eiterbach, vom Feuersteinbuckel bei Altenbach und von Unter-Flockenbach. Die beiden ersteren treten im porphyrartigen Biotitgranit, das letztere im hornblendereichen Granit auf. Von allen wurden Dünnschliffe parallel zu den beiden Hauptspaltungsrichtungen angefertigt, und es zeigte sich, dass nicht nur Orthoklas, Plagioklas und Mikroklin in den mannigfachsten Mengungsverhältnissen miteinander verwachsen sind, sondern dass auch grosse, makroskopisch als einheitliche Krystalle sich darstellende Feldspathe an verschiedenen Stellen sich abweichend verhalten. Schon im gewöhnlichen Licht unterscheiden sich Dünnschliffe der vorliegenden Feldspathe deutlich vom Orthoklas durch einen auffallend regelmässigen Wechsel wasserklarer und mehr oder minder stark getrübter, stets sehr kleiner Partien. Die letzteren sind zuweilen roh stabförmig begrenzt und erzeugen dann eine unvollkommene Gitterung; gewöhnlich sind es fein wellig geformte Schmitzen oder breitere Züge, die dem Präparat ein wellig-wolkiges Ansehen verleihen. In diesem Fall erkennt man im polarisirten Licht, dass die stärker zersetzten Partien aus Plagioklas bestehen, während in anderen Fällen gerade dieser am wenigsten verändert ist. In den meisten Präparaten tritt, wenn auch nie überall, so doch wenigstens stellenweise die feine Gitterstructur deutlich hervor, wie sie für den Mikroklin so charakteristisch ist, und dann lässt sich dieser an einzelnen breiteren Lamellen oder da, wo sie nicht allzu dicht liegen, nach der Lage der Hauptschwingungsrichtungen mit Sicherheit bestimmen. Die Entscheidung jedoch, in wie weit Orthoklas oder Albit sich an dem feinen lamellaren Aufbau betheiligt, wird abgesehen von der Dünne der Leisten noch dadurch sehr erschwert, dass aus einem Krystall nach Basis und Längsfläche angefertigte Schliffe nicht immer ein gleich zusammengesetztes Gemenge darstellen. Wahrscheinlich kommen alle drei Feldspatharten neben einander vor;

denn durchaus nicht selten verschwindet die Gitterstructur, so dass nur breite Plagioklasgänge in einem im wesentlichen einheitlichen Untergrund liegen. Derselbe lässt sich dann bald als Orthoklas, bald als Mikroklin, bald als Plagioklas bestimmen und enthält gewöhnlich in sehr grosser Zahl äusserst feine und kurze Schmitzen in paralleler Lage eingebettet, welche nicht mit dem Wirth zugleich dunkel werden. Diejenigen Plagioklaszüge, welche einen einigermassen regelmässigen Verlauf nehmen, liegen in diesen Präparaten anscheinend genau senkrecht zur Kante oP : $\infty P\breve{\infty}$, nicht wie gewöhnlich parallel einer Prismenfläche.

Abgesehen von diesen für den Mikroklin charakteristischen Verwachsungen sind die Feldspathe noch recht reich an Einschlüssen. Sie bestehen aus Orthoklas, Plagioklas, Quarz, Muscovit, Biotit und Magnetit, und zwar nimmt ihre Menge etwa in der angegebenen Reihenfolge ab. Der Orthoklas und der Plagioklas kommen sowohl isolirt, als auch in mannigfacher Verwachsung mit einander vor und sind dann gewöhnlich regellos zum Wirth orientirt. Nur in dem Vorkommen von Eiterbach, wo sie sich in ungewöhnlicher Weise anhäufen, ist der grössere Theil scharf leistenförmig begrenzt und zugleich in Reihen parallel zur Kante oP : $\infty P\breve{\infty}$ angeordnet. Stets sind die Wirthe recht frisch, während die Gäste entweder vollständig getrübt sind und reichlich secundären Kaliglimmer enthalten oder aus einem grossen stark zersetzten Kern bestehen, der von einer schmalen wasserklaren Zone umgeben wird. Der Quarz ist reich an Flüssigkeitsporen; die Anwesenheit des Magnetit ist auffallend, da er sonst in den Muscovitgraniten des Odenwaldes nicht mit Sicherheit beobachtet wurde.

Wie die porphyrartigen Biotitgranite zuweilen so kräftigen Veränderungen unterliegen, dass man die resultirenden Gesteine kaum noch für Granite halten möchte, so tritt diese Erscheinung auch hie und da bei Muscovitgraniten auf. Süd-Ost von Birkenau, an dem über die Hohhecke nach Kallstadt führenden Weg trifft man im Granit einen scharf an diesem absetzenden Gang mit einem Besteg von Brauneisenstein. Makroskopisch sieht das licht graulichviolette Gestein porphyrähnlich aus, indem es aus einer fast dichten Grundmasse besteht, in der kleine rundliche Feldspath- und Quarzbrocken eingebettet liegen. Nach der mikroskopischen Untersuchung kann man es nur für einen stark veränderten Muscovitgranit halten. Die unzersetzten eckigen Fragmente des Feldspaths geben dem Dünnschliff ein breccienähnliches Ansehen, und diese werden zusammen mit dem Quarz und einigen Muscovitblättchen von einer theils feinkrystallinen, theils amorphen Substanz eingeschlossen, welche beide secundärer Entstehung zu sein scheinen.

Biotitgranite.

Während die Muscovitgranite im südlichen Odenwald weniger als in anderen Gegenden zum Uebergang in Aplite neigen — wenn man mit diesem Namen feinkörnige glimmerarme bis glimmerfreie Ganggranite bezeichnet —, ist eine aplitische Ausbildung bei den Biotitgraniten geradezu vorherrschend, und nur ausnahmsweise spielt der basische Gemengtheil eine grössere Rolle. Trotz ihrer einfachen mineralogischen Zusammensetzung ist der Habitus ein so mannigfaltiger, dass eine gesonderte Beschreibung der Hauptvarietäten eben so nothwendig erscheint, wie die Auszeichnung gewisser Gruppen auf der Karte. Bei den normalen Biotitgraniten war dies nicht möglich, da sie überall vorkommen und nirgends für ein Gebiet besonders charakteristisch werden. Eine andere Gruppe ist jedoch theils durch eine anormale Structur so scharf charakterisirt, theils in so auffallender Weise auf den centralen Theil des westlichen Odenwaldes beschränkt und hier oft in so ungeheurer Menge angehäuft, dass die Hauptverbreitungsbezirke als „Gebiete der Ganggranite“ auf der Karte hervorgehoben wurden.

Schliesslich konnten die sehr feldspathreichen und oft als Schriftgranite entwickelten Gänge ebenfalls zur Darstellung gelangen, da ihre Zahl beschränkt ist und sie in Folge technischer Verwerthung in dem sonst an nutzbaren Mineralien so armen Odenwald einige Wichtigkeit beanspruchen.

2. Normaler Biotitgranit.

Unter den normalen Biotitgraniten sind kleinkörnige Varietäten bei weitem vorherrschend. Sie sind stets glimmerarm bis fast glimmerfrei und daher von lichter Färbung. In den meisten Handstücken kann man schon mit der Lupe vereinzelte Körnchen von Magnetit wahrnehmen, aber sie mehren sich kaum unter dem Mikroskop. Ebenso bleibt die Menge von Eisenglimmer und Eisenoxydhydraten selbst da, wo sie am reichlichsten auftreten, immer nur eine geringfügige. Man kann den grössten Theil aller granitischen Gesteine aus dem südlichen Odenwald als ausnahmsweise arm an Eisenerzen jeglicher Art charakteririsiren. In bemerkenswerther Weise tritt Eisenglimmer nur in feinkörnigen Apliten hervor, welche den Amphibolgranit am Judenbuckel bei Ursenbach durchsetzen, indem er hier den Quarz fast constant rubinroth färbt, dagegen den übrigen Gemengtheilen fehlt. Auf den zarten Sprüngen im Quarz hat er sich in Form winziger blutrother Körnchen ausgeschieden, die sich zu Scheiben vereinigen, welche sich wieder zu nierenförmigen Gruppen scharen. Die feingekörnelten Scheiben sind bald vollständig ausgefüllt mit scharf markirten zonalen Absätzen, bald nur theilweise, und stellen dann zierliche Ringe dar. Ebenso spärlich wie Eisenverbindungen treten auch andere accessorische Gemengtheile auf. Granat stellt sich nur an ein oder zwei Punkten in einigen meist mikroskopischen Körnchen ein, und die Armuth an Apatit ist noch auffallender, als in den Muscovitgraniten.

Diese Biotitgranite bestehen daher im wesentlichen nur aus Feldspath und Quarz mit etwas Biotit.

Der Feldspath ist gewöhnlich ungefärbt, seltener schwach röthlich bis fleischroth. Unter dem Mikroskop erweist sich in allen Dünnschliffen ein Theil in hohem Grade verändert, ein anderer recht frisch, ohne dass sich ein Grund für dieses abweichende Verhalten der einzelnen Individuen erkennen liesse. Plagioklas ist stets vorhanden, scheint aber nirgends den Orthoklas zu überwiegen. In den glimmerärmsten Varietäten beobachtet man ganz vereinzelt Durchschnitte mit zarter pegmatolithartiger Gitterstreifung, wie sie für den Mikroklin charakteristisch ist.

Der Quarz ist zumeist arm an Flüssigkeitsporen, wie an Einschlüssen überhaupt; doch häufen sich in einzelnen Körnern die sonst spärlich vertheilten farblosen Mikrolithe und Trichite und zwar besonders die letzteren in höherem Grade an. Auch Biotit stellt sich als Gast ein. Polysynthetische Körner sind nicht häufig; mikroschriftgranitartige Verwachsung von Quarz und Feldspath ist nur spurenweise angedeutet.

Wenn Muscovit auftritt, liegt er im zersetzten Feldspath eingebettet und ist unzweifelhaft secundärer Entstehung. Der primäre Glimmer ist überall dunkler, stark pleochroitischer Biotit, dessen Leisten oft durch Ausscheidung brauner Körnchen vollständig undurchsichtig geworden sind. Der neben braunem Biotit vorkommende grüne verhält sich optisch einheitlich und unterscheidet sich vom ersteren wohl nur durch eine abweichende Oxydationsstufe des Eisens. Eine chloritische Umwandlung fehlt hier ebenso vollständig, wie bei allen übrigen Ganggraniten. In der Gegend von Heidelberg, Waldmichelbach und an anderen Punkten trifft man Biotitgranite von grobem Korn, in denen ein matter lauchgrüner oder brauner, selten perlmutterglänzender Glimmer in grossen, langgestreckten, aber nur sehr dünnen Tafeln porphyrartig hervortritt. Durch Gestalt und Vertheilung verleihen sie dem Gestein ein sehr charakteristisches Aussehen und scheinen mit dem von E. E. Schmid vom Ehrenberg bei Ilmenau unter dem Namen Voigtit beschriebenen glimmerähnlichen Mineral[1] identisch zu sein. Im vorliegenden Fall kann man sich mit Hülfe des Mikroskops auf das deutlichste davon überzeugen, dass in den matten Tafeln nur ein veränderter Biotit vorliegt, während die frischen und glänzenden sich in ihren physikalischen Eigenschaften wenigstens nicht vom gewöhnlichen Biotit unterscheiden.

Abgesehen von dieser grobkörnigen Varietät ist die sonst so gangreiche Heidelberger Gegend auffallend arm an Ganggraniten, die ausschliesslich dunklen Magnesiaglimmer enthalten.

Von den bekannten orthitführenden Granitgängen, welche den Quarzdiorit des Birkenauer Thals durchsetzen, ist ein kleiner Theil gleichmässig mittelkörnig und verglichen mit

[1] Poggendorf Annalen XCVII. 108. 1856.

den soeben beschriebenen Ganggraniten biotitreich. Das mikroskopisch untersuchte Handstück enthielt an Feldspath fast nur Orthoklas. Sehr viel häufiger sind die Gänge — besonders in ihrem centralen Theil — grobkörnig, und dann wechselt das relative Mengenverhältniss der Bestandtheile in hohem Grade. Dunkler Magnesiaglimmer fehlt entweder ganz oder stellt sich nur in grossen vereinzelten Tafeln ein; die Hauptmasse besteht bald nur aus fleischrothem Feldspath und rauchgrauem Quarz, bald vorzugsweise aus letzterem und weissem Plagioklas, bald aus wechselnden Mengen aller drei. Fünf Präparate, welche von dem fleischrothen Feldspath angefertigt wurden, erwiesen sich als Mikroklin, der fast frei von grösseren Albitzügen ist. Statt derselben stellen sich öfters in überaus reichlicher Menge äusserst feine, kurz linsenförmige Schmitzen ein, welche sehr gleichmässig vertheilt sind und nach dem Resultat der Analyse wahrscheinlich aus Albit bestehen. Da Mikroklin und Plagioklas in grösseren späthigen Massen auftreten, so konnte reines Material für eine chemische Untersuchung gewonnen werden. Für den Plagioklas fand Herr Manitz folgende Zusammensetzung (I):

	I.	II.
Kieselsäure	61.5	61.9
Thonerde	25.5	24.2
Eisenoxyd	0.2	
Kalk	5.1	5.2
Natron	7.8	8.7
Kali	0.1	
Wasser	1.0	
	101.2	

Der Wassergehalt ist zu hoch bestimmt worden, da zwei Controllbestimmungen mit demselben Material nur 0.40 und 0.43 Procent ergaben.

Die Zusammensetzung entspricht etwa einer Mischung von 75 Procent Albit und 25 Procent Anorthit, also einem Plagioklas der Oligoklasreihe, dessen von Tschermak berechnete theoretische Zusammensetzung unter II hinzugefügt wurde.

Eine von Herrn Arzruni ausgeführte Analyse des Mikroklin lieferte folgendes Resultat (I):

	I.	II.
Kieselsäure	64.14	64.40
Thonerde	19.31	18.96
Eisenoxyd	0.83	1.04
Kalk	0.48	0.45
Magnesia	0.14	0.14
Kali	12.35	13.07
Natron	1.88	2.35
Wasser	0.65	
	99.78	

Dieser Mikroklin würde annähernd einer Mischung von Kalium- und Natriumfeldspath entsprechen, welche an der Grenze der Tschermak'schen Amazonit- und Orthoklasreihe steht. Eine genaue Berechnung lässt sich nicht durchführen, da entweder die Bestimmung von Kieselsäure und Thonerde etwas zu hoch oder diejenige der Alkalien etwas zu niedrig ausgefallen ist. Wahrscheinlich ist letzteres der Fall, und dann würde der Feldspath sehr nahe mit einem von Haughton analysirten grönländischen übereinstimmen, wie eine Vergleichung mit II. ergibt.

Jedenfalls ersieht man aus obiger Analyse in Uebereinstimmung mit dem mikroskopischen Befund, dass mit dem Kaliumfeldspath nur wenig Natriumfeldspath verwachsen ist.

Unter den begleitenden Mineralien nimmt ein besonderes Interesse der Orthit in Anspruch, welcher zuerst von G. Leonhard aufgefunden und beschrieben worden ist.[1] Seine Grösse und Vertheilung ist in den einzelnen Gängen eine sehr verschiedene. Partien von der Grösse einer Bohne gehören schon zu den Seltenheiten. Der Orthit liegt bald im Quarz, bald im Feldspath eingebettet und wird in beiden Fällen von einer gelblichbraun gefärbten Zone umgeben, welche die Auffindung kleiner Körnchen wesentlich erleichtert. Er ist von pechschwarzer Farbe, hat fettartigen Glanz und splittrigen bis muschligen Bruch. In der Flamme schmilzt er leicht zu einer schwarzen Perle und wird von Säuren unter Ausscheidung

[1] Neues Jahrbuch f. Mineralogie etc. 1853. 554—560. Eine von F. Stift ausgeführte Analyse findet sich ebendaselbst. 1856. 395.

pulvriger Kieselsäure vollständig zersetzt. Der Strich ist gelblichgrau bis grünlichgrau. Nicht einmal Andeutungen von Spaltungsflächen wurden beobachtet. In Folge der Sprödigkeit und der innigen Verwachsung mit Quarz oder Feldspath gelingt es selten, ihn unversehrt von dem Gestein abzulösen. Dann erkennt man aber deutlich eine regelmässige Begrenzung durch matte und rauhe Flächen, so dass Krystalle wohl häufiger vorkommen, als es den Anschein hat. Dieselben sind stets nach einer Richtung stark in die Länge gezogen, von epidotähnlichem Habitus und in der einen Zone recht flächenreich, während die Krystallenden abgebrochen erscheinen. Nicht selten sind die Säulen wellig gebogen.

Unter dem Mikroskop wird der Orthit in dünnen Schliffen vollkommen durchsichtig und erweist sich aus zwei physikalisch verschiedenen Substanzen zusammengesetzt. Die vorherrschende zeigt kräftige Doppelbrechung und deutlichen bis starken Pleochroismus verbunden mit Absorption. Es treten schmutzig bräunliche und dunkel olivengrüne Töne auf. Die zweite ist licht graulichgrün, klarer und so schwach doppelbrechend, dass man eine Einwirkung auf polarisirtes Licht nur bei grösster Aufmerksamkeit wahrnimmt. Sie enthält winzige, bandförmig angeordnete Einschlüsse, deren Natur nicht sicher erkennbar war, die aber wahrscheinlich Flüssigkeitsporen sind. Die fast apolare Substanz ist gegen erstere scharf begrenzt und liegt bald in kleinen Partien in derselben eingeschlossen, bald herrscht sie an einzelnen Stellen des Dünnschliffes vor und umschliesst dann ihrerseits kleine stark doppelbrechende Fetzen.

Aus zwei verschiedenen Krystallen wurden Präparate angefertigt; der eine erwies sich als Zwilling, der andere als Vielling. Der erstere enthält noch ein unregelmässig begrenztes Orthitindividuum mit einer von beiden Zwillingshälften abweichenden optischen Orientirung, der letztere besteht aus zwei breiten und einigen schmalen eingeschalteten Lamellen. Die Hauptschwingungsrichtungen bilden mit der Zwillingsnaht Winkel von etwa 30 bis 43 Grad, gemessen in den stark doppelbrechenden Partien. Der Schnitt fällt daher annähernd in die klinodiagonale Zone, und es könnte die Zwillingsebene wie beim Epidot das Orthopinakoid sein.

Neben Orthit trifft man auf den Gängen im Quarzdiorit noch Titanite, die mehr als Centimetergrösse erreichen, kleine Säulen von licht grünlichem Apatit, Eisenkies, Magnetit, blättrige und feinschuppige Putzen eines chloritischen Minerals und sehr selten Amphibol, alle makroskopisch wahrnehmbar. Klüfte sind hie und da mit Kalksinter bekleidet, der Sickerwasser aus der auflagernden Lössdecke seine Entstehung verdankt.

3. Ganggranit von Grossachsen.

Als „Gebiet der Ganggranite" wurden auf der Karte solche Partien des Gebirges eingetragen, in denen die Granitgänge sich nicht nur durch ihr abnorm massenhaftes Auftreten auszeichnen, sondern auch einen so auffallenden Habitus zeigen, dass man sie auf den ersten Blick von den normal ausgebildeten Granitgängen der übrigen Gebiete unterscheiden kann. In dieser Aussonderung einer Reihe gangförmiger Gebirgsglieder durch eine zusammenhängende Signatur liegt allerdings eine gewisse Inconsequenz gegenüber der sonst angewandten und üblichen geognostischen Darstellung, und es wurde daher zuerst unter erheblichem Zeitaufwand versucht, jene zu vermeiden. Rein praktische Rücksichten nöthigten schliesslich zum gewählten Ausweg. In den Thälern von Grossachsen und Heiligkreuz hätte man füglich einige der Hauptvorkommnisse als Gänge eintragen können, aber an den übrigen Punkten und besonders in der Gegend von Rittenweier und Ober-Flockenbach sind die Felder so ausschliesslich mit Bruchstücken dieser Granite besät, dass es unmöglich war, auch nur mit einiger Sicherheit die vorherrschende Felsart überall zu bestimmen, wenn man die in hohem Grade charakteristischen Ganggesteine ganz hätte fortlassen wollen. Bei einer Aufnahme in grösserem Masstabe würde vielleicht ein erneuter Versuch zu einem befriedigenderen Resultate führen können.

Diese Schwierigkeit war übrigens nicht die einzige, welche die vorliegenden Gesteine bei der Aufnahme verursachten.

Ein Theil derselben ist in losen Stücken verschiedenen Gneissvarietäten so ausserordentlich ähnlich, dass sie ursprünglich für solche gehalten wurden, und zwar war eine Täuschung um so leichter, als man gerade ihnen recht häufig in der Nähe der Glimmergneisse begegnet. Ja, hie und da scheinen sie sogar zwischen die Schichten derselben eingedrungen zu sein. Als sie später in losen Schollen vielfach in Gebieten getroffen wurden, wo sonst nur massige Gesteine vorkommen, lag die Vermuthung nahe, es seien mächtige Einschlüsse von Gneisschollen, welche die Granite aus der Tiefe mit emporgebracht hätten, wenn auch die Massenhaftigkeit der Einschlüsse berechtigtes Misstrauen erweckte. Schliesslich gelang es besonders bei Heiligkreuz und im Grossachsener Thal, unzweifelhaft ein gangförmiges Auftreten zu beobachten, und durch den Nachweis deutlicher Verdichtungen an den Salbändern die eruptive Natur der ihrer Structur nach äusserst variablen Gesteinsreihe sicher festzustellen.

Das Gebiet, in welchem diese Ganggranite vorkommen, ist ein verhältnissmässig beschränktes. Die südliche Grenze scheint die Wasserscheide zwischen Leutershausen und Ursenbach zu bilden. Anstehend wurden sie südlich von derselben nicht mehr beobachtet, so dass die vereinzelten hier gefundenen losen Stücke wohl von der Höhe des Gebirgsrückens hinabgeschwemmt sind. Im Osten gehen sie über Ursenbach und Ober-Flockenbach nicht hinaus, und nach Norden werden sie durch eine Linie abgegrenzt, welche etwa von Grossachsen über Ritschweier bis zum Pfaffenwald verläuft. Am dichtesten scharen sie sich in einem ziemlich schmalen Strich, welcher den oberen Theil des Grossachsener Thals einschliesst und sich nördlich von Rittenweiher und Ober-Flockenbach bis an das Wiesenthal hinzieht, das von letzterem Ort nach Unter-Flockenbach führt. In diesem Strich liegen die Rottmannshöhe, der Eichelts und der Ameisenbühl. Kleinere, aber sehr varietätenreiche Gebiete trifft man noch Süd-West von Ursenbach (auf der Höhe), am Steinsberg und bei Heiligkreuz.

Lässt sich auch zumeist das herrschende Gestein nicht erkennen, so ergab sich doch an einzelnen Punkten mit Sicherheit, dass die Gänge bald im Biotitgranit, bald im Amphibolgranit, bald im Amphibol-Biotitgranit auftreten und überall scharf am Nebengestein absetzen, wo eine Untersuchung nach dieser Richtung ermöglicht war.

Die mineralogische Zusammensetzung der vorliegenden Gesteine ist eine sehr einfache. Sie bestehen alle aus Quarz, Feldspath, Biotit und Magnetit und enthalten mit Ausnahme eines Vorkommens keine accessorischen Gemengtheile, wenn man von höchst spärlichen secundären Producten absieht; die grosse Mannigfaltigkeit im Habitus wird nur bedingt durch den Wechsel im Mengungsverhältniss der Bestandtheile, durch ihre Form und durch structurelle Verschiedenheiten.

Allen Varietäten gemeinschaftlich ist eine scharf hervortretende porphyrartige Structur und eine vorherrschende, äusserst feinkörnige Grundmasse. Diese ist gewöhnlich von sehr lichter gelblicher, graulicher oder röthlicher Färbung, selten etwas dunkler graulichviolett. Selbst mit sehr scharfer Lupe erkennt man nur ihre anscheinend rein krystallinische Structur und zahlreiche winzige dunkle Pünktchen; die Natur ihrer Gemengtheile lässt sich nicht bestimmen. Sehr charakteristisch ist die sandige oder zuckerkörnige Beschaffenheit der Grundmasse, welche in den frischesten und dichtesten Gesteinen nur angedeutet, bei den meisten aber scharf ausgeprägt ist. Die Ursache scheint eine beginnende Verwitterung zu sein, die aber allein an dem deutlichen Hervortreten dieser Structur zu erkennen ist und abgesehen von einer mechanischen Auflockerung keine merkliche Veränderung mit sich führt. Selten besteht die Gangmasse aus dieser Grundmasse allein; gewöhnlich liegen in derselben Einsprenglinge von porphyrischem Habitus, die bald nur aus Quarz und Feldspath, bald auch aus Biotit bestehen. Dabei pflegen die Einsprenglinge einer Mineralspecies in derselben Varietät von annähernd gleicher Grösse zu sein.

Der Quarz tritt in vierfacher Form auf. In den glimmerreichen Varietäten trifft man ihn am häufigsten als rundliches, 1—2 Millim. grosses Korn; in den glimmerarmen dagegen seltener in dieser Gestalt, sondern entweder in Dihexaëdern mit rauhen und matten Flächen oder in parallel gelagerten Linsen von durchschnittlich 5 Millim. Länge bei 1½—2

Millim. Breite, oder endlich in langgestreckten sehr feinen Leisten. Besonders die letzteren bedingen dann eine mehr oder minder vollkommene schiefrige Structur und stellen sich im Querbruch als zarte Striche dar, die höchstens $^1/_2$ Millim. breit werden, meist aber weit hinter diesen Dimensionen zurückbleiben. Bei mehr gedrungen elliptischer Gestalt erinnern die Quarzlinsen an Durchschnitte von Nummuliten. Wenn auch mehrere Formen des Quarz neben einander vorkommen, so herrscht doch stets die eine oder die andere entschieden vor, und es entstehen dadurch eine Reihe von Varietäten mit recht abweichendem Habitus.

Ein grosser Theil des Feldspath bildet farblose bis röthliche, scharf begrenzte Leisten oder ringsum ausgebildete Krystalle mit vollkommenen und stark glänzenden Spaltungsflächen. Karlsbader Zwillinge sind häufig; vielfache Zwillingsstreifung ist nur sehr selten wahrnehmbar. Ein anderer Theil, der vorzugsweise in den glimmerreichen Gesteinen auftritt, ist abgerundet, und dann erweisen sich scheinbar einheitliche Einsprenglinge bei genauer Betrachtung öfters als körnige Aggregate. Nur selten nehmen diese Linsenform an.

Makroskopischer Glimmer fehlt der einen Varietätenreihe fast ganz; in einer zweiten stellt er sich nur untergeordnet ein, in der dritten tritt er in erheblicher Menge auf und erzeugt dann eine vollkommen schiefrige Structur. Es ist stets Biotit, aber meist stark veränderter von matter brauner oder grünlicher Farbe. Er bildet nicht einheitliche Tafeln, sondern es häufen sich stets kleine, etwa $^1/_2$ Millim. grosse Blättchen in bedeutender Anzahl zu isolirt liegenden schuppigen Flasern von sehr verschiedener Form. Sie sind bald klein und rundlich, bald gedrungen elliptisch, bald gross und langgestreckt, aber stets sehr dünn, so dass sie im Querbruch wie zarte Striche erscheinen. Während sie gewöhnlich genau parallel liegen, schmiegen sie sich zuweilen um die porphyrartig eingebetteten Feldspathe, wodurch senkrecht zur Schieferung augengneissartige Structur von grosser Vollkommenheit entsteht. Auf diese Weise wird die glimmerreiche Reihe echten Gneissen täuschend ähnlich und ahmt viele der Structurvarietäten nach, welche bei diesen so häufig auftreten. Nach

Handstücken allein würde man viele Vorkommnisse entschieden als Augengneiss, flasrigen oder flasrig-knotigen Gneiss u. s. w. bestimmen.

Die Absonderung ist auffallenderweise niemals, wie es scheint, ihrer Richtung nach durch die Schieferung bedingt. Besonders deutlich tritt dies am Nord-Abhang des Thalbergs, oberhalb der Beck'schen Mühle hervor, wo ein Gang recht vollkommen in oft kaum Centimeter dicke Platten abgesondert ist. Hier durchschneiden die Absonderungsflächen die Schieferungsebene stets unter gleichen spitzen Winkeln. Auch an anderen Punkten verläuft eine gröbere Zerklüftung streckenweise parallel, und dann glaubt man aus einiger Entfernung ein geschichtetes Gestein vor sich zu haben. Wie sich in solchen Fällen Absonderung und Schieferung zur Gangwand verhalten, liess sich wegen der ungenügenden Aufschlüsse nicht sicher constatiren; doch schienen in dieser Hinsicht sehr wechselnde Beziehungen vorzuliegen.

Die Untersuchung der Dünnschliffe von 13 verschiedenen Vorkommnissen ergab, dass die Zusammensetzung und mikroskopische Structur trotz des so stark variirenden makroskopischen Habitus sehr gleichförmig sind.

Die Grundmasse löst sich stets vollständig in ein Aggregat eckiger Körner von Quarz und Feldspath auf, welche alle annähernd gleiche Dimensionen besitzen, so dass das Bild im polarisirten Licht das einer feinen und regelmässigen Mosaik ist. Zu diesen Hauptgemengtheilen, unter denen der Quarz öfters erheblich vorwiegt, gesellen sich stets, aber in wechselnder Menge unregelmässig begrenzte Biotitblättchen und Magnetit in Körnern oder noch häufiger in wohl ausgebildeten Krystallen. Auch diese beiden Bestandtheile variiren kaum in ihrer Grösse und sind sehr gleichförmig vertheilt. Sie bilden die feinen schwarzen Pünktchen, welche sich schon mit der Lupe in der Grundmasse erkennen lassen. Der, wenn auch nicht bedeutende, so doch constante Magnetitgehalt unterscheidet diese Ganggranite von allen übrigen granitischen Gesteinen des südlichen Odenwaldes, welche auffallend arm an diesem Eisenerz sind, wie schon mehrfach hervorgehoben wurde.

Die Quarzkörnchen der Grundmasse sind durch ihre Armuth an Einschlüssen ausgezeichnet. Die meisten sind von idealer Reinheit, und nur wenige enthalten einige Flüssigkeitsporen. Der mehr oder minder trübe Feldspath ist nicht sicher bestimmbar, da regelmässige Umrisse und Spaltungsdurchgänge vollständig fehlen, und Zwillinge oder Viellinge nur höchst vereinzelt beobachtet wurden. Aus den Resultaten der unten angeführten Analysen kann man nur schliessen, dass Kalium- und Natriumfeldspath ziemlich gleichmässig vorkommen, natürlich nicht, ob monokliner oder trikliner Feldspath vorherrscht.

Die Glimmerblättchen sind durchgängig stark verändert. Sie enthalten in reichlicher Menge bräunliche Körner und rothe Schüppchen und sind häufig so dicht von denselben erfüllt, dass man nur noch an der Form erkennen kann, dass ursprünglich Glimmer vorgelegen habe. Mit der Ausscheidung der Körnchen ist meist eine Umwandlung der normalen dunkelbraunen Färbung des Biotit in eine licht olivengrüne verbunden, wobei dann gleichzeitig Absorption und Pleochroismus bis zum Verschwinden abnehmen. Die dem Glimmer entstammenden secundären Eisenverbindungen, sowie Zersetzungsproducte der Magnetite trifft man übrigens nicht nur an dem Punkte ihrer Entstehung, sondern sie haben sich auch an anderen Stellen der Grundmasse in Form von bräunlichen Körnern und Flocken oder rothen Tafeln und Schüppchen angesiedelt. Während gewöhnlich die Veränderung des Magnetit an der Peripherie beginnt, enthalten einige sonst vollkommen frische Krystalle einen kleinen blutroth durchscheinenden Kern. Blättchen von farblosem bis gelblichem Muscovit stellen sich immer nur vereinzelt ein und sind unzweifelhaft nach der Art ihres Auftretens secundärer Bildung. Alle die Gemengtheile mögen durchschnittlich nicht grösser als 0.1 Millim. sein.

Im Grossachsener Thal etwas oberhalb der Weber'schen Mühle setzt im östlichen Theil des dortigen Steinbruchs ein Gang auf, welcher ganz besonders deutlich eine Verdichtung nach dem Salband zu wahrnehmen lässt. Bei der Untersuchung der Dünnschliffe von Salband und Gangmitte ergab sich nur insofern ein Unterschied, als die Elemente der Grundmasse am Salband kaum $1/3$ so gross sind, wie in der Gangmitte, und ausserdem letztere sehr viel reicher an mikroskopischen Glimmerblättchen ist.

Unter den Einsprenglingen herrscht der Quarz vor. Im Gegensatz zu den Körnern in der Grundmasse enthält er stets Flüssigkeitsporen, wenn auch nicht so reichlich, wie wohl sonst in Graniten. Andere Einschlüsse sind sehr spärlich vorhanden und bestehen aus winzigen Biotitblättchen, farblosen Mikrolithen und stark doppelbrechenden Körnern. Ganz vereinzelt wurden auch kleine pleochroitische Säulen beobachtet, welche man für Turmalin halten kann. Da, wo der Quarz in Linsen auftritt, erweisen sich dieselben im polarisirten Licht stets als stark polysynthetisch und zwar derart, dass rundliche, in der Grösse abnehmende Quarzkörner sich in der Längsrichtung der Linsen aneinander reihen, und fast ausschliesslich ein Korn die ganze Breite ausfüllt. Aber auch sonst ist ein einheitliches Korn oder selbst ein einheitlicher Krystall so selten, dass man die polysynthetische Zusammensetzung des Quarz als eine recht charakteristische Eigenschaft der ganzen Gruppe ansehen kann.

Die grösseren Feldspathe sind bald einheitlich, bald erweisen sie sich als eine innige, aber unregelmässige Verwachsung mehrerer Individuen.

Neben Orthoklas tritt Plagioklas auf, jedoch, soweit man sich auf Zwillingsstreifung und Art der Zersetzung als Kriterien zur Unterscheidung der beiden Feldspathgruppen verlassen kann, weit spärlicher, als sonst wohl in Graniten. Bei einzelnen einfachen Krystallen und Zwillingen erscheint es nach der Lage der Hauptschwingungsrichtungen zweifelhaft, ob man sie als Orthoklas oder als Plagioklas deuten soll. Einige wenige Durchschnitte zeigen Gitterstreifung und gehören jedenfalls zum Mikroklin, wenn auch eine sichere optische Bestimmung nicht möglich war. Vereinzelt wurden am Orthoklas Bavenoer Zwillinge beobachtet, die schon Rosenbusch aus Ganggraniten des Grossachsener Thals anführt,[1] ein in granitischen Gesteinen, wie es scheint, seltenes Vorkommen.

---

[1] l. c. 12.

Am Rande enthalten die Feldspathe bisweilen eine Zone kleiner isolirter Quarzkörner und umschliessen auch sonst etwas Quarz, Plagioklas und Muscovit, sind jedoch im wesentlichen frei von Gästen. Mikroschriftgranitartige Verwachsungen von Quarz und Feldspath treten nur spurenweise auf.

Die Glimmerflasern erweisen sich der makroskopischen Beobachtung entsprechend stets aus kleinen Blättchen zusammengesetzt, die in analoger Weise wie die Schüppchen in der Grundmasse verändert sind. Es mag hier noch einmal hervorgehoben werden, dass in keinem der Ganggranite auch nur ein einziges Biotitblättchen chloritisch umgewandelt ist. Man kann sich dies wohl nur durch eine abweichende chemische Zusammensetzung des Biotit in den Gängen und in den grossen Massiven erklären. Grössere, isolirt liegende Glimmerleisten trifft man auch unter dem Mikroskop sehr selten.

Abgesehen vom Magnetit, der zuweilen in scharf begrenzten Krystallen mikroporphyrisch hervortritt, fehlen auch mikroskopische accessorische Gemengtheile den meisten der untersuchten Handstücke gänzlich. Eine Ausnahme bildet nur das einzige Vorkommen, welches ganz frei von Einsprenglingen ist. Hier stellen sich in geringer Zahl Turmalinsäulen ein, die durch Pleochroismus, Absorption, optische Orientirung und durch die schmutzig bläulichen und grünlichen Farben gut charakterisirt sind. Besonders auffallend ist es, dass der sonst so verbreitete Apatit nirgends sicher aufgefunden werden konnte, wenn auch vielleicht einige vereinzelte Mikrolithe sich als solcher deuten lassen.

Herr Gabriel hat eine Varietät vom Ameisenbühl bei Ober-Flockenbach analysirt, welche in licht röthlichgelber vorherrschender Grundmasse reichlich Quarzdihexaëder und scharf begrenzte Feldspathleisten mit glänzenden Spaltungsflächen, aber nur vereinzelte kleine Glimmerflasern enthält. Unter dem Mikroskop tritt der Magnetit in Krystallen mikroporphyrisch hervor, fehlt aber in der eigentlichen Grundmasse, die aus Quarz, Feldspath und mässig veränderten Glimmerschüppchen besteht. I giebt die gefundene Zusammensetzung. Unter II ist die ältere von Schröder ausgeführte Analyse eines „feinkörnigen typischen Ganggranits von Grossachsen“

beigefügt.[1] Die nahe Uebereinstimmung mit I gestattet die Annahme, dass zu beiden Analysen nahezu übereinstimmende Varietäten verwandt wurden.

	I.	II.
Kieselsäure	76.60	76.32
Thonerde	13.21	15.44
Eisenoxyd	1.90	1.27
Eisenoxydul	0.20	
Kalk	0.87	0.93
Magnesia	0.16	0.36
Kali	3.90	3.84
Natron	3.03	2.06
Wasser	0.72	0.49
	100.59	100.71

Die Eigenthümlichkeit der im obigen beschriebenen Gesteinsreihe wird vorzugsweise durch ihren Gesammthabitus bedingt und ist daher schwer durch Worte wiederzugeben. Als besonders charakteristisch kann man folgende Eigenschaften hervorheben: das sehr feine und gleichmässige Korn der Grundmasse und deren zuckerkörnige Structur; den scharfen Gegensatz zwischen Grundmasse und Einsprenglingen; den stark porphyrischen Habitus und die polysynthetische Zusammensetzung der letzteren; die Aggregation des Quarz zu linsenförmigen Schmitzen, des Biotit zu Flasern; die meist vollkommene schiefrige Structur und die von ihr unabhängige Absonderung. Hinzukommt im Vergleich mit den übrigen granitischen Gesteinen des südlichen Odenwaldes der constante Magnetitgehalt.

Wenn auch die hier in Betracht kommenden Gesteine ihrer mineralogischen Zusammensetzung nach entschieden zu den reinen Biotitgraniten gehören, so kann man doch zweifelhaft sein, ob man sie im petrographischen System diesen oder den Granitporphyren anreihen soll. Fasst man letztere als eine Gruppe auf, welche sich von den Porphyren durch das Fehlen einer Basis, von den Graniten durch die feinkrystal-

---

[1] G. Leonhard: Geognost. Skizze d. Grossherzogthums Baden 1861. 23.

linische Grundmasse und scharf ausgeprägte porphyrartige Structur unterscheidet, so würde man etwa die Mikrogranite, einen Theil der Granophyre und der bisherigen Granitporphyre, die Ganggesteine von Grossachsen und analoge Gesteine als Granitporphyre im weiteren Sinne vereinigen können. Rosenbusch scheint geneigt, den Granitporphyr überhaupt auszumerzen, oder diesen Namen nur augit- oder hornblendeführenden Ganggraniten beizulegen, ohne Rücksicht auf das Korn der Grundmasse.[1] Dann ergibt sich aber nicht die von Rosenbusch selbst hervorgehobene[2] und jedenfalls wünschenswerthe Analogie zwischen Granit- und Syenitporphyren. Die Bezeichnung „Ganggranite“ wurde im vorliegenden Fall vorgezogen, um die angenommene geognostische Gleichwerthigkeit mit den übrigen gangförmigen Graniten zum Ausdruck zu bringen. Hinzukommt, dass sich die Gesteine doch sehr erheblich von solchen unterscheiden, die man bisher „Granitporphyre“ genannt hat.

4. Feldspathreiche granitische Gänge.

In der Gegend von Kallstadt und Buchklingen treten in grösserer Zahl Gänge eigenthümlicher granitischer Gesteine auf, welche in dem übrigen Kartengebiet wenn auch nicht ganz fehlen, so doch anstehend nicht bekannt sind. Die Ausfüllung einer und derselben Gangspalte zeigt im Gegensatz zu den übrigen Granitgängen eine grosse Mannigfaltigkeit in der petrographischen Ausbildung und nur insofern eine gewisse Constanz, als alle Varietäten feldspathreich und glimmerarm sind. Die oft in bedeutender Grösse sich einstellenden Partien reinen Feldspaths oder reiner Feldspath-Quarz-Aggregate veranlassten seit längerer Zeit eine technische Ausbeutung, um das Material zur Glasfabrikation zu verwenden. Da man nur die feldspathreichen Theile der Gänge abbaut, so wurden letztere auf der Karte kurz als Feldspath-Vorkommnisse bezeichnet. Ihre Zahl scheint eine recht erhebliche zu sein; doch liessen sich nur einige wenige örtlich

---

[1] l. c. 22.
[2] l. c. 130.

fixiren, da die Gruben nach vollendeter Ausbeute wieder eingeebnet werden. Bei einigen Gängen konnte die Streichrichtung N. N. O. — S. S. W. direct beobachtet werden; für eine Anzahl eingeebneter und nicht auf der Karte verzeichneter gab der Steiger Krauss aus Birkenau das gleiche Streichen an. Für ein Vorkommen auf dem Hohrück liess sich dagegen mit grosser Wahrscheinlichkeit ein Streichen N. W. — S. O. feststellen. Einer der Hauptgänge war in der Tiefe 4½ Meter mächtig und stand hier fast saiger; nach oben verschmälerte er sich und fiel stark nach Ost. Nach derselben Richtung sollen auch die übrigen fallen. Soweit es sich feststellen liess, setzen alle Gänge im hornblendereichen Granit auf.

Die Hauptganggesteine lassen sich ihrer petrographischen Ausbildung nach als späthiger Feldspath, drusig-körniger Feldspath, Schriftgranit und glimmerarmer Biotitgranit charakterisiren. Die mannigfachen Varietäten des letzteren stellen sich besonders in der Nähe des Nebengesteins ein, während die feldspathreichsten Partien mehr den centralen Theil der Gangausfüllung bilden. Die starke Verschüttung der Gruben verhinderte eine scharfe Untersuchung, und es muss dahingestellt bleiben, ob wirklich Eruptivgänge oder ob granitoïdische Massen vorliegen. Die wechselnde petrographische Ausbildung und die wahrscheinliche Vertheilung der Varietäten sprechen mehr für die letztere als für die erstere Anschauung. Wenn Glimmer sich einstellt, so ist es stets Biotit; man muss daher die Schriftgranite dieser Localität als glimmerfreie Biotitgranite, nicht wie in anderen Gegenden als glimmerfreie Muscovitgranite ansehen.

Auch in diesen Gängen erwiesen sich alle untersuchten grösseren Feldspathmassen als Mikroklin, so dass sich für den Odenwald die Beobachtung von Des Cloiseaux bestätigt, dass nämlich der Mikroklin besonders häufig in grobkörnigen Graniten (Pegmatiten) aller Länder auftrete.[1] Ausgezeichnet durch Reinheit und Frische der Substanz sind besonders die grossen Stücke späthigen Feldspaths, welche

---

[1] Jahrbuch für Mineralogie 1877. 502.

man sich wenigstens in früheren Jahren reichlich verschaffen konnte. Sie liefern basische Spaltungsflächen, auf denen grosse Partien mit mattem schimmerndem Glanze und etwas rauher Oberfläche unregelmässig mit anderen wechseln, welche glatt und stark glänzend sind. Von beiden wurden Dünnschliffe nach den Hauptspaltungsrichtungen angefertigt, aus denen ersichtlich ist, dass sie sich nur durch eine geringere oder reichlichere Einlagerung von Albit unterscheiden. Basische Schnitte der glänzenden Partien bestehen aus vorherrschendem Mikroklin, dessen Hauptschwingungsrichtung mit der Kante $oP : \infty P\breve{\infty}$ wiederholt zu 14—15° gemessen wurde. Der Albit ist in mässig breiten Zügen eingelagert, die sich verjüngen, auskeilen, gabeln oder mehrfach verzweigen und wieder vereinigen. Ihre Auslöschung zu $oP : \infty P\breve{\infty}$ liess sich zu 4—5° bestimmen. Bei im kleinen höchst unregelmässigem Verlauf liegen sie doch im grossen parallel, bilden einen spitzen resp. stumpfen Winkel mit $oP : \infty P\breve{\infty}$ und sind nach $\infty P\breve{\infty}$ auf das feinste verzwillingt. Der Mikroklin ist häufig vollkommen einheitlich; oft enthält er auch neben den groben Albitzügen kurze äusserst minutiöse Schmitzen, welche bei Einstellung des Wirths auf Dunkel als zarte helle Striche hervorleuchten und eher Albit als Mikroklin sein dürften, da sie ersterem parallel verlaufen. An anderen Stellen liegen im weit vorherrschenden, einheitlichen Mikroklin einzelne kurze Stäbe parallel $\infty P\breve{\infty}$, die breit genug sind, um sie ihrer optischen Orientirung nach ebenfalls als Mikroklin zu bestimmen, der zur Hauptmasse in Zwillingsstellung steht. Während in allen diesen Fällen eine eigentliche Gitterstructur fehlt, tritt diese auch hie und da reichlich und fein struirt auf, aber, wie es scheint, ohne Hinzutreten von Orthoklas. Je reichlicher die Albitstäbe sich einstellen, um so mehr verdrängen sie die unregelmäsig contourirten Albitzüge.

In Schnitten parallel zur Längsfläche wurde die Auslöschung zur Kante $\infty P\breve{\infty} : oP$ im Albit zu 21—23°, im Mikroklin zu 6—8° gemessen. Das eine dieser Präparate stimmt so genau mit einer von Des Cloiseaux gegebenen Abbildung überein,[1] dass man dieselbe direct copiren könnte.

[1] Annales de Chimie et de Physique IX. 1876. 447 Fig. 9.

Der Mikroklin ist fast stets vollständig frisch und wasserklar, der Albit durchgängig getrübt, so dass man schon im gewöhnlichen Licht die relativen Mengen annähernd schätzen kann. An Gästen beherbergen beide feine apatitähnliche Mikrolithe.

Das Fehlen von Orthoklas und das Vorherrschen einheitlichen Mikroklin reihen das Vorkommen wohl den seltneren Varietäten des Mikroklin an.

Häufiger als grössere reine Feldspathpartien treten solche auf, die auf das innigste mit stängligem Quarz durchwachsen sind, wie es für die Schriftgranite charakteristisch ist. Die Dicke der Quarzstengel übersteigt selten ein halbes Millimeter, und da dieselben bezüglich der Dimensionen, der Abstände und der Parallelität in der Anordnung eine grosse Regelmässigkeit entfalten, so entstehen auf den Spaltungsflächen des Feldspath höchst zierliche Zeichnungen. Obwohl weisser bis licht fleischrother Feldspath und farbloser bis graulicher Quarz bei weitem die vorherrschenden Gemengtheile sind, so stellt sich doch zumeist noch Magnesiaglimmer in einzelnen dünnen, aber recht grossen Tafeln von matter tombackbrauner Farbe ein, der im Gegensatz zum Quarz dem Feldspath auf das regelloseste eingewachsen ist.

In den drei mikroskopisch untersuchten Handstücken erwies sich der Feldspath ebenfalls als Mikroklin. Allerdings liessen sich in den möglichst genau zur Basis orientirten Schliffen nur je einige Messungen ausführen, doch ergaben diese stets eine Auslöschung zu $oP : \infty \breve{P} \infty$ von 13 — 16°. Die Hauptsubstanz besteht aus meist wasserklarem, seltener getrübtem Mikroklin, welcher in sehr grosser Menge keilförmig auslaufende, bald lange, bald kurze, aber stets sehr schmale Leisten enthält (ihre Breite mag durchschnittlich 0.005 Millim. betragen). Die Richtung ihrer Auslöschung fällt jedenfalls annähernd mit der Kante $oP : \infty \breve{P} \infty$ zusammen. Im grossen liegen sie unter einander und, wie es scheint, auch zur Querfläche parallel, im kleinen sind sie öfters wellig gebogen oder laufen nach kurzer Knickung geradlinig weiter. Im polarisirten Licht erscheinen daher die Flächen wie marmorirt und liefern ein von den bisher beschriebenen Mikroklinen abweichendes

Bild.[1] Grobe Albitzüge treten gar nicht auf, Zwillingslamellen irgend welcher Art nur höchst spärlich. In unregelmässiger Verwachsung trifft man dagegen wie in den Muscovitgraniten leistenförmige Krystalle von Plagioklas und Orthoklas.

Es erscheint bemerkenswerth, dass sich die Menge des Quarz unter dem Mikroskop nicht wesentlich vermehrt, und dass besonders zu den mit blossem Auge sichtbaren Verwachsungen von Quarz und Feldspath keine mikroschriftgranitartigen hinzukommen, die doch in anderen Graniten so häufig auftreten. Dagegen verwischt sich bei der mikroskopischen Untersuchung die scheinbare Regelmässigkeit in der Form und Anordnung der Quarzstengel in erheblichem Grade. Die Stengel erscheinen im kleinen mannigfach ausgebuchtet, und wenn auch viele wenigstens annähernd optisch gleich orientirt sind, so zeigen doch manche erhebliche Abweichungen oder sind stark polysynthetisch. Andere Einschlüsse als Flüssigkeitsporen wurden nicht beobachtet. Sie sind meist reichlich vorhanden, fehlen aber auch einzelnen Individuen gänzlich. Bald scharen sie sich zu Bändern, bald liegen sie ganz unregelmässig vertheilt, und eben so wechselnd wie ihre Vertheilung, ist ihre Grösse. Der spärliche Biotit unterscheidet sich in nichts von dem der übrigen gangförmigen Biotitgranite.

Aus einzelnen lose gefundenen Bruchstücken lässt sich entnehmen, dass auch sonst noch im südlichen Odenwald Schriftgranite auftreten; so in der Nähe der Galgenhöhe bei Waldmichelbach, oberhalb der Ziegelhütte bei Birkenau, südöstlich von Unterabsteinach. An letzterer Oertlichkeit bildet der Quarz grobe Stengel mit hexagonaler Umgrenzung und starker Querriefung auf den Prismenflächen. Biotit ist recht reichlich in grossen Tafeln vertreten.

Wohl niemals wird eine Gangmasse vollständig von Schriftgranit erfüllt, d. h. von einem glimmerarmen Granit,

---

[1] Auch in einer Reihe anderer Schriftgranite der verschiedensten Fundorte wurde der Feldspath als Mikroklin erkannt, so dass es scheint, als ob diese Feldspathspecies, wenn auch nicht immer, so doch vorzugsweise zur Bildung sogenannter Schriftgranite hinneige.

in welchem der Quarz ausschliesslich dem Feldspath eingewachsen ist. Beide Gemengtheile bilden stets noch grob- bis feinkörnige normale Aggregate mit spärlichem bis reichlichem Biotit. In einer der grobkörnigen Varietäten besteht eine Feldspathpartie aus Mikroklin, der einen Streifen von Orthoklas einschliesst und von demselben umrandet wird. Während der letztere von zahlreichen scharfen Rissen nach der Längsfläche durchsetzt wird, fehlen dieselben wie gewöhnlich im Mikroklin, der, wie es scheint, nach dieser Fläche nicht so vollkommen spaltet, als der Orthoklas.

Die Albitzüge setzen ungestört aus dem einen Feldspath in den anderen über, ein Umstand, der für die gleichzeitige Entstehung beider spricht.

An den meisten Stellen des Dünnschliffes lässt sich durch Messungen sicher feststellen, dass die Gitterstructur nur durch Mikroklinstäbe erzeugt wird, an anderen treten noch Stäbe von Albit oder Orthoklas hinzu. Die unregelmässig eingewachsenen Quarzkörner sind dicht erfüllt mit Flüssigkeitsporen.

An den drei dicht bei einander liegenden Punkten, welche Nord-Ost von Kallstadt auf der Karte angegeben sind, bestehen die Gänge vorherrschend aus einem drusigen Granit, in dem Glimmer fast ganz fehlt, und auch der Quarz nur sehr untergeordnet in kleinen Körnern auftritt. Die Hauptmasse der Gesteine setzt sich aus grösseren und kleineren Leisten von Orthoklas und Plagioklas zusammen, die sich nicht vollständig berühren und in Folge dessen Hohlräume übrig lassen, deren Wände oft mit kleinen Quarzkrystallen bekleidet sind. Die Plagioklase gehören nach der bald sehr geringen, bald bedeutenden Schiefe der Auslöschungsrichtungen in Schnitten annähernd parallel zur Querfläche verschiedenen Mischungsreihen an. Accessorisch tritt etwas Eisenkies auf, der in Eisenoxydhydrat umgewandelt ist.

Makroskopisch sehr ähnliche Gesteine trifft man in losen Blöcken auch am Wässrigen Weg bei Grossachsen, am Gassenacker Gewann bei Ober-Flockenbach und oberhalb der Wollenklinge bei Unter-Flockenbach. An der Wollenklinge sind die Hohlräume mit dicht gedrängten Schüppchen von Eisenglimmer ausgekleidet.

5. Gangdiorite.

Die Diorite, welche nördlich vom Schriesheimer Thal gangförmig im porphyrartigen Biotitgranit aufsetzen, wurden auf der Karte als Labradordiorit verzeichnet, weil der mehrfach analysirte Feldspath sich als Labradorit erwies, und die Gesteine der einzelnen Gänge für identisch gehalten wurden. Nach der mikroskopischen Untersuchung aller Vorkommnisse hat sich jedoch herausgestellt, dass nur ein Theil zu den normalen Dioriten gehört, während gerade diejenigen, welche das Material zu den Analysen lieferten, typische Augitdiorite sind. Wenn nun auch wahrscheinlich der Feldspath in ersteren ebenfalls dem Labradorit nahe steht, so ist dies doch nicht erwiesen, da der Plagioklas sich hier in Folge seiner starken Veränderung nicht zu einer chemischen Untersuchung eignet. Die auf der Karte für alle Gänge gewählte Bezeichnung ist demnach nicht zutreffend, und man würde entweder beide Glieder der Dioritfamilie durch besondere Signaturen unterscheiden müssen, oder bei der Wahl einer Farbe den Namen „Labradordiorit" durch „Gangdiorit" ersetzen können.

Diese Gangdiorite sind schon unter vielfachen Namen in der Literatur erwähnt und mannigfach gedeutet worden. C. W. C. Fuchs hielt die Gesteine für Gabbro,[1] Fischer mit Recht für Diorit,[2] Leonhard vermuthete, der Feldspath sei Kalkoligoklas,[3] Zittel wies in einer Varietät Labradorit nach und nannte alle Gesteine Labradordiorit,[4] da er den Augit in dem untersuchten Vorkommen übersah.

Eigentlicher Diorit.

Zu den echten Dioriten gehören zwei Gänge; der eine lässt sich vom Bahnwald über den Ausläufer der Langen Schaar weg bis an die alte Mahlmühle im Schriesheimer

---

[1] Jahrbuch f. Mineralogie etc. 1864. 327.
[2] Verh. d. naturf. Ges. in Freiburg. II. 6. 1859.
[3] Geognost. Skizze d. Grossherzogth. Baden. 1861. 36.
[4] Jahrbuch f. Mineralogie etc. 1866. 645.

Thal verfolgen, der andere vom Fenzengrund bis an die Süd-Spitze des Hettersbacher Kopfes. Besonders der letztere ist durch eine neue Weganlage gut aufgeschlossen und wird von Gängen eines feinkörnigen Granit durchsetzt, welche sehr zierliche und scharf zu beobachtende Verwerfungen zeigen. Dieselben sind augenscheinlich dadurch entstanden, dass die in der Umgebung der Granitgänge stark zersetzte Dioritmasse sich theilweise gesenkt hat; an anderen Stellen befindet sich jedoch der Gang in einem sehr frischen Zustand. Der Hauptgang ist an der Hettersbachwiese etwa 36 Schritt breit und wird von einem kleineren, auf der Karte nicht angegebenen durch Granit getrennt. Veränderungen am Salband des Diorit selbst oder im Nebengestein wurden nicht beobachtet.

Diese Diorite sind sehr typische Vertreter der eigentlichen Diorite, indem sie an wesentlichen Gemengtheilen nur Hornblende und Plagioklas enthalten, denen sich Magnetit, Titanit und Eisenkies als primäre accessorische Bestandtheile, Biotit als Umwandlungsproduct des Amphibol hinzugesellen. Trotz dieser einfachen Zusammensetzung entstehen durch Wechsel im Korn und im relativen Mengenverhältniss der beiden Hauptbestandtheile eine Reihe von Varietäten mit recht abweichendem Habitus.

In den grosskörnigen Dioriten, wie sie bei der Wegverlegung im Schriesheimer Thal aufgeschlossen wurden, sind Amphibol und Plagioklas etwa gleichmässig vertreten; ersterer in langen grünlichschwarzen Prismen, die eine Länge von 4 Centim., eine Breite von 1 Centim. erreichen, letzterer zuweilen in eben so langen und bis zu 2 Centim. breiten Partien, die kleine Hornblendenadeln einschliessen. Obwohl die vollkommenen und stark glänzenden Spaltungsflächen die Hornblende sonst frisch erscheinen lassen, beobachtet man doch reichlich auf denselben Schuppen von tombackbraunem, seltener smaragdgrünem Biotit, der secundärer Entstehung sein muss, da er nie selbständig im Gestein auftritt. Der Plagioklas ist so vollkommen in eine matte, körnige, saussuritähnliche Substanz umgewandelt, dass man nur selten eine Andeutung von Spaltung erkennen kann. Seine rein weisse

Farbe geht da, wo das Gestein weniger frisch ist, in eine licht ziegelrothe über.

In den grobkörnigen Varietäten herrscht die Hornblende in hohem Grade vor. Gedrungene Säulen von ein Centimeter Breite und Länge bilden den Hauptbestandtheil. kleine Körner saussuritähnlichen Feldspaths oder Gemenge von diesem und kleinen Amphibolsäulen einschliessend. An der Hettersbachwiese. wo man diese Ausbildungsform am schönsten und frischsten gewinnen kann, sind die grossen Amphibole innig durchwachsen mit winzigen Plagioklaskörnern in recht regelmässiger Vertheilung. Lässt man die breiten Spaltungsflächen spiegeln, so wird man an den mit Serpentin durchwachsenen Diallag der Schillerfelse erinnert.

Die mittelkörnigen Diorite enthalten bald Hornblende, bald matten, weissen Feldspath als vorwiegenden Gemengtheil. Der Plagioklas bildet im letzteren Fall eine Art Grundmasse. in welcher die durchschnittlich Millimeter breiten Amphibolnadeln eingebettet liegen.

Unter den accessorischen Bestandtheilen ist Eisenkies der constanteste und der einzige, welcher hie und da — besonders in den mittelkörnigen Varietäten — in sehr reichlicher Menge auftritt. Er bildet sowohl Körner, als zierliche Krystalle. Titanit und Magnetit lassen sich nur spärlich mit der Lupe wahrnehmen. Leonhard führt noch Orthit an,[1] der jedenfalls sehr selten sein muss.

Bei der Zersetzung des Gesteins geht zuerst die dunkelgrüne Farbe der Hornblende ins Lauchgrüne über, ohne dass sonst eine merkliche Veränderung wahrzunehmen wäre; erst mit der stärkeren Entwicklung von Glimmer oder von chloritischen Substanzen ist eine Auflockerung verbunden, und schliesslich resultirt ein feinerdiger Boden mit reichlichen, wohl erhaltenen kleinen Spaltungsstücken von Hornblende.

Unter dem Mikroskop vergrössert sich die Zahl der ursprünglichen Gemengtheile nur durch Apatit, der in einigen Varietäten in spärlicher Menge auftritt, während er den meisten ganz fehlt. Dagegen trifft man eine Anzahl secun-

---

[1] l. c. 36.

därer Producte, deren Herausbildung aus ihren Muttermineralien auf das deutlichste zu verfolgen ist, und welche das Studium dieser Gesteine zu einem interessanteren machen, als es sonst bei ihrer Einförmigkeit der Fall sein würde.

Der Feldspath ist fast durchgängig zu einer gleichmässig körnigen Masse mit Aggregatpolarisation umgewandelt und verhält sich identisch mit dem sogenannten Saussurit der Gabbro. Da das Umwandlungsproduct überall gleichartig erscheint und von jenem sehr abweicht, welches der Orthoklas zu liefern pflegt, auch die wenigen klaren Stellen stets polysynthetisch sind, so erscheint die Annahme berechtigt, dass nur Plagioklas vorliege. Die frischen Partien umgeben zumeist vollständig veränderte als schmale Rahmen. Bei der Umwandlung des Plagioklas hat sich in geringer Menge ein wasserheller Glimmer gebildet, der dem Muscovit jedenfalls täuschend ähnlich sieht, etwas reichlicher Kalkspath und Quarz. Glimmer und Kalkspath bilden auch in inniger Durchwachsung kleine Nester. Die im Feldspath eingebetteten Quarze liefern zuweilen regelmässige hexagonale Durchschnitte; grössere Körner umschliessen ihrerseits höchst unregelmässig gestaltete Fetzen zersetzten Plagioklas. Die ganze Art des Auftretens lässt keinen Zweifel an der secundären Natur des Quarz, eine Ansicht, die noch dadurch bestätigt wird, dass Flüssigkeitsporen oft ganz fehlen oder, wenn sie in geringer Zahl auftreten, sehr gross sind, grosse Bläschen führen und sich nie zu Gruppen scharen. Es sind dies alles Eigenschaften, die am primären Quarz in älteren Gesteinen bisher wohl seltener beobachtet wurden, als am secundären.

Die Farben der Hornblende sind im östlichen Gang gelbgrün bis grünlichgelb, blaugrün und dunkel olivengrün; an der Hettersbachwiese sind sie erheblich lichter, und zugleich ist auch der Absorptionsunterschied schwächer. Braune Töne treten hier nur in zersetzten Gesteinen auf. Wie schon Rosenbusch hervorhebt,[1] ist die Auslöschung oft auffallend schief; Winkel von 25—27 Grad kommen häufig vor, und in einigen Fällen wurden sogar 33 Grad gemessen. Dass Horn-

[1] Mikrosk. Physiographie d. massigen Gesteine 261.

blende und nicht Augit vorliegt, ist nach der Identität der klinodiagonalen Schnitte mit solchen, welche die Spaltung nach dem Hornblendeprisma zeigen, unzweifelhaft. Zwillinge sind nicht häufig und fehlen einigen Schliffen ganz. Die Zwillingsebene ist bald $\infty P \bar{\infty}$, bald $\infty P \bar{2}$. Ein Theil der Hornblende enthält sehr reichlich opake Körnchen und Stäbchen, die bald in so dichter Scharung den Kern erfüllen, dass derselbe undurchsichtig wird, bald sich zu mehreren Gruppen vereinigen, bald sich in lockerer Anhäufung durch den ganzen Krystall vertheilen. Da sie von Salzsäure gelöst werden, so scheinen sie aus Magnetit zu bestehen. Obwohl die meisten Hornblenden vollkommen frisch sind, so findet man doch auch solche, aus welchen sich secundäre Producte entwickelt haben, die zumeist auf den Spaltungsdurchgängen oder in unmittelbarer Nähe der Hornblende angesiedelt sind. Am häufigsten tritt Biotit auf, bald von einheitlicher kaffeebrauner Farbe, bald aus braunen, grünen und gebleichten, trüben Lamellen aufgebaut und dann oft gelbgrüne Säulen von Epidot einschliessend oder mit denselben recht regelmässig wechselnd. Manche Hornblenden enthalten überall kleine Glimmerblättchen eingebettet, die sicherlich secundärer Natur sind, obschon der Wirth frisch erscheint. Neben Glimmer entwickeln sich auch chloritische Substanzen, und beide stehen an Menge gewöhnlich im umgekehrten Verhältniss; an der Hettersbachwiese findet man fast nur die letzteren, die zuweilen concentrisch faserig aggregirt sind und Interferenzkreuze liefern. Die trüben Gebilde, welche den secundären grünen Glimmer und oft wohl auch den Chlorit zu charakterisiren pflegen, fehlen in diesen Dioriten. Vielleicht hängt dies mit dem geringen Eisengehalt der Hornblende zusammen, auf welchen man schliessen kann, da sich bei ihrer Umwandlung nur in äusserst geringer Menge Eisenoxyde bilden, und die grüne Hornblende auch hie und da in farblose übergeht. Rosenbusch erwähnt,[1] dass die Hornblende im „Labradordiorit von Schriesheim“ zuweilen in Folge einer gleichmässigen Chloritisirung von allen Spalten und Rissen aus

[1] l. c. 265.

unter gleichzeitigem Absatz von Eisenerzen an serpentinisirten Olivin erinnere. Den Dünnschliffen von sieben vorliegenden Handstücken fehlt diese Erscheinung.

Untersucht man die aus Diorit entstandene feinerdige Ackerkrume unter dem Mikroskop, so findet man bald zahlreiche frische Bruchstücke von Hornblende, bald fast nur braunen Glimmer, der dicht erfüllt ist mit opaken Körnern und Schüppchen von Hämatit.

In dem Gang an der Hettersbachwiese trifft man an accessorischen Mineralien nur spärlichen Magnetit und Eisenkies, während diese in dem östlichen Gang sehr reichlich auftreten. Im letzteren gesellt sich durchgängig Titanit hinzu, zuweilen auch Apatit. Am Titanit wurden niemals Zwillinge beobachtet. Es erscheint bemerkenswerth, dass die Eisenerze vollständig frisch sind, obwohl der Plagioklas stets, der Amphibol nicht selten stark angegriffen ist. Eisenoxydhydrate fehlen daher fast gänzlich. Magnetit und Eisenkies sind bisweilen mit einander verwachsen oder schliessen sich gegenseitig ein.

Augitdiorit.

Der Augitdiorit tritt an zwei Punkten auf. Von einiger Ausdehnung ist nur das Vorkommen am Hohenwaider Weg oberhalb der Emischbachwiese, soweit man nach den grossen im Walde zerstreuten Blöcken schliessen kann. Ausserdem trifft man ihn auf dem Grenzweg zwischen dem Spitzen Köpfchen und der Hohen Waid. Möglicherweise bilden beide Fundstätten die Endpunkte eines Ganges.

Das Gestein ist makro- und mikroskopisch den oben beschriebenen Augitdioriten vom Hohberg und Götzenstein so ähnlich, dass die Vermuthung nicht ungerechtfertigt erscheint, auch letztere Vorkommnisse entstammten Gängen. In dem mittel- bis grobkörnigen Gemenge erkennt man mit freiem Auge grosse und breite Säulen von grünlichschwarzer Hornblende mit vollkommenen und glänzenden Spaltungsflächen, etwas lichter gefärbte, sehr viel kleinere Körner und Säulen von Augit und weissen Plagioklas, der meist matt ist und nur selten schwach glänzende Spaltungsflächen erkennen lässt. Oft wird er in Form kleiner Körner in reichlicher Menge von der Hornblende eingeschlossen. Accessorisch tritt etwas Eisenkies auf.

Unter dem Mikroskop zeigt sich hier, wie bei den übrigen Augitdioriten des Odenwaldes, dass der blassgrüne, nicht pleochroitische Augit unregelmässig vertheilt ist und oft Fetzen von Hornblende einschliesst oder mit derselben sonst mannigfach verwachsen ist. Hie und da enthält die übrigens vollständig frische Hornblende lange und schmale Leisten eines lichtgrünlichen chloritischen Minerals, die kaum anders denn als Umwandlungsproducte gedeutet werden können, obschon sie stets die Spaltungsrichtungen sehr schief oder nahezu senkrecht durchschneiden. Der Augit tritt nie in Zwillingen auf, die Hornblende sehr selten; die Auslöschungsschiefe steigt bei letzterer bis auf 33 Grad. Biotit fehlt ganz. Der Plagioklas ist öfters frisch, als in den eigentlichen Dioriten und zeigt dann stets schöne Zwillingsstreifung, aber nur sehr selten gleichzeitig nach Basis und Brachypinakoid. Quarz und muscovitähnlicher Glimmer haben sich bald reichlicher, bald spärlicher bei seiner Zersetzung gebildet und verhalten sich wie in den eigentlichen Dioriten. Kalkspath gibt sich an einigen Stücken beim Betupfen mit Säure zu erkennen. Abgesehen von spärlichen Eisenerzen — zumeist Eisenkies — sind keine accessorischen Bestandtheile vorhanden.

Diesen Augitdiorit vom Hohenwaider Weg hat, wie schon oben erwähnt wurde, Zittel eingehend untersucht und beschrieben. Die von ihm beobachteten „kleinen grünen Hornblendekrystalle, welche den Feldspath vielfach durchwachsen“[1] sind in der That Augit. Der Plagioklas wurde damals von Swiatkowsky analysirt und ergab die Zusammensetzung I, während II das Resultat einer späteren Analyse von Herrn A. Behr ist, zu welcher sehr sorgfältig ausgesuchtes Material verwandt werden konnte, das mit Säuren keine Spur von Aufbrausen zeigte.

---

[1] l. c. 642.

	I.	Ia.	II.	IIa.
Kieselsäure	55.24	56.62	54.70	55.47
Thonerde	29.02	28.57	27.49	26.04
Eisenoxyd			0.55	
Kalk	9.91	10.18	7.64	8.38
Magnesia	0.19		0.42	
Kali	1.31	1.31	2.76	2.76
Natron	5.13	5.13	4.64	4.64
Glühverlust			1.65	
	100.80		99.85	
Spez. Gew.	2.662		2.694 bei 17° C.	

Sieht man den vorliegenden Feldspath als eine isomorphe Mischung von Albit, Anorthit und triklinem Kaliumfeldspath an, so erhält man nach Substituirung der Magnesia durch die aequivalente Menge Kalk[1]

für I 7.76 Kaliumfeldspath 43.40 Albit 40.65 Anorthit
für II 16.34 „ 39.26 „ 41.69 „

entsprechend der unter Ia und IIa oben beigefügten theorethischen Zusammensetzung.

Berechnet man die Analysen nach der von Bunsen angegebenen Methode,[2] so ergibt sich als Mittelwerth

für I 52.15 Theile Anorthit auf 47.85 Theile Albit
„ II 46.25 „ „ „ 53.75 „ „
oder „ I 1 Molecule „ „ 0.975 Molecule „
„ II 1 „ „ „ 1.24 „ „

Nach der Tschermak'schen Bezeichnung würde also der Plagioklas an der Grenze der Labrador- und Andesinreihe stehen, sei es, dass man die letztere oder die erstere Art der Berechnung in Anwendung bringt.

6. Hornblendefels.

Auf dem Hummelberg, Nord-Ost von Ober-Flockenbach trifft man in recht ansehnlichen Blöcken einen Hornblende-

[1] Da die zu Analyse II verwandten Feldspathstückchen unter der Lupe deutliche Spuren der eisernen Werkzeuge zeigten, mit denen sie herausgearbeitet und zerkleinert waren, so wurde das Eisenoxyd bei der Berechnung vernachlässigt.

[2] Berechnung gemischter Feldspathe. Ann. d. Chemie. VI. Suppl.-Bd. 188—196.

fels, der aber anstehend nicht nachzuweisen war und daher auf der Karte nicht eingetragen werden konnte. Ein gangförmiges Auftreten ist jedenfalls sehr wahrscheinlich.

Das recht grobkörnige Gestein setzt sich makroskopisch ausschliesslich aus breiten Säulen eines lauchgrünen, stark faserigen Amphibol zusammen, auf dessen Spaltungsflächen kleine Schuppen eines chloritischen Minerals bemerkbar sind, welche wahrscheinlich das talkige Gefühl beim Anfassen verursachen.

Auch im Dünnschliff findet man an wesentlichen Gemengtheilen nur Hornblende, die aber aus drei Varietäten besteht. Die eine stark vorherrschende ist je nach der Lage des Schnitts licht bläulichgrün oder gelbgrün gefärbt und zeigt keine merkliche Absorption; die zweite ist vollständig farblos und nicht pleochroitisch; die dritte am spärlichsten vertretene ist braun mit deutlicher Absorption. Alle drei Varietäten sind stark faserig, treten sowohl in isolirten Individuen, als auch in Verwachsung mit einander auf. und schliessen sich makro- und mikroskopisch dem Strahlstein am nächsten an. Die Neigung der Hauptschwingungsrichtung zur Verticalaxe wurde bis zu 27 Grad gemessen. Die an den Enden stets unregelmässig begrenzten und oft ausgefaserten Säulen liegen richtungslos durcheinander und bilden ein rein krystallinisches Aggregat. Obwohl die gesammte Hornblende und besonders die farblose Varietät den Eindruck vollkommener Frische macht, so trifft man doch Tafeln und Leisten eines augenscheinlich secundären chloritischen Minerals mit kräftigem Pleochroismus (es treten sehr lichte gelbliche Töne und ein lebhaftes Grün auf). An Einschlüssen oder überhaupt an accessorischen Mineralien ist nur reichlicher Magnetit vorhanden, der von seinen Umwandlungsproducten, blutrothem Eisenglimmer und Eisenoxydhydraten begleitet wird.

Ein Hornblendefels, der sich wie der vorliegende auch unter dem Mikroskop als ganz frei von Feldspath oder Quarz erweist, scheint nicht allzu häufig vorzukommen.[1]

---

[1] Zirkel erwähnt einen solchen (Microscopical Petrography 22),

7. Olivin-Diallag-Gestein.

Schon seit langer Zeit ist es bekannt, dass in der Gegend von Schriesheim ein eigenthümliches Gestein gangförmig den Granit durchsetzt, welches in seinem äusseren Habitus dem schlesischen und harzer „Serpentinfels" oder „Schillerfels" sehr ähnlich ist. 1839 erwähnt Leonhard das Vorkommen kurz als Schillerspath.[1] Später wurde dasselbe von C. W. C. Fuchs eingehender untersucht und als „Schillerfels" beschrieben.[2] Fuchs nahm auf Grund chemischer und mineralogischer Untersuchungen an, dass es aus grossen blättrigen Partien von Schillerspath bestehe, in welchem kleine Körner von Schillerstein (einer dichten Varietät des Schillerspath) eingewachsen seien, denen sich Magnetit und wahrscheinlich auch Feldspath zugesellen. Zugleich spricht er die schon von Fischer[3] angedeutete und später von Zittel[4] getheilte Ansicht aus, dass der Schillerfels mit dem oben erwähnten für Gabbro gehaltenen Diorit in genetischen Beziehungen stehe.

Erst durch die mikroskopischen Untersuchungen liess sich nachweisen, dass das vorliegende Gestein eine durchaus selbständige Stellung unter den im südlichen Odenwald bekannten Felsarten einnimmt, und zwar schliesst es sich in Folge seines Gehaltes an Olivin (Serpentin) und Diallag nach der älteren Classification dem Olivingabbro am nächsten an. Demgemäss wurde es als solcher auf der Karte eingetragen. Da jedoch Feldspath, wenn überhaupt, jedenfalls nur in höchst unbedeutender Menge auftritt, so stellte Rosenbusch die Felsart in seinem neuesten Werk[5] sicherlich mit Recht zu den feldspathfreien Gesteinen und zwar zu den Olivin-Diallag-

der aber nicht zu den massigen Gesteinen, sondern zu den krystallinischen Schiefern gehört.

[1] Mineralogisch-geognostische Beschreibung der Umgegend von Schriesheim etc. Neues Jahrbuch für Mineralogie 1839. 37.

[2] Schillerfels bei Schriesheim an der Bergstrasse ebendas. 1864. 326—332.

[3] Verh. d. naturf. Ges. zu Freiburg. II. 1860. 251.

[4] l. c. 646.

[5] Mikrosk. Phys. d. massigen Gesteine 532.

Gesteinen mit accessorischer Hornblende. Wir werden indess später sehen, dass der Diallag nur in untergeordnetem Grade diejenigen mikroskopischen Eigenschaften besitzt, welche allein eine sichere Abtrennung desselben vom Augit ermöglichen. Man könnte daher das Schriesheimer Gestein wohl mit demselben Recht als Pikrit bezeichnen, womit auch der Hornblende-Gehalt gut stimmen würde.[1] Wenn hier der augitische Gemengtheil auch fernerhin als Diallag beschrieben wird, so geschieht dies einerseits, weil der makroskopische Habitus diallagähnlich ist, und pinakoidale Spaltbarkeit öfters deutlich beobachtet wurde, andererseits, um nicht ohne zwingende Gründe den einmal für den augitischen Bestandtheil des vorliegenden Gesteins eingeführten Namen zu wechseln.

Der 3—3½ Meter breite Hauptgang tritt unmittelbar am Bach auf der linken Seite des Spathgrubenthals unweit Schriesheim zu Tage, ist aber hier so stark zersetzt, dass es nur selten gelingt, sich einen frischen Block aus dem Grus herauszuarbeiten. Von hier lässt sich der Gang bis auf den Rücken der Langen Schaar verfolgen, verschwindet dann aber bald im dichten Gebüsch. Ein zweiter Punkt wurde bei der Wegverlegung im Schriesheimer Thal aufgeschlossen und konnte auf der Karte noch während des Druckes eingetragen werden. Es muss aber einer späteren Untersuchung vorbehalten bleiben, zu entscheiden, ob beide Vorkommnisse in Verbindung mit einander stehen, oder zwei getrennte Gänge repräsentiren. Der neue Anbruch lieferte besonders frische Stücke, da ein Theil der Felsen gesprengt werden musste.

Das gleichmässig grünlichschwarz gefärbte, durch einen

---

[1] Auch im hornblendeführenden Wehrlit von Szurraskö liesse sich der Diallag als Augit auffassen.

Wenn man sich dahin einigte, nur die orthopinakoidale Absonderung, bedingt durch Faserung, Zwillingslamellen oder Interpositionen als charakteristisch für den Diallag anzusehen, nicht die Spaltung, so würde sich derselbe gut vom gewöhnlichen Augit trennen lassen. Aber dies könnte natürlich nicht geschehen, ohne von der alten Gruppe der Gabbro einen Theil abzutrennen und den Diabasen zuzuzählen.

hohen Grad von Zähigkeit ausgezeichnete Gestein besteht in der Hauptvarietät fast ganz aus grossen, bis zu 2 Centim. langen und eben so breiten Individuen von Diallag, die von Fuchs als Schillerspath gedeutet wurden.[1] Obwohl man im grossen eine vollkommene Spaltung gut wahrnimmt, lassen sich doch keine zur Untersuchung geeignete Stücke gewinnen, da der Diallag stets mit anderen Gemengtheilen in recht regelmässiger Vertheilung dicht durchwachsen ist. Sie bestehen zumeist aus Serpentinkörnern (dichter Schillerstein nach Fuchs) von durchschnittlich $^1/_2$ bis 1 Millim. Grösse und lassen die glänzenden Spaltungsflächen matt getüpfelt erscheinen. Zwischen den breiten Diallagsäulen liegen in unregelmässigen Zügen verworren kurzstänglige Aggregate von Hornblende, die sich auch durch etwas lichtere Färbung vom Diallag unterscheiden und frei von eingewachsenen Serpentinkörnern sind. Die Menge der Hornblende ist in den verschiedenen Handstücken eine wechselnde; am reichlichsten ist sie in dem Aufschluss an der Schriesheimer Strasse vorhanden. Statt ihrer trifft man zuweilen in der gleichen Anordnung eine licht grünlichgraue, weiche, serpentinähnliche Substanz, die augenscheinlich zumeist ein Umwandlungsproduct der Hornblende ist. Accessorisch stellt sich in nicht unerheblicher Menge ein licht smaragdgrüner oder bräunlicher Glimmer ein, der in Folge der dunklen Unterlage tiefer gefärbt erscheint, als er in der That ist. Gewöhnlich scharen sich viele Blättchen auf den Spaltungsflächen des Diallag derart, dass alle gleichzeitig einspiegeln und scheinbar eine Fläche mit starkem perlmutterartigen Metallglanz bilden, welche nur durch die nicht bedeckten Serpentinkörner unterbrochen wird. Eisenkies findet sich hie und da in kleinen Körnchen eingesprengt; Magnetit lässt sich in bedeutender Menge mit dem Magneten aus dem Gesteinspulver ausziehen.

Neben dieser grobkörnigen Varietät tritt selten eine kleinkörnige auf, in der die Gemengtheile nur wenige Millimeter gross sind.

---

[1] Danach ist auch die Angabe von Groth über das Vorkommen von Bastit bei Schriesheim zu berichtigen (die Mineraliensammlung der Kaiser-Wilhelms-Universität. Strassburg 1878. 263).

Unter dem Mikroskop bestätigt sich, dass Diallag und Olivin (Serpentin) als die einzigen wesentlichen Gemengtheile anzusehen sind; dagegen ergibt sich, dass ausser Hornblende und Glimmer noch einige Mineralien in geringer Menge hinzutreten, die sich aber nicht alle mit Sicherheit bestimmen lassen.

Die Hornblende zeichnet sich durch lichte Farbe und durch Reinheit und Frische der Substanz aus. Zuweilen trifft man Säulen, in denen alle Strahlen farblos erscheinen; gewöhnlich ist dies jedoch nur bei dem parallel bc polarisirten Strahl der Fall, während die beiden anderen lichtgrün gefärbt sind. Die Absorption ist sehr gering; die Auslöschungsschiefe wurde bis zu 32 Grad gemessen. Interpositionen fehlen ganz. Innerhalb der Hornblende-Aggregate trifft man selten ein Serpentinkorn, häufiger Magnetit. Da die Analyse nur einige Procent Thonerde für das ganze Gestein ergab, so scheint die Hornblende dem Aktinolith nahe zu stehen; dafür spricht auch die häufige Querabsonderung, welche an kleineren Säulen sogar allein auftritt, ohne irgend welche Andeutung von Spaltung.

In Folge der sehr schiefen Auslöschung der Hornblende lässt sich der Diallag von ihr durch die optischen Eigenschaften nicht sicher unterscheiden. Doch ist er hinreichend charakterisirt durch die tiefere und mehr ins Bräunliche spielende Färbung, durch die erheblich grösseren Dimensionen und durch die unvollkommneren Spaltungsdurchgänge. Obwohl dieselben immerhin recht scharf sind, beobachtet man doch bei einiger Aufmerksamkeit, dass die Risse aus der Richtung abspringen oder sich nicht durch das ganze Individuum hindurch fortsetzen. Die prismatische Spaltbarkeit ist entschieden vollkommner, als die pinakoidale. Combiniren sich beide in Schnitten quer zur Verticalaxe, und tritt der eine prismatische Durchgang etwas zurück, so zerfällt der Diallag in ähnliche rhombische Felder wie die Hornblende, und man kann sich bei flüchtiger Betrachtung wohl täuschen lassen. Die sonst für den Diallag so charakteristischen Interpositionen, die Zwillingslamellen und die feine Streifung fehlen gänzlich, worauf schon Rosenbusch aufmerksam macht.[1] Der Pleochroismus ist ein ausnahmsweise kräftiger. Die parallel ab, bc, ac polarisirten Strahlen sind der Reihe nach bläulichgrün, grünlichgelb bis gelblichgrün, olivengrün. Der letztere Ton ist der dunkelste. Zwillinge sind beim Diallag und bei der Hornblende gleich selten. Die zuweilen reichlich vorhandene, oft auch ganz fehlende grünlichgraue, weiche Substanz ist äusserst feinfaserig zusammengesetzt und scheint nach dem mikroskopischen Befund bald aus Diallag, bald aus Hornblende zu entstehen. Bei vollständiger Parallelität der Fasern löscht das ganze Aggregat gleichzeitig aus, wenn ihre Längsrichtung mit der Polarisationsebene eines Nicol zusammenfällt; liegen die Fasern verworren, so tritt zarte Aggregatpolarisation ein. Nach der Digestion mit Salzsäure zeigte sich keine Veränderung. So ähnlich auch die Umwandlungsproducte unter einander erscheinen, so dürften sie doch bald mehr bastitartiger, bald mehr serpentinartiger Natur sein. Von Eisenerzen sind sie stets frei.

Obwohl man den Glimmer nach der Art seines makroskopischen Auftretens für secundärer Entstehung halten kann, so macht er doch im Dünnschliff den Eindruck eines ursprünglichen Gemengtheils, da er durchaus selbständig auftritt. Auch schliesst er genau wie der Diallag zahlreiche Olivinkörner ein. Seine Begrenzung ist eine unregelmässige, der Pleochroismus stets kräftig, die Absorption aber schwach. Der parallel zur Spaltung polarisirte Strahl ist meist ganz farblos; die beiden anderen Strahlen, welche bald lichtbraun, bald lichtgrün sind, zeigen keine merklichen Farbenunterschiede. Trotz der starken Doppelbrechung erscheinen daher basische Schnitte nicht pleochroitisch. Einige Leisten sind halb bräunlich, halb grünlich gefärbt. Jedenfalls liegt ein eisenarmer, deutlich zweiaxiger Glimmer vor, wofür auch die Beobachtung spricht, dass er von heisser Salzsäure nicht angegriffen wird.

Der Zahl der Individuen, wenn auch nicht der Masse nach, herrscht entschieden der Olivin vor, der aber sehr selten

---

[1] Mikrosk. Physiogr. d. petrographisch wichtigen Mineralien 305.

ganz oder auch nur zum Theil erhalten ist. Die meisten Körner sind rundlich: doch fehlt es auch nicht an Umrissen, welche die Form des Olivin mit grosser Schärfe erkennen lassen. Das Umwandlungsproduct ist mannigfacher Art. Bald haben sich reichlich Eisenerze ausgeschieden, die sich so mehren können, dass der Serpentin fast einheitlich schwarz erscheint, bald reihen sich nur wenige opake Körner zu zierlichen Maschen aneinander, bald fehlen sie gänzlich. Nicht allzu grosse Körner lösen sich leicht in erwärmter Salzsäure. Sind die Olivine ganz zu Serpentin umgewandelt, so bildet gewöhnlich faseriger, kräftig pleochroitischer Serpentin ein zierliches Maschengewebe. Der parallel zur Faserung polarisirte Strahl ist bräunlich- bis röthlichgelb, der senkrecht zu dieser Richtung polarisirte grün bis blaugrün. Den gleichen Pleochroismus hat Websky am Metaxit von Schwarzenberg beschrieben.[1] Dieser stets parallel zur Längsrichtung der Adern faserige Serpentin ist es, welcher auf Spalten und Rissen in die übrigen Gemengtheile eindringt, so dass z. B. manche sonst vollkommen frische Diallage durch ihn sehr regelmässig in nahezu rechtwinklige Felder getheilt werden. Man könnte hier an eine Entstehung des Serpentin aus dem Diallag denken, wenn sich nicht der Zusammenhang der Adern mit den veränderten Olivinkörnern auf das deutlichste verfolgen liesse.

Auch die Ausfüllung der Maschen ist verschiedenartiger Natur. Ein Theil ist normaler, olivengrüner, schwach doppelbrechender Serpentin, der von Salzsäure vollkommen zersetzt wird, während die faserigen Adern unter gleichen Umständen unverändert bleiben. Eben so oft enthalten die Maschen jedoch eine farblose Substanz mit lebhafter Aggregatpolarisation. Die Farbenvertheilung deutet auf ein bald faseriges, bald blättrig-schuppiges Aggregat. Da dasselbe von Salzsäure nicht angegriffen wird, und die hie und da isolirbaren Blättchen nicht parallel zur Spaltung auszulöschen scheinen, so

---

[1] Ueber die Krystallstructur des Serpentins und einiger demselben zuzurechnenden Fossilien. Zeitschr. d. deutschen geolog. Ges. X. 1858. 278.

könnte ein hornblendeartiges Mineral vorliegen. Eine genaue Untersuchung verhindern die winzigen Dimensionen.[1] Die äussere Erscheinung erinnert an ein feinschuppiges Aggregat von Muscovit, der sich natürlich aus Olivin nicht entwickeln kann. Vereinzelt trifft man auch ein Olivinkorn in eine einheitlich auslöschende serpentinartige Substanz umgewandelt, welche den oben erwähnten Pleochroismus zeigt, aber nicht faserig ist, sondern vollkommen homogen erscheint. Die Serpentinkörner treten trotz ihrer grossen Zahl und recht gleichmässigen Vertheilung nie in selbständiger Raumerfüllung auf, sondern nur eingebettet in anderen Gemengtheilen.

In derselben Weise trifft man noch einige andere Mineralien, die sich in einzelnen Diallagen stark häufen, dagegen den meisten ganz fehlen. Die grössere Hälfte ist wasserklar und liefert ausserordentlich lebhafte Interferenzfarben. Diejenigen Körner, welche scharfe parallele Risse enthalten und gegen diese sehr schief auslöschen, kann man nur für einen farblosen Augit halten, um so mehr, als vereinzelte Durchschnitte auch die entsprechende Krystallform erkennen lassen. Einzelne Körner würde man ihren physikalischen Eigenschaften nach entschieden für Quarz halten, wenn derselbe in Olivingesteinen als primärer Bestandtheil bekannt wäre. Neben diesen wasserklaren Krystallen kommen andere vor, welche entweder gleichmässig getrübt oder feinfaserig sind, und dann nur kleine frische, stark doppelbrechende Reste enthalten. Bald möchte man an einen anormal zersetzten Olivin, bald an faserigen Augit, bald an saussuritartigen Feldspath denken, ohne dass nach irgend einer Richtung hin eine sichere Entscheidung möglich wäre. Vielleicht ist ein Theil von Rosenbusch als Feldspath gedeutet worden, den derselbe als accessorisch angibt.[2] In den zahl-

[1] Mit dem von Rosenbusch (Mikrosk. Phys. d. mass. Gest. 530) beschriebenen Umwandlungsproduct des Olivin im Pikrit von Liskeard hat das vorliegende keine Aehnlichkeit. Dort liegen die farblosen Lamellen isolirt im Serpentin und lassen sich bei ihrer Grösse unzweifelhaft als monoklin bestimmen.

[2] l. c. 532.

reichen untersuchten Dünnschliffen war Feldspath jedenfalls nirgends auch nur mit einiger Sicherheit nachzuweisen.

Eisenerze — vorherrschend Magnetit, spärlich Eisenkies, vielleicht auch etwas Magnetkies — sind vorzugsweise im Serpentin abgelagert, treten aber auch sonst in fast allen Gemengtheilen auf, die im übrigen keinerlei Einschlüsse führen. Apatit scheint vollständig zu fehlen. Kalkspath ist in feinster Vertheilung, besonders innerhalb der Serpentinkörner vorhanden. Direct wahrnehmbar wird er nur sehr selten, und obwohl die Schliffe bei der Behandlung mit Salzsäure lebhaft aufbrausen, wird ihr Zusammenhang doch nicht in merklicher Weise unterbrochen.

Eine von C. W. C. Fuchs mitgetheilte Analyse[1] ergibt folgende Zusammensetzung:

Kieselsäure	41.44
Thonerde	6.63
Eisenoxyd	13.87
Eisenoxydul	6.30
Kalk	7.20
Magnesia	18.42
Kali	0.93
Natron	0.24
Wasser	5.60
	100.63

Nach einigen von den Herren Steffenhagen und Kovalefsky ausgeführten Bestimmungen ist der Thonerdegehalt zuweilen noch geringer, nämlich nur 3.59 und 5.34 Procent. Da er übrigens nur zum kleineren Theil dem Glimmer zugerechnet werden kann, und die Hornblende ihren physikalischen Eigenschaften nach sicherlich zu den thonerdefreien Varietäten gehört, so werden einige Procent auf den Diallag kommen. Eine Prüfung auf Kohlensäure ergab 0.80 Procent.

8. Minette.

Unter der Bezeichnung „Minette" wurden auf der Karte alle diejenigen Gesteine eingetragen, welche charakterisirt

---

[1] Jahrbuch für Mineralogie etc. 1864. 329.

sind: durch ihr Auftreten in schmalen Gängen von geringer Ausdehnung, durch feines Korn, Armuth an Plagioklas, Fehlen von primärem Quarz, Reichthum an Glimmer und durch die leichte Zersetzbarkeit unter massenhafter Ausscheidung von Eisenoxydhydrat.

Die in den Vogesen vorkommenden analogen Gesteine wurden von Rosenbusch in neuerer Zeit ausführlich beschrieben,[1] und es mag hier im voraus erwähnt werden, dass die Minetten des südlichen Odenwaldes in den meisten Punkten mit jenen übereinstimmen. Sie sind ebenfalls frei von Basis, und man muss sie daher vom petrographischen Standpunkt aus, wenn man basisfreie und basisführende Gesteine scharf trennen will, als feinkörnige bis dichte Gangsyenite bezeichnen. Ja, in Folge des spärlichen Vorkommens von Plagioklas, des Fehlens von primärem Quarz, wird sogar der Syenit-Typus durch sie schärfer repräsentirt, als durch weitaus die meisten Syenitstöcke gröberen Korns.

Ein nennenswerther Unterschied zwischen den Minetten der Vogesen und jenen des südlichen Odenwaldes zeigt sich bezüglich der mineralogischen Zusammensetzung nur in einem Punkte. Die Rolle, welche dort die Hornblende als accessorischer oder wesentlicher Gemengtheil spielt, übernimmt hier der Augit. Aequivalente der eigentlichen Syenite fehlen dem untersuchten Gebiet ganz.[2] Statt der hornblendeführenden Glimmer-Minetten stellen sich sehr reichlich augitführende ein, welche schliesslich in Augit-Minetten übergehen. Wenn auch diese den reinen Typus der Augitsyenite nicht vertreten, da sie stets glimmerreich sind, so ist doch der Augit ein dem Glimmer mindestens gleichwerthiger Gemengtheil.

Ein weiterer Unterschied ergibt sich bei Vergleichung der chemischen Zusammensetzung. Obwohl das für den Odenwald vorliegende analytische Material ein ungenügendes ist,

---

[1] Die Steiger Schiefer und ihre Contactzone an den Granititen von Barr-Andlau und Hohwald. Abh. zur geolog. Specialkarte von Elsass-Lothringen Bd. I. Heft II. 281—308.

Mikroskopische Physiographie der massigen Gesteine 120 ff.

[2] Sie treten jedoch schon etwas nördlich von Weinheim in schöner Entwicklung auf.

besonders da alle untersuchten Gesteine in hohem Grade verändert sind, so lässt sich doch aus demselben ersehen, dass unter den Alkalien das Natrium nicht so stark hervortritt, wie in den Vogesen-Minetten, ja, wenn die Analysen ganz zuverlässig sind, zuweilen vollständig fehlt. Auf den erheblich geringeren Gehalt an Kalk und Magnesia ist in Folge der stärkeren Zerzetzung, wie wir später sehen werden, weniger Gewicht zu legen.

So mannigfaltig sich auch nach dem makroskopischen Habitus die Minetten darstellen — denn man findet selten zwei Gänge, die selbst bei nur flüchtiger Betrachtung gleichartig zu sein scheinen —, so einförmig ist doch ihre mineralogische Zusammensetzung. Neben Feldspath, Glimmer, Augit, Hornblende, Apatit, Magnetit und deren Zersetzungsproducten tritt nur in einer Varietät ein accessorisches, aber nicht bestimmbares Mineral auf, und die meisten der genannten Gemengtheile sind in jedem Vorkommen vertreten. Der wechselnde Habitus wird nur bedingt durch ihre relativen Mengen und Grössen und besonders durch Art und Quantität der auffallend verschiedenartigen Umwandlungsproducte. Die Minetten des südlichen Odenwaldes sind derart durchgreifend verändert, dass eine detaillirte petrographische Beschreibung eigentlich nur eine Beschreibung der Zersetzungserscheinungen oben genannter Mineralien liefern kann.

Die Verbreitung der Gänge ist eine so grosse, dass die 60 auf der Karte verzeichneten Vorkommnisse nicht einmal alle beobachteten repräsentiren und sicherlich weit hinter der wirklich vorhandenen Zahl zurückbleiben. Bei jeder Weganlage, bei jedem Abtrieb eines Waldes kommen neue Gänge zum Vorschein.

Ihre Vertheilung ist jedoch eine unregelmässige. Am reichlichsten treten sie in der Umgegend von Waldmichelbach, am Steinsberg bei Ober-Flockenbach und in den Gebieten des Schriesheimer und Hohenöder Thals[1] auf, während

---

[1] Als Hohenöder Thal wird derjenige Theil des Steinachthals bezeichnet, welcher zwischen Heiligkreuzsteinach und Hilsenhain liegt.

andererseits ausgedehnte Partien des krystallinischen Gebirges, wie sich aus der Karte ergibt, auffallend arm an denselben sind. Noch häufiger, als in dem bearbeiteten Theil des Odenwaldes scheinen Minettegänge in den nördlich angrenzenden Districten vorzukommen.

Am vollkommensten aufgeschlossen ist ein 6½ Centimeter mächtiger Gang im Birkenauer Thal, zwischen Weinheim und Fuchsmühle. Der Granit ist durch Steinbrucharbeit genau bis zur Minette fortgesprengt, so dass letztere eine mächtige Wand gleichmässig bekleidet. Gut aufgeschlossen, aber schwer zugänglich sind auch die Augit-Minetten im Steinbruch an der Fuchsmühle und im Hauptsteinbruch des Kallstädter Thals.

Nur in wenigen Fällen liess sich die Streichrichtung mit einiger Sicherheit feststellen. Es wird dies zum Theil durch die ungenügenden Aufschlüsse bedingt; doch scheinen viele Gänge in der That nur von sehr kurzer Erstreckung zu sein, so dass die Vermuthung nahe liegt, die zu Tage tretenden Partien repräsentirten oft nur Apophysen, nicht die Hauptgangmassen. Hinzukommt, dass man an zersetztem Material die Zusammengehörigkeit selbst naheliegender, aber isolirter Felsen nur schwer nachweisen kann und schliesslich, dass man über das Variiren einzelner Theile einheitlicher geognostischer Körper noch keine hinreichenden Erfahrungen besitzt. Gerade bei geringer Mächtigkeit derselben scheint neben structureller auch eine mineralogische Differenzirung in höherem Grade eintreten zu können, als man gewöhnlich annimmt. Es wurde daher vorgezogen, an allen zweifelhaften Punkten durch einen runden Fleck nur das Vorkommen überhaupt anzugeben. Jedenfalls folgt aber aus den vereinzelten Beobachtungen mit Sicherheit, dass die Streichrichtung eine ausserordentlich schwankende ist, wenn auch das Vorherrschen einer nordöstlichen Richtung sich nicht verkennen lässt.

Die Mächtigkeit der Gänge steigt nicht ganz bis zu 2 Meter, bleibt aber meist weit hinter dieser Grenze zurück. Zuweilen beobachtet man starke Knickungen, wie z. B. am Süd-Abhang des Gerstenbergs, oder ein Auskeilen; andere

Gänge gabeln sich, um sich bald wieder zu scharen, oder laufen in geringem Abstand parallel neben einander her.

Sehr häufig begegnet man Einschlüssen von Granit- und Dioritknollen oder von Quarzbrocken, die letztere augenscheinlich aus Granit stammen. Erstere sind dann meist identisch mit dem Nebengestein und können recht erhebliche Dimensionen annehmen. Nicht zu verwechseln mit Einschlüssen sind solche Partien, welche in Folge von Gabelungen nur scheinbar von Minette umhüllt werden. Bei ungenügendem Aufschluss könnte man sie auch wohl für intrusive Gänge halten. Es mag hier hervorgehoben werden, dass eine Durchsetzung der Minette durch andere Gesteine im Odenwald nie in unzweifelhafter Weise beobachtet wurde.[1]

Weitaus die meisten Vorkommnisse zeigen feinkörniges bis dichtes, viele aber auch porphyrartiges Gefüge, welche beide man als die normalen Structurformen bezeichnen kann. Die porphyrartige Structur wird stets durch Glimmer oder accessorische Bisilicate, nie durch isolirt hervortretenden Orthoklas bedingt, wie es wohl sonst vereinzelt beobachtet worden ist. Die von Pauly noch unterschiedene poröse, zellige und schuppige Structur[2] ist stets eine secundäre, durch Zersetzung bedingte Erscheinung. An wirklichen Varietäten wurde nur am Wässrigen Weg bei Grossachsen und zwischen der Rottmannshöhe und Ober-Flockenbach eine kuglige Structur beobachtet. Am letzteren Punkt lässt sich mit Sicherheit erkennen, dass die durchschnittlich kaum hirsekorngrossen Kügelchen nur nach dem Salband hin auftreten, so dass man sie als eine endomorphe Contacterscheinung auffassen kann. Am Wässrigen Weg erreichen die spärlicheren Kugeln Bohnengrösse; ihre Vertheilung im Gange lässt sich hier nicht beobachten, doch trifft man reichlicher Blöcke ohne

---

[1] In den Vogesen durchsetzen sich dagegen die Minetten und Aplite gegenseitig, so dass Rosenbusch eine gleichzeitige Entstehung beider Eruptivgesteine annimmt, eine bei so extrem sauren und basischen Gesteinen auffallende Erscheinung (die Steiger Schiefer etc. 283).

[2] Ueber Minette und Glimmer-Porphyrite, vorzüglich im Odenwald. Neues Jahrbuch für Mineralogie etc. 1863. 418.

Kugeln als mit solchen, so dass jedenfalls die ganze Gangmasse nicht gleichmässig von ihnen erfüllt ist. An beiden Fundorten lassen sie sich leicht isoliren, da sie frisch und fest. die einhüllenden glimmerreichen Gesteinsmassen aber, denen jegliche Andeutung einer kugligen Structur oder Absonderung fehlt, stark zersetzt sind. Durchschneidet man die Kugeln, so erkennt man schon makroskopisch, dass sie im wesentlichen nur aus Feldspath bestehen, jedenfalls im Innern frei von Glimmer sind, der nur eine zarte, aber ziemlich fest anhaftende Hülle bildet, und dass man es unzweifelhaft mit einer Structurform, nicht mit einer Absonderungserscheinung zu thun hat. Diese Beobachtungen stimmen nicht mit denen von Rosenbusch in den Vogesen überein, wo die Minettekügelchen petrographisch identisch mit der Hauptmasse des Gesteins und nicht frischer, als diese sein sollen.[1]

Auffallenderweise wurde die kuglige Absonderung, welche in den Vogesen so häufig ist, im untersuchten Gebiet des Odenwaldes nicht beobachtet. Dagegen trifft man auf der Spitze des Gaisbergs bei Schriesheim eine eckigkörnige Absonderung, welche an Regelmässigkeit der Erscheinung derjenigen der Quarzporphyre und Basalte nur wenig nachsteht. Abgesehen von dieser Ausnahme und einer Andeutung derselben Absonderung am Buchenroth bei Hilsenhain ist die Minette stets unregelmässig zerklüftet.

Einwirkungen auf das Nebengestein wurden ebenfalls nie wahrgenommen, obwohl die Grenzen häufig auf das schärfste aufgeschlossen sind. Ja, es zeigt sich oft die auffallende Erscheinung, dass während die Minette gänzlich zersetzt ist, der Granit seine vollständige Frische bewahrt hat. Es scheint fast, als ob die leicht verwitternde Minette die Atmosphärilien vollständig absorbire und so zu einem Conservator des Granit werde.

Ueber das muthmassliche Alter der Minetten im Odenwald wurden früher einige Mittheilungen gemacht,[2] zu deren

---

[1] Die Steiger Schiefer etc. 295.

[2] E. Cohen: Die zur Dyas gehörigen Gesteine des südlichen Odenwaldes. Heidelberg 1871. 130—133.

Ergänzung keine neueren Beobachtungen vorliegen. Nach dem Fehlen von Einschlüssen im jüngeren Rothliegenden und von Gängen im jüngeren Porphyr, und nach dem Auftreten von Gängen in der älteren Porphyrbreccie schien der Schluss gestattet, die Eruption der Minetten falle gegen das Ende der Dyas-Periode und zwar in den verhältnissmässig beschränkten Zeitraum zwischen Bildung der jüngsten Porphyrtuffe und Empordringen der jüngeren Porphyre.

Doch muss hervorgehoben werden, wie es auch schon in der citirten Arbeit geschehen ist, dass die Beobachtungen zu einer sicheren Entscheidung nicht ausreichen.

Nach dem mineralogischen Bestande lassen sich die hier in Betracht kommenden Minetten in Glimmer- und Augit-Minetten gliedern, je nachdem zum Orthoklas als Hauptgemengtheil nur Glimmer, oder Augit mit Glimmer hinzutritt. Diese beiden Abtheilungen würden sich auch auf einer Karte in grösserem Masstab auszeichnen lassen.

Glimmer-Minette (Glimmersyenit).

Weitaus die grössere Zahl der Minettegänge gehört der Abtheilung der Glimmer-Minetten an. Die Vertreter dieser Gruppe sind es vorzugsweise, welche sich durch eine hochgradige Zersetzung auszeichnen, und sie sind es allein, an denen die oben erwähnten Structur-Varietäten und regelmässigen Absonderungsformen beobachtet wurden.

Die Farben sind vorherrschend schmutzige Töne von Rothbraun, Röthlich- bis Graulichviolett, Grünlichgrau, Gelblichgrau, und zwar sind helle Nüancen verhältnissmässig selten.

Meist schon mit freiem Auge, aber fast immer mit der Lupe lässt sich erkennen, dass der Glimmer ein stark vertretener Gemengtheil ist. Er erreicht jedoch nicht häufig solche Dimensionen, um entschieden porphyrartig hervorzutreten, wie z. B. am Brunnenrain bei Eiterbach, im Sichelbacherthal bei Schriesheim, an der Geisenklinge bei Waldmichelbach, an der Oberen Wehling bei Ober-Flockenbach. Am letzteren Fundort ist die Begrenzung des Glimmer eine sehr regelmässige, und derselbe zeichnet sich ausserdem durch eine gleichmässige tief blutrothe Farbe aus, die ihm selbst nicht eigenthümlich ist, sondern durch eine dichte Ablagerung von Eisenglimmer auf den Blätterdurchgängen bedingt wird. Da derselbe sonst dem Gestein fehlt, und der schwach bräunlich gefärbte und das Licht nicht merklich absorbirende Glimmer um so heller wird, je reichlicher jener sich einstellt, so hat der Glimmer, welcher übrigens noch einheitlich auslöscht, augenscheinlich allein das Material zur Neubildung geliefert. Sonst schwanken die Farben in allen denkbaren Nüancirungen zwischen Tombackbraun und Silberweiss. Dabei ist der charakteristische metallartige Perlmutterglanz fast durchgängig verloren gegangen, und nur, wenn die Veränderung in einer kräftigen Bleichung besteht, verbindet sich mit der lichtgrünlichen oder silberweissen Farbe meist auch ein kräftiger Glanz. Zuweilen wird das frühere Vorhandensein grösserer Glimmerblättchen nur noch durch einen rundlichen Fleck von Eisenoxydhydrat angedeutet oder bei vollständiger Auslaugung der Zersetzungsproducte durch eine poröse Structur, wobei sich dann häufig an der Form der Hohlräume die Form der Glimmerleisten mit grosser Schärfe erkennen lässt. Die Anordnung der Blättchen ist meistens eine ganz regellose; nur hie und da, besonders deutlich im Sichelbacher Thal, liegen wenigstens die grösseren annähernd parallel, wodurch eine unvollkommen schiefrige Structur erzeugt wird.

Nicht gerade häufig tritt röthlicher oder gelblicher Feldspath unter der Lupe deutlich hervor, und auch dann ist eine sichere Bestimmung makroskopisch nicht möglich. Es liegt dies weniger am feinen Korn, als an dem Fehlen von Spaltungsdurchgängen und an der reichlichen Ablagerung von Eisenoxyden, welche so fein und gleichmässig vertheilt sind, dass sie die Körner vollständig umhüllen. Bemerkenswerth ist die Thatsache, dass selbst in ganz zersetzten Minetten nirgends eine eigentliche Kaolinisirung beobachtet wurde.

Neben Feldspath und Glimmer stellt sich in den meisten Glimmer-Minetten accessorisch ein Bisilicat ein, doch lässt sich nur selten mit einiger Wahrscheinlichkeit, nie mit Sicherheit entscheiden, ob Augit oder Hornblende oder vielleicht auch beide zusammen vorliegen, da die Zersetzung stets eine vollkommene ist, und zuweilen der durch Auswitterung entstehende Hohlraum das einzige Kriterium bildet. Wenn das Umwandlungsproduct noch vorhanden ist, stellt es sich gewöhnlich als eine dunkelgrüne bis bläulichschwarze Substanz dar, welche bald so weich ist, dass man sie mit dem Finger zerdrücken kann, und dann vorzugsweise aus Eisenoxydhydraten besteht. bald sich nur schwach oder gar nicht mit dem Messer ritzen lässt. Beide Producte brausen gewöhnlich nicht mehr mit Säuren. Seltener trifft man die Bisilicate ersetzt durch eine licht gelblichgraue weiche Masse mit einem feinen braunen Geäder, so dass eine an zersetzten Olivin erinnernde Maschenstructur entsteht.

In Drusen und auf Klüften haben sich ziemlich häufig Schwerspath und Eisenglimmer angesammelt, seltener Kalkspath, und noch spärlicher sind hornsteinartige Adern oder Nester. Sonst fehlen. abgesehen von den Einschlüssen des Nebengesteins, accessorische Bestandmassen.

Am Nordwest-Fuss des Eichelbergs, in der Nähe des sogenannten Breitlochs, wurden in grösserer Anzahl lose Blöcke gefunden, welche in eine dunkelbraune, dichte, felsitisch aussehende und sehr harte Masse übergehen. Nach dem mikroskopischen Befund scheint eine Umwandlung von Minette in Kieselsubstanz vorzuliegen, welche reichlich von Eisenoxydhydrat durchflochten wird. Die besonders nach dem Aetzen hervortretenden lichten Felder liefern mikro- bis kryptokrystalline Aggregatpolarisation. Umrisse, welche auf früher vorhanden gewesenen Glimmer oder Feldspath deuten, sind nur spärlich zu erkennen.

An der Langen Schaarwiese unweit Schriesheim, wo ähnliche Bildungen in kleinerem Masstab vorkommen, lässt sich beobachten, dass die Verkieselung in der Granitnähe am stärksten ist.

Bei der Prüfung der Glimmer-Minetten auf Carbonate ergab sich, dass nur einige wenige bei der Befeuchtung mit Säuren Kohlensäure entwickeln, obschon sich durch quantitative Bestimmung gewöhnlich ein Gehalt an Kohlensäure nachweisen lässt. und Rosenbusch angibt, dass in den

Glimmersyeniten Calcit nie fehle.[1] Dieser Widerspruch erklärt sich jedenfalls nicht allein durch die Annahme einer allzu feinen Vertheilung der Carbonate. Es scheinen vielmehr bei hochgradiger Zersetzung die bei einem früheren Stadium der Veränderung entstehenden Carbonate vollständig wieder ausgelaugt zu werden. Zu mikroskopischen und analytischen Untersuchungen wird man selbstverständlich die frischesten Stücke auswählen, und in dieser Beziehung scheinen die Vogesen günstigeres Material zu liefern, als der Odenwald.

Diese schon mehrfach hervorgehobene starke Zersetzung, welcher ausnahmslos alle Glimmer-Minetten des zu beschreibenden Gebietes unterworfen sind, verhindert eine befriedigende mikroskopische Untersuchung, so dass manches Resultat immerhin als ein unsicheres bezeichnet werden muss.

Derjenige Theil der Minetten, welcher sich im gewöhnlichen Licht als einheitliche, mehr oder minder getrübte Grundmasse darstellt, besteht wohl stets aus Feldspath, obwohl er sich im polarisirten Licht nur selten vollständig in Leisten mit deutlicher Krystallbegrenzung auflöst. Einzelne lassen sich jedoch immer unterscheiden. Dabei kann das Aetzen der Dünnschliffe mit Salzsäure von Vortheil sein, wenn die Zersetzung des Feldspath noch keine durchgreifende ist; im anderen Fall werden die Umrisse noch verschwommener. Auffallend gross sind die Leisten in den Gängen an der nördlichen Kartengrenze bei Kreidach und an der Weidenbach bei Unterabsteinach; mikroporphyrisch treten sie jedoch nirgends hervor. Ueberall, wo eine genauere Untersuchung möglich war, bestätigte sich auch für den Odenwald die von Rosenbusch hervorgehobene Thatsache, dass die Minetten wenig oder gar keinen Plagioklas enthalten, und dass beim Orthoklas einfache Krystalle bei weitem vorherrschen. Ein relativ hoher Gehalt an Plagioklas wurde in einem Vorkommen aus der Gegend von Kreidach, ein mässiger in Gängen vom Bahnwald, Gerstenberg und Scheppbachthal, reichliche Karlsbader Zwillinge in der nordöstlich von der Rottmannshöhe auftretenden Minette beobachtet. Recht häufig ist eine Neigung

---

[1] Physiographie d. massigen Gesteine 123.

der Orthoklasleisten zu strahligen Gruppirungen unverkennbar, obwohl dieselben nicht oft so deutlich hervortreten, wie am Bahnwald, am Geisenberg und bei Unterkunzenbach.

Die röthliche Färbung des Orthoklas wird gewöhnlich durch einen rothbraunen Staub oder durch lichtbräunliche, aus ihm sich entwickelnde Flocken bedingt. Die erst bei stärkerer Vergrösserung und zwar zuweilen aus farbloser und klarer Feldspathsubstanz hervortretenden winzigen Körnchen machen in Folge ihrer scharfen Begrenzung und gleichmässigen Vertheilung den Eindruck ursprünglicher Interpositionen. Bei secundärer Infiltration sollte man eine stärkere Anhäufung in der Nähe capillarer Einführungscanäle erwarten.

In einer Minette von der Speckbachwiese bei Waldmichelbach wurde reichlich eine pinitoidartige Substanz beobachtet, welche an die Stelle des Orthoklas getreten ist. Sonst ist dessen Umwandlung überall eine anscheinend gleichartige; es entwickeln sich Körnchen, Schüppchen und Fasern, und bei feiner Structur der feldspathigen Grundmasse entsteht dann schliesslich ein Product mit Aggregatpolarisation oder mit einem fast indifferenten Verhalten gegen polarisirtes Licht. Niemals jedoch scheint sich, wie sonst so häufig, Kaliglimmer zu bilden, eine Eigenthümlichkeit, die schon Rosenbusch hervorhebt;[1] dagegen ist die von demselben Forscher recht constant beobachtete Beimischung von Calcit im Odenwald nur spärlich nachweisbar.

Eine Basis konnte nirgends mit Sicherheit constatirt werden. Da, wo ein Theil der Grundmasse sich isotrop zu verhalten scheint, gleicht sie stets einem veränderten Feldspath, und stets sind es auch stark zersetzte Gesteine, in denen man solche Partien antrifft.

Vergleicht man Glimmer und Feldspath in demselben Präparat, so findet man auffallender Weise häufig, dass bei starker Veränderung des einen Gemengtheils die des anderen gering ist; doch ist im allgemeinen der Glimmer das weniger frische Mineral, und durchgängig frisch ist er in keinem Vorkommen. Wo einzelne Leisten oder Tafeln noch nicht von

---

[1] Die Steiger Schiefer etc. 286.

der Veränderung betroffen sind, wie z. B. im Birkenauer Thal, am Wässrigen Weg und an der Geisenklinge, zeigen sie stets kräftigen Pleochroismus und Absorption. Der eine Strahl ist lichtgelb bis fast farblos, die beiden anderen sind dunkel rothbraun bis braun. Dann ist auch ein zonaler Farbenwechsel nicht selten, indem entweder ein schmaler dunkler Rand allein auftritt, oder noch ein dunkler Kern sich hinzugesellt, und beide durch eine lichte, recht scharf hexagonal begrenzte Zone getrennt werden. An frischen Leisten kann man sich auch überzeugen, dass scharfe Knickungen und wellige Biegungen nicht immer durch secundäre Processe bedingt werden, obwohl dies in Minetten vorwiegend der Fall zu sein scheint.

Die Zersetzung liefert mannigfache Producte, die aber zum Theil wohl nur als verschiedene Stadien eines gleichartigen Processes anzusehen sind. Am häufigsten begegnet man der Umwandlung zu einer chloritischen Substanz. Zunächst werden einzelne Lamellen oder die Randzonen grün und gleichzeitig die Leisten oft wellig gebogen, bis schliesslich der braune Glimmer ganz verschwunden ist. Dabei bleibt aber sehr häufig die äussere Form erhalten, und wenn dann die Polarisationsfarben einheitlich sind, wie es gar nicht so selten vorkommt, so könnte man glauben, einen ursprünglichen grünen Glimmer vor sich zu haben mit schwacher Absorption, aber deutlichem Pleochroismus. Dass dies nicht der Fall ist, erkennt man an den Nebenproducten, die fast nie fehlen. Zum Theil sind es nur verschiedene Eisenerze, Magnetit, Eisenglimmer und gelbbraune bis braune, schwach durchscheinende oder opake Körner und Flocken, die man wohl als Hydrate von Eisenoxyd deuten kann. Gewöhnlich aber werden sie begleitet, zuweilen auch vollständig ersetzt durch trübe, grau durchscheinende Gebilde oder gelbe durchsichtige Mikrolithe, die bald spiessige Formen zeigen, bald die allerzierlichsten, ringsum ausgebildeten Kryställchen bilden. Den gleichen oder wenigstens sehr ähnlichen Nebenproducten begegnet man allerdings auch sonst bei der Umwandlung des Biotit; hier aber stellen sie sich in ganz ungewöhnlicher Menge ein, wie man besonders nach dem Aetzen der Schliffe wahrnimmt, da sie von Säuren nicht angegriffen werden. Ist auch eine sichere Bestimmung nicht möglich, so lassen sich doch nach den physikalischen Eigenschaften die Mikrolithe recht gut als Epidot deuten, und die trüben Gebilde, welche mit letzteren durch Uebergänge verknüpft sind, würden dann nur eine andere Ausbildungsform desselben Minerals repräsentiren. Abgesehen von diesen immerhin zweifelhaften Epidoten trifft man auch hie und da grössere gut charakterisirte Säulen zwischen Spaltungsdurchgängen einigermassen frischer Biotite. Zuweilen ordnen sich die gelblichen Nadeln zu zierlichen Strichsystemen, die sich unter 60 Grad schneiden.

Ganz anderer Natur scheinen bräunliche bis braune, stark doppelbrechende Körner und Säulen zu sein, die sich in manchen Minetten ebenfalls in ungeheurer Zahl einstellen und zwar nicht immer in sichtbarem Zusammenhang mit Glimmer. Die ihnen eigenthümliche Trübung wird durch zahlreiche feine Risse bedingt. Im Habitus erinnern diese Gebilde, die augenscheinlich secundärer Entstehung sind, an die Staurolithe mancher krystallinischen Schiefer, ohne dass damit auch nur die Wahrscheinlichkeit einer Identität angedeutet werden soll.

Bei weiter fortschreitender Veränderung geht zunächst die grüne Farbe des Chlorit in eine schmutzigbraune über; dann scheiden sich reichlicher Eisenoxydhydrate aus, und schliesslich bilden dieselben förmliche Pseudomorphosen nach Glimmer. An diese Vorgänge schliesst sich unter geeigneten Bedingungen eine Auslaugung einzelner Bestandtheile an, da die Gesteine, wenn auch nicht immer, so doch häufig gleichzeitig porös werden.

Um die chemischen Veränderungen bei den zuletzt erwähnten Processen kennen zu lernen, wurden zwei Stücke eines Ganges an der Howiswiese unweit Hilsenhain analysirt. Das eine (A) ist grünlichgrau und compact, das andere (B) schmutzigbraun, mürbe und porös. Im ersteren erwies sich der Glimmer unter dem Mikroskop als vollständig chloritisirt mit ausnahmsweise spärlicher Ausscheidung von Nebenproducten; im letzteren ist der Chlorit zum grösseren Theil schmutzigbraun, daneben allerdings auch der Orthoklas getrübter. Ein nicht unbeträchtlicher Theil des Chlorit scheint übrigens in dieser Minette aus Augit entstanden zu sein. Analyse A wurde von Herrn A. Knauber, B von Herrn Achnasarians ausgeführt.

	A.	B.
Kieselsäure	56.37	57.05
Thonerde	10.71	13.66
Eisenoxyd	7.21	11.64
Eisenoxydul	5.48	3.62
Kalk	3.06	1.74
Magnesia	5.11	3.19
Kali	4.19	4.51[1]
Natron	1.20	
Wasser	6.54	4.59
Kohlensäure	0.00	0.00
	99.87	100.00

Auffällig ist die Abnahme des Wassergehalts. Das vollständige Fehlen von Kohlensäure stimmt mit der Beobachtung überein, dass unter den stark chloritisirten Minetten nur eine vom Dörrberg, am Handstück mit Säuren geprüft, Kohlensäure entwickelte. Mit den alkalischen Erden muss auch Kieselsäure fortgeführt worden sein, da nur Thonerde und Eisenoxyd sich merklich angereichert haben.

In einer kleinen Zahl von Minetten sind blos einzelne Lamellen des Glimmer chloritisirt, die anderen unverändert, und zwischen beiden liegen Calcitlinsen, die oft aus einem Individuum bestehen und die Lamellen wellenförmig auseinander gedrängt haben. Auch bilden hie und da geringe Glimmerreste ein Netzwerk im vorherrschenden Calcit. Da aber dann kohlensaurer Kalk in Partien mit feiner Aggregatpolarisation durch das ganze Gestein vertheilt ist, so entstammt derselbe wohl einem augitischen Gemengtheil und ist von aussen in den Glimmer eingedrungen oder an seine Stelle getreten, nicht aus ihm entstanden. Auch müsste man sonst in den Minetten erheblich kalkreichere Glimmer annehmen, als bisher analysirt worden sind, wenn man von dem

[1] Die Alkalien wurden aus der Differenz bestimmt.

feinschuppigen Margarit absieht. Besonders reichlich trifft man solche Calcitlinsen in Vorkommnissen vom Hundskopf und von Unterkunzenbach, in letzterem neben ihnen Gemenge von Chlorit und Calcit in der Form des Augit.

Einen von dem bisher beschriebenen ganz abweichenden Verlauf nimmt die Zersetzung in einer anderen grossen Reihe von Minetten. Hier wird im wesentlichen nur das Eisen extrahirt, welches sich in Form dunkler Körner innerhalb des Glimmer oder in dessen Nähe ansiedelt. Je stärker deren Anhäufung ist, um so schwächer wird der Pleochroismus des Glimmer und um so lichter seine Färbung, bis er schliesslich ganz ausbleicht. Dabei scheint ihn sonst keine erhebliche Veränderung zu treffen, da die Leisten nur selten trüb und faserig werden, gewöhnlich wasserklar bleiben und kräftige Interferenzfarben liefern. Diese Vorgänge kann man sehr schön in den feldspath- und apatitreichen Vorkommnissen von der Pappelbachwiese bei Schriesheim studiren. Wenn auch nicht so constant wie bei der Chloritisirung, so pflegen sich doch auch bei der Bleichung häufig gelbe Mikrolithe in Form von Stacheln und zierlichen Kryställchen zu bilden.

Zweifelhafter Natur ist der silberweisse bis lichtgrünliche Glimmer in Gängen, die im Sichelbacherthal und in dessen Umgebung ziemlich verbreitet sind. Er ist deutlich zweiaxig, sehr reich an den erwähnten Mikrolithen, aber frei von Eisenoxyden. In Folge dessen und durch sein einheitliches Auslöschen macht er ganz den Eindruck einer primären farblosen Varietät, wofür man ihn aber kaum halten kann, da im unveränderten Glimmer sonst nie die Mikrolithe beobachtet wurden. Der umgekehrte extreme Fall tritt am Geisenberg auf, wo die ausgeschiedenen Eisenoxyde so gleichmässig vertheilt an dem Orte ihrer Bildung zurückgeblieben sind, dass nur das vollständige Fehlen des Pleochroismus und die Neubildungen erkennen lassen, dass die dunkelbraune Farbe keine ursprüngliche ist.

Die Ursache dieser verschiedenartigen Veränderungen liegt wohl an kleinen chemischen und physikalischen Differenzen, da man auch beim Aetzen der Schliffe mit Säuren wahrnimmt, dass frischer Glimmer sich bald leicht, bald kaum merklich entfärbt und in beiden Fällen bald seine Doppelbrechung einbüsst, bald erhält. Ob der Glimmer stärker oder weniger stark verändert ist, lässt sich übrigens nicht immer aus dem Erhaltungszustand des ganzen Gesteins ersehen.

Die Zahl der Minetten, welche wahrscheinlich ganz frei von accessorischen Bisilicaten sind, ist nur eine kleine. Dahin gehören die Vorkommnisse vom Brunnenrain bei Eiterbach, von der Geisenklinge bei Waldmichelbach, aus dem Oberen Wald bei Lampenhain, von Ziegelhausen und von der nördlichen Kartengrenze bei Kreidach. An allen übrigen Punkten scheinen die Bisilicate in grösserer oder geringerer Menge vorhanden gewesen zu sein. Ihre Erkennung wird besonders dadurch erschwert, dass die Umwandlungsproducte sich gewöhnlich als vollkommen identisch mit denen des Glimmer erweisen, so dass nur durch die Umrisse ein Anhaltspunkt gegeben ist. Diese sind aber nur an einer verhältnissmässig kleinen Anzahl von Individuen erhalten. Wenn die Zersetzungsproducte eine ganz unregelmässige Form besitzen, scheinen gewöhnlich Bisilicate vorgelegen zu haben, da bei der Umwandlung des Glimmer die ursprüngliche Gestalt sich gut zu conserviren pflegt. Aber sehr zuverlässig ist natürlich ein solcher Anhalt nicht. Noch schwieriger ist die Entscheidung, welcher Art das Bisilicat war, da auch mit Hülfe des Mikroskops in keiner einzigen Glimmer-Minette ein frischer Rest von Augit oder Hornblende aufgefunden werden konnte. Hinzukommt, dass das Kriterium der äusseren Begrenzung nur mit Vorsicht anzuwenden ist. In Schnitten geneigt zur Verticalaxe lassen sich Augitformen mit genügender Schärfe bestimmen; ob aber ein Augitschnitt parallel zur Verticalaxe mit einer Begrenzung durch Pinakoid und Hemipyramide vorliegt, oder eine Hornblende mit den Flächen des Prisma und Pinakoid, lässt sich an zersetzten Krystallen, deren Umrisse doch nicht allzu scharf sind, schwer entscheiden, da die Winkelunterschiede nur wenige Grade betragen.

Trotz dieser Unsicherheit kann man aber mit grosser Wahrscheinlichkeit behaupten, dass der Augit weitaus vorwiegend als accessorischer Gemengtheil auftritt, da die Zahl der sicher bestimmbaren Augite immerhin eine relativ grosse, die der muthmasslichen Hornblenden eine sehr kleine ist. Auch sind Augit-Minetten mit vollständig frischem Augit, wie wir später sehen werden, im Odenwald gar nicht selten, während frische Hornblende in keiner einzigen Minette des untersuchten Gebietes gefunden wurde.

Da, wo Bisilicate accessorisch sich einstellen, ist es für dieselben charakteristisch, dass sie makro- oder mikroporphyrisch, nicht, wie der Glimmer, auch als Gemengtheil der Grundmasse auftreten. In Bezug auf den Gang der Zersetzung zeigt sich zumeist zwischen Glimmer und Augit eine directe Beziehung, gerade als ob die Umbildung des einen Minerals den Anstoss zu der gleichartigen des anderen gegeben hätte, und so finden wir den Augit gewöhnlich da chloritisirt, wo es auch der Glimmer ist. Neben der vorherrschenden chloritischen Substanz haben sich meist Eisenerze oder Quarz oder beide zusammen ausgeschieden; seltener herrscht Quarz vor und hüllt erstere ein, oder alle drei bilden in etwa gleicher Quantität ein inniges Gemenge. Calcit ist auch hier nur spärlich nachweisbar. In einer apatitreichen Minette von der Oberen Wehling sind nur die Glimmerblättchen in der Grundmasse und die Augite chloritisirt, die porphyrisch eingelagerten grossen Glimmertafeln unter Ausscheidung blutrothen Eisenoxyds gebleicht. Auch trifft man hier im Kern der Augite nur Chlorit, der aber von einem dichten Kranz opaker Körner umsäumt wird.

Beschränkt sich die Veränderung des Glimmer im wesentlichen auf eine Ausscheidung von Eisenoxyden, dann pflegt der Augit durch ein Gemenge von Quarz oder Chalcedon mit Brauneisenerz ersetzt zu werden. Für diesen Process liefern die Minetten von der rechten Seite des Geisenbachthals schöne Beispiele. Dabei herrscht bald der Quarz, bald das Eisenerz vor, und die Vertheilung des letzteren ist bald eine gleichmässige, bald eine centrale, peripherische oder netzförmige. Chalcedon mit sphärolithischer Structur und zierlichen Interferenzkreuzen enthält die Minette vom Buchenroth.

Durchschnittlich reichlicher als beim Augit und Glimmer scheinen sich bei der Umwandlung der Hornblende neben Quarz oder Chalcedon Eisenerze auszuscheiden, die in Form von Eisenglanz hie und da vollständig den Raum ausfüllen. Derselbe ist opak, zeigt bläulichen Schimmer im reflectirten Licht und lässt sich von Magnetit nur durch den rothen Strich unterscheiden. Recht charakteristisch ist auch eine maschenförmige Anordnung von Eisenerzen, wobei die Zwischenräume mit einer theils feinfaserigen, theils schuppigen, serpentinähnlichen Substanz von bräunlichgelber Farbe ausgefüllt sind, welche erstere von Säuren nicht angegriffen wird. (Sichelbacherthal z. B.). Für sich allein ohne Eisenerze tritt sie an der Strobersklinge bei Unterabsteinach auf. Dieses Umwandlungsproduct dürfte sich aber auch hie und da aus Augit entwickeln, während andererseits eine Chloritisirung bei der Hornblende nicht ausgeschlossen ist.

Berücksichtigt man gleichzeitig die Umrisse und die angegebenen, allerdings nur unsicheren Kennzeichen, so ergibt sich, dass Minetten vom Bahnwald, Buchenroth, Sichelbacherthal, Geisenbachthal und von der Strobersklinge neben Augit Hornblende enthalten haben. Hinzukommen dann noch einige zweifelhafte Fälle.

Magnetit und Apatit trifft man in allen Minetten und meist in bedeutender Menge; Quarz und Eisenglimmer sehr häufig, Kalkspath spärlich.

Für den Magnetit ist als charakteristisch hervorzuheben, dass die Korngrösse in einem und demselben Gestein eine nahezu constante, die Vertheilung sehr gleichförmig und eine scharfe krystallographische Begrenzung weit häufiger ist, als Körnerform. Diese Eigenschaften kommen jedoch nur dem Magnetit zu, den man unzweifelhaft als primären Gesteinsgemengtheil aufzufassen hat. Bekanntlich ist die Widerstandsfähigkeit des Magnetit gegen den Einfluss der Atmosphärilien eine sehr grosse, und veränderten Kryställchen begegnet man selbst in solchen Minetten nur selten, die scheinbar ganz zersetzt sind.

Der Eisenglimmer und die überaus reichlich vorhandenen Eisenoxydhydrate verdanken daher nur ausnahmsweise ihre Entstehung dem Magnetit, gewöhnlich dem Glimmer. Dass dieser in den Minetten sehr eisenreich ist, hat schon Pauly hervorgehoben, und Rosenbusch für die Vogesen aus den analytischen Daten nachgewiesen. Obschon die opaken Eisenerze sich oft recht schwer in Säuren lösen, so wurden doch niemals Formen beobachtet, welche man auf Titaneisen deuten könnte. Dieses Mineral scheint den Minetten des südlichen Odenwaldes vollständig zu fehlen.

Der Apatit ist stets farblos, oft quer gegliedert und pyramidal begrenzt. In manchen Gängen erreicht er eine ungewöhnliche Grösse und enthält vereinzelt winzige anisotrope Mikrolithe von grünlicher Farbe. Als Einschluss in den associirten Mineralien tritt er sehr selten auf, meist als ein echter Bestandtheil der Grundmasse. Auch für die übrigen bisher erwähnten Gemengtheile, die als primäre zu erachten sind, ist es bezeichnend, dass keiner den anderen einschliesst. Man muss daher annehmen, dass sich alle annähernd gleichzeitig aus dem Gesteinsmagma ausgeschieden haben.

Lässt sich auch nicht sicher erweisen, dass die selbständig im Gesteinsgewebe auftretenden Quarzkörner stets secundärer Natur sind, so erscheint dies doch sehr wahrscheinlich, da sie im allgemeinen um so spärlicher sich einstellen, je frischer das Gestein ist. In den nicht seltenen Fällen, wo sie aus Glimmer und Bisilicaten entstehende secundäre Producte einschliessen, ist natürlich eine primäre Entstehung vollständig ausgeschlossen. Gewöhnlich sind die kleinen Körner unregelmässig vertheilt und frei von jeglichen Einschlüssen. Flüssigkeitsporen wurden nur in wenigen Quarzen und dann auch nur vereinzelt und von winzigen Dimensionen beobachtet.

Zu grösseren Partien mit chalcedonähnlicher Aggregatpolarisation oder zu schmalen Trümern von Quarz hat sich die Kieselsäure nur selten angehäuft.

In einer Minette aus dem Scheppbachthal bei Schriesheim wurde ein aus stengligem Quarz bestehendes Trum beobachtet, in dem die Stengel ein ungewöhnliches und, wie es scheint, seltenes Verhalten zeigen. Ein beträchtlicher Theil derselben, welcher im gewöhnlichen Licht einheitlich erscheint, zerlegt sich im polarisirten in zwei optisch verschieden orientirte Hälften, die durch eine scharfe Grenze parallel zur

Längsrichtung der Stengel getrennt sind. Das optische Verhalten erinnert recht täuschend an dasjenige von Zwillingen; trotzdem scheint nur eine regellose Aneinanderlagerung abweichend orientirter Quarzsubstanz vorzuliegen, da die geringe Schiefe der Auslöschung, gemessen zur Längsrichtung der Säulen, die Annahme einer sehr complicirten Zwillingsfläche nöthig machen würde.

Dass der Kalkspath stets secundär ist, erscheint nach der Art seines Auftretens als unzweifelhaft, selbst wenn man geneigt wäre, ihn in anderen Eruptivgesteinen als einen primären Gemengtheil anzusehen. In den verhältnissmässig spärlichen Minetten, in denen er sich direct wahrnehmen lässt, bildet er bald grössere Partien in Form von Nestern mit deutlichen Spaltungsdurchgängen und Zwillingslamellen, bald feinkrystallinische Aggregate mit entsprechenden Polarisationserscheinungen. Die sehr wechselnde Menge steht nachweisbar nicht im Zusammenhang mit einem grösseren oder geringeren Gehalt an Bisilicaten, obschon man annehmen muss, dass er zumeist bei deren Zersetzung entstanden ist.

Die mikroskopische Untersuchung der oben erwähnten Kugeln bestätigt die makroskopische Beobachtung, dass sie glimmerfrei sind, während die einschliessende Gesteinsmasse eine normale glimmerreiche Minette ist. Stellenweise sind die Feldspathleisten roh radial angeordnet, ohne dass eine Convergenz nach dem Centrum hin wahrzunehmen wäre. Neben Magnetit und Eisenoxyden liegen in der Minette vom Wässrigen Weg auch einige Quarzkörnchen zwischen ihnen; doch ist Feldspath weitaus der vorherrschende Bestandtheil.

Eine derartige Differenzirung in der mineralogischen Zusammensetzung fehlt bei der eckigkörnigen Absonderung gänzlich. Unter dem Mikroskop wird sie nur durch eine kranzförmige Anhäufung secundärer Eisenerze angedeutet, die leicht erklärlich ist, da bei der anzunehmenden Contraction Dichtigkeitsunterschiede entstehen müssen.

Ausser den oben angeführten wurden noch drei Minetten von den Herren A. Springer, Steffenhagen und Seiberth analysirt. Die erstere aus dem Sichelbacherthal (C) ist reich an gebleichtem Glimmer und an Eisenerzen und enthält zersetzte Bisilicate. Die zweite aus dem Birkenauer Thal (D) gehört zu den wenigen Vorkommnissen von licht grünlichgrauer Farbe und mässigem Gehalt an Eisenerzen; obschon der Feldspath bis zur Undurchsichtigkeit zersetzt ist, hat ein Theil des Glimmer sich vollkommen conservirt. Die dritte vom Breitloch bei Ursenbach (E) ist sehr reich an Feldspath und Eisenoxyden und in Folge des stark ausgelaugten Glimmer porös.

	C.	D.	E.
Kieselsäure	67.28	53.42	60.02
Thonerde	11.03	17.56	14.10
Eisenoxyd	10.37	5.25	11.92
Eisenoxydul	1.11	6.49	0.09
Manganoxydul		0.20	
Kalk	2.08	2.21	3.92
Magnesia	0.91	1.17	0.11
Kali	4.13	6.64	7.04
Natron	0.52	0.50	0.00
Wasser	1.68	1.49	2.04
Kohlensäure	0.49	4.04	0.61
	99.60	98.97	99.85

In D sollte man nach dem mikroskopischen Befund einen geringeren Gehalt an Eisen erwarten; doch ergab eine Wiederholung der Bestimmung dasselbe Resultat. Die Kohlensäure dürfte zu hoch bestimmt sein; jedenfalls sind aber dolomitische Carbonate anzunehmen, da erst beim Erhitzen des Gesteinspulvers mit Salzsäure eine merkliche Entwicklung von Kohlensäure eintritt.

Die Menge der alkalischen Erden ist eine auffallend kleine, besonders im Vergleich mit den Alkalien. Es bestätigt dies die mikroskopische Wahrnehmung, dass die Zersetzung der einzelnen Gemengtheile nicht gleichmässig fortschreitet. Vergleicht man diese Analysen mit den auf Seite 161 angeführten, so fällt besonders der Unterschied im Magnesia- und Wassergehalt ins Auge, entsprechend dem Reichthum an Chlorit dort, dem Fehlen desselben hier. Dass die Minetten des Odenwaldes natronärmer sind, als diejenigen der Vogesen, wurde schon früher hervorgehoben.

Augit-Minette (Augitsyenit).

Als Augit-Minette werden im folgenden alle diejenigen Minetten beschrieben, in denen der Augit sich mindestens gleich stark an der Zusammensetzung betheiligt, wie der Glimmer. In einzelnen Varietäten ist er übrigens sicher an Masse, vielleicht auch der Zahl der Individuen nach reichlicher vertreten, als letzterer, wenn er ihn auch nie in dem Grade verdrängt, wie es in den von Rosenbusch beschriebenen gangförmigen Augitsyeniten aus den Vogesen der Fall zu sein scheint.[1] Aber nicht nur die Menge charakterisirt den Augit als wesentlichen Gemengtheil, sondern — in den Hauptvarietäten wenigstens — auch sein reichliches Auftreten als Bestandtheil der Grundmasse selbst. Dadurch erscheinen die Augit-Minetten trotz der qualitativ identischen mineralogischen Zusammensetzung doch recht scharf von den meisten augitführenden Glimmer-Minetten getrennt.

Die typischen Vertreter dieser Gruppe sind grobkörniger, erheblich frischer und zäher, als die bisher beschriebenen Minetten. Trotzdem brausen sie stark mit Säuren und gerade diejenigen am stärksten, welche am frischesten aussehen. Es ist dies eine Stütze für die oben ausgesprochene Ansicht, dass der zu Beginn der Zersetzung ausgeschiedene kohlensaure Kalk bei derem Fortschreiten schliesslich ganz ausgelaugt wird.

Man kann oft den röthlichen bis ziegelrothen Feldspath schon mit freiem Auge erkennen; die dunklen tombackbraunen Glimmertafeln treten porphyrartig hervor; mit Hülfe einer guten Lupe lassen sich — besonders deutlich im Gangcentrum an der Fuchsmühle — licht olivengrüne Säulchen unterscheiden; sicher als Augit bestimmen lassen sie sich allerdings erst unter dem Mikroskop, wie so häufig in Augitgesteinen.

Die Farben sind dunkler als bei der Glimmer-Minette: graulichschwarz, dunkel grünlichgrau, bräunlich.

Unter den Gängen sind zwei sehr gut aufgeschlossen. Der eine durchsetzt den Quarzdiorit im obersten Theil des Steinbruchs an der Fuchsmühle bei Weinheim, der andere den Granit im Kallstädter Thal; beide sind aber nur schwer

---

[1] Die Steiger Schiefer etc. 303 ff.

zugänglich. Am Heidenbuckel bei Altenbach und an der Oberen Wehling bei Ober-Flockenbach war anstehendes Gestein theils gar nicht, theils ungenügend nachzuweisen.

Die Minette von der Fuchsmühle ist der typischste Vertreter dieser Gruppe und mag daher etwas ausführlicher beschrieben werden. Die Hauptgemengtheile sind hier — besonders im Gangcentrum — so gut wie gar nicht verändert. Der sonst so leicht angreifbare Augit ist von idealer Frische, und die mikroporphyrisch hervortretenden Individuen sind so normal und zierlich ausgebildet, dass sie sich durch achtseitige Umrisse, Auslöschungswinkel und nahezu rechtwinklige Spaltung auf das sicherste bestimmen lassen. Sie sind gewöhnlich licht grünlichgelb bis farblos, zuweilen auch am Rand oder im Centrum intensiver gefärbt. Die Farbenabgrenzung ist aber weder eine scharfe noch eine regelmässige, so dass eigentliche Zonenstructur nicht auftritt. Pleochroismus und Absorption fehlen gänzlich. Zwillinge oder feine eingeschaltete Lamellen sind häufig, wenn auch einfache Krystalle vorherrschen. Die meisten Zwillinge folgen dem gewöhnlichen Gesetz; vereinzelt schneidet auch die Zusammensetzungsfläche die Spaltungsdurchgänge unter spitzem Winkel, wie es von Rosenbusch am Augit schon mehrfach beobachtet wurde. Wahrscheinlich liegt das gleiche Zwillingsgesetz vor, welches oben an der Hornblende beschrieben wurde.

Der je nach der Schnittlage fast farblose oder rein braune Glimmer absorbirt das Licht nicht sehr stark und ist als grösserer Einsprengling meist gradlinig begrenzt. Dabei finden sich aber neben idealen sechsseitigen Formen sehr häufig einspringende Winkel, als ob mehrere Individuen verschiedener Grösse zu einem Krystall zusammengeflossen wären. Man kann es als recht charakteristisch für die Augit-Minetten bezeichnen, dass der Glimmer nur ausnahmsweise einheitlich gefärbt ist. Gewöhnlich geht das Lichtbraun nach dem Rande zu in ein Dunkelbraun über, oder es zeigt sich ein schmaler dunkler Saum mit scharfem Absatz. Hinzu tritt dann zuweilen noch ein dunkler Kern von wechselnder Ausdehnung und Schärfe der Begrenzung. Die dunklen

Zonen folgen stets gleichmässig den Umrissen des ganzen Krystalls, wie man sowohl an basischen Schnitten, als auch an solchen parallel zur Verticalaxe auf das deutlichste verfolgen kann. Daraus ergibt sich, dass hier die Zonenstructur nicht durch einen Aufbau aus verschiedenartigen Lamellen bewirkt wird, wie man wohl beim Glimmer erwarten könnte und auch in manchen Gesteinen beobachtet hat. In dem vorliegenden Fall kann das Wachsthum natürlich nicht ein lamellares gewesen sein. Aufgeblätterte oder wellig gebogene Leisten sind selten. Beim Glühen der Dünnschliffe färben sich die dunklen Zonen noch dunkler; aber selbst vor dem Gebläse bleiben die lichteren Kerne und die Augite unverändert, so dass beide eisenarm sein müssen.[1] An Einschlüssen, die dem Augit ganz fehlen, stellen sich im Glimmer nur spärlich apatitähnliche Nadeln ein.

Die Grundmasse besteht aus einem im gewöhnlichen Licht einheitlich erscheinenden Untergrund, in dem zahlreiche kleine Augitsäulen, Glimmerleisten, Magnetitkrystalle und spärliche, aber recht grosse Apatite in dichtem Gewirr eingebettet liegen. Der Magnetit zeichnet sich durch Gleichmässigkeit im Korn und in der Vertheilung und durch regelmässige Form der Durchschnitte aus. Der nur zuweilen etwas getrübte, sonst wasserklare und im ganzen nur spärlich vorhandene Untergrund ist an den meisten Stellen sicher doppelbrechend, und da er sich hie und da auch in Leisten zerlegt, so wird man ihn wohl als Feldspath deuten können. Nur in kleinen Partien hervortretend, entzieht er sich einer genauen Untersuchung. Mit Sicherheit ist eine isotrope Basis jedenfalls nicht nachweisbar, und ihr durchgängiges Fehlen erscheint um so wahrscheinlicher, als sich nur in wenigen Schliffen Partien finden, die man als Basis deuten könnte.

Accessorisch stellen sich noch in nicht unbedeutender Menge eirunde Körner oder sechsseitig begrenzte Krystalle

[1] Soweit Versuche vorliegen, scheinen alle Mineralien mit irgend merklichem Eisengehalt sich beim Glühen dunkler zu färben, wenn sie nicht schon an und für sich tief gefärbt sind. Man kann daher einfaches Glühen des mit Aetheralkohol sorgfältig gereinigten Dünnschliffes als mikrochemische Reaction auf Eisen verwenden.

eines unbestimmbaren Minerals ein, welches nur mikroporphyrisch auftritt. Bei stets scharfer äusserer Begrenzung ist die Ausfüllung nie eine einheitliche, sondern dieselbe besteht aus lebhaft polarisirenden, durch Glühen und Digeriren mit kräftigen Säuren unveränderlichen Körnern von abweichender optischer Orientirung, die Quarz zu sein scheinen. Oft sind alle wasserklar; noch öfters enthält ein Theil der Körner feine doppelbrechende Nadeln, die bald mehr vereinzelt liegen, bald sich zu einem dichten trüben Filz scharen, bis schliesslich der ganze ursprüngliche Krystall durch einen solchen ersetzt erscheint, und der ihn beherbergende Quarz (?) kaum noch wahrzunehmen ist. Die Nadeln gleichen täuschend den so häufig im Cordierit auftretenden, und auch ihre Anordnung ist eine ähnliche, so dass überhaupt bei oberflächlicher Betrachtung das Aussehen dieses accessorischen Gemengtheils in hohem Grade an den des Cordierit erinnert. Hie und da beobachtet man eingeschlossene Glimmerblättchen, während dieselben sich sehr constant in Form eines schmalen, dicht gedrängten Kranzes um die Körner und Krystalle legen. Da, wie erwähnt, nie eine homogene Ausfüllung beobachtet wurde, so muss wohl eine Pseudomorphose vorliegen; doch fehlt jedes Kriterium, um zu entscheiden, nach welchem Mineral.

Bei der Untersuchung von Gesteinsstücken aus der Nähe der Salbänder ergab sich auffallenderweise, dass das Korn hier etwas gröber ist, als im Centrum. Es tritt dies besonders deutlich am Magnetit hervor, welcher der Zahl der Individuen nach abnimmt, während ihre Dimensionen merklich zunehmen. Sonst zeigte sich nur eine mässige Veränderung in der Frische des Gesteins. Der Feldspath wird getrübt; im Augit entwickelt sich längs der Spalten Chlorit, und einzelne Krystalle sind auch wohl ganz in solchen umgewandelt; im Glimmer, welcher sich am widerstandsfähigsten erweist, stellen sich einzelne grüne Lamellen ein. In diesem Zustand brausen die Stücke stark beim Betupfen mit Säuren, während die Gangmitte fast frei von Kohlensäure ist.

Als makro- und mikroskopisch vollkommen identisch mit dem Ganggestein von der Fuchsmühle erweist sich dasjenige aus dem Kallstädter Thal. Eine solche Uebereinstimmung zweier Minettegänge ist überhaupt eine seltene Erscheinung und fällt um so mehr auf, als bei ihrer erheblichen Entfernung von einander und dem abweichenden Streichen die Möglichkeit eines Zusammenhangs ausgeschlossen scheint.

Noch augitreicher als die genannten ist die Minette von der Wehling, in welcher man den nur porphyrisch hervortretenden Glimmer als accessorisch ansehen könnte, da Feldspath und Augit entschieden die Hauptgemengtheile bilden. Ersterer von dunkel fleischrother Farbe ist mit unbewaffnetem Auge deutlich zu erkennen, letzterer nicht allzu selten mit der Lupe in Form kleiner lauchgrüner Säulen. Der Glimmer ist mit dünnen Häuten von Malachit bedeckt, der letztere sonst im Gestein nicht auftritt. Es hat ganz das Ansehen, als ob das Kupfer dem Glimmer selbst entzogen wäre.

Unter dem Mikroskop bildet der Feldspath — soweit erkennbar nur Orthoklas — eine Grundmasse, in welcher die übrigen Gemengtheile — Augit, Glimmer, Magnetit und Apatit — eingebettet liegen. Die Farbe des Feldspath wird durch dicht gedrängte und gleichförmig vertheilte roth durchscheinende Körnchen und Flocken bedingt, die sicher keine Infiltrationsproducte sind, da der Magnetit ganz frisch ist, und ähnliche Gebilde den associirten Mineralien vollständig fehlen. Im polarisirten Licht zerlegt sich der Feldspath ganz in kleine Leisten.

Die regelmässig begrenzten Augitkrystalle sind zum Theil ganz frisch, zum Theil nur in einer feinen Randzone verändert. Die wenigen grösseren Partien von Chlorit, in deren Nähe auch etwas Epidot auftritt, sind, wie man aus den hie und da noch vorhandenen frischen Kernen ersehen kann, aus Glimmer entstanden. Sehr zierlich sehen solche basischen Schnitte des letzteren aus, die im Innern noch unverändert braun sind und nur von einer schmalen, scharf begrenzten Zone lichtgrünen Chlorit umsäumt werden. Sonst sind Augit und Glimmer in jeder Beziehung identisch mit den oben beschriebenen. Der Hauptunterschied liegt im Feldspath, der hier reichlich vorkommt und gleichsam als Grundmasse, während er an der Fuchsmühle und im Kallstädter Thal spärlich vertreten ist, wo Augit- und Glimmermikrolithe die Hauptgrundmasse bilden. Dazu kommt an der Webling sehr viel mehr Apatit und weniger Magnetit, beide in grossen und gut begrenzten Krystallen.

Die Minette vom Heidenbuckel schliesst sich bezüglich des Feldspathgehalts an die von der Wehling an; das Korn ist jedoch feiner, der Augit weniger reichlich und die Veränderung stärker. Der Glimmer ist vorherrschend chloritisirt unter Ausscheidung der charakteristischen trüben Gebilde; zuweilen wechseln auch Chlorit und Epidot in feinen Lagen. Karlsbader Zwillinge sind am Feldspath häufig. Am Augit beobachtet man das ungewöhnliche Verhalten, dass die grösseren Krystalle frisch sind, die kleinen zersetzt, theils zu Chlorit, theils zu einer grauen, schwach durchscheinenden, körnigen Masse. Als secundäre Producte stellen sich Eisenglimmer, Epidot, Quarz und grössere Calcitpartien mit Zwillingslamellen ein, die in den bisher beschriebenen Augit-Minetten kaum spurenweise auftreten.

Einen ganz abnormen Habitus zeigt die Augit-Minette, welche am West-Fuss des Leonhardskopfes einen am Gehänge hinlaufenden Weg durchquert; ihr Korn ist nämlich ein ausnahmsweise feines, die Farbe fast gleichmässig schwarz. Obwohl das Gestein makroskopisch den Eindruck ungewöhnlicher Frische macht, ist doch durchweg an die Stelle des Augit die eben erwähnte trübe graue Substanz getreten. Ein Theil derselben besteht, wie man hier deutlich wahrnehmen kann, aus einem innigen Gemenge chloritischer Fasern mit kohlensaurem Kalk; entfernt man dasselbe durch Aetzen, so bleibt noch ein trüber Rest, der nach dem Resultat der Analyse wohl als ein wenig veränderter Augit aufzufassen ist. Weitere Hauptgemengtheile sind röthlicher Feldspath, dunkelbrauner, stark absorbirender Glimmer, hie und da chloritisirt, und Magnetit. Herr Goodyear fand folgende Zusammensetzung:

Kieselsäure	51.15
Thonerde	15.91
Eisenoxyd	4.63
Eisenoxydul	3.72
Kalk	7.68

Magnesia	4.14
Kali	5.97
Natron	1.92
Wasser	2.75
Kohlensäure	2.12
	99.99

Vergleicht man diese Analyse mit denjenigen der Glimmer-Minetten, so tritt besonders ein geringerer Gehalt an Kieselsäure, ein höherer an alkalischen Erden hervor, wie es mit dem reichlicheren Augitgehalt gut übereinstimmt.

Im Anschluss an diese typischen Augit-Minetten mögen noch einige Minetten kurz erwähnt werden, welche etwa zwischen jenen und den augitführenden Glimmer-Minetten in der Mitte stehen. Von letzteren unterscheiden sie sich dadurch, dass der Augit entschieden eine wesentliche Rolle als Gemengtheil spielt; sie schliessen sich aber sonst dem Gesammthabitus nach auf das innigste den Glimmer-Minetten an. Diese Gesteinsreihe wird besonders durch einen Theil der Gänge vertreten, welche am Süd- und West-Abhang des Gerstenbergs den Granit durchsetzen. Der Augit ist stets vollkommen verändert. Das Endproduct ist am häufigsten ein Gemenge von Quarzkörnern mit Eisenoxyden, welche letztere gewöhnlich nur am Rand stark angehäuft sind, im Innern der Pseudomorphose ganz oder fast ganz fehlen, zuweilen aber auch noch im Centrum derselben sich stark anreichern. Den Eisenerzen gesellen sich nur hie und da chloritische Flocken hinzu. Im ganzen wiederholen sich jedoch beim Augit sowohl wie beim Glimmer alle die verschiedenen Processe der Umwandlung, die im bisherigen beschrieben wurden. Die meisten Vorkommnisse sind sehr apatitreich.

Den Minetten nahe verwandt sind drei syenitische Gesteine, deren Fundstätten sich auf der Karte nicht mit genügender Genauigkeit eintragen liessen. Das eine wurde nur in Bruchstücken am Südost-Fuss des Eichelbergs beobachtet, die in grosser Zahl beim Ackern aus zersetztem Granit emporgebracht waren; ein anderes wurde erst kürzlich den mittleren Häusern von Rohrbach (Hessen) gegenüber durch einen Steinbruch aufgeschlossen, da es sich durch gleichmässiges Korn und Festigkeit gut zur Gewinnung von Hausteinen eignet; das dritte tritt zwischen Trösel und Unter-Flockenbach auf, konnte aber nicht genauer verfolgt werden. Diese Gesteine sind wie die Minetten frei von primärem Quarz, reich an Glimmer und wahrscheinlich gangförmige Gebirgsglieder, unterscheiden sich aber von jenen durch den erheblichen Gehalt an Plagioklas. In den Vorkommnissen vom Eichelberg und von Rohrbach lässt sich derselbe direct nachweisen, im Tröseler Gestein ist der Feldspath zu stark verändert, um sich seiner Natur nach erkennen zu lassen; doch wurde es den übrigen angereiht, da es sich sonst als identisch mit ihnen erwies.

Makroskopisch erkennt man in den kleinkörnigen Gesteinen röthliehvioletten bis ziegelrothen Feldspath und matten chloritähnlichen Glimmer als Hauptgemengtheile in gleichmässiger Vertheilung. Hinzu treten nicht selten Nester von Kalkspath. Unter dem Mikroskop erweist sich ein grosser Theil der durchweg leistenförmigen Feldspathe als Plagioklas, und dem entsprechend ergab auch die unten angeführte Analyse einen sehr hohen Natrongehalt. Der Glimmer ist nur bei Rohrbach noch theilweise braun, sonst ganz in kräftig pleochroitischen Chlorit mit reichlichen eingelagerten Eisenoxyden und trüben Gebilden umgewandelt. Die gelblichen Mikrolithe, in den Minetten so häufig, fehlen gänzlich. Auffallenderweise wird weder der frische Glimmer, noch der Chlorit beim Aetzen merklich angegriffen. Bei Trösel tritt ziemlich reichlich, aber doch nur accessorisch Augit auf, der in die mehrfach erwähnte trübe graue Substanz umgewandelt ist, und auch am Eichelberg scheint etwas Augit vorhanden gewesen zu sein, hat aber jedenfalls seine charakteristischen Umrisse vollständig eingebüsst. Alle drei Varietäten sind sehr reich an Apatit und enthalten an secundären Producten Quarz, viel Kalkspath, etwas Epidot und Eisenglimmer. Primärer Magnetit ist am Eichelberg spärlicher vorhanden, als an den beiden anderen Punkten.

Herr G. Paul fand die Zusammensetzung des Vorkommens vom Südost-Fuss des Eichelbergs wie folgt:

Kieselsäure	47.73
Thonerde	10.07
Eisenoxyd	7.39
Eisenoxydul	4.29
Manganoxydul	0.23
Kalk	6.97
Magnesia	7.66
Kali	1.22
Natron	3.78
Wasser	4.46
Kohlensäure	5.88
	99.68

Fasst man die Minetten als eine plagioklasfreie Untergruppe in der Syenitfamilie auf, so kann man die vorliegenden Gesteine als Glimmersyenite schlechtweg jenen gegenüberstellen. Am Eichelberg scheint sogar der Plagioklas den Orthoklas zu überwiegen, so dass man dieses Vorkommen auch zum Glimmerdiorit rechnen könnte.

Gänge wässriger Entstehung.

Im Vergleich mit den Eruptivgängen spielen die Gänge wässriger Entstehung im südlichen Odenwald nur eine untergeordnete Rolle, sowohl ihrer Zahl, als ihrer Mächtigkeit nach. Auch entziehen sich viele einer genaueren Untersuchung. Ein Theil ist vollständig oder soweit es sich lohnte abgebaut worden, und da man die Gruben dann gewöhnlich wieder einebnete, so lässt sich wohl noch aus einzelnen Bruchstücken auf den Halden die Art des Ganggesteins, nicht aber die Art des Vorkommens bestimmen. Andere wurden zwar durch Tiefbau aufgeschlossen, aber die Stollen und Schachte sind schon so lange verlassen, dass meist der Eingang verschüttet, oft auch nicht mehr aufzufinden ist. Die Angaben können daher keinen Anspruch auf Vollständigkeit machen, sondern müssen sich auf einzelne Notizen beschränken.

9. Schwerspath.

Die Schwerspathgänge sind da, wo sie zu einiger Mächtigkeit anschwellen, leicht aufzufinden, da sie theils noch jetzt zu technischen Zwecken ausgebeutet werden, theils die Spuren früherer Arbeiten sich noch nicht verwischt haben. Das taube oder arme Material ist gewöhnlich zu kleinen Halden aufgehäuft worden, in deren Nähe die Vegetation nicht sobald wieder gedeiht, und es erscheint sehr fraglich, ob der geringe Werth des gewonnenen Materials ein hinreichender Ersatz für den Waldschaden ist, den die Schurfarbeiten anrichten.[1]

Die Zahl der vorhandenen Schwerspathgänge scheint eine nicht unbedeutende zu sein. Ausser den auf der Karte angegebenen Gängen, die zumeist in der Gegend von Schriesheim und Altenbach liegen, dann auch am Steinsberg, nördlich von Ursenbach und Nord-Ost von Birkenau, wurden oft lose Stücke auf den Aeckern gefunden, ohne dass der Ort des Anstehens sicher festgestellt werden konnte.

Am bedeutendsten ist unzweifelhaft der altberühmte Gang im Schleichwald, nördlich vom Schriesheimer Thal, der sich nach Westen bis zum Gerstenberg, nach Osten bis zum Schaafpferch, also etwa 2½ Kilometer weit verfolgen lässt. In den Hauptgang, der auf der westlichen Hälfte h. 6–7, auf der östlichen h. 7–8 streicht, mündet am Bahnwald ein schmaler h. 10 streichender Nebengang. Die Mächtigkeit des ersteren wechselt, wird aber kaum 3 Meter übersteigen. Der Gang stand an den meisten Punkten saiger, nur an wenigen Stellen lässt sich an den erhaltenen Wänden ein geringes Fallen nach Süd-West constatiren.

Früher wurde angenommen, der Schwerspath setze im Schleichwald und bei Altenbach im Porphyr auf,[2] und in der

---

[1] Im Jahre 1869 sollen in der Schriesheimer Gemarkung noch etwa 6000 Ctr. Schwerspath gewonnen worden sein, eine Angabe die etwas hoch erscheint. Der Ctr. bringt dem Arbeiter etwa 11½ Pf. ein. Es werden Milch-, Spiegel- und Zuckerspath unterschieden.

[2] Vgl. G. Leonhard: Mineralogisch-geognost. Beschreibung der Umgegend von Schriesheim. Neues Jahrbuch f. Mineralogie 1839. 32. Beiträge zur Geologie der Gegend um Heidelberg 1844. 32 u. a. a. O.

That findet man im Hangenden häufig Gesteine, welche Porphyren oder Porphyrbreccien ausserordentlich ähnlich sehen. Es wurde schon früher nachgewiesen, dass diese Ansicht eine irrige war.[1] Bei genauer Untersuchung ergibt sich, dass im wesentlichen Quarzgesteine vorliegen, welche vollkommen splittrig brechen, an den Kanten durchscheinend und unschmelzbar sind und dem Hornstein am nächsten stehen. In den reinsten Stücken sind sie röthlichbraun mit dunkel graulichvioletten Flecken und Streifen, und schliessen schmale Trümer oder kleine Drusen von farblosem Quarz ein. Eingebettet finden sich stets Brocken von Granit, Fragmente von licht rauchgrauem oder milchweissem, fettglänzendem Quarz und von fleischrothem Orthoklas. Die letzteren entstammen augenscheinlich Graniten, und man muss annehmen, dass alle diese Einschlüsse in Spalten hinabfielen und eingehüllt wurden. Ausserdem treten kleine, kaum $^1/_2$ Millim. grosse Körner von Quarz auf, welche den Quarz-Einsprenglingen mancher Porphyre täuschend ähnlich sehen und wohl dazu beigetragen haben, die vorliegenden Gesteine für Porphyr zu halten. Diese Körner scheinen gleichzeitiger Bildung mit dem Hornstein zu sein.

Von den Einschlüssen möglichst befreite Stücke ergaben nach einer Analyse von Fräulein Julie Lermontoff folgende Zusammensetzung:

Kieselsäure	94.756
Thonerde	3.198
Eisenoxyd	1.066
Eisenoxydul	0.076
Kalk	0.278
Magnesia	0.005

Blum: Die Pseudomorphosen des Mineralreichs 1843. 174. Auch G. Bischof scheint derselben Ansicht gewesen zu sein. Lehrb. d. chem. und physikal. Geologie I. Aufl. Bd. I. 604 ff.

[1] E. Cohen: Die zur Dyas gehörigen Gesteine des südlichen Odenwaldes. Heidelberg 1871. 97—101.

Kali	0.001
Natron	0.003
Wasser	0.690
	100.073

In grösseren Partien treten solche Hornsteine nur stellenweise auf; gewöhnlich herrschen die Granitbruchstücke derart vor, dass wahre Granitbreccien mit untergeordnetem kieseligen Bindemittel entstehen.

Die Breccien sowohl wie die reineren Hornsteine beschränken sich übrigens auf das Hangende des Ganges. Im Liegenden kann man auch bei flüchtiger Betrachtung kaum zweifelhaft sein, dass zersetzte Granite vorliegen. Sie zeigen alle jene Erscheinungen, welche schon oben beim Granit beschrieben wurden. Auch G. Bischof[1] hat dieselben ausführlich erörtert, um den Nachweis zu liefern, dass der Schwerspath nicht im feuerflüssigen Zustand aus der Tiefe aufgestiegen, sondern eine wässrige Bildung ist.

Die im Hangenden auftretenden Hornsteine und verwandten Gesteine werden wohl späterer Entstehung sein, als der Schwerspath, da sichere Beweise vorliegen, dass nach vollendetem Absatz desselben kieselsäurereiche Gewässer ihr Spiel getrieben haben. Es ist nämlich schon lange bekannt, dass der Schwerspath in der Tiefe in Eisenkiesel umsetzt. Bischof nahm an, dass entweder die Gewässer einen Theil des Schwerspath wieder fortführten und dagegen den Eisenkiesel absetzten, oder dass durch Senkung des Nebengesteins vielleicht auch durch Erweiterung der Gangspalte eine Zertrümmerung der früheren Bildungen erfolgte, und der Eisenkiesel die Zwischenräume ausfüllte.[2]

Dass die erstere Ansicht die richtige ist, beweisen ausgezeichnete Pseudomorphosen verschiedener Quarzvarietäten nach Barytspath, welche am Bahnwald aufgefunden wurden. Die Krystalle besitzen noch hinreichend scharfe Umrisse, um eine Bestimmung mit dem Anlegegoniometer zu gestatten. Mit dem einen brachydiagonalen Ende sind sie aufgewachsen,

---

[1] l. c.

[2] l. c. 607.

das andere ist stets abgebrochen, so dass nur Basis und Brachydoma (P$\breve{\infty}$) erhalten sind. Sie erreichen eine Grösse von 4—5 Centimeter. Am häufigsten sind hohle Pseudomorphosen, welche aus einer Rinde von dichtem eisenschüssigen Quarz bestehen, während die inneren Wandungen mit kugligen und nierenförmigen Aggregaten von Quarzkrystallen oder mit nierenförmigem und stalaktitischem, lichtbläulichem Chalcedon bekleidet sind. Zuweilen reichen solche Stalaktiten als zierliche Säulchen bis zur gegenüberliegenden Wand.

Andere Pseudomorphosen sind grösstentheils oder ganz mit dichtem, braunem Eisenkiesel oder seltener mit krystallinischem, ungefärbtem Quarz ausgefüllt. Besteht der Kern aus Eisenkiesel, so ist stets noch eine dünne Schale vorhanden, welche sich durch ihre Farbe scharf von jenem abhebt und an einem Krystall noch aus Schwerspath, sonst ebenfalls aus quarziger Substanz besteht. In einigen Fällen setzt sich auch die Rinde hohler Pseudomorphosen aus einem durchscheinenden, dichten Aggregat äusserst kleiner Quarzkryställchen zusammen.

Gewöhnlich ist die Verdrängung des Schwerspath eine vollständige; nur vereinzelt findet man ihn noch als vollständigen oder theilweisen Kern. Von einem 40 Millim. hohen und 25 Millim. breiten Krystall besteht ein 8 Millim. grosses Ende noch äusserlich aus Schwerspath, während das Innere zum Theil hohl, zum Theil mit kugligem Chalcedon ausgefüllt ist, welcher kleine Reste von Schwerspath umschliesst. Aus den verschiedenen Beobachtungen ergibt sich, dass der Angriff bald von der Peripherie, bald vom Kern aus vor sich gegangen ist. Neben den Verdrängungspseudomorphosen findet man auch einfache Umhüllungen, indem Krystalle von einer geschlossenen Rinde winziger farbloser Quarze umgeben sind, ohne dass der Kern irgendwie angegriffen erscheint. Ob hier die Hülle als Schutz gegen eine weitere Einwirkung der Atmosphärilien gedient hat, oder ob sie nur als Anfangsstadium einer weiteren Veränderung anzusehen ist, lässt sich nicht entscheiden.

Nach alledem kann es kaum zweifelhaft sein, dass der derbe Eisenkiesel ebenfalls als eine Verdrängungspseudomorphose, und zwar nach derbem Schwerspath, anzusehen ist. Bei unvollendetem Process liegen dann noch Reste desselben mitten im Eisenkiesel. Sehr auffallend sind solche Stücke von letzterem, welche genau wie der Barytspath Partien von Flusspath einschliessen. Entweder wurde der Flusspath durch eisenschüssigen Quarz umhüllt, und dadurch vor weiterer Einwirkung geschützt, oder die Zusammensetzung der Gewässer war derart, dass sie eine grössere Auflösungsfähigkeit für schwefelsaures Baryum als für Fluorcalcium besassen.

Der Eisenkiesel besitzt zuweilen eine ausgezeichnet oolithische Structur, welche erst durch Veränderung des Gesteins deutlich hervortritt. Diese besteht darin, dass die innig mit dem Quarz gemengten kaffeebraunen Eisenverbindungen zu Gelbeisenocher umgewandelt werden, wobei gleichzeitig die scheinbar dichte Structur aufgehoben wird.

Grosse Massen von Kieselsäure sind ferner noch auf Klüften und in Drusenräumen, sowohl am Salband, als in der Gangmasse selbst, in Form von Quarz, Bergkrystall und Chalcedon abgesetzt und werden von grösseren Partien von Brauneisenstein und Psilomelan begleitet, während strahliger Pyrolusit und Eisenglimmer nur in dünnen Lagen auftreten. Auf Klüften des Eisenkiesel trifft man zuweilen ein zeisiggrünes derbes Mineral, welches alle physikalischen und chemischen Eigenschaften des Nontronit in so charakteristischer Weise zeigt, dass man es auch ohne Analyse als solchen bezeichnen kann.

Der Schwerspath, welcher in den oberen Teufen die Hauptausfüllung der Gangspalten bildete, ist meist krystallinisch-körnig und, abgesehen von den auf groben Klüften abgesetzten Eisenoxydhydraten, weiss, seltener gleichmässig roth oder violett gefärbt. Nur untergeordnet scheinen grössere späthige Partien oder Drusen mit ausgebildeten Krystallen aufgetreten zu sein. Der häufigste Begleiter des Schwerspath ist farbloser, lichtgrüner oder dunkelvioletter Flussspath, der zuweilen in Würfeln, gewöhnlich aber in abgerundeten, wie angeschmolzenen Massen vorkommt. Als Anflug treten Eisenrahm und Malachit auf. Ausser diesen und den oben erwähnten Mineralien, welche man noch jetzt auf den

Halden finden kann, wurden früher noch eine Reihe anderer beobachtet, über welche G. Leonhard in seinen verschiedenen Arbeiten über die Umgegend von Heidelberg und über das Grossherzogthum Baden ausführlich berichtet hat.

Die mikroskopische Untersuchung der verschiedenen Schwerspath-Varietäten ergab, dass alle Flüssigkeitsporen enthalten, deren Libellen zum Theil bei gewöhnlicher Temperatur beweglich sind. Wider Erwarten stehen Form und Anordnung nur äusserst selten in irgend welcher Beziehung zu der Krystallform des Wirths. Vereinzelt wurden auch bizarr gestaltete schlauchförmige Poren beobachtet, die durch eine Capillarröhre mit einander verbunden sind, wie man solchen in den Olivinen so häufig begegnet. Die Capillarröhre trennt die Flüssigkeit in zwei isolirte Tropfen, deren jeder ein Bläschen enthält.

Am reichlichsten vorhanden und am grössten sind die liquiden Einschlüsse in den späthigen Varietäten, sehr viel kleiner in den körnigen und stenglig-strahligen, was in guter Uebereinstimmung mit der Structur auf einen schnelleren Absatz der letzteren Varietäten schliessen lässt. Dieselben enthalten ausserdem in ziemlich reichlicher Menge kleine Körner und Krystalle von Quarz, welche frei von Flüssigkeitsporen sind und eine glattere Schliffläche annehmen, als der Schwerspath. In Folge der dadurch bedingten grösseren Reinheit und Klarheit treten sie im gewöhnlichen Licht grell hervor. Beide Mineralien liefern dagegen annähernd gleich lebhafte Interferenzfarben.

In den gefärbten Partien des Schwerspath trifft man in unregelmässiger Vertheilung rothbraune bis blutrothe oder bräunlichviolette Flocken und Körner; erstere bestehen aus Eisenoxyd, letztere wahrscheinlich aus Eisenoxydhydrat.

Auch im Flusspath sind die nicht allzu reichlichen Flüssigkeitsporen meist unregelmässig begrenzt, ordnen sich aber gern reihenweise an. Die Libellen sind zum Theil beweglich. Recht charakteristisch scheint für den Flusspath die kleinschuppige Schliffläche zu sein.

Alle diese Beobachtungen wurden an Stücken gemacht, welche den Halden des Hauptgangs nördlich vom Schriesheimer Thal entstammen. Von den übrigen Gängen wäre nur zu erwähnen, dass am Allmersbacherkopf dieselben Pseudomorphosen von Wismuthocher nach Nadelerz gefunden wurden, welche Blum schon früher aus dem Schleichwald beschrieben hat.[1]

10. Quarzit.

Unter den Quarzitgängen sind vor allem diejenigen aus der Gegend von Hohensachsen und Lützelsachsen hervorzuheben, da sie zum Theil früher wegen der begleitenden Kupfer- und Bleierze abgebaut wurden. Erzfreie Gänge sind auch sonst noch sehr reichlich vorhanden, werden aber gewöhnlich nur durch Anhäufungen loser Blöcke angedeutet. Aus diesem Grunde liess sich auf der Karte nur eine verhältnissmässig geringe Zahl verzeichnen. Schliesst man das Gebiet des Schriesheimer Thals aus, so verbreiten sie sich ziemlich gleichmässig über den untersuchten Theil des Odenwaldes und setzen in allen Varietäten der granitischen Gesteine auf.

Grosse Bedeutung hat der Bergbau im Odenwald wohl nie gehabt, da von den älteren Arbeiten nur dürftige Nachrichten überliefert sind.[2] Die späteren Versuchsarbeiten in diesem Jahrhundert sind stets nach kurzer Zeit wieder aufgegeben worden. Die letzten unternahm J. Lommel im Jahre 1853 in der Kohlenbach zwischen Grossachsen und Hohensachsen. Von den alten Gruben ist keine mehr zugänglich.

In den zu Tage tretenden Partien der Gänge trifft man hie und da Bleiglanz, häufiger Kupfererze. Ersterer färbt dann durch seine feine Vertheilung die Quarzite grau. Der Kupferkies, recht häufig in sphenoidischen Formen, ist meist am

---

[1] Die Pseudomorphosen des Mineralreichs. Stuttgart 1843. 174 ff.

[2] Vgl. G. Leonhard: Zur Geschichte des Bergbaus in Baden. Beiträge zur mineralogischen und geognostischen Kenntniss des Grossherzogthums Baden. Heft 3. 115.

Hier werden auch Kupfergruben in der Gegend von Weinheim (bei Buchklingen und im Gorxheimer Thal) erwähnt; doch lässt sich weder das Ganggestein, noch der genaue Punkt des Vorkommens bestimmen.

Rande umgewandelt: zunächst in Kupferpecherz, welches zuweilen feine Lagen von Kupferlasur enthält; darauf folgen Zonen von Brauneisenstein mit Kupferlasur oder Malachit, und schliesslich grenzt Malachit den veränderten Theil des Krystalls nach aussen ab. Da, wo die Quarzite porös werden, sind die Hohlräume auch mit Kryställchen von Kupferlasur ausgekleidet oder ganz mit Malachit erfüllt; hier wird wohl Kupferkies ebenfalls als Muttermineral anzusehen sein, obschon er ganz verschwunden ist.

Die Quarzite sind gewöhnlich compact, deutlich krystallinisch und alle nahezu von dem gleichen feinen Korn. Die Farbe ist vorherrschend weiss bis grünlich, selten violett oder röthlich.

Unter dem Mikroskop verhalten sie sich etwas verschieden. Eine violette Varietät von Ober-Flockenbach zeigt ein sehr gleichmässiges Korn, und die einzelnen Quarzindividuen sind von hervorragend unregelmässiger, vielfach zackiger und ausgebuchteter Gestalt. Dunkelbraune, schwach durchscheinende Flocken von Eisenoxydhydrat bedingen die Färbung. In einem weissen Quarzit von Lützelsachsen liegen in einer ebenso fein struirten Hauptgesteinsmasse grössere eckige Quarze, die meist kleine Gruppen bilden. Statt der Eisenerze trifft man in grosser Menge winzige Körnchen oder Poren, die sich zu trüben Flecken scharen. Mitunter ordnen sie sich in einem unregelmässig begrenzten Quarzindividuum zu Zonen mit scharf hexagonaler Form, woraus man ersieht, dass sie vom Quarz eingeschlossen werden und gleichzeitig mit ihm entstanden sind, nicht zwischen den Körnern liegen. Die gleiche Structur zeigt ein röthlicher Quarzit von Ursenbach; die färbenden gelbbraunen bis rothen Flocken und Körner von Eisenoxyd, sowie die grauen staubförmigen Gebilde beschränken sich fast ganz auf den fein krystallinischen Theil des Gesteins. In den verschiedenen Quarziten vom Thalacker-Signal bei Hohensachsen treten noch Schnüre von stengligem Quarz hinzu, und die staubförmigen Partikel, deren Natur hier ebensowenig, wie in den anderen Vorkommnissen sicher erkannt werden konnte, häufen sich local sehr an. Alle Varietäten sind fast frei von Flüssigkeitsporen, und die grösseren Körner arm an Sprüngen.

11. Erzgänge.

Erzgänge, die wenigstens nicht nachweislich mit Quarziten in Verbindung stehen, sind im südlichen Odenwald selten. Nach den mächtigen Halden im Schriesheimer Thal zu schliessen, muss der Gang, welcher etwas oberhalb Schriesheim im Granit des rechten Thalgehänges aufsetzt, früher von nicht unerheblicher Bedeutung gewesen sein. Die noch jetzt stehenden Mahlmühlen von Mack und Becker dienten als Sudhäuser. An Erzen sollen Eisenkies, Bleiglanz und Kupferkies gewonnen worden sein, die vorzugsweise auf Eisenvitriol und Alaun verarbeitet wurden.[1] Von dem Vorkommen der beiden ersteren zusammen mit Flusspath kann man sich noch jetzt überzeugen, da die Grube (gewöhnlich Vitriolbergwerk genannt) zugänglich ist. Allerdings ist der Besuch nicht ganz ungefährlich, da von der First mächtige Blöcke abstürzen, und das Zimmerwerk sehr mürbe ist. Auf dem Boden haben sich starke Lagen von Granitgrus angesammelt, die derart mit Eisenvitriol imprägnirt sind, dass er sich leicht centnerweise gewinnen liesse. Aus allen Verhältnissen geht hervor, dass Eisenkies das Haupterz ausgemacht hat. Die an den Wänden herabrieselnden Tropfwasser setzen in reichlicher Menge Kalkmilch, Brauneisenocher. Gypsnadeln und hohle Stalaktiten von stark arsenhaltigem Eisensinter ab, die in der Grube selbst weich sind, an der Luft aber bald erhärten. Herr H. Kubacska erhielt bei der Analyse dieser Stalaktiten das unter I folgende Resultat, während Ia die Zusammensetzung nach Abzug der Gangart und Berechnung auf 100 gibt.

	I.	Ia.	Ib.
Gangart	3.80		
Schwefelsäure	7.08	7.32	7.52
Phosphorsäure	8.69	8.99	8.90
Arsensäure	20.72	21.43	21.62
Eisenoxyd	48.86	50.55	50.13
Wasser	11.31	11.70	11.84
	100.46		

[1] Einige Notizen finden sich in der Beschreibung einer Reise durch einen Theil der Bergstrasse und der Neckarthäler der Mittelpfalz 1784 von Dr. Güthe. Pfälzisches Museum. 1784—86. II.

Am nächsten verwandt und gleicher Entstehung ist dieser Sinter mit dem Diadochit und Pittizit, weicht aber von ihnen durch den gleichzeitigen, nicht unbedeutenden Gehalt an Phosphorsäure und Arsensäure und durch den niedrigen Wassergehalt ab. Man könnte ihn als einen Phosphoreisensinter bezeichnen. Die Mischung lässt sich sehr genau durch folgende Formel wiedergeben, welche der oben unter Ib gegebenen berechneten Zusammensetzung entspricht:

$$\left\{\begin{array}{l} 4\,(Fe_2O_3\;\;3\,H_2O) \\ 1\,(Fe_2O_3\;\;3\,SO_3) \\ 2\,(Fe_2O_3\;\;P_2O_5) \\ 3\,(Fe_2O_3\;\;As_2O_5) \end{array}\right\} + 9\,H_2O$$

Die Stalaktiten sind schalig aufgebaut, von licht ledergelber bis isabellgelber Farbe, im Kern zuweilen etwas dunkler, als aussen. Im vollkommen lufttrockenen Zustand ist der Bruch erdig, der Strich isabellgelb bis lichtorange. Feine Splitter sind unter dem Mikroskop lichtgelb durchsichtig und verhalten sich isotrop. Das Pulver wird von Säuren gelöst, am leichtesten und schon in der Kälte von verdünnter Salzsäure. Der grösste Theil der Schwefelsäure lässt sich durch Kochen mit Wasser ausziehen. Im Kolben leicht erhitzt, knistert der Sinter schwach und gibt sauer reagirendes Wasser ab; bei stärkerem Erhitzen färbt er sich ohne Anschwellen braun und entwickelt schweflige Säure. Auf Kohle schmilzt er zu einer stahlgrauen, nicht magnetischen Kugel unter Entwicklung von arseniger Säure; mit Soda liefert er kräftige Heparreaction. In der Gasflamme sintert er ohne merkliches Aufblähen zu einer anfangs braunen, dann schwarzen Schlacke zusammen, die nur am Rand geschmolzen erscheint; dabei ertheilt er auch ohne Befeuchtung mit Schwefelsäure der Flamme einen bläulichgrünen Saum.

Der Phosphoreisensinter vereinigt also im wesentlichen die Eigenschaften des Diadochit und Pittizit (Eisensinter); nur bläht er sich vor der Flamme nicht stark auf und schmilzt nicht zu einer magnetischen Kugel.

An dieser Stelle würden auch die Adern von Eisenglimmer, Rotheisenerz oder Brauneisenerz zu erwähnen sein, die man im südlichen Odenwald ziemlich häufig antrifft. Gewöhnlich erfüllen sie Spalten von geringer Ausdehnung im Granit, seltener im Diorit, wie z. B. im Molkengrund bei Grossachsen. Adern von 5 Centim. Breite gehören schon zu den Seltenheiten; meist sind es nur Centimeter dicke Trümer oder noch feinere Schnüre, und nirgends schwellen sie — wenigstens zu Tage — hinreichend an, um Hoffnung auf eine technische Verwerthbarkeit zu erwecken. Trotzdem findet man gar nicht so selten Schürfe, welche augenscheinlich durch ihr Auftreten veranlasst wurden.

Mag auch noch ein oder der andere Schatz in der Tiefe verborgen liegen: immerhin kann man den Odenwald als ein an nutzbaren Mineralien armes Gebirge bezeichnen.

GEOGNOSTISCHE BESCHREIBUNG

DER

UMGEGEND VON HEIDELBERG

ZUGLEICH ALS ERLÄUTERUNGEN ZUR GEOGNOSTISCHEN KARTE DER UMGEGEND VON HEIDELBERG

(SECTIONEN HEIDELBERG UND SINSHEIM)

VON

E. W. BENECKE UND E. COHEN.

HEFT II.: DYAS UND TRIAS.

STRASSBURG.
KARL J. TRÜBNER.

LONDON.
TRÜBNER & COMP.
1880.

ANKÜNDIGUNG.

Vorliegendes Werk wird mit einem 3. Heft *„Jura, Tertiär, Diluvium* und *Alluvium"* enthaltend, seinen Abschluss finden. Das Manuscript ist bereits gänzlich fertig gestellt und kann dessen Erscheinen bestimmt vor Abschluss dieses Jahres in Aussicht genommen werden.

Strassburg, September 1880.

Die Verlagshandlung.

Die Sedimentärbildungen.

I. Dyas.

Geschichtliches. Unser Gebiet spielt in der Geschichte der Geognosie eine nicht unwichtige Rolle. Gerade am unteren Neckar gelang es, einige in Thüringen schon länger bekannte Bildungen in ihrer gesetzmässigen Aufeinanderfolge wieder zu erkennen und so die Gültigkeit der in letzterer Gegend festgestellten Formationsfolge für ganz Deutschland nachzuweisen.

Der Mannsfelder Bergmann bezeichnete mit dem Namen des rothen todten Liegenden, später kurz des Rothliegenden, die Unterlage des von ihm abgebauten Kupferschiefer. Auf dem Kupferschiefer liegen Kalke (Zechstein), Mergel, Gypse und Rauchwacken, im ganzen ein graues und blaues Gebirge, dann folgt erst der Buntsandstein. So augenfällig sind hier die Eigenthümlichkeiten der Formationen, dass schon in der Mitte des vorigen Jahrhunderts von geologischen Autoren wie Lehmann (1756) und Füchsel (1761) die Reihenfolge für das Becken zwischen Harz und Thüringer Wald richtig angegeben und als für das ganze mittlere und nördliche Deutschland geltend nachgewiesen wurde.

Ganz anders im Süden. Hier sind die Aequivalente des Zechstein sehr versteckt oder fehlen ganz, und was wir jetzt als Rothliegendes und Buntsandstein bezeichnen, stellt sich der flüchtigen Beobachtung als eine grosse, zusammengehörige Conglomerat- und Sandsteinbildung dar. Es ist also begreiflich, dass man diese entweder nur mit dem norddeutschen Rothliegenden oder auch nur mit dem Buntsandstein vergleichen wollte. Besonders ersteres lag um so näher, als die Juraformation im Süden in auffallenden Gebirgszügen entwickelt ist, in den flacheren Gegenden Norddeutschlands sich hingegen weniger bemerklich macht, man also, noch unbekannt mit der Bedeutung organischer Einschlüsse, den süddeutschen Jura mit dem norddeutschen Muschelkalk verglich und süddeutschen Muschelkalk dem norddeutschen Zechstein gleichstellte. Den norddeutschen Buntsandstein repräsentirten dann die Sandsteine des süddeutschen Keuper. -- So hatte man allerdings im ganzen denselben mehrmaligen Wechsel von Sandstein- und Kalkbildungen, — jedoch alles um ein Glied in der Reihenfolge verschoben.

Auf das eifrigste traten die süddeutschen Geologen für diese irrthümliche Parallelisirung ein, wenigstens soweit es sich um eine Gleichstellung des rothen Gebirges in Schwarzwald, Odenwald und den Vogesen mit dem Thüringer und Harzer Rothliegenden handelte. Wir weisen nur auf die Arbeiten von Voltz, Leonhard, v. Langsdorf, Hundeshagen, Rengger, Charpentier und Schübler[1] aus den Jahren 1820—24 hin. Als auffallend wurde höchstens hervorgehoben, dass Porphyrgerölle, welche besonders für das Rothliegende bezeichnend sind, sich in Süddeutschland blos in den unteren Partien des rothen Gebirges unmittelbar über dem Grundgebirge finden, dass jedoch höher oben reine Sandsteine oder Thone herrschen.

Merian und Hausmann gebührt das Verdienst, dem Buntsandstein im Süden sein Recht verschafft zu haben. Nachdem man wesentlich durch die Untersuchungen dieser Forscher einmal zur Einsicht gekommen war, dass die süddeutsche rothe Sandsteinmasse der Hauptsache nach Buntsandstein sei,

---

[1] Ausführlicheres über diese Verhältnisse u. Angabe d. Quellen s. Quenstedt: Epochen der Natur 431. 465; ferner Benecke, Abhandl. z. geolog. Specialkarte von Elsass-Lothringen I. 511 u. ff.

nahm man auch keinen Anstand mehr, die unteren Conglomeratschichten allein mit dem Rothliegenden zu parallelisiren.

Merian hatte sich in Göttingen aufgehalten und kannte die norddeutschen Verhältnisse aus eigener Anschauung. Mit Bestimmtheit erklärte er seinen „älteren Sandstein" für Buntsandstein und vertheidigte diese Ansicht gegen L. v. Buch, der alles rothe Gebirge im Schwarzwald in Uebereinstimmung mit der Mehrzahl der süddeutschen Geologen für Rothliegendes hielt.[1] Auch war ihm das Vorkommen einer Breccienbildung unter dem Buntsandstein bei Säckingen nicht entgangen. Vom Heidelberger Sandstein im besonderen wird erwähnt, dass schon Hausmann denselben auf einer früheren Reise für Buntsandstein gehalten habe. Seine Vergleichung des süddeutschen Muschelkalk oder rauchgrauen Kalkes, wie ihn Merian nennt, mit dem Zechstein war natürlich hinfort ausgeschlossen.

Im Jahre 1823 folgte eine Arbeit Hausmanns,[2] in welcher auf unsere unteren Neckargegenden speciell Rücksicht genommen wird, die Hausmann 1816 und 1822 bereist hatte. Es heisst da an einer Stelle: „Jener Sandstein, den der Neckar auf seinem Laufe gegen das Rheinthal durchbricht, und der in grosser Erstreckung einen bedeutenden Theil der Höhen des Odenwaldes und Schwarzwaldes deckt, ruht hier grösstentheils unmittelbar auf primären Gebirgsarten, an einigen Punkten aber auf oder an einem Conglomerat- oder Porphyr-Gebilde, welches in vielen Stücken mit dem sogenannten rothen Todt-Liegenden in Thüringen, Sachsen, Hessen, am Harze, übereinstimmt. Wo dieses der Fall ist, findet ein unmerklicher Uebergang unter jenen Gebirgsarten Statt; ganz auf ähnliche Weise, wie an einigen Stellen am Rande des Thüringer Waldes, wo zwischen dem Todt-Liegenden und dem bunten Sandsteine, die ältere Flözkalk-Formazion (d. i. der Zechstein) fehlt."

[1] Taschenb. f. d. ges. Miner. XIV. 315. 1820. Ferner besonders: Beiträge zur Geognosie I. Uebersicht der Beschaffenheit der Gebirgsbildungen in den Umgebungen von Basel, 1821.

[2] Göttinger gelehrte Anzeigen. Dez. 1823. 1953 und Leonhard, Mineral. Taschenb. 1825 XIX. 1. Abth. 110

Hier sehen wir also das Rothliegende, dessen Vorhandensein Merian im Schwarzwald bereits angedeutet hatte, für den Odenwald bestätigt und vom Buntsandstein getrennt, auch ohne dass eine kalkige Zwischenbildung bekannt war. Aehnlich hatte v. Oeynhausen[1] kurz vorher die Hauptmasse des Odenwälder Sandsteins für bunten erklärt Auch den Heidelberger Geologen war der Unterschied zwischen den unteren groben conglomeratischen Lagen und den oberen feinen, an Thonlagen reichen wohl aufgefallen. Allein eben der Umstand, dass beide sich berühren, auch nicht scharf von einander getrennt sind, liess sie nur eine, nicht trennbare Bildung annehmen und diese mit dem norddeutschen Rothliegenden vereinigen. Hierfür trat K. C. von Leonhard[2] nochmals ein in einem Referat über die oben genannte Oeynhausen'sche Arbeit, wo er sich auf die Verhältnisse am Heidelberger Schloss bezieht und in einer Abhandlung über Nephelin in Dolerit, wo als Gewährsmann L. v. Buch angeführt wird, der die Schluchten bei Handschuchsheim untersucht hatte. So schwankten die Ansichten noch geraume Zeit hin und her; doch bald gewann die Anschauung von Merian und Hausmann allgemeine Geltung, wozu besonders das bekannte umfassende Werk von Oeynhausen, von Dechen und von La Roche[3] beitrug. Im Anschluss an dieses bezeichnet denn auch Bronn in der Gaea Heidelbergensis (1830) die unteren, zunächst auf dem Grundgebirge liegenden Schichten als geschichtete Porphyre, so dass also hier die Trennung vom Buntsandstein für unser Gebiet bestimmt vollzogen ist. Da aber immer von den Gegnern einer Trennung der rothen Sandsteine von den Conglomeraten das Fehlen einer kalkigen Zwischenlagerung betont wurde, so konnte auch erst, nachdem ein unzweifelhaftes Aequivalent des Zechstein im Odenwald gefunden war, jeder Zweifel an der

---

[1] Geogn. Reisebemerk über die Gebirge der Bergstrasse, der Haardt u. s w. in Nöggerath, Rheinland-Westphalen IV. 1822.

[2] Heidelberger Jahrbücher für Litteratur 1822. 115; ferner Leonhard über Nephelin in Dolerit 1822. 14, Anmerkung.

[3] Geognostische Umrisse der Rheinländer zwischen Basel und Mainz 1825.

Existenz eines besonderen Rothliegenden beseitigt werden. Wir kommen bei der genauen Beschreibung der Formation darauf zurück, dass sich in der That am Stiftsbuckel bei Ziegelhausen und bei Schönmattenwaag ein als Eisenkiesel bezeichnetes Gestein und am Wolfsbrunnenweg, bei Handschuchsheim und bei Schönmattenwaag ein Dolomit findet, beide über Porphyrconglomeraten und unter Buntsandstein liegend. Einen Theil dieser Bildungen hat Wissmann[1] zuerst als Zechstein gedeutet. Zwar konnte er die uns jetzt hinreichend bekannten Versteinerungen der genannten Schichten noch nicht sicher bestimmen, doch reichen seine Angaben vollkommen aus, um das Vorhandensein eines Aequivalents des Zechstein im Odenwald darzuthun.

Eintheilung und Abgrenzung. Aus dem geschichtlichen Ueberblick ergibt sich schon, dass von der Dyas die beiden Hauptglieder — Rothliegendes und Zechstein — vertreten sind, welche Veranlassung zu dem Namen „Dyas“ gegeben haben. Eine weitere Eintheilung lässt sich wohl auf Grund localer petrographischer Eigenthümlichkeiten durchführen, kann aber keinen Anspruch auf allgemeinere Bedeutung machen, da eine Parallelisirung mit den Vorkommnissen anderer Gegenden nicht mit hinreichender Sicherheit möglich ist. Petrographisch stimmt zwar die Breccie an der Basis des Rothliegenden recht gut mit manchen Breccien von Baden-Baden überein, während andererseits die organischen Reste im Zechstein eine Vergleichung mit dieser Formation im Spessart gestatten. Gerade diese beiden Horizonte treten aber im Odenwald nur höchst untergeordnet auf; die Hauptmasse der Dyas — normale oder silificirte Tuffe und eruptive Porphyre — bieten keine Anhaltspunkte zu einer Parallelisirung.

Da demgemäss eine Gliederung von allgemeinem Werth nicht durchführbar war, so lag kein Grund vor, von der localen Gliederung abzuweichen, welche einer von uns schon

---

[1] Leonhard, Jahrb. 1839. 418 und 1840. 212.

früher gewählt hatte,[1] und wir werden daher folgende Abtheilungen unterscheiden:

Rothliegendes und zugehörige Porphyre:

1. Aelterer Porphyr
2. Aelteres Rothliegendes
3. Mittleres Rothliegendes
4. Jüngeres Rothliegendes
5. Jüngerer Porphyr
6. Wagenberg-Porphyr

Zechstein.

Von diesen Abtheilungen liess sich nur das mittlere Rothliegende wegen seiner geringen Mächtigkeit auf der Karte nicht auszeichnen; es wurde mit dem jüngeren Rothliegenden vereinigt. Bei einer Aufnahme in grösserem Masstab wird jedoch eine Trennung leicht durchführbar sein. Dass der jüngere Porphyr erst zur Eruption gelangte, nachdem sich die Hauptmasse des Rothliegenden abgelagert hatte, ergibt sich an den meisten Punkten mit Sicherheit aus den Lagerungsverhältnissen. Wahrscheinlich war sogar die Bildung des Rothliegenden ganz zum Abschluss gelangt. Von dieser Ansicht ausgehend, wurden die dem Porphyr am Kirchberg bei Dossenheim und am Steinsberg nördlich von Handschuchsheim auflagernden Fetzen als Reste gehobener Partien gedeutet. Bei der späteren detaillirteren Aufnahme würden diese Punkte besonders zu revidiren sein, um zu entscheiden, ob die Annahme richtig ist, oder ob vielleicht ein kleiner Theil des Rothliegenden jünger ist, als die hier in Betracht

---

[1] E. Cohen: Die zur Dyas gehörigen Gesteine des südlichen Odenwaldes. Heidelberg 1871. Dieser Arbeit sind auch die meisten Mittheilungen im folgenden entnommen. An manchen Stellen wurden Ergänzungen hinzugefügt, welche besonders die mikroskopischen Verhältnisse und das analytische Material betreffen. Andererseits erschienen Kürzungen geeignet, da manche Erscheinungen, deren ausführliche Erörterung früher nothwendig war, jetzt so allgemein bekannt sind, dass es nur ihrer Anführung bedarf, und ein Jeder sich in den nun vorhandenen, damals noch vollständig fehlenden Lehrbüchern orientiren kann. Viele der im Jahre 1871 noch schwebenden Fragen kann man jetzt wohl als erledigt betrachten.

kommenden Porphyre. Da der Wagenberg-Porphyr nirgends zu Sedimenten in Beziehung tritt, so lässt sich über sein Alter nichts ermitteln. Es erschien daher am angemessensten, ihn dem jüngeren Porphyr anzureihen. Mit beiden liess sich bisher keiner der zahlreichen Porphyr-Einschlüsse im Rothliegenden identificiren, worin bis zu einem gewissen Grade eine Bestätigung der angenommenen Altersverhältnisse liegt, wenn auch solche negativen Beweise immerhin mit Vorsicht zu verwenden sind. Zwischen Rothliegendes und Zechstein wurden diese Porphyre nur auf Grund der Beobachtungen in anderen Gegenden eingeschoben, da gerade im Bereich des ausgedehnten Porphyrgebiets der Zechstein fehlt.

Die Unterlage der Dyas bildet stets Granit und zwar ein normaler porphyrartiger Biotitgranit, wie er S. 41 ff. charakterisirt wurde. Wo er einigermassen frisch ist, oder wo die Breccien des untersten Rothliegenden fehlen, wie z. B. am Schloss hinter der grossen Terrasse, kann man die Grenze mit voller Sicherheit und Schärfe feststellen. Ueberlagern aber den Granit zunächst Breccien wie am Oelberg und am Süd-Gehänge des Schriesheimer Thals, oder ist er in der Grenzregion stark verändert, so kann man wohl über die Natur einer jedoch immerhin nur schmalen Zone zweifelhaft sein. In Folge der leichten Circulation der Atmosphärilien an der Grenze geschichteter und massiger Gesteine sind gerade hier energische Einwirkungen sehr häufig, und Umbildungs- und Neubildungsproducte verändern oft den Granit bis zur vollständigen Unkenntlichkeit. Als man das Rothliegende noch mit eruptiven Porphyren verwechselte, glaubte man Contactwirkung annehmen zu müssen, ein Irrthum, auf den schon Seite 43 hingewiesen wurde. Am Wendenkopf, Geisenberg, Schaafpferch und an der Schauenburg sind die angedeuteten Verhältnisse gut zu beobachten. Wenn die untersten Lagen des Rothliegenden wie am Feuersteinbuckel aus Arkosen bestehen, kann man sich nur an das erste Auftreten deutlicher Schichtung halten, da zwischen zerfallenem Granit und aufgelockertem Granitconglomerat dem Material nach natürlich kein Unterschied besteht. Im allgemeinen grenzt sich jedoch die Dyas nach unten gut ab.

Nach oben ist dies nur der Fall, wenn Porphyrdecken sich zwischen Dyas und Buntsandstein einschieben oder Zechstein die Formation abschliesst. Porphyr und Zechstein fehlen aber sehr häufig, und dann ist die obere Grenze schwierig und zuweilen gar nicht mit Sicherheit festzustellen. Das Rothliegende schliesst nämlich oft mit sandsteinartigen Schichten, die dem unteren Buntsandstein sehr ähnlich sehen. Man kann sich dann am besten an das Auftreten von Porphyreinschlüssen halten, welche erfahrungsmässig in der Heidelberger Gegend im Buntsandstein nicht vorkommen. Aber man darf nicht vergessen, dass die Zuziehung gerade dieser Grenzschichten zum Rothliegenden und nicht zum Buntsandstein eine willkürliche ist, und dass im entgegengesetzten Falle Porphyrgerölle in den untersten Lagen des Buntsandstein vorkommen würden. Eine Berechtigung für die gewählte Grenze lässt sich eigentlich nur daraus ableiten. dass sonst eine Grenze gar nicht anzugeben wäre. Allerdings enthält der Buntsandstein dort, wo er direct dem Granit oder Porphyr auflagert, keine Porphyrgerölle an seiner Basis. Doch würde sich das durch die ruhigen Verhältnisse erklären lassen, unter denen die Ablagerungen des Buntsandstein augenscheinlich stattgefunden haben, so dass sich dem durch sanfte Strömungen zugeführten Material nur Theile der Unterlage beimengten, wenn diese der Auflockerung einen so geringen Widerstand entgegensetzte, wie manche Porphyrtuffe. Solche zweifelhafte Grenzschichten sind besonders zwischen Kirchberg und Hartenbühl gut aufgeschlossen; weniger deutlich Ost und Süd vom Leichtersberg und bei Heiligkreuzsteinach, da hier Buntsandsteingerölle meist die Grenze überschüttet haben.

An der Zusammensetzung der Oberfläche betheiligen sich die Hauptglieder der Dyas derart, dass der Wagenberg-Porphyr 0.014, der jüngere Porphyr 0.078, das Rothliegende 0.113 geogr. Quadratmeilen einnimmt. Diese Zahlen verhalten sich etwa wie $1 : 5^1/_2 : 8$.

Rothliegendes und zugehörige Porphyre.

1. Aelterer Porphyr.

Als „älterer Porphyr" werden hier alle diejenigen Porphyre[1] zusammengefasst, welche nachweislich älter als das Rothliegende sind oder durch ihr Empordringen die ersten Bildungen desselben veranlassten.

Auch im Odenwald ist die Abhängigkeit, welche das Rothliegende so häufig von der Mitwirkung porphyrischer Eruptionen zeigt, eine unverkennbare. Die gewaltsamen Erscheinungen, welche den Durchbruch des älteren Porphyr einleiteten, begleiteten und ihm folgten, haben vorzugsweise die Bildung der ältesten Breccien bedingt, waren aber auch gleichzeitig die Ursache, dass der Porphyr selbst fast ganz aus der Reihe der anstehenden Gesteine verschwunden ist.

Wir können uns demgemäss die Vorgänge beim Beginn der Dyas-Epoche folgendermassen vorstellen: der ältere Porphyr kam wahrscheinlich unter Wasser zur Eruption und mit hinreichender Gewalt, um eine bedeutende Zertrümmerung des Granit durch den Anprall der Gewässer zu bewirken. Gleichzeitig wurde jener durch sich entwickelnde Dämpfe theilweise zersprengt. Bildung und Zerstörung waren augenscheinlich so innig mit einander verbunden, dass keine Thätigkeit als die vorherrschende bezeichnet werden kann. Bei der Erhärtung bildeten sich wohl zunächst hier massige Porphyre, dort Breccien. Dabei spielten kieselsäurereiche Lösungen eine erhebliche Rolle, wie das vorwiegend kieselige Bindemittel der Breccien beweist. Sehr bald mag auch schon wieder die Zertrümmerung der kaum verfestigten Gesteinsmassen begonnen haben, da die Bruchstücke schon theilweise abgerundet waren, als sie durch die folgenden Tufferuptionen

---

[1] Unter Porphyren schlechtweg sind die kieselsäurereichen älteren Porphyre gemeint (Quarz- und Felsitporphyre). Der Name „Porphyr" ohne weiteren Zusatz ist bisher für keine Gesteinsgruppe verwandt worden und dürfte abgesehen von seiner Kürze noch deshalb den Vorzug verdienen, weil ja deutlich erkennbarer Quarz manchen kieselsäurereichen Gliedern der Familie (Tschermaks Felsitporphyren) ganz fehlt.

eingehüllt und zusammen mit dem neu ausgeworfenen Material schichtenförmig ausgebreitet wurden. Man kann also auch im Odenwald die Dyas oder vielmehr deren ältere Abtheilung Naumann folgend als eine eruptiv-sedimentäre Formation bezeichnen. Hiermit ist am deutlichsten ausgedrückt, dass der massige ältere Porphyr und die Breccien, welche letztere an vielen Punkten an der Basis des Rothliegenden auftreten, nicht als zeitlich scharf getrennte Bildungen aufzufassen sind.

Der ältere Porphyr ist nur noch an zwei Punkten anstehend zu beobachten: zwischen Wendenkopf und Leichtersberg, besonders an der Blattengrubwiese, und am Südabhang des Kirchbergs bei Dossenheim, dem Schlössel gegenüber.[1] Da er an letzterem Punkte nur klippenartig aus dem Rothliegenden hervorragt, an der Blattengrubwiese einerseits vom Buntsandstein überlagert wird, andererseits bald unter dem Rothliegenden des Leichtersbergs verschwindet, so ist es leicht erklärlich, dass man ihn früher übersehen hatte und daher annahm, die zahlreichen im Rothliegenden vorkommenden Porphyrkugeln stimmten mit keinem im Odenwald anstehenden Gestein überein. Am Leichtersberg kann man mit Sicherheit nachweisen, dass ein älterer Porphyr vorliegt, da genau mit diesem Vorkommen identische Bruchstücke sich bis nach dem Schriesheimer Hof hin im Rothliegenden verfolgen lassen; für die Auffassung am Kirchberg war besonders die petrographische Aehnlichkeit mit dem eben genannten Porphyr entscheidend.

Um die petrographischen Eigenthümlichkeiten der älteren Porphyre kennen zu lernen. muss man sich wesentlich an die Einschlüsse aus dem Rothliegenden halten, welche denn auch im folgenden zusammen mit den anstehenden Resten beschrieben werden sollen. Aber selbst so wird die Kenntniss eine unvollständige bleiben, da einerseits nur ein

---

[1] Möglicherweise gehören einige Felsen im oberen Theil des Geisenbachthals bei Schriesheim auch zum älteren Porphyr. Die Frage wird sich erst entscheiden lassen, wenn ein in jener Gegend projectirter Weg angelegt ist.

Theil der Einschlüsse hinreichend gut erhalten ist, um eine Untersuchung zu gestatten, andererseits grosse Massen der älteren Porphyre vollständig zertrümmert und zermalmt in die jüngeren Sedimente eingetreten sind.

Es lassen sich besonders zwei Varietäten des älteren Porphyr unterscheiden. Die eine mit mattem, unebenem Bruch ist sehr reich an Einsprenglingen und enthält makroskopischen Biotit sowie vorzugsweise durchsichtigen Orthoklas. Dieser Varietät gehören die beiden anstehenden Vorkommnisse an. Die andere hat bedeutend weniger und kleinere Einsprenglinge, unvollkommen muschligen und splittrigen Bruch, etwas fettartigen Glanz; die Grundmasse erscheint dichter, härter, schwerer schmelzbar, und die Stücke geben beim Anschlagen einen hellen Klang. Durchsichtiger Orthoklas und grössere Glimmerblättchen fehlen.[1]

Nicht nur diese beiden Varietäten, sondern überhaupt alle Porphyre des Odenwaldes enthalten, wie hier im voraus bemerkt werden mag, Quarz als makroskopischen Einsprengling und keinen Plagioklas. Allerdings ist nicht aller Feldspath hinreichend frisch, um ihn sicher bestimmen zu können, aber es würde ein seltsamer Zufall sein, wenn nicht ein einziger so weit unveränderter Plagioklas vorhanden wäre, um die charakteristischen Zwillingslamellen unter dem Mikroskop erkennen zu lassen, oder wenn gerade da, wo fast aller Feldspath noch frisch ist, kein Plagioklas vorkäme. Diese Beobachtung widerspricht einigen älteren Angaben, indem G. Leonhard von verschiedenen Punkten der Bergstrasse Oligoklas anführt,[2] und H. Fischer denselben gelegentlich bei

---

[1] Es wurde bei der Aufnahme nur Gewicht darauf gelegt, das Material solcher Einschlüsse des Rothliegenden kennen zu lernen, welche als charakteristisch anzusehen sind, nicht eine möglichst vollständige Sammlung aller Varietäten zusammenzubringen. Eine Durchforschung nach dieser Richtung kann und wird jedenfalls für den älteren Porphyr eine grössere Mannigfaltigkeit ergeben. An dem Resultat, dass die oben beschriebenen Varietäten weitaus die Hauptmasse des Materials geliefert haben, wird sie jedoch nichts ändern.

[2] Die Quarz-führenden Porphyre. Stuttgart 1855. 25. — Geognostische Skizze des Grossherzogthums Baden. Stuttgart 1861. 44.

der Besprechung der Schwarzwälder Porphyre erwähnt.[1] Die Bestimmung mag darauf beruhen, dass sehr oft frischer, kräftig glänzender Feldspath neben vollständig kaolinisirtem vorkommt, eine Thatsache, die man früher häufig dadurch erklärte, dass basischer Plagioklas leichter zersetzbar sei, als saurer Orthoklas. Dass zum mindesten eben so oft gerade der letztere Feldspath den Atmosphärilien eher zum Opfer fällt, konnte erst durch die mikroskopischen Untersuchungen nachgewiesen werden.

An wesentlichen Einsprenglingen finden sich demnach nur Quarz, Orthoklas und Glimmer.

Der Quarz scheint bei der makroskopischen Betrachtung an Menge dem Orthoklas weit mehr nachzustehen, als es in der That der Fall ist. Es wird dies dadurch verursacht, dass der Quarz meist einen dünnen Ueberzug von Eisenrahm besitzt, und seine Färbung dann von derjenigen der Grundmasse wenig abweicht. Andererseits wird man die Menge des Quarz im Dünnschliff leicht überschätzen, da er hier durch seine vollkommene Durchsichtigkeit am schärfsten hervortritt.

Sehr häufig, besonders in der an Einsprenglingen reichen Varietät, findet sich der Quarz in wohl ausgebildeten Krystallen, welche neben den Rhomboëdern zuweilen auch Säulenflächen zeigen. In einem etwas zersetzten Einschluss aus dem Rothliegenden am Schlössel bei Dossenheim sind nicht nur alle Quarzeinsprenglinge Krystalle und führen die Säule, sondern letztere herrscht auch nicht selten stark vor.

Neben regelmässiger sechsseitiger oder rhombischer Begrenzung trifft man aber unter dem Mikroskop auch — besonders bei den kleineren Individuen — Umrisse, welche schliessen lassen, dass ein Theil des Quarz in Körnerform vorhanden ist. Ausserdem kommen ganz unregelmässige Formen durchaus nicht selten vor, welche unzweifelhaft auf Fragmente grösserer Krystalle hinweisen, wenn sich auch nicht gerade

---

[1] Ueber die Verbreitung der triklinoëdrischen Feldspathe in den sogenannten plutonischen Gesteinen des Schwarzwaldes. Verhandl. d. naturf. Ges. zu Freiburg 1860.

häufig die Zusammengehörigkeit mehrerer Bruchstücke zu einem Individuum direct beobachten lässt.

Der Durchmesser der Krystalle steigt selten über 2 Millimeter, bleibt aber meist weit unter dieser Grösse. Am kleinsten sind sie durchschnittlich in den einsprenglingsarmen Porphyren. Während in manchen Dünnschliffen zu den grösseren, mit unbewaffnetem Auge sichtbaren Quarzen kaum hie und da ein kleinerer hinzutritt, wächst bei anderen die Zahl schon bei schwacher Vergrösserung sehr erheblich. Dieses verschiedene Verhalten gilt nicht nur für die älteren, sondern für alle Porphyre des Odenwaldes. Die Farbe des Quarz schwankt in allen Nüancirungen zwischen lichtgrau und dunkel rauchgrau. In Wirklichkeit werden die Krystalle wohl stets farblos sein, und die dunklen Farben durch Reflexion des Lichts von den begrenzenden Gesteinspartien bedingt werden.

Unter dem Mikroskop nimmt man alle die Eigenschaften wahr, welche für die Quarze echter Porphyre charakteristisch sind. Buchtenartiges Eindringen der Grundmasse und Einschlüsse derselben kann man an den grösseren Krystallen schon mit unbewaffnetem Auge wahrnehmen, und bei entsprechender Vergrösserung mehren sich die Beispiele natürlich noch bedeutend. Die Häufigkeit der Erscheinung ist für die älteren Porphyre charakteristisch. Ebenfalls sehr reichlich trifft man Glaseinschlüsse, meist mit, zuweilen (besonders die kleineren) ohne Gasbläschen. Ganz fehlen sie in keinem Präparat. Besonders ausgezeichnet durch ihre regelmässige Dihexaëderform ist der am Kirchberg anstehende Porphyr. Ein einziger Krystall von 0.6 Mm. Durchmesser enthält sieben rein glasige Dihexaëder mit unverhältnissmässig grossen Gasbläschen und drei entglaste ohne Gasbläschen. Es erscheint hier sehr wahrscheinlich, dass ursprünglich vorhanden gewesene Bläschen in Folge des Entglasungsprocesses verschwunden sind. Andere Glaseinschlüsse sind von ovaler Gestalt mit regelmässig gezacktem Rand oder auch, jedoch seltener, von ganz unregelmässiger Form. Die grössten dieser Einschlüsse haben einen Durchmesser von 0.14 Mm. Eine Färbung des Glases wurde nirgends wahrgenommen. Entglasungsproducte sind nicht gerade häufig; wenn sie aber vorkommen, stellen sie sich gewöhnlich in grösserer Menge ein.

Fast ein jeder Quarzkrystall enthält reihenförmig angeordnete Poren, welche aber sowohl ihrer Zahl, als ihrer Grösse nach stets eine sehr untergeordnete Rolle spielen. Zuweilen beweist das zu beobachtende bewegliche Bläschen mit Sicherheit, dass der Hohlraum mit Flüssigkeit erfüllt ist; gewöhnlich aber sind die Dimensionen so winzig, dass selbst mit Hülfe von Immersionssystemen nicht sicher zu ermitteln ist, ob Flüssigkeitseinschlüsse oder leere Poren vorliegen. Würde man selbst alle als erstere deuten, so wäre immerhin noch ihre geringe Menge für diese Porphyre, wie für die meisten übrigen charakteristisch. Schwach gelblich gefärbte, kleine und dünne Mikrolithe treten nur vereinzelt und selten auf.

Schliesslich beherbergt der Quarz einiger Vorkommnisse (besonders aus dem Rothliegènden von Handschuchsheim) Trichite, welche sich meist auf die Randzone der Krystalle beschränken oder aus der Grundmasse in diese hineinragen, spärlicher im centralen Theil liegen. Bei hinreichender Vergrösserung lösen sie sich in der Regel zu Körnern oder kurzen Stäben auf, welche sich dicht an einander legen. Trichite und Margarite scheinen übrigens in den Quarzen der Porphyre verhältnissmässig selten zu sein, während man sie für diejenigen der Granite geradezu als charakteristisch bezeichnen kann, da man sie in ihnen sehr viel häufiger trifft, als vermisst.

Der Orthoklas steht in Bezug auf die Zahl der deutlich erkennbaren Individuen in directer Beziehung zum Quarz, d. h. wo letzterer reichlich sich einstellt, ist auch ersterer reichlich vorhanden. Bald trifft man nur grössere Krystalle, bald neben diesen viele kleinere, und zwar in denselben Gesteinen, in welchen der Quarz das gleiche Verhalten zeigt. Eigentliche Körner bildet der Orthoklas wohl selten, sondern gewöhnlich mehr oder minder vollkommene Krystalle, welche sich aber nie unbeschädigt aus der Gesteinsmasse herauslösen lassen. Ausnahmsweise erreichen sie eine Länge von 5, eine

Breite von 4 Mm.; durchschnittlich messen sie nur wenige Quadratmillimeter im Querschnitt.

Der Orthoklas tritt in zwei Varietäten auf: als gewöhnlicher, undurchsichtiger und als wasserklarer, durchsichtiger. Ersterer ist vorherrschend hell gefärbt, weiss mit schwachem Stich ins Gelbliche oder Röthliche, seltener fleischroth bis ziegelroth in Folge einer secundären Ausscheidung von Eisenoxyd. Zuweilen beobachtet man auch einen rothen Kern umgeben von einer farblosen Zone. Bei den schwach gefärbten Krystallen ist der Glanz meist noch recht kräftig, während er bei den stärker gefärbten wenig hervortritt oder ganz verschwunden ist.

Die andere Varietät ist farblos, wasserklar, zeigt ausgezeichnete Spaltbarkeit und starken Glasglanz bis perlmutterartigen Glasglanz. Den physikalischen Eigenschaften nach gleicht er dem Adular, nicht dem Sanidin, als welchen man ihn früher wohl bezeichnet hat. Auch im Dünnschliff zeigt er nie die am Sanidin so häufige Querabsonderung. Die Durchsichtigkeit und die kräftigen Farben im polarisirten Licht lassen ihn dem Quarz sehr ähnlich erscheinen, wenn, wie es hie und da vorkommt, Blätterdurchgänge und kleine trübe Partien ganz fehlen. Gewöhnlich findet man aber wenigstens Andeutungen von einer Einwirkung der Atmosphärilien. Zuerst zeigen sich trübe Linien an den Spaltungsrissen, dann verbreitern sie sich zu Flecken, und schliesslich wird der ganze Krystall undurchsichtig und dem gewöhnlichen trüben Orthoklas gleich. In der Regel beginnt die Veränderung im Innern, doch findet man auch Krystalle mit vollkommen wasserklarem Kern und einem wie gefransten Rand. Beide Varietäten zusammen trifft man besonders in den Einschlüssen aus dem Rothliegenden von Handschuchsheim, während manche Porphyre, die am Kirchberg und am Leichtersberg im Rothliegenden auftreten, fast ausschliesslich durchsichtigen Orthoklas enthalten.

Wenn auch beide Varietäten in einem gewissen Stadium der Veränderung sehr ähnlich erscheinen und jedenfalls nicht als irgend wie wesentlich verschieden anzusehen sind, so dürfte doch die naheliegende Ansicht nicht das richtige treffen, es sei aller Orthoklas bei seiner Entstehung durchsichtig gewesen und habe sich nur bald kaum merklich, bald ziemlich gleichförmig verändert. Bei vielen Orthoklasen ist die Trübung augenscheinlich eine ursprüngliche, bedingt durch zahlreiche, dicht aneinander gedrängte, winzige Interpositionen. Solche Krystalle scheinen dann der Einwirkung der Atmosphärilien besonders leicht zu unterliegen, wodurch die schon vorhandene Trübung noch gesteigert wird. Bald hat sich der Orthoklas vorzugsweise in der einen, bald vorzugsweise in der anderen Form ausgeschieden und zwar nicht nur in Porphyren, sondern auch in manchen anderen massigen Gesteinen.

Ihrer Natur nach bestimmbare Einschlüsse sind nicht häufig; als Seltenheiten sind Eisenglimmer, Quarz und Trichite zu erwähnen. Dagegen trifft man öfters Einbuchtungen der Grundmasse, welche man zuweilen im Dünnschliff schon mit unbewaffnetem Auge erkennen kann.

Andere als Karlsbader Zwillinge wurden nicht beobachtet, diese aber in reichlicher Menge.

Bei der vollständigen Zersetzung scheinen sich vorzugsweise kaolinartige, seltener pinitoidische Substanzen zu bilden. Dabei lassen sich alle die gewöhnlichen Erscheinungen beobachten. Bald ist der ganze Krystall, bald nur der Kern oder eine Hälfte zersetzt, und diese entspricht zuweilen der Hälfte eines Zwillings. Unter dem Mikroskop trifft man einzelne Durchschnitte, welche in zahlreiche trübe Felder von quadratischer Form zerfallen, die durch schmale klare Zwischenräume getrennt sind, oder zersetzte Krystalle, welche sich in einen frischen einschieben. Alle diese Beispiele beweisen, wie äusserst verschieden die Widerstandsfähigkeit nicht nur der einzelnen Individuen, sondern auch ihrer Theile gegen die Einflüsse der Atmosphärilien ist.

Manche Orthoklase stellen sich makroskopisch wie zerfressen dar, ohne dass die noch vorhandenen Theile stark verändert wären. Der Zustand ist jedenfalls ein secundärer, mag nun die Feldspathsubstanz als solche, oder nach dem Zerfallen in andere Verbindungen in Lösung gegangen sein. Schliesslich mögen noch Pseudomorphosen von Eisenoxyd und

Eisenoxydhydrat in einem Porphyr aus dem Rothliegenden des Leichtersbergs erwähnt werden, welche kleine Feldspathreste einschliessen und die Form des Orthoklas recht scharf bewahrt haben.

Makroskopischer Biotit tritt nur in den an Einsprenglingen reichen Porphyren auf, und wenn er hier auch keinem Handstück fehlt, so spielt er doch als Gesteinsgemengtheil eine sehr untergeordnete Rolle. Die Tafeln erreichen 2½ Mm. im Durchmesser, sind meist scharf hexagonal begrenzt und häufig von einer schmalen entfärbten Zone umgeben in Folge einer Zersetzung der angrenzenden Grundmasse. Die tombakbraunen und grünlichen Farben deuten auf Veränderungen, welche auch das Mikroskop bestätigt. Im Dünnschliff erweisen sich nämlich nur wenige Leisten noch als frisch, die meisten sind so vollgepfropft mit braunen Körnchen, dass sie vollkommen opak erscheinen. Die Biegungen und Knickungen werden wohl in der Regel durch Volumveränderung bei der Zersetzung erzeugt, also secundärer Natur sein.

Die Grundmasse ist bei allen Varietäten hinreichend stark entwickelt, um durch ihre Färbung die Farbe des ganzen Gesteins zu bedingen. Graulichviolette Nüancen, bald lichter, bald dunkler, sind die häufigsten. Behandelt man Bruchstücke dieser Gesteine auf dem Wasserbade mit Salzsäure oder glüht sie, so ändert sich die Farbe nicht wesentlich. Die dunkel fleischrothen, braunen oder röthlichvioletten Porphyre werden dagegen durch Salzsäure entfärbt und dann beim Glühen graulichviolett. Die Ursache dieses Verhaltens lässt sich leicht durch das Mikroskop ermitteln. Porphyre aus der zuerst genannten Farbenreihe enthalten fast nur opake Erze, von denen ein Theil Magnetit ist. Neben diesem mögen aber noch andere Eisen- und Manganverbindungen vertreten sein; wenigstens sprechen der verschiedene Glanz im reflectirten Licht und die mannigfache Art der Zersetzungserscheinungen gegen die gleiche Natur aller opaken Substanzen. Ganz vereinzelt konnte auch sicher Eisenkies erkannt werden. Die in der Regel gesetzlos gestalteten Körnchen sind bald in grosser Menge durch die Grundmasse zerstreut, bald scharen sie sich putzenförmig, so dass grössere Stellen ganz frei von ihnen sind.

Statt der eben geschilderten Gebilde stellen sich in den Gesteinen der zweiten Farbenreihe braune, violette oder bräunlichrothe, durchscheinende Körnchen oder flockige Anhäufungen in solcher Menge ein, dass sie den grössten Theil der Grundmasse der Untersuchung entziehen, wenn man sie nicht durch Aetzen entfernt hat. Es sind augenscheinlich in Säuren leicht lösliche Umbildungsproducte — Eisenoxyd und Eisenoxydhydrate — der opaken Erze, da beider Mengen stets im umgekehrten Verhältniss zu einander stehen. Wo in den röthlich gefärbten Porphyren weisse oder schwach grünliche Flecken auftreten, deren scharfe Begrenzung einige Aehnlichkeit mit fremdartigen Einschlüssen erzeugen kann, scheint eine Auslaugung der secundär gebildeten Eisenoxyde, also gleichsam ein tertiärer Process stattgefunden zu haben.

Wenn der Quarz Trichite beherbergt, so stellen sich dieselben auch in der Grundmasse ein, und zwar in erheblich grösserer Menge. Ihrer Form nach sind sie durchaus identisch mit den aus den sauren Gläsern so bekannten Gebilden; bald trifft man sie isolirt, bald zu Flocken vereinigt. Sie scharen sich gern in der Nähe grösserer Einsprenglinge und erstrecken sich dann, wie erwähnt wurde, aus der Grundmasse in diese hinein. Einige Aehnlichkeit mit diesen opaken oder selten schwach bräunlich durchscheinenden feinen Härchen zeigen andere Gebilde, welche nicht wie jene in Glieder zerfallen, dicker, weniger scharf und nicht streng parallel begrenzt sind und durch Uebergänge mit kurzen, gedrungenen Leisten in Verbindung stehen. Sie liegen verworren durcheinander, sind zu Büscheln vereinigt oder laufen strahlenförmig von einer grösseren, wenig scharf begrenzten, opaken Partie aus, welche im reflectirten Licht keinen Metallglanz zeigt. Diese trichitenähnlichen Gebilde scheinen secundärer Entstehung zu sein und lassen sich vielleicht als psilomelanartige Substanzen deuten, welche feine Spalten auskleiden.

Zu allen diesen schwermetallischen, die Gesteinsfärbung bedingenden Verbindungen kommt noch rubinrother bis bräunlichrother Eisenglimmer in wechselnder, aber nie erheblicher Menge in allen Gesteinen hinzu.

Als ein sehr charakteristischer, aber der Masse nach ganz untergeordneter Bestandtheil der Grundmasse sind noch winzige Blättchen und Leistchen hervorzuheben, welche kräftige Interferenzfarben liefern und daher bei schwacher Vergrösserung und gekreuzten Nicols als minutiöse helle Pünktchen scharf hervortreten. Man kann sie nur für glimmerartige Mineralien halten. Sie sind stets vollkommen durchsichtig und in der Regel farblos bis schwach grünlich, so dass eine Deutung als Muscovit nahe liegt. In wenigen Porphyren kann man aber einen für die Dicke der Blättchen ziemlich kräftigen Pleochroismus deutlich wahrnehmen, so dass neben Muscovit auch Biotit in dieser Form in der Grundmasse aufzutreten scheint.

Was nun diejenige Grundmasse anbetrifft, welche übrig bleibt, wenn man die scharf begrenzten Quarz-, Orthoklas- und Glimmerkrystalle, sowie die zuletzt erwähnten, deutlich charakterisirten Bestandtheile abzieht, so zeigt dieselbe noch eine recht mannigfaltige Zusammensetzung. Ein Theil liefert ziemlich grobkörnige Aggregatpolarisation, und wenn auch die Elemente nicht gross genug sind, um sich scharf gegen einander abzugrenzen, so lässt sich doch in ihrem centralen Theil bei stärkerer Vergrösserung erkennen, dass einzelne klar, andere trüb sind. Eine Deutung als Quarz und Feldspathkörnchen kann daher wohl als zulässig erscheinen. Neben solchen Partien treten meist stark vorwaltend andere auf, welche sehr schwach auf polarisirtes Licht einwirken, und bei denen sich keinerlei Elemente mehr unterscheiden lassen. Schliesslich sind überall noch isotrope Partien in sehr wechselnder Menge vorhanden, welche jedoch nur selten so homogen sind, dass sie einem reinen Glase gleichen, sondern fein moiréeartig gezeichnet oder gekörnelt erscheinen. Wie man auch die Gruppe der echten Porphyre abgrenzen mag, die Porphyre des Odenwaldes gehören sicher derselben an.

In den meisten älteren Porphyren erscheint die Anordnung der kleinsten Elemente als eine regellose, doch kommen auch Ausnahmen vor. Am Leichtersberg — sowohl in einem Theil des anstehenden Porphyr, als auch in Einschlüssen aus dem Rothliegenden — besteht die Grundmasse grösstentheils aus schwach doppeltbrechenden Fasern, welche sich strahlig oder divergent büschelförmig gruppiren, ohne dass es jedoch zur Bildung von Sphärolithen kommt. In einigen dieser Gesteine und in einem Einschluss aus dem Rothliegenden vom Kirchberg tritt ausserdem noch eine prächtige Fluidalstructur auf, welche dadurch zur Wahrnehmung gelangt, dass die in reichlicher Menge vorhandenen secundären Eisenverbindungen sich dort abgesetzt haben, wo in Folge von Bewegungen in der erstarrenden Grundmasse Schlieren von geringerer Dichtigkeit entstanden. Die rothbraunen bis violetten Stränge winden sich durch die zahlreichen grossen Einsprenglinge, bald sich theilend, bald sich wieder vereinigend, bald nach der Trennung verschiedene Wege einschlagend, bald nur ausweichend wellenförmige Bahnen beschreibend. Die secundären färbenden Substanzen stehen mit der Fluidalstructur in keiner anderen Beziehung, als dass sie deren Beobachtung ermöglichen, und es erscheint daher nicht zweckmässig, eine moleculare Fluidalstructur von derjenigen der Masse zu trennen, wie Vogelsang vorgeschlagen hat. Gerade die gewählten Bezeichnungen könnten leicht zu der Annahme verleiten, dass man es mit irgendwie wesentlich verschiedenen Erscheinungen zu thun habe, was doch thatsächlich nicht der Fall ist.

An accessorischen Bestandmassen ist der ältere Porphyr ausserordentlich arm. In einem Einschluss aus dem Rothliegenden des Kirchbergs kommen Trümer von blutrothem, schaligem Karneol mit nierenförmiger Oberfläche vor. Bei beginnender Verwitterung blättert er in dünnen Häuten ab, und die Farbe wird fleischroth. Zuweilen wechseln auch feine weisse Lagen mit rothen. Drusen, die im jüngeren Porphyr sehr häufig sind, fehlen.

Vom älteren Porphyr liegen vier Analysen vor, zu denen Gesteine von möglichst verschiedener Ausbildung und Fundstätte gewählt wurden.

1) Einschluss aus dem Rothliegenden von Handschuchsheim; arm an Einsprenglingen. Analysirt von Hrn. Weidel.

2) Desgleichen; reich an Einsprenglingen. Der grösste Theil des Orthoklas ist stark umgewandelt. Dieser Porphyr ist der einzige, welcher reichlich, auch im Dünnschliff wahrnehmbare Carbonate enthält, obschon nicht recht ersichtlich ist, aus welchem Bestandtheil sie sich entwickelt haben. Die gefundene Menge Kohlensäure erscheint sehr hoch, ist aber richtig, da ein Controlversuch mit frisch gepulvertem Material nahezu das gleiche Resultat ergab (1.57 Proc.). Eine Infiltration der Carbonate aus dem auflagernden Löss kann man nicht annehmen, da der Gehalt an alkalischen Erden nur um ein geringes höher ist, als in den übrigen Analysen, und der Ueberschuss bei weitem nicht ausreicht, um die Kohlensäure zu binden. Bei der Prüfung des Gesteins mit Salzsäure ergibt sich, dass nicht der kaolinisirte Feldspath die Carbonate enthält, sondern die frisch erscheinende Grundmasse und zwar zumeist an der Grenze von Quarz- und Orthoklas-Einsprenglingen. Analysirt von Herrn N. Lubavin.

3) Anstehend bei der Blattengrubwiese am Leichtersberg; reich an Einsprenglingen. Analysirt von Herrn Th. Fritzsche.

4) Einschluss aus dem Rothliegenden des Leichtersbergs; reich an Einsprenglingen, besonders an Orthoklas, der stets der durchsichtigen Varietät angehört. Die opaken Eisenerze sind fast ganz in Eisenoxyd oder Eisenoxydhydrat umgewandelt. In Folge dieser Zusammensetzung ist der Gehalt an Kali, Thonerde und Wasser höher, der an Kieselsäure niedriger, als in den übrigen Porphyren. Nach dem mikroskopischen Befund dürfte die Trennung von Eisenoxyd und Eisenoxydul nicht ganz richtig ausgefallen sein. Analysirt von Herrn G. Goldschmidt.

	1.	2.	3.	4.
Kieselsäure	75.39	73.80	75.78	70.93
Thonerde	12.92	11.60	12.16	16.32
Eisenoxyd	1.71	1.90	1.77	0.65
Eisenoxydul	0.85	0.60	0.51	1.37
Kalk	0.65	1.20	0.79	0.66
Magnesia	0.61	0.70	0.25	0.22
Kali	5.34	7.50	6.28	9.16

	1.	2.	3.	4.
Natron	2.06	1.40	1.16	0.37
Wasser	1.21	1.20	1.39	1.68
Kohlensäure		1.60		
	100.74	101.50	100.09	101.36

Hieraus ergibt sich als Sauerstoffgehalt:

	1.	2.	3.	4.
Kieselsäure	40.21	39.36	40.42	37.83
Thonerde	6.02	5.41	5.67	7.60
Eisenoxyd	0.51	0.57	0.53	0.19
Eisenoxydul	0.19	0.13	0.11	0.30
Kalk	0.19	0.34	0.23	0.19
Magnesia	0.24	0.28	0.10	0.09
Kali	0.91	1.27	1.07	1.55
Natron	0.53	0.36	0.30	0.10

und als Sauerstoffquotient $\frac{RO + R^2O^3}{SiO^2}$:

1.	2.	3.	4.
0.214	0.212	0.198	0.265

Rothliegendes..

Das Rothliegende umgibt, wie ein Blick auf die Karte zeigt, im westlichen Theil unseres Gebiets den Sandstein wie ein Rahmen, der nur hie und da durch jüngeren Porphyr unterbrochen oder durch Löss verdeckt ist. Dass die zwischen Steinsberg und Neuenheim angegebenen Fetzen unter dem Löss zusammenhängen, beweisen die Bruchstücke, welche bei tieferen Erdarbeiten überall zu Tage gefördert werden. Im Neckarthal haben sich an den steilen Gehängen blos unbedeutende Reste erhalten. Abgesehen von den mächtigen Schichten, welche im Heidelberger Schlossgarten vortrefflich aufgeschlossen sind, konnten nur isolirte, kleine Partien, ja oft nur vereinzelte Porphyrgerölle aufgefunden werden. Diese gehören aber so unzweifelhaft dem Rothliegenden an, dass eine Verbindung zu zusammenhängenden Zonen geboten schien, um ein klares Bild zu erhalten.

Nicht an allen auf der Karte angegebenen Punkten ist das Rothliegende noch jetzt zu beobachten. Am Schlossbuckel, der sich vom Schloss bis an das Klingenthor hinabzieht, wurde dasselbe früher bei den Vorarbeiten zu Bauten mehrfach aufgeschlossen. Desgleichen am Wolfsbrunnenweg bei der Anlage des Weges und beim Einsetzen von Bäumen. Zwischen der Schönen Aussicht und dem Wolfsbrunnen fehlt auffallenderweise jede Andeutung, vielleicht, weil der Buntsandstein in der Mulde weit über seine untere Grenze hinabgeschwemmt wurde. Da aber eine wirkliche Unterbrechung des Rothliegenden durch dessen vollständige Fortführung möglich und nicht einmal unwahrscheinlich ist, so wurde dasselbe hier der Beobachtung entsprechend abgegrenzt. Zwischen Heidenknörzel und Daxbauwald konnten nur an einer Stelle Porphyrgerölle aufgefunden werden; doch hat man hier früher bei Versuchen auf Manganerze mehrfach Rothliegendes erschürft.

Am südlichen Abhang des Heiligenbergs muss man annehmen, dass das Rothliegende den dort stark abfallenden Granit mantelförmig umlagert, da es im Osten etwa in 800 Fuss Höhe, in Neuenheim bei einem Bohrversuch 36 Fuss unter der Ackerkrume aufgefunden wurde, und an der alten Neckarbrücke, wie wir später sehen werden, unzweifelhafte Zechsteinablagerungen vorkamen.

Nicht ganz sicher ist die am Hahnberg, zwischen Stift Neuburg und Ziegelhausen eingetragene Partie. Da der fette, thonige Boden weder der aus Granit noch der aus Buntsandstein entstehenden Ackerkrume gleicht, bei den Feldarbeiten nicht auf Granit gestossen wird und in der Nähe Zechstein vorkommt, so wurde der obere Theil des Buckels als Rothliegendes eingetragen, obschon sich weder Tuffe noch Porphyrbrocken nachweisen liessen. Der Wechsel im Boden wird besonders auffallend, wenn man am Waldsaum entlang geht. Die oberen Aecker sind durchweg sandig.

Trotz der zum Theil isolirten Vorkommnisse kann man annehmen, dass das Rothliegende sich zwischen Heidelberg und Altenbach im wesentlichen zusammenhängend unter dem Buntsandstein hinzieht, allen Unregelmässigkeiten in der Granitoberfläche folgend. Für diese Ansicht spricht auch die bei Wilhelmsfeld auftauchende Partie und der Umstand, dass das Fehlen des Rothliegenden sich überall aus den Terrainverhältnissen erklären lässt.

Im Nordosten dagegen, zwischen Heiligkreuzsteinach-Heddesbach und Waldmichelbach scheint das Rothliegende schon grösstentheils fortgeführt gewesen zu sein, als der Buntsandstein zur Ablagerung gelangte. Es treten hier allerdings an einer ganzen Reihe von Punkten isolirte Fetzen hervor, wie bei Heddesbach und im Eiterbacher Thal bis hinauf gegen Siedelsbrunn, aber die Grenze zwischen Granit und Buntsandstein ist so häufig gut aufgeschlossen, und die Auflagerungslinie eine so ausgedehnte, dass man viel häufiger Ablagerungen begegnen müsste, wenn die Formation noch in grösseren Partien vorhanden wäre. Auch die Mächtigkeit ist im nordöstlichen und südwestlichen Gebiet der Section Heidelberg eine sehr verschiedene. Die im ersteren auf der Karte eingezeichneten Vorkommnisse werden kaum einige Fuss mächtig, während die Ablagerungen in der Umgegend von Altenbach auf mehrere hundert Fuss anschwellen, und man bei Neuenheim in dem nicht an die Oberfläche tretenden Rothliegenden 464 Fuss tief gebohrt hat, ohne mit Sicherheit dessen Ende erreicht zu haben.

Die Auflagerung des Rothliegenden ist eine zweifache: entweder eine normale auf Granit, oder eine anormale auf Porphyr.

Im ersteren Fall folgt es allen Hebungen und Senkungen des Grundgebirges. Zieht man eine Linie vom Oelberg nach dem Leichtersberg und von hier bis in die Gegend von Heiligkreuzsteinach, so trifft man auf die wiederholt sich senkenden und wieder ansteigenden untersten Lagen zwischen 750 und 1300 Fuss absoluter Höhe. Wenn auch das Grundgebirge zur Zeit der Ablagerung des Rothliegenden schon eine stark unebene Oberfläche gehabt haben mag, so sind doch wahrscheinlich die Haupt-Niveaudifferenzen auf Veränderungen zurückzuführen, welche nur kleine Gebiete betroffen haben, bis dann später die ganze Gebirgsmasse des Odenwaldes zusammen aufgetrieben wurde, ohne dass in dem hier in Betracht kommenden Gebiet gleichzeitig relative Verschiebungen stattfanden.

Ganz anderer Art und vollständig localer Natur sind die Störungen, welche durch das Empordringen des jüngeren Porphyr bedingt wurden und die anormale Lagerung veranlassten. Man kann sie am besten auf dem Kirchberg beobachten. Die Annahme, dass man es mit einer emporgehobenen Scholle zu thun hat, welche der Erosion widerstand, scheint den thatsächlichen Verhältnissen am besten zu entsprechen. Ursprünglich muss die Scholle bedeutend grösser gewesen sein, da an den nordwestlichen Abhängen und im Steigerthal zahlreiche lose Blöcke von Porphyren und Porphyrbreccien zerstreut liegen, welche vom anstehenden jüngeren Porphyr verschieden, dagegen dem älteren Porphyr sehr ähnlich sind. Sie wurden als die schwer zerstörbaren Einschlüsse aus dem Rothliegenden gedeutet, dessen mürbe Schichten der Erosion leicht zum Opfer fielen. Auch oberhalb des Schlössels und des Steinsberges tritt Rothliegendes in gleicher Lagerung auf, verschwindet aber am ersteren Orte bald unter dem Buntsandstein, am letzteren bald unter dem Löss.

Die Gesteine, welche das Rothliegende zusammensetzen, sind recht mannigfaltig. Dabei sind jedoch einzelne so scharf an bestimmte Horizonte gebunden, dass sie die oben erwähnte locale Gliederung ermöglichen. Man darf aber nicht vergessen, dass die Ablagerung der geschichteten Glieder doch wohl nur als eine Bildungsperiode aufzufassen ist, in der sich allerdings einzelne Ruhepunkte fixiren lassen.

Die Mächtigkeit der Abtheilungen, sowie ihre Verbreitung ist eine ausserordentlich verschiedene. Die beiden unteren beschränken sich auf den Westabhang des Oelbergs, die südlichen Gehänge des Schriesheimer Thals und auf die Gegend des Feuersteinbuckels, Gebiete, in denen allerdings auch die Aufschlüsse am besten sind. Doch lässt sich an manchen anderen Punkten mit Sicherheit beobachten, dass aequivalente Ablagerungen fehlen. Die Mächtigkeit des älteren und mittleren Rothliegenden ist stets eine sehr geringfügige, und eigentlichen Antheil an der Zusammensetzung der Oberfläche nehmen beide nirgends.

So reichliche Aufschlüsse auch vorhanden sind, so liess sich doch an keinem Punkt das Streichen und Fallen der

Schichten mit einiger Sicherheit feststellen. Von grossem Werth würden derartige Beobachtungen auch wohl schwerlich sein, da die innerhalb der weitesten Grenzen schwankende Mächtigkeit der ganzen Formation und ihr fetzenartiges Auftreten besonders im östlichen Theil unseres Gebietes beweisen, dass hier starke Abschwemmungen stattgefunden haben, bevor der Buntsandstein zur Ablagerung gelangte. Dadurch wird jedenfalls eine zeitliche Lücke zwischen Dyas und Trias für einzelne Punkte angedeutet. Bezeichnet man eine solche, sowie übergreifende Lagerung als Discordanz, dann kann sehr wohl der Hauptsache nach eine Concordanz zwischen denselben Schichten an anderen und sogar nahe gelegenen Punkten beobachtet werden, wie es in den Vogesen der Fall zu sein scheint. Selbstverständlich muss dann die Ablagerungsfläche eine besonders unregelmässige Gestalt besessen haben. Wir werden bei einer späteren Gelegenheit diesen Punkt ausführlicher zu erörtern haben.

2. Aelteres Rothliegendes.

Das unterste Rothliegende tritt in zweifacher, wesentlich verschiedener Ausbildungsweise auf: massig als Breccie mit meist hornsteinartigem Bindemittel, geschichtet als Arkose. Der Feuersteinbuckel südlich von Lampenhain bildet die Grenze, so dass westlich nur erstere, östlich nur letztere vorkommt. Die Breccie konnte auf der Karte eingezeichnet werden; die Arkose liess sich nicht ausscheiden, da sie zu wenig mächtig und fast nur im Profil aufgeschlossen ist. An den auf der Karte als älteres Rothliegendes angegebenen Punkten trifft man die Arkose also nicht an.

Da die Grenze jener beiden Bildungen durch eine beträchtliche Terrainanschwellung gebildet wird (der Feuersteinbuckel ist 1619 Fuss hoch), so liegt es nahe zu vermuthen, dass letztere mit dem plötzlichen Gesteinswechsel in ursächlichem Zusammenhang steht und zur Bildungszeit des älteren Rothliegenden wenigstens schon markirt war. Beim älteren Porphyr wurde darauf hingewiesen, dass man sich die Breccie entstanden denken kann durch kräftige mechanische Wirkungen, welche seine Eruption veranlasste. Dieselben werden natürlich in der Nähe der Durchbrüche am stärksten gewesen sein, dagegen selbst in geringer Entfernung verhältnissmässig schwach, wenn eine schon damals vorhandene Bodenerhebung den Einfluss beschränkte. Immerhin mag aber eine hinreichende Erregung der Gewässer über jene hinaus stattgefunden haben, um das schon aufgelockerte Gebirge soweit zu zertrümmern, dass die Bruchstücke sich schichtenförmig ausbreiten konnten. Der Einfluss kieselsäurereicher Lösungen scheint sich zu dieser Zeit wenigstens auf die Nähe der Porphyreruptionen beschränkt zu haben, denn das hornsteinartige Bindemittel der Breccien wird östlich vom Feuersteinbuckel durch fein zerriebenes granitisches Material ersetzt.

Von den beiden erwähnten Gesteinen ist die Breccie bei weitem das wichtigere. Am mächtigsten und am besten zu beobachten ist sie auf der westlichen Spitze des Geisenbergs unweit Schriesheim. wo sie besonders am nördlichen Abhang nicht weit unter der Spitze klippenartig ansteht. Auch die im Graben der Ruine Schauenburg aufgeschlossenen Felsen scheinen hierher zu gehören. Ueber die Beziehungen zum Grundgebirge und zum mittleren und jüngeren Rothliegenden gewährt der nordwestliche Ausläufer des Wendenkopfs die beste Belehrung, da hier ein neu angelegter Weg die Grenzen durchschneidet, obwohl die Mächtigkeit an diesem Punkte nur eine geringfügige ist. Das auf der Karte eingezeichnete Auftreten am Nordabhang des Oelbergs ist zweifelhaft.

In der citirten älteren Arbeit wurden die Breccien als Porphyrbreccien bezeichnet, womit ausgedrückt werden sollte, dass Granitbruchstücke vorzugsweise durch ein porphyrisches Bindemittel verkittet werden, und in der That sieht das Bindemittel meistens der an Einsprenglingen armen Varietät des älteren Porphyr makroskopisch täuschend ähnlich. Die nachträgliche mikroskopische Untersuchung der Breccien ergibt aber, dass das Bindemittel vorherrschend jedenfalls ein hornsteinartiges ist, und da eine örtliche Revision nicht mehr ausgeführt werden konnte, so muss es dahingestellt bleiben, in wie weit auch Breccien mit porphyrischem Bindemittel vertreten sind.

Was die Zusammensetzung der Breccien betrifft, so herrschen meist die Granitbruchstücke vor. Es sind sowohl scharfkantige Brocken der einzelnen den Granit zusammensetzenden Mineralien. als auch vollständige Gesteinsstücke. Schwellen diese zu bedeutender Grösse an, und tritt das Bindemittel stark zurück, so wird es oft schwer, ein Handstück zu schlagen, welches den petrographischen Charakter des Gesteins erkennen lässt. Bei Beobachtungen in der Natur wird es nur da schwierig, die Zugehörigkeit zur Breccie zu constatiren, wo man auf den durch Verwitterung entstehenden Grus angewiesen ist.

Neben dieser Varietät finden sich in geringerer Verbreitung solche, in denen Bindemittel und Fragmente etwa in gleicher Menge vertreten sind oder auch wohl ersteres stark vorwiegt. Derartige Breccien bestehen aus einer rothbraunen, dunkel graulichvioletten oder seltener lichtgrauen, dichten, hornsteinartigen Substanz, in welcher nur vereinzelte Feldspath- und Quarzbruchstücke eingebettet liegen. Schliesslich kommen auch Gesteine vor, welche wie ein Granit erscheinen, der von feinen violetten bis rothbraunen Adern netzförmig durchzogen wird.

Die mikroskopische Untersuchung zeigt auf das deutlichste, dass fast aller Quarz dem Granit entstammt. Man erkennt dies an dem Reichthum an Flüssigkeitsporen, welche viele Fragmente fast ganz undurchsichtig machen, an den isolirt liegenden, aber zahlreichen Trichiten, welche gleichmässig vertheilt sind und an der Häufigkeit stark polysynthetischer Körner. Die spärlichen porphyrischen Quarze heben sich durch ihre fast ideale Reinheit und zuweilen auch durch ihre Gestalt scharf jenen gegenüber hervor. Der Feldspath ist bald zersetzt, bald auffallend frisch, der nicht allzu reichliche Biotit stark umgewandelt. Häufiger als letzterer tritt Muscovit auf, der zum Theil wenigstens secundärer Entstehung zu sein scheint. Das Bindemittel besteht der Hauptmasse nach aus einer äusserst feinkörnigen Substanz, welche zarte Aggregatpolarisation liefert. Die Doppelbrechung ist zuweilen nur schwach, und wenn dann auch noch winzige Blättchen eingebettet sind, die glimmerartiger Natur sein dürften, so ist eine Unterscheidung von manchen Porphyrgrundmassen recht schwierig. Das Bindemittel wird durchzogen von aus kleinen Quarzkörnern zusammengesetzten Trümern und enthält ausserdem in unregelmässiger Vertheilung und wechselnder Menge mannigfach gestaltete Partien von faseriger oder faserig-büschliger Structur, wie man ihnen in Hornsteinen und Chalcedonen oft begegnet. Sie sind nicht allein, aber vorzugsweise die Träger der rothbraunen Körner und flockigen Anhäufungen, von denen die Färbung der Breccien abhängt.

Bei der Prüfung vor dem Löthrohr erweisen sich die meisten Splitter als unschmelzbar; in den wenigen Fällen, wo eine schwache Frittung eintrat, wird dieselbe wohl durch kleine beigemengte Feldspathkörnchen bedingt sein. Sowohl dies Verhalten als auch die mikroskopischen Eigenschaften weisen auf einen dichten Hornstein hin. Das gleiche thut die früher allerdings anders gedeutete Analyse, welche Herr H. Drache von möglichst rein ausgesuchten Splittern des Bindemittels ausgeführt hat. Derselbe fand:

Kieselsäure	85.91
Thonerde	4.41
Eisenoxyd	2.04
Eisenoxydul	1.04
Manganoxydul	Spur
Kalk	0.48
Magnesia	0.19
Kali	4.22
Natron	0.88
Wasser	0.86
	100.03

Da die mikroskopische Untersuchung ergab, dass das analysirte Material immerhin noch ziemlich reichlich kleine Quarz- und Feldspathfragmente enthielt, so lässt sich die Analyse gut auf Hornstein gemengt mit diesen deuten.

Zu den genannten Fragmenten und dem gewöhnlichen hornsteinartigen Bindemittel tritt häufig ein blutrother bis bräunlichrother carneolähnlicher Hornstein. Bildet er kleine, aber zahlreiche Partien, so entstehen schöne, roth getüpfelte

Gesteine. Zuweilen reichert er sich auch local derart an, dass man leicht Handstücke schlagen kann, welche aus ihm allein bestehen. Solche Varietäten der Breccien finden sich am häufigsten und schönsten am Wendenkopf, weniger ausgezeichnet am Allmersbacherkopf. An accessorischen Bestandmassen kommen nur hie und da Schwerspath und Eisenglimmer vor.

Wie bei allen krystallinischen Quarzvarietäten, welche farbig sind, erweist sich die eigentliche Quarzsubstanz unter dem Mikroskop als farblos. Der Hauptmasse nach ist sie äusserst fein krystallinisch; untergeordnet trifft man aus grösseren Körnern zusammengesetzte rundliche Partien und Trümer, sowie concentrisch-faserige oder büschelförmige Aggregate, welche sich oft in gewundenen Bändern durch den Hornstein ziehen und vorzugsweise die Träger der färbenden Bestandtheile sind. Diese bestehen in pulvrigen oder flockigen Eisenoxyden, denen sich etwas Eisenglimmer zugesellt. Flüssigkeitsporen fehlen auch den grösseren Quarzkörnern fast gänzlich.

Auf der westlichen Spitze des Geisenbergs wird die Breccie von Minette- und Schwerspathgängen durchsetzt. Es ist diejenige Glimmerminette, welche durch eckig-körnige Absonderung ausgezeichnet ist. Auf den Schwerspath hat man früher geschürft; der Versuch ist jedoch bald aufgegeben worden, da jener sich als unrein und wenig mächtig erwies. Er scheint reichlich Eisenglimmer geführt zu haben, der auch in der Nähe des Ganges die Breccie begleitet.

Die Arkose tritt zuweilen in mehreren, deutlich unterscheidbaren Bänken auf und wird von 12 bis zu 40 Centim. mächtig. Sie ist nur in Einschnitten oder an steil abfallenden Gehängen dürftig aufgeschlossen und lässt sich daher blos an wenigen Punkten wie auf der Ostseite des Feuersteinbuckels und in der Nähe von Vorderheubach gut beobachten.

Gewöhnlich besteht die Arkose aus annähernd gleich grossen Fragmenten der Granitgemengtheile ohne makroskopisch hervortretendes Bindemittel und ist dann oft nur durch die Schichtung von einem etwas aufgelockerten Granit zu unterscheiden. Die Aehnlichkeit wird noch erhöht, wenn mehr oder minder scharfkantige grosse Orthoklaskrystalle porphyrartig eingebettet vorkommen. Schon Bronn erwähnt solche Gesteine bei der Betrachtung der geschichteten Porphyre des Odenwaldes und hebt die Aehnlichkeit mit Granit hervor.[1] Bei aufmerksamer Betrachtung findet man jedoch in der Regel fein vertheilte, schuppige Aggregate chloritischer Blättchen oder Trümer von blutrothem Hornstein, beides Bestandtheile, welche dem Granit der Gegend fehlen. Unter dem Mikroskop lässt sich die Arkose nie mit ursprünglichem Granit verwechseln. Hier erkennt man zunächst auf das deutlichste die fragmentare Natur der grösseren Bestandtheile, welche nicht ausschliesslich dem Granit entstammen, da einzelne porphyrische Quarze, zum Theil sogar mit zierlichen Glasdihexaëdern dem Granitquarz beigemengt sind. Letzterer zeigt genau die gleichen Verhältnisse wie in der Breccie, abgesehen von den kleineren Dimensionen. Ausserdem ist ein Bindemittel vorhanden, welches nur aus den fein zerriebenen Gemengtheilen des Granit zu bestehen scheint. Bald frischer, bald stark veränderter, auf das mannigfachste gebogener und geknickter Biotit, sowie Muscovit sind sehr viel reichlicher vorhanden, als in der Breccie, von der sich die Arkose, abgesehen von der Schichtung noch durch die stets mässige Korngrösse der Elemente unterscheidet.

Zuweilen wird auch das Bindemittel vorherrschend und bildet dann eine hellgraue, dichte und feste Masse, in welcher die grösseren Granitfragmente zerstreut liegen. Diese Varietät, unter dem Mikroskop untersucht, erwies sich auffallend reich an Zirkon, welcher nur dem Granit entstammen kann.[2] Das Bindemittel liefert feine Aggregatpolarisation.

---

[1] Gaea Heidelbergensis 89. Vgl. auch Walchner: Handbuch der Geognosie 1833. 737.

[2] Zirkon ist in den verschiedenen granitischen Gesteinen des Odenwaldes ein ziemlich constanter accessorischer Gemengtheil. Die sichere Identificirung der kleinen Heft I. 52 beschriebenen Krystalle als Zirkon gelang erst, als dieselben mit solchen verglichen werden konnten, welche Herr Professor Rosenbusch aus Rappakiwi isolirt und geometrisch bestimmt hatte und freundlichst zur Verfügung stellte.

3. Mittleres Rothliegendes.

Unter dem Namen „mittleres Rothliegendes“ werden im folgenden eine Reihe von Schichten zusammengefasst, welche überall, wo man sie anstehend beobachten kann, der Breccie oder der Arkose auflagern und durch typisches jüngeres Rothliegendes von massigen Porphyren getrennt sind, so dass sie, obgleich letzteren zuweilen sehr ähnlich. sich schon durch die Lagerung auf das bestimmteste von ihnen trennen lassen. Eine Ausscheidung auf der Karte war nicht durchführbar, da die Schichten bei geringer Mächtigkeit blos an wenigen Punkten wie am Wendenkopf, Feuersteinbuckel und bei Vorderheubach und zwar nur im Profil zu Tage treten, an anderen wie an der Merchelwiese am Oelberg durch Gerölle verdeckt sind und durch Schürfen freigelegt werden müssen. Sie wurden daher mit dem jüngeren Rothliegenden vereinigt. Das mittlere Rothliegende beschränkt sich übrigens nicht auf die angeführten Punkte. Am Oelberg muss es sich längs des ganzen Westabhangs hinziehen, da bei den Weinberg-Arbeiten Bruchstücke und ganze Platten in grosser Menge ausgerodet werden, welche mit dem an der Merchelwiese anstehenden Gestein identisch sind. Von der Strahlenburg bis zum Wendenkopf gelang es nicht, diese Schichtenreihe mit Sicherheit nachzuweisen; doch wird die Untersuchung hier auch nicht durch Weinberge erleichtert. Unter den mächtigen Ablagerungen des jüngeren Rothliegenden in der Gegend von Altenbach scheint das mittlere Rothliegende ebenso wie das ältere ganz zu fehlen. Da, wie ein Blick auf die Karte zeigt, hier vielfach Gelegenheit geboten ist, die directe Auflagerung der jüngeren Schichten auf Granit zu beobachten, so hätten ältere Bildungen kaum der Wahrnehmung entgehen können. Doch sind dieselben früher auch hier wahrscheinlich vorhanden gewesen, da das jüngere Rothliegende so grosse Bruchstücke derselben einschliesst, dass die Vermuthung nahe liegt, sie stammten nicht aus grösserer Entfernung.

Auch bei dem mittleren Rothliegenden tritt uns die Erscheinung entgegen, dass die Schichten ihren petrographischen Charakter in der Richtung von Westen nach Osten verändern. Der Feuersteinbuckel bildet wiederum die Grenze. Auch hier muss wohl die Erhöhung als Ursache angesehen werden, obwohl alle Gesteine unzweifelhafte Tuffbildungen sind, und man bei einem so leichten Material und so geringen Entfernungen nicht in dem Grade, wie bei Breccien und immerhin noch ziemlich groben Arkosen einen Wechsel der Ausbildung erwarten sollte. Dieser besteht darin, dass sich westlich vom Feuersteinbuckel sehr dichte, harte, silificirte Tuffe finden, welche so gleichartig sind, dass einzelnen Bänken grössere Fragmente fast vollständig fehlen, und man sie ohne die deutliche Schichtung für intrusive Felsite halten würde; während man östlich vom Feuersteinbuckel schon mit der Lupe deutlich erkennt, dass das Gestein aus kleinen, nur wenig in der Grösse schwankenden Fragmenten verschiedener Mineralien besteht. Der Unterschied wird bei der näheren petrographischen Beschreibung deutlicher hervortreten.

A. Silificirte Tuffe vom Oelberg. Am bekanntesten ist das Gestein vom Westabhang des Oelbergs, da dasselbe vom Heidelberger Mineraliencomptoir früher vielfach als hornsteinartiger Porphyr oder auch wohl als Plasma Sammlungen eingereiht wurde. Man verschafft sich dasselbe am leichtesten, wenn man oberhalb der Merchelwiese in etwas nördlicher Richtung schürft. Diese Oertlichkeit liegt ungefähr in der Mitte zwischen Strahlenburg und Schauenburg an jener Stelle, wo der Löss sich zungenförmig in das Granitgebiet einschiebt. Obwohl man nur von Letten eingeschlossene Blöcke gewinnt, so gehören sie doch unzweifelhaft einer Schicht an, da sie sich in einer etwas geneigten Ebene an einander reihen und sich nie über oder unter derselben finden.

Die Hauptvarietät dieses Tuffs erscheint im frischen Zustand so dicht und homogen, dass man sie in der That mit Plasma ohne nähere Prüfung verwechseln kann. Sie ist an den Kanten durchscheinend, zeigt im grossen muschligen, im kleinen splittrigen Bruch, fast Quarzhärte und fettartigen Glanz. Trotz des hohen Kieselsäuregehalts schmelzen feine Splitter nicht allzu schwer vor dem Löthrohr zu einem weissen Email. Die Farbe ist lauchgrün in verschiedenen lichteren und dunkleren Nüancen. Grössere einheitlich gefärbte Stücke kommen selten vor; meistens sind sie der Schichtung parallel gebändert, indem dunklere Lagen von schmalen, helleren unterbrochen werden oder mit gleich breiten, hellen Lagen wechseln. In den letzteren liegen dann häufig parallel angeordnete dunkle Flecken. Solche Gesteine nehmen sich angeschliffen und polirt recht hübsch aus. Durch allmähliche Uebergänge sind mit ihnen fleischrothe, theils einfarbige, theils grünlich gefleckte Varietäten verknüpft, welche wohl durch secundäre Veränderungen entstehen. Sie sind bedeutend weicher, weniger dicht, matt und haben einen unvollkommen muschligen, im kleinen unebenen Bruch. Sowohl in dem grünen, als in dem fleischrothen Tuff findet sich als makroskopischer Gemengtheil nur selten ein Quarzkorn.

Der grüne Tuff wurde von Herrn Edel analysirt und ergab folgende Zusammensetzung:

Kieselsäure	82.47
Thonerde	9.55
Eisenoxyd	0.43
Eisenoxydul	0.57
Kalk	0.53
Magnesia	Spur
Kali	4.69
Natron	0.58 [1]
Wasser	1.18
	100.00

Unter dem Mikroskop verhalten sich beide genannten Varietäten gleich. Gemengtheile von hinreichender Grösse, um sich bestimmen zu lassen, treten äusserst spärlich auf, im rothen Tuff etwas reichlicher, als im grünen. Es sind kleine Fragmente von Quarz, Feldspath und glimmerartigen Mineralien. Ersterer herrscht unter ihnen bei weitem vor

[1] Da die Alkalienbestimmung verunglückte, nachdem die Chloralkalien zusammen gewogen waren, so wurde der Kali- und Natrongehalt nach dem Verhältniss berechnet, welches die Analyse eines nahe verwandten Gesteins ergab. Es ist ein Zufall, dass die Summe genau auf 10 0 stimmt.

und zeichnet sich durch das Fehlen jeglicher Einschlüsse aus, so dass er nicht auf irgend ein Muttergestein bezogen werden kann. Trotzdem scheint er nicht secundärer Entstehung zu sein. Die Hauptmasse der Tuffe gleicht im gewöhnlichen Licht einer feinschuppigen homogenen Substanz mit vereinzelten grünen Blättchen oder bräunlichen Flocken. Erst zwischen gekreuzten Nicols zerlegt sie sich in winzigste Partikel, welche doppeltbrechend sind, und in eine gleichmässig vertheilte isotrope Substanz. Erstere mehren sich allerdings, je stärkere Vergrösserung man anwendet, doch bleibt selbst bei Benutzung von Immersionssystemen ein nicht unbeträchtlicher isotroper Theil übrig. Nach dem hohen Kieselsäuregehalt der Analyse bei sonst porphyrischer Zusammensetzung lag es nahe, jenen für opalartige Kieselsäure zu halten, und in der That liessen sich auch aus dem Gesteinspulver mit Kalihydrat 11 Procent Kieselsäure ausziehen. Diese Menge erscheint allerdings nicht genügend; doch ist auch die Bestimmung löslicher Kieselsäure bei so feiner Vertheilung und so reichlicher Beimengung anderer Substanzen keine allzu genaue. Zieht man von der obigen Analyse 28 Proc. Kieselsäure ab, so erhält man eine Zusammensetzung (1), welche sehr nahe mit derjenigen des älteren Porphyr von der Blattengrubwiese am Leichtersberg (2) übereinstimmt.

	1.	2.
Kieselsäure	75.65	75.78
Thonerde	13.26	12.16
Eisenoxyd	0.60	1.77
Eisenoxydul	0.79	0.51
Kalk	0.74	0.79
Magnesia	Spur	0.25
Kali	6.51	6.28
Natron	0.81	1.16
Wasser	1.64	1.39
	100.00	100.09

Wenn man die ausserordentlich feine und gleichartige Beschaffenheit dieser Tuffe in Betracht zieht, welche dieselben sogar mit einfachen Mineralien (Plasma) verwechseln liess, ferner das Fehlen grösserer eingeschlossener Fragmente (denn die grössten sind immerhin noch von winzigen Dimensionen), so erscheint es sehr wahrscheinlich, dass die Tuffe Schlammeruptionen porphyrischen Materials ihre Entstehung verdanken. Dasselbe war jedenfalls von sehr ähnlicher Zusammensetzung wie die älteren Porphyre, vielleicht sogar von gleicher. Denn allzu viel Gewicht darf man auf die gefundene Uebereinstimmung nicht legen, da derartige Rechnungen doch im allgemeinen recht unsicherer Art sind. Immerhin erschien das Resultat bemerkenswerth genug, um Mittheilung zu verdienen. Die Gewässer, aus denen sich der feine Schlamm schichtenförmig absetzte, enthielten reichlich Kieselsäure, eine Annahme, welche die häufigen Hornsteinbildungen im gesammten Rothliegenden sehr wahrscheinlich erscheinen lassen. Diese Kieselsäure schied sich so gleichmässig zwischen dem lockeren Material aus, dass es zu einer scheinbar homogenen Masse umgewandelt wurde. Ein Theil der ursprünglich in löslicher Modification ausgeschiedenen Kieselsäure mag mit der Zeit sich verändert haben, so dass man sie jetzt nicht mehr vollständig mit Kalilauge ausziehen kann. Eine allmähliche spätere Silificirung der schon verfestigten Tuffe ist nicht anzunehmen, weil man die gleiche Ausbildung an Einschlüssen in den nächstfolgenden Schichten des Rothliegenden beobachtet, und es höchst unwahrscheinlich ist, dass unter so verschiedenen Umständen genau die gleichen Veränderungen stattfinden.

Ausser den eben beschriebenen Varietäten der Tuffe treten sowohl oberhalb der Merchelwiese, als am ganzen Abhange des Oelbergs bis zur Strahlenburg noch eine Reihe anderer, mehr oder minder abweichender auf, welche zum Theil sicher verschiedenen Schichten angehören, zum Theil aber nur als durch geringe Veränderungen bedingte Farbenvarietäten aufgefasst werden können. Sie sind bald einfarbig — hell graulichgrün bis schmutziggelb oder röthlich —, bald mannigfach gefleckt oder gestreift, bald breccienähnlich, indem sie sich aus verschieden gefärbten, bei oberflächlicher Betrachtung scharf gegen einander abgegrenzten Partien zusammensetzen. Unter der Lupe erscheinen sie meist so gleichartig, dass es nicht einmal an jedem Handstück gelingt, ein eingesprengtes Quarz- oder Feldspathfragment zu entdecken. Der Bruch aller dieser Gesteine ist uneben, zuweilen im grossen muschlig, der Glanz matt, die Härte noch bedeutend; doch scheint der Grad der Silificirung ein geringerer zu sein. Dafür spricht neben dem makroskopischen Habitus auch das Verhalten unter dem Mikroskop. Die isotrope Substanz ist nicht so reichlich vertreten, die von ihr umhüllten Fragmente sind etwas grösser, und die bestimmbaren Gemengtheile mehren sich um ein geringes. Hie und da lässt ein Quarzkorn am Glaseinschluss seine porphyrische Natur erkennen. Stets aber erscheinen die Tuffe aus Fragmenten allein zusammengesetzt. In den fleckigen und breccienähnlichen Varietäten wechseln fein und weniger fein struirte Partien und zwar in einer Weise, welche im kleinen an die Fluidalstructur massiger Gesteine erinnert. Solche streifige Stellen schneiden aber bald und oft plötzlich ab. Diese schlierenähnliche Anordnung des Materials lässt sich wohl nur durch local beschränkte Bewegungen im plastischen Schlamm deuten.

B. Silificirte Tuffe vom Wendenkopf. Verfolgt man den Weg, welcher von den oberen Allmersbachwiesen (in dem bei der Pfisterer'schen Mahlmühle ins Hauptthal mündenden Seitenthälchen) sich mit schwacher Senkung um den Wendenkopf zieht, so trifft man erst auf einer längeren Strecke Porphyrgerölle, dann dicht vor der Stelle, wo der Weg scharf um den nordwestlichen Ausläufer biegt, etwas Rothliegendes und an der Ecke selbst Granit, welcher die S. 43 beschriebenen Veränderungen erlitten hat. Von hier aus nach Osten weiter fortschreitend, kann man gut die Lagerung des älteren und mittleren Rothliegenden beobachten. Erst durch diesen Aufschluss gelang es, sich eine Ansicht über die bis dahin nur in losen Stücken bekannten porphyrähnlichen Gesteine am Oelberg zu bilden und sie als Tuffe zu erkennen. Diese Ansicht liess sich dann leicht durch Schürfen an der Merchelwiese als richtig nachweisen.

Auf den Granit folgen zunächst Granit- und Hornsteinbreccien wie sie oben beschrieben wurden, in einer Mächtigkeit von 3—4 Fuss. Sie ragen in grossen Klippen aus dem

Waldboden hervor. Der Hornstein wird zuweilen karneolähnlich und enthält dann kleine Drusen mit prächtigem, cochenillerothem Eisenglimmer. Auf den Breccien liegen die ebenfalls 3—4 Fuss mächtigen grünen, silificirten Bänke, etwa 10° nach Ost einfallend. Der petrographische Charakter der Tuffe wechselt bedeutend; bald fehlen eingeschlossene grössere Fragmente nahezu ganz, bald sind sie sehr reichlich vorhanden. Eine dünne mittlere Zone ist fast breccienartig. Die nächsten Bänke bestehen aus festen, licht graulichvioletten Tuffen, welche schon dem jüngeren Rothliegenden zugezählt werden müssen, da sie allmählich in dessen charakteristische , mürbe, rothbraune Schichten übergehen und von den grünen Schichten scharf getrennt sind. Das durch den Wegbau stark verrutschte Rothliegende, welches man vor dem Granit erreicht, bildet die Fortsetzung dieser jüngeren Tuffe.

Im ganzen stimmen die hier in Betracht kommenden Gesteine des Wendenkopfs gut mit denen des Oelbergs überein, besonders mit solchen, welche in der Nähe der Strahlenburg in grösseren Platten ausgerodet werden. Die unteren Bänke sind einfarbig licht bis dunkel graugrün; höher hinauf treten röthlichbraune Flecken untergeordnet auf, bis schliesslich diese Farbe vorwaltet. Sie entsteht lediglich durch fein vertheilte, secundär ausgeschiedene Eisenverbindungen; denn eine kurze Behandlung mit Salzsäure genügt, um letztere auszuziehen und die ursprüngliche graugrüne Färbung wieder herzustellen. Eine durchgreifende Veränderung ist mit dieser Einwirkung der Atmosphärilien nicht verbunden; besonders erscheint die Härte nicht verringert.

Der mikroskopischen Beschaffenheit nach schliessen sich die homogenen Varietäten den weniger stark silificirten des Oelbergs an und unterscheiden sich im wesentlichen nur durch recht reichliche Beimengung glimmerartiger Mineralien. Diese sind theils farblos, theils grün. Grünlichgraue, flockige Partien, denen sich opake und dunkle trübe Körner beigesellen, scheinen aus Eisenoxydulsilicaten zu bestehen, aus deren Zersetzung rothbraunes, flockiges Eisenoxyd oder Eisenoxydhydrat hervorgeht. Dem geringeren Gehalt an der isotropen Substanz, welche aber auch hier gleichmässig zwischen den kleinen Fragmenten vertheilt ist, entspricht der niedrigere Kieselsäuregehalt, wenn man die von Herrn Ferd. Wisseler ermittelte Zusammensetzung mit derjenigen des Tuffs von der Merchelwiese vergleicht. Zu der Analyse wurde ein von makroskopisch erkennbaren Fragmenten vollständig freies Stück verwandt.

Kieselsäure	78.88
Thonerde	10.43
Eisenoxyd	1.61
Eisenoxydul	0.53
Kalk	0.37
Magnesia	0.49
Kali	4.37
Natron	0.68
Wasser	2.10
	99.46

Nach Abzug von etwa 15 Proc. Kieselsäure erhält man auch hier fast genau die Zusammensetzung des älteren Porphyr von der Blattengrubwiese.

Häufiger als dieser analysirte, homogen erscheinende Tuff sind Varietäten mit reichlichen, grossen Fragmenten von Quarz und Feldspath, unter denen letzterer vorherrscht. Silberweisse Glimmerblättchen treten makroskopisch spärlicher auf. Die Quarzkörner sind häufig polysynthetisch, zuweilen aus so zahlreichen kleinen Individuen zusammengesetzt, wie man es sonst selten wahrnimmt. Diese Erscheinung, die vielen Flüssigkeitsporen, sowie die gar nicht seltene pegmatolithartige Streifung am Feldspath sprechen dafür, dass die meisten grösseren Fragmente als Granittrümmer anzusehen sind; wenigstens kommen Gemengtheile mit gleichen Eigenschaften in keinem der noch erhaltenen Porphyre des Odenwaldes vor. Farbloser Glimmer und grüne, zum Theil vielleicht chloritartige Blättchen von mikroskopischen Dimensionen sind reichlich in den fein struirten Partien vorhanden, welche durchaus denjenigen der übrigen silificirten Tuffe gleichen.

C. Tuff vom Feuersteinbuckel und von Vorderheubach. Dieser graugrüne, nicht sehr harte Tuff, welcher die Arkose überlagert und von ihr auf das schärfste getrennt ist, unterscheidet sich von den bisher erwähnten Gesteinen leicht dadurch, dass man schon makroskopisch die Tuffnatur deutlich erkennt. Die Fragmente sind erheblich grösser, aber doch von gleichmässigen Dimensionen. Feldspath, Quarz und sehr reichlicher Glimmer, vorherrschend dunkler, spärlicher silberweisser lassen sich mit der Lupe erkennen. Hie und da treten Trümer von rothbraunem Hornstein auf, welcher von farblosem Quarz begleitet wird.

Nur mit Hülfe des Mikroskops nimmt man wahr, dass auch noch ein feines Bindemittel vorhanden ist, welches aber sehr zurücktritt. Obwohl glimmerartige Mineralien eine hervorragende Rolle spielen, weicht die unten mitgetheilte Zusammensetzung nicht in dem Grade von derjenigen der anderen Tuffe ab, als man erwarten sollte. Der um ein geringes höhere Gehalt an Eisenoxydul, Kalk und Magnesia entspricht kaum der Zunahme des Glimmer. Letzterer erweist sich zum Theil als Biotit, welcher, obwohl so wenig widerstandsfähig gegen die Atmosphärilien, doch meist von idealer Frische, nur bisweilen chloritisch umgewandelt ist. Muscovit ist eben so reichlich vertreten; nur sind die Dimensionen der Leisten durchschnittlich kleiner. Die Gesteinsfärbung wird durch grüne glimmerartige Mineralien bedingt, welche zum Theil ursprünglicher grüner Biotit, zum Theil Chlorit zu sein scheinen. Der Quarz ist bald ganz frei von Einschlüssen, bald reich an Flüssigkeitsporen, also wohl porphyrischen und granitischen Ursprungs. Der Feldspath ist sowohl frisch, als zersetzt.

Die von Herrn P. Schridde ausgeführte Analyse lieferte folgendes Resultat:

Kieselsäure	76.35
Thonerde	11.27
Eisenoxyd	1.83
Eisenoxydul	1.07
Kalk	1.44
Magnesia	1.00
Kali	5.15

Natron	0.30
Wasser	1.70
	100.11

Das ursprüngliche Material dieser Tuffe war wohl ein weniger fein zerriebenes, als dasjenige der silificirten, und die Entstehungsbedingungen etwas abweichende. Die intacte Gestalt, der Erhaltungszustand, die bedeutende Menge der glimmerartigen Gemengtheile, sowie besonders der starke Gehalt an Muscovit sprechen dafür, dass diese Elemente meist als Neubildung aufzufassen sind, welche vielleicht durch eine Zufuhr von Eisenoxydul und alkalischen Erden befördert wurde. Veränderungen müssen aber den ganzen Schichtencomplex vom Feuersteinbuckel an bis gegen Heiligkreuzsteinach gleichmässig betroffen haben, da Farbe und Korn so wenig variiren, dass man Handstücke verschiedener Fundorte nicht von einander unterscheiden kann.

4. Jüngeres Rothliegendes.

Wenn das feine Material und die gleichmässige Ausbildung der Schichten des mittleren Rothliegenden annehmen lassen, dass ihre Ablagerung unter ruhigen Verhältnissen stattfand, so müssen bald darauf die Gewässer wieder stürmisch erregt worden sein, um eine solche Menge grober Gerölle zu liefern, wie sie in dem jüngeren Rothliegenden angehäuft sind. Ein grosser Theil des Materials entstammt jedenfalls dem älteren Porphyr, der, wie wir gesehen haben, fast vollständig aus der Reihe der anstehenden Gesteine verschwunden ist, und den älteren Schichten des Rothliegenden, von denen sich unzweifelhafte Reste in Bruchstücken verschiedener Grösse finden. Neben der Zertrümmerung aller bisher besprochenen Gesteine inclusive des Grundgebirges hat sicherlich auch eine vollständige Zermalmung stattgefunden, welche zur Bildung von Tuffen beitrug. Das Hauptmaterial werden jedoch wohl erneute Schlammeruptionen geliefert haben. Es ist natürlich nicht ausgeschlossen, dass zu dieser Zeit auch massige Porphyre emporgedrungen sind; eine grosse Rolle können dieselben aber schwerlich gespielt haben, da anstehende Reste nicht bekannt sind, und demgemäss eine vollständige Zersprengung und Verarbeitung zu feinerem Schutt stattgefunden haben müsste.

Da das mittlere Rothliegende nur an wenigen Stellen zu Tage tritt und nie eine irgend erhebliche Mächtigkeit erreicht, so ergeben die Einzeichnungen auf der Karte und die durch die Höhencurven zu berechnenden Niveaudifferenzen ohne Abzug die Verbreitung und Mächtigkeit des jüngeren Rothliegenden. Die meisten oben über die Lagerung des Rothliegenden im allgemeinen gegebenen Erörterungen beziehen sich daher vorzugsweise auf dessen jüngste Schichten.

1. Tuffe. An dem Aufbau des jüngeren Rothliegenden betheiligen sich vorzugsweise Tuffe, wenn man als solche alle diejenigen Gesteine bezeichnet, in denen fein zerriebenes Material über die gröberen Bruchstücke vorherrscht. Sehr häufig reichern sich letztere allerdings derart an, dass conglomeratartige Tuffe entstehen, welche dann den Uebergang zu den echten Porphyrconglomeraten vermitteln. Eine scharfe Trennung ist natürlich nicht möglich.

Die petrographischen Eigenthümlichkeiten der Einschlüsse bedürfen keiner weiteren Erörterung, da dieselben, soweit sie noch genügend erhalten sind, sich zwanglos auf eines der beschriebenen älteren Gesteine zurückführen lassen. Die Grösse der Einschlüsse schwankt sehr bedeutend, übersteigt aber doch nur ausnahmsweise einen Fuss im Durchmesser. Auf der Kipp bei Altenbach allein erreichen sie einen solchen Umfang, dass man glauben könnte, anstehenden Porphyr vor sich zu haben.

Charakteristisch sind die rauhe bis höckerige Oberfläche und die abgerundet eckigen Umrisse der Porphyreinschlüsse. Beide Eigenschaften lassen schliessen, dass zwischen Zertrümmerung der Gesteine und Einhüllung der Bruchstücke eine verhältnissmässig kurze Zeit verstrich, so dass letztere sich nur schwach abrollen konnten. Die Knollen der älteren Porphyre zerspringen unter dem Hammer meist sehr leicht in polyedrische Stücke, ohne dass die zahlreich vorhandenen Sprünge äusserlich sichtbar wären. Will man die zuweilen mit Wad bedeckten Fragmente weiter zerkleinern, so erweisen sie sich als sehr widerstandsfähig und in dem Grade unverändert, dass der Feldspath noch vollkommen frisch erscheint und glänzende Spaltungsflächen liefert. Von den grösseren Geschieben bis zu den kleinsten Körnern hinab haben alle Einschlüsse einen dünnen Ueberzug eines feinen, röthlichbraunen Schlichs, falls sie nicht in Schichten liegen, welche noch frei geblieben sind von der Einwirkung der Atmosphärilien.

Neben Porphyrfragmenten trifft man vereinzelt auch solche von Granit, Quarzit und einem grünen, feinschuppigen Schiefergestein, dessen Ursprung unbekannt ist. Die drei letzteren Gesteine lieferten aber stets nur Brocken von geringeren Dimensionen, welche Wallnussgrösse nicht oft übersteigen.

Enthalten die Tuffe auch meist grössere Einschlüsse in sehr wechselnder Zahl und Vertheilung, so kommen doch auch Bänke vor, deren Korn auf weite Erstreckung hin recht gleichartig ist. Gröbere Structur, rauhe Bruchfläche, erheblich geringere Härte, zahlreichere, unter der Lupe wenigstens scharf hervortretende Fragmente lassen jedoch die Tuffnatur auch ohne mikroskopische Untersuchung stets deutlicher erkennen, als in den feineren, oft homogen erscheinenden Gesteinen, wie sie im mittleren Rothliegenden vorherrschen, und schliessen eine Verwechselung mit letzteren aus.

Bezüglich der Farben herrscht eine ausserordentliche Mannigfaltigkeit. Man trifft Weiss, Grünlichweiss, Perlgrau, dunkel und licht Fleischroth, Röthlichbraun und besonders die verschiedenartigsten Variationen von Violett. Einfarbige Schichten sind seltener, als gefleckte oder breccienähnliche, welche bald durch hellere oder dunklere Nüancen einer und derselben Farbe entstehen, bald durch gleichzeitiges Auftreten mehrerer.

Meistens wird angenommen, es sei das aus Eisenoxyden bestehende rothe bis braune Pigment, welches für viele Gesteine des Rothliegenden geradezu charakteristisch ist, durch die eruptive Thätigkeit direct geliefert worden, und in der That waren ja die Verhältnisse während der Bildung dieser Formation sehr günstig für die Zersetzung von Silicaten und für die Oxydation des Eisens. Für unser Gebiet wenigstens erscheint jedoch eine spätere Entstehung der Eisenoxyde durch allmähliche Wirkung der Atmosphärilien wahrscheinlicher. Hierfür spricht wenigstens, dass die lichter gefärbten, grünlichen und violetten Schichten durchgängig fest und frisch, die braunen und rothen mürbe sind, und dass man an vielen Stellen deutlich verfolgen kann, wie Auflockerung und Farbenveränderung gleichmässig mit einander fortschreiten. Wenn wir demnach annehmen können, dass ursprünglich der grösste Theil des Eisens als Oxydulverbindung vorhanden war, und dass mit deren allmählicher Zerlegung Oxydation eintrat, so fand dann häufig später eine rückgängige Einwirkung der Atmosphärilien statt, welche noch jetzt fortdauert. Die meist von denselben mitgeführte, fein vertheilte organische Substanz wirkt wieder reducirend auf die secundär gebildeten Eisenoxyde, so dass stellenweise der ganze Eisengehalt fortgeführt werden kann. Dieser Process bringt in den mürben rothen Schichten zahlreiche weisse Flecken hervor, welche nach den Schichtungsflächen hin zunehmen, bis schliesslich die an die Schichtungskluft grenzenden Lagen ganz weiss werden. Dass diese entfärbten Partien in der That fast oder ganz eisenfrei sind, beweist ihr Verhalten beim Glühen und Behandeln mit oxydirenden Säuren. Es tritt keine Farbenveränderung ein, während alle übrigen Tuffe — die lichtvioletten sehr leicht, die grünlichen schwer — eine bräunlichrothe Farbe bei dieser Behandlung annehmen.

Der Bruch ist meist uneben und rauh bis erdig, nur bei besonders feiner und gleichartiger Structur im grossen unvollkommen muschlig; der Glanz ist matt, die Härte gering. Zuweilen ist das Gefüge ein so lockeres, dass es schwer hält, sich ein Handstück zu verschaffen.

Mineralfragmente treten makroskopisch aus der eigentlichen Tuffmasse nicht allzu reichlich hervor. Sie bestehen aus Quarz, Feldspath und Glimmer und zwar meist lichtem, seltener dunklem. Ausnahmsweise reichert sich wohl silberweisser Glimmer in hohem Grade an und macht dann den Eindruck einer Neubildung. Früher wurde die gleiche Annahme auch für einen Theil der Feldspathe gemacht auf Grund der scharfen Umrisse, der glänzenden Spaltungsflächen und des Vorkommens von durchsichtigem Orthoklas. Die seitdem weiter ausgedehnten mikroskopischen Untersuchungen lassen es aber sehr fraglich erscheinen, ob überhaupt Neubildungen eine irgendwie wesentliche Rolle spielen.

Durch den Gang der Verwitterung sind die Tuffe leicht von sogenannten thonsteinartigen Porphyren zu unterscheiden, mit denen sie sonst wohl einige Aehnlichkeit zeigen können, wenn die Schichtung nicht deutlich hervortritt. In Folge des gleichmässigen Gefüges und der gleichartigen Zusammensetzung selbst auf grössere Strecken hin, können die eindringenden Atmosphärilien sich gleichmässig verbreiten, so dass nicht, wie meist bei den massigen Porphyren, einzelne Stellen zuerst zersetzt werden, sondern gewöhnlich die ganze Schicht die gleiche Stufe im Kaolinisirungsprozess erreicht hat. Man trifft daher wohl grosse Verschiedenheit in verticaler, aber nur geringe in horizontaler Richtung. Weisse, stark kaolinisirte Tuffschichten waren es wohl, welche in früherer Zeit in der Gegend von Altenbach Hoffnung auf das Finden von Kaolinlagern erweckten. Dass durch Verwitterung poröse, blasigen Schlacken ähnliche Gebilde entstehen, wie sie am Feuersteinbuckel in einzelnen losen Blöcken gefunden wurden, ist eine seltene Ausnahme.

Schliesslich zerfallen die Tuffe zu einem licht röthlichvioletten Lehm, der durch die reducirende Wirkung der Vegetation eine gelbe Farbe annimmt und sich schwer von dem Verwitterungsboden anderer Gesteinsarten unterscheiden lässt. Nur erhaltene Porphyrfragmente können dann orientiren.

An accessorischen Bestandmassen treten allein Mineralien aus der Quarzgruppe auf. Besonders reich ist der Feuersteinbuckel an Adern und Nestern von Hornstein, denen der Berg seinen Namen verdankt. Sie werden zuweilen von nierenförmigem, lichtviolettem Chalcedon begleitet, der mit sehr kleinen, wasserhellen Quarzkrystallen bedeckt ist. Die grössten Blöcke von innig verwachsenem Quarz und Hornstein mit Quarzdrusen findet man in einem Hohlweg bei Handschuchsheim. Am Südabhang des Leichtersbergs werden die Tuffe von zahlreichen Klüften senkrecht zur Schichtung durchsetzt, welche nicht selten plattenförmige Secretionen von derbem Quarz ausfüllen.

Die mikroskopische Untersuchung lieferte wenige bemerkenswerthe Resultate. Grössere Fragmente, aber auch noch von mikroskopischen Dimensionen, sind häufiger, als durchschnittlich in den silificirten Tuffen. Wie dort ist der Quarz auch hier bald frei von Einschlüssen, bald reich an solchen. Vereinzelte Glaseier mit Bläschen beweisen sicher die Abstammung einiger Körner aus Porphyren. Glimmerleisten sind zuweilen aufgeblättert, horizontal liegende Tafeln besitzen hie und da fetzenförmige Gestalt. Doch zeigt der Glimmer unter allen Einschlüssen am seltensten fragmentare Umrisse, wie man es auch nach seinen physikalischen Eigenschaften kaum anders erwarten kann. Biotit ist ein spärlicher Gast. Im ganzen dürften porphyrische Fragmente in diesen Tuffen vorherrschen. Abgesehen von eckigen, scharf begrenzten Hornsteinbrocken und Quarztrümern trifft man in wechselnder Menge fein krystallinische, hornsteinähnliche Quarzaggregate, welche mit der Hauptgesteinsmasse innig verflösst sind und als integrirender Theil derselben auftreten. Sie können sich eben so gut bei der ersten Tuffverfestigung schon gebildet haben, als secundärer Entstehung sein. Sieht man von diesen zweifelhaften Partien ab, so scheinen sonst keine Regenerationsprocesse stattgefunden zu haben, wenigstens nicht solche, welche bestimmbare Gemengtheile geliefert haben.

Der Rest der Gesteinsmasse ist zu fein struirt, als dass man irgend welche Gemengtheile ihrer Natur nach bestimmen könnte. Es lässt sich nur wahrnehmen, dass die meisten, wenn nicht alle doppeltbrechend sind. Winzige, zwischen gekreuzten Nicols lebhaft gefärbt hervortretende, im gewöhnlichen Licht farblose Leisten, welche zuweilen in grosser Menge vorkommen, scheinen glimmerartiger Natur zu sein, obwohl auch eine Deutung als Kaolinit nicht ausgeschlossen ist, der ja nach der Angabe der meisten Forscher doppeltbrechend sein soll. Der früher schon erwähnte streifige Wechsel feinster und um ein geringes weniger feiner Substanz tritt auch hier zuweilen auf. In den meisten violetten Tuffen wird die Färbung durch sehr kleine braune, gleichmässig vertheilte Körnchen bedingt; in anderen von annähernd gleicher Färbung sind grössere Körner klumpen- oder streifenweise angehäuft. In den weissen Tuffen, wie sie bei Handschuchsheim, Heiligkreuzsteinach und Altenbach vorkommen, fehlen jegliche Erzpartikel.

Herr Steffenhagen hat einen licht graulichvioletten, erdigen Tuff von der Ursenbacher Mühle analysirt, dessen Hauptmasse recht gleichartiger Zusammensetzung ist. In derselben liegen einige grünliche oder chokoladebraune, talkig anzufühlende Häute, frisch erhaltene Porphyrbruchstücke, sowie einige Quarzkörner. Feldspathe mit glänzenden Spaltungsflächen und silberweisse Glimmerblättchen. Die Untersuchung ergab folgende Zusammensetzung:

Kieselsäure	72.91
Thonerde	17.70
Eisenoxyd	1.20
Eisenoxydul	0.44
Kalk	0.13
Magnesia	0.28
Alkalien [1]	5.37
Wasser	1.85
Kohlensäure	0.12
	100.00

Die Analyse weicht von den bisher mitgetheilten vorzugsweise durch den hohen Thonerde- und niedrigen Alkaliengehalt ab, was auf einen beginnenden Kaolinisirungsprocess in der feinerdigen Tuffmasse hinzudeuten scheint. Unter dem Mikroskop erwies sich der Gehalt an den erwähnten glimmerähnlichen Leisten als ein ziemlich grosser.

2. Porphyrpsammite. Einzelne den normalen Tuffen eingeschaltete Bänke bestehen vorwiegend aus etwa hirsekorngrossen mehr oder minder abgerundeten Fragmenten, verbunden durch einen feinen Schlick von meist rothbrauner Farbe, welcher die einzelnen Körner vollständig einhüllt. Das lockere Gefüge verhindert die Herstellung von Dünn-

[1] Aus der Differenz bestimmt.

schliffen, so dass sich nicht sicher entscheiden lässt, in wie weit porphyrisches Material neben den erkennbaren Quarzkörnern vorhanden ist. Sollte dieses, wie es der Fall zu sein scheint, wesentlichen Antheil an der Zusammensetzung der Gesteine nehmen, so könnte man dieselben als Porphyrpsammite bezeichnen. Ihr Habitus weicht von demjenigen der echten, ebenfalls im Rothliegenden vorkommenden Sandsteine so erheblich ab, dass eine Verwechselung mit letzteren ausgeschlossen ist. Die Schichtung ist eben so vollkommen, wie bei den Tuffen, doch spalten diese in dünnere Platten.

3. Porphyrconglomerate. Häufiger als Porphyrpsammite treten Porphyrconglomerate auf, zu denen alle Gesteine gerechnet werden, in welchen grössere Brocken vorherrschen und durch ein tuff- oder psammitartiges Bindemittel zusammengehalten werden. Das Gefüge ist gewöhnlich ein lockeres, oft nur ein schüttiges; hie und da finden sich auch festere Bänke, wenn die Bruchstücke nicht zu gross sind, und das Bindemittel feiner und reichlicher vorhanden ist.

Den über Kopfgrösse erreichenden Geschieben gesellen sich noch einzelne Granitbrocken hinzu. Oefters häufen sich die Einschlüsse lagenweise in grosser Zahl an, wodurch dann Schichtung scharf hervortritt, welche im allgemeinen nur unvollkommen zum Ausdruck gelangt. Derartige Ablagerungen sind es besonders, welche das Material zum Studium der älteren Porphyre liefern.

Porphyrconglomerate sind vorzugsweise im Heidelberger Schlossgarten und in der Gegend von Handschuchsheim vertreten. In früherer Zeit kamen sie auch wiederholt bei Neubauten und Brunnenanlagen in Neuenheim zu Tage, so dass im ganzen in der Gegend von Heidelberg und Handschuchsheim Conglomerate, in der Gegend von Altenbach und Heiligkreuzsteinach Tuffe vorherrschen. Von einigen dieser Vorkommnisse gibt Bronn theils bei dem „geschichteten Porphyr", theils bei der „rothen Sandsteinformation" eine ausführliche Beschreibung, auf welche hiermit verwiesen werden soll.[1]

[1] Gaea Heidelbergensis. Heidelberg 1831. 81 und 96.

4. Arkose und Granitconglomerate. Wenn auch nach dem Resultat der mikroskopischen Untersuchungen granitisches Material überall mit Antheil nimmt an der Zusammensetzung des Rothliegenden, so sind doch vorherrschend aus solchem bestehende Schichten in der oberen Abtheilung selten. Ein arkoseartiges Gestein tritt an einem Punkte des Leichtersbergs auf. Granitconglomerate wurden theils zusammen mit Porphyrconglomeraten bei Brunnenanlagen in Neuenheim zu Tage gefördert, theils überlagern sie direct den Granit im Heidelberger Schlossgraben, von wo sie Bronn eingehend schildert.[1] Das Neuenheimer Gestein zeigt eine schmutziggraue bis grünlichweisse Farbe und besteht aus den Gemengtheilen des Granit, sowie aus ganzen Gesteinsbrocken desselben und einigen Porphyrfragmenten, verbunden durch ein kaolinreiches, sandsteinartiges Cement, welches sich zuweilen als siderithaltig erweist. Dass schliesslich auch polygene Conglomerate vorkommen, in denen granitisches und porphyrisches Material ziemlich gleichmässig vertreten ist, bedarf kaum einer speciellen Hervorhebung.

5. Sandsteine. Am Leichtersberg, am Kirchberg, im Heidelberger Schlossgarten und bei Handschuchsheim treten in den oberen Regionen des Rothliegenden Sandsteine auf, welche besonders in der letztgenannten Gegend, ehe sie vorherrschend werden, mit Porphyrconglomeraten wechsellagern und dadurch Veranlassung gaben, den ganzen Buntsandstein der Heidelberger Gegend zum Rothliegenden zu rechnen.[2] Dass diese Schichten die Abgrenzung des Rothliegenden nach oben an manchen Punkten erschweren, wurde schon oben hervorgehoben.

Die Sandsteine sind ihrer Hauptmasse nach von gleichmässigem Korn und lassen sich in Handstücken zuweilen nicht von manchen Schichten des Buntsandstein unterscheiden. Verfolgt man sie aber im Anstehenden, so wird man neben Quarzbrocken noch solche von Granit und Porphyr finden, welche zur Orientirung dienen. Wenn sie auch oft nur sehr

[1] l. c. 94.
[2] Vgl. oben S. 192.

vereinzelt auftreten, so fehlen sie doch wohl nie ganz. Andererseits häufen sie sich auch local an; so bildet z. B. granitisches Material arkoseähnliche Nester. Das Bindemittel ist theils thonig und roth gefärbt, wie das des Buntsandstein, theils kaolinartig und graulich oder gelblich. Der Zusammenhang ist bald fest, bald so locker, dass das Gestein unter dem Hammer zu Sand zerfällt. In den rothen Varietäten entstehen durch Desoxydation rundliche weisse, durch Anreicherung von Mangan- oder Eisenverbindungen schmutzigbraune Flecken bis zur Entwicklung wahrer Tigersandsteine. Der Grenzregion angehörige dünn geschichtete, fast schiefrige Sandsteine mit silberweissem Glimmer auf den Schichtungsflächen dürften vielleicht mit eben so grossem Recht zum Buntsandstein, als zum Rothliegenden gerechnet werden. Bei ihrem höchst untergeordneten Auftreten ist die Frage für die kartographische Darstellung nicht von practischer Bedeutung.

In keiner der im vorhergehenden beschriebenen Schichten des Rothliegenden haben sich bisher organische Reste gefunden, obwohl nach ihnen um so eifriger gesucht wurde, als solche aus dem unteren Rothliegenden bei Gaggenau im Schwarzwald bekannt sind. Dort sind es allerdings Schieferthone, welche die Pflanzen- und Krebsabdrücke enthalten, Schichten, die im Odenwald vollständig fehlen. Dem Material nach würden die Porphyrtuffe allerdings auch gut geeignet sein zur Conservirung organischer Reste; doch kann man wohl annehmen, dass die Bedingungen zur Zeit der Entstehung der Tuffe für eine Entfaltung von Organismen nicht günstig waren.

Es erschien zweckmässig, zunächst die Betrachtungen über die Lagerungsverhältnisse des Rothliegenden abzuschliessen, und dann erst der Hoffnungen Erwähnung zu thun, welche an das Auftreten desselben bezüglich des Vorkommens von Steinkohlen geknüpft worden sind.

Im Jahre 1859 legte man bei Neuenheim und Handschuchsheim Versuchsschächte an, jedoch ohne Erfolg. Der wichtigste Versuch war jedenfalls der zu Neuenheim,[1] wo ein Bohrschacht von 80 Fuss abgeteuft und das in demselben angesetzte Bohrloch bis zu 500 Fuss niedergebracht wurde. Todtliegendes von rother und weisser Farbe, Dolomitknollen, Erdöl, Porphyr- und Granitbrocken wurden in regelloser Folge erbohrt.[2] Bei 370 Fuss stiess man auf Granit, der sich beim Fortsetzen des Bohrens als ein Block erwies. Als man in einer Tiefe von 500 Fuss wieder Granit traf, wurde der Versuch abgebrochen. Da mit diesem jedoch nicht einmal das Nichtvorhandensein von Steinkohlen bei Neuenheim bewiesen wurde — denn auch der zuletzt angebohrte Granit hätte sich als ein Block erweisen können —, so erscheint es geeignet, einige Erörterungen an diesen Versuch zu knüpfen.

Die Steinkohlenformation findet sich in Baden — wenn auch allerdings nur an einigen Punkten mit bauwürdigen Flötzen — bei Diersburg-Berghaupten, Geroldseck, Oppenau, Baden-Baden, Badenweiler, und man kann annehmen, dass zur Zeit der Ablagerung die Verhältnisse in der Gegend von Heidelberg ganz ähnliche waren, wie an den genannten Oertlichkeiten. Aus den fossilen Resten ergibt sich, dass alle Ablagerungen nur locale sind, da jede ihre eigene Flora besessen hat, und dass sie sich also in Mulden eines welligen Terrains gebildet haben müssen.[3] Auch für das Elsass haben Delbos und Köchlin-Schlumberger die gleiche Ansicht ausgesprochen.[4]

[1] Bei Handschuchsheim wurde nur ein Bohrschacht abgeteuft, ohne ein Bohrloch in demselben anzusetzen. Versuche von Dr. Cuntz auf dem linken Neckarufer, welche ebenfalls in diese Zeit fallen, sollen auf Manganerze angestellt worden sein.

[2] Vergl. Blum: Verh. d. naturhist.-medicin. Vereins zu Heidelberg. Erste Folge. II. Heft 1. 3.

[3] Nähere Angaben finden sich: Sandberger, Geolog. Beschreibung d. Umgegend der Renchbäder 30; desgl. von Baden-Baden 46; desgl. von Badenweiler 19. Platz: desgl. von Offenburg und Lahr 17. Alle vier Arbeiten in den Beiträgen zur Statistik der inneren Verwaltung des Grossherzogthums Baden. Ferner Sandberger: Verh. des naturforsch. Vereins in Carlsruhe 1864. I. 30.

[4] Description géologique et minéralogique du Dép. du Haut-Rhin I. 198.

Im günstigsten Fall würden wir also bei Heidelberg auch nur eine solche locale Ablagerung erwarten dürfen. Aber während bei jenen Mulden theils Schichten des Steinkohlengebirges selbst zu Tage treten, theils sich an der Oberfläche wenigstens Andeutungen finden, welche auf das Vorhandensein älterer paläozoischer Formationen schliessen liessen, fehlen derartige Spuren in unserem Gebiet vollständig. An dem ganzen steilen Abfall des Gebirges gegen die Rheinebene ist die Auflagerung des Rothliegenden auf Granit zu beobachten, und wenn auch nirgends Aufschlüsse hinreichend günstig sind, um den Fall der Schichten genau zu messen, so lässt sich doch constatiren, dass derselbe nur ein unbedeutender ist. Wenn trotzdem die Schichten des Rothliegenden sich in der Rheinebene erst in grösserer Tiefe finden, so ist dies leicht erklärlich durch die Rheinspalte. Bei ihrer Bildung müssen von beiden Gebirgsrändern mächtige Schollen abgestürzt sein. Könnte man einen Blick in die Tiefe der Rheinebene werfen, so würde man wohl ein gewaltiges Chaos von Granit, Rothliegendem und Buntsandstein sehen. Selbst bei Neuenheim in der unmittelbaren Nähe des Gebirgsrandes hat man sicherlich das Rothliegende nicht in seiner ursprünglichen Lagerung erbohrt, wie es schon durch die oben erwähnte regellose Reihenfolge der Gesteine angedeutet wird.

Aus den bisherigen Betrachtungen ergibt sich, dass am Rande des Gebirges nach directer Beobachtung keine Flötze vorhanden sind, und dass man höchstens annehmen könnte, es seien früher solche nach der Mitte des Rheinthales zu vorhanden gewesen, welche dann jetzt an tieferen Stellen der Spalte liegen müssten. Nachforschungen wären daher in einiger Entfernung vom Gebirgsrand, nicht, wie es geschehen ist, in dessen unmittelbarer Nähe anzustellen, aber bei der beträchtlichen Tiefe, in welcher verworfene Flötze sich wahrscheinlich erst finden würden, mit wenig Aussicht auf Bauwürdigkeit. Flötze auf ursprünglicher Lagerstätte wird man natürlich überhaupt nicht erwarten dürfen.

Das Auftreten von Erdöl hat im Odenwald schon öfters Veranlassung zu Versuchsarbeiten gegeben, ohne dass eine genaue Erforschung der geognostischen Verhältnisse vorausging. Selbstverständlich braucht Erdöl nicht gerade Kohlenlagern seinen Ursprung zu verdanken, wenn dies auch häufig der Fall ist. Bei Neuenheim mag dasselbe dem Rothliegenden selbst ursprünglich entstammen und sich in den dazu günstigen gröberen Sandsteinen und Conglomeraten vollständig auf Klüften und Hohlräumen angesammelt haben. Wo die Verhältnisse der Erhaltung organischer Reste nicht günstig waren, finden wir ja oft Bitumen und andere kohlenreiche Substanzen als einziges Anzeichen, dass organisches Leben vorhanden war.

Noch in neuerer Zeit wurden auf Veranlassung des verstorbenen Dr. Cuntz in Heidelberg bei Reichartshausen, östlich von Waldwimmersbach und nahe der Grenze unseres Kartengebiets, Versuche auf Steinkohlen unternommen, da dort mit einer Quelle Erdöl zu Tage getreten war. Dass der Ursprung desselben nicht bis auf steinkohlenführende Schichten hinabreichen könne, wurde schon von Knop nachgewiesen, dem wir ausführliche Mittheilungen über das Vorkommen verdanken.[1] Immerhin könnten ja aber auch unabhängig von diesem vermeintlichen Hinweis auf Kohlen im Innern des Gebirges locale Flötze vorhanden sein, obwohl auch dies nicht wahrscheinlich ist aus dem schon oben angegebenen Grunde, nämlich dem Fehlen jeglicher Spuren älterer paläozoischer Formationen, wo die Grenzen des Grundgebirges gegen die Sedimente aufgeschlossen sind. Bei der grossen bekannten Mächtigkeit des Buntsandstein, der möglicherweise ebenfalls noch sehr mächtigen Dyas ist es aber selbstverständlich ohne jegliche Aussicht auf pecuniären Erfolg, wenn man in den oberen Schichten des Röth, wie es in der That geschah, ein Bohrloch ansetzt. Nur mit Mühe gelang es einem der Verfasser, Herrn Dr. Cuntz von einer Fortsetzung der begonnenen kostspieligen Arbeiten abzuhalten.

---

[1] Ueber das Vorkommen von Petroleum bei Reichartshausen im Odenwald. Verhandl. des oberrhein. geolog. Vereins Jahrb. f. Mineral. etc. 1873. 529.

5. Jüngerer Porphyr.

Den im folgenden näher zu beschreibenden Porphyren wurde im Gegensatz zu den „älteren Porphyren" der Name „jüngerer Porphyr" beigelegt, weil angenommen werden kann, dass sie erst nach vollendeter Ablagerung des Rothliegenden zur Eruption gelangten. Die für diese Ansicht sprechenden Gründe mögen hier noch einmal zusammengestellt werden, obwohl sie schon früher erwähnt worden sind. Die wichtigste Thatsache ist die deckenförmige Ueberlagerung des Rothliegenden durch den Porphyr, wie sie von der Schauenburg bis zum Leichtersberg auf das deutlichste verfolgt werden kann. Die S. 194 besprochenen abweichenden Lagerungsverhältnisse am Kirchberg, Schlössel und Steinsberg können nur dann als Gegenbeweis angesehen werden, wenn man nicht, wie wir es gethan haben, diese Partien als gehobene Fetzen auffasst. Jedenfalls wäre es dann sehr auffallend, dass sonst überall der Buntsandstein direct auf den Porphyr folgt. Südlich vom Steinsberg könnte man aus der Karte allein schliessen, dass auch hier letzterer sich unter das Rothliegende senkt. Die Grenzverhältnisse lassen sich allerdings in Folge der Lössbedeckung nicht direct beobachten; doch spricht nichts gegen die Annahme, dass das Rothliegende am durchbrechenden Porphyr liegen geblieben ist. Ein ganz besonderes Gewicht glauben wir auch auf das Fehlen des jüngeren Porphyr unter den Einschlüssen des Rothliegenden legen zu dürfen. Es ist dies zwar nur ein negativer Beweis; doch wird die Beobachtung von allen Forschern, welche sich mit der vorliegenden Frage beschäftigt haben, gleichmässig betont.

Erscheint demnach einerseits die Annahme gestattet, dass der Porphyr jünger als das Rothliegende ist, so lässt sich andererseits mit Sicherheit annehmen, dass er älter als der Buntsandstein ist, da dessen Auflagerung, welche sich an zahlreichen Punkten beobachten lässt, stets eine ungestörte ist. Hinzukommt, dass auch sonst in Südwest-Deutschland die Eruption der Porphyre nicht in die Trias hineinreicht. Auf die von G. Leonhard im Buntsandstein gefundenen Porphyrgerölle, welche als weiterer Beweis angeführt worden sind, ist weniger Gewicht zu legen. Das freundlichst mitgetheilte Belegstück enthält zwar unzweifelhaft ein porphyrisches Gerölle, doch ist dessen Erhaltungszustand nicht genügend zu der sicheren Entscheidung, ob ein jüngerer oder älterer Porphyr vorliegt. Jedenfalls ist es eine sehr auffallende Erscheinung, dass solche Einschlüsse so ausserordentlich selten sind. Es müssen die Ablagerungen des Buntsandstein unter sehr ruhigen Verhältnissen stattgefunden haben, so dass das Material nicht an Ort und Stelle entstanden ist, sondern durch sanfte Strömungen zugeführt wurde.

Das Hauptvorkommen des jüngeren Porphyr bildet eine zusammenhängende Masse, die sich im Süden bis gegen Handschuchsheim, im Norden bis Schriesheim, im Osten bis an den Leichtersberg erstreckt. Obwohl dieselbe durch Thäler oder tiefe muldenförmige Einsenkungen in eine Reihe einzelner Berge zerfällt, von denen die wichtigsten der Steinsberg, Dornberg, Kirchberg, Spornberg, Oelberg und Wendenkopf sind, so ist doch kein Grund vorhanden anzunehmen, dass sie getrennte Eruptionen repräsentiren. Unmittelbar vor Dossenheim stehend, wird man allerdings durch die zuckerhutähnliche Form der drei nächsten Berge leicht zu dieser Ansicht verführt; aber bei verändertem Standpunkt sieht man deutlich, dass sie in der That keine Kegel, sondern schmale, lange, durch Erosion geformte Kämme bilden, welche sich thalaufwärts alle vereinigen. Da der Abfall nach Nord, West und Süd ein ausserordentlich steiler ist, so müssen die Berge Kegelform annehmen, wenn der Blick annähernd senkrecht auf die Vorderseite eines Kammes fällt.

Ausser dieser Hauptpartie, welche man am einfachsten als eine stark nach Süden sich senkende Decke auffasst, findet sich noch ein isolirtes, rings von Sandstein umgebenes Vorkommen am Apfelskopf zwischen Ziegelhausen und Petersthal. Der am besten zugängliche Porphyr im dortigen Steinbruch weicht zwar etwas von dem der Bergstrasse ab; dagegen stimmt aber die Varietät aus dem westlich am Apfelskopf sich hinziehenden Thal so vollkommen mit dem $^2/_5$ geogr. Meilen entfernten Porphyr des Kirchbergs überein, dass Handstücke kaum zu unterscheiden sind. Man kann daher mit ziemlicher Sicherheit annehmen, dass der ganze jüngere Porphyr eine zusammenhängende Masse bildet, wie auch schon Bronn vermuthet hat.[1]

Gangförmig tritt im Odenwald kein quarzführender Porphyr auf.

Von dem älteren Porphyr unterscheidet sich der jüngere makroskopisch besonders dadurch, dass die Einsprenglinge meist klein sind, sich nur schwach von der Grundmasse abheben und weder so stark zurücktreten, noch so reichlich vorhanden sind, wie in den beiden dort aufgestellten Varietäten; ferner durch das Fehlen des Glimmer, durch das ganz vereinzelte Auftreten von durchsichtigem Orthoklas (er stellt sich nur spärlich in einer Varietät vom Apfelskopf ein), durch das häufige Vorkommen kugliger Structur, säulenförmiger und plattenförmiger Absonderung. Die Grundmasse nimmt nicht das dichte, homogene Ansehen an, welches man als hornsteinartig zu bezeichnen pflegt. Als mikroskopische Eigenthümlichkeiten des jüngeren Porphyr lassen sich die Neigung zu sphärolithischer Structur, die durchgängig frischere Erhaltung der opaken Eisenerze und das oft reichliche Hervortreten kleiner, gut bestimmbarer Quarzkörner in der Grundmasse hervorheben.

Als Einsprenglinge treten nur Quarz und Orthoklas auf.

Der Quarz bildet kleine rauchgraue Körner, die häufig im reflectirten Licht nur als glänzende Pünktchen erscheinen oder ohne Lupe nicht zu erkennen sind. Ein Durchmesser von einem Millimeter gehört schon zu den Ausnahmen. Gut ausgebildete Krystalle wurden makroskopisch nicht beobachtet, und auch im Dünnschliff sind regelmässige Umrisse sehr selten, dagegen mannigfach gezackte Formen häufig. Hie und da erkennt man noch deutlich die Zusammengehörigkeit einzelner Bruchstücke, und solche mögen weit häufiger vorkommen, als sich direct nachweisen lässt. Im Dünnschliff mehrt sich übrigens die Menge des Quarz zuweilen sehr bedeutend. Recht häufig sind auch polysynthetische Körner. Man trifft alle Arten von Einschlüssen,

---

[1] l. c. 72.

welche beim älteren Porphyr beschrieben wurden. Trichite und Flüssigkeitsporen mögen etwas häufiger sein; Einschlüsse und Einbuchtungen von Grundmasse sind jedenfalls seltener. Trichite treten besonders in den verschiedenen Varietäten vom Kirchberg und in der Gegend des Edelsteins am Oelberg auf; in manchen Porphyren fehlen sie ganz oder stellen sich nur sehr vereinzelt ein. Am Edelstein erscheinen einzelne Quarze besonders am Rande wie mit einem lockeren Häufchen von Haaren erfüllt, welche aber wie im älteren Porphyr aus dem Quarz in die Grundmasse vielfach hineinragen. Einzelne Trichite lösen sich übrigens bei sehr starker Vergrösserung in kaum 0.0003 Mm. grosse Körnchen mit genau gleichem Abstand auf, so dass sie eigentlich als Margarite zu bezeichnen wären. Fast in jedem Dünnschliff finden sich einzelne Quarze, welche Glaseinschlüsse mit grossen Gasbläschen, hie und da auch mit Entglasungsproducten enthalten, ohne dass jedoch die glasigen Interpositionen solche Grösse oder Regelmässigkeit der Form wie im älteren Porphyr erreichen. Bei sehr kleinen Einschlüssen, ja zuweilen auch bei grossen mit ganz unregelmässigen, gezackten Contouren und nicht merklich hervortretender Randzone ist es oft recht schwer zu entscheiden, ob sie glasiger Natur oder mit Flüssigkeit erfüllt sind. Manche, die ihren Contouren nach durchaus Glaseinschlüssen glichen, verriethen erst nach längerer Betrachtung durch ein hie und da auftauchendes, lebhaft bewegliches Bläschen ihre wahre Natur. Man ersieht daraus, dass die Contouren sehr trügerische Kennzeichen sind. Neben den normalen porphyrischen Quarzen, d. h. solchen mit nicht allzu reichlichen Interpositionen trifft man vereinzelte Körner mit verhältnissmässig vielen und grossen Flüssigkeitsporen, deren Form und Anordnung dann eine ganz unregelmässige ist. Solche Individuen machen einen recht fremdartigen Eindruck.

Der Orthoklas tritt in bedeutend grösseren Individuen auf als der Quarz. Er ist selten farblos, gewöhnlich gelblich oder licht fleischroth, auf der Spitze des Oelbergs chokoladebraun. Diese Farbe beschränkt sich nicht auf die Oberfläche, sondern geht gleichmässig durch den ganzen Orthoklas hindurch, der sich an diesem Fundort in ringsum ausgebildeten, leicht isolirbaren Krystallen mit der Combination $0P$. $\infty P\breve{\infty}$. ∞P. $2P\bar{\infty}$ findet. Der Typus ist entweder horizontal oder vertical tafelförmig; Krystalle letzterer Form sind Karlsbader Zwillinge, deren Zwillingsnaht sich in der Grundmasse meist sehr deutlich abgedrückt hat. In diesem Gestein zeigt auch der Quarz, jedoch erst unter dem Mikroskop, regelmässigere Umrisse, als gewöhnlich. Sonst lassen sich Krystallformen am Orthoklas nirgends wahrnehmen; man erkennt auf den Bruchflächen der Gesteine nur rectanguläre Durchschnitte. Andererseits sind eigentliche Körner selten oder vielleicht auch gar nicht vorhanden. Gewöhnlich ist der Feldspath matt und mehr oder minder verändert, theils zu Kaolin, theils zu einer pinitoidartigen, zuweilen strohgelben Substanz. Aus Pinitoid bestehend erwiesen sich auch im Dünnschliff die oben erwähnten chokoladebraunen Krystalle. Bei Dossenheim enthalten sonst frisch erscheinende Gesteinsstücke parallelopipedische Hohlräume, in denen ausser Resten von Kaolin noch solche eines rothbraunen, bolähnlichen Minerals stecken. Auch poröse Individuen treten auf, welche sonst wenig verändert erscheinen. Scharfe und glänzende Spaltungsflächen trifft man hie und da am Kirchberg, häufig im Steinbruch am Apfelskopf, dem einzigen Punkte, wo im jüngeren Porphyr durchsichtiger Orthoklas vorkommt. In Stücken, welche längere Zeit den Atmosphärilien ausgesetzt waren, nehmen die Spaltungsflächen des letzteren nicht selten einen kräftigen Perlmutterglanz an. Es liegt wohl die gleiche Ursache wie beim Blindwerden des Glases zu Grunde, nämlich eine oberflächliche Zersetzung, bei der eine dünne kieselsäurereichere Schicht entsteht.[1] Da die meisten Orthoklase unter dem Mikroskop Aggregatpolarisation zeigen, so sind etwaig vorhanden gewesene Einschlüsse nicht mehr zu beobachten. Ausser secundärem Eisenglimmer und braunen Infiltrationsproducten wurde nur sehr selten Quarz angetroffen.

[1] Vgl. V. de Luynes: Berichte der deutsch. chem. Ges. 1877. 493 Sitz. d. franz. Ak. v. 12. Febr. 1877.

Dunkel grünlichbrauner Glimmer in bis zu zwei Millim. grossen Blättchen wurde nur in einigen wenigen Handstücken vom Apfelskopf beobachtet.

Die Grundmasse ist dicht und hart mit mattem, unebenem Bruch, so dass sie derjenigen der sogenannten Feldsteinporphyre entspricht. Graulichviolette Farben, mehr oder minder ins Röthliche oder Bläuliche spielend, herrschen bei weitem vor und erzeugen durch gemeinschaftliches Auftreten gefleckte und gestreifte Varietäten, wie am Kirchberg und Steinsberg. An letzterer Fundstätte sind die Farben-Nüancen öfters so scharf begrenzt, dass man bei flüchtiger Betrachtung glauben kann, es läge eine Breccie vor. Rothbraune Farben treten nur selten am Kirchberg und Oelberg, ziemlich constant am Südost-Abhang des Apfelkopfs auf und sind jedenfalls erheblich seltener, als am älteren Porphyr.

Bei weit fortgeschrittener Veränderung ausgedehnterer Massen, wie man sie besonders an dem südlich von Dossenheim gelegenen Berge (Dornberg?) und in einigen verlassenen Steinbrüchen fast auf der Höhe des Kirchbergs beobachtet, wird die Grundmasse weich (thonsteinartig) und schmutzigweiss bis licht bräunlichgelb. Da der Porphyr selbst auf geringe Entfernungen fast nie gleichmässig verwittert, so sind diese Gesteine gewöhnlich gefleckt, gebändert oder breccienähnlich, theils durch frische Partien, welche zwischen den veränderten liegen, theils durch verschieden weit fortgeschrittene Reduction und Extraction der färbenden Eisenverbindungen.

Diese letztgenannten Veränderungen beziehen sich auf die eine Varietätenreihe, welche durch normale porphyrische Structur charakterisirt ist.

Eine zweite makroskopische Varietätenreihe bilden die kugligen Porphyre, welche am Wendenkopf und Steinsberg vorherrschen, am Oelberg sich auf den Ostabhang beschränken und auch hier nur sehr untergeordnet auftreten. Im frischen Gestein erkennt man die Structur allein an meist recht vollkommen rundlich begrenzten, selten schmalen und langen Partien von dichterem Gefüge und dunklerer Färbung, als die übrige Gesteinsmasse. Im Centrum liegt hie und da ein

Quarz- oder Feldspathkorn oder ein kleines aus beiden Mineralien zusammengesetztes Aggregat. Da aber derartige Einschlüsse auch excentrisch und zu mehreren in unregelmässiger Lage vorkommen, in der Regel jedoch ganz fehlen, so dürfte denselben kein wesentlicher Einfluss auf die Bildung der genannten Partien zuzuschreiben sein. Schon bei beginnender Veränderung, welche kaum über das Stadium einer leichten Auflockerung hinausgegangen zu sein scheint, tritt die kuglige Structur schärfer hervor und sehr deutlich, wenn die Einwirkung der Atmosphärilien weitere Fortschritte gemacht hat. In allen Fällen zeigt sich dann, dass die Kugeln und die Gesteinsmasse, welche sie verbindet, in verschiedenem Grade von jenen angegriffen werden. Bald ragen die Kugeln in grosser Menge hervor, indem sie noch an einer Stelle fest mit dem Rest des Gesteins verbunden sind, bald haben sie sich ganz losgelöst und schüsselförmige Vertiefungen hinterlassen. Aber auch Theile der Kugeln selbst erweisen sich als verschieden widerstandsfähig. Zuweilen bleibt ein fester Kern von wechselnder Grösse zurück, oder gerade dieser ist zersetzt und fortgeführt. Sehr häufig werden einzelne äussere Schalen und der Kern zugleich angegriffen, und die erhaltenen Reste sehen dann aus wie eine kleine ausgebrannte Ruine, von deren Mauern ein Theil eingestürzt ist. Wo diese Erscheinung häufig ist wie am Wendenkopf, entstehen poröse oder drusige Porphyre, letztere, wenn die Hohlräume, Schalen- und Kugelreste mit zierlichen, secundären Kryställchen von Eisenglanz und wasserklarem Quarz bekleidet sind. Am Oelberg treten nur kleine und annähernd gleich grosse Kügelchen auf. Hier erscheint ein Theil der über dem Abhang zerstreuten Gerölle wie mit Nadelstichen durchbohrt, indem die Kugeln noch fest mit dem übrigen Gestein verwachsen sind, und sich nur im Centrum ein kleiner Hohlraum gebildet hat. Ein anderer Theil sieht aus, als ob er mit einer grossen Zahl rundköpfiger Nägel beschlagen wäre, da die Kugeln besser dem Einfluss der Atmosphärilien widerstanden haben, als die Gesteinsmasse, in der sie eingebettet liegen. Nicht gerade häufig trifft man anscheinend frische Gesteine, in denen sonst unveränderte Kugeln gerade wie manche Septarien radial verlaufende Sprünge zeigen.

Eine solche Grösse, wie an anderen Fundstätten erreichen die Kugeln im Odenwald nicht; ihr Durchmesser schwankt etwa zwischen einem Centimeter und einem Millimeter, doch derart, dass gewöhnlich auf grössere Entfernung die Dimensionen sich im wesentlichen gleich bleiben oder wenigstens innerhalb viel engerer Grenzen schwanken. Nur am Steinsberg treten hie und da in einem Handstück erbsen- und hirsekorngrosse Kugeln gemeinschaftlich auf. Unter dem Mikroskop zeigt die Grundmasse eine recht mannigfaltige Ausbildung, bedingt durch den wechselnden Gehalt an isotroper Basis, sowie durch die relative Grösse und Anordnung der übrigen Elemente. Zunächst mögen diejenigen erwähnt werden, welche sich ihrer Natur nach mit einiger Sicherheit bestimmen lassen.

Quarz tritt in manchen Vorkommnissen noch recht reichlich in kleinen, unregelmässig geformten Körnern hervor, die sich zuweilen in grösserer Zahl scharen. Ob nicht unter den letzteren Aggregaten solche von secundärer Entstehung sind, mag dahingestellt bleiben. Nach der Art des Auftretens erscheint es nicht gerade unwahrscheinlich. Die Contouren der Körner sind selten scharf, oft um so undeutlicher, je schärfere Systeme man anwendet. Es lässt sich schwer sicher ermitteln, ob eine Art Verflössung mit anderen Gesteinselementen stattfindet, oder ob diese nur in dünnen, keilförmig auslaufenden Partien übergreifen. Oft *scheint* jedenfalls das letztere stattzufinden. Vollständiges Fehlen von Einschlüssen, welches in den grösseren, porphyrisch hervortretenden Quarzen eine Ausnahme bildet, wird hier zur Regel, und besonders vermisst man Glaseinschlüsse ganz. Man kann daher wohl mit Recht annehmen, dass die Ausscheidungsbedingungen wesentlich anderer Art waren.

Gewöhnlich nicht gerade in grosser Menge, aber doch in allen Präparaten sind kleine Leisten oder unregelmässig gestaltete Blättchen eines kräftig polarisirenden, glimmerartigen Minerals vorhanden von schwach gelblicher oder grünlicher Färbung. In erheblicher Zahl stellen sie sich am südlichen

Theil des Oelbergs und am Allmersbacherkopf ein. Die durchschnittliche Grösse mag 0.03 Millim. betragen. Trotz der winzigen Dimensionen kann man oft eine beginnende Veränderung an einem rothbraunen Pünktchen im Centrum erkennen. Einige grössere bis zu 0.7 Millim. messende Leisten sind auch ganz verändert und an den Enden zierlich gefranst.

Die eingelagerten Erzpartikel sind meist opak, also noch nicht so sehr der Einwirkung der Atmosphärilien anheimgefallen, wie im älteren Porphyr. Es sind unter ihnen jedenfalls verschiedene Eisenverbindungen vertreten, deren Bestimmung jedoch im einzelnen Fall nicht möglich ist, da regelmässige Umrisse gewöhnlich fehlen. Trotz des häufigen bläulichen Schimmers im reflectirten Licht, dürfte Magnetit doch nicht so reichlich vorkommen, als es ohne eingehendere Prüfung der Fall zu sein scheint. Die Menge des durch den Magnetstab aus dem Pulver ausziehbaren Erzes ist jedenfalls eine wider Erwarten geringe. Ein nicht unbeträchtlicher Theil der opaken Körper ist wohl als Eisenglanz zu deuten, den man bei unregelmässiger Gestalt gar nicht, bei regelmässiger nur zuweilen unter dem Mikroskop vom Magnetit unterscheiden kann. Partien, welche so gross sind, dass sich etwas Pulver abschaben lässt, geben mehrfach einen rothen Strich. Im jüngeren Porphyr ist es wahrscheinlich zumeist Eisenglanz, von dem nach allen Seiten trichitenähnliche Gebilde ausstrahlen, welche bald kurz und dick, bald langgestreckt sind, bald geradlinig, bald zickzackförmig verlaufen. Blutrothen Eisenglimmer trifft man in der Nähe aller opaken Erze vereinzelt an. Schliesslich fehlt es auch nicht an braunen und bräunlichrothen Körnern und flockigen Anhäufungen, welche sich so leicht aus jenen entwickeln. Dabei bleibt die ursprüngliche Form nur selten so gut erhalten, dass eigentliche Pseudomorphosen entstehen; solche von Brauneisenstein nach Magnetit hat jedoch schon Vogelsang aus dem Dossenheimer Porphyr beschrieben.[1] Bezüglich der Grösse schwanken die Eisenverbindungen in weiten Grenzen zwischen

[1] Philosophie der Geologie 193.

makroskopischen Dimensionen und dem feinsten mikroskopischen Staub. Die Vertheilung ist zuweilen eine recht gleichförmige; in anderen Fällen tritt locale Anhäufung ein.

Wo echte Trichite und Margarite im Quarz vorkommen, trifft man sie gewöhnlich auch in der Grundmasse in der Nähe desselben, zum Theil, wie schon erwähnt wurde, in den Quarz hineinragend. Es geht hieraus mit Sicherheit hervor, dass die porphyrischen Einsprenglinge echte Ausscheidungen aus dem Magma sind.

Am schwierigsten gelingt es, Theile der Grundmasse sicher mit Feldspath zu identificiren, da regelmässige Umrisse gewöhnlich ganz fehlen, und alle jene Partien, welche man für Feldspath halten möchte, zu stark getrübt sind, als dass sich Spaltung erkennen oder optisches Verhalten prüfen liesse. Nur in den unten ausführlicher beschriebenen kugligen Varietäten sind kleine Leisten recht reichlich vorhanden, die sich unzweifelhaft als Orthoklas erweisen.

Zu den sicher bestimmbaren Elementen der Grundmasse gehört dann noch die isotrope Basis, welche sich selten in grösseren Partien einstellt, sondern gewöhnlich die Rolle einer wenig hervortretenden Zwischenklemmungsmasse spielt. Wo sie etwas reichlicher auftritt, wie in manchen Varietäten des Kirchbergs, zeigt sie zuweilen eine lichtbräunliche Farbe und enthält allerlei winzige Entglasungsproducte; doch ist sie in der Regel farblos.

Der nach Ausscheidung der genannten Elemente übrig bleibende Rest der Grundmasse bildet weitaus den vorwiegenden Antheil. Er zeigt, wie gleich hervorgehoben werden mag, stets Einwirkung auf polarisirtes Licht. Nach der chemischen Zusammensetzung nicht nur der vorliegenden, sondern fast aller Porphyre, muss derselbe im wesentlichen aus den Bestandtheilen der Feldspathe und aus freier Kieselsäure bestehen, und die meisten Petrographen nehmen ja auch an, dass die Gruppirung der chemischen Elemente zu Quarz und Feldspath in der That vollständig oder zum mindesten nahezu vollständig stattgefunden habe, dass aber die Individuen zu klein seien, um sich bestimmen zu lassen. Ein näheres Eingehen auf die vielfach ventilirte und stets etwas verschieden beantwortete Frage nach der Natur der Porphyrgrundmasse würde bei dem Zweck dieser Arbeit zu weit führen. Jedenfalls ist die Möglichkeit nicht ausgeschlossen, dass auch Silicate von sehr wechselnder und unbestimmbarer Zusammensetzung vorhanden sind, und dass Partien mit anscheinend gleichmässiger Aggregatpolarisation nicht vollständig aus individualisirten Elementen bestehen.

Hier mag es genügen mitzutheilen, wie sich dieser Rest der Grundmasse unter dem Mikroskop objectiv darstellt, je nach der relativen Lage der Elemente.

Eine Anordnung nach bestimmten Richtungen (Ebenen oder Linien), welche man als Fluidalstructur bezeichnet, tritt nie deutlich hervor. Doch beobachtet man in einigen makroskopisch gebänderten und gestreiften Varietäten — besonders vom Kirchberg — einen Wechsel von feiner und gröber struirten gestreckten Partien oder eine streifige Anhäufung von Eisenerzen, zuweilen verbunden mit einer Sonderung je nach ihrer verschiedenen Gestaltung. Die Erscheinungen sind derart, dass man sie wohl als unvollkommen fixirte Bewegungsphänomene auffassen kann, obschon sich bestimmte Richtungen nicht allzuweit verfolgen lassen.

Eigentliche Structurvarietäten entstehen nur einerseits durch die regellose Anordnung der Elemente, andererseits durch ihre gesetzmässige Gruppirung um einen Punkt, wodurch die sphärolitische und die kuglige Structur bedingt wird, welche zwar meist, aber doch nicht stets zusammen vorkommen. Die Berechtigung, diese beiden Structurformen scharf zu trennen, könnte manchem zweifelhaft erscheinen, da sie doch einer gleichen Ursache ihre Entstehung verdanken, nämlich einer von einem Punkt aus wirkenden concretionären Kraft. Sie zeigen aber immerhin den nicht unwesentlichen Unterschied, dass die einen — die kugligen Gebilde — sich aus erkennbar verschiedenen Elementen aufbauen, die anderen nicht. Doch ist die Zusammensetzung der Kugeln im Odenwald nie eine so complicirte, wie in den bekannten sogenannten Pyromeriden. Lässt sich daher auch der nicht homogene Aufbau der Kugeln nicht immer unter dem Mikroskop mit aller Schärfe wahrnehmen, so zeigt er sich doch auf das deutlichste durch die mannigfach wechselnde Einwirkung der Atmosphärilien auf verschiedene Theile, wie sie bei den Sphärolithen nie beobachtet wurde. Hervorgehoben mag noch werden, dass in den vorliegenden Porphyren nur die Kugeln makroskopische Dimensionen besitzen, und dass zwischen ihnen und den Sphärolithen auch unter dem Mikroskop keine vermittelnden Grössen vorkommen. Ein irgendwie wesentlicher Unterschied lässt sich hierauf natürlich nicht begründen.

In den Varietäten mit richtungsloser Structur, welche in der Gegend von Dossenheim in reinster Ausbildung und fast ausschliesslich vertreten sind, stellt sich der hier in Betracht kommende Theil der Grundmasse im gewöhnlichen Licht als eine gleichartige, fein gekörnelte bis schuppige Substanz dar, einem gleichmässig und nicht allzu stark getrübten Feldspath oft recht ähnlich. Im polarisirten Licht zerlegt sie sich grösstentheils in stärker und schwächer doppeltbrechende, gewöhnlich ganz unregelmässig eckige Partien mit durchaus verschwommener Grenze gegen einander. Jede einzelne Partie zeigt Aggregatpolarisation, doch derart, dass die Lichtintensität bei Drehung zwischen gekreuzten Nicols sich meist deutlich ändert, und nie benachbarte Stellen gleichzeitig ins Maximum der Dunkelheit eintreten. Einzelne Theile der Grundmasse bekunden aber auch durch die Art der Aggregatpolarisation eine Zusammensetzung aus gröberen Elementen unbestimmbarer Natur, welche jedoch immerhin winzig genug sind, um selbst im dünnsten Schliff noch vielfach übereinander zu greifen.

In manchen Varietäten vom Geisenberg und Oelberg lässt sich eine Neigung zu gesetzmässiger Anordnung der Elemente nicht verkennen. Bald schiessen stänglige Individuen granophyrisch an den einen oder anderen Einsprengling an, bald trifft man parallel fasrige, mannigfaltig gestaltete Partien zusammen mit einigen Sphärolithen, bald ballen sich die Elemente ganz local in rundliche Partien zusammen, welche im gewöhnlichen Licht recht deutlich, im polarisirten fast gar nicht hervortreten. Nur spärlich finden sich Spuren von mikroschriftgranitartiger Verwachsung. Derartige Erscheinungen bleiben aber stets so vereinzelt, dass die Gesteine in ihrem Gesammthabitus nicht irgendwie wesentlich von denjenigen mit durchaus richtungsloser Structur abweichen.

Dies ist aber der Fall bei den kugligen Porphyren, in welchen stets nahezu die ganze Grundmasse sich aus regelmässig angeordneten Elementen zusammensetzt. Dabei verhalten sich die einzelnen Vorkommnisse noch recht verschieden. Am Oelberg treten die Kugeln durch das in ihnen angehäufte Eisenerz bei der Betrachtung des Dünnschliffs mit der Lupe deutlich hervor, dagegen kaum merklich bei stärkerer Vergrösserung oder zwischen gekreuzten Nicols. Im wesentlichen ist die Anordnung der Elemente in den Kugeln die gleiche, wie in den Lücken zwischen denselben; nur zerfallen sie in einige Sectoren, deren jeder ziemlich einheitlich, aber bei einer anderen Lage, als der benachbarte, sein Maximum der Dunkelheit erreicht. Durch die Art der Anhäufung des pulvrigen Eisenoxyds wird eine radiale Streifung schwach angedeutet, ohne dass sich jedoch irgend welche Faserung sicher erkennen lässt. Da die Kugeln auf der Verwitterungsfläche in diesen Porphyren sehr deutlich hervortreten, so liefert der vorliegende Fall ein treffliches Beispiel dafür, wie geringfügig Structurunterschiede sein können, welche auf den Verlauf der Verwitterung noch einen sehr merklichen Einfluss ausüben.

Ganz anders stellen sich die Kugeln am Steinsberg dar. Ein Theil zeigt im grossen einen radial strahligen Aufbau; im kleinen aber vereinigen sich spitz auslaufende Faserbündel mit Aggregatpolarisation derart, dass je eines sich zwischen zwei benachbarte einschiebt. Dicht eingestreute, braune, staubförmige Körnchen verhindern eine genaue Untersuchung. Häufiger bestehen die Kugeln aus eckigen Elementen, welche sich zu Schalen mit verschiedener Korngrösse zusammensetzen. Gewöhnlich ist das Korn der äusseren Zone je das feinere; doch tritt auch der umgekehrte Fall ein. An der Peripherie legt sich oft eine schmale fasrige Zone an, umgeben von einem Kranz dunkler Körner. Wo die Elemente hinreichend gross sind, lässt sich erkennen, dass jedes aus einem farblosen, klaren Untergrund besteht mit kleinen trüben, wenig scharf begrenzten Leisten. Hier kann man zwar die stoffliche Natur beider Substanzen nicht sicher erkennen, wohl aber mit einiger Wahrscheinlichkeit deuten, wenn man grössere, sehr ähnliche Partien in denselben Gesteinen zum Vergleich heranzieht. An solchen lässt sich öfters genügend constatiren, dass ein Quarzindividuum vorliegt, welches sehr kleine Orthoklasleisten in einfachen Krystallen und Karlsbader Zwillingen genau in der Weise einschliesst, wie der Feldspath Quarzstängel bei der schriftgranitartigen Verwachsung. Wiederum andere Kugeln enthalten einen Kern, der sich wie die Grundmasse in den normalen Porphyren verhält, während die Schalen sich aus abwechselnden klaren und trüben Stengeln zusammensetzen, deren physikalische Eigenschaften eine Deutung als Quarz und Feldspath zulassen. Auch hier löschen nicht die gleichen Stengel der ganzen Zone gleichzeitig aus, sondern nur je in einem Sector, als wenn derselbe aus einem Quarzindividuum mit eingelagerten Feldspathleisten bestände. Die optischen Hauptschnitte liegen also nur für einen beschränkten Theil der Individuen einer Zone nahezu parallel. Zuweilen stellen sich auch makroskopisch scharf hervortretende Kugeln unter dem Mikroskop als dichte, gleichmässig violette Scheiben dar, welche kaum durchscheinend werden.

Am Wendenkopf sind die Verhältnisse im ganzen ähnlich; doch kommen hier noch Zusammenballungen feiner Elemente ohne merkliche radiale Anordnung hinzu, welche nicht immer rundlich begrenzt sind, sondern auch eine unregelmässige, besonders eine langgestreckte Gestalt annehmen und dann im gewöhnlichen Licht wie Schlieren aussehen.

Die bald spärlich, bald reichlicher vorhandene, die Zwischenräume der Kugeln ausfüllende Grundmasse setzt sich häufig ganz oder fast ganz aus Sphärolithen zusammen, deren Durchmesser 0.2 Millim. nicht oft übersteigt. Diejenigen, welche schon im gewöhnlichen Licht scharf hervortreten — und es ist dies häufig der Fall — bestehen aus einem lichten, scheibenförmigen Kern und zwei feinfasrigen Zonen, von denen die innere breite braun und kaum durchscheinend, die äussere farblos ist. Ersterer zeigt recht lebhafte Aggregatpolarisation, welche auf mässig feinblättrige Zusammensetzung schliessen lässt; die Zonen liefern ein scharfes, am Kern absetzendes Interferenzkreuz. Die braune Farbe der mittleren Zone scheint durch die gleichen winzigen Körnchen bedingt zu sein, welche auch die grösseren Kugeln dunkler färben als die übrige Gesteinsmasse. In der Regel sind einzelne braune Fasern länger als die übrigen und laufen in die farblose Faserzone aus, so dass die mittlere Zone einem hohlen Zahnrad vergleichbar erscheint. Zuweilen treten auch in der letzteren feine lichte Linien wie die Speichen eines Rades hervor. Anderen Sphärolithen fehlt der Kern und die bräunliche Farbe, so dass sie nur zwischen gekreuzten Nicols durch die zierlichen Interferenzkreuze sichtbar werden. Die frühere Angabe,[1] dass die von Stelzner erwähnten blauen und gelben Säume an den Interferenzkreuzen in den Porphyren des Odenwaldes fehlen, ist dahin zu berichtigen, dass solche zuweilen mit grosser Schärfe auftreten, wie an besserem Material constatirt werden konnte. Der kleine zwischen den Sphärolithen übrig bleibende Raum wird von einer ähnlichen Substanz wie ihr Kern erfüllt. Es erscheint bemerkenswerth, dass der mehrfach erwähnte feine Staub sich nur zwischen fasrigen Elementen dicht anhäuft.

Neben Kugeln und Sphärolithen treten dann in einzelnen Vorkommnissen noch büschlige Aggregate oder die erwähnten Quarze mit eingewachsenen Feldspathleisten auf. Am Wendenkopf gesellen sich zierliche, leistenförmige Karlsbader Zwillinge hinzu, welche nach einem Punkt hin convergiren, und deren Enden in Quarz auslaufen, so dass sie von diesem etwa zur Hälfte eingeschlossen werden. Wenn man die verschiedenen Beobachtungen über die Aggregation von Quarz und Feldspath in der Grundmasse zusammenfasst, so gelangt man zu der Annahme, dass beide Mineralien gleichzeitig in ihr zur Ausscheidung gelangt sind. Schliesslich muss noch hervorgehoben werden, dass in den kugligen Porphyren eine isotrope Basis in den meisten Fällen nicht sicher nachzuweisen war.

---

[1] E. Cohen: l. c. 87.

An **unwesentlichen Bestandmassen** ist der jüngere Porphyr reicher, als der ältere. Am Spornberg und Allmersbacherkopf trifft man besonders häufig karneolähnlichen, an den Kanten durchscheinenden, blutrothen Hornstein allein oder mit Quarz vergesellschaftet. Beide sind zuweilen innig mit einander verwachsen und enthalten dann Drusen mit wasserklaren Quarzkrystallen, von denen fast ein jeder einen Kern von Hornstein besitzt. Diese zwei Quarzvarietäten treten auch in eigenthümlich zerhackten Formen auf. Wenn der Hornstein in kleinen aber reichlichen Partien den Porphyr durchdringt, so entstehen Gesteine, welche aussehen wie Breccien aus scharfkantigen Porphyrbruchstücken mit Hornstein als Bindemittel.

Im Dünnschliff unterscheidet sich der vorliegende Hornstein von demjenigen aus dem Rothliegenden durch den stark vorherrschenden Aufbau aus Fasern, die sich nicht selten so regelmässig concentrisch ordnen, dass die Kugeln oder Kugelsegmente scharfe Interferenzerscheinungen liefern. Auch löst sich das in dünnen Lagen ledergelbe Pigment nicht in pulverförmige oder flockige Gebilde auf, sondern verbreitet sich dilut über grössere Partien, einer dünnen zusammenhängenden Haut von Eisenoxyd ähnlich. Nur vereinzelt treten noch rothgelbe und opake Körner hervor, welche aber auf die Gesammtfärbung nur von untergeordnetem Einfluss sein können.

In der Gegend von Dossenheim sind mächtige Klüfte manchmal gleichmässig und dicht mit Quarzkrystallen bekleidet, welche wieder eine feine Haut von Eisenoxydhydrat überzieht. Auch Kalksinter und nierenförmiger Psilomelan treten am Kirchberg in derselben Weise auf. Platten von gelbem, stengligem Quarz erfüllen zuweilen enge Klüfte.

Drusen sind nicht selten, besonders am Kirchberg, Steinsberg und Wendenkopf, wo zum Theil die durch Zersetzung der Kugeln entstehenden Hohlräume ihre Bildung begünstigen. Das häufigste Drusenmineral ist Bergkrystall, den gewöhnlich zierliche, tafelförmige Kryställchen von Eisenglanz begleiten. Bald ist er ersterem aufgewachsen, bald wird er von ihm eingeschlossen. Oft tritt auch eine theilweise oder vollständige Ausfüllung durch Kaolin hinzu; am Steinsberg liess er sich früher wenigstens in grösserer Masse sammeln. Da der Drusenraum häufig von einer porösen, stark kaolinisirten Zone umgeben wird, so scheint die bei der Kaolinbildung in Lösung gehende Kieselsäure sich gleich an Ort und Stelle als Quarz wieder ausgeschieden zu haben. Am Kirchberg wurden einmal wasserklare Krystalle nur mit einem Rhomboëder als Endausbildung beobachtet, am Wendenkopf Quarzkrystalle mit einer matt weissen, leicht abblätternden, pulvrigen Rinde. Da der durchsichtige Kern allmählich in die undurchsichtige Rinde übergeht, und die Oberfläche der Krystalle bei vorsichtigem Ablösen der Schale matt und höckerig erscheint, so liegt wohl eine Umwandlung des Quarz in eine andere Modification der Kieselsäure vor.

In dem wenigstens früher am Steinsberg betriebenen Steinbruch wurde eine grosse Druse geöffnet mit prächtigen Stalaktiten, welche aus Brauneisenstein bestehen, der mit dünnen Schichten von Stilpnosiderit wechselt. Verschiedene Eisenocher bilden hier und an anderen Orten dünne Ueberzüge. In gleicher Weise tritt auch bläulichschwarzer Psilomelan auf. Besonders lose Gerölle sind oft gleichmässig mit einer feinen Schicht desselben bedeckt. Obgleich solche Stücke im Innern lichter gefärbt sind, als frische Haustücke der gleichen Porphyrvarietät, so scheint das Material zur Bildung des Psilomelan nicht aus dem Porphyr selbst zu stammen, sondern aus dem stets nahe gelegenen Buntsandstein zugeführt zu sein, dessen Blöcke in den Felsenmeeren die gleichen Ueberzüge besitzen.

Neigung zu regelmässiger A b s o n d e r u n g ist am jüngeren Porphyr fast überall zu beobachten, wenn sie auch nur an einzelnen Fundstätten einen höheren Grad von Vollkommenheit erreicht und sich ziemlich gleichmässig durch die ganze Gesteinsmasse verfolgen lässt. Am häufigsten trifft man vierseitige Säulen, welche am Wendenkopf bei 3 Centim. Dicke fast $^1/_2$ Meter Länge erreichen und die Nord- und Ostseite des Gipfels bedecken. Dreiseitige Säulen sind selten; fünfseitige sehr selten. Zierliche kleine Säulen von $^3/_4$—$1^1/_2$ Centim. Dicke und etwa der dreifachen Länge wurden am Westabhang der Schauenburg gesammelt. Mehr pfeilerartige

Absonderung ist am Apfelskopf und Kirchberg häufig, lässt sich aber selbstverständlich nur im anstehenden Gestein und besonders deutlich aus einiger Entfernung wahrnehmen. Der als Aussichtspunkt bekannte Edelstein am Westabhang des Oelbergs besteht aus mächtigen Pfeilern mit starker horizontaler Zerklüftung. Die Absonderungsflächen der Pfeiler und Säulen besitzen oft einen dünnen Ueberzug eines gelblichweissen, abfärbenden, talkig anzufühlenden Minerals.

Plattenförmige Absonderung tritt in deutlicher Weise nur am Apfelskopf und Wendenkopf auf. Am letzteren Punkt sind $^1/_{10}$ Quadratmeter grosse Platten bei einer Dicke von wenigen Centimetern nicht gerade Seltenheiten.

In der mehrfach citirten älteren Arbeit über die Porphyre des Odenwaldes wurde noch eine weitere Absonderungsform, nämlich die eckig-körnige am kokkolithartigen Porphyr vom Südost-Abhang des Apfelkopfs beschrieben. Wenn man als Absonderung — wie es entschieden richtig ist — nur reine Contractionserscheinungen bezeichnet, welche blos eine Verdichtung, aber nicht eine relative Verschiebung der Gesteinselemente bewirkt haben, so dürfte der genannte Porphyr nach dem Resultat einer erneuten Untersuchung streng genommen nicht hierher gehören. Makroskopisch verhält er sich allerdings genau wie die eckig-körnigen Basalte, Minetten etc., und der Gang der Verwitterung ist ein durchaus anderer, als bei den kugligen Porphyren des Odenwaldes. Es tritt durch dieselbe nämlich nie ein schaliger Aufbau hervor, es entstehen keine porösen Gesteine, die eckig-körnigen Partien verhalten sich ihrer ganzen Masse nach überhaupt vollkommen gleichartig gegen den Einfluss der Atmosphärilien. Man beobachtet stets ein Zerfallen zu eckig-körnigem Grus, dessen einzelne Stücke vollkommen compact sind. Im frischen Gestein nimmt man nur dunklere, dichtere und härtere Flecken wahr ohne bestimmte Begrenzung; bei beginnender Veränderung ragen aus der Bruchfläche jenen entsprechende scharfeckige Gesteinspartien hervor, während die natürliche Oberfläche der Gerölle mit mehr rundlichen Erhöhungen bedeckt ist. Erst unter dem Mikroskop erkennt man, dass jedenfalls nicht eine reine Absonderungsform vorliegt. Zunächst beweisen zahlreiche Sphärolithe in der im allgemeinen gröber struirten und leichter verwitternden Gesteinsmasse, welche die Zwischenräume der eckig begrenzten Partien im frischen Gestein ausfüllt, dass concretionäre Kräfte bei der Erstarrung des Porphyr zur Wirkung gelangten. Dann tritt auch in jenen Partien selbst, besonders durch die Anordnung der rothbraunen Eisenerze, eine roh radiale Structur hervor, während die Sphärolithe hier ganz fehlen. Letztere Thatsache allein beweist schon die ungleichförmige structurelle Ausbildung und spricht für eine unvollkommene Kugelbildung. So scharf sich auch Structur- und Absonderungsformen theoretisch definiren lassen, so schwer wird oft im concreten Fall die Unterscheidung; es dürften nicht selten — wie vielleicht auch bei dem Porphyr vom Apfelskopf — beide Erscheinungen zusammen auftreten.

Chemisch untersucht wurden Porphyre von drei verschiedenen Fundstätten.

1. Kokkolithartiger Porphyr aus dem Steinbruch am Apfelskopf. Analysirt von Herrn A. Semper.

2. Porphyr vom Edelstein am Oelberg. Analysirt von Herrn F. G. Fricke.

3. Porphyr aus dem Hauptsteinbruch am Kirchberg. Analysirt von Herrn L. Dahmen.

Unter 4 fügen wir zur Vergleichung eine ältere Analyse des Dossenheimer Porphyr von Dr. von Tribolet hinzu.[1]

	1.	2.	3.	4.
Kieselsäure	74.55	73.22	77.76	77.92
Thonerde	13.56	16.33	12.08	10.00
Eisenoxyd	0.34	1.37	1.04	
Eisenoxydul	1.16	0.70		2.69
Kalk	0.47	0.85	0.65	0.76
Magnesia	0.38	0.00	0.04	0.36
Kali	6.14	5.65	7.55	5.20
Natron	2.45	0.84	1.30	1.13
Wasser	1.74	1.29	0.72	1.15
	100.79	100.25	101.14	99.21

[1] Ann. d. Chemie u. Pharmacie LXXXVII. 334.

Hieraus ergibt sich als Sauerstoffgehalt:

	1.	2.	3.	4.
Kieselsäure	39.76	39.05	41.47	41.56
Thonerde	6.32	7.61	5.63	4.67
Eisenoxyd	0.10	0.41		
Eisenoxydul	0.26	0.16	0.22	0.60
Kalk	0.13	0.24	0.19	0.22
Magnesia	0.15	0.00	0.02	0.14
Kali	1.04	0.96	1.28	0.88
Natron	0.63	0.22	0.34	0.29

und als Sauerstoffquotient $\frac{RO + R^2O^3}{SiO^2}$:

1.	2.	3.	4.
0.217	0.246	0.185	0.164

6. Wagenberg-Porphyr.

Schon oben wurde angeführt, dass der Wagenberg-Porphyr sich jeglicher Altersbestimmung entzieht; weder Rothliegendes noch Buntsandstein treten in seiner unmittelbaren Nähe auf, wo er anstehend zu beobachten ist. Fehlt demgemäss jeder geognostische Anhaltspunkt zu einer Einreihung in die bisher beschriebenen Abtheilungen, so liefern die von den übrigen Porphyren bedeutend abweichende petrographische Ausbildung und die Lagerungsform, sowie das isolirte, vom jüngeren Porphyr entfernte Auftreten noch weitere Gründe zu einer getrennten Behandlung. Es bedarf in der That keiner sehr eingehenden Kenntniss der Gesteine des Odenwaldes, um eine Verwechslung des Wagenberg-Porphyr mit dem jüngeren oder älteren Porphyr auszuschliessen. Dagegen kommen Varietäten vor, welche manchen Tuffen des mittleren Rothliegenden makroskopisch recht ähnlich sehen. Die Berechtigung, den Wagenberg-Porphyr als eine zwar besondere, aber doch im ganzen den übrigen Porphyren der Bergstrasse gleichaltrige Bildung anzunehmen, ergibt sich nur aus der Thatsache, dass weder im Odenwald noch im Schwarzwald bis jetzt Porphyr-Eruptionen von anderem Alter bekannt geworden sind.

Der Wagenberg-Porphyr kommt in zum Theil sehr mächtigen Massen und mit guten Aufschlüssen an vier isolirten Punkten vor, von denen je zwei nahe bei einander liegen, während die Entfernung beider Gruppen zwei Drittel geographische Meilen beträgt. Die vier Berge heissen: Wagenberg, Raubschlösschen, Daumberg, Daumköpfchen. Ferner trifft man ihn dürftig aufgeschlossen in geringem Abstand östlich vom Wagenberg, in der Gegend des Hauenbühls und Hohen Bangerts. Schliesslich wurden noch am Krötenbrunnen, Südost von Siedelsbrunn bei einer Weganlage Gesteine zu Tage gefördert, welche nach dem Resultat der mikroskopischen Untersuchung entschieden hierher gehören, obwohl sie manche Eigenthümlichkeiten zeigen. Bei der Aufnahme wurden sie für mittleres Rothliegendes gehalten, und demgemäss findet sich auf der Karte Rothliegendes als schmale Zone an der Grenze von Granit und Buntsandstein eingetragen. Von anstehendem Gestein war an der Oberfläche keine Spur zu entdecken; doch kann man solches nach der Zahl und Grösse der Platten zu schliessen jedenfalls schon in geringer Tiefe erwarten. Der Irrthum war um so leichter möglich, als sich Rothliegendes in isolirten Fetzen bis nahe an den Krötenbrunnen das Eiterbacher Thal hinaufzieht, die Platten gerade dort vorkamen, wo diese Formation auftreten musste, wenn sie vorhanden war, und schliesslich, wie schon erwähnt, die Gesteinsvarietät silificirten Tuffen makroskopisch nicht unähnlich sieht.

Von den zuerst genannten vier Hauptbergen sind Raubschlösschen, Daumberg und Daumköpfchen durch eine so regelmässige Kegelform ausgezeichnet, dass man schon aus der Ferne bei einer Orientirung von der Spitze des Eichelbergs darauf aufmerksam werden musste, dass hier Gesteine von abweichender Beschaffenheit auftreten, als sie die benachbarten Gebiete zusammensetzen. Am Wagenberg ist die Kegelform ebenfalls vorhanden, aber weniger deutlich ausgeprägt, da ein grosser Theil des Porphyr hier noch im Granit steckt. Auch beim jüngeren Porphyr kommen, wie wir oben gesehen haben, kegelförmige Berge vor, und doch sind die Lagerungsformen dort und hier durchaus verschiedener Art.

In der Gegend von Dossenheim sind die Kegel durch die Erosion aus einer Decke entstanden, es sind sogenannte secundäre Kegel; beim Wagenberg-Porphyr liegt entschieden eine primäre Lagerungsform vor, und zwar ist anzunehmen, dass der Porphyr ursprünglich wenig oder wahrscheinlich gar nicht über das Grundgebirge emporgedrungen ist, sondern nur in dasselbe hineingepresst wurde. Da unter diesen Umständen nothwendigerweise ein starker Druck auf die in die Höhe drängende Gesteinsmasse zur Wirkung gelangte, so mag er als Ursache anzusehen sein, dass wir zuweilen auf der Spitze, besonders constant aber an den peripherischen Theilen der Berge eine ausgezeichnet schiefrige Structur beobachten.

Einen trefflichen Beweis für die angegebene verschiedene Entstehung der Porphyrkegel liefern im Odenwald die durch die Erosion bedingten Erscheinungen. Breitet sich ein Porphyr deckenförmig über Granit aus, so werden bei einem geringen Einschnitt die Thalwände nur aus Porphyr, bei einem hinreichend tiefen die oberen Gehänge aus Porphyr, die unteren aus Granit bestehen. Je stärker die Erosion, desto mehr tritt letzterer hervor und der Porphyr zurück. Dieses Verhalten lässt sich am jüngeren Porphyr, das umgekehrte am Wagenberg-Porphyr verfolgen. Je tiefer hier die Einschnitte sind, um so tiefer zieht sich auch der Porphyr in das Thal hinab, während die Gebirgsrücken, welche sich an denselben anlehnen, alle aus Granit bestehen. So sehen wir den Porphyr bei der Lohmühle im Birkenauer Thal auf dem linken Weschnitzufer in der Thalsohle anstehen; dagegen ist der in nordnordöstlicher Richtung nach Birkenau sich hinziehende Kamm bis zum Steilabfall des Wagenbergs aus Granit zusammengesetzt. Ebenso ist der Porphyr des Raubschlösschens nur am Nordabhang nach dem tiefen Gorxheimer Thal hin freigelegt, während die Erosion auf der Südseite erst einige wenige Fuss des Granit fortgeführt hat, und letzterer daher fast bis an die Spitze des Kegels noch hinanreicht. Dieselben Beobachtungen kann man am Daumberg machen. Je stärker an letzteren Punkten die Erosion, desto mehr kommt der Porphyr zur Geltung und desto mehr verschwindet der Granit.

Am Hauenbühl und am Hohen Bangert lassen sich die Lagerungsformen nicht sicher ermitteln, theils wegen des Mangels an Einschnitten, theils wegen des ausgedehnten Waldbestandes. An einem Punkt erhebt sich eine Anhäufung von Schollen als flache Kuppe von geringem Umfang über den Granit; von den anderen ist bei der Anlage von Waldwegen je eine kleine Partie aufgedeckt worden, gerade gross genug, um das Vorkommen zu constatiren. Der Gesteinsbeschaffenheit nach könnten die kleinen Fetzen wohl einem in der Tiefe zusammenhängenden Massiv angehören.

Da der Wagenberg bei weitem das mächtigste Vorkommen repräsentirt, so wurde nach ihm der Name gewählt.

Gegenüber den bisher beschriebenen Porphyren zeichnet sich der Wagenberg-Porphyr abgesehen von seiner Lagerungsform auch rein petrographisch in mehrfacher Beziehung aus. Die Grundmasse zeigt fast durchgängig die rauhe und wenig feste Beschaffenheit, welche man als thonsteinartig zu bezeichnen pflegt. Einsprenglinge, unter denen Glimmer nie ganz fehlt, sind entweder sehr spärlich oder sehr reichlich vorhanden. Die Menge der Eisenerze ist stets eine geringe; Trichite kommen in keinem der zahlreichen untersuchten Dünnschliffe vor. Als accessorischer Gemengtheil tritt in einer Reihe von Varietäten Turmalin auf. Der Feldspath ist oft in Pinitoid umgewandelt und am Raubschlösschen theilweise als Manebacher Zwilling ausgebildet. Schiefrige Structur, meist von grosser Vollkommenheit ist eine häufige Erscheinung.

Durch das entschiedene Vorwalten oder starke Zurücktreten der Einsprenglinge entstehen zwei ihrem Gesammthabitus nach so von einander abweichende Varietäten, dass eine getrennte Beschreibung derselben zweckmässig erscheint.

Porphyr arm an Einsprenglingen. Diese Varietät ist bei weitem die vorherrschende, indem sie am Krötenbrunnen als einzige beobachtet wurde, nahezu den ganzen Wagenberg zusammensetzt und an keinem der übrigen Fundorte fehlt. Am besten aufgeschlossen ist sie im Steinbruch an der Lohmühle im Birkenauer Thal, während man sonst an den Gehängen der Berge nur hie und da anstehenden Fels zwischen den Anhäufungen loser Geschiebe hervorragen sieht. Dass die schiefrige Structur an einigen Punkten sicher nachweisbar, wahrscheinlich überall auf die peripherischen Theile der Porphyrmassen beschränkt ist, wurde schon erwähnt; es verdient noch besonders hervorgehoben zu werden, dass die schiefrigen Porphyre stets dieser Varietät angehören, ja dieselbe am schärfsten repräsentiren, da sie öfters ganz frei von Einsprenglingen sind. Wo der Kern der Berge aus der zweiten Varietät besteht, wie am Raubschlösschen und Daumberg tritt der doppelte Wechsel in der Ausbildung zwischen den centralen und peripherischen Partien der Kegel sehr scharf hervor. Auch am Wagenberg sind die schiefrigen Porphyre ärmer an Einsprenglingen, als die massigen; aber die Differenz fällt nur schwach in die Augen, da die absolute Menge der Einsprenglinge überall eine geringe ist. Die Erstarrung unter Druck, welche für diese Porphyre mit grosser Wahrscheinlichkeit angenommen werden kann, mag ebenso viel beigetragen haben, die Entwicklung grösserer Krystalle in den Randpartien zu verringern, als eine schnellere Erkaltung.

Die ebensowohl durch ihre geringen Dimensionen, als durch ihre Zahl stark zurücktretenden wesentlichen Einsprenglinge bestehen aus Quarz, Feldspath und Biotit, unter denen der letztere sehr selten schon makroskopisch wahrnehmbar ist. Als ausschliesslich mikroskopischer und nicht überall vertretener accessorischer Gemengtheil kommt noch Turmalin hinzu, welcher aus echten Porphyren bisher wohl noch nicht bekannt geworden ist.

Die farblosen bis rauchgrauen Körner und scharf ausgebildeten Dihexaëder von Quarz führen Flüssigkeitsporen, Glaseinschlüsse und spärliche Mikrolithe. Unter den ersteren enthalten manche lebhaft bewegliche Libellen, andere sind von so zierlicher dihexaëdrischer Gestalt, dass man bei vorsichtiger Bewegung der Mikrometerschraube die Polkanten wahrnehmen kann. Wo sich die Flüssigkeitsporen etwas reichlicher einstellen, ordnen sie sich häufiger zu Reihen, als wohl sonst in Porphyren, aber derart, dass ein verhältnissmässig grosser Abstand bleibt. Fast in jedem Präparat trifft man in dem einen oder anderen Quarzkorn einen Glaseinschluss, jedoch nur selten eine grössere Zahl beisammen, und wie gewöhnlich ist die absolute Menge aller Einschlüsse eine geringe.

Der durchschnittlich den Quarz überwiegende Feldspath kommt nie in der durchsichtigen Varietät vor; er ist gewöhnlich vollständig umgewandelt, und zwar häufiger in Pinitoid, als in Kaolin. Sind auch die Umrisse nur hie und da mit einiger Schärfe erhalten, so konnte doch die Combination $\infty P \breve{\infty}$. oP. ∞P. $2P\bar{\infty}$ in dem zur Analyse verwandten, ausnahmsweise frischen Handstück bestimmt werden. Dass aber Krystallformen gar nicht so selten vorkommen, als es den Anschein hat, erkennt man an den parallelopipedischen Hohlräumen, welche bei vollständiger Auslaugung des Feldspath entstehen. Plagioklas liess sich nirgends nachweisen, allerdings auch Orthoklas selten direct bestimmen.

Am wenigsten constant ist die Menge des meist vollständig veränderten Glimmer. Er wird unter Ausscheidung von Eisenoxyden gebleicht, ohne dass dabei die Substanz vollständig zerstört wurde, da meist kräftige Doppelbrechung erhalten bleibt. Von diesem augenscheinlich primären Biotit sind zu unterscheiden makroskopische silberweisse Blättchen, welche sich in den schiefrigen Varietäten auf den Absonderungsflächen anhäufen und letzteren parallel angeordnet sind. Obgleich ihre Menge nicht mit dem grösseren oder geringeren Grade der Veränderung der Gesteine in Beziehung zu stehen scheint, sind sie doch sicherlich secundärer Bildung, so dass ihre Anordnung von der Schieferung, nicht aber diese von jener abhängig ist. Aus der silberweissen Farbe kann man nicht direct schliessen, dass Muscovit vorliegt, da Biotit in einem gewissen Stadium der Veränderung makroskopisch einen muscovitähnlichen Habitus annehmen kann.

Von besonderem Interesse ist der Turmalin, welcher entweder ganz fehlt oder sich in durchaus nicht unbedeutender Menge einstellt. Am Wagenberg scheint er sich auf den Nordabhang zu beschränken; zwischen Hauenbühl und Hohem

Bangert wurde er einmal beobachtet; am Krötenbrunnen ist er constant vorhanden; dagegen wurde er in keiner der zahlreichen untersuchten schiefrigen Varietäten gefunden. Gewöhnlich tritt er in ganz unregelmässig begrenzten Individuen auf. welche sich gern an einzelnen Stellen stärker anhäufen, so dass ein Dünnschliff sich reich an Turmalin erweisen kann, während ein anderer vom gleichen Handstück gar keinen enthält. In kleiner Anzahl sind aber auch vollkommen ausgebildete Krystalle vorhanden, entweder bei horizontaler Lage sich als Säulen mit dem Grundrhomboëder an beiden Enden darstellend, oder bei verticaler scharf sechsseitig begrenzte Schnitte liefernd, auffallenderweise ohne jegliche Andeutung der trigonalen Säule. Der ordinäre Strahl zeigt ein unreines Dunkelblau, der extraordinäre ein lichtes Braun; die Farbennüancen stimmen auf das genauste mit denjenigen in den Turmalingraniten des Odenwaldes überein.

Die *Grundmasse* ist in der Regel matt, rauh und leicht mit dem Messer ritzbar bis fast erdig. Dieser thonsteinartige Zustand wird wohl durch secundäre Veränderung bedingt sein, welche stets die ganze Gesteinsmasse in gleichmässiger Weise betroffen hat und besonders dazu beiträgt, den Wagenberg-Porphyr gegenüber den anderen Porphyren des Odenwaldes scharf zu charakterisiren. Dadurch geht das homogene Ansehen, welches der Porphyrgrundmasse gewöhnlich eigenthümlich ist, bis zu einem gewissen Grade verloren, wenn auch die Elemente dabei keineswegs schärfer hervortreten. Varietäten von mehr normalem porphyrischem Habitus trifft man bei massiger Ausbildung auf dem Sattel des Wagenbergs und am Krötenbrunnen, bei schiefriger auf der Spitze des Wagenbergs und am Daumberg. Die Farbe ist durchgängig eine lichte, wechselt aber auf das mannigfachste. Am häufigsten vertreten findet man grünliche, gelbliche und violette Nüancen, rothe, und dann meist dunklere selten. Da auch einfarbige Gesteine nur ausnahmsweise vorkommen, sondern gewöhnlich breccienähnlich gefleckte, gebänderte oder mit zickzack- und wellenförmigen Linien gezeichnete, so kann man eine fast unbegrenzte Zahl abweichend aussehender Handstücke sammeln. Constant bleibt nur die Färbung bei einer und derselben Lage schiefriger Porphyre.

Unter dem Mikroskop zeichnet sich die Grundmasse aus durch den grossen Reichthum winziger Blättchen eines Glimmer, der in einem Vorkommen durchgängig grün gefärbt, sonst farblos bis gelblich ist. Die grünen Blättchen sind wahrscheinlich chloritisch umgewandelter Biotit, der nicht gerade häufig ein so reichlicher Gemengtheil der Grundmasse zu sein scheint. Gut erkennbare Quarzkörner treten zuweilen in grosser Menge, in anderen Fällen gar nicht hervor. Auffallend gering ist der Gehalt an Eisenerzen entsprechend der vorherrschend lichten Färbung der Gesteine. Opake Körner in Gesellschaft von etwas Eisenglimmer trifft man nur noch in wenigen Varietäten, denen sie eine graulichviolette Farbe verleihen. Zierliche Pseudomorphosen von Brauneisenstein nach Magnetit treten hier zuweilen auf. In den übrigen Varietäten sind opake Erze wohl auch ursprünglich vorhanden gewesen, aber vollständig in bräunliche Flocken, licht gelblichbraune Häute oder staubförmige Partikel umgewandelt, welche sich bald locker vertheilt haben, bald zu rundlichen Partien angehäuft finden. Derartige Zusammenballungen haben wohl erst bei der secundären Veränderung der Porphyre stattgefunden, da überall, wo noch opake Erze vorhanden sind, ihre Vertheilung eine gleichförmige ist.

Die sicher bestimmbaren Elemente machen in den meisten Varietäten des Wagenberg-Porphyr einen viel kleineren Theil der Grundmasse aus, als im älteren und jüngeren Porphyr; der weniger frische Zustand der Gesteine mag dazu wesentlich mit beitragen. Einerseits geht die Schärfe der Umrisse bei der Veränderung verloren, andererseits scheint sich ein Theil der secundären Producte des Feldspath gleichmässig durch die Gesteinsmasse zu vertheilen und derselben ein trübes Ansehen zu verleihen. Manche unregelmässig begrenzte, trübe Partien mögen Feldspath gewesen sein, doch fehlt jeglicher Anhalt zu einer Entscheidung. Im allgemeinen herrschen Partien stark vor, deren Verhalten im polarisirten Licht auf ein sehr fein struirtes Aggregat deutet. Dabei sind die Erscheinungen aber noch recht mannigfaltiger Art. Zuweilen nimmt man eine durchaus gleichmässige Aggregatpolarisation wahr; das Gesichtsfeld ist fast dunkel und ändert sich sehr wenig bei Horizontaldrehung des Präparats. In anderen Fällen zerlegt sich die Gesteinsmasse, welche sich im gewöhnlichen Licht nicht von der vorigen unterscheidet, in rundliche, nach der Art der Aggregatpolarisation etwas gröber struirte Partien, die einen lebhaften Wechsel zwischen Hell und Dunkel durchmachen, und deren jede bei anderer Lage die stärkste Dunkelheit zeigt. Um solche Partien legt sich auch zuweilen ein lockerer Kranz von Erzkörnern. Man kann die Erscheinung wohl am leichtesten erklären, wenn man annimmt, rundlich gestaltete Elemente haben sich kuglig zusammengeballt und dabei eine annähernd gleiche optische Orientirung angenommen. Von einer bestimmten Structur ist jedoch nichts wahrzunehmen. Die erwähnten beiden Hauptarten der Ausbildung kommen für sich allein vor und in den mannigfachsten Combinationen, sowie auch sehr fein und etwas weniger fein struirte Partien in wechselnder Menge und in der verschiedensten Weise gegen einander abgegrenzt sich vereinigt finden. Trotzdem zeigt sich nirgends eine Fluidalstructur, sondern die Stellen mit abweichendem Verhalten im polarisirten Licht setzen abrupt aneinander ab. Nach dem Verlauf der makroskopischen Zeichnungen in den gebänderten Varietäten ist man oft geneigt, in ihnen den makroskopischen Ausdruck von Bewegungsphänomenen zu sehen, und solche können auch wohl die Ursache sein, obschon sie unter dem Mikroskop nicht direct zur Wahrnehmung gelangen. Im gewöhnlichen Licht findet man meist die Richtungen im Dünnschliff wieder, indem sie durch etwas dunklere Schattirungen oder durch eine eigenthümliche Flaserung schwach markirt werden; im polarisirten Licht verschwindet aber in den vorliegenden Porphyren jeglicher Unterschied. Da irgend eine Ursache vorhanden sein muss, dass an bestimmten Stellen winzige, die abweichende Färbung erzeugende Partikel sich anhäuften, vielleicht auch nur die Elemente der Grundmasse ein irgendwie anderes Stadium der Veränderung erreichten, so liegt es am nächsten anzunehmen, dass bei gleicher relativer Anordnung der Elemente ihr Abstand streifenweise ein etwas veränderter ist, ohne dass dadurch mikroskopisch wahrnehmbare Poren entständen. Eine radiale Anordnung der Elemente kommt ganz vereinzelt vor, nämlich nur am Krötenbrunnen und in einem schiefrigen Porphyr von der Spitze des Wagenbergs. Dann trifft man aber nur regelmässige Sphärolithe auf eng begrenzte Stellen selbst eines Dünnschliffes beschränkt, nicht, wie sonst häufig in den nahe verwandten Gesteinen, noch büschlige Gebilde oder sonstige Andeutungen, aus denen sich auf eine Neigung zu kugliger Gruppirung schliessen lässt. Glasige Basis oder Stellen, die sich als verändertes Glas deuten lassen, konnten nicht mit genügender Sicherheit nachgewiesen werden. Doch enthalten alle Präparate Partien mit isotropem Verhalten, einige sogar in recht reichlicher Menge. Untersucht man sie im gewöhnlichen Licht, so lässt sich jedoch keine structurelle Eigenschaft wahrnehmen, welche sie von den mehr oder minder stark doppeltbrechenden unterscheidet.

Die schiefrige Structur ist nicht nur an den verschiedenen Fundorten, sondern auch an einem und demselben von recht mannigfacher Ausbildung, indem Dicke der Platten, Grad der Vollkommenheit der Schieferung und Gestalt der Flächen stark wechseln. Auf der Spitze des Wagenbergs sind die Lagen oft kaum dicker, als ein Kartenblatt, und es lassen sich leicht grössere, Millimeter starke Tafeln sammeln, bei denen man noch eine grosse Zahl einzelner Lagen an der Streifung im Querbruch zählen kann. Gradflächige, schwach gewölbte oder dachförmig geknickte Platten sind hier seltener, als mannigfach wellig gebogene oder vollständig unebene. Häufig erscheinen die Absonderungsflächen im grossen runzliger Baumrinde ähnlich. Im kleinen sind sie theils rauh, höckerig oder gekräuselt, theils glatt, theils fein gefurcht. Am Daumberg und Raubschlösschen ist die Schieferung zwar auch recht vollkommen, aber die Platten sind dicker, nie gewunden oder gewölbt und an der Oberfläche meist rauh. Harte und feste, dem sogenannten Felsitschiefer ähnliche Gesteine, deren Grundmasse sich kaum mit dem Messer ritzen lässt, trifft man ziemlich häufig am Wagenberg, selten am Daumberg. Am letzteren Fundort und am Raubschlösschen ist die Beschaffenheit der schiefrigen Porphyre vorherrschend eine thonsteinartige. Am unvollkommensten ist die Schieferung an den isolirten kleinen Vorkommnissen östlich vom Wagenberg.

Dass die Einsprenglinge schon vorhanden waren, bevor die Schieferstructur zur Ausbildung gelangte, kann man zuweilen deutlich wahrnehmen, indem grössere Quarz- und Feldspathkrystalle durch mehrere Lagen hindurchgehen, und diese ohne irgend welche Störung an jenen absetzen.

Wo schiefrige Structur verbunden mit regelmässiger säulenförmiger Absonderung vorkommt — und es ist dies an mehreren Punkten des Wagenbergs der Fall — erweist sich letztere als ganz unabhängig von der Schieferung. Es lässt sich dies am besten an den Säulen auf der Höhe des Berges beobachten, von welchen wir G. Leonhard eine treffliche Skizze verdanken.[1] Dieselben sind gewöhnlich fünfseitig, seltener vier- oder sechsseitig, $1/5$ — $1/3$ Meter dick und erreichten früher eine Höhe von $2^1/_2$ Meter. Leider sind sie der Zerstörung so ausgesetzt, dass sie jetzt schon kaum noch die Hälfte der Höhe besitzen, wie zur Zeit der erwähnten Abbildung. Die Säulen stehen direct neben einander und meist fast senkrecht und parallel; nur zuweilen divergiren die Seitenflächen um ein geringes. Bald verläuft die Schieferung parallel mit der Längsrichtung der Säulen, bald steht sie senkrecht zu letzterer, bald sind die Lagen in der unregelmässigsten Weise gewunden. Nicht selten setzen sie mit unveränderter Richtung aus einer Säule in die benachbarte fort. Alle diese Verhältnisse bestätigen die auch schon an anderen Vorkommnissen gemachte Beobachtung, dass die Absonderung erst stattgefunden haben kann, nachdem der petrographische Habitus des Porphyr vollständig zur Entwicklung gelangt war.

Sehr schöne, eigenthümlich gewundene Säulen mit Einschnürungen und schaliger Schieferung senkrecht zu den Ab-

---

[1] Beiträge zur Geologie der Gegend um Heidelberg. Heidelberg 1844. Tf. II. Fig. 6. — Die Quarz-führenden Porphyre. Stuttgart 1855. 129.

sonderungsflächen stehen am Nordwest-Abhang, etwa auf der Mitte des Wagenbergs an. Ferner treten quer gegliederte, nicht sehr vollkommene Säulen ohne Schieferung auf dem die beiden Spitzen verbindenden Sattel auf. G. Leonhard[1] und Bronn[2] erwähnen noch ein gleiches Vorkommen vom Raubschlösschen und aus dem Steinbruch an der Lohmühle. Vom letzteren Fundort beschreibt Bronn[3] auch eingehend aus sehr dünnen Lagen bestehende Kugeln. Von diesen Vorkommnissen war zur Zeit der Aufnahme nichts mehr zu sehen, wie sich leicht durch die fortgeschrittenen Steinbruchsarbeiten erklärt.

Chemisch untersucht wurden die folgenden drei Varietäten:

1. Mit massiger Structur vom Wagenberg. Analysirt von Herrn Bodewig.

2. Mit schiefriger Structur vom Daumberg. Analysirt von Herrn F. Pieschel.

3. Mit schiefriger Structur von der Spitze des Wagenbergs. Analysirt von Herrn P. Hinneberg.

	1.	2.	3.
Kieselsäure	74.91	75.85	75.19
Thonerde	14.32	13.92	13.63
Eisenoxyd	0.66	0.71[4]	0.99
Eisenoxydul	1.17	0.63	0.88
Kalk	0.50	0.56	0.38
Magnesia	0.32	0.01	0.74
Kali	5.65	5.17	5.72
Natron	0.60	0.07	0.10
Wasser	1.18	2.44	2.36
	99.31	99.36	99.99

[1] Die Quarz-führenden Porphyre 60. Geogn.-mineralog. Beschreibung d. Bad. Bergstrasse. Stuttgart 1853. 30.

[2] l. c. 76.

[3] l. c. 77.

[4] Es wurde nur Eisenoxyd bestimmt; aus der gefundenen Menge (1.34 Proc.) sind Eisenoxyd und Eisenoxydul nach dem Verhältniss berechnet worden, wie es sich aus Analyse 3 ergibt.

Der Sauerstoffgehalt beträgt:

	1.	2.	3.
Kieselsäure	39.95	40.45	40.10
Thonerde	6.67	6.49	6.35
Eisenoxyd	0.20	0.21	0.30
Eisenoxydul	0.26	0.14	0.20
Kalk	0.14	0.16	0.11
Magnesia	0.13	0.00	0.30
Kali	0.96	0.88	0.97
Natron	0.15	0.02	0.03

Hieraus ergibt sich als Sauerstoffquotient $\frac{RO + R^2O^3}{SiO^2}$

1.	2.	3.
0.213	0.195	0.206

Während der Wassergehalt in allen übrigen Porphyren des Odenwaldes 1.74 Proc. nicht übersteigt und gewöhnlich innerhalb der engen Grenzen von 1.2 und 1.4 Proc. liegt, erscheint derselbe in den schiefrigen Varietäten verhältnissmässig hoch. Dem Anschein nach waren die ausgewählten Handstücke nicht stärker verändert, als das vom Wagenberg stammende mit massiger Structur. Trotzdem wird man annehmen müssen, dass die Einwirkung der Atmosphärilien in jenen etwas weiter fortgeschritten ist und die ganze Gesteinsmasse zu gleichmässig ergriffen hat, um deutlich hervorzutreten, wahrscheinlich begünstigt durch die der Structur entsprechende Anordnung der Elemente. In allen drei Wagenberg-Porphyren tritt auch Natron sehr viel stärker zurück, als im älteren und jüngeren Porphyr. Sonst ist die chemische Zusammensetzung eine so ähnliche, wie man es kaum bei verschiedenaltrigen Gesteinen erwarten sollte, welche bezüglich ihrer Structur und nach ihrem Gesammthabitus doch zum Theil recht erheblich von einander abweichen. Die chemische Uebereinstimmung, welche wahrscheinlich noch mehr hervortreten würde, wenn die Gesteine alle von einem, nicht jedes von einem anderen Analytiker untersucht wäre, könnte zu der Hypothese verleiten, es entstammten alle Magmen einem Eruptionsherd und hätten sich nur unter etwas veränderten Erstarrungs-Bedingungen abweichend differentiirt.

Porphyr reich an Einsprenglingen. Diese Varietät ist am Raubschlösschen, Daumberg und Daumköpfchen bei weitem die vorherrschende und setzt an ersterer Oertlichkeit sicher, an den letzteren beiden mit grosser Wahrscheinlichkeit den Kern des Berges zusammen. Am Wagenberg wurden nur auf der Ostseite in der Nähe der Granitgrenze einige grössere lose Blöcke gefunden, welche durch Einschlüsse unzweifelhafter Granitbrocken ausgezeichnet sind. Von einem Einfluss des Porphyr auf dieselben ist nichts wahrzunehmen.

Die vorliegende Varietät ist die einzige unter den verschiedenen an der Bergstrasse auftretenden, in welchen die Einsprenglinge zumeist das Uebergewicht über die Grundmasse erlangen und zwar ebensowohl durch ihre Zahl, als durch ihre Grösse. In Folge dieser Eigenschaft, des reichlichen Gehalts an Biotit und der stets vollständigen Umwandlung des Orthoklas in verschiedene, aber gut charakterisirte Producte erlangt der Gesammthabitus ein ganz besonders specifisches Gepräge, welches überall erhalten bleibt, obwohl an den einzelnen Fundorten die Grösse der Einsprenglinge und die Art der Zersetzung des Feldspath nicht unbedeutend variirt.

An Einsprenglingen sind stets vorhanden Feldspath, Quarz und Glimmer, die sich in der angegebenen Reihenfolge an der Zusammensetzung des Gesteins betheiligen. Es ist besonders die Grösse der Feldspathkrystalle, welche letztere oft zu einem stark vorherrschenden Bestandtheil macht.

Die rauchgrauen, meist mit grosser Schärfe ausgebildeten Quarz-Dihexaëder erreichen eine Grösse von 5 Millim., sind aber durchschnittlich wohl nur halb so gross. Zuweilen kann man sie noch vollständig erhalten aus dem Grus an den Abhängen des Raubschlösschens auslesen. Regelmässige sechsseitige und rhombische Durchschnitte trifft man daher im Dünnschliff sehr häufig an. Die Interpositionen erscheinen in mancher Beziehung bemerkenswerth. Am reichlichsten vertreten sind Glaseinschlüsse, gewöhnlich von zierlicher dihexaëdrischer Form und mit grossen Gasbläschen, denen sich hie und da ein lichtgelbliches, doppeltbrechendes Korn zugesellt. In anderen Dihexaëdern fehlt das Bläschen, und statt desselben trifft man zuweilen eine Gruppe kleiner Nadeln. Durchaus nicht selten tritt auch Glas in unregelmässig gestalteten Blättchen auf, mit und ohne Bläschen. Obwohl die meisten Glaseinschlüsse, wie der Regel nach in Porphyren, farblos sind, so beobachtet man doch viele kräftig braun gefärbte, was besonders hervorgehoben zu werden verdient. Gewöhnlich beschränkt sich eine Farbe auf ein Quarzindividuum; doch finden sich auch Einschlüsse beider Art neben einander, und am Raubschlösschen wurden sogar solche beobachtet, in denen ein scharf begrenzter brauner Glasfetzen und ein opakes Korn von farblosem Glas beherbergt werden. Es muss also während der Krystallisation der Einsprenglinge das Magma sich verändert haben, und da das braune, wahrscheinlich eisenreichere Glas das ältere ist, so wird die Veränderung besonders in einer Ausscheidung färbender Eisenverbindungen bestanden haben. Auch vollständig entglaste, von Gasbläschen stets freie Dihexaëder sind ziemlich reichlich vorhanden, welche bei Einstellung des Wirths auf Dunkel lebhaft buntfarbig hervortreten.

Häufiger als in den übrigen Porphyren des Odenwaldes trifft man ganz oder nahezu ganz farblose, an den Enden abgerundete Mikrolithe. Sie liegen bald isolirt, bald gruppenweise neben einander; zuweilen durchspicken sie aber auch ein Glasdihexaëder, oder es haften ihnen Glaskörner oder Gasbläschen an. Einmal wurden auch zwei kreuzförmig direct über einander liegende Mikrolithe mit eingeklemmtem Bläschen beobachtet, welches in Folge des Druckes eine abgeplattete und schwach eingeschnürte Gestalt erhalten hat. Da man bei den Mikrolithen doch jedenfalls nicht annehmen kann, dass eine bei ihrer Bildung stattgefundene Contraction Ursache der Entstehung des Gasbläschens sei, so beweisen derartige Beobachtungen, dass Gasbläschen das Magma durchschwärmten, mit festen Körpern in Berührung kamen und durch Adhäsion festgehalten mit jenen eingeschlossen und conservirt wurden. Wenn derartige Vorgänge sicher stattgefunden haben, so kann man jedenfalls, wie es schon mehrfach geschehen ist, für die Bläschen in den Glaseinschlüssen einen gleichen Ursprung annehmen, ohne damit nur eine Hypothese aufzustellen.

Die Grundmasse bildet tiefe Einbuchtungen im Quarz, tritt aber auch als unzweifelhafter Einschluss auf, wie man an der dihexaëdrischen Form sicher erkennen kann. Deshalb mag bei unregelmässiger Gestalt doch in den meisten Fällen eine Einbuchtung vorliegen, deren ursprüngliche Verbindung mit der Grundmasse nicht in die Schliffebene fällt. Sehr eigenthümlich sind kleine, farblose, isotrope Würfel, von welchen sieben neben einander in einem Porphyr vom Daumberg angetroffen wurden. Im Porphyr vom Raubschlösschen hat Rosenbusch dieselben schon beobachtet und sehr passend mit den Würfeln verglichen, welche in Flüssigkeitseinschlüssen vorkommen.[1] Verhältnissmässig grosse Flüssigkeitsporen von unregelmässiger Gestalt und mit beweglichen Libellen sind nicht allzu reichlich vorhanden und liegen stets isolirt. Ausserdem treten breite Bänder auf, jenen gleich, welchen man so häufig im Granitquarz begegnet. Nicht alle bestehen aus Poren: wo dies der Fall ist, lässt sich nur in wenigen Fällen ein flüssiger Inhalt constatiren. Ein Theil scheint noch leer zu sein; ein anderer Theil war wohl ursprünglich auch leer, ist aber jetzt mit Eisenoxyden erfüllt, welche auf Capillarspalten infiltrirt wurden, so dass die Poren sich als blutrothe bis braune Körnchen darstellen. Mehrfach kann man auch erkennen, dass Infiltrationsproducte vorliegen, welche sich direct auf den Spaltflächen abgesetzt haben.

Schliesslich sind noch kleine Blättchen von Biotit ein recht häufiger Gast im Quarz, die trotz ihrer geringen Dimensionen kräftige Absorption zeigen, aber nur sehr selten Spal-

---

[1] Mikrosk. Phys. d. massigen Gesteine 54. Rosenbusch beschreibt die Würfel allerdings aus einem Porphyr von Kaschau in Ungarn. Das Handstück, welches unter dieser Etikette aus dem Heidelberger Mineralien-Comptoir bezogen worden ist, stammt aber unzweifelhaft vom Raubschlösschen. Rosenbusch hatte natürlich keinen Grund, die Richtigkeit der Fundortsangabe zu bezweifeln.

tungsdurchgänge erkennen lassen.[1] Kaum ein anderer Porphyr dürfte so geeignet sein zum Studium der verschiedenartigen Einschlüsse, welche der Quarz in dieser Gesteinsfamilie beherbergt. Uebrigens kommen auch in der vorliegenden Varietät des Wagenberg-Porphyr einzelne Quarzkrystalle vor, welche ganz frei von Interpositionen sind.

Der Orthoklas zeigt fast ausnahmslos vollständige Umwandlung, welche dadurch von besonderem Interesse ist, dass sie häufig den ganzen Krystall in durchaus gleichmässiger Weise getroffen und ein gut charakterisirtes Product geliefert hat. Dem äusseren Habitus nach könnte man es wohl für ein homogenes Mineral von constanter chemischer Zusammensetzung halten. Am häufigsten und auch am normalsten ausgebildet trifft man diese veränderten Krystalle am Raubschlösschen. Sie wurden zuerst im Jahre 1823 von K. C. von Leonhard als Pseudomorphosen von Speckstein nach Feldspath erwähnt[2] und als solche auch später von G. Leonhard[3] und R. Blum[4] beschrieben. 1854 gab G. Bischof auf Grund einer Analyse an, dass die Substanz nicht Speckstein, sondern Kaolin sei,[5] und Knop erwähnt 1859 beiläufig,[6] dass die von Bischof ermittelte Zusammensetzung sich ungezwungen auf die Constitution des Pinitoid zurückführen lasse.

In der That sind alle Eigenschaften genau die gleichen, wie sie Knop (l. c.) für den sächsischen Pinitoid angibt. Die Farbe ist meist hell graulichgrün bis ölgrün, selten dunkel olivengrün; der Bruch theils erdig und schimmernd, theils uneben und matt mit Andeutung von Fettglanz. Krystalle mit den ersteren Eigenschaften haften stark an der Zunge,

---

[1] Auch die Biotiteinschlüsse führt Rosenbusch schon aus dem Porphyr von Kaschau an.

[2] Charakteristik der Felsarten I. 222.

[3] Mineralogisch-geognostische Beschreibung der Umgegend von Schriesheim. Jahrb. f. Mineral. 1839. 31.

[4] Die Pseudomorphosen des Mineralreichs. Stuttgart 1843. 131.

[5] Lehrbuch der chem. u. physikal. Geologie. 1. Aufl. II. 1500.

[6] Beiträge zur Kenntniss der Steinkohlenformation und des Rothliegenden im Erzgebirgischen Bassin. Jahrb. f. Miner. 1859. 587.

die anderen nicht; die Härte der ersteren ist 1.5, der letzteren 2.5. Vor dem Löthrohr schmelzen Stückchen nur schwierig an den Kanten ohne merkliche Farbenveränderung. Unter dem Mikroskop zeigt sich im wesentlichen eine sehr gleichmässige Aggregatpolarisation, welche auf eine feinschuppige Structur deutet. Nur spärlich trifft man ein Quarzkörnchen oder ein grösseres farbloses Glimmerblättchen. Am besten lässt sich die Zusammensetzung aus kräftig doppeltbrechenden Schüppchen nach dem Zerreiben unter Wasser erkennen. Makroskopisch treten einzelne isolirte, lichte Glimmerschüppchen auf und in fast allen Pseudomorphosen hervor.

Eine genau nach der von Knop angegebenen Methode ausgeführte Analyse gleichmässig graulichgrün gefärbter Krystalle mit der Härte 2—3 lieferte die unter 1 folgenden Zahlen. 2 gibt die Zusammensetzung nach Abzug des in concentrirter Schwefelsäure und in Kalihydrat unlöslichen Rückstandes; 3 das Resultat der von Bischof ausgeführten Gesammtanalyse. Zur besseren Vergleichung wurde in letzterer das Eisenoxyd in Eisenoxydul umgerechnet, wodurch die aus der Differenz bestimmte Summe der Alkalien sich um 0.38 Proc. vergrössert. Der unlösliche Rückstand erwies sich unter dem Mikroskop als Quarz mit etwas Glimmer.

	1.	2.	3.
Rückstand	12.44		
Kieselsäure	44.53	50.82	53.32
Thonerde	31.50	35.95	33.60
Eisenoxydul [1]	2.56	2.92	3.45
Magnesia	0.36	0.41	1.30
Kali	3.62	4.13	3.38 (Kali + Natron)
Natron	0.07	0.08	
Wasser	4.98	5.68	4.95
	100.06	99.99	100.00

Der Gehalt an Kieselsäure und Thonerde ist etwas höher, der an Eisenoxydul und Alkalien etwas niedriger, als im

[1] Der Eisengehalt wurde als Oxydul in Rechnung gebracht, weil Knop ihn als solches angibt.

sächsischen Pinitoid. Für ein intermediäres Zersetzungsproduct ist die Uebereinstimmung immerhin eine sehr nahe.

Der etwas dunkler gefärbte Pinitoid vom Wagenberg besitzt oft eine feine weisse Rinde oder einen violetten bis bräunlichen Kern, auf welchen eine grüne Zone und dann erst die weisse Rinde folgt.

Zu typischem, compactem, ölgrünem Pinitoid sind vorzugsweise kleinere Krystalle umgewandelt; in den grösseren trifft man die Orthoklassubstanz meist ersetzt durch eine poröse, erdige Substanz, welche bei lichter Färbung schimmernden Glanz zeigt, gewöhnlich aber durch beigemengte Eisenoxyde gelblich bis bräunlich oder ziegelroth gefärbt ist. Man kann sie wohl als ein weiter fortgeschrittenes Stadium der Veränderung von Orthoklas, als es der Pinitoid ist, ansehen, da man von letzterem nicht selten noch eine oder mehrere kleine Partien im Innern antrifft. Besonders am Daumberg sind die letztgenannten Pseudomorphosen sehr häufig und treten in manchen Varietäten allein auf, während sie am Raubschlösschen nur den Pinitoid begleiten. Unter dem Mikroskop erweisen sie sich am Daumberg noch ziemlich reich an Fetzen einer chloritischen Substanz, deren Abstammung aus Biotit sich an manchen Stellen sicher erkennen lässt. Doch ist ihre Menge eine so grosse, dass man kaum annehmen kann, sie sei einzig und allein aus ursprünglichen Biotiteinschlüssen im Orthoklas entstanden. Den Pinitoid erkennt man auch hier an der feinen und gleichmässigen Aggregatpolarisation, während die Hauptmasse der Pseudomorphosen mehr dem normalen Umwandlungsproduct des Orthoklas gleicht.

Die im vorhergehenden beschriebenen Pseudomorphosen erreichen eine Grösse von 15 Millim., aber nur die kleineren, etwa bis zu 7 Millim. langen besitzen eine solche Festigkeit, dass sie sich ringsum ausgebildet und mit scharfen Kanten und Ecken aus der Grundmasse herauslösen lassen. Am besten gelingt dies am Raubschlösschen. Die Ausbildung solcher Krystalle ist eine sehr wechselnde. Der grössere Theil zeigt horizontal säulenförmigen Typus und die Combination oP. $\infty P \dot{\infty}$. ∞P. $2 P \bar{\infty}$. Gewöhnlich treten noch

$\infty P\grave{3}$ und P hinzu, während $2P\infty$ nur an wenigen Individuen sicher beobachtet wurde. Oft entsteht auch durch Vorherrschen von oP oder von $\infty P\infty$ horizontal und vertical tafelförmiger Typus, hie und da durch gleichmässige Entwicklung der drei Dimensionen eine fast cubische Form. Neben solchen einfachen Krystallen treten reichlich scharf ausgebildete Karlsbader und Manebacher Zwillinge auf. Erstere sind vertical tafelförmig, letztere horizontal säulenförmig. Bei diesen sind gewöhnlich beide Individuen gleich stark entwickelt, und da ausserdem die aus- und einspringenden Winkel deutlich hervortreten, so gehören sie trotz ihrer geringen Dimensionen mit zu den ausgezeichnetsten Vorkommnissen dieses Zwillingsgesetzes. Das Auftreten des Orthoklas in dreifach wesentlich anderer Ausbildung und ausserdem noch in verschiedenen Typen dicht neben einander und regellos wechselnd ist bemerkenswerth, da man doch mit Recht geneigt ist, für verschiedene Formausbildung irgend eine bedingende Ursache anzunehmen, während sich die Krystalle hier jedenfalls gleichzeitig aus einem und demselben Magma, also unter den gleichen Bedingungen ausgeschieden haben.

Der stets und oft sehr reichlich neben Quarz und Orthoklas sich einstellende Glimmer ist keineswegs, wie er früher aufgefasst wurde,[1] ein Zersetzungsproduct, sondern unzweifelhaft ein primärer Gemengtheil. Er ist gewöhnlich vollständig verändert, was man schon makroskopisch durch die silberweisse oder grünliche Farbe und durch den schwachen Perlmutterglanz angedeutet sieht. Unter dem Mikroskop erkennt man leicht, dass ein zersetzter Biotit vorliegt. Am Raubschlösschen ist er gebleicht, aber oft noch kräftig doppeltbrechend, umschliesst vereinzelte Körner mit pleochroitischen Höfen und zahlreiche opake Erzkörner secundärer Entstehung, welche ihn auch kranzförmig umgeben. Am Daumberg trifft man neben solchen Leisten und Tafeln andere, die chloritisch umgewandelt sind und einzelne, welche noch frische Reste enthalten.

---

[1] S. Cohen l. c. 119.

Turmalin konnte unter dem Mikroskop in keinem der Dünnschliffe dieser Varietät nachgewiesen werden. Es ist dies um so auffallender, als am Raubschlösschen einmal eine mehrere Centimeter grosse derbe Partie gefunden wurde, während er sich in den eigentlich turmalinführenden Varietäten vollständig der makroskopischen Beobachtung entzieht. Es ist leicht erklärlich, dass jene derbe Partie als fremdartiger Einschluss angesehen worden ist,[1] bevor das Vorkommen von Turmalin in der Gesteinsmasse selbst constatirt war.

Die Grundmasse ist im frischen Zustand, den man allerdings nicht häufig antrifft, dicht, hart und dunkel graulichviolett; in der Regel einheitlich gefärbt, selten gebändert. Bei der Veränderung entstehen bald lichtere grauliche, bald dunkle rothbraune Färbungen; das Gestein wird zunächst weich, fast erdig und geht schliesslich in eine thonige Masse über. Unter dem Mikroskop verhindert die meist trübe Beschaffenheit eine genauere Untersuchung; doch erkennt man immerhin, dass am Raubschlösschen deutlich doppeltbrechende Elemente vorherrschen, deren Korn nicht allzu fein, aber sehr gleichmässig ist. Die weitläufig, jedoch regelmässig vertheilten opaken Erzkörner gleichen zwar Magnetit, liessen sich indessen nicht mit dem Magneten aus dem Pulver ausziehen. Am Daumberg wechseln mit den gröberen Elementen, unter denen hier auch unregelmässig gestalteter Quarz häufig auftritt, recht grosse fein struirte Partien, welche zum Theil sehr schwach, zum Theil gar nicht auf polarisirtes Licht einwirken, ohne dass sich jedoch letztere als Glas erkennen lassen.

Abgesehen von den oben erwähnten Graniteinschlüssen fehlen dem Wagenberg-Porphyr accessorische Bestandmassen ganz. Selbst mit Quarz bekleidete Klüfte sind eine seltene Erscheinung. Kugligen oder dendritenförmigen Psilomelan sowie Anflüge von Kupferkies und Malachit hat G. Leonhard in früherer Zeit beobachtet.[2]

---

[1] S. Cohen l. c. 121.

[2] Mineralogisch-geognost. Beschreibung der Umgegend von Schriesheim. Jahrb. f. Min. 1839. 31.

Ausser den beschriebenen Varietäten führen G. Leonhard[1] und Blum[2] eine eckig-körnige Absonderung, G. Leonhard[3] poröse und schlackenartige Ausbildung vom Wagenberg an. Derartige Gesteine scheinen nicht mehr vorzukommen.

Zechstein.

Gesteine, welche dem Zechstein zuzurechnen sind, treten in unserem Gebiet nicht nur im Vergleich zum Rothliegenden, sondern auch absolut betrachtet, nur höchst untergeordnet auf und zwar sowohl in Bezug auf ihre Mächtigkeit, als in Bezug auf ihre Verbreitung. Eigenthümlicherweise beschränkt sich ihr Vorkommen auf den Südwesten und Nordosten der Section Heidelberg; im ganzen centralen Theil fehlt es an jeder Andeutung.

Das eine dieser beiden Gebiete liegt in der nächsten Umgebung von Heidelberg. Zu Tage tritt die Formation hier am Schloss, in einem Hohlweg bei Handschuchsheim und am Stiftsbuckel. Da Dolomit am Schloss — hinter der grossen Terrasse — zusammenhängende Schichten bildet, am unteren Wolfsbrunnenweg, dort wo die Fahrstrasse vom Hausacker in denselben einmündet, im Jahre 1856 bei einem Versuchsbau anstehend nachgewiesen und auch bei Anlage des Schlosstunnels aufgeschlossen wurde, so haben wir auf der Karte eine Dolomitzone oberhalb des Rothliegenden durchgezogen. An den übrigen Punkten liess sich das Vorkommen nur durch Häkchen andeuten, da es sich auf lose Blöcke beschränkt. Ausserdem wurden bei den S. 238 erwähnten Versuchsarbeiten auf Steinkohle und bei Bauten in der Nähe der alten Neckarbrücke hierher gehörige Gesteine erbohrt und aufgedeckt, von denen die Heidelberger Universitätssammlung Belegstücke aufbewahrt.

Die Verbreitung im zweiten Gebiet ist eine noch geringere. Dasselbe beschränkt sich auf die linke Seite des Laxbachthals zwischen Waldmichelbach und Oberschönmattenwaag. Anstehend kann man hier die Schichten in Folge

---

[1] Beiträge zur Geologie der Gegend um Heidelberg 27.
[2] Handbuch der Lithologie. Erlangen 1860. 238.
[3] Geognost.-mineralog. Beschreibung der badischen Bergstrasse 28

der starken Abschwemmung des Buntsandstein auch nicht beobachten. Doch hatte man gerade kurz vor der Aufnahme an verschiedenen Punkten geschürft (wahrscheinlich auf Manganerze), so dass einerseits die geförderten Gesteine noch gut zugänglich waren, andererseits sich nachweisen liess, dass die Formation sicher soweit vorhanden ist, als sie auf der Karte eingetragen wurde. Am Südabhang des Lannertskopfes konnten auch die beim Pflügen an die Oberfläche gebrachten Dolomitbrocken mit zur Feststellung der Verbreitung benutzt werden. Während bei Heidelberg fast überall noch Rothliegendes unter dem Zechstein liegt, konnte von jenem in der Gegend von Waldmichelbach nicht einmal eine Spur entdeckt werden. Es scheint hier in der That vollständig zu fehlen, da sonst wohl durch die Schurfarbeiten wenigstens Spuren zu Tage gefördert wären, und überdies der Granit sich weit hinauf verfolgen lässt. Für diese Annahme spricht auch, dass die untersten Schichten des Zechstein bei Hetroth, etwas ausserhalb der Section, so reich an Granitbrocken sind, dass ein wahres Granitconglomerat mit dolomitischem Bindemittel entsteht.

Da der Zechstein immer nur isolirt auftritt, und die Ablagerungen trotz geringer Mächtigkeit und Entfernung von einander aus ganz verschiedenem Material bestehen, nämlich bald aus Dolomit, bald aus Thon, bald aus Eisenkiesel, so erscheint es angemessen, die Localitäten einzeln zu beschreiben.

I. Dolomite und Thon.

1. Hohlweg südlich von Handschuchsheim. Grosse Blöcke eines röthlichgelben, feinkörnigen Dolomit liegen isolirt in den oberen Schichten des Rothliegenden, welches mürbe und zerfallen ist. Derselbe enthält accessorisch weissen und röthlichen Kalkspath in späthigen Partien und Schnüren, reichlich Quarzkörner, spärlich silberweissen Glimmer. Beim Auflösen in Salzsäure hinterlässt der Dolomit 16.60 Proc. Rückstand.

2. Neuenheim. Beim Abteufen eines Brunnens und bei dem Versuchsbau auf Steinkohlen wurden zuerst zusammenhängende Bänke mit Granitconglomerat wechselnd,

dann in rothem Conglomerat eingebettete Knollen angetroffen. Der Dolomit, an Farbe und Korn dem vorigen ähnlich, ist reichlich mit Erdöl getränkt und führt als accessorische Gemengtheile Quarz, kleine Krystallgruppen von Eisenkies auf Klüften und Strahlkies in Form von Schnüren. Aus letzterem durch Oxydation gebildeter Eisenvitriol tritt hie und da als Ausblühung auf.

An diesen beiden, am Rand des Rheinthals gelegenen Punkten ist die Lagerung augenscheinlich nicht mehr ungestört.

3. Rechtes Neckarufer bei der alten Brücke. Bei der Brunnenanlage für das Meser'sche Haus im Jahre 1841 stiess man auf zwei, je einen Fuss mächtige Schichten von Dolomit, welche Thonlagen einschlossen, und beim Fundamentgraben im Sommer des nächsten Jahres traf man den Thon in 24—26 Fuss Tiefe auf dem Dolomit liegend und direct von Buntsandstein überlagert Der Dolomit ist graulichweiss bis bräunlichgrau, körnig bis feinkörnig, porös und enthält Kalkspathdrusen. Der grünlich- oder röthlichgraue Thon erwies sich als frei von Carbonaten; die unteren Lagen waren massig, die oberen deutlich schiefrig. Diese letzteren führen zahlreiche Abdrücke und Steinkerne von *Schizodus truncatus King,* undeutliche *Pflanzenreste* und einen unbestimmbaren *Gasteropoden.* Ausserdem erwähnt Blum noch *Gervillia antiqua* Münst. *(Avicula ant.* bei Blum).[1] Der *Schizodus* ist schlecht erhalten, besonders wie die meisten Petrefacten im Thon stark flach gedrückt, lässt sich aber doch durch Vergleichung mit den übrigen Vorkommnissen unserer Gegend genügend sicher bestimmen.

4. Schlossgarten. Hinter der grossen Terrasse stellen sich theils über dem Rothliegenden, theils mit den obersten Lagen desselben wechselnd, einige zusammenhängende Bänke von Dolomit ein, welche wenige Fuss mächtig sind. In Bezug auf Korn, Farbe und accessorische Gemengtheile gleicht derselbe genau dem von Handschuchsheim. Nicht selten

---

[1] S. G. Leonhard: Geognostische Skizze des Grossherzogthums Baden 64.

trifft man Einschlüsse von älterem Porphyr und carneolähnlichem Hornstein. G. Leonhard erwähnt noch Dendriten von Kupferglanz.[1]

5. Unterer Wolfsbrunnenweg. Die hier in früherer Zeit mehrfach aufgeschlossen gewesenen Dolomitlagen[2] werden jedenfalls mit dem zuletzt erwähnten Vorkommen in Zusammenhang stehen, da sie genau im gleichen Niveau liegen, wenn auch die petrographische Uebereinstimmung keine vollständige ist. Es mögen die zu jener Zeit gesammelten Stücke von einer Schicht stammen, welche im Schlossgarten nicht zugänglich ist. Der Dolomit ist feinkörnig, rauchgrau, sehr gleichförmig in Bezug auf Structur und Farbe und frei von accessorischen Gemengtheilen. Stylolithen, zuweilen von schöner, meist aber von undeutlicher Ausbildung scheinen sehr häufig gewesen zu sein. Im letzteren Fall ertheilen sie den Schichtflächen eine zackige Oberfläche. Das Mittel aus zwei von Herrn Hoffmann und Herrn Bodewig ausgeführten Analysen ergibt folgende Zusammensetzung:

Unlöslicher Rückstand	0.87
Eisenoxyd	1.01
Kalk	30.85
Magnesia	20.63
Kohlensäure	46.32
	99.68

Zur vollständigen Sättigung von Kalk und Magnesia fehlen 0.61 Proc. Kohlensäure. Der reine Dolomit würde aus 55.98 Proc. Kalkcarbonat und 44.02 Magnesiacarbonat bestehen, welche Zahlen fast genau dem einfachen Aequivalentverhältniss entsprechen.

Versteinerungen sind aus den letzten beiden Ablagerungen, obwohl sie unter allen Vorkommnissen des südlichen Odenwaldes die ausgedehntesten sind, nicht bekannt geworden.

6. Lannertskopf bei Oberschönmattenwaag. Trotz der erheblichen Entfernung von Heidelberg (fast 2¼

[1] l. c. 63.

[2] G. Leonhard: l. c. 64.

geogr. Meilen) ist dieser Dolomit mit demjenigen vom Wolfsbrunnenweg als identisch anzusehen. Wenn das Gefüge meist ein so lockeres ist, dass die Stücke sich mit der Hand zerdrücken lassen, so dürfte dies einzig und allein davon herrühren, dass sie einige Zeit der Einwirkung der Atmosphärilien ausgesetzt waren. Sonst zeigt der Dolomit die gleiche Reinheit, das gleiche Verhältniss der Carbonate zu einander, die gleiche Stylolithenbildung, Färbung und Korngrösse; auch unter dem Mikroskop lässt sich kein Unterschied wahrnehmen.

Der Petrefactenreichthum ist nicht der Zahl der Species, aber der Zahl der Individuen nach ein sehr grosser. Es wurden beobachtet:

Schizodus truncatus King
Schizodus Schlotheimi Gein.
Gervillia antiqua Münst.
Pleurophorus sp.
Aucella Hausmanni Gldf. sp.

Herr Dr. Bücking war so freundlich, uns darauf aufmerksam zu machen, dass der vorliegende Dolomit demjenigen von Niederrodenbach bei Hanau recht ähnlich sei. Petrographisch stimme er auch mit dem Dolomit von Eichenberg im Spessart überein.

Die Analyse lieferte fast genau die gleichen Zahlen, wie sie oben gefunden wurden, nämlich:

Unlöslicher Rückstand	0.72
Eisenoxyd und Thonerde	0.29
Kalk	30.66
Magnesia	21.23
Kohlensäure	47.44 [1]
	100.34

Bei der mikroskopischen Untersuchung erwiesen sich in allen diesen Dolomiten die Individuen frei von Zwillingslamellen. In den Vorkommnissen von Handschuchsheim und Neuenheim sind den Carbonaten ziemlich reichlich Quarz-

[1] Aus den alkalischen Erden berechnet.

körner (nach den Einschlüssen theils granitischen, theils porphyrischen Ursprungs), ferner Leisten von lichtem Glimmer und sehr spärlich Feldspathfragmente beigemengt; die Dolomite vom Wolfsbrunnenweg und von Oberschönmattenwaag sind grobkörniger und enthalten nur ganz vereinzelt ein Quarzkorn entsprechend dem geringfügigen, in Salzsäure unlöslichen Rückstand.

II. Eisenkiesel.

1. Stiftsbuckel, zwischen Neuenheim und Ziegelhausen. Geht man von Stift Neuburg aus den nach Peterstthal führenden Fussweg, so trifft man gleich zu Anfang der Steigung, am Fuss des Stiftbuckels, Blöcke von Eisenkiesel, die auf und in verwittertem Granit liegen. Schon aus der Art ihrer Lagerung ersieht man deutlich, dass die von Granit ganz oder theilweise umgebenen Blöcke erst nach dessen Zersetzung eingesunken sind, keineswegs aber ursprünglich einem in demselben aufsetzenden Gang angehörten. Auf dem Büchsenacker östlich vom Stiftsbuckel kommen Blöcke von Eisenkiesel ebenfalls in reichlicher Menge vor und werden bei der Bearbeitung des Feldes noch in einiger Tiefe gefunden und ausgelesen.

Dieser Eisenkiesel ist von doppeltem Interesse: durch seine eigenthümliche petrographische Beschaffenheit und dadurch, dass er unter allen Zechsteinablagerungen der nächsten Umgegend von Heidelberg allein einigermassen gut erhaltene organische Reste führt. Schon Bronn erwähnt das Gestein;[1] da aber zu seiner Zeit Versteinerungen noch nicht aufgefunden waren, so spricht er nur die Vermuthung aus, dass der Eisenkiesel ein Lager über dem Granit gebildet habe. H. L. Wissmann führt denselben zuerst als Glied der Zechsteinformation an,[2] wenn das Gestein auch schon früher in Heidelberg seiner geognostischen Stellung nach richtig erkannt worden war.

---

[1] l. c. 45.

[2] Beiträge zur Geologie des Odenwaldes, besonders in Betreff der dasigen Zechstein-Formation. Jahrb. f. Mineral. etc. 1839. 418 und Briefl. Mitth. ebend. 1840. 212.

Der Eisenkiesel ist in den Hauptvarietäten feinkörnig mit unebenem, splittrigem Bruch und in frischem Zustand von gleichmässig gelbbrauner oder dunkel rauchgrauer Farbe. Bei beginnender Veränderung nimmt er mannigfache graue, gelbe, rothe und braune Nüancen an und erhält oft ein breccienartiges Ansehen, indem scharf begrenzte Partien verschiedene Stadien der Zersetzung erreicht haben. Bei dieser Varietät beschränkt sich die Einwirkung der Atmosphärilien auf Umwandlung oder Fortführung der färbenden Eisenverbindungen. Unter dem Mikroskop zerlegt sich das Gestein in ein Aggregat deutlich gegen einander abgegrenzter, eckiger Quarzindividuen von annähernd gleicher Grösse und in gleichmässig vertheilte, gelbbraune Erzpartien.

Eine weniger verbreitete Varietät des Eisenkiesel unterscheidet sich von ersterer schon makroskopisch durch eine weisse Tüpfelung, welche durch zahlreiche kleine ungefärbte Partien von rundlicher Begrenzung hervorgebracht wird. Sie deuten eine bei frischen Stücken versteckte Oolithstructur an. Durch Einwirkung der Atmosphärilien gehen solche Gesteine in deutliche Oolithe oder in poröse Massen über und sind dann leicht ihrer Natur nach zu erkennen. Unter dem Mikroskop nimmt man in den noch compacten Gesteinen zweierlei Arten von Kiesel wahr. Vorherrschend ist eine farblose, chalcedonähnliche Substanz, welche eine feine Aggregatpolarisation mit punktförmiger Vertheilung der Farben liefert und in Kügelchen auftritt, die sich an der Peripherie berühren. Die Zwischenräume füllt ein Aggregat eckiger Quarzkörner aus oder ein solches in Verbindung mit chalcedonartiger Substanz, doch derart, dass die Kügelchen stets zunächst von einem dichten Kranz grösserer Quarzkörner umgeben werden. Die färbenden Eisenerze beschränken sich ausschliesslich auf den Raum zwischen den Kugeln und legen sich gern kranzförmig um letztere, wodurch das mikroskopische Bild ein sehr zierliches wird. Mannigfach unregelmässig gestaltete und verhältnissmässig grosse Flüssigkeitseinschlüsse sind überall reichlich vorhanden.

Die Atmosphärilien scheinen nur allein den mit Chalcedon verglichenen Kiesel anzugreifen. Herrscht dieser stärker vor, so entsteht anfangs ein kleiner Hohlraum in der Mitte der weissen Tüpfel, schliesslich ein auffallend leichtes, poröses, ja direct bimssteinähnliches Gestein. Ist dagegen der widerstandsfähige Quarz etwas reichlicher vorhanden, so ist das Endresultat ein wahrer Kieseloolith, dessen Kügelchen durchschnittlich 1/2 Mm. gross sind. Dieselben sind theils hohl, wenn die oben erwähnte, im Dünnschliff kranzförmig sich darstellende Umhüllung dicht genug ist, den Zusammenhang zu bewahren, aber nicht so dicht, den Inhalt vor dem Angriff der Atmosphärilien zu schützen; theils compact, wenn nur die geringe, zusammen mit dem Quarz in den Zwischenräumen auftretende chalcedonartige Kieselmasse fortgeführt wurde. In beiden Fällen erscheint die Oberfläche der Kügelchen durch kleine Quarzindividuen warzig.

Um festzustellen, ob mit der petrographischen Veränderung auch eine solche in der chemischen Zusammensetzung eintritt, wurde ein braunes, compactes, getüpfeltes (1) und ein lichtes, bimssteinähnliches Stück (2) analysirt:

	1.	2.
Kieselsäure	94.76	96.48
Thonerde	0.57	2.29
Eisenoxyd	3.38	0.57
Glühverlust	0.83	0.97
	99.54	100.31

Das gelblichbraune Pulver von 1 wurde beim Glühen durch Umwandlung des Eisenoxydhydrats in Eisenoxyd roth. Es lag nahe zu vermuthen, dass sich die beiden Kieselsäurevarietäten verschieden gegen Kalilösung verhalten würden; der Versuch ergab einen so geringen Unterschied (1 und 2 lieferten 2.05, resp. 0.78 Proc. löslicher Kieselsäure), dass es fraglich bleibt, ob dem Resultat irgend welche Bedeutung beizumessen ist.

Zu den direct aus der Zersetzung des Eisenkiesel entstehenden accessorischen Mineralien, wie Braun- und Rotheisenstein, rothem und gelbem Ocher gesellen sich noch eine Reihe anderer. Am häufigsten stellen sich auf Klüften oder in Drusen Quarzkrystalle ein, welche wohl keinem Handstück fehlen. Sie bilden zuweilen warzenförmige Gruppen, denen eine Rinde älterer und dunkler gefärbter Quarzkrystalle als Unterlage dient. Selten sind nierenförmiger Chalcedon (als Auskleidung von Hohlräumen) und strahliger Pyrolusit; sehr häufig Psilomelan als Anflug und in starken Platten (oft auch zu einer erdigen Masse umgewandelt) und Barytspath. Letzterer tritt in kleinen tafelförmigen Krystallen auf, theils zu grösseren Drusen vereinigt, theils auf Kluftflächen zu strahligen Partien angeordnet. Nicht selten scheint ein gleichmässiger Ueberzug von Quarz Verdrängungspseudomorphosen einzuleiten.

Dass der im vorhergehenden beschriebene Eisenkiesel in der That dem Zechstein zuzuzählen ist, beweisen mit Bestimmtheit die Versteinerungen, welche zwar selten und meist schlecht erhalten sind, sich aber doch schliesslich durch Zerkleinerung einer sehr grossen Anzahl von Blöcken in verhältnissmässig gut bestimmbaren Exemplaren sammeln liessen. Es sind Steinkerne und Abdrücke von:

Schizodus truncatus King
„ ? *Schlotheimi* Gein.
Gervillia antiqua Münst.
Pleurophorus costatus Brown sp. (runde Form)
Arca striata Schl. sp.

Die beiden ersteren Arten treten bei weitem am häufigsten auf. Zwischen Steinkern und Eisenkiesel liegt meist ein freier, ursprünglich von der Schale eingenommener Raum. Nur selten findet man höchst unvollkommen erhaltene, verkieselte Schalen des *Schizodus,* welche eigenthümlicher Weise stets aus weissem Quarz bestehen, während Steinkerne nur aus braunem Eisenkiesel beobachtet wurden. Die meisten Petrefacten wurden in oolithischen Blöcken angetroffen. Da sie aber der anderen Varietät des Eisenkiesel nicht ganz fehlen, so kann man wohl annehmen, es seien mehrere versteinerungsführende Schichten vorhanden gewesen.

Es kann kaum zweifelhaft sein, dass früher Rothliegendes die Unterlage des Eisenkiesel bildete, und dass letzterer eine zusammenhängende Schicht darstellte. Diese brach nach der Fortführung des Rothliegenden (am Büchsenacker scheint dasselbe noch theilweise erhalten zu sein) zusammen, und die ausserordentlich widerstandsfähigen Blöcke betteten sich in den zersetzten Granit ein. Da der Eisenkiesel demnach einen Horizont — wenn auch wahrscheinlich nur localen — im Zechstein des südlichen Odenwaldes repräsentirt, so kann man ihn jedenfalls nicht direct mit den so häufigen isolirten Einschlüssen von Hornstein im Zechstein des Spessarts und anderer Gegenden identificiren, wie Wissmann zu thun geneigt war. Dagegen ist die Entscheidung nicht leicht, wie ein Theil der Schichten seine jetzige petrographische Beschaffenheit erlangt hat, ob sie ursprünglich oder pseudomorph sind. Es hat etwas missliches, Pseudomorphosirung anzunehmen, wenn ein bestimmter Anhalt durch die Form fehlt; doch scheint die Zusammensetzung aus verschiedener, scharf gegen einander abgegrenzter Kieselsubstanz immerhin die Möglichkeit eines derartigen Processes nicht auszuschliessen. Eisenkiesel mit oolithischer Structur sind überhaupt selten;[1] als zusammenhängende Schichten dürften sie aber von anderen Fundstätten gar nicht bekannt sein. Dagegen finden sich im Spessart, in England u. a. a. O. dolomitische Oolithe im Zechstein, aus denen ein Gestein, wie das vorliegende, wohl entstanden sein könnte. Bei einer einheitlichen Bildung aus kieselsäurereichen Gewässern ist ein so gleichmässiger Wechsel von Quarz und chalcedonähnlicher Substanz wohl schwieriger erklärlich, als bei einer allmählichen Umwandlung. Bei einer solchen kann die Pseudomorphosirung der Oolithkörner von derjenigen der einschliessenden Gesteinsmasse zeitlich getrennt sein, und erstere durch eine Umhüllung eingeleitet werden (hier durch Quarzkörner und Eisenoxydhydrat), welche das Eingeschlossene nur sehr langsam zugänglich machte. Bei Verdrängungspseudomorphosen beobachtet man dann häufig, dass nach eingetretener Umhüllung oder theilweiser Verdrängung der Process einen anderen Verlauf nimmt. Kam es z. B. nicht bis zur vollständigen Ergänzung des Verlustes,

[1] Haidinger erwähnt einen Kieselpisolith vom Hrbek-Berg in Böhmen. Zepharovich: Mineralog. Lexikon f. d. Kaiserthum Oesterreich 358. Vgl. auch den Eisenkiesel von Schriesheim oben S. 182.

oder erfolgte statt dessen nur Auflösung, so könnte auch ein Theil der hohlen Oolithkörner durch einen derartigen Vorgang entstanden sein.

2. Metzgers Roth bei Waldmichelbach. Nach der Menge des beim Schürfen zu Tage geförderten Eisenkiesel zu schliessen, scheint derselbe hier noch eine zusammenhängende Schicht zu bilden. Die oolithische Varietät wurde nicht beobachtet, sondern nur die normale, welche sich unter dem Mikroskop bis auf das Fehlen von Flüssigkeitseinschlüssen als identisch mit derjenigen vom Stiftsbuckel erweist. Es mag noch hervorgehoben werden, dass sich dieser Eisenkiesel von den Hornsteinen des Rothliegenden durch das gleichmässige und gröbere Korn der Quarzindividuen scharf unterscheidet.

Besonders ausgezeichnet ist das Vorkommen von Waldmichelbach durch den grossen Reichthum an erdigem Psilomelan mit schaligem Aufbau. Er erfüllt langgestreckte, röhrenförmige Hohlräume, welche vielfache Einschnürungen zeigen und an manchen Stellen dicht bei einander liegen, so dass man leicht Handstücke schlagen kann, in denen der Psilomelan den Eisenkiesel überwiegt. Versteinerungen wurden hier nicht beobachtet.

Die Beziehungen des Dolomit zum Eisenkiesel liessen sich nirgends ermitteln; wo ersterer auftritt fehlt letzterer und umgekehrt. Diese Thatsache, sowie die nahe Uebereinstimmung der organischen Reste legt den Schluss nahe, dass beide Gesteine nur eine verschiedene Facies einer gleichaltrigen Schicht repräsentiren, und dass der Eisenkiesel etwa dem Einfluss localer Quellen seine Entstehung verdanke, sei es nun als ursprünglicher Absatz oder als pseudomorphe Bildung.

Jedenfalls wird die Mächtigkeit des Zechstein früher eine bedeutend grössere gewesen sein, da die Dolomite und der Thon doch wohl zwei verschiedene Horizonte repräsentiren. Wir sehen nur noch geringe Reste vor uns, die unter besonders günstigen Umständen erhalten blieben, während die Hauptmasse schon vor der Ablagerung des Buntsandstein zerstört wurde. Bereits auf der nördlich an die Section

Heidelberg grenzenden hessischen Section Erbach schwillt der Dolomit bis zu 32 Fuss Mächtigkeit an,[1] bei uns mag er 4 Fuss kaum übersteigen.

[1] Erläuterungen zur Section Erbach der geologischen Specialkarte des Grossherzogthums Hessen von P. Seibert und R. Ludwig 36

II. Trias.

Die drei mächtigen Bildungen des Buntsandstein, des Muschelkalk und des Keuper wurden im Jahre 1834 durch Alberti[1] zu einer einzigen Formation unter dem Namen „Trias“ zusammengefasst. Diese Bezeichnung bürgerte sich in Deutschland schnell ein und ist jetzt allgemein gebräuchlich.

Die petrographische Beschaffenheit ist, wie bei den beiden ersten Gliedern schon der Name andeutet, eine verschiedene; gewisse gemeinsame Züge im Charakter der organischen Einschlüsse, sowie die Art des Vorkommens und die Form der Ablagerung bedingen aber, wenigstens für Deutschland, eine Gleichartigkeit der Gesammterscheinung, welche die Aufrechterhaltung einer „Formation“ als Ganzes auch jetzt noch gerechtfertigt erscheinen lässt.

1. Buntsandstein.

Die Werner'sche Schule in Freiberg bediente sich schon zu Ende des vorigen Jahrhunderts für Sandsteine, welche einen auffallenden Wechsel rother und weisser Färbungen zeigen, des Namens bunter Sandstein. Mancherlei dem Alter nach recht verschiedene Gesteine wurden unter dieser Bezeichnung zusammengeworfen. Doch stand das, was wir jetzt Buntsandstein nennen, immer in erster Linie. Wir haben

---

[1] Alberti, Beitrag zu einer Monographie des Bunten Sandsteins, Muschelkalks und Keupers, und die Verbindung dieser Gebilde zu einer Formation. Stuttgart und Tübingen 1834.

beim Rothliegenden früher (pag. 192) gesehen, wie gerade Untersuchungen in unserem engeren Gebiete zu schärferer Sonderung führten. Seit dem Jahre 1823 nannte man speciell bunte Sandsteine nur noch jene, welche zwischen dem Zechstein und dem Muschelkalk liegen.

Die Mächtigkeit des Buntsandstein ist eine so bedeutende, dass sich bald das Bedürfniss einer weiteren Gliederung geltend machte. Alle auf dies Ziel gerichteten Versuche hatten aber mit grossen Schwierigkeiten zu kämpfen. Zunächst war die Armuth, für die meisten Gebiete sogar das vollständige Fehlen der organischen Einschlüsse ein Hinderniss. Ferner ist die Einförmigkeit des Gesteins so gross, dass mitunter tausend Fuss mächtige Ablagerungen in ihren untersten und obersten Partien ganz gleichartige Schichten wiederkehrend zeigen. Gelingt dann doch einmal an einer Stelle die Unterscheidung von Abtheilungen, so verändern diese gewöhnlich in horizontaler Erstreckung sehr bald ihre Beschaffenheit, und die Verbreitung des gleichzeitig Gebildeten über grössere Gebiete kann nur durch genauste Beobachtung der Lagerungsverhältnisse nachgewiesen werden.

Sehr häufig treten sowohl unten als oben im Buntsandstein thonige Schichten auf, die sich unschwer von den mehr sandigen, in der Mitte liegenden unterscheiden lassen. Bei uns sind solche thonige Schichten oben, unmittelbar unter dem Muschelkalk zwar entwickelt, doch nur an wenigen Stellen für die Beobachtung gut aufgeschlossen. An der unteren Grenze des Sandsteins scheinen grössere zusammenhängende Thonmassen zu fehlen; der Sandstein selbst zeigt aber ein reichliches thoniges Cement, oder es liegen Thonschichten in häufigem Wechsel mit Sandsteinschichten, oder es treten helle, weisse und rosa Färbungen neben den gewöhnlichen rothen so häufig auf, dass das Ansehen ein wesentlich anderes wird, als das der mittleren Abtheilung, die eher den Namen eines rothen, als eines bunten Sandsteins verdient.

Somit gewinnen wir drei Abtheilungen: eine untere, sandig-thonige, bunte, eine mittlere sandige, rothe und eine obere thonige, rothe. Wir können daher einen unteren, mittleren und oberen Buntsandstein unterscheiden. Letzterer wird häufig auch als Röth bezeichnet nach einer localen, im Fuldaischen üblichen Benennung[1] für die rothen auf oberem Buntsandstein liegenden Aecker (Röthland).

Bei Anwendung der Ausdrücke unterer, mittlerer und oberer Buntsandstein muss man im Auge behalten, dass die Grenzen der durch dieselben bezeichneten Abtheilungen keine ganz scharfen sind. Das gilt zumal bei einer Trennung der unteren und mittleren Schichten. Besser bezeichnet ist die Grenze zwischen mittlerem und oberem Buntsandstein, wie wir weiter unten sehen werden. Hier treten wenigstens einige in ähnlicher Beschaffenheit weit verbreitete und auffallende Gesteinsbänke hervor, nach denen man sich orientiren kann.

Auch darf folgender Umstand nicht ausser Acht gelassen werden. Der so häufige Facieswechsel bedingt, dass an einer Stelle sehr mächtige Thonmassen an einer anderen zusammenschrumpfen, dass wohl auch Thonschichten durch Sandsteinschichten ersetzt werden, oder Sandsteinschichten Conglomeraten Platz machen. Es wird daher in verschiedenen Gebieten mit demselben Ausdruck nicht immer genau zwischen denselben zeitlichen Bildungsgrenzen Gelegenes bezeichnet. In den Vogesen und vielleicht auch im grösseren Theil des Schwarzwaldes führt der mittlere Buntsandstein ganz passend den Namen Hauptbuntsandstein. Im Odenwald, wo der untere Buntsandstein schon beträchtlich anschwillt, ist diese Benennung nicht mehr so zutreffend.

Auf unserer Karte konnten die drei Abtheilungen nicht unterschieden werden. Theils ist der Masstab ein zu kleiner, theils wurde das Odenwälder Sandsteingebiet noch nicht hinreichend untersucht, um mit Sicherheit einzeichnen zu können. Später bei Zugrundelegung einer Karte von $^1/_{25000}$ muss die Trennung aber unbedingt erfolgen. Wir beschränken uns für jetzt auf einige allgemeine Bemerkungen über die Gesteinsbeschaffenheit und auf Angabe solcher Punkte, an denen die eine oder andere Abtheilung der Beobachtung besonders deutlich zugänglich ist.

---

[1] Gutberlet, Jahrbuch 1847. 406.

Gesteinsbeschaffenheit.

Sandstein und Thon sind die beiden Hauptgesteine der Buntsandsteinformation.

1. Sandsteine. Die Beschaffenheit der Sandsteine ist schon häufig Gegenstand eingehender Beschreibungen gewesen. Wir verweisen auf die wiederholt angeführten Werke Alberti's und besonders auf die musterhaften Darstellungen E. de Beaumont's im ersten Bande der Erläuterungen der geologischen Karte Frankreichs. Unter grès des Vosges und grès bigarré sind dort die zu unserem Buntsandstein gehörigen Gesteine aufgeführt.

Zwischen reinem Sandstein und einem solchen mit reichlichem Thongehalt finden sich zwar alle möglichen Uebergänge, doch sind die Sandsteine der Hauptmasse nach arm an Thon. Man bezeichnet nur häufig den Wechsel dünner Sandsteinlagen mit Thonlagen als thonigen Sandstein, was eigentlich nicht statthaft ist. Thoniger Sandstein ist streng genommen nur solcher, in welchem die Quarzkörner in einer Masse von Thon eingebettet liegen und zwar derart, dass eine ganze Schicht die gleiche Beschaffenheit zeigt. Wenn innerhalb zweier Schichtungsfugen, d. h. also in einer Gesteinsmasse, welche continuirlich, ohne längere Unterbrechung abgelagert wurde, Sandstein und Thonlagen mit einander abwechseln, so hat man es mit einer ungleichförmigen Bildung zu thun, welche Verwandtschaft hat mit planer oder discordanter Parallelstructur, ohne jedoch die Regelmässigkeit dieser Structurformen jemals zu erreichen. Halten wir das Verhältniss von Structur und Schichtung scharf auseinander, so würde es sich entweder um gleichartig mit Sandsteinstructur (Psammitstructur) oder um ungleichartig mit den eben genannten Structurformen versehene Sandsteine handeln.

Wir besprechen zunächst die gleichartigen Sandsteine und beginnen unter diesen mit den reinen, thonfreien oder doch ganz thonarmen. Sie bedürfen wie ein jedes klastische Gestein eines Cementes, um Zusammenhalt zu bekommen. Die Rolle desselben übernimmt in den meisten Fällen ein dünnes Häutchen von Eisenoxyd oder Eisenoxydhydrat, welches die Sandkörner umzieht und dem ganzen Gestein seine rothe Färbung ertheilt. Beim Behandeln mit Salzsäure wird dieses Häutchen aufgelöst, der Sandstein gebleicht und meist seines Zusammenhalts beraubt, so dass er mürbe wird und zerfällt. Es ist das Resultat dasselbe, wie beim Verwittern des Gesteins unter dem Einfluss der Atmosphärilien; nur spielt bei letzterer die mechanische Zertrümmerung durch gefrierendes Wasser u. s. w. eine grössere Rolle.

Alle Grössen des Korns kommen bei unsern Sandsteinen vor; nur eigentliche Conglomerate, d. h. also auf grössere Strecken anhaltende Anhäufungen grösserer Gerölle fehlen. Einzelne Gerölle sind aber in gewissen Schichten so gewöhnlich, dass sie für diese als bezeichnend gelten können. Wohl keinem Horizont fehlen jedoch dieselben absolut. Anderes Material als Quarz wurde von uns nicht beobachtet;[1] bald ist es Milchquarz, bald sind es verschieden gefärbte, besonders dunkle, dem Kieselschiefer ähnliche Substanzen, die regellos durcheinander liegen.

Eine locale Erscheinung sind Bänke eines sehr groben, aus erbsengrossen, gerundeten Quarzkörnern bestehenden Sandsteins von lockerem Zusammenhalt, die in Folge eines manganreichen Bindemittels braune und blauschwarze Färbung zeigen. Sie bilden nur Einlagerungen in normalen zu Bauzwecken benutzten Sandsteinen.

Es wird häufig angegeben, dass die Sandkörner Krystallflächen zeigen. In der That ist das mitunter, doch nicht gerade oft zu beobachten. Alle Sandsteine bezogen ihr Material aus früher vorhandenen Gesteinen und zwar besonders aus krystallinischen Massen- und Schichtgesteinen. Da von diesen einige gut ausgebildete Quarzdihexaëder enthalten, so konnten solche auch, bevor sie ganz abgerollt wurden, in die Sandsteine gelangen. Häufiger dürften wohl die Sandsteinkörner im Sonnen-

---

[1] G. Leonhard erwähnt allerdings Einschlüsse von Granit (Beiträge zur Geologie der Gegend um Heidelberg. Heidelberg 1844. 43) und von Porphyr (Geognost. mineralog. Beschreibung der Badischen Bergstrasse. Stuttgart 1853. 37). Doch sind dieselben jedenfalls sehr selten und werden auch von Leonhard als „nicht häufig" angeführt.

licht nur einen lebhaften Schimmer zeigen, der an den Reflex von Krystallflächen erinnert. Aber selbst wo solche vorliegen, zeigt in den meisten Fällen eine genauere Untersuchung, dass es sich nicht um ursprüngliche Krystallflächen handelt, sondern um einen später erfolgten Ueberzug von krystallinischer Kieselerde, sei es, dass die Atmosphärilien dieselbe dem Sandstein selbst entnahmen, sei es, dass sie die Kieselsäure von aussen in Lösung zuführten und rings um die Quarzkörner absetzten. In gleicher Weise bedeckt sich der Gyps bei längerem Liegen auf der Halde mit zwar gradlinig, aber scheinbar wenigstens ganz unregelmässig begrenzten Individuen, die je nach der Richtung in der sie betrachtet werden, matt oder glänzend erscheinen, da die einzelnen Krystalle, aus denen die Neubildung zusammengesetzt ist, verschieden orientirt sind.

Man hat solche schimmernde Quarz-Gerölle, die z. B. in den Vogesen sehr gewöhnlich sind, facettirt genannt. Bei uns ist diese Erscheinung an Geröllen seltener, doch immerhin noch verbreitet. Das Material der Sandsteine, die Quarzkörner, unterlagen ganz demselben Process, wie die gröberen Gerölle, und daher, nicht von ursprünglichen Krystallen kommt der lebhafte Schimmer bei heller Beleuchtung.

In manchen Vorkommnissen, zumal an der Grenze des oberen Buntsandstein, hat der Sandstein ein kieseliges Cement und das Eisenoxyd tritt zurück. Der Sandstein wird dann sehr fest, gleichartig in seinem Gefüge und zeigt einen fettartigen Glanz der ganzen Masse, nicht nur der einzelnen Körner. Er ist zu einem dem Quarzit durchaus ähnlichen Gestein geworden. Grade diese festen Sandsteine zerfallen aber leicht. Die an Stelle des normalen Cements getretene Kieselerde scheint besonders leicht löslich zu sein.

Die andere Klasse der Sandsteine, die Thonsandsteine, bedürfen keiner weiteren Erörterung. Die Sandkörner, die hier wohl ausnahmslos gerundet sind, liegen in einer Umhüllung von Thon. Irgend bestimmte Grenzen des Thongehalts lassen sich nicht angeben. Es wird immer willkührlich sein, was man einen thonigen Sandstein und was einen sandigen Thon nennen will. Am naturgemässesten ist es, sich nach dem Zusammenhalt der Masse zu richten und zum Sandstein alle jene Gesteine zu rechnen, welche noch zu Bauzwecken benutzbar sind.

Die gewöhnlich auch als Sandsteine bezeichneten Schichten, die einen Wechsel von Sandstein- und Thonlagen darstellen, zerfallen sehr schnell und sind für technische Zwecke nicht verwendbar. Wir schliessen dieselben aber, wie erwähnt, von den eigentlichen Sandsteinen aus.

Thone sind nun ihrer Herkunft nach auf feldspathhaltige Gesteine zurückzuführen. Kaolin, selten ganz frei von Alkalien und noch nicht durch Eisenoxyd roth gefärbt, entsteht zunächst aus den Feldspathen; aus jenem gehen durch fremde Beimengungen, Pigmentirung u. s. w. erst die verschiedenen gewöhnlich als Thon bezeichneten Substanzen hervor. Kaolin ist als Cement der Sandsteine eine sehr gewöhnliche Erscheinung und kommt zumal in der unteren Abtheilung häufig vor. Abgesehen von der helleren Färbung schliesst sich solcher Kaolinsandstein an die Thonsandsteine unmittelbar an. Untergeordnet treten die sogen. Arkosen auf, gröbere Bildungen aus eckigen Sandkörnern und verwittertem Feldspath, meist von lockerem Zusammenhalt und leicht zu Grus zerfallend.

Ganz untergeordnet, wenn auch stellenweise recht auffallend, sind jene Sandsteine, welche statt des Eisenoxyds demselben verwandte Metall-Verbindungen, nämlich Manganoxyde als Cement haben. Wir sehen hier ab von eigentlichen Ausscheidungen von Psilomelan u. s. w., wie wir solche weiter unten kennen lernen werden. Es handelt sich nur um solche Sandsteine, die eine blauschwarze Färbung zeigen und sich allein dadurch von den rothen Sandsteinen unterscheiden, dass eine Manganverbindung die Sandkörner umhüllt und zusammenhält. Solche Sandsteine kommen vereinzelt zwischen den gewöhnlichen vor, besonders manganreich und ausgezeichnet dünnschiefrig z. B. in den Steinbrüchen auf der Höhe oberhalb Neckargemünd.

Sehr mannigfaltig ist die Entwicklung jener Sandsteine, welche eine besondere Structur innerhalb der Schichtung entwickeln. Am häufigsten ist plane Parallelstructur. Beinahe stets ist Glimmer, seltener Thon die Veranlassung derselben, indem zwischen dünnen Sandsteinlagen die genannten Substanzen sich so legen, dass leicht ein Zerfallen des ganzen Gesteins in Platten erfolgt. Besonders vollkommen ist die Absonderung bei Gegenwart von Glimmer, unvollkommener bei solcher von Thon. Die Structurflächen sind im letzteren Falle uneben und halten auch meist nur auf kurze Entfernungen an. Auf einem Querschnitt rechtwinklig zur Schichtungsfläche erscheinen die Thonmassen als sehr flache, lang ellipsoidische Einschlüsse.

Diese Anordnung des Thons führt unmittelbar zu einer anderen sehr gewöhnlichen Erscheinung hinüber, dem Auftreten der sog. Thongallen. Man bezeichnet als solche rundliche, ellipsoidische Thonmassen, die so in den Sandsteinschichten sitzen, dass die grösste Axe der Ellipsoide parallel zur Schichtungsfläche liegt. Theils ist die weitere Anordnung eine ganz unregelmässige, theils reiht sich eine grössere Zahl parallel aneinander. Man bemerkt dann noch zuweilen ein dünnes Thonhäutchen, welches die einzelnen Ellipsoide mit einander verbindet. Sehr verschiedene Dimensionen kommen vor: von wenigen Centimeter bis zu einem halben Meter Länge und entsprechender Dicke. Der Thon dieser Einschlüsse pflegt sehr fein und gleichartig zu sein, muschligen Bruch zu zeigen und beim Anfassen ein fettiges Gefühl zu hinterlassen. Rothe Färbungen sind die gewöhnlicheren; doch kommen auch weisse und grüne vor, theils für sich allein, theils im Wechsel mit einander. Oft ist eine weisse oder grünliche Thongalle von einer rothen Schale umgeben. Manche Sandsteine sind ganz von Hohlräumen mit glatter Wandung erfüllt, welche einst die leicht herausfallenden und dem Zerspülen ausgesetzten Thonmassen enthielten.

Sehr viel reichlicher treten accessorische Bestandmassen in Form rundlicher Concretionen auf, ja, dieselben sind für den Buntsandstein der Gegend von Heidelberg geradezu charakteristisch und auch schon mehrfach in der Literatur erwähnt worden.[1] Am häufigsten trifft man sie in dem Ge-

[1] Vgl. Blum: Bunter Sandstein in Formen von Kalkspath nebst Nachtrag. Jahrb. f. Mineralogie etc. 1867. 320—324 und 839; ders.:

birge südlich vom Neckar und westlich vom Elsenzthal. Hier stellen sie sich im unverwitterten Zustand meist als compacte Kugeln von recht vollkommen rundlicher Gestalt dar, deren Material nur wenig von dem des einschliessenden Sandsteins abweicht; seltener sind hohle Kugeln mit einem Häufchen lockeren Sandes im Innern oder solche mit deutlich schaligem Aufbau. Auch fehlt es nicht an unregelmässigen knolligen Formen oder Verwachsungen mehrerer Kugeln. Ein fremdartiger Kern, der als Ursache der concretionären Bildung angesehen werden könnte, ist zuweilen in Form einer kleinen Thongalle vorhanden; meist aber ist die ganze Ausfüllungsmasse wenigstens dem Anschein nach gleichartig. Bald sind die Kugeln widerstandsfähiger gegen den Einfluss der Atmosphärilien als der übrige Sandstein, so dass sie über die Gesteinsoberfläche unversehrt hervorragen; bald ist das Bindemittel der Hauptgesteinsmasse schwerer angreifbar, so dass man auf das frühere Vorhandensein derselben nur aus den schüsselförmigen Vertiefungen in den Blöcken schliessen kann.

Alle diese Concretionen unterscheiden sich weder durch ihre Form, noch durch ihre Entstehungsweise von den auch in anderen sedimentären Formationen vorkommenden ähnlichen Gebilden. Dies ist aber der Fall bei anderen Concretionen, die — wenigstens in einigermassen deutlicher Ausbildung — nur auf einen Fundort in der Gegend von Heidelberg beschränkt sind. Da sie auch sonst nur selten aufzutreten scheinen, so mögen sie etwas ausführlicher beschrieben werden, als die sonstigen in der Trias auftretenden Gesteine und Einschlüsse, welche sich nicht wesentlich von denen anderer Trias-Gebiete unterscheiden.

Im Jahre 1867 wurden von einem Holzhacker im Bärenthal oberhalb Ziegelhausen höchst eigenthümlich gestaltete Buntsandsteingerölle gefunden, die von Blum beschrieben und schon damals, trotzdem nur stark abgerollte Stücke vor-

---

Ueber die Concretionen genannten begleitenden Bestandmassen mancher Gesteine. Ebendas. 1868. 298 und 300; F. Klocke: Ueber das Vorkommen der Pseudomorphosen von Buntsandstein nach Kalkspath in den Umgebungen von Heidelberg. Ebendas. 1869. 714—720.

lagen, richtig gedeutet wurden. Erst durch mühseliges Absuchen der Gehänge, welche zum Bachgebiet des Bärenthals gehören, gelang es, die eigentliche Lagerstätte auf der Süd-Seite des Salzlackenbergs, etwa 30 Meter unter dem Gipfel aufzuspüren. Die Blöcke, welche die unten zu beschreibenden Concretionen enthalten, sind ausnahmslos scharfkantig und liegen auf einer nicht sehr breiten Zone dicht gedrängt. Die Annahme erscheint daher gerechtfertigt, dass sie einer bestimmten Schicht entstammen, welche mit schwach südlichem Fall etwas oberhalb der Fundstätte ausgeht. Anstehend konnte sie in Folge des dichten Waldbestandes nicht beobachtet werden. Klocke gibt in der oben angeführten Arbeit an, ähnliche, allerdings viel unvollkommener erhaltene Bildungen seien auch sonst vielfach in der Umgegend von Heidelberg verbreitet; wir haben bei der Aufnahme nichts gefunden, was sich mit einiger Sicherheit mit den Vorkommnissen des Salzlackenbergs identificiren liess.

Hat man am letzteren die erwähnte schmale Zone gefunden, so kann man Cubikmeter grosse Blöcke antreffen, aus denen beim Zerschlagen die Concretionen haufenweise herausfallen. Dieselben stellen sich in sehr mannigfaltiger Form dar. Zunächst fehlt es durchaus nicht an den compacten, schaligen oder hohlen Kugeln, wie sie oben als charakteristisch für den Sandstein der Gegend von Heidelberg erwähnt wurden; sie bilden aber die kleinere Zahl. Die meisten stellen sich schon äusserlich abweichend dar, indem die Oberfläche nicht gleichförmig abgerundet, sondern wie von Innen aufgetrieben erscheint, wodurch einzelne rundliche Erhöhungen oder eine ganz unregelmässige nierenförmige Gestalt entsteht. Zerschlägt man eine solche Kugel vorsichtig, so lassen sich zuerst dünne Schalen ablösen mit immer tieferen Höhlungen, und schliesslich findet man als Kern einen Krystall oder eine Krystallgruppe. Beide bestehen ebenfalls aus rothem Sandstein, der identisch zu sein scheint mit demjenigen, welcher die äusseren Schalen und das ganze Gebirge zusammensetzt. Vereinzelte Krystallgruppen sind auch wohl dunkel gefärbt durch ein psilomelanhaltiges Bindemittel, wie es jene dünnen Platten besitzen, welche zwischen den rothen Hauptbänken des Buntsandstein zuweilen vorkommen.

Obwohl das Material wenig geeignet ist, die Form von Krystallen gut zu erhalten, so lässt sich doch an den meisten mit Sicherheit erkennen, dass es Skalenoëder sind, und an den besten Exemplaren konnten sogar mit dem Anlegegoniometer die Winkel mit genügender Schärfe gemessen werden, um das gewöhnliche Kalkspathskalenoëder R^3 zu bestimmen. Andere Formen wurden nicht beobachtet, weder vorherrschend noch untergeordnet. Blum gibt allerdings an, es kämen auch Andeutungen eines stumpfen Rhomboëder vor, und in der That trifft man häufig Krystalle mit abgeflachten Polecken; dann sind aber die Kanten und Ecken überhaupt abgerundet, so dass vielmehr unvollkommen erhaltene Exemplare vorzuliegen scheinen.

Die Dimensionen der Kugeln schwanken erheblich. Während sie einerseits — wenn auch nicht allzuhäufig — Faustgrösse übersteigen, wurden andererseits einige Blöcke gefunden, die ganz erfüllt waren mit Concretionen von der Grösse und Form einer Haselnuss. Diese enthalten im Innern stets nur ein stark abgerundetes Skalenoëder, während sonst der Kern in der Regel aus einer Krystallgruppe besteht, die sich bald aus wenigen, bald aus vielen Individuen zusammensetzt. Im ersteren Fall durchkreuzen sich die Krystalle meist vollständig, im letzteren ragen rings um den compacten Kern nur die Spitzen frei hervor. Nicht allzu häufig sind solche Skalenoëder, die sich nach Art der Kappenquarze aus Schalen aufbauen.

Während sich im allgemeinen um die Krystalle oder Krystallgruppen eine oder mehrere Schalen von Buntsandstein concretionär angelegt haben, so dass nach der Blum'schen Eintheilung Kernconcretionen entstanden sind, ist dies doch nicht immer der Fall. Einzelne Blöcke enthalten mitten im compacten Sandstein Höhlungen, in denen kleine, aus wenigen Individuen bestehende Gruppen frei liegen, meist umgeben von etwas lockerem Sand. Solche Skalenoëder pflegen die schärfsten Formen zu zeigen. Schliesslich trifft man auch

Krystalle so fest mit dem Gestein ringsum verwachsen, dass sie sich ohne Zertrümmerung nicht herauslösen lassen.

Da die Form der vorliegenden Gebilde unverkennbar in Beziehung steht zu einer der Formen, welche kohlensaurer Kalk beim Krystallisiren annimmt, so liegt es nahe, zur Vergleichung zunächst die sogenannten „krystallisirten Sandsteine" heranzuziehen. Dabei ergeben sich einige wesentliche Unterschiede. Die Vorkommnisse von Fontainebleau, von der Friedrichsbleierzgrube zu Tarnowitz und von Brilon zeigen, soweit sie uns bekannt sind, stets das erste spitzere Rhomboëder. Ferner enthalten alle in erheblicher Menge Carbonate. Es mögen hier einige Analysen Platz finden, welche früher von einem der Verfasser ausgeführt wurden. I gibt die Zusammensetzung eines Krystalls von Tarnowitz, III eines solchen von Brilon; zu II wurde ein Theil einer knolligen Krystallgruppe von Tarnowitz verwandt.

	I.	II.	III.
Sand	64.78	64.40	55.52
Eisenoxyd	0.60	0.75	0.88
Kohlensaure Magnesia	0.34	0.37	0.36
Kohlensaurer Kalk	34.32	34.76	43.31
	100.04	100.28	100.07

Von dem Fontainebleau'er „krystallisirten Sandstein" wird angegeben, er bestehe zu 2/3 aus Quarzsand, 1/3 aus kohlensaurem Kalk. Demnach scheint der Gehalt an Carbonaten bei diesen Vorkommnissen nicht sehr zu schwanken.

Die Skalenoëder vom Salzlackenberg enthalten dagegen keine Spur von Carbonaten, ja, ein Bindemittel überhaupt nur in sehr geringer Menge, wie sich aus der folgenden Analyse ergibt:

Sand	96.46
Thon	0.15
Lösliche Kieselsäure	2.12
Eisenoxyd	0.29
Thonerde	0.20
Manganoxyd	Spur
Kalk	0.00

Magnesia	Spur
Glühverlust	0.51
	99.73 [1]

Obwohl demgemäss die Zusammensetzung jetzt eine ganz andere ist, wie die der „krystallisirten Sandsteine", so lässt sich doch kaum daran zweifeln, dass ursprünglich Carbonate als Bindemittel vorhanden waren. Dieselben müssen ausgelaugt und durch eisenschüssige Kieselsäure und Thon ersetzt worden sein. Dabei ist aber mehr Substanz fort- als zugeführt, da die erwähnten Schalen zwar die Eindrücke der Skalenoëder zeigen, ihnen aber selten glatt anliegen; da ferner die Krystalle an den Enden meist stark abgerundet sind, und dann ein Häufchen losen Sandes neben jenen in der Höhlung liegt, und schliesslich die Quarzkörner recht locker aneinander haften. Aber selbst wenn man den hierdurch angedeuteten ursprünglich grösseren Gehalt an Bindemittel mit in Rechnung zieht, so scheint doch der Schluss gerechtfertigt, dass die vorliegenden Gebilde sehr viel sandreicher waren, als die oben zum Vergleich herangezogenen es sind. Diesem Umstand kann man es aber nicht zuschreiben, dass sich am Salzlackenberg nur Skalenoëder gebildet haben, denn die kürzlich von Bücking beschriebenen Pseudomorphosen von Sandstein nach Kalkspath aus der Gegend von Allerheiligen im Schwarzwald[2] verhalten sich in jeder Beziehung identisch, nur zeigen sie statt des Skalenoëder das erste spitzere Rhomboëder. Beide Vorkommnisse liefern jedenfalls einen hervorragenden Beweis für die ausserordentliche Krystallisationsfähigkeit des Kalkcarbonat.

Ist die Annahme richtig, dass die Kerne der Concretionen ursprünglich „krystallisirte Sandsteine" waren, dem Wesen nach ähnlich denjenigen anderer Fundorte und von ihnen abweichend nur durch höheren Sand-Gehalt und Krystall-

[1] Thonerde, Eisenoxyd, Manganoxyd und Magnesia waren im salzsauren Auszüg enthalten, die Kieselsäure wurde aus dem Rückstand mit Kaliumhydrat ausgezogen, und die geringe Menge Thon vom Sand durch Erhitzen mit Schwefelsäure getrennt. Etwas Thon wird wohl mit der Kieselsäure in Lösung gegangen sein.

[2] Jahrbuch für Mineralogie etc. 1879. 54.

form, so bieten sie doch noch ein erhöhtes Interesse letzteren gegenüber dadurch, dass sie zugleich auch Pseudomorphosen repräsentiren.

Für die Entstehung der Krystalle sowie der Concretionen ist es wohl am einfachsten anzunehmen, dass sehr kalkreiche Quellen in einer lockeren Sandanhäufung versiegten, wie es ja auch jetzt noch häufig der Fall ist. Lockerer Sand bietet eine besonders grosse Verdunstungsoberfläche und damit die günstigsten Bedingungen für schnelle Krystallisation. Eine solche erscheint aber nothwendig für das Entstehen so einschlussreicher Krystalle. Als sich dann später die Sandablagerung zu Sandstein verfestigte, legte sich ein Theil des letzteren schalenförmig um die eingeschlossenen Krystalle und Krystallgruppen. Dass die vollständigen Concretionen sich gleichzeitig mit diesen bildeten, und auch in den Schalen eine pseudomorphe Verdrängung der Carbonate durch das Bindemittel des Sandsteins stattgefunden habe, erscheint nicht wahrscheinlich, da wohl sonst unter den gleichen Bedingungen das Carbonat auch auf die Schalen irgend eine formende Kraft ausgeübt hätte. Ebenso erscheint es am natürlichsten anzunehmen, dass die Carbonate durch die Atmosphärilien ausgelaugt und durch ein anderes Bindemittel ersetzt wurden, nachdem die Verfestigung des Sandsteins weit fortgeschritten oder vollendet war. Denn in einer nachgiebigen Umhüllung würden die Krystalle bei ihrem grossen Reichthum an Sand wohl zerfallen sein oder wenigstens die Schärfe ihrer Form in höherem Grade eingebüsst haben, als es der Fall ist.[1] Eine der Hauptsache nach ähnliche Ansicht hat auch Blum über die Bildung dieser Pseudomorphosen ausgesprochen.[2]

Als den Concretionen verwandte Bildungen kann man auch die Dolomitknollen ansehen, welche im unveränderten Zustand bei uns allerdings seltener als im Schwarzwald, jedoch z. B. recht deutlich bei Nussloch auftreten. Hingegen müssen sie in früheren Zeiten sehr reichlich vorhanden ge-

---

[1] Obige Angaben sind im wesentlichen einem Vortrag entnommen, welchen einer der Verfasser im Jahre 1868 in Heidelberg gehalten hat.

[2] Jahrbuch für Mineralogie etc. 1867. 323.

wesen sein, da man sie wohl als Veranlassung zur Entstehung der sogenannten Tigersandsteine anzusehen hat,[1] welche letztere zwar keinem bestimmten Niveau angehören, aber doch besonders in den unteren Schichten des Buntsandstein verbreitet sind. Die ursprünglich vorhandenen eisen- und manganhaltigen Dolomitpartien wurden zersetzt, Kalk und Magnesia als Carbonate ausgelaugt, während der oxydirte Rest zurückblieb und die scharf hervortretenden Rostflecken lieferte, welche die porös gewordenen Theile der Gesteine auskleiden. Je nach Grösse, Form und Mangangehalt der veränderten Dolomitpartien fielen denn auch die Tigersandsteine verschieden aus. Bald sind die Flecken klein und gleichmässig dicht vertheilt, bald gross und spärlicher; bald rund, bald länglich. Oft sind die Oxyde nur als Hauch angedeutet; zuweilen häufen sie sich zu kleinen Nestern an. Die Färbungen schwanken in den verschiedensten Nüancen zwischen bräunlichgelb, braun und bläulichschwarz. Besonders auffallend werden die Flecken, wenn der Untergrund weiss ist, wie es im Odenwald allerdings seltener als im Schwarzwald der Fall ist; aber auch bei vorherrschend rother Gesteinsfärbung wird man nicht leicht diese Sandsteinvarietät übersehen.

Wegen seines an einen bestimmten geologischen Horizont gebundenen Vorkommens würde noch der Carneol besonders hervorzuheben sein, wenn derselbe sich auch bisher nur vereinzelt gefunden hat. In unregelmässigen Knollen und dünnen Lagen sitzt derselbe im Sandstein und erhält sich in Folge seiner Widerstandsfähigkeit lange, wenn er lose umherliegt. Als öfters genannter und leicht zu erreichender Fundort mag hier nur der Geisberg genannt werden.

Gyps und Steinsalz, die sonst im oberen Buntsandstein häufige Erscheinungen sind, kennt man in unserem Gebiet nicht. Doch sind bei Mosbach und Hasmersheim[2] durch

[1] Vgl. F. Sandberger: Geologische Beschreibung der Gegend um Baden. Beiträge zur Statistik der inneren Verwaltung des Grossherz. Baden. Heft XI. 1861. 19; H. Eck: Ueber die Umgegend von Oppenau. Jahrb. f. Mineralogie etc. 1875. 72.

[2] Koch in Leonhard: Beiträge zur mineralogischen und geognostischen Kenntniss des Grossherzogthums Baden. III. 93; Leonhard daselbst 128.

Bohrungen aus dem Buntsandstein kommende Quellen mit Salzgehalt nachgewiesen worden.

Alle erwähnten accessorischen Bestandmassen — wenn sie überhaupt in irgend einer Beziehung zur Schichtung stehen — sind der Schichtfläche parallel angeordnet. Ein Structurverhältniss ganz unabhängig von der Richtung der Schichtenfuge wird nur durch die discordante Parallelstructur bedingt. Doch wird diese in erster Linie nicht durch verschiedene Beschaffenheit der zusammensetzenden Elemente, sondern allein durch die eigenthümliche Anordnung derselben hervorgebracht. Die ganze Schicht wird nämlich aus lauter einzelnen Lagen von Quarzkörnern — mitunter in jeder Ebene von verschiedener Grösse — zusammengesetzt, die unter einander parallel, gegen die Schichtfläche aber geneigt verlaufen. Eine bestimmte Neigung hält jedoch immer nur auf kurze Entfernungen an, um dann durch eine andere ersetzt zu werden, wobei die relative Anordnung der Sandsteinlagen aber die gleiche bleibt.

Im Gegensatz zu der auf grosse Erstreckung hin ganz gleichartig herrschenden planen Parallelstructur findet hier also ein steter Wechsel statt. Die Structurflächen der einzelnen Lagen bedingen ebenso wenig wie die Trennungsflächen der verschiedenen Systeme ein leichteres Zerfallen des Gesteins; der Zusammenhalt ist vielmehr ein vollkommener. Daher hat man an eingemauerten Steinen oder an steilen der Verwitterung ausgesetzten Felsen nicht selten Gelegenheit, die discordante Parallelstructur zu beobachten; die einzelnen Sandsteinlagen leisten höchstens den Atmosphärilien einen etwas verschiedenen Widerstand, wodurch auf der Oberfläche eine Riefung entsteht. Die normalen gröberen Sandsteine zeigen die Erscheinung besonders häufig. Im oberen Buntsandstein, wo Sandstein- und Thonschichten häufig mit einander wechseln, stossen diese nicht selten seitwärts so aneinander, dass anscheinend eine discordante Parallelstructur hervorgerufen wird. In diesem Falle handelt es sich aber doch eher um selbständige, regelmässig abgelagerte Schichten, die keine grosse Ausdehnung haben und bald auskeilen. Es findet also „auskeilende Wechsellagerung“ statt.

Hier mögen dann noch einige bezeichnende Verhältnisse der Schichtenoberfläche angeschlossen werden, welche man besonders häufig am Sandstein beobachtet. Zunächst Wellenfurchen, wie solche am Meeresufer bei seichtem Wasserstande oder bei zeitweiliger Trockenlegung unter dem Einfluss von Ebbe und Fluth auch jetzt noch entstehen. Sandsteinplatten von geringer Dicke, die mit Thonschichten wechseln, zeigen dieselben am schönsten. Ein gewisses feines Korn ist erforderlich; daher fehlt die Erscheinung in der Hauptmasse der groben, dickbankigen, krystallinischen Sandsteine, also der mittleren Abtheilung, findet sich aber durchaus nicht selten im unteren und oberen Buntsandstein, in welchem überhaupt die Bedingungen für solche Bildungen häufiger gegeben waren.

Unter ähnlichen Verhältnissen, wie die Wellenfurchen, entstanden besonders im Thon die Austrocknungsrisse oder Spalten, die beim Trocknen des Schlammes an der Luft aufrissen, deren Wandungen erhärteten, und die dann bei einer neuen Bedeckung mit Wasser, welches Sand herbeiführte, ausgefüllt wurden. Diese Ausfüllungen erscheinen als erhabene Leisten auf der Unterseite der an die Thone grenzenden Sandsteinbänke und überziehen diese mit einem Netz unregelmässiger Maschen.

Auch die mannigfach geformten Wülste, Knollen und sonstigen unregelmässigen Erhabenheiten, die man so häufig auf den Schichtungsflächen trifft, sind wohl zumeist verwandte Bildungen, nämlich Ausfüllungen von Eindrücken in der darunter liegenden, gewöhnlich thonigen Schicht. Hie und da mögen sie allerdings concretionärer Natur sein.

Der Buntsandstein zeichnet sich im Odenwald, wie in so vielen anderen Gegenden, durch grosse Armuth an begleitenden Mineralien aus. Die Ansammlungen von kohlensaurem Kalk auf Klüften, die recht häufig vorkommen und ziemlich grosse Dimensionen erreichen, kann man kaum hierher zählen. Es sind Bildungen jugendlichen Alters, zu denen das Material sicher nicht dem Buntsandstein entnommen ist. In den meisten Fällen stammt es nachweislich aus Lössablagerungen, die denselben noch jetzt bedecken; in den übrigen kann man mit grosser Wahrscheinlichkeit schliessen, dass früher solche vorhanden waren. Sie lieferten den kohlensauren Kalk, der sich aus Sickerwässern bald grobkörnig oder späthig, bald feiner krystallinisch als Kalksinter absetzte. Bei Reilsheim wurden als Seltenheit bis zu kopfgrosse Drusen beobachtet, deren Wandungen dicht besetzt waren mit zierlichen Krystallen von Kalkspath.

In grösseren Massen hat sich auch hie und da schwefelsaurer Baryt concentrirt, ohne dass die Quelle, aus welcher er stammt, nachweisbar wäre. Am Ost-Abhang des Hollmuths, zwischen Neckargemünd und Bammenthal, bildet er einen durchschnittlich etwa 70 Cent. breiten, stellenweise aber bis zu 120 Cent. anschwellenden Gang, der 1874 abgebaut wurde und einen körnig-blättrigen Schwerspath von guter Qualität lieferte. Auch am Dilsberger Hof hat man früher auf Schwerspath geschürft, den Versuch aber bald wieder aufgegeben. Unbedeutender und selbstverständlich ohne technischen Werth sind die Massen, welche als Kluftausfüllungen hie und da Sandsteinfragmente zu einer Breccie verkitten. In Form von Krusten oder kleinen, aber zierlichen wasserklaren Kryställchen wurde er besonders in der Gegend von Rohrbach und am Geisberg (an der Kanzel) beobachtet. An dem letzteren Fundort kamen auch früher Pseudomorphosen von Psilomelan nach Schwerspath vor, welche von Blum beschrieben wurden.[1] Der Steinbruch ist ausser Betrieb; doch konnte man sich noch vor wenigen Jahren auf den Halden von dem Vorkommen überzeugen.

Psilomelan sowie verschiedene andere Mangan- und Eisenverbindungen trifft man nicht selten auf Schichtungsflächen und Querklüften, doch nirgends in erheblicher Menge. Bald bilden sie zarte Dendriten, bald kleine Nester oder plattenförmige Krusten; letztere setzen sich gewöhnlich aus

[1] Die Pseudomorphosen des Mineralreichs. Stuttgart 1843. 265. An dieser Stelle wird nur erwähnt, dass die Pseudomorphosen aus der Gegend von Heidelberg stammen; erst bei einer späteren Gelegenheit wird als näherer Fundort die Kanzel am Geisberg angegeben. (Jahrb. f. Mineralogie 1867. 320).

traubigen und nierenförmigen Aggregaten zusammen. Die Verbindungen beider Elemente entstammen wohl dem Buntsandstein selbst, der sie überall in geringer, in manchen Lagen sogar in reichlicher Menge enthält, wie oben schon erwähnt wurde. Sie sind also wahrscheinlich durch die Sickerwasser nicht zugeführt worden, sondern diese haben sie nur hier aufgelöst, dort wieder abgesetzt. Dass die im Buntsandstein circulirenden Gewässer stets mit Mangansalzen beladen sind, kann man aus den psilomelanähnlichen feinen Ueberzügen ersehen, welche die Blöcke sowohl der natürlichen Felsenmeere, als der künstlichen Halden oft ringsum bedecken. Aus dem letzteren Vorkommen ergibt sich nicht nur eine jugendliche, sondern auch eine noch jetzt fortdauernde Bildung der Absätze.

Eigentliche Gänge von Eisenstein, wie solche im nördlichen Schwarzwald mehrfach auftreten, sind in unserem Gebiet nicht bekannt.

Ausser den im obigen beschriebenen Sandsteinen, die weitaus die Hauptmasse des Gebirges ausmachen, treten noch Thone als Schichten bildendes Material auf. Sie sind gewöhnlich als Schieferthon entwickelt und sehr einfach in ihrer Erscheinung. Im wesentlichen setzen sie sich aus einem innigen Gemenge von Thön, winzigen Quarzfragmenten, Glimmer und Eisenoxyd zusammen, welches letztere die vorherrschend rothe Färbung bedingt. Tritt dasselbe zurück, oder wird es durch Eisenoxydulverbindungen ersetzt, so stellen sich grüne und weisse Färbungen ein. Mitunter ist die Masse so fein, dass sie unmittelbar zum Schreiben verwandt werden kann (Röthel); meist aber sind die Bestandtheile gröber, indem ausser grösseren Glimmerblättchen noch Sand beigemengt ist. Es entstehen dann die sogenannten Bröckelschiefer. Diese bilden wohl in der Regel das Material zusammenhängender und ausgedehnter Schichten, während die feineren Varietäten mehr die oben genannten Thongallen zusammensetzen. Beim Befeuchten mit Wasser zerfallen alle diese Massen zunächst in grössere, dann in immer kleinere polyedrische Stücke, schliesslich, je nach dem Korn des ursprünglichen Materials zu Grus oder zu einem ganz gleichartigen Schlamm.

Das Verhältniss der Schieferthone zu den Sandsteinen und besonders deren allmähliche Uebergänge in einander wurden schon oben besprochen. Nur durch die Lagerungsverhältnisse lassen sich die Schieferthone des oberen und unteren Buntsandstein in unserer Gegend unterscheiden.

Lagerung.

Die Lagerungsverhältnisse des Buntsandstein sind im ganzen recht einfach, da sowohl gegen die Unterlage — Rothliegendes oder Zechstein —, als gegen das Dach — Muschelkalk — an den Aufschlusspunkten Concordanz herrscht. Es darf aber angenommen werden, dass der Buntsandstein vielfach übergreift und ein grösseres Areal einnimmt, als die Dyas. Letztere füllte Vertiefungen des älteren Gebirges aus und liess die höher gelegenen Partien desselben unbedeckt. Eine langsam aber continuirlich fortschreitende Senkung brachte dann auch diese noch unter den Spiegel des Wassers und veranlasste ihre allmähliche Ueberlagerung mit dem Material des Buntsandstein. Ein solcher Verlauf der Ablagerung fand, wie sich mit Sicherheit nachweisen lässt, in vielen Theilen der Vogesen und des Schwarzwaldes statt; bei sonstiger Analogie der Verhältnisse dürfen wir annehmen, dass gleiches für den Odenwald gilt. Der Umstand, dass auf unserer Karte auf ziemliche Strecken der Buntsandstein unmittelbar an das krystallinische Gebirge stösst, wie z. B. längs des Absteinacher Thales, würde allein das Fehlen des Rothliegenden dort noch nicht beweisen. Im Eiterbachthal und bei Siedelsbrunn steht dasselbe an, und es kann daher auf der Westseite des Leonhardkopfes und der Stiefelhöhe auch nur verdrückt oder durch Gerölle verschüttet sein, wie das am Abfall von Bergen nicht selten stattfindet. Da nun aber auf dem ganzen Rücken zwischen Weschnitz- und Gersprenzthal von den Grenzen unserer Karte an bis zum Abfall des Gebirges nach der Mainniederung hin kein Rothliegendes mehr zu Tage tritt, so dürfen wir auch für das engere Gebiet unserer Karte, wo kein Rothliegendes auf längere Strecken eingezeichnet wurde, das Fehlen desselben annehmen. Es gilt dies also besonders für das schon berührte linke Gehänge des Absteinacher Thales. In östlicher Richtung, im Gebiete der Hauptverbreitung der Trias ist aber eine grosse Verbreitung der Dyas unter dem Buntsandstein nach den Resultaten in Württemberg vorgenommener Bohrungen sehr wahrscheinlich.

Die grössere Masse des Buntsandstein liegt horizontal oder hat nur ein geringes Einfallen, so dass immer Neigung zur Plateaubildung vorhanden ist. In der Nähe der Auflagerung jüngerer Bildungen macht sich jedoch ein etwas stärkeres Einfallen bemerkbar, also ungefähr längs der Linie, die wir früher als Grenze des Gebirges angegeben haben. Man überzeugt sich hiervon leicht bei einem Blick von der Rheinebene nach dem Königstuhl und dessen südlichen Abfall. Dieselben Schichten, welche die Spitze des Berges einnehmen und daselbst 1500′ über dem Neckar liegen, treten bei Nussloch an die Rheinebene. Noch etwas stärkeres Einfallen herrscht vom Königstuhl gegen Südost nach Reilsheim und Gauangelloch hin.

Ebenso senkt sich der Buntsandstein in dem östlich vom Neckar gelegenen Gebiet allmählich gegen den Muschelkalk. Einige Unregelmässigkeiten, die sich jedoch wegen Wald- und Ackerbedeckung nicht genau feststellen lassen, finden sich in den Umgebungen von Spechbach und Eschelbronn, wo von Südost herkommende Verwerfungen durchsetzen. Auch bei Waibstadt schneidet eine Verwerfung den Buntsandstein scharf ab; doch zeigt sich auch dann nur eine wenig auffallende Neigung. Die losgetrennten Schollen haben sich, ohne ihre Lage sehr zu ändern, gesenkt oder sind liegen geblieben. Höchstens findet ganz nahe an den Spalten ein stärkeres Einfallen statt, die Schichten „schleppen“ etwas.

Dass bei der grossen Ausdehnung, die der Buntsandstein auf unserer Karte hat, nicht häufiger als bisher beobachtet ist, Verwerfungen hindurchsetzen sollten, ist sehr unwahrscheinlich. Selbst bei dem schwachen Einfallen, welches man an den Aufschlüssen in den Steinbrüchen am Neckar beobachtet, müsste ein früheres Hinuntertauchen unter die Oberfläche erwartet werden, als es in der That stattfindet.

Das Auftreten von Muschelkalk im Thale der Gersprenz bei Michelstadt und Erbach kann kaum anders, als durch eine ungefähr von Süden nach Norden laufende Verwerfung erklärt werden. Aehnliche Verwerfungen mögen mehrere hindurchsetzen. Da dann aber Sandsteine gegen Sandsteine verworfen wurden, ferner, wie zur Genüge hervorgehoben, die Unterscheidung der Abtheilungen des Buntsandstein schwierig ist, und derselben bei Bearbeitung der Karte überhaupt noch nicht die wünschenswerthe Aufmerksamkeit geschenkt werden konnte, so müssen wir uns vor der Hand mit der grossen braunen Fläche als Ausdruck der Verbreitung des Buntsandstein begnügen.

Da alle mesozoischen Formationen unseres Gebietes concordant liegen, so sind dieselben natürlich alle in gleicher Weise von den späteren Störungen betroffen worden. Es würde eine einzelne Aufzählung derselben in jedem Abschnitt uns daher zu so vielfacher Wiederholung zwingen, dass es zweckmässiger sein wird, nach Besprechung der Juraformation auf die Architectur später im Zusammenhang zurückzukommen.

Verbreitung.

Das Vorkommen des Buntsandstein ist der Hauptsache nach ein so zusammenhängendes, dass die Verbreitung durch die Karte ersichtlich gemacht wird, und nur einige einzelne Punkte noch besonders zu erwähnen sind. Isolirt von der Hauptmasse, sei es durch Spalten, sei es durch oberflächliche Auflagerung jüngerer Gesteine sind folgende Partien. Zunächst am Rheinthal von Süden anfangend: ein langer Streifen zwischen Leimen und Rohrbach beginnend und mit dem Geisberg über Heidelberg seine höchste Erhebung erreichend. Südlich von Rohrbach — im Kohlschlag über der Cementfabrik — bildet Muschelkalk die Grenze gegen das Gebirge; nördlich von Rohrbach zeigt zwar die Karte nur die eine Farbe des Buntsandstein: es läuft aber über den Bierhälter- und Speierer Hof eine Verwerfung nach dem sogen. Sprung, welche im Klingenthal an den Thoren von Heidelberg endet

Auf der anderen Neckarseite ist der Sandstein unmittelbar über Neuenheim in Folge einer Spalte vom Heiligenberg abgelöst. Durch krystallinisches Gebirge vollständig isolirt sind eine ganze Anzahl einzelner Schollen längs der Bergstrasse, die meist durch Steinbruchsbetrieb aufgeschlossen und daher schon von der Ebene aus an der hellen Färbung kenntlich sind: nämlich zwischen Handschuchsheim und Dossenheim am Steinsberg; bei Grossachsen am Eingang des Thales; zwischen Hochsachsen und Lützelsachsen drei durch Löss oberflächlich getrennte Partien; zwischen letzterem Orte und Weinheim fünf Schollen, theils durch Thäler getrennt, theils unter dem Löss in Zusammenhang; endlich noch eine Ablagerung nördlich von Weinheim am Hubberg unter dem Hirschkopf.

Längs der Grenze gegen das Hügelland sind eine ganze Reihe einzelner Stellen auf der Karte ausgezeichnet, an denen noch südlich und südöstlich der Hauptmasse in Folge von Abwaschung der einst zusammenhängenden Lössdecke Buntsandstein zu Tage tritt, am auffallendsten zwischen Maisbach und Gauangelloch, dann gegenüber Bammenthal auf dem rechten Elsenzufer. Der Buntsandstein südlich Spechbach und zu beiden Seiten des Kallenbergs gegenüber Eschelbronn ist zwar von dem westlich anstossenden Muschelkalk durch Verwerfungen getrennt, hängt aber gegen Nordosten mit dem Sandstein des Odenwaldes zusammen. Endlich liegen nördlich von Waibstadt ausgedehnte Steinbrüche in einer gegen Westen scharf abgeschnittenen Scholle, die nach Osten den Zusammenhang mit dem Sandstein von Aglasterhausen und Waibstadt bewahrt hat. Die Karte zeigt hier fälschlich Unteren Keuper (XV) statt Buntsandstein.

Gliederung und Beziehung zu benachbarten Gebieten.

Eine Trennung der mächtigen Sandsteinmassen in weitere Unterabtheilungen ist bisher in der Heidelberger Gegend noch nicht versucht worden. Aus der Thatsache, dass eine solche weiter südlich im Schwarzwald und in den Bergen bei Karlsruhe, in nordöstlicher Richtung in Franken und im Spessart, endlich auf der anderen Rheinseite in der Pfalz, im Saarbrückischen und in Elsass-Lothringen durchgeführt wurde, lässt sich aber schon vermuthen, dass auch bei uns eine Gliederung möglich sein wird. Die verschiedenen Eintheilungen passen nun durchaus nicht genau auf einander, indem die Facies mannigfachem Wechsel unterworfen ist. In unserem in der Mitte liegenden Gebiete findet daher bald nach der einen, bald nach der anderen Seite hin Verwandtschaft statt, wie im folgenden kurz gezeigt werden soll.[1]

---

[1] Die südwestdeutsche Trias ist in den letzten Jahren mehrfach Gegenstand vergleichender Untersuchung gewesen. Da wir uns hier und bei den folgenden Abtheilungen der Trias mit einigen kurzen Andeutungen begnügen müssen, verweisen wir unsere Leser auf folgende ausführlichere Arbeiten:

Sandberger: Beobachtungen in der Würzburger Trias Würzburger naturw. Zeitschr. V. 201.

Ders.: Gliederung der Würzburger Trias und ihrer Aequivalente. Würzburger naturw. Zeitschr. VI. 131. 157. 192

Nies: Der Kalkstein von Michelstadt im Odenwald. Verhandl. der Würzburger phys.-med. Ges. N. F. III. Bd.

Gümbel: Die geognost. Verhältnisse des fränk. Triasgebietes. Bavaria IV. 11. Heft. 1865.

Nies: Beiträge zur Kenntniss des Keupers im Steigerwald. Würzburg 1868.

Platz: Die Triasbildungen des Tauberthals. Karlsruhe 1869.

Bücking: Die geognost. Verhältnisse des Büdinger Waldes und dessen nächster Umgebung. XVII. Bericht d. Oberhess. Gesellsch. für Natur- und Heilkunde.

Sandberger: Verhandlungen des naturhist. Vereins zu Karlsruhe. I. (Gegend von Karlsruhe). 1864.

Platz: Geologie des Pfinzthals. Jahresber. d. Realgymnasiums zu Karlsruhe. 1872.

Ders.: Geologie des Rheinthals. Verh. d. naturw. Vereins in Karlsruhe 1873. 152—212.

Nies: Die angebliche Anhydritgruppe im Kohlenkeuper Lothringens. Würzburg 1873.

Gümbel: Geognost. Verhältnisse der Pfalz. Bavaria IV. 2. Abth. 1865.

Benecke: Ueber die Trias in Elsass-Lothringen und Luxemburg. Abhandl. z. geolog. Specialkarte v. Els.-Lothr. Bd. I. 1877.

Ueber Württemberg sind besonders die Begleitworte zu der geol. Karte $^1/_{50000}$ zu vergleichen. Ferner:

Schalch: Beiträge zur Kenntniss der Trias am südöstlichen Schwarzwalde. Würzburger Inaug.-Dissert. Schaffhausen 1873.

Betrachten wir zunächst die Gliederung des Buntsandstein am nördlichen Schwarzwald, über welche Paulus[1] uns vielfache Aufschlüsse gegeben hat. Zuunterst auf dem Rothliegenden trifft man durch Mangan gefleckten, nicht selten weissen oder weissgrauen Sandstein (Tigersandstein); über demselben entwickeln sich Conglomerate aus Rollsteinen von Hirsekorn- bis Kopfgrösse von Quarz, seltener Hornstein und Kieselschiefer, sowie Sandsteingeschieben mit rothsandigem Bindemittel bestehend. Durch Wechsellagerung gehen diese Conglomerate in das mächtigste und Hauptglied der Formation, in den grobkörnigen Sandstein über, welcher eine braunrothe Farbe hat. Durch Zunahme des Thons entwickelt sich hierüber ein ausgezeichneter glimmerreicher Thonsandstein, welcher stellenweise nach oben regelmässig plattenförmig sich absondert (Plattensandstein). Rothe Schieferletten, die nur entfernter vom Gebirge und besonders unter einer schützenden Decke von Muschelkalk erhalten bleiben, machen den Schluss der Buntsandsteinformation aus. Aehnlich, nur mit localen Modificationen, unter denen wir das gelegentliche Auftreten von Geröllen in dem grobkörnigen Sandstein erwähnen, ist die Entwicklung in dem ganzen Gebiet von Freudenstadt bis nach Pforzheim hin. Eck gibt aus der Gegend von Oppenau im allgemeinen dieselbe Gliederung an, macht aber darauf aufmerksam, dass Tigersandsteine in sämmtlichen Abtheilungen vorkommen. Ferner legt er die Conglomerate nicht an die Grenze des unteren und mittleren Buntsandstein, sondern 100′ über dieselbe, da noch unter den Conglomeraten grobkörnige Sandsteine liegen. Anhäufungen von weissen Kieseln

---

Eck: Neues Jahrb. 1875. 71.

Eck: Beitrag zur Kenntniss des süddeutschen Muschelkalks. Zeitschr. d. deutsch. geolog. Gesellsch. 1880. 32.

Ueber die Trias von Saarbrücken handelt:

Weiss: Neues Jahrb. 1864. 279; Verh. naturh. Ver. Bonn. XXV. Sitzungsber. 101; XXVI. Sitzungsber. 218; XXVII. Corresp. Bl. 50; Zeitschr. d. d. geolog. Ges. XXI. 837.

[1] Man vergleiche besonders die Begleitworte zu den Atlasblättern Freudenstadt und Wildbad der geognost. Specialkarte von Württemberg.

kommen auch an der oberen Grenze des grobkörnigen oder mittleren Buntsandstein vor.

Die Thonsandsteine führen an mehreren Punkten Versteinerungen, besonders Pflanzen.

In der Karlsruher Gegend hat Sandberger die Hauptmasse des Sandsteins als Vogesensandstein beschrieben. Dessen obere Grenze bilden blaue oder blau und weiss gefleckte, körnige Quarzsandsteine mit Dolomit und Carneol in dünnen Lagen und Schnüren. Darauf folgen thonige Bausandsteine mit ausgezeichneten Pflanzenresten, auf welchen noch Röth liegt.

Im Elsass unterschieden die französischen Geologen einen Vogesensandstein und einen eigentlichen Buntsandstein. Ersterer ist grobkörniger Sandstein mit ausgezeichneten Conglomeraten an seiner oberen Grenze. Er bildet die Masse des Sandsteingebirges und kann als Hauptsandstein bezeichnet werden, da er in der That mit dem Hauptsandstein der württembergischen Geologen ganz übereinstimmt. Unter demselben liegen feinkörnige, gut zu bearbeitende weisse, rosa und violette Sandsteine, welche meist vom Schutt des Hauptsandstein am Fuss der steilen Gehänge verhüllt sind. Sie entziehen sich daher gewöhnlich der Beobachtung. Neuerdings werden sie aber in grossem Masstab z. B. im oberen Breuschthal gewonnen. Auf diese Sandsteine muss der Name unterer Buntsandstein übertragen werden.

Die oben genannten Conglomerate werden überlagert von einer Reihe recht verschiedenartiger rother, violetter, in Folge eines Mangangehalts zumal beim Verwittern oft brauner Sandsteine. In frischem Zustand handelt es sich um einen grobkörnigen Sandstein mit Einlagerungen von Dolomit und seltener Carneol. Aus demselben entstehen löcherige, leicht zerfallende Sandsteine, welche in einzelnen Lagen reich an Glimmer sind. Gegen oben entwickeln sich ausgezeichnete, dickbankige Thonsandsteine, welche überall gewonnen werden. Sie sind reich an Pflanzeneinschlüssen (Voltziensandstein). Rothe Thone mit dünnen Sandsteinbänkchen machen den Schluss der Formation aus.

In der Pfalz unterscheidet Gümbel einen dünngeschichteten, intensiv rothen, oft grüngefleckten Sandstein voll rother Thongallen, der nach oben übergeht in mächtige Lagen eines gelblichen oder weissen, festen, als Bausandstein verwendbaren Sandsteins. Dieser „Hardtsandstein" mit seiner thonigen Unterlage bildet das untere Stockwerk der Buntsandsteinformation. Der nun folgende Pfälzer Hauptbuntsandstein, auch als Vogesensandstein bezeichnet, schwillt bis zu 1600' an. Er ist bald fein-, bald grobkörnig, röthlich, strichweise gelblich, seltener grünlich, voll rother Thongallen und Manganputzen, welche beim Herausfallen Löcher hinterlassen. Einzelne Gerölle von Quarz und gelegentliche Anhäufungen derselben zu Conglomeraten kommen vor. Sehr gewöhnlich sind kugelförmige Concretionen.

Zu oberst liegt Röth: thonige oder merglige, dünn geschichtete, lebhaft bunte Schieferthone mit eingelagerten Sandsteinbänken. In den westlichen Theilen gehört diesem obersten Stockwerk ein ausgezeichneter, bis 100' mächtiger, thoniger Bausandstein an.

In Franken liegen bei Würzburg und im Spessart ähnlich wie in Thüringen zuunterst mächtige rothe Thone und Mergel („Bröckelschiefer, Leberstein"). Auf dieselben folgt ein Sandstein, der Hauptsandstein, aus verschiedenartigen, bald thonfreien, bald mehr thonigen, aus eckigen kleinen Quarzkörnern zusammengesetzten Bänken bestehend. Die Färbung ist roth oder weiss, hie und da gefleckt. Die untere, vorherrschend weisse Partie dieser mittleren Abtheilung wird von Gümbel noch besonders als Heigenbrückenschichten abgetrennt.

Ein oberer Sandstein endlich enthält unten feste, weisse Bänke zu Bausteinen, Mühlsteinen und Schleifsteinen verwendbar, oben rothe Thonschichten mit dünnen Sandsteinlagen wechselnd. Auf den Schichtungsflächen der festen Bänke der oberen Abtheilung treten besonders häufig Leisten, Wülste und allerhand unregelmässige Concretionen, in den Thonen sehr gewöhnlich Pseudomorphosen nach Steinsalz, ferner Gyps in Lagen und Schnüren auf.

Eine Schilderung des Buntsandstein im Büdinger Wald hat neuerdings Bücking gegeben. Hier finden wir wieder etwas abweichende Verhältnisse. Hinreichend deutlich ist der Anfang der oberen Abtheilung, des Röth, durch das Auftreten der weissen Bänke mit Fährten, der sog. Chirotherienbänke bezeichnet, unsicher hingegen, wo die Grenze zwischen der unteren und mittleren Abtheilung zu ziehen ist. Hier wird immer eine gewisse Willkühr herrschen. Gümbel parallelisirt seinen Pfälzer Hardtsandstein, den er zur unteren Abtheilung rechnet, mit den Heigenbrückenschichten, die als mittlerer Buntsandstein in der Uebersicht der Gliederung im Spessart stehen. Da diese Abtheilung aber nur 50′ mächtig ist (gegen 900′ des ganzen mittleren Stockwerks), so kommt darauf nicht viel an.

Aus dem Mitgetheilten ergibt sich, dass die obere Abtheilung des Buntsandstein noch am ersten auf grössere Entfernungen hin mit einiger Sicherheit wiedererkannt und ausgeschieden werden kann. Das Auftreten besonders grober, schimmernder, cementarmer Sandsteine oben im Haupt- oder Vogesensandstein, die darüber folgenden oft mürben oder auch sehr festen verkieselten Sandsteine, die Carneol- und Dolomitbänke, der Chirotherium-Sandstein, der Wechsel rother und violetter Färbung, das Ueberhandnehmen rother Thone, je höher man sich erhebt, das alles sind Hülfsmittel zur Unterscheidung. Selten wird man freilich Gelegenheit haben, alle diese Entwicklungen an einer Localität zu sehen; die eine oder andere pflegt aber doch vorhanden zu sein. Schon die grössere Mannigfaltigkeit der Gesteinsbildung, der schnelle Wechsel in der Zusammensetzung einzelner Schichten gegenüber der einförmigen Erscheinung des mittleren Buntsandstein haben etwas bezeichnendes.

Unsicherer ist, was man in einem jeden Gebiet als unteren und mittleren Buntsandstein unterscheiden soll. Wenn auch bald einmal Tigersandsteine, bald Thonsandsteine, bald helle, dem Hardtsandstein ähnliche Massen unten herrschen, so ist doch nirgends ein bestimmter Abschluss nach oben gegeben. Der schnelle Facies-Wechsel macht das Parallelisiren der verschiedenen Vorkommnisse ausserordentlich schwierig, und man darf durchaus nicht, was an dem einen Beobachtungspunkt als unterer Buntsandstein bezeichnet worden ist, ohne weiteres als gleichaltrig mit dem gleichbenannten Schichtencomplex einer anderen Stelle ansehen. Die Anwendung der Bezeichnung Vogesensandstein im Sinne von unterem Buntsandstein ist zu vermeiden, denn der typische, thonarme Quarzsandstein des linksrheinischen Gebirges mit seinen häufigen Geröllen und der Neigung zur Conglomeratbildung ist der Hauptsache nach mittlerer Buntsandstein. Der untere Buntsandstein fehlt zwar in den Vogesen durchaus nicht, wie oben angeführt, allein er ist selten aufgeschlossen, und an ihn dachte man jedenfalls nicht, als man die locale Bezeichnung Vogesensandstein zuerst in Anwendung brachte. Vogesensandstein als Synonym für unteren und mittleren Buntsandstein im Gegensatz zum oberen würde man allenfalls sagen dürfen.

Im südlichen Odenwald ist es zunächst schwer, Rothliegendes und Buntsandstein, die concordant auf einander folgen, da zu trennen, wo der Zechstein fehlt. Es wurde bei der Einzeichnung in die Karte festgehalten, dass die Farbe des Buntsandstein da zu beginnen habe, wo das Fehlen der für das Rothliegende so bezeichnenden Porphyrbrocken sich auffallend bemerkbar macht. Wenn Porphyr, zunächst der in demselben enthaltene Feldspath zersetzt wird, so entsteht Kaolin. Dieser kennzeichnet nun aber auch Sandsteine von mächtiger Entwicklung, welche man nicht wohl zum Rothliegenden rechnen kann, ohne den Buntsandstein zu sehr zu reduciren. Es wurden daher in unserem Gebiete solche Kaolinsandsteine, wofern es nur wirklich Sandsteine sind, dem Buntsandstein zugerechnet, alle gröberen Arkosen, insbesondere jene aus eckigen Brocken bestehenden beim Rothliegenden gelassen. So wurde die Abgrenzung nicht zu schwierig, da die groben Gesteine ziemlich scharf gegen die feiner struirten absetzen.

Mächtiger entwickelte rothe Thone, entsprechend jenen des Spessarts, fehlen bei uns. An einigen Stellen konnte jedoch das Auftreten von Thonschichten an der unteren Grenze des Buntsandstein constatirt werden, wenn dieselben auch niemals eine besondere Bedeutung erlangen: so an dem von Dossenheim nach dem weissen Stein führenden Hohlwege, südlich vom Leichtersberg, am Hartenbühl, in der Umgebung von Waldmichelbach.

Mögen nun solche Thonschichten auch noch öfter vorhanden sein und sich nur in Folge der Lagerung oder Ueberschüttung durch Geröllmassen der Beobachtung entziehen, keinesfalls spielen sie bei uns eine grosse Rolle. Es ist im Auge zu behalten, dass das unterliegende krystallinische Gebirge dem Rothliegenden eine sehr unebene Oberfläche zur Ablagerung bot, so uneben, dass letzteres anfangs keine ganz zusammenhängende Decke bilden konnte, und krystallinisches Gebirge in Gestalt von Kuppen aus demselben herausragte. In dem nun folgenden Buntsandstein-Meer zogen sich die leicht beweglichen Thone natürlich den noch auszufüllenden tieferen Partien zu; sie müssen also zunächst auf den Kuppen fehlen, auf denen gleich gröberer Sandstein zum Absatz kam. Schon aus einer solchen Betrachtung lässt sich das nur locale Auftreten der Thone folgern. Es ist aber schon mehrfach darauf hingewiesen worden, dass von den südwestdeutschen Gebirgen an in nordöstlicher Richtung eine stete Zunahme der Thonschichten des unteren Buntsandstein stattfindet, so dass sich also die tiefer liegenden, mit Sedimenten erfüllten Gebiete des nördlichen Württembergs und Frankens zum Schwarzwald und Odenwald im grossen verhalten, wie niedrig und hoch gelegene Partien in diesen Gebirgen selbst zu einander. Die fein geschlämmten Thone wurden im Strom der Gewässer weit hinaus geführt, das gröbere Material — reine Sandsteine oder Sandsteine mit noch nicht vollkommen zu Thon umgewandelten Feldspathbrocken — schlug sich bereits im Gebirge nieder.

Trotz des Fehlens mächtig entwickelter Thonmassen ist aber in unserem Gebiete ein unterer Buntsandstein im Gegensatz zu einem mittleren sehr wohl zu unterscheiden; nur ist die Grenzbestimmung keine leichte, sie muss sogar innerhalb gewisser Grenzen willkürlich ausfallen.

Zusammensetzung und Färbung dieses unteren Buntsandstein sind ausserordentlich wechselnd. Das Korn ist bald fein, bald grob, immer aber sind die einzelnen Körner rund gewaschen. Am Fusse des Kornbergs bei Mückenloch, unmittelbar am Neckar, erreichen dieselben bis zu 1 Cm. Durchmesser. Sie werden von einem Häutchen einer Manganverbindung überzogen, und so gleicht die ganze Masse einem zusammengebackenen groben Geschützpulver. An anderen Punkten findet sich Thon, besonders häufig aber, zumal in den untersten Lagen, Kaolin als Cement. Grobe, krystallinische, cementarme Sandsteine scheinen überhaupt zu fehlen. Durch das Auftreten brauner Manganflecken werden Tigersandsteine gebildet; doch sind dieselben nicht so auffallend, wie im Schwarzwald, da die Färbungen des ganzen Gesteins eher trübe sind, die Flecken sich daher nicht besonders scharf abheben. Aufschlüsse trifft man bei Heiligkreuzsteinach, am Röschbachhof bei Altenbach, bei Hirschhorn und an vielen anderen Punkten. In manchen Schichten finden sich in grosser Häufigkeit Thongallen, theils roth, theils grünlich oder weiss, letztere oft mit einer dünnen rothen Hülle. Am meisten fällt aber die Verschiedenartigkeit in der Färbung des Sandsteins selbst auf. Weisse und blassrothe Farben wechseln mit den gewöhnlichen rothen und zwar nicht nur in ganzen Schichten, sondern innerhalb einer und derselben Schicht; es entstehen dann wolkige und fleckige Zeichnungen, welche den in Heidelberg viel benutzten Bausteinen aus diesen Lagen ein unangenehm unruhiges Ansehen geben. Zwischen den festen Sandsteinlagen finden sich nun häufig in verschiedenen Abständen über einander mehrere Thonschichten bis zu 1 M. und mehr Mächtigkeit eingeschaltet, die mitunter auf lange Strecken aushalten. Da, wo sie nahezu horizontal liegen, wie z. B. in den grossen Steinbrüchen am Ufer des Neckars, machen sie sich sehr bemerklich.

Jedenfalls ist das Gesammtaussehen dieser unteren Buntsandsteinmassen ein recht verschiedenes gegenüber der einförmigen Erscheinung des nun folgenden mittleren Stockwerks.

Einige der besseren Aufschlüsse des unteren Buntsandstein finden sich an folgenden Punkten. Zunächst gehören hierher die sämmtlichen einzelnen Schollen an der Bergstrasse zwischen Heidelberg und Weinheim. Die hellen häufig wechselnden Färbungen, das Auftreten zahlreicher weisser und grünlicher Thongallen kann man überall leicht beobachten.

In der näheren Umgebung Heidelbergs darf man natürlich unteren Buntsandstein überall zunächst über dem Rothliegenden oder Zechstein erwarten. In demselben liegen die alten verlassenen Brüche längs des vom Schloss nach dem Wolfsbrunnen führenden Weges; ferner die noch im Betrieb befindlichen auf der rechten Seite des Klingenthals unter der Molkenkur, wie denn überhaupt der ganze Abhang zwischen Schloss und Molkenkur aus unterem Buntsandstein besteht. Der Steinbruch über der Molkenkur am Fahrweg nach Gaiberg liegt ungefähr an der Grenze des unteren und mittleren Buntsandstein. Da der Geisberg der früher schon genannten gesunkenen Partie angehört, so liegt hier die untere Abtheilung tiefer, und der Steinbruch an der Kanzel mit seinem Mangansandstein schliesst schon Bänke der unteren Partie des mittleren Sandstein auf.

Aufwärts am Neckar liegen die vielen grossen Steinbrüche am Fluss im unteren und wohl auch noch zum Theil in den untersten Partien des mittleren Buntsandstein, je nach der Höhe der Aufschlüsse. Ebenso in den Seitenthälern, wo z. B. die Brüche bei Heiligkreuzsteinach augenblicklich viel Material nach Heidelberg liefern. Bunte gefleckte Varietäten kommen von dort. Zwischen Neckarsteinach und Hirschhorn machen sich die mächtigen Thonschichten als lang hinziehende tiefrothe Streifen in den Steinbrüchen besonders bemerkbar. Wenn man die von Norden in den Neckar einmündenden Seitenthäler hinaufsteigt, bleibt man bis zu deren Anfang, der im krystallinischen Gebirge liegt, im unteren Buntsandstein. Auf der Südseite, wenigstens oberhalb Schlierbach, führen die Thäler sehr bald in den mittleren Buntsandstein.

Die Einförmigkeit dieses letzteren wurde schon wiederholt hervorgehoben. Gleichartige, eher etwas grobe, zumal in den oberen Lagen schimmernde, krystallinische oder facettirte Sandsteine von rother Farbe in meist dicken Bänken setzen denselben zusammen. Gerölle, die im unteren Buntsandstein nur ganz vereinzelt auftreten, werden häufig, und nahe an der Grenze gegen den oberen Buntsandstein fehlen sie nirgends. Als besondere Eigenthümlichkeit sind noch die oben S. 301 eingehender beschriebenen Concretionen und Pseudomorphosen nach Kalkspath zu erwähnen. Letztere liegen etwa an der Basis des oberen Drittel des Hauptbuntsandstein. Die gewöhnlichen kugligen Concretionen sind an kein eng begrenztes Niveau gebunden; doch scheinen sie im unteren und oberen Buntsandstein zu fehlen und nur im mittleren, besonders in dessen oberer Hälfte, sich häufig zu finden.

Die oben aus Franken und aus der Karlsruher Gegend genannten festen, mächtigen, oft weissen Bänke, die den Namen der Chirotherium-Bänke erhalten haben, kann man entweder als Schluss der mittleren oder als Anfang der oberen Abtheilung des Buntsandstein ansehen. Thut man ersteres, so behält man die Masse der festeren, in dickeren Bänken liegenden Sandsteine beisammen, und die mürben, thonigen Schichten steigen an Gehängen mit sanfterem Abfall über denselben auf. Man erhält dann orographisch natürlichere Abschnitte. In unserem Gebiet ist übrigens die ganze Frage von keiner grossen Bedeutung, weil die Chirotherium-Bänke nirgends deutlich über Tage anstehen. Wir müssen einen Aufschluss in geringer Entfernung ausserhalb der Grenze unserer Karte aufsuchen, um zu erkennen, wo wir sie selbst oder ihr Aequivalent bei uns zu suchen haben.

Zwischen den Orten Binau und Diedesheim oberhalb Neckarelz liegt an der Mündung eines kleinen linken Seitenthales des Neckars unter dem sog. Schreckhof, etwas über dem Niveau des Flusses erhaben, eine seit lange bekannte Ablagerung von Kalktuff, die durch kräftige aus dem Buntsandstein zu Tage tretende Quellen noch immer vermehrt wird. Unterhalb dieser Stelle gegen Binau und weiter in dem tiefen Einschnitt des Neckars gegen Eberbach zu, ist der Hauptbuntsandstein in grosser Mächtigkeit aufgeschlossen. An dem Fussweg, der vom Thal nach dem Schreckhof am Waldrande hinauf führt, liegt ein alter verlassener Steinbruch, der durch Massen von Diluvialgeröllen aus dicht dabei anstehenden alten Uferbänken stammend, halb verschüttet ist. Die tiefsten Lagen in dem Steinbruch sind rothe, mit Thonschichten wechselnde Sandsteinbänke, die weiter aufwärts früher in grösserem Masstabe gebrochen wurden. Ueber denselben, die Stirn unseres Steinbruchs bildend, ragen einige feste, theilweise verkieselte helle Sandsteinbänke hervor, in denen sich der Schädel und einige Knochentheile eines Labyrinthodonten fanden. Gegen oben, über dem Steinbruch folgen dann sanft ansteigend 17 M. Röthschichten, in denen ganz dünne Sandsteinplatten eingelagert sind. Eine dieser Platten ist auf ihrer Oberfläche mit zahlreichen Exemplaren einer *Lingula,* mit *Myophoria vulgaris, Myoconcha Thilaui* und Fischschuppen bedeckt. Die Versteinerungen liegen in der unteren Hälfte des Röth, auf welchen ganz normal unterer Muschelkalk folgt.

Lage, Beschaffenheit und organische Einschlüsse der Schichten unter dem Schreckhof lassen es unzweifelhaft erscheinen, dass wir in diesen festen, weissen Bänken die Aequivalente der Chirotherium-Schichten vor uns haben, die in dem nahen Tauberthal nach Platz[1] die bezeichnenden Fährten selbst führen.

Am Rheinthal bei Nussloch liegen in den Steinbrüchen nahe am Ort auf dem Hauptbuntsandstein sehr verschiedene bunt, besonders auch violett gefärbte Bänke, welche theils verkieselt und sehr hart, theils mürbe sind und die Reste von Dolomitknollen enthalten. Ausserdem finden sich häufig einzelne Knochen im Gestein zerstreut. Diese Bänke nehmen dasselbe Niveau ein, wie die oben besprochenen Chirotherium-Bänke; sie stimmen aber ausserdem petrographisch durchaus überein mit den von Sandberger[2] beschriebenen Dolomit führenden Bänken von Grötzingen bei Karlsruhe und den in neuerer Zeit aus denselben Horizonten beschriebenen „Zwischenschichten“ der Vogesen.[3] Der Carneol, welcher bei Grötzingen vorkommt, bei Nussloch jedoch bisher nicht beobachtet wurde, findet sich auf dem Rücken des Geisbergs über dem Haupt-

---

[1] Platz, Triasbildungen des Tauberthals 64.

[2] Sandberger, zur Erläuterung der geolog. Karte der Umgegend von Karlsruhe. Verhandl. d. naturw. Vereins in Karlsruhe. 1864.

[3] Abhandlungen zur geolog Specialkarte v. Elsass-Lothringen I. 557.

buntsandstein, fehlt also nicht, wenn wir das ganze Gebiet ins Auge fassen.

Ohne einen grossen Fehler zu begehen, können wir also Chirotherium-Schichten und diese Zwischenschichten als ungefähr gleichaltrig ansehen, indem wir es späteren Untersuchungen an besseren Aufschlüssen überlassen, noch genauer das Verhältniss beider festzustellen, insbesondere, ob beide Erscheinungsformen einfach einen Facieswechsel bei gleichem Niveau darstellen oder überhaupt vertical verschiedene Lagen repräsentiren.

Der Hauptbuntsandstein nimmt bei weitem die grösste Fläche der Buntsandsteinformation auf unserer Karte ein. Alle Plateaus, alle nach dem Hügelland schräg abfallenden Flächen bestehen aus demselben. Nur innen, also im tiefsten der Thäler und unmittelbar über dem Rothliegenden umsäumt denselben ein schmales Band von unterem Buntsandstein, wie ein ähnliches der gleich noch zu besprechenden oberen Abtheilung sich um den Muschelkalk zieht. Die Oberfläche zeigt hier insbesondere alle jene Eigenthümlichkeiten, welche für Buntsandstein als bezeichnend angesehen werden: sandige, nach dem Regen schnell abtrocknende Aecker und Wege, Bedeckung der Gehänge mit Haufwerken von Blöcken u. s. w. In der Umgebung des Königstuhls und Geisbergs sieht man überall die schimmernden Quadern mit den Geröllleinschlüssen umher liegen. Eine gewaltige Anhäufung derselben bildet das bekannte Felsenmeer über dem Wolfsbrunnen; ähnliche kleinere trifft man an vielen Punkten, wenn man vom Neckarthal aus die Höhen besteigt. Von der grössten Bedeutung für das Buntsandsteingebiet des Odenwaldes ist eine gute Forstwirthschaft. Ohne die ausgedehnten herrlichen Wälder würde die ganze Gegend einen ausserordentlich traurigen, öden Anblick gewähren.

Es bleibt uns nun noch der obere Buntsandstein übrig, der also die Aequivalente der thonigen, mit dünnen Sandsteinlagen wechselnden Schichtenreihe umfasst, die oben vom Schreckhof erwähnt wurde. Ausschliesslich in dieser gleichen Beschaffenheit begegnen wir den obersten Buntsandsteinschichten bis zur Rheinebene hin; nur wird die Mächtigkeit, je mehr wir uns gegen Westen hin wenden, immer geringer. Die besten Aufschlüsse liegen bei Waibstadt in den nördlich vom Ort nahe bei dem Bahnhof gelegenen Steinbrüchen. Es werden hier dünne, mehrere Quadratmeter grosse Platten gewonnen, die zwischen Thonschichten liegen. Die Oberfläche derselben bedecken beinahe zusammenhängende Lagen von silberweissem Glimmer, wodurch denselben ein sehr lebhafter Schimmer verliehen wird. Auf anderen mehr nach unten gegen den Hauptsandstein hin liegenden Bänken finden sich die verschiedensten Knollen, Wülste und fährtenähnliche Erhöhungen oft mit grünem Ueberzug. Besonders schön kommen hier auch Wellenfurchen vor.

Ein anderer Aufschluss des Röth liegt gegenüber Neidenstein und Eschelbronn auf der rechten Seite des Schwarzbachthals nahe der Eisenbahn. Auf der ganzen rechten Neckarseite fehlt der obere Buntsandstein, etwa mit Ausnahme geringfügiger Partien auf einzelnen Höhen; von den Plateaus, auf denen er früher noch vorhanden gewesen sein mag, ist er längst abgespült. In ziemlich zusammenhängendem Zuge kann man denselben auf der Südseite des Königstuhls von Nussloch bis nach Reilsheim unter der Lössdecke verfolgen. Zunächst bei Nussloch sind in den Steinbrüchen noch etwa 9 M. Röth über den besprochenen Zwischenschichten zu sehen. Ueberall zwischen Nussloch und Waldhilsbach legen die kleinen Thälchen, welche von der Höhe herunter kommend den Löss ausgefurcht haben, die weichen rothen Schichten frei. Die besten Aufschlüsse finden sich noch in der Umgebung von Gauangelloch, wo man hie und da die Sandsteinplatten für Bauzwecke ausgehoben hat. Steigt man nördlich gegen den Königstuhl hinauf, so trifft man in Steinbrüchen den Löss unmittelbar auf dem Hauptbuntsandstein aufliegend. In den Wäldern am Abfall des Gebirges zwischen Gaiberg und Waldhilsbach nach dem Elsenzthal zu tritt hie und da in tieferen Wasserrissen bald Röth, bald Hauptbuntsandstein zu Tage. Der Weg von Waldhilsbach nach Neckargemünd schneidet auf kurze Erstreckung in den Röth ein. Auf der ganzen Strecke von der Elsenz bis zu den früher genannten Punkten im Schwarzbachthal hindert die ausgedehnte Lössbedeckung die Beobachtung der Grenzverhältnisse zwischen mittlerem und oberem Buntsandstein.

Als letzter Aufschluss ist endlich noch die alte Cementfabrik bei Rohrbach zu erwähnen, wo Röthschichten der gewöhnlichen Beschaffenheit die Unterlage des früher und neuerdings wieder ausgebeuteten unteren Muschelkalk bilden. Es sind gesunkene Schichten der am Rheinthal liegenden Scholle angehörig, welche dieselbe Stellung wie jene in den über Rohrbach gelegenen Steinbrüchen einnehmen. Denkt man sich diese Schichten über Rohrbach hinaus, wo noch Andeutungen derselben am Wege nach dem Bierhälter Hof liegen, dem Einfallen entsprechend nach Norden verlängert, so kommt man auf dem Rücken des Geisbergs in das Hangende der dortigen obersten Schichten, in denen Carneol gefunden wurde. Die Lagerung ist also durchaus normal.

Auf dem Plateau von Wald Katzenbach trifft man hie und da auffallend thonige Schichten. Es ist möglich, dass man es hier noch mit Resten von Röth zu thun hat, doch sind die Aufschlüsse zu unbedeutend, um ein sicheres Urtheil zu gestatten. Dass man sich hier und überhaupt auf vielen Höhen des Odenwaldes in einem sehr hohen Niveau des Buntsandstein, jedenfalls dicht an der oberen Grenze des Hauptbuntsandstein befindet, ist sicher.

Vergleichen wir die Entwicklung unseres Buntsandstein mit jener der angrenzenden Gebiete, so fällt zunächst die überall so gleichartige Beschaffenheit des mittleren oder Hauptbuntsandstein auf. Schwarzwald, Odenwald, Vogesen, Hardt und Franken zeigen hier keine grossen Verschiedenheiten. Am bemerkenswerthesten ist die Abnahme der Conglomeratbildungen und quarzitischen Gerölle. Der Schwarzwald hat seine ausgezeichneten Conglomerate in den unteren Regionen des Hauptbuntsandstein. Schwach angedeutet sind solche in dessen Oberregionen. Gerade umgekehrt verhält es sich in den Vogesen, wo das ausgezeichnete Hauptconglomerat an der oberen Grenze des Vogesen- oder Hauptbuntsandstein auftritt, an der unteren Grenze ein solches aber in keiner Weise auffallend entwickelt ist. Im Odenwald treten zwar in den oberen Lagen des Hauptbuntsandstein

Gerölle häufig auf, doch kommt es zu keiner eigentlichen Conglomeratbildung. In der Maingegend scheinen auch die einzelnen Gerölle ganz zurück zu treten. Von einem unteren, dem Schwarzwälder entsprechenden Conglomerat wird am unteren Neckar bisher jede Spur vermisst.

Die Chirotherienschichten, die in Franken und im Büdinger Wald so ausgezeichnet entwickelt sind, wurden nicht südlicher als Neckarelz beobachtet. Dafür ist in der Heidelberger und Karlsruher Gegend, sowie in den Vogesen in den Dolomit und Carneol führenden Bänken ein trefflicher Anhaltspunkt zur Vergleichung gegeben. Das Niveau derselben ist ungefähr das der Chirotherienbänke.

Veränderlicher ist der untere und obere Buntsandstein. Ersterer beginnt im Schwarzwald gleich mit eigentlichem Sandstein, häufig mit sog. Tigersandstein, auf der linken Rheinseite mit festem, meist hell gefärbtem Bausandstein. Im Odenwald kommen gefleckte Sandsteine im unteren Complex auch vor, doch spielen andere Gesteine neben denselben eine Rolle, und ganz besonders macht sich ein Wechsel thoniger Sandsteine und reiner Thone bemerkbar. Im Spessart endlich tritt eine eigentliche zusammenhängende untere Röthbildung auf.

Im oberen Buntsandstein macht sich gerade in den unteren Neckargegenden eine interessante Veränderung bemerkbar. Gegen Franken und Thüringen scheinen, von der Mächtigkeit abgesehen, keine wesentlichen Unterschiede zu bestehen. Wir haben denselben Wechsel von Thonschichten und Sandsteinbänken mit Wellenfurchen und Wülsten. Sowie aber der Buntsandstein am Gegenflügel der Mulde, welche unter unserem Hügellande liegt, bei Grötzingen wieder an die Oberfläche tritt, wird der Röth — wenigstens in seinem unteren Theile — durch die rothen, thonigen, pflanzenführenden Voltziensandsteine vertreten, über denen dann noch einige Meter dem Röth gleich entwickelte Schichten folgen. Dieser Voltziensandstein bildet eine der hervorragendsten Eigenthümlichkeiten der Entwicklung des Buntsandstein in den Vogesen und noch jenseits derselben vom Saargebiet bis zu jenem der Saône. Im Schwarzwald scheint er nicht, wie gewöhnlich angenommen wird, zu fehlen. Die oberen Sandsteine mit thonigem Bindemittel, in welchen auch bereits mehrfach Pflanzen nachgewiesen sind, dürften ihm durchaus entsprechen. Eck stellt in seinen Mittheilungen über die Gegend von Oppenau ganz bestimmt den oberen Buntsandstein des Schwarzwaldes dem Röth Norddeutschlands gleich. Als eine Faciesentwicklung des letzteren glauben wir aber in Uebereinstimmung mit Weiss den Voltziensandstein linksrheinischer Gebiete ansehen zu müssen. Wenn Badische Geologen letzteren bei Grötzingen als mittleren Buntsandstein bezeichnen, so setzen sie sich dadurch in Widerspruch mit der für alle umliegenden Gebiete allein natürlichen Gliederung.

Versteinerungen.

Pflanzenreste hat der Buntsandstein der Umgegend von Heidelberg bisher nicht geliefert. Die akademische Sammlung bewahrt zwar ein Fragment aus oberem Buntsandstein von Rohrbach, welches einem Calamitenstamm ähnlich sieht. Der organische Ursprung des Stückes ist jedoch nicht sicher. Es scheint eher eine Gesteinsbildung zu sein, die allerdings an die Form eines Pflanzenstengels erinnert.

Auffallend würde übrigens das Vorkommen von Pflanzen nicht sein, denn bei Grötzingen findet sich ebenso, wie in den Vogesen, eine sehr interessante Flora, und von Obernburg am Main und von Lauda an der Tauber wurden von Sandberger[1] und Platz[2] Stämme von *Calamites Mougeoti* Brongn. angegeben und zwar im Hauptbuntsandstein, jedenfalls unter der Chirotherienbank, die bei Lauda noch gut entwickelt ist.

Reste von Thieren sind zwar an verschiedenen Punkten gefunden worden, immerhin ist jedoch die Fauna des Buntsandstein bei uns, wie auch anderwärts, eine ärmliche. Alle Formen kommen entweder identisch oder doch nahe verwandt auch im Muschelkalk vor, so dass die Einschlüsse im

[1] Sandberger, Würzburger naturwiss. Zeitschr. VI. 132.
[2] Platz, Triasbildungen des Tauberthals 65.

Buntsandstein nur als Vorläufer einer späteren reicheren Entwicklung gelten können.

Lingula sp.

Leider immer nur in Bruchstücken, so dass eine specifische Bestimmung nicht möglich ist. Die zuerst aus dem Keuper benannte *Lingula tenuissima* Br. kommt an anderen Punkten nicht selten im oberen Buntsandstein vor, ja Eck[1] fand dieselbe im unteren Buntsandstein auf.

Mytilus vetustus Gldf.

Gervillia costata Schl.

Myophoria vulgaris Schl.

Kleine Form mit nur einer vom Wirbel nach dem Unterrand laufenden Rippe, wie solche auch sonst im Röth gefunden ist.

Myoconcha Thilaui Strb.

Myacites Fassaensis Wissm.

Ich bezeichne mit diesem Namen jene nicht scharf bestimmbaren Zweischaler, die zuerst von Wissmann aus Südtirol benannt und ungenügend in Münsters Beiträgen zur Petrefactenkunde (Taf. XVI. Fig. 2a—c) abgebildet sind. Gute Darstellungen, ebenfalls aus den Alpen, gab Mauer (Denkschr. d. Wiener Akad. II. Bd. 1850. Taf. I. Fig. 4). Abbildungen deutscher Exemplare finden sich bei Alberti (Ueberblick Taf. III. Fig. 8) und Römer (Geologie Oberschlesiens 128. Taf. X. Fig. 9).

Ganoidschuppen

Saurichthyszahn.

Alle diese Reste fanden sich auf einem einzigen Plättchen Sandstein im Röth unter dem Schreckhof und zwar specieller die Mollusken auf der Ober-, die Fischreste auf der Unterseite.

Aus einer der weissen, festen Sandsteinbänke derselben Localität stammt ein Schädelfragment eines Labyrinthodonten.

Streng genommen fällt alles oben genannte ausserhalb des engsten Gebietes unserer Karte. Bei Nussloch trifft man in den verkieselten Bänken des dortigen Steinbruchs

[1] Ueber die Formationen des bunten Sandsteins und des Muschelkalks in Oberschlesien und ihre Versteinerungen 39 Berlin 1865.

oft einzelne Knochen und kleine Bruchstücke von Saurierschädeln.

Die Fische und Saurier sind zu vergleichen mit den in den Zwischenschichten des Elsass und entsprechenden Schichten bei Basel in besserer Erhaltung gefundenen. Die Muscheln aus dem Röth entsprechen den organischen Einschlüssen des Voltziensandstein.

Oberflächenbeschaffenheit.

Schon bei einer flüchtigen Betrachtung unserer Gegend unterscheidet das Auge, wo Buntsandstein, wo jüngere Glieder der Trias den Untergrund bilden. Ersterer ist das Gestein des Gebirges und erhebt sich noch beträchtlich über die krystallinischen Gesteine des Odenwaldes, er steigt im höchsten Berge des südlichen Odenwaldes, dem Königstuhl, bis zu 1893' an. Wo im Süden und Südosten vom Königstuhl an Stelle des Waldes Aecker treten, hat auch der Buntsandstein ein Ende. Man bemerkt leicht, dass zugleich mit diesem Wechsel auch die Gestalt der Oberfläche eine andere wird. Wir haben schon in der Einleitung darauf hingewiesen, dass der Bau des niederen Landes ein complicirterer ist, indem Verwerfungen und Erosion zusammen umformend eingriffen. Störungen im Buntsandstein, so lange sie nicht so tiefgreifend sind, dass sie andere Gesteinsarten neben den Sandstein gebracht haben, können sich auf die Dauer nur wenig bemerkbar machen. Entstandene Niveauunterschiede werden bald ausgeglichen, und dann ist meist jede Spur einer Verschiebung der Gebirgstheile gegen einander verwischt. Punkte, an denen Störungen auffallend geblieben sind, wie z. B. zwischen dem Königstuhl und dem Geisberg, wurden früher hervorgehoben, und damit zugleich die Beschaffenheit der Oberfläche gekennzeichnet.

In so ausgezeichnet geschichteten Bildungen, wie in dem Buntsandstein wird es ganz wesentlich von der Neigung der Schichten abhängen, welche Erscheinungen die Verwitterung an der Oberfläche hervorruft. Bei ganz oder nahezu horizontaler Lagerung entstehen, lediglich indem die senkrecht einschneidenden Klüfte durch die atmosphärischen Gewässer erweitert werden, jene eigenthümlichen Felsbildungen, welche den südlichen Theil der Hardt und die nördlichen Vogesen auszeichnen. Unserer Gegend sind dieselben fremd, da überall die Neigung der Schichten so gross ist, dass das Stehenbleiben einzelner Felsen unmöglich ist. Alles rutscht in der Richtung des Einfallens der Schichten zusammen, wenn die Stütze weggewaschen ist. Ein solches Abrutschen wird um so leichter stattfinden, je steiler die Neigung ist, und je mehr eingelagerte, leicht zerstörbare Thonschichten die Arbeit der Gewässer befördern. Schon das geringe Einfallen, welches sich auf den südlichen und südöstlichen Gehängen des Königstuhls, ferner auf dem Rücken aller der Buntsandsteinberge des rechten Neckarufers zeigt, reicht aus, um eine ganz allgemeine Bedeckung mit Blöcken zu veranlassen.

Anders und grossartiger ist die Zertrümmerung, welche da stattfindet, wo tiefe Einschnitte im Buntsandstein vorhanden sind, und nur die Schichtenköpfe zu Tage treten, wie im Neckarthal. Hier entstehen, indem am Fuss steiler Gehänge alle abbrechenden Blöcke sich anhäufen, die eigentlichen „Felsenmeere". Das bekannteste der Heidelberger Gegend ist jenes über dem Wolfsbrunnen. Gleicher Entstehung sind die Blöcke unter der Kanzel, deren grösster unter dem Namen des Riesensteins eine gewisse Berühmtheit erlangt hat. Unter der Molkenkur war noch in neuster Zeit Gelegenheit gegeben, den Anfang der Bildung einer solchen Blockanhäufung zu beobachten.

Dislocationen des Gebirges müssen seiner Zeit auch gewaltsame Zertrümmerung der Schichten und Anhäufung von Blöcken veranlasst haben, doch ist nicht anzunehmen, dass von letzteren jetzt noch eine Spur erhalten ist. Sie sind längst der Verwitterung anheim gefallen. Die Blöcke vor unseren Augen sind jüngeren Datums; es können solche noch täglich entstehen, wenn auch Vegetation und Cultur allerdings seit der historischen Zeit das Loslösen grösserer Gesteinsmassen auf das geringste Mass beschränkt haben.

Der Buntsandstein verwittert bis zu beträchtlicher Tiefe zu einem lockeren, sandigen Boden, aus welchem der an und für sich schon geringe Gehalt an Thon sehr bald ausgewaschen wird. Gerade der an Thon ärmste Hauptbuntsandstein nimmt in unserem Gebiet die grössten Flächen ein und steht auch meist direct zu Tage an. Der untere Buntsandstein tritt nur in den tiefen Thaleinschnitten oder in unbedeutenden, kleinen Partien auf, gibt somit nur in geringem Masse den Untergrund für Aecker oder Wälder ab. Der obere, sehr thonreiche Buntsandstein würde sich in dem Streifen von Bammenthal bis nach Nussloch bemerkbarer machen, wenn er nicht beinahe überall von Löss bedeckt wäre.

Das Auftreten dieses letzteren ist überhaupt bei der Beurtheilung eines auf Buntsandstein ruhenden Bodens zu berücksichtigen. Sehr geringe Beimengungen, kleine Rückstände lang andauernder Auswaschung können den Charakter des Bodens schon stark verändern.

Der Buntsandstein trägt beinahe ausschliesslich Wald, nur nothgedrungen baut man in einigen allen anderen Boden entbehrenden Gegenden auch Feldfrüchte auf demselben.

II. Muschelkalk.

Der Muschelkalk zerfällt in drei Abtheilungen, welche sich zweckmässig als unterer, mittlerer und oberer Muschelkalk bezeichnen lassen. Sehr häufig begegnet man aber jenen theils nach petrographischen Eigenthümlichkeiten, theils nach dem ausgezeichneten Vorkommen an bestimmten Localitäten gewählten Benennungen Albertis aus den Jahren 1825 und 1834, nämlich Wellenkalk, Anhydritgruppe und Kalkstein von Friedrichshall.

Unter Wellenkalk versteht man dünne, wellenartig gebogene, fest auf einander gepackte Kalkplatten, die im unteren Muschelkalk sehr gewöhnlich auftreten. Den Ausdruck Wellenkalk (ursprünglich „wellenförmiger Kalkstein") gebrauchte zuerst Glenk in Briefen, wie wir aus einer Mittheilung Albertis[1] vom Jahre 1826 erfahren. Schon 1825 begegnen wir demselben bei v. Oeynhausen, v. Dechen

---

[1] Alberti, Gebirge Württembergs 258.

und v. Laroche[1] sowie bei Menke,[2] also Autoren, die über nord- und süddeutsche Gegenden schrieben. Kalkstein, der den Namen Wellenkalkstein verdient, findet sich zwar sehr verbreitet im unteren Muschelkalk, setzt denselben aber nicht allein zusammen, so dass eine allgemeinere Bezeichnung vorzuziehen ist.

Im mittleren Muschelkalk kommt wohl häufig Anhydrit vor, allein nicht minder häufig Gyps, Steinsalz u. s. w. Man spricht daher wohl besser nicht mehr von einer Anhydritgruppe.

Was endlich den Kalkstein von Friedrichshall betrifft, so ist zwar in dem dortigen Salzschacht der obere Muschelkalk sehr gut aufgeschlossen worden; man hat aber so oft Gelegenheit, dieselbe Formationsabtheilung an anderen Punkten und über Tage zu sehen, dass eine andere Bezeichnung auch hier mehr am Platze ist.

Wir werden also im folgenden von unterem, mittlerem und oberem Muschelkalk sprechen und unter Wellenkalk nur den auch petrographisch die Bezeichnung verdienenden Theil der erstgenannten Abtheilung verstehen. Wir folgen so dem Vorgange Bronns, welcher in seiner Gaea Heidelbergensis 1830 bereits einen Muschelkalk unterer und mittlerer Teufe und einen oberen Muschelkalk unterschied.

Unterer Muschelkalk.

Gesteinsbeschaffenheit.

Sandstein fehlt im unteren Muschelkalk, wie im Muschelkalk überhaupt; dafür herrschen Kalke und Mergel, die von sehr verschiedener Beschaffenheit sein können.

Reinem Kalkstein kommt am nächsten der Wellenkalk. Doch hat derselbe stets noch eine beträchtliche Beimengung von Thon. Die einzelnen Lagen haben oft nur 1 Cm. Dicke und liegen in sehr grosser Zahl meist unmittelbar auf einander; zuweilen trennt eine Lage Thon dieselben.

---

[1] v. Oeynhausen, v. Dechen u. v. Laroche. Geognost. Umrisse d. Rheinländer II. 72.

[2] Menke, geolog. u. s. w. Erörterung des Fürstenthums Pyrmont, Leonhard Zeitschr. 1825. II. 230.

Die Wellenfurchen laufen sowohl auf der Ober- als auf der Unterseite einer Platte unter einander parallel; die Richtungen auf beiden Seiten bilden aber oft einen Winkel mit einander. Die Färbung ist einförmig rauchgrau; doch pflegt auf den Schichtungsflächen unter dem Einfluss der circulirenden Gewässer und der Atmosphärilien eine Bleichung einzutreten. Das Gestein zerbröckelt im Lauf der Zeit zu lauter scherbenartigen Fragmenten. Wenn die Furchen grössere Dimensionen einnehmen, so zerfällt auch wohl das Gestein in längliche Wülste mit ellipsoidischem Querschnitt, wie das am Hamberg bei Obrigheim schichtenweise der Fall ist. Der Bruch ist splittrig und uneben. Die Einförmigkeit wird noch dadurch erhöht, dass in dieser Gesteinsmodification Versteinerungen beinahe ganz fehlen.

Zwischen diesen Wellenkalken liegen nun dickere, mit unebener, wulstiger Oberfläche versehene Bänke von splittrigem Kalk, theils frei von organischen Resten, theils mit solchen beinahe ganz erfüllt. Die letztere Eigenschaft, auf welche wir unten noch zurückkommen, macht dieselben besonders auffallend. Indem die Schalen der Versteinerungen herauswittern, wird das Gestein mit Höhlungen erfüllt, auf deren Wandungen Dolomit auskrystallisirt, der später sich zersetzt und rothbraunen eisenreichen Mulm hinterlässt, eine Erscheinung, die in ganzen Abtheilungen des oberen Muschelkalk besonders häufig ist, hier aber auf einzelne Schichten beschränkt bleibt.

Andere ebenfalls im Zusammenhang auftretende Schichten haben den Namen Wellendolomit erhalten. Es sind dickgeschichtete, unregelmässige, häufig ganz knollige Massen von blaugrauer, nach eingetretener Verwitterung grauer, brauner und gelber Farbe. Stets findet sich ein ziemlich grosser, übrigens sehr schwankender Gehalt an kohlensaurer Magnesia. Durch zunehmenden Thongehalt gehen diese Gesteine in die verschiedensten Mergel über, die meist sehr ebenflächig sind und in manchen Lagen vollkommen schiefern. Der Bruch dickerer Bänke ist uneben bis muschlig. Durch kleine Dolomitkrystalle, in den schiefernden Varietäten auch durch eingebetteten Glimmer wird ein im Gegensatz zum Wellenkalk recht bezeichnender Schimmer hervorgebracht. Vom papierdünnen Mergel bis zum fussdicken dolomitischen oder mergligen Kalk finden sich alle Uebergänge. Auf eine besondere, an Bitumen reiche, dunkle Mergelvarietät — den sogenannten „bituminösen Mergelschiefer" — kommen wir wegen der bestimmten Stellung, welche derselbe einnimmt, noch zurück.

Eine Analyse des Wellendolomit von Neidenstein ergab nach Edel:

Kohlensäure	38.03
Kieselsäure	13.31
Thonerde	4.86
Eisenoxyd	1.71
Eisenoxydul	0.48
Kalk	25.31
Magnesia	16.31
Wasser	0.41
	100.42

Es kommen aber auch sehr bezeichnende Schichten vor, in denen sich beim Verwittern eckig begrenzte Partien mit verschiedener Färbung so scharf von einander abheben, dass man die Gesteine bei makroskopischer Betrachtung für wirkliche Conglomerate und Breccien halten muss. Solche mögen nun auch allerdings vertreten sein: dass man aber bei der Deutung derartiger Bildungen sehr vorsichtig sein muss, ergab die genauere Untersuchung einer scheinbar typischen Breccie von Hundheim bei Wertheim. Dieselbe besteht aus eckigen, grauen, sehr dichten und splittrig brechenden Partien, welche durch ein bräunlichgelbes, gröber krystallinisches Bindemittel verkittet zu werden scheinen. Erstere erwiesen sich bei der qualitativen Prüfung als nahezu reiner kohlensaurer Kalk, bei der mikroskopischen Untersuchung als ein Aggregat minutiöser farbloser Körner ohne jegliche Andeutung von Zwillingsbildung. Das Bindemittel ergab einen reichlichen Gehalt an Magnesiumcarbonat nebst etwas Eisenoxyd und Thonerde. Unter dem Mikroskop erkennt man dicht gescharte Rhomboëder von nahezu gleicher und nicht unerheblicher Grösse, welche trübe Flocken (wahrscheinlich

Thon) einschliessen und von einem bräunlichen Saum (Eisenoxydhydrat) umgeben sind. Die scheinbar scharfe Grenze verschwindet aber. Beide Substanzen (Kalkspath und Braunspath) durchdringen sich gegenseitig: in dem körnigen Kalk liegen einzelne Braunspathrhomboëder; wo letztere stark vorherrschen, bildet ersterer die Ausfüllung kleiner Zwischenräume. Ist auch die Deutung der Entstehungsbedingungen gerade für die weit verbreiteten und so mannigfach variirenden kalkigen und dolomitischen Gesteine noch eine sehr unsichere, so erscheint es doch in diesem Fall am einfachsten anzunehmen, dass ein secundär verändertes Gestein vorliegt, und dass ein ursprünglich reiner Kalkstein stellenweise durch Braunspath ersetzt oder in solchen umgewandelt wurde. Dass dieser die jüngere Bildung ist, dafür scheinen die Dimensionen der Rhomboëder su sprechen, welche etwa 500 mal grösser sind, als die Kalkspathkörnchen. Wie auch die Umwandlung vor sich gegangen sein mag, jedenfalls sprechen die mikroskopischen Verhältnisse weder für eine Breccie, noch für eine gleichartige Bildung beider Substanzen. Bei ersterer wäre eine schärfere Trennung, bei letzterer eine gleichmässigere Mischung zu erwarten.

Wenn auch Zusammensetzung, Structur und Färbung den Gesteinen des unteren Muschelkalk ein recht verschiedenes Ansehen verleihen können, so ist doch im ganzen der Gesteinscharakter ein sehr einförmiger.

In einem einzigen Schichtencomplex des unteren Muschelkalk kommen Oolithe vor, nämlich in jenen Bänken, welche mehr wegen ihrer Stellung und ihrer organischen Einschlüsse, als wegen ihrer petrographischen Beschaffenheit den aus Mitteldeutschland stammenden Namen „Schaumkalk“ erhalten haben. Es sind dies Bänke von tiefblauer Farbe, die sich an der Luft bald mit einer rostbraunen Rinde überziehen, allmählich durch und durch braun werden und zu einem zerreiblichen Mulm zerfallen. Am besten bemerkt man bei beginnender Verwitterung, dass der Kalk nicht gleichartig ist, sondern aus lauter einzelnen, innig mit einander verwachsenen Körnern besteht, die hie und da einmal Andeutung concentrisch-schaliger Structur zeigen. Im Innern der Körner sitzt häufig ein sehr kleines Fragment einer Muschelschale oder irgend ein anderer kleiner Körper, der den Niederschlag der ersten Kalkhülle veranlasste. In Folge der Verwitterung fallen einzelne Körner heraus, und das ganze Gestein wird porös. In diesem Zustand gleicht es dem echten Schaumkalk noch am meisten; doch erhält es niemals die mürbe, mehlartige Beschaffenheit desselben, und die Färbungen sind stets dunkler. Auch kommen nie so dicke Bänke vor, wie in Thüringen und dem Harz, so dass eine Verwendung zu Bauzwecken nur in ganz untergeordneter Weise stattfindet. Die oolithische Structur ist übrigens nicht immer vorhanden. Trümmer von Muscheln und Crinoideen häufen sich mitunter so an, dass sie allein das Gestein zusammensetzen. Organische Einschlüsse sind sehr gewöhnlich, zuweilen mit erhaltener Schale, häufiger als Steinkern und Abdruck. An Stelle der Schalen findet sich in der Regel brauner Mulm. Diese Beschreibung gilt übrigens nur für unser engeres Gebiet; schon im Tauberthal wird der Schaumkalk mächtiger und gleichartiger porös beim Verwittern.

An gelegentlich auftretenden Mineralien ist der untere Muschelkalk sehr arm. Sie finden sich fast ausschliesslich in untergeordneten Zwischenlagen, die auch schon nach der Beschaffenheit ihres Kalkes sich von dem gewöhnlichen Wellenkalk oder Wellendolomit unterscheiden. Schwefelkies, meist in Brauneisenstein umgewandelt, kommt zuweilen in beträchtlicher Menge in der später näher zu beschreibenden Spiriferinenbank, hie und da auch im Wellendolomit vor. In gewissen Bänken des unteren Theiles der Formation treten auf Hohlräumen an Stelle fester Theile von Organismen Schwerspath und Cölestin auf. Brauneisenstein in Form von Ueberrindung und Ausfüllung kleiner Klüfte wurde im Wellendolomit gefunden. Endlich kam ganz vereinzelt, ebenfalls in unteren Schichten, Malachit vor.

Nicht ganz sicher ist die Deutung säulenförmiger Krystalle mit vierflächiger Zuspitzung, welche sich local — besonders schön am Schreckhof bei Neckarelz — in erheblicher Menge anreichern. Die ursprüngliche Substanz ist vollständig verschwunden und durch ein Aggregat farbloser Calcitkörner ersetzt, welches mit Braunspath durchwachsen ist und ringsum von demselben umsäumt wird. Es liegt am nächsten anzunehmen, dass umgewandelte Anhydritkrystalle vorliegen, obwohl für diese Annahme weder durch Messungen (in Folge der unebenen Flächen), noch durch den Nachweis von Schwefelsäure eine Stütze gewonnen werden konnte. Im frischen Gestein sind die Pseudomorphosen so innig mit dem einschliessenden dichten, bläulichgrauen Kalkstein verwachsen, dass sie sich auf den Bruchflächen nicht von den sonst auch vielfach auftretenden Braunspathflecken unterscheiden lassen; auf den Verwitterungsflächen ragen aber die Krystalle dicht gedrängt hervor, da sie widerstandsfähiger gegen die Atmosphärilien sind, als die umgebende Gesteinsmasse.

Lagerung.

Der untere Muschelkalk liegt, wo immer er in Berührung mit seiner Unterlage zu beobachten ist, concordant auf letzterer. Er schliesst sich also unmittelbar an den Röth des Buntsandstein an und nimmt an allen Verhältnissen der Ablagerung desselben Theil. Nirgends ist ein Uebergreifen des unteren Muschelkalk über den Röth zu beobachten, wie auch die Schichtenköpfe des Wellenkalk ausser durch den Löss keinerlei Bedeckung erleiden.

Das Einfallen der Schichten ist daher im allgemeinen sanft, wie das Einfallen des Buntsandstein. Nur die Partien unmittelbar am Rheinthal zeigen steilere Neigung: so die dolomitischen Bänke, welche gleich südlich des Dorfes Nussloch heraustreten und sich von dem über den Weinbergen hinlaufenden Weg nach unten ziehen, jedoch schon vor dem Ludwigsberg verschwinden. Ein steiles und unregelmässiges Fallen zeigt sich ferner in der Nähe von Verwerfungen, so besonders an der Eisenbahn bei Eschelbronn. Auch Knickungen und Stauchungen der Schichten kommen hie und da vor; doch sind dies ganz locale Erscheinungen, und kann man im grossen und ganzen die Lagerung des Wellenkalk als sehr regelmässig bezeichnen. Jedenfalls war der untere Muschelkalk Störungen viel weniger ausgesetzt als der obere, aus

Gründen, auf die wir noch zurückkommen werden. Auch die grösseren Verwerfungen, welche den unteren Muschelkalk betroffen haben, sollen später besprochen werden.

Verbreitung.

Der untere Muschelkalk ist theils in grösseren, zusammenhängenden Zügen, theils in vereinzelten Schollen in unserem Gebiet zu Tage anstehend. Beginnen wir im Westen, so treffen wir unteren Muschelkalk zunächst hinter der Cementfabrik bei Rohrbach, sowohl im Thale als auch bergaufwärts in einigen alten Brüchen im Walde an der Kohlsteig; von hier aus dehnt er sich nördlich bis Rohrbach, südlich bis Leimen aus, wo er nahe an den Ort herantritt und theilweise von mittlerem Muschelkalk, theilweise von Löss bedeckt wird. An der Cementfabrik bildet Röth die Unterlage (s. S. 330). Diese ganze Partie stösst ostwärts direct an den Hauptbuntsandstein der südlichen Fortsetzung des Königstuhls und stellt eine von dem übrigen Wellenkalk ganz isolirte Scholle dar.

Weiter im Süden legt sich unterer Muschelkalk auf den Sandstein von Nussloch und schiebt sich unter die oberen Kalke des Ludwigsbergs, noch durch eine wenig mächtige Ablagerung mittleren Muschelkalk von diesen getrennt. Nach Osten hängt diese Partie mit einer grösseren, sanft gegen Südost fallenden zusammen, welche den flachen Abfall des Berges zwischen Nussloch, Schlangengrund und Eichteich bildet. Einige kleine Steinbrüche im Schlangengrund und der wenig zersetzte Boden geben hinreichende Aufschlüsse. An diesen Punkten sind die Lagerungsverhältnisse die gleichen, wie in der Hauptmasse des Gebirges, denn der Wellenkalk liegt dem Buntsandstein des Königstuhls gleichförmig auf und umgibt denselben in seiner östlichen Fortsetzung bis zum Elsenzthal. Man sieht unter dem Löss den unteren Muschelkalk noch zu Tage treten im Ziehbrunnenfeld, am Maisbacher Hof, südlich des letzteren zu beiden Seiten des Maisbachs (bei Gelegenheit von Schürfungen auf Galmei erschlossen), am Ochsenbacher Hof, an einem südlich desselben liegenden

Versuchsbau, bei Gauangelloch und schliesslich am Gehänge des Elsenzthals an der von Reilsheim nach Gauangelloch führenden Strasse.

Eine kleine Partie von unterem Muschelkalk tritt noch dicht bei Bammenthal am Wege nach Waldhilsbach auf. Sie scheint ganz isolirt zu sein, der Rest einer einst ausgedehnteren Bedeckung. Der Wellenkalk von Reilsheim zieht sich am Gehänge des Elsenzthals bis gegen das Schlösschen Sorgenfrei, senkt sich dann unter den mittleren Muschelkalk der daselbst gelegenen Klinge und verschwindet im Elsenzthal. Gegenüber, wie es scheint durch keine Verwerfung getrennt, tritt er gleich nördlich von Mauer zu Tage, bildet von Löss hoch überdeckt den Nordwest-Abhang des Weinbergs und tritt bei Wiesenbach und Langenzell Schloss wieder am unteren Gehänge des Thals heraus. Gerade Langenzell Schloss gegenüber liegt ein Steinbruch im unteren Theile des unteren Muschelkalk.

Endlich steht — immer noch mit den bisher genannten Partien in Zusammenhang — unterer Muschelkalk bei Lobenfeld an und zieht am linken Gehänge des Lobbachs bis gegen Mönchzell hin, wo er auch auf der anderen Thalseite nochmals heraustritt. Man muss wohl annehmen, dass auch der im Schwarzbachthal, der Eschelbronner Mühle gegenüber anstehende untere Muschelkalk noch mit jenem von Mönchzell in Zusammenhang steht.

Oestlich von hier trifft man jedoch sogleich auf Störungen im Aufbau des Gebirges, die mit der grossen von Zuzenhausen nach Eschelbach und von hier nach Spechbach laufenden Spalte in Zusammenhang stehen. An der von Eschelbronn nach Epfenbach hinauf führenden Steige, gleich hinter dem Eisenbahnübergang stösst unterer Muschelkalk unmittelbar an den mittleren gegen West an und zieht dann nach Osten, hie und da durch Lössablagerungen oberflächlich unterbrochen, bis zu der halbwegs Neidenstein und Waibstadt liegenden Mühle. Hier senkt er sich unter mittleren Muschelkalk. Die Fortsetzung liegt einerseits nach Süden in den Wänden, auf denen das alte Schloss Neidenstein steht, und in der kleinen Entblössung westlich vom Drätschenberg, andererseits auf den Höhen um Epfenbach.

Eine andere Spalte läuft ziemlich parallel mit der vorhin erwähnten von Rohrbach bei Sinsheim nach Waibstadt und macht sich noch dicht am Bahnhof des letztgenannten Ortes bemerkbar. Jenseits dieser Spalte tritt der untere Muschelkalk östlich Waibstadt sowohl am Fussweg nach Rohrbach als am Fahrweg nach Adersbach auf und zieht sich von hier im Zusammenhang um den Fliehberg bis zum jüdischen Kirchhof zwischen Waibstadt und Neckarbischofsheim (schon ausserhalb unserer Karte). Vielleicht wird die Lagerung des unteren Muschelkalk noch nördlich in dem Gebiet zwischen Epfenbach und Reichartshausen durch eine Fortsetzung dieser Spalte beeinflusst. Es konnte wegen fehlender Aufschlüsse hierüber nichts festgestellt werden.

Von diesen getrennten Partien des unteren Muschelkalk ist die ausgedehnteste diejenige, welche sich von der Höhe hinter Nussloch bis nach Mönchzell hin erstreckt. Jene zwischen Rohrbach und Leimen ist isolirt; die von Nussloch steht mit der Hauptmasse zwar in Verbindung, ist aber abgebrochen und vermuthlich mit steilerem Einfallen an dieselbe angelehnt. Eine Verwerfung trennt die Neidensteiner Partie von der Hauptmasse bei Eschelbronn, eine zweite diese von dem unteren Muschelkalk, welcher sich von Waibstadt nach Neckarbischofsheim und weiter nach dem Neckarthal hinzieht.

Gliederung.

Schon frühzeitig wusste man in Württemberg, dass zwischen Buntsandstein und eigentlichem Wellenkalk noch eine besondere Reihe von Gesteinen läge. Es sind dies die Sandmergel und metallführenden Schiefer Albertis[1] in ihren obersten Lagen. Als Wellendolomit wurden sie später bezeichnet und von Quenstedt[2] ausführlicher besprochen.

[1] Alberti, Gebirge Württembergs 44. Metallführend bezieht sich auf einen untergeordneten Gehalt an Malachit.

[2] Quenstedt, Flötzgebirge Württembergs 28.

Dieser Wellendolomit ist auch bei uns beträchtlich entwickelt, wenn auch nicht so mächtig, wie in Schwaben. Auf denselben folgt Wellenkalk, welchen dann überall bituminöse, meist ebenflächige Schiefer in Verbindung mit einigen Bänken fester krystallinischer Kalke oder Dolomite bedecken, die *Myophoria orbicularis* führen. Wir hätten so drei Gruppen gewonnen, allerdings von sehr verschiedener Mächtigkeit, indem die bituminösen Mergel und Schiefer im Verhältniss zu den beiden anderen nur schwach entwickelt sind.

Es verdienen weiter noch besondere Erwähnung einige den eigentlichen Wellenkalken eingeschaltete Bänke, die zwar von geringer Mächtigkeit, doch durch eigenthümliche petrographische und paläontologische Entwicklung sich auszeichnen. Es sind dies die sogenannte Spiriferinenbank und der Schaumkalk. Die erstere wurde von Sandberger benannt, der letztere, wie oben schon erwähnt, erhielt seinen Namen in Thüringen.[1] Die Spiriferinenbank wurde bis in die neuste Zeit bei uns übersehen, was bei der geringen Mächtigkeit derselben leicht begreiflich ist. Der Schaumkalk fällt mehr in die Augen und wird hie und da einmal gebrochen; doch kann derselbe als Formationsglied nicht etwa mit den bituminösen Mergelschiefern verglichen werden. Er würde ohne seine Bedeutung für den Vergleich mit entfernten Ablagerungen schwerlich jemals besonders unterschieden worden sein.

Wir erhalten also folgende grössere Gruppen in unserem Gebiet:

c. Bituminöse Mergel und Schiefer mit *Myophoria orbicularis*.

b. Wellenkalk mit Spiriferinenbank und Schaumkalk.

a. Wellendolomit.

Unsere Abtheilung a entspricht ziemlich genau der unteren Abtheilung der von Eck[2] in allerneuster Zeit aufgestellten Gliederung.

---

[1] Doch bezeichnet man im Mansfeldischen auch gewisse Vorkommnisse des Zechstein als Schaumkalk.

[2] Eck, Zeitschr. d. deutsch. geolog. Gesellsch. 1880. 50.

Bei der nun folgenden etwas eingehenderen Besprechung dieser Gruppen sollen gelegentlich auch ausgezeichnete Aufschlüsse benachbarter, ausserhalb der Karte liegender Gebiete herbeigezogen werden, wenn dieselben zur Ergänzung dienen können.

a. Wellendolomit.

Die Grenze zwischen Röth und Wellendolomit ist keine ganz scharfe. Einzelne Schichten eines zelligen Dolomit treten schon mitten zwischen den rothen Thonen in deren oberer Region auf. Mit dem gänzlichen Verschwinden der rothen Färbung kann man den Buntsandstein aufhören lassen und alles, was graue und blaue Farbe zeigt, zur folgenden Formation rechnen. Es liegt in der Natur der Gesteine, dass hier keine scharfen Abschnitte zu finden sind. Günstige Punkte, die Auflagerung zu beobachten sind der Hohlweg am Cementbruch bei Rohrbach und das Gehänge zwischen Epfenbach und der Wagenmühle.

Eine regelmässige, an verschiedenen Punkten genau ebenso wiederkehrende Aufeinanderfolge einzelner, bestimmt charakterisirter Gesteinsschichten scheint nicht stattzufinden. Im allgemeinen liegen zu unterst zellige Dolomite; über diesen folgen im Wechsel blaugraue oft sehr dünnschiefrige, glimmerführende Mergel, dünne, ebenflächige Dolomite und dünn- bis dickbankige krystallinische Dolomite. Dann kommen knollige Dolomite, Gesteine mit unebener Ablösungsfläche, die beim Verwittern in unregelmässige Brocken zerfallen. Diese gehen allmählich in den Wellenkalk über, indem mit Zunahme des Kalkes die Schichten dünner werden, und die eigenthümlichen, im Dolomit ganz untergeordneten Wellenfurchen auftreten.[1] Bei Reilsheim, bei Mörtelstein (westlich von Neckarelz) und zwischen Mosbach und Neckarburken, sowie an manchen anderen Punkten überzeugt man sich leicht davon, dass die harten, gut geschichteten Dolomite

[1] Die Bezeichnung Wellendolomit ist eine nicht zutreffende. Sie scheint zunächst nur wegen der Analogie mit Wellenkalk gewählt worden zu sein.

in steileren Wänden anstehen, während die darüber folgenden Knollendolomite sanft abfallen.

In den Knollendolomiten treten hie und da die eigenthümlichen, oben geschilderten fleckigen und breccienartigen Bänke auf; an der oberen Grenze liegen auch die Bänke mit den porphyrartig eingewachsenen Krystallen. Am Mörtelsteiner Tunnel, wo sie sich besonders schön fanden, gehen letztere noch in den Wellenkalk hinein.

Ein bestimmtes Gepräge erhalten manche Bänke durch das Auftreten von Versteinerungen; doch konnte keine einzige Schicht aufgefunden werden, welche mehr als locale Bedeutung hätte.

Zunächst treten ganz unten in den grobkrystallinischen Dolomiten von Rohrbach vereinzelt runde Trochiten und *Myophoria vulgaris* auf, hie und da auch Reste von Sauriern. Der harte, splittrige Dolomit von Mörtelstein enthält *Gervillia socialis* in sehr grossen Exemplaren, *Pecten discites* und *Lima striata*. Stellenweise ist eine eben solche Dolomitschicht erfüllt von Fischschuppen und Fragmenten einer grossen *Lingula*, die noch sehr schön die ursprünglichen Farbentöne erkennen lässt. Da man nur zerbrochene Schalen, und diese in Masse bei einander findet, liegt die Vermuthung nahe, dass es sich hier um Reste von Koprolithen handelt.

Wieder eine andere Dolomitschicht, gleichartig gelbbraun verwitternd, feinkörnig und muschlig brechend enthält in grosser Menge Knochen von Sauriern. Wir fanden diese Bank besonders am Schreckhof bei Neckarelz, doch fehlt sie nirgends in dem ganzen Gebiet bis hinüber nach Nussloch. Etwas höher liegt eine Bank erfüllt mit *Dentalium laeve*, auf der Oberfläche reich an Myaciten, *Gervillia costata, Pecten discites*. Auch fand sich mehrfach eine mit mittelgrossen Exemplaren von *Gervillia socialis* ganz bedeckte Bank. Am ärmsten an Fossilien sind die ebenflächigen Mergel, in denen nur ab und zu eine *Lingula* oder eine *Gervillia costata* vorkommt. Alle diese Bänke gehören noch der unteren Hälfte des Wellendolomit an.

Aus der oberen Hälfte sind folgende Schichten hervorzuheben. Die scheckig verwitternden, conglomeratartigen

Bänke enthalten häufig Trochiten und zwar runde und fünfseitige, letztere speciell von der Gestalt des *Pentacrinus dubius*. Dieses Vorkommen wurde von der Rheinebene an bis zum Taubergrund constatirt. Wegen ihres ausserordentlichen Versteinerungsreichthums ist eine andere, blau und gelb gefärbte, etwa 20 Cm. dicke Bank interessant, die am Wege von Reilsheim nach Gauangelloch ansteht, aber auch sonst verbreitet ist. Sie enthält auf der Oberfläche ausgewittert *Ammonites Buchi*, *Myacites Fassaensis*, *Corbula gregaria*, *Cucullaea Beyrichi*, *Pecten laevigatus*, *Pecten discites*, *Lima lineata*, *Spondylus comtus* und *Terebratula vulgaris*. Aus dieser Bank stammen vielleicht auch grosse Exemplare von *Spiriferina hirsuta*, die sich auf einzelnen Platten in den Weinbergen über Nussloch und Leimen fanden.[1] Ob über dem Cementbruch von Rohrbach anstehende Schichten mit Massen von *Corbula gregaria* und *Gervillia socialis* hierher gehören, muss dahingestellt bleiben.

Endlich seien noch die interessanten Schichten erwähnt, die unter dem Schreckhof anstehen und in prachtvoller Weise auf der anderen Seite des Neckars durch die Eisenbahn auf beiden Seiten des zunächst gegen Obrigheim liegenden Tunnels aufgeschlossen sind. Es ist nicht sowohl die Mannigfaltigkeit der Arten, als die ausserordentliche Individuenzahl, welche auffällt. In einer im ganzen etwa 10 M. mächtigen Reihe von dünneren und dickeren, bald mehr mergligen, bald mehr kalkigen Schichten, sämmtlich noch dolomitisch, liegen etwa 10 verschiedene, auf der Oberfläche ganz mit Versteinerungen bedeckte Bänkchen. So führt ein solches eine kleine *Gervillia socialis*, eine andere die sonst in Süddeutschland nicht allzu häufige *Gervillia mytiloides*, eine dritte besonders *Myacites Fassaensis* und *Myophoria cardissoides*. Vereinzelter,

---

[1] Eck, Zeitschr. der Deutschen geolog. Ges. 1880. 54 sieht jedoch das Auftreten einer unteren Bank mit *Spir. hirsuta* noch nicht als erwiesen an. Unsere Beobachtungen sind vor 10 Jahren gemacht, und so fehlt uns jetzt leider die Gelegenheit, diesen wie so manchen anderen Punkt einer erneuten, sehr wünschenswerthen Prüfung zu unterziehen.

aber immer noch häufig sind *Ammonites Buchi* in kleinen Exemplaren, *Lingula, Holopella Schlotheimi* und einige andere, im ganzen unteren Muschelkalk verbreitete Arten.

Einige Formen kommen nun ausser in Schichten vereinigt auch häufig einzeln im Gestein vor, besonders in den zerfallenden Knollenmergeln und Dolomiten und fallen dann beim Verwittern des Gesteins frei heraus. Es sind dies *Myophoria cardissoides, Holopella Schlotheimi* und *Myacites inaequivalvis*, letztere beinahe immer in der Richtung vom Schloss zum Unterrand zusammengedrückt.

Die Gesammtmächtigkeit dieser unteren Abtheilung des unteren Muschelkalk beträgt etwa 30 M. Es kommt übrigens bei diesen Messungen wesentlich darauf an, wo man den sogenannten Wellendolomit schliessen will. Im Tauberthal ist die Mächtigkeit ungefähr dieselbe, wie in der Heidelberger Gegend, nach Franken hin nimmt sie ab, nach Württemberg hin zu.

Es wurden überhaupt im unteren Muschelkalk, unter dem Wellenkalk aufgefunden:

Nothosaurus sp.
Saurichthys sp.
Ammonites Buchi Alb.
Nautilus bidorsatus Schl.
Chemnitzia Schlotheimi Qu.
" *loxonematoides* Gieb.
" *gracilior* Schaur.
Natica gregaria Schl.
Natica sp.[1]
Pleurotomaria Albertina Gldf. sp.
Dentalium laeve Schl.
Corbula gregaria Schl.
Myacites Fassaensis Wissm.
Panopaea Albertii Voltz sp.
Myophoria vulgaris Schl.
" *laevigata* Alb.
" *curvirostris* Schl.
" *cardissoides* Schl.

---

[1] Vielleicht *Littorina Kneri* Gieb. (*Macrochilus* Sandb.)

Cucullaea Beyrichi Strmb. sp.
Myoconcha Thilaui Strmb.
Mytilus vetustus Gldf.
Gervillia socialis Schl.
„ *costata* Schl.
„ *mytiloides* Schl.
Lima lineata Schl.
„ *striata* Schl.
Pecten discites Schl.
„ *laevigatus* Schl.
„ *Albertii* Gldf.
Hinnites comtus Gldf.
Ostrea complicata Gldf.
„ *ostracina* Schl.
„ sp.
Terebratula vulgaris Schl.
Spiriferina hirsuta Alb.
Lingula sp.[1]
Cidaris grandaevus Gldf.
Pentacrinus dubius Gldf.
Entrochus sp.
Acroura sp.

Diese Versteinerungen finden sich überall, wo der untere Muschelkalk zunächst über dem Buntsandstein aufgeschlossen ist. Beim Sammeln in der näheren Umgebung von Heidelberg ist man auf gelegentliche Aufschlüsse angewiesen. Besonders günstige Punkte, die auf eine regelmässige Ausbeute rechnen liessen, sind nicht vorhanden.

b. Wellenkalk.

Mit dem Namen Wellenkalk bezeichnen wir hier also nur die Schichten, die zwischen dem Wellendolomit und den

[1] Im Buntsandstein und Muschelkalk verschiedener Gegenden kommen ziemlich ein Dutzend *Lingula* in verschiedenen Horizonten vor, die alle, jedoch mit Unrecht, zu *Lingula tenuissima* gerechnet werden.

bituminösen Schiefern und deren festen Einlagerungen liegen. Die Hauptmasse dieser Abtheilung pflegt steilere Gehänge als der Wellendolomit zu bilden und ist an dieser Eigenthümlichkeit oft schon aus grösserer Entfernung zu erkennen. Einige festere Bänke bilden den Schluss, und nicht selten liegen diese in der Stirn der Thäler; die bituminösen Schiefer bilden dann auf den Plateaus nur schwache, buckelförmige Erhöhungen.

Mit Ausnahme der gleich zu besprechenden einzelnen, festeren Bänke treffen wir hier allein die dünnen, in Massen auf einander liegenden wellenförmigen Kalkmassen, zwischen welche sich nur hie und da eine Thon- oder Schieferlage einschiebt. Je höher man steigt, desto charakteristischer wird die Beschaffenheit des Gesteins. Die tiefer unten noch vorkommenden braunen Färbungen machen grauen und bläulichen Platz. Nur die dickeren Einlagerungen sind wiederum dunkler.

In unserem ganzen Gebiet lässt sich folgende Gliederung erkennen (von oben nach unten):

Schaumkalk	5—6 M.
Wellenkalk	7—8
Spiriferinenbank	0,3
Wellenkalk	35—40

Man sieht, dass die Spiriferinenbank hoch oben im unteren Muschelkalk liegt. Natürlich können auch die hier gegebenen Maasse nur als annähernde gelten, da ein jeder Aufschluss Abweichungen zeigt. Die Schichten über der Spiriferinenbank sind jedoch im ganzen sehr gleichartig entwickelt.

Die bis 40 M. mächtige Masse von Wellenkalk, die zunächst auf den Wellendolomit folgt, ist unstreitig die ödeste und einförmigste Partie im ganzen Wellenkalk. Hie und da trifft man einmal herausgewitterte Limen oder einen Myaciten, sonst immer dieselben grauen Scherben, welche Haufwerke am Fuss der Abstiege bilden. Erst in der oberen Hälfte bringt zuweilen eine ganz mit *Lima lineata* erfüllte Thonschicht etwas mehr Abwechslung. Eine solche

Lage wurde im Tunnel bei Neckarelz durchfahren, und bei dieser Gelegenheit liessen sich Hunderte von dieser einen Muschel sammeln. Eine eigentliche Fauna enthält erst wieder die Spiriferinenbank. Diese besteht aus einem festen, splitternden, blauen Kalk, der bei der Verwitterung bald heller, bald dunkler und zwar braun wird und an manchen Punkten reichlich mit Schwefelkies imprägnirt ist. Die Schalen der Brachiopoden, Austern und Limen sind erhalten, die der anderen Muscheln zerstört, und an deren Stelle sind mulmige Massen oder Krystalle von Kalkspath respective Dolomit getreten.

Einige petrographisch ähnliche Bänke liegen dicht über und unter der Spiriferinenbank; da sie aber ganz frei von Fossilien sind, können sie zu Verwechslungen keine Veranlassung geben. Man wird nicht leicht auch nur ein Fragment der echten Schicht abschlagen, ohne die firnissglänzenden Schalen der *Spiriferina hirsuta* und der etwas seltneren, doch immer noch zahlreich vorhandenen *Spiriferina fragilis* zu treffen. *Lima lineata* liegt im Thon unmittelbar unter der Spiriferinenbank stets frei, während sie mit *Lima striata* zusammen auf der Oberfläche der Bank mit anderen Muscheln fest aufsitzt. Unter den Muscheln, die sonst nicht besonders häufig, aber gerade für diese Schicht recht bezeichnend sind, wären *Mytilus vetustus* und *Ostrea complicata* zu nennen.

Es wurden überhaupt in der Spiriferinenbank bisher gefunden:

Nothosaurus sp.
Nautilus bidorsatus Schl.
Myacites Fassaensis Wissm.
Myophoria vulgaris Schl.
„ *elegans* Dnkr.
Mytilus vetustus Gldf.
Gervillia socialis Schl.
Lima lineata Schl.
„ *striata* Schl.
Pecten discites Schl.
„ *laevigatus* Schl.
„ *Albertii* Gldf.

Hinnites comtus Gldf.
Ostrea complicata Gldf.
„ *ostracina* Schl.
„ sp.
Anomia sp.
Spiriferina hirsuta Alb.
„ *fragilis* Buch
Discina discoides Schl.
Entrochus sp.

Auffallend in dieser Liste ist das Fehlen von Gastropoden. Sollten dieselben auch noch gefunden werden, so würden sie doch für die Spiriferinenbank in keiner Weise charakteristisch sein. *Spiriferina hirsuta* wurde ausserdem, wie oben angegeben, nur noch bei Rohrbach in Schichten angetroffen, welche aller Wahrscheinlichkeit nach tiefer liegen.

Die Spiriferinenbank ist zu finden: bei Nussloch auf der Höhe hinter dem Walde gegen das Wieslocher Bergwerk hin, bei Bammenthal in der einzelnen Scholle unmittelbar am Wege nach Waldhilsbach, ausserhalb unserer Karte vielfach bei Mörtelstein, unter dem Schreckhof, bei Hochhausen am Neckar, zwischen Tauberbischofsheim und Königheim, bei Hochhausen a. d. Tauber dicht über der Kapelle, an der Steige nach Eierheim und an vielen anderen Punkten.

Von Interesse ist jedenfalls, dass diese wichtige Leitschicht bis unmittelbar an die Rheinebene tritt.

Sehr regelmässig folgen nun in constanter Mächtigkeit von 7 — 8 M. ganz typische Wellenkalke, wie sie der ganzen Formation den Namen gegeben haben und als Musterentwicklung dieses eigenthümlichen Gesteins gelten können. Man braucht nur einen Wasserriss an steilen Gehängen bei geringem Fall der Schichten hinaufzusteigen um zu begreifen, dass sich hier frühzeitig eine eigene Benennung ergab. Wie auf einer Treppe mit ungleich hohen Stufen, bald nur aus einer Kalkplatte, bald aus einer wechselnden Zahl dünner Bänkchen zusammengesetzt, klimmt man hinan. Beim Rückwärtsblicken sieht man dann auf der Oberfläche derselben Systeme paralleler Furchen hinlaufen, unter den verschiedensten Winkeln sich kreuzend. Theils sind die Furchen so tief, dass die ganzen

Platten gebogen erscheinen, theils nur wenig eingesenkt, ja so fein gestreift, als sei mit einer harten Bürste über Thon gestrichen. Gelegentlich zerfällt das ganze Gestein in dicke Stengel, so dass dann im Profil die Köpfe der einzelnen Stücke wie Scheite aus einem aufgeschichteten Holzstoss herausragen. Am Hamberg bei Neckarelz liegt eine so'che Bank unmittelbar über der Spiriferinenbank; beim Zerfallen derselben meint man Pflanzenstengel vor sich zu haben.

Versteinerungen scheinen hier ganz zu fehlen. An allen den früher genannten Punkten des Vorkommens der Spiriferinenbank lassen sich auch diese Schichten beobachten, am besten im Neckarthal von Binau aufwärts bis nach Hasmersheim, wo der untere Muschelkalk unter das Niveau des Flusses sinkt.

Wichtig für die Gliederung in unserem Gebiet sowohl, als für den Vergleich mit anderen Gegenden ist der **Schaumkalk**. Ueber die petrographische Beschaffenheit des Gesteins wurde oben einiges mitgetheilt. Es sind in der Regel zwei Bänke zu unterscheiden. Bei Breitenbrunn fand sich in einem Steinbruch folgende Schichtenreihe:

4,05 M.	Mergel mit *Myophoria orbicularis*	
1,20	Wellenkalk	
0,05	Bank mit *Myophoria orbicularis*	
0,80	Wellenkalk	
0,82	Trochitenbänkchen	Oberer Schaumkalk
	Wellenkalk	Oberer Schaumkalk
	Gervillienbank	Oberer Schaumkalk
4,05	Wellenkalk	
0,50	Unterer Schaumkalk.	

Tiefer hinunter ist hier kein Aufschluss. An einem anderen Profil bei Tauberbischofsheim lässt sich die Lagerung bis zur Spiriferinenbank verfolgen. Man hat dort:

0,22 M.	Pflasterstein (s. S. 359)
1,00	Wellenkalk
0,06	Trochitenbänkchen (oberer Schaumkalk)
4,00	Wellenkalk
0,30	Unterer Schaumkalk

9,00 Wellenkalk
0,15 Spiriferinenbank.

Dass die hier als oberer Schaumkalk bezeichneten Schichten in der That diesen Namen verdienen, ergibt sich aus dem Vergleich mit nahe gelegenen Punkten. wo das Trochitenbänkchen mächtiger ist und ganz von der Beschaffenheit des unteren Schaumkalk. Die untere Bank scheint die constantere zu sein; sie allein wird auch hie und da ausgebeutet. In der oberen findet der mannigfachste Schichtenwechsel statt; bald trifft man Schaumkalk mit den gewöhnlichen Fossilien, bald ein eigentliches Trochitenbänkchen, bald nur ein dünnes Wellenkalkplättchen, von anderen nur dadurch unterschieden, dass es auf seiner Oberfläche mit Trochiten besät ist Mitunter verliert dieses obere Bänkchen aber auch seinen Zusammenhang und löst sich in eine Anzahl einzelner, in einem Niveau liegender Ellipsoide blauen Kalkes auf, die in ihrem Innern häufig die Trochiten enthalten. Stellenweise gewinnen diese Massen eine beträchtliche Dicke im Verhältniss zu ihrer Längsausdehnung. An der Aussenseite verwittern sie rostbraun wie der Schaumkalk und machen sich dadurch leicht bemerklich, so dass man überhaupt am besten aus grösserer Entfernung auf einen steilen Abhang blickend bemerkt, dass es sich hier um eine immer in gleichem Niveau auftretende Erscheinung handelt.

Die Fossilien sind ungleich vertheilt, indem die untere Bank die bei weitem reichere ist. Die in der folgenden Liste zusammengestellten Arten geben keinesfalls eine Vorstellung der gesammten Fauna, da nur selten in dem Gestein gebrochen wird, man also auf Zerklopfen der herausragenden Partien der harten Bänke angewiesen ist, in denen ausserdem die Fossilien sehr fest eingewachsen sitzen.

Es fand sich:

Nothosaurus sp.
Fischzähne
Natica colitica Zenk.
Pleurotomaria Albertina Gldf. sp.
Euomphalus arietinus Schl. sp.
Dentalium laeve Schl.

Myophoria elegans Dnkr.
„ *laevigata* Alb.
„ *orbicularis* Br.
Cypricardia Escheri Gieb.
Myoconcha gastrochaena Dnk.
Nucula Goldfussi Alb.
„ *Schlotheimensis* Pic.
Pecten discites Schl.
„ *laevigatus* Schl.
Lima lineata Schl.
Gervillia mytiloides Schl.
„ *costata* Schl.
Mytilus vetustus Gldf.
Ostrea decemcostata Gldf.
Radiolus sp.
Entrochus sp.

Gute Beobachtungspunkte für den Schaumkalk sind: im alten Steinbruch am Waldrande hinter der Cementfabrik von Rohrbach, hier besonders die oberen Schichten mit Trochiten; in einem Weinberg halbwegs zwischen Leimen und Rohrbach und dann weiter gegen Leimen hin; am Signal auf der Höhe südöstlich von Nussloch, südlich vom Maisbacher Hof, bei Ochsenbach, Mauer und Eschelbronn. Diese Punkte genügen, um den Nachweis zu liefern, dass der Schaumkalk von der Rheinebene bis an die östliche Grenze unserer Karte als ein zusammenhängender Horizont auftritt. Am günstigsten für die Beobachtung sind die leicht zu erreichenden Vorkommnisse bei Breitenbrunn (am Wege von dem Dorfe nach der Hauptstrasse von Aglasterhausen nach Neckarelz), bei Mörtelstein, wo der Weg von der oben genannten Strasse nach dem Dorf abgeht, ferner zu beiden Seiten des Neckars, besonders am Schreckhof, unter welchem die rostbraunen Bänke am Rande des Plateaus sich von weitem erkennbar hinziehen. Ebenso bietet das Tauberthal vielfache Aufschlüsse. In dessen nördlichem Theil z. B. bei Eierheim ist der Schaumkalk bereits viel mächtiger, und das poröse Gestein, erfüllt mit Massen von *Myophoria laevigata* und *Gervillia costata,* ähnelt schon ganz der Entwicklung bei Würzburg.

c. Bituminöse Mergel und Schiefer.

Ueber dem Schaumkalk kommt nur hie und da noch etwas Wellenkalk vor, besonders dort, wo die obere Schaumkalkbank die Gestalt linsenförmiger Einlagerungen annimmt. Im allgemeinen stellen sich sofort ebenflächige Mergel und Schiefer ein, in denen unten eine Geröllbank und eigenthümliche, dickere, krystallinische Schichten auftreten. Die Beschaffenheit der Mergel wurde oben bereits besprochen. In ihnen liegt hauptsächlich *Myophoria orbicularis* in frei aus dem Gestein sich lösenden Steinkernen.

Wenn die Muscheln noch in unversehrtem Zustande nach dem Absterben auf den Grund des Meeres niedersanken, so legten sie sich natürlich auf die flache Seite, theils mit geschlossenen, theils mit aufgeklappten Schalen. In Schiefergesteinen befördern sie dann deren Spaltbarkeit. Ein Druck muss übrigens auf solche Schichten gewirkt haben, denn trotzdem man nur Steinkerne antrifft, sind doch an Stelle der Schalen keine Hohlräume zurückgeblieben, sondern das umgebende Gestein liegt unmittelbar auf der Ausfüllungsmasse. In anderen Fällen sind augenscheinlich die Schalen nicht so ruhig und gleichmässig niedergesunken, sondern haben sich schnell, meist aufgeklappt in dickeren Lagen angehäuft, so dass sie eine Art zelliges zoogenes Gestein lieferten. Die Zwischenräume füllten sich später mit kalkigem und dolomitischem Material, die Schalensubstanz selbst wurde krystallinisch und hebt sich nun durch ihre helle Farbe auf dem Querbruch des Gesteins scharf von dem dunklen Untergrund ab. Solche festen Bänke pflegen unten, die Schiefer mehr oben zu liegen. Einige sehr feste, ganz krystallinische Bänke, blau und gelb gesprenkelt in Folge ungleicher Verwitterung der einzelnen Krystalle, im ganz frischen Zustande gleichartig tiefblau werden im Tauberthal als Pflasterstein gebrochen. *Myophoria orbicularis* und *Gervillia costata* kommen hier sehr fest verwachsen mit dem Gestein vor. Mit diesen Bänken im Wechsel liegen eigenthümliche graue Mergel mit grünen und braunen oder schwarzen fetzenförmigen Flecken von firnissartigem Glanze. Einzelne ganz zerquetschte Exemplare von *Gervillia costata* zeigen dieselben Färbungen. Bitumenreiche dünne Häutchen von Thon sind in einigen Fällen die Veranlassung der Erscheinung. Die bunten Farben rühren von Oxydation des Eisens her.

Eine dünne, an Glimmer reiche Mergellage, die ziemlich constant in den unteren Lagen des ganzen in Rede stehenden Complexes liegt, zeichnet sich durch das häufige Vorkommen von kleinen Gastropoden, *Gervillia costata* in kleinen Exemplaren und Bairdien aus. Bei der sonst so armen und einförmigen Fauna ist dies Bänkchen, welches von Wiesloch bis nach Mergentheim beobachtet wurde, nicht ohne Interesse.

In der Heidelberger Gegend und im Elsenzthal findet sich zwar *Myophoria vulgaris* mehrfach, doch fehlt es an Aufschlüssen, die eine Beobachtung der ganzen Schichtenreihe gestatteten. Es mögen daher zunächst einige Profile aus dem Tauberthal hier Platz finden, in denen auch die oben erwähnten, eigenthümlich ausgebildeten Schichten entwickelt sind.

In einem Bruch zwischen Tauberbischofsheim und Königheim, in welchem früher Pflastersteine der oben beschriebenen Art gewonnen wurden, steht an:

3,00 M.	Hauptmasse der Mergel mit *Myophoria orbicularis*
0,39	Hauptpflasterstein mit *Myoph. orbicularis*
0,13	Mergel
0,18	Pflastersteine, auf denselben eine dünne Mergellage mit den erwähnten bunten Fetzen
0,52	Mergel
0,22	Pflasterstein
1,00	Wellenkalk, doch nicht typisch, mehr mergelartig
	Schaumkalk.

Etwas anders ist die Reihenfolge bei Epplingen nahe Boxberg, wo sich ziemlich ausgedehnte Steinbrüche befinden:

	Zellendolomit des mittleren Muschelkalk.
3,00 M.	Mergel in dünnen und dicken Bänken zusammen mit blauen, gelb verwitternden und dann milden,

muschlig brechenden Dolomiten mit *Myophoria orbicularis*

0,12 M. Harte krystallinische Bank, erfüllt mit *Myoph. orbicularis* und Gastropoden

1,50 Mergel wie oben, mit ausgezeichneten Stylolithen

1,60 Harter Baustein mit *Myoph. orbicularis* und *Gervillia costata*

Gelber Dolomit und Mergel bis auf den 4—5 M. tiefer liegenden Schaumkalk.

Dass auch in unserem engeren Gebiet die Entwicklung dieser Schichten in den oberen Regionen des unteren Wellenkalk eine ganz ähnliche ist, folgt theils aus den Aufschlüssen, welche bald die obere, bald die untere Hälfte der mitgetheilten Profile zeigen; theils aus der Beschaffenheit einzelner in der akademischen Sammlung zu Heidelberg bewahrten Handstücke, die den leicht kenntlichen festeren Bänken entstammen. Ein Unterschied mag höchstens darin liegen, dass diese festeren Bänke etwas schwächer werden, sich also zur Gewinnung von Bau- und Pflastersteinen nicht eignen. Daher fehlen denn auch die in der Umgebung des Tauberthals nicht seltenen guten Aufschlüsse.

Aus den Mergeln der *Myophoria orbicularis* sind bekannt geworden:

Nothosaurus sp.
Gyrolepis, Schuppen
Saurichthys sp.
Colobodus sp.
Bairdia[1] sp.
Chemnitzia Schlotheimi Qu.
Chemnitzia sp.
Natica gregaria Schl.

---

[1] Platz, die Triasbildungen des Tauberthals 98 identificirt diese *Bairdia* mit *Bairdia triasina* Schaur. aus dem Muschelkalk von *Recoaro*, was wohl gewagt ist.

Myophoria orbicularis Br.
„ *laevigata* Alb.
„ *cf. elegans* Dnkr.
cf. Modiola gibba Alb.
Gervillia socialis Schl.
„ *costata* Schl.
Lima lineata
Lingula sp.

Punkte an denen *Myoph. orbicularis* besonders häufig zu finden ist: über der Cementfabrik bei Rohrbach (von hier durch Bronn zuerst beschrieben); zwischen Rohrbach und Leimen; im Schlangengrund oberhalb Nussloch; zwischen Reilsheim und Sorgenfrei; bei Eschelbronn; bei Neidenstein; gegenüber Neidenstein am Feldweg, der halbwegs zwischen Epfenbach und Waibstadt auf die beide Orte verbindende Chaussee stösst.

Ausserhalb der Karte sei nur noch auf das massenhafte Vorkommen auf dem Plateau beim Schreckhof hingewiesen.

Beziehungen zu anderen Gebieten.

Diejenige Abtheilung des unteren Muschelkalk, welche am besten zum Ausgangspunkt einer Vergleichung der Entwicklung in verschiedenen Gebieten genommen wird, ist unbedingt der bituminöse Mergelschiefer mit *Myophoria orbicularis.* Nicht nur im südwestlichen Deutschland ziemlich überall, wo Muschelkalk ausserhalb der Alpen entwickelt ist, treffen wir denselben an. Mag auch das leitende Fossil gelegentlich schon tiefer auftreten, oder die Grenze gegen den mittleren Muschelkalk einmal etwas willkürlich sein, der Hauptsache nach handelt es sich hier um einen trefflichen Horizont. Bemerkenswerth ist das Erscheinen fester Dolomit- und Mergelbänke über den eigentlichen Mergeln, welche z. B. bei Rohrbach (bei Heidelberg) zu beobachten sind, ganz besonders aber sich im Tauberthal bemerkbar machen und daselbst häufig gebrochen werden. Sandberger beschrieb dieselben von Würzburg, Schalch aus dem südlichen Schwarzwald, woselbst sie zur Cementfabrikation vielfach Verwendung finden. Im nördlichen Elsass und in der

Pfalz sind die dünnschiefrigen Mergel noch ganz in derselben Weise wie auf der rechten Rheinseite entwickelt. Im Saarbrückischen und in Lothringen werden sie durch einige Bänke von rauhem, löchrigem Dolomit ersetzt, welche das Leitfossil in schlechter Erhaltung einschliessen.

Als nächst tiefere zu leichter Orientirung dienende Schichten unserer Gegend haben wir die Aequivalente des Schaumkalk hervorgehoben. Sie fehlen bereits bei Karlsruhe, und keine der zahlreichen und genauen Beschreibungen des württembergischen oder oberbadischen unteren Muschelkalk erwähnt etwas denselben vergleichbares. Andeutungen derselben sind zwar auf der linken Rheinseite bei Zweibrücken noch zu entdecken, nicht aber südlicher. In diesen Schaumkalkbänken haben wir also einen ganz entschieden an Franken erinnernden Zug, und es ist zu betonen, dass mit der Gegend von Wiesloch der südlichste Punkt des Auftretens derselben gegeben ist.

Anders ist die Verbreitung der Spiriferinenbank. Schritt für Schritt kann man sie aus Franken bis an die Rheinebene verfolgen. In ausgezeichneter Weise ist sie am südöstlichen Schwarzwald und im Aargau entwickelt. Um so auffallender erscheint es, dass sie auf der Ostseite des Schwarzwaldes nicht in constanter Stellung aufzutreten scheint, wie Eck in seiner neusten oben angeführten Arbeit auseinandersetzt. Im Elsass ist vielleicht ein Vertreter der Spiriferinenbank vorhanden, doch kann darüber für den Augenblick nichts sicheres gesagt werden.

Der ganze untere Theil der Formation gibt nur noch zu einigen Bemerkungen über die petrographische Beschaffenheit Veranlassung, da kein durchgehender paläontologischer Horizont mehr nachweisbar ist. Sandbergers Dentalienbank fehlt bereits im Tauberthal, und die Dentalienbank am südöstlichen Schwarzwald ist, wie Schalch selbst andeutet, kaum mit der fränkischen gleichnamigen Schicht zu identificiren. Eher ist sie, nach ihrem Bleiglanzgehalt zu urtheilen, einer Erze und Mineralien führenden Bank zu vergleichen, welche z. B. bei Hochhausen im Tauberthal im unteren Theil des unteren Wellenkalk auftritt. Bemerkenswerth ist das massenhafte Vorkommen des *Ammonites Buchi* bei Neckarelz. Wenn die Kerne auch nicht verkiest, resp. in Brauneisenstein umgewandelt sind, wie in Württemberg gewöhnlich, so erinnert doch die ganze Art des Vorkommens, die Vergesellschaftung mit typischer *Myophoria cardissoides* und anderes durchaus an Schwaben und nicht an Franken. Eigentliche Terebratelbänke scheinen unserem engen Gebiet ganz zu fehlen. Man vergleiche auch hierüber Ecks neueste Mittheilungen.

Man hat schon früher auf den merkwürdigen Gegensatz in der Gesteinsbeschaffenheit des fränkischen, schwäbischen und elsass-lothringischen unteren Muschelkalk hingewiesen. Kalk-, Dolomit- und Sandsteinfacies stehen einander in der oben genannten Reihenfolge der drei Gebiete gegenüber. Doch darf man dies nicht so auffassen, als herrsche eine jede Entwicklung auf eine gewisse Erstreckung ganz allein. Dolomitische Bildungen sind in der Würzburger Gegend auf wenige Meter unmittelbar über dem Buntsandstein beschränkt; darüber walten ausgezeichnete, dünnplattige Wellenkalke vor, die nur durch einzelne, häufig auch paläontologisch charakterisirte dickere Bänke unterbrochen werden. Im Tauber- und unteren Neckarthal werden die dolomitischen Gesteine bedeutend mächtiger, in Schwaben gehen sie (am südöstlichen Schwarzwald allerdings bei sinkender Mächtigkeit des ganzen unteren Muschelkalk) bis unter die Mergel mit *Myophoria orbicularis* hinauf. Doch kommen immerhin noch ganz typische Wellenkalke bis zu mehreren Meter Mächtigkeit vor, nur setzen diese das Gebirge nicht so ausschliesslich zusammen und treten daher auch an der Oberfläche nicht so auffallend in steilen Wänden heraus.

Im Elsass kennt man Wellenkalk noch bei Niederbronn und an der Landesgrenze bei Zweibrücken; südlicher aber und in Lothringen ersetzen denselben gelbe Sandsteine in häufigem Wechsel mit Dolomiten. Sandige Mergel schliessen westlich von Strassburg *Myophoria orbicularis* ein. Der Ausdruck Muschelsandstein ist daher im Gegensatz zu Wellendolomit und Wellenkalk in Gebrauch gekommen. Doch ist häufig dieser Sandstein nichts anderes als ein ausgelaugter sandiger Dolomit. Im grossen und ganzen hat es mit dem petrographischen Gegensatz der drei Gebiete seine Richtigkeit. Die Heidelberger Gegend nimmt, wie wir oben sahen, zwischen Franken und Schwaben eine vermittelnde Stellung ein.

Oberflächengestaltung.

Wenn auch der Wellenkalk ein bedeutend geringeres Areal einnimmt, als der Buntsandstein, so ist seine Ausdehnung doch hinreichend, um hie und da einen ihm speciell eigenthümlichen Einfluss auf die Oberflächengestaltung hervortreten zu lassen. Die einzelnen Abtheilungen resp. Gesteine verhalten sich in dieser Beziehung so verschieden, dass wir sie getrennt besprechen müssen.

Der Wellendolomit besteht, wie oben angeführt, aus harten, festen, schwer zerfallenden Bänken und aus den Knollengesteinen. Letztere zerbröckeln leicht und bilden zunächst schüttige Massen, nach längerer Zeit einen gleichartigen, feinen Boden. Es entstehen so an den Thälern flach ansteigende Gehänge, in welche immer neue Risse einschneiden; in bestimmter Höhe macht sich stets ein steiler Absturz aus den festen Dolomiten gebildet bemerkbar. So zwischen Reilsheim und Gauangelloch, bei Neidenstein und Waibstadt, ferner bei Mosbach und im Neckarthal an mehreren Punkten. Zuweilen ist aber auch Alles mit Schutt überdeckt, und dann macht sich, abgesehen von der Färbung, gegen den Röth kein anderer Unterschied als ein etwas steileres Ansteigen der Gehänge bemerkbar.

Der eigentliche Wellenkalk verhält sich abweichend. Die dünnen, dicht auf einander liegenden Plättchen haben einen festeren Zusammenhalt, als die Knollengesteine. Dieser Umstand in Verbindung mit dem nie fehlenden Auftreten zahlreicher, senkrecht unter verschiedenen Winkeln das Gestein durchsetzender Klüfte bedingt einen eigenthümlichen Habitus.

Es fallen nämlich bei fortschreitender Verwitterung nicht nur einzelne Brocken herunter, sondern ganze, von den Klüften begrenzte Tafeln und Säulen stürzen in sich zusammen, und so bieten sich der Verwitterung immer neue Flächen dar, und diese schreitet schnell voran. Die Gehänge sind also nicht gleichartig mit Geröll bedeckt, sondern steigen in Stufen, Absätzen empor, deren Fuss von Schutt verhüllt ist. Die Erscheinung wird am reinsten hervortreten, wenn Haupt- und Seitenthäler in ganz oder nahezu horizontale Schichten einschneiden. Bei starker Neigung bedeckt sich natürlich Alles bald mit Geröll. Am längsten halten sich solche Stufen, welche eine zusammenhängende feste Decke tragen, also z. B. die Schichtenreihen unter dem Schaumkalk; das sind aber gerade jene, welche den Wellenkalk in seiner typischen Ausbildung zeigen. Die ausgezeichnete Rolle, welche die Schichten des Schaumkalk als lang hinziehende Simse spielen, wurde schon oben berührt.

Man beobachtet die besprochenen Verhältnisse gut bei Mauer, Mönchzell, östlich von Waibstadt und an manchen anderen Punkten, am besten an dem zusammenhängenden Zuge im Neckarthal zwischen Binau und Neckarelz. Am oft genannten Schreckhof liegt nämlich Alles frei vom Chirotherium-Sandstein bis hinauf zum Schluss des unteren Muschelkalk. Man übersieht den Wechsel von sanftem Ansteigen und steilerem Absturz sehr gut von der Eisenbahn auf dem gegenüberliegenden Ufer aus. Auch an dem kleinen Absturz unmittelbar am Neckar bei Hochhausen bildet der Schaumkalk eine Decke, unter welcher Wellenkalk bis zur Spiriferinenbank liegt, welche letztere etwas über dem mittleren Niveau des Flusses ansteht. Eine etwas erweiterte Spalte, früher vielleicht tiefer in das Gebirge hinein zugänglich, stellt die Höhle dar, in welcher die heilige Walburga sich verborgen haben soll, deren Sarkophag man in der Kirche von Hochhausen zeigt.

Die bituminösen Mergel endlich zerfallen leicht und bilden über dem Schaumkalk flache Kuppen, die sich dem Auge ohne die deutlich hervortretende Unterlage dieser festen Bank leicht entziehen würden.

Der Einfluss des unteren Muschelkalk auf die Cultur ist nach den Abtheilungen ein verschiedener. Der Wellendolomit hat die Eigenschaft, sehr leicht zu verwittern und einen bis mehrere Meter tiefen, gleichartigen Boden zu liefern. Ausgedehnte Flächen dieses letzteren haben ganz das Ansehen des Löss. Im trocknen Zustand herrschen wohl eher graue Färbungen gegen die gelben des letzteren vor; doch bedingt hier ein nur geringer Feuchtigkeitsunterschied schon Wechsel, und ohne Anwendung von Säuren, unter deren Einfluss der Wellendolomitboden nicht wie der Löss lebhaft aufbraust, können leicht Verwechslungen vorkommen. Ist der Löss ausgelaugt, was ja oft genug eintritt, dann wird die Unterscheidung für das Auge kaum möglich. Feldfrüchte und Wald gedeihen auf diesem Boden gleich gut.

Der Wellenkalk gibt nicht einen gleichartigen, sondern einen steinigen Boden, indem die zwischen den Kalkschichten vorkommenden Thonlagen eine Art Grundmasse bilden, in welcher die reichlichen Brocken der zerfallenen festen Platten eingebacken liegen. Da der Thon nun überhaupt sehr zurücktritt, so machen die Aecker auf dem Wellenkalk einen unfruchtbaren Eindruck. Doch gedeiht Klee, Esparsette und Luzerne auf denselben sehr gut. Der Kalk zersetzt sich nur langsam und zwar in dem Grade schwerer, als der Thongehalt desselben geringer ist. Jedenfalls ist das Endproduct ein ganz anderes als beim Wellendolomit; es hat nie das vom Dolomit herrührende sandige Ansehen.

Den aus bituminösen Mergeln entstandenen Boden erkennt man leicht an seiner dunklen Färbung und an den kleinen eingestreuten Blättchen des ursprünglichen Gesteins, die sich sehr lange erhalten.

Die wichtigste technische Verwendung des unteren Muschelkalk ist jedenfalls diejenige zur Cementfabrikation. Man benutzt die unteren dolomitischen, gleichartigen, ebenflächigen Schichten. Welche chemische Zusammensetzung am geeignetsten ist, welche Mischungen der verschiedenen Gesteine vorgenommen werden und ähnliches wird natürlich von den Fabriken geheim gehalten. Nicht nur unterer Muschelkalk, auch andere Abtheilungen der Formation finden für den genannten Zweck Verwendung. Ausgedehnte Brüche trifft man jetzt bei Rohrbach, wo früher schon Abbau stattfand, dann bei Mauer.

Hie und da gewinnt man auch die festeren Bänke, wie den Schaumkalk und die Einlagerungen in den oberen Mergeln als Bausteine, doch nur local und in Ermanglung besseren Materials. Ausserdem wird der ganze untere Muschelkalk zur Beschotterung der Vicinalwege benutzt, obwohl er für diesen Zweck sehr wenig geeignet ist. Bei trockner Witterung gibt er unerträglichen Staub, bei feuchter tiefen Schmutz; zudem zerfährt er sich sehr leicht.

Mittlerer Muschelkalk.

Uralt sind die deutschen Städte, deren Namen darauf hinweist, dass das Vorkommen von Salz, sei es in Quellen, sei es in festen Lagern, die Veranlassung ihrer Gründung wurde. Halle a. d. S., Hallein, Hallstadt, Reichenhall, Hall am Kocher, Salzburg sind nur einige derselben. In Norddeutschland führen der Zechstein und der Buntsandstein, in Süddeutschland ausschliesslich die drei Glieder der Trias Salz, wenn auch das Vorkommen im Buntsandstein hier untergeordnet ist. Dass man die Trias im Süden frühzeitig so gründlich untersuchte, lag lediglich in dem Wunsche begründet, die Stellung der Salzlager genauer zu erforschen. Manche der oben angeführten Werke sind mit besonderer Berücksichtigung des Salzes geschrieben, und die Salzbergwerke am unteren Neckar entschieden schliesslich das Verhältniss süddeutscher zu norddeutscher Trias. Hausmann[1] meinte noch, das Salz liege auf der Grenze zwischen Buntsandstein und Muschelkalk; er kannte keinen „Wellenkalk". v. Oeynhausen, v. Dechen und v. Laroche bestätigten jedoch die in Württemberg schon länger aufgestellte Ansicht, dass noch unter dem Salz ein Kalklager liege. Glenk hatte dies für die untere Neckargegend und für die zunächst gegen Franken gelegenen Gebiete deutlich auseinandergesetzt, und bei Alberti finden wir es als feststehende Thatsache.[2] Doch führte letzterer für das Salzgebirge zunächst noch keinen bestimmten Namen ein, sondern es heisst bei ihm noch: „Gyps mit Salzthon, Steinsalz, Mergel, Kalkstein, Stinkkalk, Stinkmergel und Hornstein." Erst in seinem „Beitrag zu einer

---

[1] Ueber diese ältere Litteratur s. oben S. 189 ff. beim Rothliegenden.

[2] Alberti, die Gebirge des Königreichs Württemberg 54. 1826.

Monographie" 1834 wählte er den Namen Anhydritgruppe. Bronn spricht von dem „Muschelkalk mittlerer Teufe". Aus den S. 337 angeführten Gründen wählen wir dem entsprechend die Bezeichnung mittlerer Muschelkalk.

Gesteinsbeschaffenheit.

Die den mittleren Muschelkalk zusammensetzenden Gesteine sind ziemlich mannigfaltig und z. Th. der Art, dass man local dieselben leicht von denen des unteren oder oberen Muschelkalk unterscheiden kann. Eine genauere Beschreibung derselben hat jedoch keinen Zweck, indem das eigenthümliche meist in solchen Modificationen liegt, die sich dem Auge zwar leicht bemerkbar machen, aber nicht durch sehr wesentliche Verschiedenheiten der mineralogischen Zusammensetzung bedingt werden. Gewöhnlich sind es Verhältnisse der Structur, die als Unterscheidungsmittel der Varietäten benutzt werden können. Wir werden unten sehen, dass manche Gesteine bis zu einem gewissen Grade an ein bestimmtes Niveau gebunden sind.

Kalke, dolomitische Kalke, Mergel und Hornstein sind die Hauptgesteine; dazu kommen dann Gyps, Anhydrit und Steinsalz. Diese letzteren treten zwar in unserem engeren Gebiet nicht auf, müssen jedoch erwähnt werden, da in einer Entfernung von wenigen Meilen bereits ausgedehnte Lager derselben vorkommen, und das Fehlen bei uns wohl z. Th. nur Folge von Auswaschungen ist.

Kalksteine treten jedenfalls sehr zurück. Was man gewöhnlich als Kalkstein bezeichnet, also kohlensaurer Kalk mit relativ geringem Gehalt an Magnesiacarbonat und Thon ist ganz selten. Gesteine, die Veranlassung zu Verwechslungen mit Wellenkalk oder oberem Muschelkalk geben könnten, kommen kaum vor. Sehr verbreitet sind aber dolomitische Kalke mit ebener Schichtungsfläche, von gleichartiger Beschaffenheit und unebenem bis muschligem Bruch, die durchaus mit gewissen Varietäten des Wellendolomit übereinstimmen. Im frischen Zustand sind sie blau, nehmen aber an der Luft bald graue und gelbe Färbungen an; in diesem Zustand sieht man sie gewöhnlich, da man in der Regel auf an der Oberfläche gesammeltes Material angewiesen ist. Etwas Bitumen ist beinahe immer beigemengt; doch häuft sich dasselbe hier oft so, dass die verschiedensten Varietäten jener Gesteine entstehen die man Stinkkalk, Stinksteine u. s. w. genannt hat. Neben diesen feinkrystallinisch entwickelten matt aussehenden Gesteinen kommen auch, doch seltener, grobkrystallinische, schimmernde vor, meist in dicken Bänken. Eine sehr gewöhnliche Erscheinung sind poröse, zellige Gesteine aller Art, die man ganz allgemein als Rauchwacken bezeichnet. Diese werden recht eigentlich als charakteristisch für den mittleren Muschelkalk angesehen, da sie in dicken, unregelmässigen, klotzigen Schichten liegen, die sehr lange der Verwitterung widerstehen und auf den Aeckern sich noch bemerkbar machen, wenn die homogeneren Kalke und Dolomite längst verschwunden sind. Zellendolomite, Zellenkalke sind unbestimmte Bezeichnungen für diese Gesteine von schwankender Zusammensetzung und in den meisten Fällen auch von ganz verschiedenem Zersetzungszustand.

Bald befinden sich nur kleine, gleichmässig vertheilte Hohlräume im Gestein, so dass dieses an gewisse Abarten des Schaumkalk erinnert, bald erreichen jene bedeutendere Dimensionen und vertheilen sich ganz unregelmässig. Stets sind die Wandungen der Hohlräume rauh, wie angefressen; die ganze Form ist unregelmässig eckig, da man es bei der Entstehung derselben nicht mit einem Auftreiben in zäher Masse durch Gase wie bei den Schlacken zu thun hat, sondern mit Umwandlungen oder Verwitterungen. Man findet zuweilen noch fest verbundene Breccien, aus verschieden angreifbaren dolomitischen Kalken bestehend. Die leichter zersetzbaren Stücke werden zunächst mürbe, staubartig und fallen schliesslich ganz heraus, während die widerstandsfähigeren sich noch lange erhalten. In anderen Fällen war ursprünglich ein Mergel- oder Thongestein vorhanden, welches nach allen Richtungen zerbarst. Die Risse füllten sich mit krystallinischer Masse aus, und die weiche ursprüngliche Substanz wurde ausgewaschen. Doch ist dieser Process im Keuper viel gewöhnlicher als hier im mittleren Muschelkalk, wo es sich meist um ein Auflösen und Zersetzen einzelner Bestandtheile klastischer Gesteine handelt.

Charakteristisch für viele dieser Gesteine ist ihre geringe Härte, indem sie sich beim Schlage mit dem Hammer sofort mit einem mehl- oder staubartigen Ueberzug versehen, dann aber dem Zertrümmern einen grossen Widerstand entgegensetzen. Die unregelmässige Gestalt der umherliegenden Blöcke rührt davon her, dass die Schichten sehr unebene Oberfläche haben, und die Zerklüftung derselben keinen bestimmten Gesetzen folgt. Es sei noch darauf hingewiesen, dass im Wellendolomit und im unteren Keuper Schichten vorkommen, die den eben genannten des mittleren Muschelkalk durchaus ähnlich sind. Man muss sich daher vor Verwechslungen hüten.

Die Mergel von bald dick- bald dünnschiefriger Beschaffenheit, häufig sehr bituminös, bieten keine besonderen Eigenthümlichkeiten.

Selten kommen Oolithe vor, doch finden sich solche von ganz deutlichem Korn in dem mittleren Muschelkalk von Reilsheim. Es ist ein ziemlich bituminöser Kalk von dunkler Färbung, in welchem die heller, gelblich gefärbten oolithischen Körnchen sitzen. Vielleicht handelt es sich an dieser Stelle um eine Bildung unter dem Einfluss einer Quelle, da ausserdem noch dem Kalksinter ähnliche Massen von kohlensaurem Kalk, doch von Bitumen schwarz gefärbt vorkommen.

Recht bezeichnend für den mittleren Muschelkalk ist das häufige Auftreten von Hornstein, da man dieser Substanz sonst nur noch im obersten Muschelkalk begegnet, wo aber das Ansehen derselben ein anderes ist, und ausserdem das Vorkommen von Versteinerungen sofort unterscheidet. Seltner findet sich der Hornstein in zusammenhängenden Lagen; meist reihen sich linsenförmige Massen und unregelmässige Knollen aller Art in horizontaler Anordnung innerhalb der Mergelschichten aneinander. Mehrere solcher Hornsteinhorizonte, durch Mergel- und Dolomitschichten getrennt, folgen sich in geringen Abständen. Unter den Färbungen herrschen graue Nüancen vor, bald gleichartig, bald wolkig verlaufend. Stellenweise kommt auch eine weisse Färbung vor. Ein nicht gewöhnliches, aber darum gerade bezeichnendes Vorkommen ist eine feine concretionäre Beschaffenheit dieser Hornsteine. Man hat früher wohl an Foraminiferen [1] bei diesen Bildungen gedacht. Am ersten sehen sie noch aus wie Anhäufungen von Muschelkrebsen. Eine genauere Untersuchung zeigt aber, dass man es mit unorganischen Gebilden zu thun hat. Die kleinen Körper sind meist hell gefärbt und liegen in einer dunklen, gebänderten Hornsteinmasse. Die Anordnung erinnert an die mikroskopische Fluidalstructur, wenn die Concretionen nicht zu dicht bei einander liegen. Treten sie häufiger auf, dann bekommt das Gestein ein oolithisches Ansehen. Solchen Hornsteinmassen begegnet man auf Aeckern nächst den Dolomiten am häufigsten als Andeutung des mittleren Muschelkalk. Auch in den diluvialen Ablagerungen finden sie sich noch wieder.

An accessorischen Mineralien ist der mittlere Muschelkalk unseres Gebiets arm, ärmer noch als der anderer Gegenden. Ausser Schwefelkies, der ja eigentlich nirgends fehlt, ist nur das Vorkommen kleiner eingesprengter Partien von Schwefel in dem oolithischen Gestein von Reilsheim etwa noch hervorzuheben. Da diese Oolithe stark bituminös sind, und der Schwefel oft von einer entfärbten Kalkzone umgeben wird, so kann man wohl annehmen, dass derselbe durch Reduction ursprünglich vorhanden gewesener Gyps- oder Anhydritpartien entstanden ist.

Hie und da kommen in den feinen dolomitischen Mergelgesteinen des mittleren Muschelkalk schöne Stylolithen vor, ähnlich wie in den Mergeln mit *Myophoria orbicularis*.

Ueber Gyps, Anhydrit, Steinsalz und die mit diesen Substanzen vorkommenden Thone (Gypsthone, Salzthon, Hallerde u. s. w.) sind die Werke Albertis nachzusehen.

Lagerung und Verbreitung.

Der mittlere Muschelkalk liegt durchaus concordant zwischen dem oberen und unteren. Unregelmässigkeiten in der Lagerung werden nur bedingt durch die Natur der zu-

[1] Alberti, Ueberblick 51.

sammensetzenden Gesteine, besonders durch die leichte Löslichkeit einiger derselben.

Kein Gestein des mittleren Muschelkalk bewahrt seinen Zusammenhalt an der Oberfläche; sie zerfallen alle in Blöcke und Brocken. Salz und Gyps sind der Auswaschung ausgesetzt, und so stellt sich diese Abtheilung am Ausgehenden niemals in ihrer eigentlichen Lagerung dar, sondern entweder in sich zusammengestürzt oder von herunter gefallenem oberen Muschelkalk bedeckt. Was man also oberflächlich zu sehen bekommt, ist wenig massgebend für die Lagerung. Etwa auftretende steile Neigung der Schichten oder Biegungen und Knickungen derselben deuten nicht ohne weiteres an, dass auch unter Tage eben solche Unregelmässigkeit herrsche. Unterirdische Baue haben wir in unserem engeren Gebiet nicht im mittleren Muschelkalk; unsere Kenntniss desselben würde also mangelhaft bleiben, wenn wir nicht die im Neckarthal bei Hasmersheim und Obrigheim, ferner bei Wimpfen und den anderen Salinenorten in Betrieb stehenden bergmännischen Baue berücksichtigen könnten. In den Gruben zeigt sich die Lagerung nicht in der Weise regelmässig wie in anderen Abtheilungen des Muschelkalk, weil Anhydrit, Gyps und Steinsalz in oft sehr mächtigen, in horizontaler Richtung jedoch nicht weit anhaltenden Massen auftreten, die zunächst unter- und überliegenden Schichten also sich bald berühren, bald weit von einander getrennt sind. Ausserdem keilen sich auch die Dolomite und Mergelschichten oft aus, und man trifft in zwei einander nahe liegenden Profilen ganz verschiedene Reihenfolge. Kommen nun noch Auswaschungen hinzu, die ein locales Zusammenbrechen veranlassen, so entsteht schliesslich eine solche Unregelmässigkeit, dass an ein Festhalten irgend einer nur auf kurze Entfernungen gesetzmässigen Aufeinanderfolge nicht zu denken ist. Da die Gyps- und Steinsalzlagen nicht an ein bestimmtes Niveau gebunden sind, so kann an einer Stelle Alles unter einander geworfen sein, an einer anderen dicht dabei eine gewisse Regelmässigkeit herrschen. Es sind demnach die Verwerfungen, Rutschungen u. s. w., die ziemlich jeder Aufschluss im mittleren Muschelkalk zeigt, nicht auf eine Stufe zu stellen mit jenen, welche weit fortstreichend z. B. im unteren Muschelkalk auftreten.

Südlich von Heidelberg trifft man Dolomite des mittleren Muschelkalk zunächst bei Leimen auf der rechten Seite des nach dem Lingenthaler Hof führenden Thälchens (unter dem Trochitenkalk). Weiter deuten Dolomite am Ludwigsberg das Vorkommen an. Die Schichten fallen hier steil, nehmen also auf der Karte nur wenig Raum ein. Diese Partie, ebenso wie jene bei Leimen, ist ganz isolirt. Eine von der Mühle zwischen Wiesloch und Altwiesloch nach Norden ziehende Verwerfung trennt die Hässel von der nach Osten gelegenen Hauptmasse des Gebirges. Der dieser angehörende mittlere Muschelkalk setzt scharf an dem oberen Muschelkalk der Hässel ab, senkt sich aber normal unter den oberen Muschelkalk am Kobelsberg und bei Altwiesloch.

So wenigstens lässt sich die Lagerung nach den auf der Oberfläche liegenden Gesteinsstücken deuten. Leider waren die Gruben der Hässel bei Aufnahme der Karte nicht mehr zugänglich; doch liegen in Sammlungen aus denselben stammende Stücke Trochitenkalk, und auf der Oberfläche trifft man zahlreich *Ammonites nodosus,* während unmittelbar daneben, südlich vom Signal 709 nur Wellenkalkbrocken und *Myophoria orbicularis* auf den Aeckern und in kleinen gelegentlichen Aufschlüssen sich finden.

Zwischen Baierthal und Schatthausen, ferner zwischen Reilsheim und Sorgenfrei tritt unter dem Löss der mittlere Muschelkalk mehrfach zu Tage. Zumal an letzterer Localität in der Klinge des Wäldchens hat man Gelegenheit, eine ganze Anzahl verschiedener Gesteine zu sehen. Es liegt kein Grund vor nicht anzunehmen, dass unter der Lössdecke ein continuirlicher Zusammenhang der ganzen Partie von mittlerem Muschelkalk zwischen Rhein- und Elsenzthal stattfände. Die Störungen können hier höchstens untergeordneter Natur sein.

Bei Mauer schieben sich die zelligen Dolomite unter den in grossen Brüchen aufgeschlossenen oberen Muschelkalk. Häufige Brocken desselben Gesteins gestatten den mittleren Muschelkalk am Judenwald gegenüber Wiesenbach und Langenzell Schloss zu verfolgen. An letzterem Punkte überschreitet er das Thal und findet sich noch auf der anderen Seite in einer wenig mächtigen Lage auf dem unteren Muschelkalk des Abhangs südöstlich von Langenzell Schloss. Zu beiden Seiten des Lobbachs in der Umgebung von Mönchszell liegt die Fortsetzung der Schichten des Judenwaldes. Schwieriger sind die Verhältnisse der Eschelbronner Gegend, die wir schon besprochen haben, als die Lagerungsverhältnisse des unteren Muschelkalk abgehandelt wurden. Hier stehen dichte und zellige Dolomite am Fuss des Hügels an, welchen der Weg von Eschelbronn nach Lobenfeld Kloster hinansteigt, und dieselben Gesteine trifft man zerstreut in dem Walde nach der unteren Mühle hin. Auf der anderen Seite des genannten Weges gegen Westen liegen etwas tiefer Schichten mit *Myophoria orbicularis* als Unterlage des mittleren Muschelkalk, darüber folgt der obere Muschelkalk des gegen Meckesheim sich hinziehenden Rückens. Hier erscheint die Lagerung also ganz regelmässig. Anders liegen die Dinge bei der unteren Mühle und nach Eschelbronn hin. Nimmt man an, dass der Trochitenkalk, welcher zu beiden Seiten des von der ersteren Localität nach Norden ziehenden Thälchens ansteht, auf dem vorher besprochenen mittleren Muschelkalk aufliegt, so fände ein Einfallen aller Schichten gegen Osten statt. An der Eisenbahn, Eschelbronn gegenüber, fällt aber Alles nach Westen. Hier liegt in umgekehrter Reihenfolge als an der eben angeführten Localität mittlerer Muschelkalk, und westlich an der Eschelbronner Mühle auf demselben Trochitenkalk. Es laufen da noch mehrere Spalten hindurch ausser jener früher besprochenen, die an der unteren Mühle Buntsandstein und Trochitenkalk neben einander wirft. Leider sind die Höhen alle mit Löss bedeckt, und so ist es nicht möglich, Constructionen, die man nach den Aufschlüssen an den Thalrändern sich entwirft, auf ihre allgemeinere Gültigkeit zu prüfen.

Keiner Schwierigkeit unterliegt die Erklärung des Auftretens des mittleren Muschelkalk halbwegs Neidenstein und Waibstadt bei der dort gelegenen Mühle, und endlich jenes Streifens am Drätschenberg zwischen Daisbach und Waibstadt.

Gliederung und Beziehungen zu anderen Gebieten.

Keiner der Aufschlüsse unseres Gebiets ist geeignet, eine Vorstellung der genauen Aufeinanderfolge der einzelnen Schichten des mittleren Muschelkalk zu geben. Aus den oben angeführten Gründen darf man solche Aufschlüsse über Tage überhaupt nur sehr selten erwarten. Es mögen deshalb hier einige Profile folgen, die nahe an der Grenze unseres Gebiets beim Schachtabteufen und bei Bohrungen gewonnen wurden.

Ueber die Gypsgruben des Hühnerbergs bei Hasmersheim am Neckar hat Koch[1] genauere Angaben gemacht. Er theilt den mittleren Muschelkalk in eine obere Abtheilung der Mergel und eine untere, die den Alberti'schen Namen Anhydritgruppe behält. Die Schichten liegen von oben nach unten in folgender Weise:

Oberer Muschelkalk mit einer massigen, sehr zerklüfteten Bank beginnend:

	Mergelgruppe:	M.
1.	Milder, gelblicher Mergelschiefer	1,2
2.	Gelb r Mergelkalk von schiefriger Textur und bedeutendem Härtegrad	4,5
3.	Hornstein von wechselnder Mächtigkeit, zuweilen fehlend, nicht über	0,3
4.	Aschgrauer Mergelkalk, Petrefacten einschliessend, die fast sämmtlich in Hornstein umgewandelt sind	0,6
5.	Stinkkalk	0,9
6.	Drusiger, dolomitischer Mergelkalk, mit mancherlei mineralischen Einschlüssen	1,2
7.	Grauer Mergel, eine gelblichgraue, theils sandige, theils thonige Mergelschichte, mächtig	10,8
	Gesammtmächtigkeit	19,5

[1] Koch, die Trias am badischen Neckar. In Leonhard, Beiträge zur mineralog. und geognost. Kenntniss des Grossherzogthums Baden II. Heft 7. 1853. Eine gute Profilzeichnung das. III. Taf. 3.

Anhydritgruppe:	M.
1. Drusiger Dolomit von dunkelbrauner Farbe, von vielen Rissen und Klüften durchzogen; seine Mächtigkeit ist sehr wandelbar und kann durchschnittlich angenommen werden auf	1,20
2. Bituminöser, grauer Dolomit, in Platten abgesondert ohne Zwischenlage	2,70
3. Krystallinischer Dolomit von gelber Farbe, mit muschel- und ringförmigen Figuren auf der Oberfläche	0,15
4. Dolomitasche von gelber Farbe	0,15
5. Blauer Letten in wechselnder Mächtigkeit zwischen 0,15 und 1,8 M.; durchschnittlich	0,90
6. Fester, grauer und weisser Gyps	4,50
7. Gypsmergel mit Fasergyps	3,00
8. Grauer Gyps	3,30
9. Gypsmergel mit Fasergyps und Steinsalz	2,40
10. Weisser, grauer und röthlicher Gyps in wechselnden Lagen, etwa	6,60
11. Anhydrit mit einzelnen Selenitlamellen[1] (Feuergyps genannt)	1,20
12. Weisser, fester Alabaster lagert auf dem Stinkkalk der Wellengruppe	1,20
Gesammtmächtigkeit	27,30

Während hier nur Spuren von Steinsalz vorkamen, wurde dasselbe in wenigen Stunden Entfernung bei Rappenau, Wimpfen, Clemenshall, Oppenau und Jagstfeld in bedeutenden Lagern gefunden.

Zum Niederstossen des Bohrlochs Nro. 6 bei Rappenau[2] teufte man zunächst 13,5 M. im Löss (mit *Succinea oblonga*), dann noch 2,7 M. im Keupermergel ab. Hierauf begann man zu bohren.

---

[1] Nach einer späteren Angabe (dieselben Beiträge III. 88) ist dieser „Feuergyps" Anhydrit.

[2] Nach einem von Herrn Professor Leonhard freundlichst mitgetheilten Profil, aufgenommen von v. Chrismar.

Es wurde getroffen:	M.
1. Fester Keupermergel	1,80
2. Gelblicher Keuperkalk	1,80
3. Grauer Keupersandstein	2,10
4. Schieferthon, dunkelgrau, an der Luft zerfallend	1,20
5. Grauer Keupersandstein	0,60
6. Schieferthon, wie vorher	6,30
7. Grauer Keupersandstein	6,60
8. Schieferthon, wie vorher	0,30
9. Grauer Keupersandstein	2,40
10. Schieferthon, wie vorher	7,80
11. Muschelkalk, grau, mit schwachen Flötzen von Schieferthon	90,00
12. Schieferthon, dunkelgrau	0,60
13. Muschelkalk	5,70
14. Schieferthon, dunkelgrau	0,60
15. Muschelkalk, grau, mit schwachen Flötzen von Schieferthon	2,10
16. Dolomit, hellgrau, braust schwach mit Säuren, nicht bituminös	2,70
17. Kalkstein, aschgrau, bituminös, braust schwach mit Säuren	1,80
18. Kalkstein, dunkelgrau, bituminös	1,20
19. Dolomit, hellgrau, braust schwach mit Säuren, nicht bituminös; wenig mächtig	
20. Dolomit, hellgrau, bituminös	2,70
21. Gyps, dicht	3,60
22. Dolomit, dunkelgrau, schwach bituminös	2,40
23. Gyps, dicht	4,80
24. Gyps, mit Dolomit wechselnd	15,00
25. Gyps, dicht	6,00
26. Gyps, mit Dolomit wechselnd	12,30
27. Steinsalz und Gyps	0,90
28. Gyps	1,80
29. Steinsalz und Gyps	1,20
30. Gyps	2,10
31. Steinsalz und Gyps	0,90

		M.
32.	Gyps	1,80
33.	Steinsalz und Gyps	0,60
34.	Gyps	5,70
35.	Steinsalz und Gyps	1,80
36.	Gyps	0,90
37.	Steinsalz und Gyps	0.30
38.	Gyps	3,00
39.	Steinsalz und Gyps	0,30
40.	Gyps	1.35
41.	Steinsalz und Gyps	0,15
42.	Gyps	0,30
43.	Steinsalz	5,10
44.	Gyps	1,20
45.	Kalkstein, dunkelgrau, bituminös	1,50
46.	Gyps	1,50
47.	Gyps und dunkelgrauer, bituminöser Kalkstein	2,55
	Zusammen	217,35

Von dieser durch Schacht und Bohrloch erreichten Tiefe kommen auf:

Löss	13,50
Keuper (2,7 aus dem Schacht und Nro. 1—10 der Bohrung)	33,60
Oberer Muschelkalk Nro. 11—15	99.00
Mittlerer Muschelkalk	87,45

Als Mergelgruppe in dem Sinne, wie Koch dieselbe bei Hasmersheim annahm, könnten hier nur die Nro. 16—20 angesehen werden mit einer Mächtigkeit von 8,4 M., was gegen die 19,5 M. von Hasmersheim wenig erscheint und einen weiteren Beweis für die geringe Constanz der Schichten des mittleren Muschelkalk liefert.[1] Die eigentliche Anhydritgruppe wurde in diesem Bohrloch bei Rappenau nicht ganz

[1] Man vergleiche übrigens Koch, der (Leonhard, Beiträge III. 91) über dieses Bohrloch gleiche Angaben macht, so weit es sich um die Mächtigkeit im ganzen handelt, aber etwas anders eintheilt.

durchsunken, doch muss man der unteren Grenze nahe gewesen sein.

Das folgende Profil zeigt uns wie jenes von Hasmersheim wieder einen vollständigen Durchschnitt. Es ist Albertis Ueberblick über die Trias (S. 10) entnommen und stützt sich auf das Abteufen des Salzschachtes bei Friedrichshall in den Jahren 1854—59. Die Hängebank des Schachtes steht in der unteren Lettenkohle und den obersten, festen, glaukonitischen Bänken des obersten Muschelkalk, die man dicht dabei am Bahnhof anstehen sieht.

Alberti sagt:

„Unter dem Kalkstein von Friedrichshall bei 93 M. die gelben Mergel, welche diese Gruppe (nämlich die Anhydritgruppe) bedecken. Sie wechselten von 95 bis 103 M. mit schiefrigen oder dickgeschichteten bituminösen dolomitischen Kalksteinen . . . . . Unter den besagten Mergeln legt sich bis 110 M. Tiefe Anhydrit mit wenig blättrigem Gypse an. Das Gestein war theilweise so, dass man es hätte für Kalkstein von Friedrichshall halten müssen, wenn es mit Säuren gebraust hätte. Bei 114 M. erschien mehr thoniges Gestein (Hallerde) mit einem schwachen Salzgehalte, dunkelgrau, mit Säuren stark brausend, in dem häufig blättriger Gyps und Anhydrit in nierenförmigen Concretionen. Bei 130 M. fester Anhydrit, bei 132 M. mildes Thongebirge mit fasrigem Gyps und fasrigem Steinsalz in Trümmern, dann 3 M. bräunlichgrauer Dolomitmergel, massig oder schiefrig, bald weich, dass er mit der Keilhaue gewonnen werden konnte, bald sehr fest, bald rein, bald mit Nestern von festem, zähem Anhydrit und einem Mittelding zwischen Anhydrit und Dolomit. . . . . Von 137 M. an abwärts herrschte thoniges Gestein mit grösseren und kleineren Ausscheidungen von Anhydrit vor. Das Ganze war reichlich mit Fasergyps durchzogen. Von 145 M. an zeigte sich ziemlicher Salzgehalt und es schieden sich Trümmer fasrigen Steinsalzes aus. Bei 153 M. wurde das Steinsalz erreicht, welches zu oberst fasrig aber fest mit dem Dache verwachsen 13,43 M. mächtig war und gleichsam aus Einem Guss ohne alle Ablösungen bestund. Hie und da sind kleinere oder grössere Nester von blaulichem Anhydrit, öfter von gräulich schwarzem Salzthon darin eingeschlossen, im Allgemeinen herrscht jedoch durchsichtiges weisses Crystallsalz bei weitem vor.

Unter dem Steinsalze folgt im Schachte Anhydrit bis zu 0,8 M. Mächtigkeit, dieser geht allmählig in Wellenkalk über, indem schon 5 M. unter dem Steinsalze sich *Myophoria orbicularis* und Reptilreste einstellen."

Wir haben hier also 93 M. Gesteine über dem mittleren Muschelkalk, von denen die obersten, einige Meter mächtigen Lagen noch zur Lettenkohle zu ziehen sind. Unter Berücksichtigung dieses Umstandes weicht, was für den oberen Muschelkalk noch bleibt, nicht zu sehr von der Mächtigkeit von 83 M. ab, die für dieselbe Abtheilung bei Rappenau angegeben wurde. Ferner haben wir bei Jagstfeld 10 M. Mergel, bei Rappenau 8,4 M., entsprechend an ersterem Punkte 63,43 M. eigentlicher Anhydritgruppe, an letzterem 79,05 M., was bei der im allgemeinen so schnell wechselnden Mächtigkeit des mittleren Muschelkalk keine bedeutenden Differenzen sind.

Bei Hasmersheim kommen hingegen an 20 M. auf das gypsfreie Gebirge, und eine wohl eben so bedeutende Mächtigkeit ist in der Klinge über der Obrigheimer Gypsgrube zu beobachten. Unter allen Umständen ist die Mergelgruppe die bei weitem weniger mächtige, aber constantere. Sie ist es denn auch, welche auf dem Gebiet unserer Karte überall zu Tage tritt. Die so vielfach in derselben vorkommenden Unregelmässigkeiten deuten aber darauf hin, dass auch die Gypsgruppe einst vielfach vorhanden war, und in Folge von Auswaschungen Einstürze entstanden. Ursprünglich hätten wir also, wie an der württembergischen Grenze, auch hier zwei Abtheilungen zu unterscheiden. Es spricht dafür noch besonders, dass ähnliche Gesteine, wie sie in Württemberg unmittelbar auf dem Wellenkalk mit Gypsen in Verbindung liegen, bei uns sich ebenfalls zunächst über den bituminösen Mergeln des unteren Muschelkalk bemerkbar machen. Es braucht kaum noch darauf hingewiesen zu werden, dass bei dem unregelmässigen Vorkommen, welches dem Gyps überhaupt eigenthümlich ist, nun nicht auch überall auf der

Section Sinsheim, wo mittlerer Muschelkalk auftritt, dessen einstige Existenz anzunehmen ist.

Versteinerungen sind selten und ohne Bedeutung für den mittleren Muschelkalk, meist kommen nur unbestimmbare Steinkerne vor. Im angrenzenden Gebiet führt Koch[1] aus dem Mergel über dem Gyps von Hasmersheim Reste von Crustaceen und Fischen an.

Zu weiteren Bemerkungen über das Verhältniss des mittleren Muschelkalk unserer Gegend zu dem anderer Gebiete ist nach dem oben mitgetheilten keine Veranlassung gegeben. Mit dem nahen Württemberg herrscht vollständige Uebereinstimmung. Vergleiche mit ferner liegenden Gegenden haben bei einer ihrer Natur nach so wechselvoll entwickelten Formation keine Bedeutung.

Oberflächengestaltung, Bedeutung für die Cultur, technische Verwendung.

Dass bei der geringen Mächtigkeit des mittleren Muschelkalk derselbe von keinem bedeutenden Einfluss auf die Gestaltung der Oberfläche ist, lässt sich von vorn herein vermuthen. Die Gesteine zerfallen schnell und werden durch herabrutschende Schollen von compactem Muschelkalk der oberen Abtheilung überdeckt. Eine gewisse, auf weitere Erstreckung hin anhaltende Gleichartigkeit der Oberfläche ist unter allen Umständen erforderlich, wenn die Eigenthümlichkeiten einer Gruppe schon äusserlich bemerkbar sein sollen. Wir haben gesehen, dass bei uns eine solche Gleichartigkeit fehlt. Bald sind es nur einzelne, schmale Streifen, die zu Tage treten, bald ist das Einfallen so steil, dass die Schichten quer über Berg und Thal fortlaufen, bald wieder so flach, dass der Uebergang in darunter und darüber Liegendes ein ganz allmählicher ist.

Auf die Verwitterbarkeit der Gesteine des mittleren Muschelkalk oder richtiger auf die Tendenz derselben zu

---

[1] Koch, in Leonhard, Beiträge zur mineral. u. geognost. Kenntniss d. Grossh. Baden. II. 10. 11.

zerfallen mag das Einreissen der Klinge am Ludwigsberg und jener bei Sorgenfrei zurückzuführen sein. Auch am Weinberg und Salzberg zwischen Wiesenbach und Langenzell einerseits, Mönchzell andererseits gibt es Stellen, wo man den Einfluss der Gesteine des mittleren Muschelkalk sehr wohl sehen kann. So steigt an einer Seite des Berges, gerade dem genannten Schlosse gegenüber in halber Bergeshöhe das Gehänge sanfter an, als darüber und darunter. Es ist das aber genau dort, wo die Mergel und Dolomite zwischen unterem und oberem Muschelkalk durchstreichen.

Doch das sind Verhältnisse, die man sich wohl nach genauer Untersuchung einer Gegend klar macht, die sich aber der Beobachtung nicht sofort aufdrängen.

Will man deutlichere und charakteristischere Aufschlüsse sehen, so muss man die Gegend zu beiden Seiten des Neckars zwischen Mörtelstein und Hasmersheim besuchen. Wir haben schon früher erwähnt, welch einen ausgezeichneten Horizont dort die Schaumkalkbänke abgeben, die sich von der Höhe am Anfang des Mörtelsteiner Thälchens bis zum Niveau des Neckars halbwegs Hochhausen und Hasmersheim verfolgen lassen. Ueber diesen steigen sanfter die bituminösen Mergel mit *Myophoria orbicularis* und der mittlere Muschelkalk an. Wo der Schaumkalk den Thalrand bildet, also besonders auf dem rechten Neckarufer liegen die weichen und zerfallenden Gesteine in flachen Buckeln auf den Rücken der Berge, so an der Stelle, wo der Weg von der Chaussee nach dem Mörtelsteiner Thal, an dessen Anfang, abzweigt; ferner über dem Schreckhof und besonders deutlich auf dem Hamberg über Diedesheim. Zieht sich der Schaumkalk am Gehänge hinunter, so entsteht immer eine flache Stufe, über welcher erst der obere Muschelkalk wieder steiler ansteigt. Eine solche läuft vom Schloss Neuburg bei Hochhausen nach Hasmersheim, tritt hier im Hühnerberg deutlich hervor und zieht sich bei Neckarmühlbach unter die Thalsohle. Eine ganz typische Stelle ist Neckarzimmern gegenüber — zwischen Hasmersheim und Hochhausen — in der Gegend des Denkmals im Wäldchen. Der untere Muschelkalk mit der oben genannten Höhle der Walburga fällt steil in den Neckar ab; dahinter erhebt sich in sanftem Ansteigen der mittlere Muschelkalk, den Untergrund für die Aecker abgebend. Auf demselben läuft die Strasse. Der Reichartsberg, aus den festen Bänken des oberen Muschelkalk bestehend, steigt dann wieder steil an.

Die geringe Ausdehnung des mittleren Muschelkalk auf der Oberfläche bedingt auch dessen verschwindenden Einfluss auf die Kultur. Es findet beinahe stets ein Vermengen mit Kalk statt, der von oben herunter gefallen ist. Auch darf nie ausser Acht gelassen werden, dass beinahe unser ganzes Muschelkalkgebiet einst vom Löss bedeckt war, und Reste desselben sich häufig noch in der Ackerkrume finden, wenn auch in so kleinen Mengen, dass ein Aufbrausen beim Befeuchten mit Säure nicht gleich bemerkbar ist.

Die Hornsteine und Zellendolomite sind unfruchtbar und werden aus den Aeckern sorgsam ausgelesen. Die Mergel und dichten Dolomite geben einen Boden, der sich von dem aus dolomitreichen Muschelkalklagen entstandenen nicht sehr unterscheidet und insbesondere dem Wellendolomitboden sehr ähnlich werden kann. Je nach dem Vorherrschen von Dolomiten oder Mergeln ist der Boden leichter oder schwerer. Liegt festes Gestein nahe unter der Oberfläche, so hat wohl der Boden eine auffallend gelbliche Färbung. Die noch eingebackenen Dolomitstücke sind dann mürbe und lassen sich mit den Händen leicht zerbröckeln.

Wo der mittlere Muschelkalk Gyps enthält, wird dieser in der Regel mit Nutzen gewonnen. Wir haben gesehen, dass derselbe uns fehlt. Ein bei Neidenstein unternommener Versuchsbau führte zu keinem Resultat. Beträchtlich ist aber die Ausbeute der Gruben bei Obrigheim, Neckarzimmern und Hasmersheim. An letzterem Punkte hat sich jedoch im Laufe der Zeit beim Hinuntergehen unter das Niveau des Neckars das Wasser dem Abbau hinderlich gezeigt. Hauptsächlich wird der Gyps zum Düngen benutzt, seltener brennt man denselben für architektonische Zwecke. Die Möglichkeit des Bestehens der Gruben beruht übrigens durchaus auf der Bequemlichkeit der Abfuhr auf dem Neckar. Einem weiteren Vertrieb setzen die ausgedehnten Vorkommen im Württembergischen, besonders im dortigen Keuper eine Schranke.

Vergleichen wir die Entwicklung unseres mittleren Muschelkalk mit der benachbarter Gebiete, so zeigt sich Uebereinstimmung in dem Auftreten einer unteren, an Dolomiten und Rauchwacken besonders reichen Abtheilung im Gegensatz zu einer oberen mehr mergligen. Erstere beherbergt bei Neckarelz und gegen Württemberg hin Gyps und Steinsalz. Es ist nicht unwahrscheinlich, dass in bedeutender Tiefe auch näher gegen das Rheinthal Gyps in der unteren Partie des mittleren Muschelkalk liegt.

Auf einzelne, auch anderswo beobachtete auffallende Gesteine ist früher aufmerksam gemacht worden. Zu irgend specielleren Vergleichen liegt, wie oben schon gesagt, bei der ausserordentlichen Unbeständigkeit der petrographischen Merkmale und dem Mangel an organischen Einschlüssen keine Veranlassung vor.

Oberer Muschelkalk.

Nachdem man die Nothwendigkeit einer Theilung des ganzen Muschelkalk in Gruppen erkannt und Wellenkalk und Anhydritgruppe ausgeschieden hatte, handelte es sich noch darum, für den übrig bleibenden, zu oberst liegenden Theil eine Benennung zu finden. Nach dem ausgezeichneten Vorkommen bei Friedrichshall wählte Alberti[1] die Bezeichnung „Kalkstein von Friedrichshall“, die in Süddeutschland vielfach noch heute in Anwendung ist. Andere sprachen dann von einem Hauptmuschelkalk,[2] andere von oberem Muschelkalk. Wir haben letzterem Namen im Anschluss an die Bezeichnungen „unterer“ und „mittlerer Muschelkalk“ den Vorzug gegeben. Friedrichshall ist nicht der einzige Ort, an welchem die Schichten entwickelt sind; sie bieten hier auch keine besonderen Eigenthümlichkeiten, nur lernte man sie in Folge des Salzbergbaus zufällig bei Friedrichshall zuerst genauer kennen. Hauptmuschelkalk ist deshalb nicht so bezeichnend, weil diese Abtheilung durchaus nicht immer nach ihrer Mächtigkeit die hervorragendste ist. Am unteren

[1] Alberti, Gebirge Württembergs 41.

[2] Quenstedt, Flötzgebirge Württembergs 54.

Neckar haben wir etwa 50—60 M. unteren, 70—80 M. mittleren und 80—90 M. oberen Muschelkalk. Unterer und mittlerer Muschelkalk zusammen übertreffen also jedenfalls den oberen an Mächtigkeit. In manchen Gebieten ist sogar der untere Muschelkalk allein schon mächtiger als der obere. Wenn Quenstedt[1] einmal sagt, dass die „regelvoll geschichteten graufarbigen Kalkbänke gleich in solcher Mächtigkeit auftreten", dass alle anderen zu dieser Formation gehörigen Ablagerungen dagegen nur untergeordnet erscheinen, so gilt dies eben durchaus nicht allgemein. Auch mochte Quenstedt in Schwaben wohl mehr das Auftreten in festen Bänken, als die Mächtigkeit der ganzen Formation im Auge haben. Den von Alberti anfangs[2] zum Muschelkalk, später[3] zum Keuper gerechneten „porösen Kalkstein" stellen wir noch zum Muschelkalk.

Lagerung.

Die petrographischen Eigenthümlichkeiten des oberen Muschelkalk kommen unten bei der Gliederung zur Sprache. Wir gehen daher gleich zur Lagerung desselben über.

Der obere Muschelkalk ist dasjenige Glied der ganzen Formation, welches in unserem Gebiet unter allen die auffälligsten Störungen seiner Lagerung zeigt. Zwar liegt er im ganzen durchaus concordant zwischen seinem Dach und seiner Unterlage, allein local zeigen sich eine Menge Unregelmässigkeiten. Es wurde schon oben angedeutet, dass an denselben die Auswaschungen im mittleren Muschelkalk Schuld sind. Wenn wir nun hier die Störungen besonders auffallend sehen, so ist dies veranlasst durch die Zusammensetzung aus lauter gleichartigen und ursprünglich regelmässig über einander liegenden Platten, an denen jede Veränderung der Lage gleich in die Augen fällt. Ausserdem ist der obere Muschelkalk durch Steinbrüche häufig aufgeschlossen, in Folge dessen seine Lagerungsverhältnisse gut zu beobachten sind. Lägen

[1] Quenstedt, Flötzgebirge Württembergs 54.
[2] Alberti, Gebirge Württembergs 87.
[3] Ders., Ueberblick etc. 17.

im mittleren Muschelkalk Steinbrüche, so würden schon hier Verwerfungen und Biegungen deutlich hervortreten.

Das oben Gesagte bezieht sich nun auf Störungen mehr localer Natur. Es haben aber den Muschelkalk natürlich auch die grossen, das ganze Gebiet durchschneidenden Verwerfungen getroffen und in einzelne Partien zerfällt. Dieselben haben im grossen und ganzen, also abgesehen von den localen Störungen dasselbe sanfte Einfallen, wie wir es früher bei dem Buntsandstein, dem Fundament unseres ganzen geschichteten Gebirges kennen lernten.

An der dem Hauptgebirge angelagerten, längs des Rheinthals liegenden Scholle zeigt sich oberer Muschelkalk zunächst bei Leimen, wo er im ersten Steinbruch bei den Mühlen dem mittleren Muschelkalk aufliegt und im zweiten eine ausgezeichnete Mulde bildet. Dieselbe ist jedoch nicht so bedeutend, um das Generaleinfallen nach dem Hauptgebirge hin zu verdecken; denn an der letzten Mühle oben im Thal stehen die jüngsten Schichten (Dolomite) des oberen Muschelkalk an, die dann sehr bald am Buntsandstein absetzen.

Die durch den Galmeigehalt so bekannt gewordenen Wieslocher Kalke liegen sehr unregelmässig. Eine lange und schmale Partie, in Gestalt eines dem Rhein parallel laufenden Streifens, beginnt am Ludwigsberg bei Nussloch und endigt unmittelbar bei der Stadt Wiesloch. An ersterem Punkte liegen die untersten Schichten (noch unter dem Trochitenkalk), an letzterem die Dolomite, welche die Unterlage des Keuper bilden. Im allgemeinen senkt sich also die Masse gegen Süden.

Eine andere Partie von oberem Muschelkalk stösst östlich an die zuletzt erwähnte, reicht aber am östlichen Abhang der Hässel weniger weit hinauf und erstreckt sich gegen Osten bis an die Gebäude der badischen Zink-Gesellschaft bei Altwiesloch. Hier bedecken mächtige Lössmassen das feste Gebirge; doch beweisen die Grubenbaue des Kobelsbergs und einige Aufschlüsse am Weg, der direct von Altwiesloch über den Rohrbuckel nach der Diebsbrücke führt, dass hier um ein bedeutendes höher noch Muschelkalk, und zwar obere Schichten desselben mit *Ammonites nodosus* anstehen. Die obersten Muschelkalkschichten an der Einmündung der Heidelberger Chaussee in den Ort Wiesloch lassen sich verfolgen bis zur Mühle gegen Altwiesloch, scheinen sich aber dann unter den Thalgrund zu ziehen. Jedenfalls trifft man ihre Fortsetzung erst auf den östlich gelegenen Höhen.

Gehen wir bei dem Versuch einer Erklärung der Lagerung von den am normalsten liegenden Theilen aus. Dies sind offenbar der nordöstliche Abhang der Hässel (Schlangengrund), der Kobelsberg und dessen südliche Fortsetzung. Hier haben wir unteren, mittleren und oberen Muschelkalk in durchaus regelmässiger Ueberlagerung. Einzelne Abtheilungen, wie z. B. die Mergel mit *Myophoria orbicularis* liegen genau an ihrem Platze. Ebenso können wir als regelmässig gelagert noch den oberen Muschelkalk ansehen, der zwischen der genannten Mühle und den Gebäuden der badischen Zink-Gesellschaft liegt. Es sind untere Schichten des oberen Muschelkalk, auf mittlerem Muschelkalk liegend und östlich mit den unteren Partien des Kobelsbergs in Zusammenhang stehend. Was über denselben folgt, liegt, wie oben angenommen wurde, unter dem Thal und am Fuss des gegenüber liegenden Abhangs. Wir hätten also in regelmässiger Lagerung Alles, was östlich einer Linie liegt, welche die südliche Fortsetzung der Grenze zwischen dem oberen Muschelkalk des ganz zu Anfang genannten Rheinthalstreifens und des östlich anstossenden unteren Muschelkalk der Hässel bildet. Der Rheinthalstreifen folgt nicht dem allgemeinen südöstlichen Einfallen, sondern neigt sich stark nach Westen und Südwesten und ist mit seinem nördlichen Theil noch gesunken.

Ursprünglich hing natürlich der Streifen von mittlerem Muschelkalk am Ludwigsberg (XII der Karte) mit jenem am Eichteich unmittelbar zusammen; bei der Hebung der Schichten am südlichen Abhang des Odenwaldes blieb jener aber in einem tieferen Niveau liegen, ist also, wie man sich gewöhnlich ausdrückt, gesunken. Diese Ausdrücke sind ja immer relativ; kein Theil der Erdoberfläche nimmt noch jetzt die Stellung ein, in welcher er anfangs fest wurde, sondern ist immer entweder gesunken oder hat sich gehoben.

Die Aufschlüsse in den Gruben der badischen Zink-Gesellschaft am Kobelsberg würden über die Lagerung wohl noch manche Aufklärung gewähren; der Besuch derselben war jedoch zur Zeit der Aufnahme nicht gestattet.

Der Rheinthalstreifen stellt nun durchaus nicht eine in der oben geschilderten Weise gleichartige Platte dar; vielmehr finden die mannigfaltigsten localen Verwerfungen und Biegungen statt. Ein Besuch der Steinbrüche zwischen Nussloch und Wiesloch ist in dieser Hinsicht sehr lehrreich. Beinahe in jedem derselben fallen die Schichten nach einer anderen Richtung. Oben auf der Höhe der Hässel neigen sich die Bänke an einer Stelle östlich auf den unteren Muschelkalk zu, um wenige Schritte entfernt gerade nach der entgegengesetzten Seite zu fallen. Auch bei dem ehemaligen Grubenbetrieb traf man ganz unregelmässige Lagerung, und das ganze Gebirge erschien wie durcheinander geschüttelt.

Im Zusammenhang befindlich erscheint nun jene ganze Masse, die von Altwiesloch über Baierthal, Schatthausen, Mauer — um den Judenwald herum — nach Mönchzell sich verfolgen lässt. Auffallende Unregelmässigkeiten treten erst wieder an der Eschelbacher Hauptverwerfung auf. Hier fallen in dem Steinbruch bei der Mühle, in der Nähe des Punktes, wo Epfenbacher und Spechbacher Thal nach ihrer Vereinigung einmünden, Trochitenkalke des oberen Muschelkalk steil nach Westen ein; nahe der unteren Mühle und bei Spechbach fallen dieselben Schichten nach Osten, gerade in die Spalte hinein. Auf der Höhe über der Eschelbronner Sägemühle liegen sie, wenn auch undulirt, der Hauptsache nach horizontal.

Ziemlich regelmässig liegt wieder der Muschelkalk östlich bis Waibstadt und weiter südlich, nämlich zwischen diesem Orte und Zuzenhausen, Hoffenheim und Sinsheim. Zuzenhausen ist ein weiterer ausgezeichneter Punkt zur Beobachtung der südlichen Fortsetzung der Eschelbronner Spalte. Der Muschelkalk auf der Höhe des Himelbergs ist neben den unteren Keuper geworfen, der am gegenüberliegenden Gehänge hinter dem v. Venning'schen Schlosse ansteht.

Von Waibstadt nach Rohrbach (bei Sinsheim) läuft eine

andere, schon früher erwähnte Spalte. Sie veranlasst, dass an dem erstgenannten Ort der obere Muschelkalk unmittelbar neben den Buntsandstein zu liegen kommt. Südlicher stösst der obere Muschelkalk — nahe der Sinsheimer Strasse in Steinbrüchen aufgeschlossen — an den Wellenkalk, und besonders augenfällig berühren sich unmittelbar oberer Muschelkalk und Keuper am Hohberg. Die unterste Abtheilung der letztgenannten Formation ist gesunken. Nicht minder ausgezeichnet ist diese Spalte weiter südwärts über das Schindwäldchen bei Steinsfurth hinaus bis östlich von Hilsbach zu verfolgen. Bänke des oberen Muschelkalk liegen stets östlich, jüngere Schichten westlich von der Spalte.

Wir können demnach nennen: die eben geschilderte Partie, eine zweite zwischen der Waibstadt-Rohrbacher und der Eschelbach-Zuzenhausener Spalte gelegene, eine dritte zwischen letzterer und dem Rheinthal, endlich die Rohrbach-Leimener Scholle. Diese Verhältnisse entsprechen also der Lagerung des unteren Wellenkalk. Auch den Rheinthalstreifen bei Wiesloch kann man noch als eine gesonderte Masse ansehen.

Verbreitung.

An folgenden Punkten sind, indem wir von Westen nach Osten fortschreiten, Schichten des oberen Muschelkalk aufgeschlossen: bei Leimen, in dem vom Ort aus nach Nordosten führenden Thale; zwischen Nussloch, Wiesloch und Baierthal, und zwar näher an letzterem Ort, nur hie und da unter dem Löss heraustretend, wie z. B. am Weg von Altwiesloch nach der Diebsbrücke; an einigen Punkten des steilen Thalrandes nördlich Baierthal; südlich vom Ochsenbacher Hof; am Weg von Ochsenbach nach Schatthausen; bei Schatthausen selbst; am Angelbach nördlich Schatthausen und mitten im Felde östlich am Goldberg; zu beiden Seiten des Schlösschens Sorgenfrei; am Eisenbahneinschnitt zwischen den Stationen Mauer und Meckesheim; bei Mauer; gegenüber Langenzell Schloss; am Salzberg bei Mönchzell; in dem Thälchen westlich vom Taubenbuckel; auf beiden Thalseiten zwischen Meckesheim und Eschelbronn; an der unteren

Mühle und am Kallenberg bei Eschelbronn; rings um die Höhen zwischen Eschelbronn und Zuzenhausen; von hier bis hinter Hoffenheim nahe an die Schmollenmühle herantretend und auf dem linken Elsenzufer vom Himelberg bis nahe zur Hoffenheimer Lehmgrube; nördlich und südlich Daisbach zwischen diesem Orte und Waibstadt einerseits, Sinsheim andererseits; zwischen Neidenstein und Waibstadt und am Sackberg; auf dem Fliehberg; endlich von südlich Waibstadt an über Rohrbach, Steinsfurth, Reihen, Ittlingen, westlich dicht an Weiler und Hilsbach vorbei bis zur Grenze der Karte.

Gliederung.

Bei den ersten Versuchen, den oberen Muschelkalk in Unterabtheilungen zu zerlegen, ging man von petrographischen Gesichtspunkten aus. Alberti[1] unterschied schon in der ersten grösseren Arbeit im Jahre 1825 einen „porösen Kalk", den er noch zum Muschelkalk rechnete.

Eigenthümliche, mit späthigen Gliedern des *Encrinus liliiformis* erfüllte Bänke waren zu jener Zeit zwar schon bekannt, doch wurde ihre Lagerung nicht besonders hervorgehoben. Erst 1834 im Beitrag zu einer Monographie etc. S. 82 finden wir die Stellung dieser Kalke bestimmt angegeben, ohne dass ein Name für die Abtheilung eingeführt wird. Nach und nach kam aber die Bezeichnung Trochitenkalk auf, und Quenstedt hat dieselbe schon im „Flötzgebirge Württembergs" aufgenommen. Zwischen Trochitenkalk und „porösem Kalk" liegen dann die durch *Ammonites nodosus* charakterisirten Plattenkalke als drittes Hauptglied des oberen Muschelkalk.

Wir wollen im folgenden an diesen drei Unterabtheilungen festhalten und die untere als Trochitenkalk, die mittlere als Nodosuskalk oder Schichten des *Ammonites nodosus,* die obere endlich als dolomitische und glaukonitische Kalke bezeichnen. Der letztere Ausdruck findet weiter unten noch seine Erläuterung. Albertis poröser Kalk entspricht un-

---

[1] Alberti, Gebirge Württembergs 41.

gefähr unserer obersten Abtheilung. Ganz genaue Grenzen sind wegen der sehr schwankenden petrographischen Beschaffenheit hier nicht anzugeben.

a Trochitenkalk.

Die untere Grenze des Trochitenkalk gegen den mittleren Muschelkalk wird durch das Auftreten fester Kalkbänke über den weichen Mergeln und dolomitischen Gesteinen angezeigt. Diese Grenzbänke scheinen nicht ganz constant entwickelt zu sein. Am häufigsten stellen sich noch knollige Kalke ein, wie sie Koch in dem oben angeführten Profil von Hasmersheim angibt, oder mehr gleichartige, dann aber auffallend gelb verwitternde Kalke, wie man sie in der Mosbacher Gegend anstehend trifft, und wie sie auf den Feldern um den Judenwald bei Langenzell umherliegen. Gelegentlich treten auch Knollen von Hornstein oder einzelne kleine Hornsteinlinsen auf. Nach Platz findet sich derselbe constant an der unteren Grenze des oberen Muschelkalk. Ein von dem genannten Autor[1] mitgetheiltes Profil vom Westerberg bei Wölchingen (Taubergebiet) zeigt über dem Zellendolomit:

	M.
1. Blauen dichten Kalkstein	0.36
2. Schieferthon und Mergel	0.60
3. Blauen Kalk mit Hornstein	0.30
4. Gelben dolomitischen Mergel	1.80

In der Bank 3 kommen im Hornstein zahlreiche Petrefacten vor, ferner jene kleinen concretionären Bildungen, welche Muschelkrebsen auf den ersten Blick gleichen. Nach Platz stammten die Stücke, in denen Alberti früher einmal Foraminiferen zu erkennen glaubte, speciell aus diesen Lagen. Es mag darauf hingewiesen werden, dass ebensolche Bildungen sich mitten im mittleren Muschelkalk finden. Sie bilden eben eine Eigenthümlichkeit des Hornstein, nicht einer Formationsabtheilung. Am allerhäufigsten begegnet man ihnen auf secundärer Lagerstätte im Diluvium.

[1] Die Triasbildungen des Tauberthals 85.

Als obere Grenze des Trochitenkalk wollen wir eine Bank ansehen, die sich zwischen Rohrbach bei Sinsheim und Adersbach anstehend und bei Wiesloch in losen Stücken findet, also durch unser ganzes Gebiet verbreitet ist. An ersterem Punkte tritt nahe der Hauptstrasse ein wenige Cm. mächtiges Kalklager zu Tage, welches noch Stielglieder von *Encrinus liliiformis*, daneben aber bereits *Ammonites nodosus* enthält, also diejenigen beiden Fossilien, welche sonst getrennt die untere und mittlere Abtheilung des oberen Muschelkalk bezeichnen. Da *Ammonites nodosus* tiefer, *Encrinus liliiformis* höher nicht mehr vorkommt, so ist mit dieser Schicht ein gewisser Wendepunkt angedeutet. Zudem findet sich in dieser Bank allein *Spiriferina fragilis*, und zwar in viel grösseren Exemplaren, als im unteren Muschelkalk, so dass dadurch noch ein weiteres Erkennungsmittel gegeben ist. Die sehr weite Verbreitung unserer Bank ausserhalb unseres Gebiets ist noch ein Grund mehr, sie besonders hervorzuheben.

Innerhalb der so gezogenen Grenzen liegt nun ein Complex sehr verschiedenartiger Schichten, die wir in ihrer Gesammtheit als Trochitenkalk bezeichnen, die aber durchaus nicht alle Reste von *Encrinus liliiformis* enthalten. Im Gegentheil kommen letztere nur in einigen wenigen, bei uns zusammen etwa 2 M. betragenden Schichten vor. Wegen der hervorragenden Eigenthümlichkeiten und der leichten Erkennbarkeit dieser Kalke kann man sich aber die Verallgemeinerung schon gefallen lassen.

Die unregelmässige Lagerung des oberen Muschelkalk ist die Ursache, dass in unserem engeren Gebiet keine Gelegenheit gegeben ist, die Aufeinanderfolge der einzelnen, petrographisch und paläontologisch geschiedenen Bänke genauer zu verfolgen. Wir müssen uns daher auf einige Andeutungen beschränken und um vollständigere Aufschlüsse zu erhalten, benachbarte Punkte herbeiziehen, welche aller Wahrscheinlichkeit nach dieselbe oder doch eine sehr ähnliche Entwicklung zeigen.

Ziemlich tief unten liegen einige feste zu Pflastersteinen brauchbare Bänke, ganz erfüllt mit kleinen Fragmenten von

Muscheln, so dass das Gestein ein oolithisches Ansehen erhält. Anstehend kommt dasselbe bei Mosbach vor, in einzelnen Stücken umherliegend wurde es mehrfach beobachtet. Bestimmbar sind unter den eingeschlossenen Fossilien nur *Pecten Albertii* und Anomien.

Hierüber liegen Platten dichten Kalks, theils eben, theils scherbenartig gebogen und mit Wülsten versehen, die sich durch einen ausserordentlichen Reichthum an Versteinerungen auszeichnen. Da zwischen den Kalkbänken Thonlagen eingeschaltet sind, so treten nach dem Abwaschen der letzteren die Versteinerungen auf der Oberfläche der Kalkplatten besonders schön heraus. *Myophoria vulgaris* und *Gervillia socialis* kommen in ausnahmsweise grossen Exemplaren vor, *Corbula gregaria* bedeckt in Massen die Platten, so dass man von Corbulaplatten in diesem Horizont sprechen kann. Bei Wiesloch und Rohrbach (Sinsheim) ist dies Vorkommen gut zu beobachten; ausserordentlich schön ferner an mehreren Punkten an der Würzburger Eisenbahn in den Umgebungen von Seckach und Osterburken, dann bei Hochhausen am Neckar. An letzterer Localität lässt sich auch die Lagerung genauer feststellen; die Bänke treten nämlich an dem Anstieg, dicht über der früher (S. 383) erwähnten sanft ansteigenden Fläche auf, welche aus mittlerem Muschelkalk besteht. Da in diesem nochmals sehr ähnlich entwickelte Bänke vorkommen, muss man sich übrigens vor Verwechslungen hüten.

Noch unter den eigentlichen Trochitenbänken liegen andere Gesteine, die man nicht selten auf Chausseehaufen sieht, da sie zur Beschotterung gebrochen werden. Es sind bis zu einer Mächtigkeit von mehreren Metern anschwellende Massen eines harten, blauen, fossilfreien Kalks, der häufig Drusen von Kalkspath, meist in Skalenoëdern entwickelt, enthält. Ohne zwischenliegende Thone folgen sich die Kalkbänke unmittelbar und greifen mit unebener, knolliger Oberfläche in einander ein. Diese letztere Eigenthümlichkeit, die sich schon durch den welligen Verlauf der Schichtenfugen an den Wänden der Steinbrüche zu erkennen gibt, der mehr splittrige, nicht muschlige Bruch und das Fehlen von organischen Resten erleichtern die Unterscheidung dieser Schichtenreihe von ähnlich entwickelten höher liegenden, z. B. von solchen im unteren Theil des Nodosuskalk. Dass diese petrographischen Merkmale immer nur Geltung innerhalb gewisser Grenzen haben und erst nach Feststellung der Lagerung sich zur Bestimmung verwenden lassen, bedarf kaum einer besonderen Erwähnung. Als Fundpunkte dieser Kalke kann man besonders die Gegend zwischen Meckesheim und Mönchzell, gegenüber Langenzell Schloss und bei Wiesloch hervorheben.

Es folgen nun die eigentlichen Trochitenkalke, schon in unserem kleinen Gebiet recht verschieden entwickelt. Theils scheinen nur zwei Bänke von ziemlich wechselnder Mächtigkeit vorhanden zu sein, theils beobachtet man deren drei, wie bei Wiesloch. Häufig sind die Bänke noch durch Zwischenmittel gespalten, so dass die Annahme einer bestimmten Zahl ziemlich willkührlich ist. Aus den jetzt nicht mehr zugänglichen Schächten bei Wiesloch gibt Hoffinger[1] folgende Schichtenfolge an:

M.	
0,6	Dammerde
3,6	Fester Kalk mit Schichten gelben Lettens
0,3	Blauer schiefriger Kalk
0,9	Petrefactenreicher Kalk
2,1	Wechsel 0,3 M. mächtiger Schichten von blauem Letten und dichtem Kalk
0,9	Röthlicher Kalk
4,2	Blauer Kalk
0,9	Encrinitenschichten, in diesen Galmei, der sich in die darunter und darüber liegenden Schichten fortsetzt
3,6—7,5	Dichter, dunkelblauer, versteinerungsleerer Kalk
0,9	Encrinitenschichten mit Galmei, wie oben
1,2	Dichter Kalk
0,9	Blauer schiefriger Kalk
9,0	Fester grauer Kalk
10,2	Dolomit
1,2	Dolomitbreccie.

[1] Hoffinger, über das Vorkommen des Galmeis bei Wiesloch. In Leonhard, Beitr. z. mineral. Kenntniss des Grossh. Baden. I. 75. Tf. II.

Wahrscheinlich gehören die beiden untersten Schichtenreihen noch zum mittleren Muschelkalk. Wo die Grenze zum Nodosuskalk zu ziehen ist, lässt sich nicht angeben. Die Vermuthung liegt nahe, dass die Schicht mit *Spiriferina fragilis* über der oberen Encrinitenbank liegt, aber von Hoffinger nicht besonders ausgeschieden wurde, da die Untersuchung der Versteinerungen ausserhalb des Zweckes seiner Arbeit lag. Von dem Vorkommen der Bank überzeugten wir uns jedoch: es wurde ein Stück aufgenommen, welches *Ammonites nodosus* und *Spiriferina fragilis* neben einander enthält.

Hoffinger unterscheidet also zwei Trochitenbänke. In geringer Entfernung gegen Nussloch zu sind deren jedoch in einem Steinbruch drei aufgeschlossen. Allerdings enthielt die unterste viel seltener Stielglieder, während die beiden anderen beinahe nur aus denselben bestanden. Letztere Bänke werden aber häufig allein als Trochitenkalke bezeichnet. Hier bei Wiesloch so gut als bei Adersbach werden einzelne Stielglieder auch noch in der Spiriferinenbank vorkommen, und dann hätten wir sogar vier Trochitenbänke zu unterscheiden, da in dem Wieslocher Vorkommen der Aufschluss nicht bis zur Spiriferinenbank hinauf reichte. Dies zum Beweis, dass man auf die Zahl der Trochitenbänke nicht zu viel Gewicht legen darf; kann man sich doch oft genug an einer Steinbruchswand von dem plötzlichen Auskeilen einer mitunter mehrere Fuss mächtigen, ganz aus späthigen Gliedern bestehenden Bank überzeugen.

Zum Vergleich mag hier noch ein Profil aus der Gegend von Seckach angeführt werden. Es liegen von oben nach unten:

M.	
4,50	Knollige Plattenkalke mit einzelnen Versteinerungen, *Myophoria vulgaris*, *Dentalium*, Knochen von *Nothosaurus*
0,96	Dicke, sehr harte Bänke voll Fossilien, die aber fest mit dem Gestein verwachsen sind und nicht auswittern
0,50	Dünnblättrige, dunkle Schiefer, mit ebenen Ablösungsflächen
0,20	Dritte Bank mit Trochiten, welche oft frei heraus-

M. wittern; ausserdem mit Massen von *Terebratula vulgaris* in sehr grossen Exemplaren

1,38 Dünnblättrige Schiefer mit Plattenkalken wechselnd; auf diesen grosse und schön erhaltene *Myophoria vulgaris* und *Gervillia socialis*

0,33 Zweite Trochitenbank mit *Pecten laevigatus* auf der Oberfläche

2,25 Schiefer mit Platten reich an *Myophoria vulgaris* wechselnd. Zu unterst eine Schicht von kleinen Concretionen erfüllt

1,47 Erste Trochitenbank, d. h. eine Reihe dünnerer und dickerer Bänke, theils mit, theils ohne Trochiten. Auf der Oberfläche *Lima striata* dicht gedrängt. Die Versteinerungen rostbraun gefärbt

3,50 Wechsel plattiger Kalke mit Mergeln und Schiefern; *Corbula* sehr häufig, daneben viele andere Versteinerungen. Auffallend sind Wülste bis zu Armes Dicke mit *Gastropoden* ganz bedeckt

1,5 Brockelkalke mit spärlichen, fest eingewachsenen Fossilien.

Spiriferina fragilis wurde hier nicht beobachtet, dürfte aber in der obersten Trochitenbank liegen.

Von besonderem Interesse sind die oben genannten Concretionen zwischen der ersten und zweiten Trochitenbank. Sie liegen in dem Eisenbahneinschnitt bei Mauer unmittelbar unter dem Nodosuskalk, kommen also wohl mehrmals über einander vor. Auch bei Wiesloch finden sie sich, doch nur auf den Halden. Es sind ganz die nämlichen Dinge, die Sandberger[1] von Würzburg anführt, mit dem Zusatz, dass nach einer Aeusserung Prof. Sempers diese Concretionen dem Auswurf von Anneliden am Meeresufer sehr gleichen. Was von Würzburg zur Vergleichung vorlag, gleicht den kleinsten unserer Vorkommnisse. Oft wird man nur durch abweichende Färbung auf das Vorhandensein einer besonderen Bildung in den Thonen aufmerksam. Bei uns erreichen die kleinen Knöllchen mitunter die Grösse einer

[1] Würzburger naturwiss. Zeitschr. Bd. VI. 164

Erbse und haben oft eine sehr unregelmässige Gestalt; auch sind sie lagenweise zusammengedrückt. Grosse und kleine Körperchen liegen bald ohne Ordnung neben einander, bald findet eine auffallende Gleichheit des Korns statt; besonders aber finden sich mitten in gleichartigem Thon Anhäufungen der Knöllchen zu grösseren lenticularen Massen. Den Eindruck von Excrementen machen diese Dinge nicht; eine gewisse Uebereinstimmung der Form sollte doch in solchem Falle erwartet werden, wenn die Grösse auch variiren könnte. Ein petrographischer Unterschied zwischen der Substanz der Kügelchen und des Gesteins wurde nicht beobachtet.

Bei Würzburg sind Bairdien häufig in diesen Thonen; Koch[1] führt dieselben auch von Hasmersheim an.

Gelegentlich kommen hier noch Bänke vor, die den oben beschriebenen Corbulaplatten sehr ähnlich sind.

Die von Seckach angeführte oberste Trochitenbank mit den grossen Exemplaren von *Terebratula vulgaris* erstreckt sich weit in unser Gebiet hinein. Sie ist z. B. ausgezeichnet aufgeschlossen an der unteren Mühle bei Spechbach.

Beachtung verdient ein von Sandberger schon berührtes Verhältniss, nämlich der Wechsel so verschiedenartiger Schichten mit gleichzeitiger Wiederholung einzelner von ganz gleicher Beschaffenheit. Trochitenkalke, Plattenkalke — stets mit den gleichen Fossilien — und Thone wechseln, und dabei bewahren die Trochitenkalke sowohl wie andere der genannten Bänke trotz der Unterbrechungen denselben Charakter. Unter diesen Schichten sind Thone und Plattenkalke am nächsten verwandt in Beziehung auf ihre Fauna; beide führen am häufigsten *Myophoria vulgaris* und *Gervillia socialis*. Die Trochitenkalke enthalten diese nicht oder wenigstens viel seltener, dagegen *Lima striata* in Masse, dann *Cidaris* und Brachiopoden, besonders die seltene *Retzia trigonella*.

Es ist am natürlichsten anzunehmen, dass die Schichten, welche an einem Punkt getrennt sind, durch allmähliches

[1] Leonhard, Beiträge zur mineralog. und geogn. Kenntniss des Grossherz. Baden II. 15.

schwächer werden der dazwischen liegenden Gesteinsmassen an einem anderen sich wieder berühren, und dass durch den Wechsel solcher Trennungen und Vereinigungen das auf den ersten Blick so auffallende Verhältniss sich erklärt. Den Anfang solcher Trennungen macht ja eine jede kleine Thonlage, die sich zwischen zwei in einem Steinbruch aufgeschlossene Schichten schiebt und auf geringe Entfernung bis zu Fussen anschwillt. Wir würden so das Auftreten von *Encrinus liliiformis* als ein einmaliges, nur scheinbar an einzelnen Punkten sich wiederholendes anzusehen haben, und ebenso würde es sich mit den anderen auf die Thone und Kalke beschränkten Faunen verhalten.

Die ganze Mächtigkeit der unteren Abtheilung des oberen Muschelkalk schwankt zwischen 30 und 40 M.

Günstige Punkte zum Beobachten der Trochitenkalke sind: der erste Steinbruch im Thal hinter Leimen, die Brüche und Halden an der Hässel bei Wiesloch, die Brüche im Angelbachthal bei Baierthal, der alte Bruch zwischen Schatthausen und Gauangelloch, die Hohlwege und Brüche bei Mauer, der Abhang gegenüber Langenzell Schloss, die Brüche zwischen Spechbach und der unteren Mühle, der Bruch an der Eschelbronner Mühle, der Drätschenberg bei Waibstadt, die Brüche von Rohrbach bei Sinsheim und der Eisenbahneinschnitt südlich Steinsfurth.

Versteinerungen.

Nothosaurus, Wirbel u. Rippen
Acrodus sp.
Hybodus sp.
Bairdia sp.
Conchorhynchus avirostris Blumb. sp.
Nautilus bidorsatus Schl.
Chemnitzia Schlotheimi Qu.
Chemnitzia sp.
Pleurotomaria Albertiana Gldf.
Myacites sp.
Corbula gregaria Schl.
Myophoria vulgaris Schl. sp.

Myophoria laevigata Alb.
Gervillia socialis Schl. sp.
Gervillia costata Schl. sp.
Hinnites comtus Gldf.
Lima striata Schl. sp.
Lima costata Gldf.
Mytilus vetustus Gldf.
Pecten discites Schl. sp.
Pecten laevigatus Schl. sp.
Pecten Albertii Gldf.
Ostrea complicata Gldf.
Terebratula vulgaris Schl. sp.
Spiriferina fragilis B.
Retzia trigonella Schl. sp.
Cidaris grandaevus Gldf.
Encrinus liliiformis Schl. sp.

Aus thonigen, dem Trochitenkalk eingelagerten Schichten dürfte auch das von uns auf den Halden der Hässel aufgelesene Stück mit sog. Bactryllien stammen, welches Schimper (Zittel-Schimper, Handbuch der Palaeontologie II. 27) erwähnt.

b. Schichten des *Ammonites nodosus*.

Es ist an und für sich ziemlich gleichgültig, ob man mit der oben genannten Schicht der *Spiriferina fragilis* die untere Abtheilung des oberen Muschelkalk beschliessen, oder die obere eröffnen will. Das Auftreten des *Encrinus liliiformis*, der ja in dieser Schicht noch in Masse vorkommt, also leicht bemerkt wird, lässt es praktischer erscheinen, alle sogenannten Trochitenkalke bei einander zu lassen und die obere Hälfte des oberen Muschelkalk erst über derselben zu beginnen. Dass es sich auch bei dieser Grenze um nichts absolutes, nur um eine Orientirung handelt, wird besonders dadurch einleuchtend, dass wir sowohl unter, als über der Spiriferinenbank ganz gleichartige Schichten beobachten, die durch das häufige Vorkommen von *Pecten discites, Pecten Albertii* und einer *Anomia* ausgezeichnet sind. Sie können, da das Vorkommen nicht blos local ist, als Disciteskalke oder Schichten des *Pecten discites* unterschieden werden.[1] Diese Kalke liegen in dünnen Platten auf einander, die meist etwas unebene Schichtfläche haben und auf dem frischen Bruch eine tiefblaue Färbung zeigen. Mit braunen Dolomitrhomboëdern erfüllte Hohlräume rühren von aufgelösten Muscheln her, besonders von Myophorien. Die oben genannten bezeichnenden Fossilien haben hier, wie das auch sonst gewöhnlich der Fall ist, stets die Schalen erhalten, die sich gut vom Gestein ablösen und mit einem sammetartigen Hauch überzogen sind. Man erkennt diesen Erhaltungszustand auch an Fragmenten leicht. Schalen von *Pecten discites* bilden zuweilen über einander geschichtet beinahe allein das Gestein. Die anderen zersetzten Muscheln sind sehr viel seltener.

Diese Bänke finden sich sowohl unter als über der Spiriferinenbank und bilden eine kleine, wohl charakterisirte Schichtenreihe für sich. Anstehend kann man die Discites-kalke bei Rohrbach (Sinsheim) und nach Adersbach hin beobachten, z. B. in dem einzigen Thälchen, welches die beide oben genannten Orte verbindende Strasse rechtwinklig durchschneidet. Ausserdem fehlen sie an keinem Punkte, wo die Oberregion der Trochitenkalke entwickelt ist, und man erkennt die Gesteinsstücke leicht auf den Aeckern und an den Gehängen über den Steinbrüchen.

Es treten auch hier oben nochmals dünnschiefrige, beim Hinzutritt von Wasser schmierende Thone auf, jenen ganz ähnlich, welche zwischen den Trochitenbänken liegen. Sie zeigen dieselben kleinen Knötchen, die sich meist zu grösseren Massen zusammengeballt haben. Daneben kommen jedoch Kalkknollen von ganz gleichartiger Beschaffenheit im Innern vor, die schön muschlig brechen. Von den Septarien, denen wir in höheren Schichten begegnen werden, unterscheiden sie sich äusserlich nicht, entbehren aber immer der Risse und der fremden Mineraleinschlüsse, welche diese charakterisiren.

---

[1] v. Strombeck, Zeitschrift d. deutschen geologischen Ges. I. 140. 142. 1849.
v. Seebach, ebendas. XIII. 558. 1861.
Sandberger, Würzburger naturw Zeitschr. VI. 164.

Der geeignetste Punkt zur Beobachtung dieser Thonschichten ist der Eisenbahneinschnitt bei Mauer, wo sie auf der Südseite ganz unten im Niveau der Schienen aufgeschlossen sind. Die Schichten sind zwar stellenweise etwas verstürzt; da aber Trochitenkalke tiefer und Platten mit *Ammonites nodosus* höher anstehend zu sehen sind, so kann über die Lagerung kein Zweifel sein.

Auffallend ist, dass eine Bank bisher sich nirgends in unserem Gebiet fand, die in geringer Entfernung von Franken herüber ziehend noch vorhanden ist und ihrer Beschaffenheit nach nicht leicht übersehen werden kann. Es ist dies die Kröteneierschicht der Steinbrecher in der Jenaer Gegend,[1] Terebratulitenkalk mit *Terebratula vulgaris* var. cycloides Zenker, obere Terebratelbank Seebachs,[2] Cycloidesbank Sandbergers.[3] Eine mehrere Fuss dicke Bank oder mehrere solche über einander sind ganz mit Exemplaren einer kleinen, gerundeten Varietät von *Terebratula vulgaris* erfüllt und geben je nach der Festigkeit des Bindemittels einen brauchbaren Baustein oder zerfallen nach und nach, so dass die einzelnen Individuen sich frei herauslösen. Diese Schicht liegt im Fränkischen mitten in Thon und schiefrigen Gesteinen, und die kleinen oben genannten Concretionen kommen in deren unmittelbarer Nähe noch vor.

Anstehend wurde die Cycloidesbank noch jenseits Mosbach beobachtet, von wo sie auch Platz[4] anführt; vielleicht findet sie sich später noch, wenn auch in schwacher Entwicklung, in unserem engeren Gebiet.

Verhältnissmässig einförmig gestaltet sich nun der Rest des mittleren Theils des oberen Muschelkalk, der hauptsächlich das namengebende Fossil, den *Ammonites nodosus* führt. Er besteht im wesentlichen aus einem Wechsel von wenig mächtigen Kalkplatten und Thonen. Die zum Brennen

---

[1] Geinitz, Beitrag zur Kenntniss des Thüringer Muschelkalkgebirges 1837. 15. Tabelle I.

[2] Seebach, Zeitschr. d. deutschen geolog. Ges. XIII. 1861. 558.

[3] Sandberger, Würzburger naturw. Zeitschr. VI. 171.

[4] Platz, die Triasbildungen des Tauberthals 87.

gesuchten Kalke sind gleichartig, von blaugrauer Farbe, haben einen muschligen Bruch und sind theils ebenflächig, theils gleichen sie den tiefer liegenden Knollenkalken. Beim Anschlagen klingen die Platten meist hell. Es muss jedoch hervorgehoben werden, dass trotz der im ganzen herrschenden Ebenflächigkeit der Schichten sonst nirgends, den unteren Theil des unteren Muschelkalk etwa ausgenommen, so häufig wulstförmige Absonderungen aller Art — sogenannte Schlangenwülste u. s. w. — getroffen werden. Sie sitzen zwar im Thon, sind aber den oberen Flächen des Kalks aufgewachsen, als hätte nachträglich im Thon die Bildung dieser Dinge stattgefunden, und seien dieselben dann noch mit den Kalkplatten verwachsen. Es ist also ein anderes Verhältniss als bei den eigentlichen Knollenkalken, wo die ganze Masse einer Bank aus concretionären Bildungen besteht, die meist noch durch eine dünne Thonlage getrennt werden.

Hin und wieder schieben sich einige petrefactenreiche Schichten ein, auf deren Oberfläche *Myophoria vulgaris, Gervillia socialis, Dentalium* und andere gewöhnliche Arten oft in schöner Erhaltung herauswittern. Innen sind jedoch Gesteine und Schalen fest mit einander verwachsen. Ziemlich an der oberen Grenze zeichnet sich eine Bank durch das häufige Vorkommen von *Pecten discites* aus. Theils auf der Oberfläche der Schichten aufsitzend, theils frei aus dem Thon auswitternd, kommt mehrmals über einander das Hauptfossil *Ammonites nodosus* vor. Die Thonschichten enthalten überhaupt keine eigene Fauna, sondern führen die gleichen Reste, wie die Kalke. Die meisten Exemplare von *Gervillia socialis, Myophoria vulgaris* und *Myacites musculoides,* die man in den Sammlungen trifft, kommen aus diesen Schichten. Soweit die Beobachtungen reichen, sind die Kalke, welche unmittelbar über den Discitesschichten folgen, die an *Ammonites nodosus* reichsten. So findet man im Eisenbahneinschnitt von Mauer stets Exemplare, während die höher gelegenen, vielfach bei Hoffenheim in Steinbrüchen aufgeschlossenen Bänke nur ab und zu solche zu Tage fördern.

An der oberen Grenze dieser Plattenkalke und Thone

setzen einige dickere Bänke voll Muscheln ein, die fest verwachsen sind und sich nicht aus dem Gestein lösen, jedoch beim Verwittern der Stirn der Schichten ein ganz eigenthümliches, rauhes, zerfressenes Ansehen geben. *Gervillia socialis, Myophoria Goldfussi* und *elegans* sind am häufigsten. Sehr gewöhnlich findet eine Umwandlung der Schalen in Chalcedon statt, so dass die weiss oder bläulich gefärbten Querschnitte vom dunklen Kalk sich deutlich abheben.

Man wird selten grössere Steinbrüche im oberen Muschelkalk antreffen, deren Abschluss nach oben nicht diese plumpen Kalke bilden, die sich deutlich von den Partien abheben, in welchen wenig mächtige Platten dicht gepackt auf einander liegen. In Verbindung mit diesen Schichten kommen stets einige ausgezeichnete und in die Augen fallende Bänke mit grossen Terebrateln vor, welche wir als Anfang der nächsten Abtheilung ansehen wollen, und deren genauere Besprechung wir für den nächsten Abschnitt aufsparen.

Die Gesammtmächtigkeit des mittleren Theiles des oberen Muschelkalk schwankt zwischen 40 und 50 M.

Versteinerungen.

Nothosaurus sp.
Placodus sp.
Hybodus sp.
Acrodus sp.
Saurichthysschuppen
Pemphyx Sueuri Desm.
Ammonites nodosus Brug. sp.
Nautilus bidorsatus Schl.
Chemnitzia Schlotheimi Qu. sp.
Chemnitzia sp.
Natica gregaria Schl.
Natica sp.
Dentalium laeve Schl.
Myacites musculoides Schl. sp.
Myophoria vulgaris Schl. sp.
Myophoria laevigata Alb.
Myophoria simplex Strmb.

Nucula ellipitica Gldf.
Nucula Goldfussi Alb.
Nucula Schlotheimensis Pic.
Gervillia socialis Schl. sp.
Lima striata Schl. sp.
Pecten discites Schl. sp.
Pecten laevigatus Schl. sp.
Ostrea complicata Gldf.
Ostrea decemcostata Gldf.
Ostrea ostracina Schl.

c. Die dolomitischen und glaukonitischen oberen Schichten.

Es sind dies vorzugsweise süddeutsche Schichten, die von Alberti, wie oben angegeben, als poröser Kalk,[1] später als Dolomit[2] oder unterer dolomitischer Kalkstein[3] (unter letzterer Bezeichnung zur Lettenkohle gerechnet), von Sandberger in neuerer Zeit als Trigonodusdolomit aufgeführt wurden. Sie scheinen aber auch dem Norden nicht ganz zu fehlen. In Württemberg liegen in diesem Horizont nicht selten Steinbrüche, daher die von den Arbeitern gebrauchten Ausdrücke Malmstein, Nagelfels u. s. w.

Ist man eine in den gleichartigen Platten der mittleren Abtheilung liegende Klinge hinaufgestiegen und untersucht die Stirn des Thalgehänges oder betrachtet die oberen Ränder der für die Nodosuskalke vorher genannten Steinbrüche, so fallen mehrere dicke, aussen rauh anzufühlende, an verwitterten Stellen rostbraune, innen blaue, häufig dolomitische Bänke voll grosser Exemplare der *Terebratula vulgaris* auf. Schon wegen der im Vergleich zu den Nodosusplatten bemerkenswerthen Dicke, die bis zu 1,5 M. steigen kann, übersieht man diese Bänke nicht leicht. Wenn diese Gesteine einen gewissen Schimmer zeigen, hat man sie gewöhnlich als dolomitisch bezeichnet, obwohl derselbe durchaus nicht immer einen Gehalt

---

[1] Gebirge Württembergs 87.
[2] Beitrag zu einer Monographie etc. 98.
[2] Ueberblick über die Trias 17.
[4] Würzburger naturw. Zeitschr. V. 220.

von Magnesia beweist; in dieser Hinsicht können leicht Täuschungen unterlaufen. Stellenweise werden die Bänke auch ganz thonig, so dass die Terebrateln frei herauswittern. Ausserordentlicher Wechsel der petrographischen Beschaffenheit und der Mächtigkeit ist eine Eigenthümlichkeit aller noch bis zum unteren Keuper folgenden Schichten. Es ist in diesem Verhalten ein auffallender Gegensatz zu den Schichten des *Ammonites nodosus* begründet.

Einige Profile mögen zur Erläuterung dienen:

Steinbruch zwischen Hoffenheim und Sinsheim:

M. Löss

0.90 Dunkelblaue bis schwarze Kalke in dünnen Platten, mit wulstigen Rändern herausragend, voll zerquetschter, schwer bestimmbarer Muscheln. Myaciten, *Myophoria Goldfussi,* viele Koprolithen und Fischschuppen, Bairdien mit glänzender braunrother Schale. Stellenweise Glaukonit in zahlreichen Körnern

0.36 Brockelkalke

5.70 Wechsel dünner und dicker ebenflächiger Kalkplatten und Thone, in der Mitte eine Lage Brockelkalk. Einzelne Fossilien. Lose im Steinbruch liegende Exemplare von *Ammonites semipartitus* scheinen aus diesen Schichten zu stammen

0.75 Bank mit grossen Exemplaren der *Terebratula vulgaris* erfüllt.

Aehnlich bei Grombach und Steinsfurth, wo jedoch die Terebratelbank in mehrere einzelne Lagen zerfällt.

In den schon erwähnten Hoffenheimer Brüchen sind die Kalke über den Terebratelbänken noch aufgeschlossen, die glaukonitischen Kalke liegen höher oben im Rasen. Auf dem Wege nach dem Bleihof treten sie deutlich heraus. Auch der Sandstein des unteren Keuper (der Lettenkohle) ist hier überall an den höher liegenden Abhängen zu sehen.

Etwas entfernter findet sich bei Eubigheim an der Heidelberg-Würzburger Eisenbahn ein guter Aufschluss:

M. Ackererde

0.90 Bänkchen mit *Myophoria Goldfussi,* darunter Glauko-

nitkalk, dann Nagelkalk, zuunterst dichter blauer
M. Kalk

1.20 Blaue Thone mit festeren Bänken, die ganz aus Ostracoden bestehen. Dünnes Bänkchen glaukonitischen Kalks

1.80 Blaue Thone mit Ostracoden, wie oben. Zuunterst eine Lage blauer Kalkknollen

0.60 Plattenkalke

0.60 Kalke mit Thonen wechselnd. Diese und die vorigen Kalke mit einzelnen Fossilien

0,75 Wechsel dickerer und dünnerer Platten mit vielen Versteinerungen, *Gervillia socialis* und *costata, Lima striata*

0,60 Dicke Bänke erfüllt mit *Terebratula vulgaris,* nicht bis unten aufgeschlossen.

Im Steinbruch fand sich ein Exemplar von *Ammonites semipartitus,* welches also sicher aus Schichten über den Terebratelbänken stammt, da tiefere Schichten hier nicht entblösst sind. *Ammonites nodosus* wurde in diesen oberen Horizonten niemals mehr angetroffen. Da man in den Hoffenheimer Brüchen von den Arbeitern gelegentlich auch *Ammonites semipartitus* neben dem häufigeren *Ammonites nodosus* erhält, so wäre es möglich, dass letzterer auch schon tiefer sich findet; doch ist dies nicht wahrscheinlich, da bei Hoffenheim die Bairdienkalke u. s. w., wie wir sahen, über den Steinbrüchen noch vorhanden sind, also auch einmal Fossilien aus diesen herunterrollen können.

Diesem obersten Muschelkalk gehören die durch mancherlei Mineraleinschlüsse bekannt gewordenen Schichten bei Ubstadt, hart an der Grenze unserer Karte an.

Von Interesse ist noch das Auftreten der Kieselerde in der Nähe der Terebratelbänke als Versteinerungsmittel und in unzusammenhängenden Lagen in den Kalkbänken. Am schönsten entwickelt sind diese Schichten zwischen Reihen und Steinsfurth an der oberen Grenze der Weinberge. *Gervillia socialis, Gervillia substriata, Myophoria elegans* und *Goldfussi* lassen sich mit Säuren in schöner Erhaltung herausätzen.

In den Thonen zwischen Terebratelbänken und Glaukonitkalken liegen auch jene Kalkknollen, die durch ihre Mineraleinschlüsse schon lange die Aufmerksamkeit erregten. Es sind echte Septarien mit Rissen im Innern, auf welchen Kalkspath, Baryt, Bleiglanz und Blende am häufigsten vorkommen. Manche dieser Concretionen zeigen innen eine Anlage zu concentrisch-schaliger Absonderung, die sich zunächst durch lagenweisen Wechsel der Farbe bemerklich macht; andere bestehen aus ganz gleichartigem sehr feinem Kalk. In dem Gebiet zwischen Hoffenheim, Sinsheim und Daisbach begegnet man diesen Vorkommnissen besonders häufig; sie fehlen aber nirgends im obersten Muschelkalk.

Leistennetze, geborstene und dann getrocknete Schlammlagen, allerhand eigenthümliche concretionäre Bildungen erhöhen noch die Mannigfaltigkeit der Entwicklung dieses Schlussgliedes des Muschelkalk.

Die Mächtigkeit dieser obersten Abtheilung ist gering gegen die beiden unteren und wird nirgends 7 M. übersteigen.

Versteinerungen.

Nothosaurus, Knochen und Koprolithen
Hybodus sp.
Acrodus sp.
Saurichthys sp.
Fischschuppen
Bairdia pirus Seeb.
Cythere dispar Seeb.
Ceratites semipartitus Mntf.
Chemnitzia Schlotheimi Qu.
Natica gregaria Schl.
Dentalium laeve Schl.
Myacites musculoides Schl.
Corbula gregaria Schl.
Corbula triasina Schaur.
Myophoria Goldfussi Alb.
Myophoria simplex Stromb.
Myophoria intermedia Schaur.
Nucula Goldfussi Alb.

Nucula elliptica Gldf.
Gervillia socialis Schl.
Gervillia substriata Crdn.
Anomia sp.
Pecten discites Schl.
Pecten laevigatus Schl.

Schon oben wurde das Vorkommen von Galmei in den Crinitenschichten des oberen Muschelkalk beiläufig erwähnt. Da der Galmei die einzige jetzt noch abbauwürdige Erzlagerstätte im südlichen Odenwald repräsentirt, so würden eingehendere Mittheilungen sowohl über die Erze selbst, als über die Art des Vorkommens für den Zweck dieser Arbeit von besonderem Interesse gewesen sein. Leider war der Besuch der in Betrieb befindlichen Gruben am Kobelsberg nicht gestattet, während am Hässelberg (zwischen Altwiesloch und Nussloch) zur Zeit der Aufnahme nur die Halden aufgearbeitet wurden, und die alten Gruben vollständig unzugänglich waren. Da demnach eigene Beobachtungen nicht vorliegen, und es zwecklos sein würde, aus der leicht zugänglichen Litteratur einen Auszug zu liefern, so wollen wir uns im wesentlichen darauf beschränken, die wichtigsten Arbeiten über die Wieslocher Gruben mitzutheilen. Es mag dies um so mehr genügen, als Herr Dr. A. Schmidt in Heidelberg, wie er uns mitzutheilen die Freundlichkeit hatte, demnächst eine zusammenfassende Arbeit über die Erzlagerstätten von Wiesloch zu publiciren beabsichtigt.

Historische Nachrichten über den Bergbau finden sich:

F. J. Mone: Zeitschrift für die Geschichte des Oberrheins I. 43. 1850.

Rohatzsch: Ueber das Alter des Wieslocher Bergbaues. Beiträge zur mineralogischen und geognostischen Kenntniss des Grossherzogthums Baden, herausgegeben von G. Leonhard II. 111—112. 1853.

G. Leonhard: Zur Geschichte des Bergbaus in Baden. Ebendas. III. 121—124. 1854.

Die Art des Vorkommens ist dargestellt von:

G. Herth: Ueber das Vorkommen des Galmei's bei Wiesloch mit Rücksicht auf die geognostisch-geologischen Verhältnisse. Inaug. Diss. Heidelberg 1851.

C. Holzmann: Einige Mittheilungen über die geognostischen Verhältnisse der Galmei-Lagerstätte bei Wiesloch. Neues Jahrbuch für Mineralogie etc. 1852. 907—910.

Derselbe: Ueber die Umgegend von Wiesloch. Beitr. z. mineralog. u. geogn. Kenntniss d. Grossh. Baden I. 69—74. 1853.

Hoffinger: Ueber das Vorkommen des Galmeis bei Wiesloch. Mit Profilen. Ebend. 75—77.

Carl Clauss: Die Galmei-Lagerstätten in der Muschelkalkformation der Umgegend von Wiesloch im Grossherzogthum Baden. Mit Karte und Profilen. XXVI. Jahresbericht des Mannheimer Vereins für Naturkunde 1860. 36—57.

G. Leonhard: Geognostische Skizze des Grossherzogthums Baden. 2. Aufl. Stuttgart 1861. 87—89.

Die den Galmei begleitenden Mineralien finden wir aufgezählt in:

G. Leonhard: Die Mineralien Badens nach ihrem Vorkommen. 3. Aufl. Stuttgart 1876.

und soweit sie den Pseudomorphosen angehören, ausführlich beschrieben von:

R. Blum: Pseudomorphosen des Mineralreichs nebst vier Nachträgen 1843—1879. Vgl. auch:

G. Leonhard: Realgar und Auripigment im Muschelkalk bei Wiesloch unfern Heidelberg. Jahrbuch f. Mineral. etc. 1857. 549—551.

R. Blum: Cadmium-Zinkspath von Wiesloch. Ebendas. 1858. 289—290.

Es mag hier nur noch darauf aufmerksam gemacht werden, dass man auf den Halden hie und da Blöcke des beibrechenden Bleiglanz findet, welcher, wie es scheint, in ältester Zeit allein Gegenstand der Gewinnung war. Neben derben Massen von körnig-blättriger Zusammensetzung, welche ganz rein sind, trifft man häufiger innig mit Cerussit durchwachsene oder feinkörnige, lagenweise mit schaliger Blende wechselnde. Besonders die letzteren zeigen die mannigfachsten — oft stalaktiten- oder röhrenförmigen, auch plattenförmigen und krummschaligen — Gestalten; die einzelnen Lagen sind meist sehr fein und auf das innigste mit einander verbunden. Solche Blöcke enthalten bisweilen prächtige Drusen und sind daher die beste Fundstätte der zu Wiesloch vorkommenden krystallisirten Mineralien, besonders von Bleiglanz und Kalkspath und der aus ihnen entstandenen Pseudomorphosen.

Wenn die Oktaëder noch aus Bleiglanz bestehen, sind die Flächen selten eben, sondern gewöhnlich rauh angefressen oder trichterförmig eingesenkt mit rippenförmig hervortretenden Kanten. Dass keine ursprüngliche unvollkommene Krystallisation vorliegt, sondern eine Einwirkung kohlensäurehaltiger oxydirender Gewässer kann man an der zuweilen erhaltenen dünnen Rinde von Cerussit erkennen, welche bald fest mit dem Bleiglanz verbunden, bald durch eine hohle Zone von einem compacten, stark angenagten, aber sonst unveränderten Kern getrennt ist. Andere Oktaëder bestehen aus einer papierdünnen Schale von Cerussit, welche oft einen feinen Ueberzug von Eisenoxydhydrat trägt. Ist die Schale nicht schon an einer Stelle durchbrochen, so erkennt man die Natur dieser Pseudomorphosen erst, wenn man den scheinbar compacten Krystall öffnet; man findet dann einen mit Drusen zierlicher Cerussitkryställchen ausgekleideten Hohlraum. Grössere Krystalle, tafelförmig durch Vorherrschen des Brachypinakoid und genau von dem Habitus der bekannten Emser Vorkommnisse bilden vielfach selbständig Drusen in körnigem Bleiglanz, dessen Stelle sie augenscheinlich einnehmen, wenn auch die Form der Aggregate hier nicht von derjenigen des Mutterminerals bedingt ist.

In denselben Blöcken — meist auf einer aus Bleiglanz, Cerussit und Blende zusammengesetzten Unterlage -- trifft man die prächtigen Skalenoëder, von denen angenommen wird, dass sie einen doppelten pseudomorphen Process darstellen, dass nämlich zuerst Kalkspath durch Eisenzinkspath verdrängt, dann letzterer in Brauneisenstein umgewandelt sei. Dabei hat dann jedenfalls ein bedeutender Substanzverlust stattgefunden, denn diese Pseudomorphosen sind vorherrschend hohl. Wo dies nicht der Fall ist, mag ein erheblicher Rest von

Eisenzinkspath vorhanden sein. Bis jetzt noch nicht vorliegende chemische Untersuchungen würden wahrscheinlich interessante Aufschlüsse über die Art der stattgefundenen Veränderungen liefern. Neben grossen Skalenoëdern von zum Theil ausgezeichneter Schärfe finden sich auch weniger deutlich ausgebildete und kleine Krystalle, die sich in der mannigfachsten Weise gruppiren, oder auch in Krystallspitzen auslaufende stänglige Aggregate, angesetzt um stalaktitenförmige, aus Blende und Bleiglanz aufgebaute Röhren.

Schliesslich mögen noch Gelbeisenocher und Zinkblüthe erwähnt werden, welche bald als feine Ueberzüge, bald als grössere Nester vorkommen. Ueber die der Form und Färbung nach sehr wechselnde Ausbildung des Haupterzes kann man sich leicht einen Ueberblick verschaffen, wenn man die Haufen frisch geförderten Materials durchmustert.[1]

Oberflächengestaltung, Einfluss auf die Cultur und technische Verwendbarkeit.

Schon wegen seiner Mächtigkeit und dem festen Zusammenhalt seiner Bestandtheile im Gegensatz zu den darunter und darüber liegenden Abtheilungen muss der obere Muschelkalk sich auf der Oberfläche bemerkbar machen. Derselbe ist in der That die auffallendste Bildung der ganzen Formation, und nicht ohne Grund — wenigstens für unser Gebiet — hat man ihm die Bezeichnung Hauptmuschelkalk gegeben. Wir haben früher gesehen, wie der mittlere Muschelkalk am Ausgehenden zusammenschrumpft und sich nur als eine flache Terrasse dem unteren Muschelkalk auflegt. Steil steigt nun der zunächst folgende obere Muschelkalk bis zu den Terebratelbänken und den glaukonitischen Kalken an; über diesen beginnt dann mit wiederum sanfterem Ansteigen der untere Keuper. Eben deshalb muss man aber auch diese oberen Kalke beim Muschelkalk lassen oder muss gar den ganzen unteren Keuper beiziehen, wie das Quenstedt thut, darf aber keinesfalls, wie es Alberti vorschlägt, die Grenze in den Steilrand verlegen.

[1] Soweit wir in Erfahrung bringen konnten, wurden 1867 und 1868 je etwa 6 Mill. Ko. Galmei, 1869 5 Mill. Ko. Galmei und 2500 bis 3000 Ko. Bleiglanz gewonnen.

Alle diese Verhältnisse lassen sich im Zusammenhang natürlich nur dann übersehen, wenn Einschnitte bis hinunter auf den unteren Muschelkalk vorhanden sind. Ist nur der obere Muschelkalk allein entblösst, so zeigt er in der Regel sehr steile Gehänge.

Ein solches pralles Aufsteigen treffen wir zunächst am Kobelsberg bei Altwiesloch und zu beiden Seiten des Angelbachthals zwischen Baierthal und Schatthausen, dann an mehreren Punkten des Elsenz- und Lobbachthals. Der Salzberg steigt über dem bei Langenzell Schloss im Thal liegenden mittleren Muschelkalk steil auf und senkt sich dann mit unterem Keuper bedeckt nach Meckesheim hin. Eine auf mittlerem Muschelkalk aufsitzende Kuppe bildet den Berg zwischen Neidenstein und Waibstadt. Sehr auffallend sind endlich die steilen Thalwände zu beiden Seiten der Elsenz zwischen Rohrbach (Sinsheim) und Ittlingen in der südöstlichen Ecke unserer Karte.

Die Art und Weise des Zerfallens, die dem oberen Muschelkalk eigen ist, gibt ein Mittel an die Hand, denselben schon auf grössere Entfernung zu erkennen und sofort vom unteren Muschelkalk zu unterscheiden. Freilich muss man, um das Verhältniss recht charakteristisch zu sehen, die Grenzen unserer Karte etwas überschreiten, entweder gegen Westen über Waibstadt hinaus oder gegen Süden.

Der untere Muschelkalk, wie wir früher sahen, zerfällt in lauter kleine Brocken, und diese mischen sich mit der Ackerkrume. Ist nicht zu viel Kalk vorhanden, so ist er der Kultur nicht hinderlich; bei grossen Massen hingegen entsteht ein steiniger Boden, der durch Auslesen bei der Kleinheit der Stücke nicht wohl gereinigt werden kann. Ganz anders beim oberen Muschelkalk. Hier trifft man immer eine Anzahl hinreichend grosser Stücke, die sich auslesen lassen und längs der Aecker und besonders an den gegen Süden und Westen gekehrten, mit Reben bepflanzten Abhängen in grossen Wällen aufgehäuft werden. Diese mitunter zwanzig Fuss hohen, parallel bergabwärts laufenden Halden sind ein ganz bestimmtes Kennzeichen für oberen Muschelkalk im Gegensatz zum unteren. Sie beginnen in der Gegend von Reyhen, sind aber besonders auffallend, wenn man über Bargen oder Wollenberg zu dem Plateau des unteren Keuper hinaufsteigt. Nirgends wird man sie vermissen, wo oberer Muschelkalk einigermassen aufgeschlossen ist; mag man den Neckar aufwärts von Neckarelz nach Gundelsheim wandern oder sich südwärts nach den ausgedehnten Muschelkalkgebieten zwischen Bruchsal und Pforzheim wenden.

Der obere Muschelkalk gibt im allgemeinen wegen seines hohen Thongehalts einen schwereren Boden als der untere. An Klüften überzeugt man sich leicht, dass unter dem Einfluss der Tagewasser der Kalk aufgelöst, das nie ganz fehlende, oft reichlich vorhandene Eisenoxydul oxydirt und ein schwerer, rother Letten gebildet wird. Auf der Oberfläche herbeigeführter anderer Boden, rückständiger Löss u. s. w. modificiren dann natürlich dies Verhältniss, und man trifft nur selten einen ausschliesslich aus oberem Muschelkalk entstandenen Boden. Gegenden wie die ausgedehnten Plateaus zu beiden Seiten der Tauber, die aus Muschelkalk ohne Lössbedeckung zusammengesetzt sind, eignen sich mehr für die Beobachtung als unser sehr gemischtes Gebiet.

Am reinsten tritt der Einfluss des Muschelkalk auf die Vegetation an den Thalgehängen auf, wo die steile Neigung die Ansammlung fremder Zersetzungsproducte hindert. Ist hier die Lage günstig, so werden überall Reben angepflanzt, während gegen Norden und Osten die Gehänge meist unbenutzbar sind. Auf Muschelkalk liegen z. Th. die Weinberge von Wiesloch, Mauer, Eschelbronn sowie diejenigen zwischen Rohrbach (Sinsheim) und Ittlingen.

Der obere Muschelkalk lässt das Wasser durch seine Klüfte abfliessen, die Plateaus sind daher trocken. Nur in Folge reichlicherer Thonbildung bei mangelhaftem oberflächlichem Abfluss entsteht ein nasser, kalter Boden. Quellen treten entweder über den mächtigen Thonschichten des Trochitenkalk oder über den Mergeln des mittleren Muschelkalk heraus. Letztere sind aber in ihrer Lagerung oft so gestört und von Klüften durchzogen, dass die Gewässer noch tiefer, nämlich bis zu den bituminösen Mergeln des unteren Muschelkalk hinabsinken.

Zahlreiche Steinbrüche beweisen, dass der obere Muschelkalk eine sehr ausgedehnte technische Verwendung findet. Zunächst benutzt man denselben vielfach zum Beschottern der Wege, wobei er zwar nicht die Dienste des Porphyr leistet, immerhin aber noch bedeutend besser ist, als der mürbe untere Muschelkalk, den man hie und da verwendet findet. Die an Drusen reichen Kalke unter den Trochitenkalken sind noch am geeignetsten.

Fast der ganze Strich des nördlichen Badens, der sich von Pforzheim-Durlach-Germersheim nach Mergentheim-Tauberbischofsheim-Wertheim hinzieht, ist auf Kalksteine der verschiedenen Abtheilungen des Muschelkalk als Schottermaterial angewiesen, sei es, dass sie dort gebrochen oder in der Nähe des Neckars in Form von Geröllen gewonnen werden. Nur hie und da führen wohlhabendere Gemeinden, wie die von Bruchsal, Sinsheim, Oestringen, Odenheim, Eppingen Dossenheimer Porphyre ein. Wirft man einen Blick auf die „bildliche Darstellung der Materialverwendungen bei Unterhaltung der wichtigeren Strassen des Grossherzogthums Baden“ aus dem Jahre 1868, so könnte man nach der Angabe des Materialaufwandes glauben, der Kalkstein sei ein recht dauerhafter Schotter, ein Irrthum, der verschwindet, wenn man die Frequenz der Strassen mit in Betracht zieht.

Auch als Baustein finden die Platten des oberen Muschelkalk Verwendung, doch nur in untergeordneter Weise und in Ermangelung oder bei zu hohem Preise besseren Materials. Letzterer Fall tritt aber bei der Verbreitung des Buntsandstein und der Keupersandsteine selten ein.

Am wichtigsten ist der Kalkstein für die Bereitung von Mörtel und Cement. Koch hat schon vor längerer Zeit einige Mittheilungen hierüber gemacht, die sich zwar speciell auf die Gegend von Hasmersheim beziehen, doch in gleicher Weise für die benachbarten Gegenden gültig sind. Die Arbeiter unterscheiden je nach dem Verhalten beim Brennen fetten und mageren Kalk. Zu den fetten gehören die Platten des Nodosuskalk, zu den mageren alle die mit Muschelschalen erfüllten, die gewöhnlich einen beträchtlicheren Gehalt an Magnesia haben. Die Trochitenkalke mit ihrem reinen späthigen Kalk geben beim Brennen ein sehr gutes Resultat, obgleich sie nicht unter die Kategorie der gewöhnlich als fett bezeichneten Kalke fallen. Die Cementfabriken der Gegend (Mannheim, Heidelberg) benutzen — wenigstens geschah dies früher — auch Kalke aus dem oberen Muschelkalk.

Der obere Muschelkalk ist eine sehr viel einförmigere Bildung als der untere. Beschränken wir uns wiederum bei einem Vergleich auf das südwestliche Deutschland, so begegnen wir mit unwesentlichen Modificationen stets den drei oben unterschiedenen Abtheilungen. Einige in Franken noch recht auffallende Horizonte fehlen uns, andere zeigen sich zum letzten Mal. So fallen die ausgezeichneten thüringisch-fränkischen Terebratelbänke mit *Ter. vulgaris* var. cycloides bereits in der Taubergegend aus. Die wenig mächtige, weit verbreitete Crinoideenlage, welche zugleich *Ammonites nodosus* und *Spiriferina fragilis* führt, kommt zum letzten Mal bei Wiesloch vor; südlicher und auf der anderen Rheinseite ist sie bisher nicht beobachtet. Fränkisch sind die Thonschichten mit Ostracoden und den eigenthümlichen kleinen Concretionen in der Region der Trochitenkalke. Sie sind noch ausgezeichnet bei Wiesloch entwickelt. Die im südlichen Württemberg schon frühzeitig bekannten, an Versteinerungen reichen Oolithe treten bei uns ganz zurück. Hervorzuheben wären etwa noch die dunklen glaukonitischen Bänke des oberen Muschelkalk, die mit jenen der Würzburger Gegend in Handstücken verwechselt werden könnten.

Man kann im allgemeinen behaupten, dass der obere Muschelkalk als eine über grosse Areale sehr gleichmässig verbreitete Formation erscheint, so lange man sich auf einen Vergleich der drei grösseren Abtheilungen beschränkt. Innerhalb einer jeden derselben findet aber ein Schwanken auf kurze Entfernung statt, und es fehlen alle solche auf grosse Entfernung leicht wiederzuerkennenden petrographischen oder paläontologischen Horizonte, welche den unteren Muschelkalk so auszeichnen. Dass aber selbst die grossen Abtheilungen nicht einmal über ganz Deutschland aushalten, ja dass in niederländisch und belgisch Luxemburg der ganze Muschelkalk zu einer petrographisch ganz abweichend entwickelten Conglomeratmasse reducirt wird, ist in den oben (S. 317) angeführten Arbeiten des weiteren auseinandergesetzt.

III. Keuper.

Der Keuper lässt sich in folgender Weise gliedern:

1. Unterer Keuper, Lettenkohle, Kohlenkeuper oder grauer Keuper.
2. Mittlerer oder bunter Keuper[1] mit den Unterabtheilungen:
   a. Unterer Mergel mit Gyps oder kurzweg Gypskeuper.
   b. Keuperwerkstein oder Schilfsandstein.
   c. Mittlerer Mergel mit dem Kieselsandstein.
   d. Oberer Mergel, Knollenmergel oder Knollenkeuper.
3. Oberer Keuper, Rhätische Schichten oder Schichten der *Avicula contorta*.

Der Keuper ist in verschiedenen Gegenden Deutschlands recht verschieden entwickelt, und die Benennung einzelner Abtheilungen ist nicht ohne weiteres auf alle Localitäten übertragbar. Die nöthigen Erklärungen sollen unten gegeben werden.

Die Unterlage des ganzen Keuper bilden die oben geschilderten dolomitischen und glaukonitischen Kalke des oberen Muschelkalk. Der Anfang des unteren Keuper ist durch Herrschen zusammenhängender Thon-, Mergel- und Sandsteinmassen bezeichnet. Als gute Aufschlusspunkte dieser Grenzregion sind zu bezeichnen die Umgebungen des grossen Steinbruchs zwischen der Schmollenmühle bei Sinsheim und Hoffenheim gegen letzteren Ort hin, die Wege von Meckesheim nach den Sandsteinbrüchen hinauf und der Kalksteinbruch bei Ubstatt. In den Sandsteinbrüchen selbst, die im unteren

[1] Auf diese Abtheilung wird wohl der Ausdruck Keuper zuweilen beschränkt.

Keuper liegen, hat man keine Gelegenheit, die Auflagerung zu sehen, da die Arbeiter nicht so tief hinunter gehen, um bis auf den Muschelkalk zu kommen. Wasserrisse, tief eingeschnittene Wege in der Nähe bieten dann die geeigneten Beobachtungspunkte. In den Kalksteinbrüchen (Nodosuskalk, dolomitische Schichten) ist man aber nicht selten genöthigt, tiefer in die Abhänge einzuschneiden. Der Abraum gehört dann dem unteren Keuper an, und steil abgeschnittene Wände gewähren nicht selten treffliche Aufschlüsse.

Die obere Grenze des Keuper bilden dunkle, bröckelnde Thone mit Einlagerungen von Sandstein. Das häufige Vorkommen eines Zweischalers — der *Avicula contorta Portl.* — ist für diese Schichten bezeichnend. Auf die Thone folgen die splittrigen blauen Kalke mit *Ammonites planorbis,* welche den Anfang des Lias bezeichnen. Alles was unter diesen Kalken liegt, mag beim Keuper bleiben. Mehrere Aufschlüsse in der Gegend von Malsch und Oestringen sind für die Verhältnisse an der Grenze von Keuper und Lias besonders lehrreich.

Gesteinsbeschaffenheit.

Es hat zwar eine jede der oben aufgeführten Abtheilungen des Keuper ihre besonderen petrographischen Eigenthümlichkeiten, so dass man mit einiger Uebung nach denselben sich auch bei vereinzelten Aufschlüssen zurechtfinden kann; im ganzen aber kehren immer dieselben Hauptgesteine, nur in mannigfachen Modificationen wieder. Es wird daher hier genügen, für die ganze Formation einiges Allgemeine vorauszuschicken und dann die Besonderheiten weiter unten bei Besprechung der Unterabtheilungen anzuführen.

Die Hauptmasse der ganzen Formation wird von Mergeln gebildet, welche mitunter, zumal im unteren Keuper, in Thone übergehen, auch wohl durch solche ersetzt werden. Als Einlagerungen zuweilen von grosser Constanz und bis zu bedeutender Mächtigkeit treten Sandsteine, Dolomite und dolomitische Kalke, Gyps und Steinsalz auf. Letzteres fehlt allerdings in unserem Gebiet. Als ein negatives Merkmal im Vergleich zum Muschelkalk fällt also vor allem das Fehlen von reinem oder thonigem Kalkstein auf.

Es liegen leider noch keine genauen petrographischen Untersuchungen der so ausserordentlich mannigfaltigen Mergel des Keuper vor. Wir müssen uns mit der alten Eintheilung derselben in thonige, kalkige und dolomitische begnügen und sie weiter nach ihrem Aussehen und dem Verhalten gegen die Atmosphärilien sondern, also nach ihrer Fähigkeit sich an der Oberfläche länger im Zusammenhang zu erhalten, oder in kleine Brocken zu zerfallen.

Mit Mergel bezeichnet man bekanntlich in der Regel weiche Gesteine, die gegenüber den Thonen durch einen gewissen Gehalt an Kalk ausgezeichnet sind. Der Ausdruck kalkiger Mergel hat also nur die Bedeutung, dass ein verhältnissmässig hoher Gehalt an Kalk vorhanden ist im Gegensatz zum Thon oder Dolomit. Aus einem reinen Thon kann aber ein allmählicher Uebergang durch Kalkaufnahme in Mergel und aus diesem schliesslich in Kalk stattfinden, ohne dass eine bestimmte Grenze im procentischen Gehalt an der einen oder anderen Substanz angenommen wird, von welcher an man von einem Mergel, Thonmergel oder Kalkmergel spräche. Wie sich zwischen Kalk, dolomitischem Kalk und Dolomit (im gewöhnlichen Sinne petrographischer Beschreibungen, nicht im mineralogischen) alle Uebergänge finden, so ist es auch ziemlich willkürlich, wann man bei hinzutretendem Thongehalt von einem Kalkmergel respective einem dolomitischen Mergel sprechen will. Man hat wohl für Kalkmergel 20—25% Thon, für Thonmergel 25—80% Thon bei hohem Kalkgehalt im ersteren, geringem im letzteren Falle angenommen; allein eine allgemein gültige Anschauung ist das nicht.

Gewöhnlich enthalten die Mergel neben Thon noch andere mechanische Beimengungen, unter denen Sand am gewöhnlichsten ist. Ein allmähliches Ueberhandnehmen desselben führt schliesslich zur Bildung mergliger Sandsteine. Seltener, doch immer noch ziemlich verbreitet tritt Glimmer als Beimengung ein.

Ohne die Zusammensetzung zu kennen, wissen die Weinbauern sehr genau mit dem Einfluss der Mergel auf die Vegetation Bescheid. Man überzeugt sich sehr leicht z. B. in der Weingegend zwischen Wiesloch und Waldangelloch, dass alljährlich bestimmten Weinbergen immer dieselbe Mergelmenge zugeführt wird, so dass eine dem Weinstock erfahrungsgemäss günstige Zusammensetzung des Bodens erzielt wird.

Folgende in neuerer Zeit ausgeführte Analysen zeigen die Zusammensetzung einiger Keupermergel unseres Gebiets; ältere Analysen, die man in den meisten Handbüchern der Petrographie oder Bodenkunde aufgeführt findet, rühren zumeist von Gmelin her.

Unterer Mergel des mittleren Keuper (Gypskeuper).

1. Aus der Nähe des Dorfes Eichelberg. (Schumacher)

Rückstand	27.98		
Eisenoxyd	3.01		
Eisenoxydul	3.75	$FeOCO_2$	6.04
Kalk	19.84	$CaOCO_2$	35.43
Magnesia	12.84	$MgOCO_2$	26.96
Kohlensäure	32.00		
	99.42		

2. Anatinenbank von der Charfreitagmühle bei Tiefenbach. (Treadwell)

Rückstand	37.56		
Eisenoxyd	1.82		
Eisenoxydul	1.67	$FeOCO_2$	2.69
Kalk	16.43	$CaOCO_2$	29.34
Magnesia	11.66	$MgOCO_2$	24.49
Kohlensäure	26.76		
Wasser	3.34		
	99.24		

Mittlerer Mergel des mittleren Keuper.

1. Rothenberg bei Wiesloch.[1] (Kubacska)

Kieselsäure	31.99
Thonerde	19.50

---

[1] Zerfällt beim Befeuchten mit Wasser in kurzer Zeit vollständig zu einem feinen Schlamm.

Eisenoxyd	4.45
Eisenoxydul	1.02
Kalk	8.38
Magnesia	9.78
Kali	3.92
Natron	0.96
Wasser	6.69
Kohlensäure	12.61
	99.30

2. Michaelsberg bei Eichelberg. (Czernay)

Kieselsäure	5.74
Thonerde } Eisenoxyd }	1.86
Kalk	27.92
Magnesia	19.62
Kohlensäure	43.38
	98.52

3. Eichelberg, grünlichgrau. (Ebster)

Rückstand	58.0
Eisenoxydul	4.2
Kalk	8.8
Magnesia	15.7
Kohlensäure	13.7
	100.4

4. Eichelberg, violett. (Japp)

Kohlensäure	39.14
Thonerde	12.28
Eisenoxyd	9.95
Kalk	8.93
Magnesia	8.59
Wasser	7.33
Kohlensäure	13.77
	99.99

5. Eichelberg, dunkelgrau. (Holtermann)

Kieselsäure	58.47

Eisenoxyd	12.48
Kalk	6.86
Magnesia	6.10
Wasser	6.03
Kohlensäure	9.95
	99.89

Die Mergel haben mitunter einen sehr festen Zusammenhalt und liegen dann in ebenflächigen Bänken, welche an der Oberfläche in scharfkantige polyedrische Brocken zerfallen; auf Aeckern machen sich letztere noch lange bemerkbar. Der Bruch des Gesteins ist uneben bis sehr vollkommen muschlig. Es gibt Vorkommnisse, welche dem lithographischen Schiefer Solenhofens bis auf die Färbung sehr ähnlich sehen; letztere ist nämlich nicht gelb, sondern ein bald bläulich, bald grünlich, bald röthlich nüancirtes Grau. Helle Farben herrschen vor, lebhafter grüne oder rothe finden sich kaum. Es sind dies die Gesteinsmodificationen, welche man gewöhnlich als Steinmergel bezeichnet. Diese festeren Mergel sind mit dem gewöhnlichen weichen, zerfallenden durch Uebergänge verbunden. Gräbt man hinreichend tief in den Boden, so überzeugt man sich leicht, dass auch diese an der Oberfläche zerfallenden Mergel deutlich geschichtete ebenflächige Massen bilden, die allerdings von zahlreichen Klüften durchzogen sind. Bei der Berührung mit der Luft zerfallen sie aber dann schnell in noch kleinere Stücke, als jene durch die bereits im Innern der Erde vorhandenen Klüfte begrenzten, doch in verschiedener Weise. Manche Varietäten lösen sich in Wasser geworfen in kürzester Zeit zu einem ganz feinen gleichartigen Schlamm auf, andere behalten ein gröberes Korn. Immer sind aber die Absonderungsstücke scharfkantig. Es ist ganz dasselbe Verhalten, welches grössere Stücke gebrannten Kalks beim Löschen zeigen. Jede Fläche eines Stücks wird sofort nach der Berührung mit dem Wasser von einer Menge sich unter unregelmässigen Winkeln schneidender Sprünge durchsetzt.

Wesentlich anders verhalten sich die Thone im unteren und oberen Keuper. Sie sind entweder gleichartig, schimmernd und compact, oder dünnblättrig. Letztere halten sich auf den Aeckern noch lange. In dem Grade als der Thon reiner ist, gibt er auch an der Oberfläche plastischere Massen.

Irgend ein Unterschied in der chemischen Zusammensetzung oder in der Anordnung der einzelnen Gemengtheile dieser verschiedenen Mergel, der Steinmergel und der gewöhnlichen, ist bisher nicht bekannt geworden.

Eine Eigenthümlichkeit der zerfallenden Mergel, welche denselben an steilen Wänden ein sehr bezeichnendes Ansehen gibt, mag hier noch hervorgehoben werden. Wenn Gelegenheit zur Auslaugung von Kalk gegeben ist, sei es aus kalkreichen Mergeln oder aus auflagernden Lössmassen, so findet eine secundäre Ablagerung von Kalk auf den oben genannten Klüften statt, und da diese nach verschiedenen Richtungen mit einander in Verbindung stehen, so wird ein förmliches Fachwerk von schmalen Kalkspathleisten erzeugt, welches den lockeren Mergeln einen gewissen Halt verleiht. Ganz besonders die unteren Mergel des mittleren Keuper sind reich an solchen Leisten; doch fehlen dieselben auch in den oberen Mergeln nicht und können als eine Eigenthümlichkeit des ganzen mittleren Keuper angesehen werden.

Die Färbungen der Mergel sind ausserordentlich mannigfaltig, der Hauptsache nach grau, grün und roth bis violett. Frisch an die Oberfläche gebracht, leuchten die Farben weithin; nach längerer Berührung mit der Atmosphäre trüben sie sich und bleichen. Doch behält ein Keuperacker immer sein bezeichnendes Ansehen. Dunkle Farben, graue bis beinahe schwarze sind den Mergeln und Thonen des unteren und des oberen Keuper eigen. Im mittleren Keuper kann man im allgemeinen wahrnehmen, dass je höher man in der Schichtreihe steigt, desto lebhafter die Farben werden. Wir kommen hierauf unten noch zurück.

Die Sandsteine des Keuper zeichnen sich — wenigstens in unserem Gebiet, auf welches wir uns hier beschränken — durch feinkörnige Beschaffenheit aus. Nur vereinzelt kommt ein etwas gröberes Korn vor; Conglomerate sind jedenfalls ganz ausgeschlossen. Die Sandsteine des unteren Keuper und der unteren Hälfte des mittleren — die sog. Lettenkohlensandsteine und Schilfsandsteine oder Keuperwerksteine

— können einander so ähnlich werden, dass man sie ohne Berücksichtigung der Lagerungsverhältnisse nicht trennen kann; doch lassen sie sich zuweilen nach der Färbung unterscheiden. Anders beschaffen sind die sog. Kieselsandsteine im oberen Theil des mittleren Keuper und die Rhätischen Sandsteine, die sich sowohl unter einander, als auch von den tiefer liegenden Sandsteinen selbst in Handstücken mit hinreichender Sicherheit trennen lassen.

Nach dem Vorhandensein oder Fehlen, ferner nach der Natur des Bindemittels kann man thonige (unter Umständen merglige), kaolinführende und sog. kieselige, d. h. nur aus Quarzkörnern bestehende Sandsteine unterscheiden. Zu den thonigen Sandsteinen gehören jene des unteren Keuper und der unteren Hälfte des mittleren; rein kieselig sind die Rhätischen Sandsteine. In der oberen Hälfte des mittleren Keuper findet sich die grösste Mannigfaltigkeit; hier liegen ausser thonigen und rein kieseligen auch Kaolinsandsteine, und allein hier kommen gelegentlich Sandsteine mit etwas gröberem Korn vor.

Kalke und Dolomite spielen überhaupt im Keuper eine sehr untergeordnete Rolle. Sie sind auf den unteren Keuper beschränkt, und zwar treten sie hauptsächlich in der oberen Hälfte desselben und als Grenzbildungen gegen den mittleren Keuper auf. Wenn man Dolomit so oft unten im unteren Keuper angegeben findet, so bezieht sich das meist auf Gesteine, welche wir zum Muschelkalk gerechnet haben.

Eine irgend bestimmte Charakteristik der Kalke und Dolomite des unteren Keuper lässt sich kaum geben. Meist handelt es sich um Kalksteine mit einem mehr oder minder hohen Gehalt an Magnesiumcarbonat. Der Ausdruck Dolomit ist hier eben so willkürlich und unbestimmt wie bei den Gesteinen des mittleren Muschelkalk, mit denen überhaupt grosse Uebereinstimmung stattfindet. Gewisse löchrige, zellige Gesteine beider Formationsabtheilungen lassen sich nicht unterscheiden. Am constantesten treten in frischem Zustande dunkelblaue, schimmernde, sehr feste Dolomite auf, die an der Luft schnell mürbe werden, ihren Glanz verlieren und eine rostige Farbe annehmen. In diesem Zustand begegnet man denselben meist in den Steinbrüchen. Einer häufig vorkommenden flammigen Zeichnung wegen wurden sie als Flammendolomite bezeichnet. Die braune Färbung rührt von dem reichlichen Gehalt des aus kohlensaurem Eisenoxydul entstandenen Eisenoxydhydrat her. Sind Quarzkörner beigemengt, so ist das Endresultat der Zersetzung ein mürber, eisenschüssiger Sandstein.

Derartige Gesteine, die meist Versteinerungen führen, kommen in verschiedenen Horizonten des unteren Keuper vor. An der Grenze gegen den mittleren Keuper — und deshalb als Grenzdolomit bezeichnet — liegen sehr verschiedene, theils dichte, theils löchrige dolomitische Kalke. Es kann in Beziehung auf ihre Beschaffenheit auf das verwiesen werden, was oben über die Gesteine des mittleren Muschelkalk mitgetheilt wurde. Sie sind übrigens in unserem Gebiet anstehend nur in der Umgebung von Ittlingen in der südlichen Ecke der Karte gefunden worden.

Folgende sogenannte Dolomite wurden analysirt:

1. Gelber Dolomit von der Schmollenmühle bei Sinsheim. (Müllenhoff)

SiO_2	57.00	Rückstand	61.81
$Al_2O_3 + Fe_2O_3$	2.42		
MgO	1.12		
		Thonerde	1.61
		Eisenoxyd	4.92
$FeOCO_2$	0.69	Eisenoxydul	0.43
$CaOCO_2$	26.96	Kalk	15.10
$MgOCO_2$	3.65	Magnesia	1.60
		Kohlensäure	13.66
			99.13

Der frische blaue Dolomit enthält 3.26 Proc. Eisenoxydul.

2. Dolomit mit *Estheria minuta* von Sinsheim. (Ch. G. Matthews)

Rückstand	14.80
Eisenoxydul	8.36
Kalk	36.64

Magnesia	1.92
Kohlensäure	36.08
	97.80

3. Grenzdolomit (porös) von Ittlingen. (Frl. von Bollmann)

Rückstand	2.68
Eisenoxyd	1.67
Kalk	52.13
Magnesia	0.96
Kohlensäure	41.15
	98.59

Es handelt sich hier also um einen Kalk mit so geringem Gehalt an Magnesiumcarbonat, dass er nicht einmal als dolomitisch bezeichnet werden darf.

Der Gyps tritt theils in grossen linsenförmigen Massen — ganz wie im mittleren Muschelkalk — theils in dünnen Schnüren auf. In letzterem Falle ist es stets Fasergyps. Weisse Farbe herrscht vor, seltener sind röthliche Nüancen. Uebrigens ist das Vorkommen von Gyps im Keuper unseres Gebiets ein höchst untergeordnetes.

1. Unterer Keuper.

Die Bezeichnung Lettenkohle, der man häufig begegnet, wurde von Voigt zuerst angewandt, und zwar für eine unreine, an Schwefelkies reiche Kohle, die sich in Thüringen zwischen Letten gelagert nicht hoch über der Grenze des obersten Muschelkalk einstellt. Wir finden den Namen zuerst in Voigts kleinen mineralogischen Schriften 1800. II. Bd. S. 119. Doch kannte man das Vorkommen schon länger, und Voigt selbst beschrieb es aus einem Wasserriss, der von Gelmerode nach Weimar zieht. (Mineralogische Reise durch das Herzogthum Weimar und Eisenach 1782. I. Bd. S. 96.) Es wurden zwei Flötze von 2 — 3'' und 6'' Mächtigkeit beobachtet, durch blauen zähen Letten getrennt. Vielfach legte man Bergwerke auf diese Kohlen an, die in manchen Fällen den Bedarf der Umgegend deckten, aber nie eine grosse Bedeutung erlangen können, schon weil der Gehalt an fremden Beimengungen, besonders an Schwefelkies, zu hoch zu sein pflegt. Auch in unserer Gegend hat man geschürft, und das blosse Vorkommen von dunklen Thonen ohne jede Spur von Kohlen verleitete zu Versuchsbauen. Die Benennung Lettenkohle wurde dann auf die ganze Formationsabtheilung übertragen, auch wo nur die Letten, keine Kohlen vorhanden sind. In Norddeutschland spricht man in neuerer Zeit von Kohlenkeuper, um so die Zugehörigkeit zur gesammten Keuperformation anzudeuten. In Thüringen, dem hauptsächlichsten norddeutschen Keupergebiet ist auch die Kohle vorhanden oder doch angedeutet; daher ist die Bezeichnung ganz zweckmässig. Gümbel bediente sich nach der vorherrschenden Färbung der Gesteine des Ausdrucks grauer Keuper, der für manche Gebiete recht passend ist, in anderen aber zu Missverständnissen Veranlassung geben kann, weil auch bunte Farben in diesen untersten Keuperregionen nicht ausgeschlossen sind. Wir wollen uns im folgenden, der oben schon angegebenen Dreitheilung entsprechend, an die Benennung „unterer Keuper“ halten, welche dem Vorkommen in unserem Gebiet durchaus angemessen ist und auch leicht einen Vergleich mit anderen Gegenden gestattet, da unterer Keuper, Lettenkohlengruppe, Kohlenkeuper und grauer Keuper sich vollständig decken bis auf die dolomitischen Schichten, die wir zum Muschelkalk zogen, während sie andere zum Keuper rechnen.

Lagerung und Verbreitung.

Da der untere Keuper concordant auf dem Muschelkalk liegt, wie schon aus dem allmählichen petrographischen Uebergang sich folgern lässt, so ist die Lagerung desselben die gleiche, wie die des Muschelkalk, und gilt das dort Gesagte auch für hier.

Längs der Rheinebene treffen wir Gesteine des unteren Keuper besonders in der Umgebung von Wiesloch. Südlich vom Ort treten sie am Gänsberg über den alten im oberen

Muschelkalk gelegenen Steinbrüchen heraus und ziehen sich hier südlich einfallend von Osten nach Westen hinüber, allmählich unter jüngeren Keuperschichten verschwindend. Ob ein steileres Einfallen gegen die Rheinebene stattfindet, oder die Schichten hier abgebrochen sind, lässt sich nicht erkennen. Das nördlichste Vorkommen von unterem Keuper mag bei Leimen in den Weinbergen zwischen dem Ort und dem auf der Karte eingetragenen kleinen Fleck von mittlerem Keuper versteckt liegen. Löss bedeckt hier alles anstehende feste Gestein.

Unmittelbar bei Wiesloch stehen gelbe Dolomite des unteren Keuper hinter dem israelitischen Kirchhof an und bilden hier die Unterlage des mittleren Keuper am Keitelberg, welcher dem vorher erwähnten Gänsberg gegenüber liegt. Gegen Osten tritt der untere Keuper unter jüngeren Bildungen nur in einzelnen schmalen Streifen heraus, deren Lage gegen einander jedoch das Vorhandensein einiger grösserer, in der Tiefe zusammenhängender Partien anzunehmen gestattet.

Folgende Aufschlüsse sind bekannt geworden: Sandstein und Dolomit in Baierthal selbst und am Ausgang des Ortes gegen den Oberhof hin; am Feldweg, welcher von der Mauer-Schatthausener Strasse an der Waldgrenze nach dem Schneeberg hinaufzieht; an den steilen Abhängen des Schneebergs gegen Osten, dicht bei dem Eisenbahneinschnitt; an dem Abstich, der zwischen Meckesheim und Zuzenhausen gemacht wurde, um Eisenbahn und Chaussee neben einander hinführen zu können. Alle diese Punkte liegen südlich der Elsenz.

Jenseits dieses Flusses liegt unterer Keuper auf der Höhe zwischen Langenzell und Mönchzell und senkt sich dann nach Meckesheim hinunter, wo er am Thalrand über dem Ort auf beiden Seiten des Lobbachs in Brüchen aufgeschlossen ist. Vereinzelt treten Mergel des unteren Keuper dann noch im Hangenden des alten Steinbruchs im Wald an der Eisenbahn zwischen Meckesheim und Eschelbronn auf.

In geringer Entfernung von Meckesheim und von der oben genannten Strassencorrection läuft die Oestringen-

Eschelbacher Hauptspalte. Oestlich von derselben hat der untere Keuper noch eine beträchtliche Verbreitung und ist auch auf grössere Erstreckung entblösst. Seit langer Zeit wegen seiner Petrefactenvorkommnisse berühmt ist der Steinbruch bei der Schmollenmühle zwischen Sinsheim und Hoffenheim. Die hier aufgeschlossenen Schichten ziehen sich unter dem Löss einerseits gegen Sinsheim, wo sie den Untergrund des Stifts bilden und an der nach Waibstadt führenden Strasse zu Tage treten, andererseits nach den Höhen zwischen Hoffenheim, Zuzenhausen und Daisbach. Die Karte gibt hier Aufschluss über das Vorkommen im einzelnen.

Eine letzte Masse von unterem Keuper liegt endlich jenseits einer Spalte oder eines Spaltensystems, welches sich von Hilsbach bis in die Gegend von Waibstadt verfolgen lässt. Sie ist zum Theil nur ein Anhang der ausgedehnten Decke, welche (ausserhalb unserer Karte) das Plateau von Rappenau bildet. Beim Ansteigen aus dem Buntsandsteingebiet von Waibstadt gegen Süden trifft man Dolomite des unteren Keuper zuerst am Hohberg beim Heraustreten aus dem Brackenwald. Kleine Zungen greifen von Osten auf der Höhe des Edelbergs und am Reutelwald herüber. Die Kartenfläche zwichen den Orten Reyhen, Hilsbach, Adelshofen und Ittlingen erscheint als ein auffallend grosser, vom unteren Keuper ausschliesslich eingenommener Raum. Die dichte Waldbedeckung des Bannholzes hindert aber hier eine genaue Abgrenzung des Löss gegen den Verwitterungsboden des unteren Keuper. Es wäre vielleicht richtiger gewesen, ersteren mehr auszudehnen. In den Thaleinschnitten und an den Grenzen der anderen Formationen ist der untere Keuper überall deutlich aufgeschlossen. Westlich setzt er scharf an der von Hilsbach aus am Steinsberg vorbeiziehenden Spalte ab.

Gliederung.

Da wo eine mächtigere Sandsteinablagerung in dem unteren Keuper auftritt, zerfällt derselbe naturgemäss in drei Abtheilungen, nämlich Thone, Dolomite und eingeschobene dünnschichtige Sandsteine unten, Hauptsandstein in der Mitte, endlich nochmals Thone und Dolomite oben. Häufig bilden nach irgend einer Richtung hin eigenthümlich entwickelte dolomitische Bänke — der sogenannte Grenzdolomit — den Abschluss nach oben. Die unter und über dem Hauptsandstein gelegenen Schichten lassen sich übrigens weder nach petrographischen, noch nach paläontologischen Charakteren scharf auseinander halten, so dass, wenn der Sandstein fehlt oder nur schwach entwickelt ist, wie es oft vorkommt, der ganze untere Keuper als ein einheitlicher Complex erscheint, dessen Unterabtheilungen sich nur nach unwesentlichen Merkmalen und auf geringe Entfernung hin unterscheiden. In unserem Gebiet scheint der Sandstein nirgends zu fehlen, und wir können uns daher an die angeführte Dreitheilung halten, ohne jedoch derselben eine irgend weiter gehende Bedeutung beizumessen.

Sehr ungenügend bekannt ist die untere Partie. Aus den einzelnen Entblössungen lässt sich nur entnehmen, dass dieselbe aus einem Wechsel dünner, zuweilen wulstig, zuweilen scherbenartig zerfallender Sandsteine, bröckliger Thone und verschiedenartiger, doch immer wenig mächtiger Dolomite von ursprünglich blauer, nach dem Verwittern gelber und brauner Farbe besteht. Hie und da gehen auch noch dunkle Kalke mit Glaukonit und Bairdien, durchaus denen am Schlusse des Muschelkalk gleichend, bis dicht unter den Hauptsandstein hinauf. Eine regelmässige Aufeinanderfolge scheint nicht zu bestehen; an einem Punkte deutlich entwickelte Bänke fehlen dicht dabei. Besonders gelingt es nicht, die von Sandberger bei Würzburg beschriebene Aufeinanderfolge wieder zu finden, was übrigens kaum auffallen kann, da schon halbwegs bei Eubigheim Platz die Verhältnisse anders fand. Am constantesten trifft man Dolomite und dünne glimmerreiche Sandsteinplättchen. Die Thone entziehen sich natürlich schnell durch Zerfallen der Beobachtung an der Oberfläche. Ein genaueres Profil liess sich nirgends aufnehmen; um jedoch die vorkommenden Gesteine kennen zu lernen, genügt eine Untersuchung der Hohlwege, die von Meckesheim nach den Sandsteinbrüchen führen, der Einschnitte in dem Rücken zwischen Hoffenheim und Balzfeld oder der Klinge am Bahnwarthaus vor Grombach (etwas ausserhalb unseres Gebicts, östlich von Steinsfurth). Würden die Kalksteinbrüche im oberen Muschelkalk zwischen Hoffenheim und Schmollenmühle sich mit der Zeit bis zum grossen Sandsteinbruch ausdehnen, so würde dort ein sehr schönes Profil entblösst werden. Uebrigens haben bei dem naturgemäss sehr schnellen Wechsel der Gesteine in horizontaler Richtung genau gemessene Profile im Keuper immer nur einen untergeordneten Werth, da sie eben keine allgemeine Geltung haben können. Sie ersetzen aber eine längere Beschreibung durch ein der Natur entnommenes treues Bild, und das ist immer ein Vortheil.

Die Mächtigkeit dieser unteren Schichten mag etwa 8—9 M., also ein Drittel der Mächtigkeit der ganzen Abtheilung betragen.

Unter den organischen Einschlüssen fehlen charakteristische Formen. Alles kommt höher oben nochmals vor. Am häufigsten ist *Myacites brevis,* theils im Sandstein, theils und zwar besonders im Dolomit. Ob in den dünnschiefrigen Sandsteinen vorkommende hellere, bandartige Zeichnungen als Reste von Algen zu deuten sind, mag dahingestellt bleiben. Reste von Widdringtonien aufzufinden, die einen erwünschten Anhaltspunkt zur Vergleichung mit anderen Gegenden abgeben würden, gelang bisher trotz eifrigen Suchens nicht.

Für die beiden anderen Abtheilungen wollen wir gleich das ausgezeichnete Profil des Steinbruchs an der Schmollenmühle vorausschicken. Hier folgen von oben nach unten:

	Löss, bis 2 M.	
1.	Grauer und brauner Sandstein in dünnen Bänkchen mit einzelnen *Myacites brevis* und ganz unkenntlichen Fetzen von Pflanzen	M. 0.85
2.	Blaue und gelbliche Letten	0.50
3.	Sandsteine mit algenähnlichen Pflanzenresten	0.50
4.	Schwarze, sandige Thone, oben ins Grün-	

	liche gehend, nach unten zu einem festen, braunen, sandigen Gestein verbunden	M. 0.60
5.	Dolomit und Mergel, oben festere Bänke, unten braune und schiefrige Letten	0.10
6.	Hauptdolomit mit *Lingula*, *Estheria*	0.45
7.	Sandige Schiefer mit Spuren von Kohlen	1.00
8.	Sandige Schiefer mit dünnen Mergellagen wechselnd	2.80
9.	Gelbroth verwitternde, weiche, zerreibliche Bank mit *Myophoria Goldfussi, Myophoria Struckmanni, Gervillia subcostata* etc. Innen, d. h. in unzersetztem Zustand ist das Gestein ein äusserst fester, sogenannter blauer, schimmernder Dolomit	0.35
10.	Sandige, graue Mergel; darin eine Bank mit vielen Versteinerungen: *Myophoria Goldfussi, Myophoria Struckmanni,* Knochen u. s. w. Eine andere Bank ist mit Myaciten *(Cardinia?)* erfüllt und enthält Partikel von Kohlen	2.00
11.	Blaue Letten	1.50
12.	Dünnplattiger, schiefernder Sandstein, für technische Zwecke unbrauchbar	3.00
13.	Werkstein, in dickeren Bänken und durch Ablösungen in grosse Blöcke getheilt	7.00

In früherer Zeit war der Sandstein noch in grösserer Tiefe aufgeschlossen, und gerade in diesen untersten Bänken fanden sich die Pflanzen, welche den Bruch an der Schmollenmühle so bekannt gemacht haben. Auch Saurier kamen nach der Aussage eines alten Steinbrechers vor. Seiner ganzen Mächtigkeit nach behält der Sandstein eine gleichmässig graue Farbe. Rothe Partien, wie sie z. B. vom faulen Berg bei Würzburg beschrieben werden, fehlen durchaus. Ausgezeichnete Wellenbildungen kommen gelegentlich bei Sinsheim, besonders aber bei Grombach, an der Grenze unserer Karte vor.

Die hier angegebene Mächtigkeit von 7 M., der vielleicht noch 1 M. unten hinzuzurechnen ist, steigt bei

Grombach auf 9 M. Das dürfte aber auch das in unserer Gegend erreichte Maximum sein. Alle Sandsteinvorkommen des unteren Keuper unserer Gegend sind einander sehr ähnlich. Die Schwankungen beschränken sich auf etwas mehr oder weniger Thongehalt, Lagerung in dünneren oder dickeren Bänken u. s. w. Constant liegen zu oberst schiefrige Gesteine und vermitteln den Uebergang in die obere Abtheilung.

Die einzelnen Bänke halten in ihrer Beschaffenheit nur auf kurze Entfernung an. Vortreffliche Bausteine zerschlagen sich häufig in mürbe, schiefernde Platten mit reichlich eingestreutem Glimmer, um bald darauf wieder compact und abbauwürdig zu werden.

Folgendes Profil war in einem der Steinbrüche von Meckesheim über dem Ort auf dem rechten Gehänge des Lobbachs aufgeschlossen:

Löss	M.
1. Dünne Sandsteinplatten	0.20
2. Blauer, gelb verwitternder Dolomit	1.40
3. Dünne Sandsteinplatten	1.20
4. Dolomit wie 2	0.12
5. Dünne Sandsteinplatten	1.60
6. Werkstein	7.00

Letzterer ist nicht bis unten aufgeschlossen. Auf den Klüften desselben scheiden sich grosse Massen von kohlensaurem Kalk ab, zunächst in Form zackiger Krusten oder in deutlichen Krystallen, bis schliesslich Kalksinter den ganzen Spaltenraum erfüllt. Auch in anderen Brüchen desselben Horizontes, wie bei Hoffenheim ist die gleiche Erscheinung zu beobachten. Ueberlagernder Löss lieferte den nöthigen Kalk. In dem oberen Dolomit (2), der noch durch eingesprengte grüne Massen von glaukonitartigem Ansehen ausgezeichnet ist, finden sich in Massen Zähne, Schuppen und Koprolithen, so dass ein förmliches Bonebed entsteht, wie es sich in solcher Entwicklung erst in einiger Entfernung in der Umgebung von Gundelsheim (bei Bachenau) findet. Leider ist Alles sehr verrollt und unbestimmbar.

Dieses Profil von Meckesheim geht nicht so hoch hinauf als jenes der Schmollenmühle. Zieht man aber auch nur die untere Partie des letzteren in Vergleich, so zeigt sich, dass an beiden einander so nahe gelegenen Punkten eine ganz verschiedene Reihenfolge der Schichten stattfindet. Dieselbe Erfahrung macht man bei anderen Profilen. Stets vorhanden ist der gelbe Dolomit mit *Lingula* und *Estheria,* bald etwas höher, bald etwas tiefer liegend, bald in einer, bald in mehreren Bänken. Da es sich überhaupt um eine nur wenige Meter mächtige Schichtenreihe handelt, kann man denselben als leitend ansehen, nur muss man stets im Auge behalten, dass es auch unter dem Sandstein genau eben solche Dolomite gibt.

Durchaus local scheinen die beiden an Versteinerungen reichen Schichten der Schmollenmühle, der Sandstein Nr. 10 und der mürbe, sandige Dolomit Nr. 9 zu sein. Sie lassen sich weder bei uns, noch anderswo einer bestimmten Schicht schärfer vergleichen.

Es ergibt sich aus dem Mitgetheilten, dass man Schichten des unteren Keuper in unserem Gebiet wohl unschwer als solche erkennen kann, dass aber allein das Auffinden des Sandstein die Möglichkeit gewährt, das in tieferen und höheren Horizonten liegende zu sondern.

Eine Lettenkohle haben wir in deutlicher Entwicklung nicht. Man kann als Vertreter derselben schwarze Thone ansehen, welche am westlichen Ende des Bruches bei der Schmollenmühle über dem Dolomit anstehen und gelegentlich unbedeutende Anhäufungen von verkohlten Blättern enthalten. Eine Formation, welche bald hier, bald da Pflanzen einschliesst, wird meist stellenweise etwas Kohle führen. Einen bestimmten Horizont wird die Lettenkohle naturgemäss immer nur in beschränkten Gebieten einnehmen.

Den Abschluss des unteren gegen den mittleren Keuper bilden die als Grenzdolomit bezeichneten Gesteine. Es ist festzuhalten, dass der Grenzdolomit verschiedener Gegenden durchaus nicht derselbe zu sein scheint. Dolomitische Gesteine mit Versteinerungen kommen in den oberen Partien des unteren Keuper mehrfach und in verschiedenen Niveaus vor. Oft fällt das Auftreten einer solchen Bank zusammen mit dem Beginn lebhafterer Farben der Mergel und dem Verschwinden der Sandsteine, und dann hat man ein bequemes Mittel an der Hand, die Formationsabtheilungen auseinander zu halten. So ist es bei uns; anderswo mag oft genug bei mangelhaften Aufschlüssen eine tiefer liegende dolomitische Bank als Grenzdolomit angesehen worden sein.

Als ein negatives Merkmal dieser Grenzbildungen kann angesehen werden das Fehlen der gelben, flammig gezeichneten Dolomite, die tiefer so gewöhnlich vorkommen. Es herrschen an deren Stelle entweder ebene, plattige oder in unregelmässigen Massen auftretende klotzige, zellige und löchrige Gesteine ganz denen des mittleren Muschelkalk ähnlich. Da diese letzteren der Verwitterung sehr lange Widerstand leisten, so liegen sie an den Rändern der Aecker, in Wasserrissen u. s. w. umher und fallen leicht in die Augen. Bei wenig ausgedehnten Aufschlüssen, wie sie meist in unserem Gebiet vorkommen, können diese Blöcke auch ganz verschwinden, da sie der Cultur hinderlich sind und sorgsam ausgelesen und entfernt werden. So sucht man in der Umgebung von Sinsheim umsonst nach einem Grenzdolomit. Er kann aber hier sehr wohl vorhanden gewesen sein.

Sobald der untere Keuper ausgedehntere Flächen bedeckt, wie im südöstlichen Theil unserer Karte, stellen sich die groben Blöcke in Massen ein. Man trifft z. B. Haufwerke derselben am Wege von Ittlingen nach Hilsbach und überzeugt sich hier leicht davon, dass dieselben aus den Theilen der Aecker stammen, wo die graue Farbe in die rothe oder violette übergeht. Versteinerungen sind grade hier in den Zellendolomiten selten und beschränken sich auf unbestimmbare Gastropoden.

In den angrenzenden Gebieten, bei Rappenau[1] und gegen Südosten im Württembergischen ist der Grenzdolomit in ähnlicher Erscheinungsweise ein weit verbreitetes Vorkommen.

---

[1] **Platz**, Tauberthal 97.

Versteinerungen.

Equisetum arenaceum Jaeg. sp. [1]
Calamites Meriani Brong. sp.
Neuropteris remota Presl.
Pecopteris Schoenleiniana Brong.
Danaeopsis marantacea Heer
Chiropteris digitata Kurr
Pterophyllum longifolium Brong.
Pterophyllum Blumi Schenk
Nothosaurus, Knochen und Zähne
Fragmente von Labyrinthodonten
Ceratodus, Zähne
Acrodus, Zähne
Hybodus, Zähne
Saurichthys, Zähne
Schuppen von Fischen
Estheria minuta Br. sp.
Bairdia pirus Seeb.
Holopella gracilior Schaur.
Myacites brevis Schaur.
Myacites cf. ventricosus Schl.
Myoconcha gastrochaena Dnkr.
Cardinia? sp.
Myophoria Struckmanni Stromb.
Myophoria transversa Born.
Myophoria Goldfussi Alb.
Nucula sp.
Mytilus sp.
Gervillia substriata Credn.
Gervillia subcostata Gldf. sp.
Gervillia socialis Schl. sp.
Lingula tenuissima Br.

Der Grenzdolomit, der anderswo reich an Versteinerungen ist, enthält bei uns nur unbestimmbare Gastropoden. Alle

[1] Alle Pflanzen stammen von der Schmollenmühle; wenn sonst in der älteren Literatur noch andere Fundorte der Heidelberger Gegend für Pflanzenreste des unteren Keuper angegeben werden, so liegen Verwechslungen mit Keuperwerkstein des mittleren Keuper vor.

oben angeführten Arten stammen aus den Schichten zwischen Muschelkalk und Grenzdolomit.

Beziehungen zu anderen Gebieten.

Den fränkischen unteren Keuper hat Sandberger genau untersucht und mit der Entwicklung anderer Gebiete verglichen. Es ergab sich, dass Uebereinstimmung im grossen und ganzen herrscht; überall handelt es sich um ein Gebilde aus Dolomiten, Mergeln, Sandsteinen, Thonen und hie und da einmal Anhäufungen von Kohlen. Mit einer gewissen Constanz kehrt der Sandstein wieder, doch ohne einen durchgehenden Horizont zu bilden. Entwicklungen von einer Mächtigkeit und Petrefactenführung wie an der Schmollenmühle bei Sinsheim gehören zu den ausgezeichneteren. Dem Auftreten der Kohlen ist gar kein besonderes Gewicht beizulegen, sie haben immer eine nur locale Bedeutung. Wäre man nicht zu allererst auf das Vorkommen bei Weimar gestossen, so hätte man wohl nicht daran gedacht, von einer Gruppe der Lettenkohle als einem weit verbreiteten Gebilde zu reden. Auch andere Abtheilungen des Keuper führen hie und da Kohlen und gerade dann, wenn im unteren Keuper solche fehlen.

Weisslichgraue Schiefer und Cardiniensandsteine, welche Sandberger bei Würzburg unterschied, sind bei Eubigheim noch vorhanden. Auf unserem Kartengebiet sahen wir sie nicht mehr. Sollten sie auch südlicher noch gefunden werden, so brauchen sie darum bei uns nicht vorhanden zu sein. Steter Wechsel ist in dieser ganzen Gruppe die Regel.

Ziehen wir so ausgezeichnete Entwicklungen wie die Hohenecker Kalke zum Vergleich herbei, so ist der Grenzdolomit allerdings bei uns sehr mangelhaft vertreten. Jene klotzigen Bänke bei Ittlingen dürfen aber mit demselben Recht als Grenzdolomit angesehen werden, wie andere so bezeichnete feste Bänke an der Grenze der dunkeln und bunten Mergel. Werden freilich die Mergel des unteren Keuper schon bunt, wie das in Mitteldeutschland und vor allem auf der linken Rheinseite der Fall ist, so kann nur das Auftreten zahlreicher Versteinerungen leiten.

Oberflächenbeschaffenheit.

Wenn der untere Keuper in grösseren Flächen zu Tage tritt, macht er sich durch einen gewissen Gegensatz zum Muschelkalk und zum mittleren Keuper wohl bemerklich. Die obersten dolomitischen Schichten des Muschelkalk bilden gern einen kleinen Steilabfall, über welchem die weichen zerfallenden Gesteine des unteren Keuper sanft ansteigen. Wiederum steil erhebt sich dann der mittlere Keuper. Eine Vorstellung eines solchen Verhältnisses gibt der sanfte Anstieg aus dem Elsenzthal zwischen Sinsheim und Zuzenhausen nach der Höhe von Daisbach hin. Doch fehlt dort der mittlere Keuper als Abschluss gegen oben und tritt zudem der mächtige Löss überall nivellirend ein, so dass von irgend einer auffallenden Gestaltung der Oberfläche nicht die Rede sein kann.

Von besonderer Bedeutung für die Cultur ist der untere Keuper bei seiner geringen Ausdehnung nicht.

2. Mittlerer Keuper.

Gliederung.

Der mittlere Keuper wurde oben (Seite 416) in vier Abtheilungen zerlegt. Die oberste derselben, der Knollenmergel, ist eine local schwäbische Bildung, welche sich bis in unser Gebiet verfolgen lässt, in anderen Keupergegenden aber mit dem mittleren Mergel (c.) zusammenfällt. Die Mächtigkeit des Knollenmergel ist nur gering, und hätte derselbe nicht in dem benachbarten Schwaben Eigenthümlichkeiten, welche seine Ausscheidung gerechtfertigt erscheinen lassen, so würde man ihn bei uns, zumal da er nur an einem Punkte und da nur in geringer Ausdehnung anstehend beobachtet werden konnte, gewiss nicht von dem mittleren Mergel getrennt haben.

Nehmen wir diese Vereinigung für den Augenblick vor, so erscheint der mittlere Keuper bei uns als eine mächtige Mergelbildung, die durch eine auffallende Sandsteinmasse in zwei Hälften zerlegt wird. Dieser Sandstein gewinnt durch seine Stellung mehr als durch seine Mächtigkeit die Bedeutung eines ausgezeichneten Horizontes. Er wurde oben mit einem geläufigen Namen als Keuperwerkstein bezeichnet, wenn auch bei uns seine technische Verwerthbarkeit im Vergleich zu der Eppinger Gegend und dem nördlichen Württemberg nur eine untergeordnete ist.

Unter dem Keuperwerkstein liegt der untere Mergel oder Gypskeuper, über demselben der mittlere und obere Mergel mit dem Kieselsandstein und, wenn er entwickelt ist, der Knollenmergel. Bei einer allgemeinen, nicht unseren oder den württembergischen Verhältnissen angepassten Gliederung würde man zweckmässig alles über dem Keuperwerkstein und unter dem oberen Keuper liegende als oberen Mergel (mit Kieselsandstein) bezeichnen.

a. Unterer Mergel.

Ausser den herrschenden Mergeln finden sich noch häufig Einlagerungen von Gyps in dieser unteren Abtheilung, daher der Name Gypskeuper oft angewendet wird. Im Gegensatz dazu hat man dann die Mergel über dem Schilfsandstein als Steinmergelkeuper bezeichnet. Es geschah dies besonders in Thüringen. Nun ist aber der Gyps durchaus nicht auf die unteren Mergel beschränkt, ebensowenig der Steinmergel auf die oberen Mergel, so dass es geeignet schien, diese Bezeichnungen hier zu vermeiden.

Um sich eine Vorstellung von dem Aussehen der unteren Mergel zu bilden und zugleich den Unterschied gegen die oberen Mergel zu erfassen, besucht man zweckmässig die Umgebung des Steinsbergs bei Weiler. Sowohl der von Sinsheim kommende Fahrweg als auch der Fussweg schneiden in den unteren Mergel ein, nachdem man die mit Löss bedeckte Niederung überschritten hat und zu dem Hügel, welcher die Ruine trägt, ansteigt. In der Höhe des Dorfes Weiler liegt Werkstein, welcher in einem ausgedehnten Bruch gewonnen wird; darüber folgen noch, ehe man den Nephelinbasalt erreicht, obere Mergel.

Letztere, nicht in ihrer ganzen Mächtigkeit entwickelt, sind von lebhaft rother, weithin leuchtender Färbung. Die unteren Mergel sind, wenn auch bunt gefärbt, doch trüber. Violett und Grau herrschen vor. Festere, steinmergelartige Bänke ziehen in grosser Zahl zwischen den mürben zerfallenden hin, die nur durch die früher geschilderten Kalkspathleisten einigermassen zusammengehalten werden. Am Fuss des Berges stehen eine oder mehrere, übrigens nicht constante Bänke eines braunen dolomitischen Gesteins an, welche nicht mit dem Grenzdolomit verwechselt werden dürfen. Abgesehen von der Lagerung mitten in den bunten Mergeln unterscheidet auch die eigenthümliche petrographische Beschaffenheit. Der Grenzdolomit muss hier am Steinsberg noch ziemlich tief unter der Oberfläche liegen.

Oben, dicht unter dem Werkstein, nehmen die Mergel eine mehr schiefrige Beschaffenheit an und werden dunkel, zuweilen sogar ganz schwarz. An anderen Punkten ist dieselbe Erscheinung zu beobachten, doch bleibt sie auf wenig ausgedehnte Striche beschränkt. Hie und da trifft man dann noch Spuren von Pflanzen, wie denn die dunkle Färbung überhaupt auf die Anhäufung bituminöser Substanzen zurückzuführen ist.

Bezeichnend für die unteren Mergel ist das Fehlen aller sandigen Bildungen. Darin liegt ein wesentlicher Unterschied gegen die Schichtenreihe über dem Werkstein. Das Vorkommen von Quarz scheint auf einzelne Drusen, die mit zierlichen Doppelpyramiden ausgekleidet sind, beschränkt zu sein. Sowohl am Steinsberg als anderswo begegnet man demselben, wenn auch nicht gerade häufig.

Gyps ist bisher weder in diesen, noch in anderen Schichten des Keuper in unserem Gebiet gefunden worden. Doch nur in zwei Stunden südlicher Entfernung bei Sulzfeld beutet man denselben in ausgedehnten Tagebauen aus. Hier beginnt nämlich eine nach Württemberg hin weiter zu beobachtende regelmässige Lagerung der Schichten, die einer Erhaltung des Gyps günstig war. In den verstürzten Schollen des von zahlreichen Spalten durchzogenen Hügellandes zwischen Elsenz, Neckar und der Rheinebene erfolgte eine vollständige Auswaschung.

Indem wir zu immer jüngeren Bildungen vorschreiten, beschränkt sich die oberflächliche Verbreitung der einzelnen Abtheilungen, je mehr wir uns von dem Odenwald entfernen. So vermissen wir die unteren Mergel beinahe ganz nordöstlich von der Elsenz, wo nur an einer Verwerfungsspalte einige Fetzen derselben hängen geblieben sind.

Am Rheinthal liegt zunächst eine kleine, leicht zu übersehende Partie unterer Mergel am Waldrand südlich von Leimen. Sie ist von Löss überdeckt und nur durch einen Graben entblösst. Für das Verständniss des Aufbaus der Schichten an der Rheinthalspalte ist dieses Vorkommen von Interesse.

Grössere, wohl aufgeschlossene Massen trifft man südlich von Wiesloch zu beiden Seiten des Angelbachs, wo der ganze Keuper in regelmässiger Aufeinanderfolge von dem bereits besprochenen unteren Keuper an bis zur Grenze des Lias gut entwickelt ist. In breitem Zuge ziehen die unteren Mergel von den Kalbach- und Steinwiesen nach Rauenberg hinüber, im Thal durch jüngere Alluvionen dem Auge entzogen, und setzen dann auf der anderen Seite den Keitelberg zusammen, auf dessen östlicher Seite sie von Löss überdeckt werden.

In dem Raum zwischen Angelbachthal, Elsenzthal und der Oestringen-Eschelbacher Hauptspalte haben die unteren Mergel eine ziemliche Verbreitung. An einer Stelle dicht bei Balzfeld treten sie hart an die genannte Spalte hinan. Am Gehänge des Thals zwischen Horrenberg und Balzfeld, oberhalb der Diebsbrücke, in der Umgebung des Kirchenwaldes, endlich östlich Schatthausen liegen einige grössere Entblössungen. Die kleineren Aufschlüsse, von denen die Karte alle aufgefundenen verzeichnet, können durch tieferes Einschneiden der Wege oder ähnliche zufällige Ereignisse fortwährend vermehrt werden.

Gegen Südosten wird ein weiterer Abschnitt — hier ebenso, wie bei allen bisher genannten concordant auf einander folgenden Formationen — durch die Hilsbach-Waibstadter Spalte begrenzt. Die Erhebung des Eichelbergs und die tiefer einschneidenden Thäler sind hier Veranlassung, dass sehr viel grössere Flächen des unteren Mergel freigelegt werden. Die Architektonik des Gebiets tritt in Folge dessen auch viel auffallender hervor, wie ein Blick auf das Kartengebiet in der Gegend von Sinsheim, Michelfeld und Waldangeloch zeigt. Zwischen Hilsbach und Weiler schneiden die unteren Mergel scharf gegen den früher besprochenen unteren Keuper des Bannholzes ab. Sehr vereinzelt treten Mergelmassen zwischen Oestringen und Waldangeloch am Schneckenberg, im „Schläuchle“ und am Höhberg heraus; ausgedehnter sind die Vorkommnisse südlich des Katzbachs, wo ein ganz regelmässiger Aufbau des Gebirges stattfindet.

In der südöstlichen Ecke unserer Karte endlich sind die unteren Mergel die jüngsten überhaupt vorhandenen Keuperbildungen, so dass ihnen alles unter dem Löss anstehende Gestein ausser dem früher besprochenen Muschelkalk und unteren Keuper zufällt.

Die ganze Erscheinung der unteren Mergel ist eine sehr einförmige, und nur an grösseren Aufschlüssen kann man beobachten, dass in der unteren Hälfte etwas dunklere Farben vorherrschen, nach oben einige rothe und grüne Bänke mehr in die Augen fallen. Mit letzteren wechseln vorzugsweise die Steinmergel, während die vereinzelten Drusendolomite auf die unteren Regionen beschränkt sind. Den Namen eines Horizontes verdient nur eine an verschiedenen Punkten etwas verschieden tief (meist 4—6 Meter) unter dem Keuperwerkstein gelegene Steinmergelbank, welche ganz mit einem langen Myaciten, von schwäbischen Geologen als *Anatina* aufgeführt, erfüllt ist. Sie wurde auf der Karte an einigen leicht aufzufindenden Punkten ausgezeichnet: bei Zuzenhausen an der Kohlblatte, bei Dühren, am Steinsberg, bei Balzfeld, südlich Tiefenbach und am Pfannenwald südwestlich Odenheim, unmittelbar an der Grenze der Karte.

Die wenigen Meter Mergel zwischen dieser Anatinenbank, wie sie vor der Hand heissen mag, und dem Keuperwerkstein sind meist bunt, wie die tiefer liegenden Mergel, zuweilen aber grau oder auch wohl schwarz gefärbt. In letzterem Falle enthalten sie gewöhnlich Pflanzenreste von unvollkommener Erhaltung und nehmen dann eine feinblättrige Beschaffenheit an. Bei Horrenberg und Balzfeld sind diese schwarzen Schiefer besonders gut aufgeschlossen. Man suchte hier, indem man sie für Lettenkohle hielt, nach Kohlen, doch ohne Erfolg, wie vorauszusehen war.

b. Keuperwerkstein.

Der Keuperwerkstein stellt eine nahe an der südlichen Grenze unserer Karte bis zu 12 M. anschwellende Sandsteinmasse dar, die aber meist geringere Mächtigkeit besitzt und mitunter nur durch einige schwache schiefernde Bänke mürben Sandsteins vertreten ist.

Das Gestein ist gleichartig feinkörnig mit schwankendem Thongehalt. Die untersten Lagen pflegen schiefrig zu sein. Wo die unteren Mergel mit schwarzen Schieferthonen abschliessen, hat auch der Sandstein eine dunkle Färbung. Er entwickelt sich allmählich, indem zunächst dünne Bänke mit den Schieferthonen wechsellagern, bis Sandstein vorherrscht. Sind die unterliegenden Mergel bunt, so ist der Sandstein grau. Rother Sandstein wurde dann nie beobachtet. Die mittlere Partie des Sandsteins ist die festeste. Hier liegen die eigentlichen Werksteinbänke, welche ein so vorzügliches Material abgeben, dass sie von Mühlbach bei Eppingen bis nach Norddeutschland verschickt werden. Es sei hier gleich hervorgehoben, dass auf dem Gebiet unserer Karte in keinem der zahlreichen Brüche ein Stein gewonnen wird, welcher dem Sandstein des unteren Keuper an der Schmollenmühle an Güte gleich käme.

Während die unteren Bänke dieser festen, mittleren Abtheilung ebenfalls grau zu sein pflegen, stellt sich in der oberen Hälfte eine eigenthümlich roth und violett geflammte Zeichnung oder eine gleichmässig rothe Färbung ein, die dann in den alleroberdsten, stets wieder schiefrigen Lagen anhält. Veranlassung derselben sind die zunächst dem Sandstein folgenden auffallend rothen Mergel, aus denen eisenhaltige Thonpartikel im Laufe der Zeit durch die Gewässer nach unten geführt werden. Solche Infiltrationen gehen im Keuper überhaupt in sehr grossem Masstabe vor sich. In Württemberg ist der Fall bekannt, dass der ganze Grenzdolomit mit Gyps aus dem aufliegenden Gypskeuper imprägnirt ist; ja der Gyps verdrängt sogar den Dolomit vollständig.

Der graue Keuperwerkstein ist — wenigstens in unserem Gebiet — kaum von dem unteren Keupersandstein zu unterscheiden. Das Ansehen der rothen, geflammten Varietäten ist aber durchaus eigenthümlich, und eine Verwechslung z. B. mit dem Buntsandstein kann nicht vorkommen. Auf einer Eisenbahnfahrt von Bruchsal nach Stuttgart hat man gute Gelegenheit, den Unterschied der oben genannten beiden Sandsteinarten zu beobachten, da in Baden die Bahnhofsgebäude, Wärterhäuschen u. s. w. aus Buntsandstein, in Württemberg aus Keuperwerkstein aufgeführt sind. Eine sehr bezeichnende grüne Färbung des Keuperwerkstein, die unter anderen in den ausgedehnten Brüchen der Feuerbacher Haide bei Stuttgart vorkommt, fehlt bei uns.

Als eine Eigenthümlichkeit einzelner Bänke sind hier, ebenso wie im Sandstein des unteren Keuper, noch Platten mit Wellenschlägen zu erwähnen. Die im Buntsandstein so gewöhnliche discordante Parallelstructur kommt hie und da einmal vor, ist aber im ganzen keine häufige Erscheinung. Der schnelle Wechsel der Beschaffenheit der einzelnen Bänke in horizontaler Richtung, die Art der Zerklüftung, der gelegentliche Uebergang aus Sandstein in Thon — das alles wiederholt sich wie im Sandstein des unteren Keuper, von dem beinahe nur die rothe Färbung unterscheidet.

Wie alle Sandsteinbildungen im Keuper, dient auch der in Rede stehende zur Befestigung der schüttigen, dem Wasser nur wenig widerstehenden Mergelmassen. Entweder ragen die festen Bänke simsartig an den geneigten Gehängen heraus oder bilden Plateaus. Die Störungen sind jedoch in unserem Gebiet zu tief eingreifende gewesen, und die Schichten sind in Folge derselben zu stark gegen die Horizontale geneigt worden, als dass diese Verhältnisse so auffällig hervortreten könnten, wie es z. B. südlich von Eppingen der Fall ist, wo der

Keuperhügel bei Sulzfeld ein Dach von Werkstein trägt, welches der Ravensburg als Unterlage dient. Einer aufmerksamen Betrachtung entgeht aber auch bei uns die Bedeutung des Sandsteins für die Architektonik nicht. Natürlich kann von einer solchen nur dort die Rede sein, wo der Sandstein eine gewisse Mächtigkeit hat. Ist derselbe nur durch schwache, zerfallende Schichten angedeutet, so leistet er kaum mehr Widerstand als der Mergel. Der Nachweis desselben, auch nur in Spuren, behält aber unter allen Umständen seine Bedeutung; denn er allein macht es in vielen Fällen möglich, die einander oft so ähnlichen Massen der unteren und oberen Mergel zu trennen.

Da in dem nordöstlichen Theil unseres Gebiets, jenseits der Elsenz, kein Werkstein mehr vorkommt, da er auch in den vereinzelten Schollen am Rheinthal fehlt, so haben wir sein Auftreten nur in den drei. durch die Oestringen-Eschelbacher und Hilsbach-Waibstadter Spalten begrenzten Abschnitten zu verfolgen. In dem südöstlichen derselben fehlt der Werkstein ebenfalls.

Nordwestlich der Oestringen-Eschelbacher Spalte begegnen wir dem Sandstein am Rheinthal zuerst am Fuss des Hügels, welcher das Dorf Malschenberg trägt. Er zieht sich hier ununterbrochen von der Rheinthalstrasse an durch Felder und Weinberge bis nach Rauenberg hinüber. Dicht an diesem Orte liegen einige Steinbrüche in den oberen Lagen des Sandsteins. Man gewinnt roth und violett gefärbte Bausteine.

Die Fortsetzung dieser Ablagerung liegt jenseits des Angelbachs auf der Höhe in den Weinbergen am „Bergwäldchen". Auch hier ist der Sandstein roth, wie die vielen umherliegenden Bruchstücke beweisen. Etwas unterhalb Thairbach tritt der Sandstein mehrfach, dem hier allgemein gegen Südosten gerichteten Einfallen der Schichten entsprechend, im Thal unter den Klozäckern und an der Mehlsbach heraus. Auch hier liegen Steinbrüche. Ein mehr zusammenhängender Zug lässt sich in der Umgebung von Horrenberg und zwischen diesem Orte und Balzfeld beobachten. Horrenberg steht zum Theil auf Werkstein, der am südlichen Ende des Dorfes einen kleinen Absturz bildet. Halbwegs gegen Balzfeld liegt der Punkt, an dem die oben genannten schwarzen Schiefer unter dem Sandstein zu Tage treten. Andere vereinzelte Vorkommnisse, welche die Verbreitung des Sandsteins bis nahe an das Elsenzthal anzeigen (Diebsbrücke, Oberhof, Kohlblatte bei Zuzenhausen), gibt die Karte an. Die in diesem Theil liegenden Steinbrüche haben keine Bedeutung und dienen nur localen Bedürfnissen.

In dem zweiten Streifen südöstlich der Oestringen-Eschelbacher Spalte ist der Keuperwerkstein zu recht bedeutender Entwicklung gelangt. Die Karte zeigt rings um den Eichelberg ein beinahe zusammenhängendes grünes Band, welches meist eine kleine Stufe an den Abhängen markirt, ähnlich wie am Steinsberg. Dasselbe tritt überall in einem ungefähr durch die Curve 800 angedeuteten Horizont hervor. Denkt man sich was noch an Keuperbildungen darüber liegt abgedeckt, so würde zwischen den Orten Dühren, Michelfeld und Hilsbach ein ausgedehntes, von Sandstein bedecktes Plateau erscheinen, welches nur längs einer Linie vom Anfang des Katzbachs nach den Quellen des Ilbersbachs eine Störung zeigt, die an ihrem Nordende am beträchtlichsten ist. Denn dort liegt der Sandsteinbruch bei Weiler um ein bedeutendes (zwischen 30 und 40 M.) höher als der Aufschluss am Steinacker-Teich.

Nördlich gegen das Elsenzthal hin trägt die Kuppe „Burghälden" eine Decke von Sandstein; ferner trifft man noch einige Aufschlüsse zwichen Dühren und Eschelbach. Bei letzterem Orte an den Steinhälden liefern ziemlich ausgedehnte Brüche ein gutes Material. Der feine, gleichartige, graue Stein lässt sich gut bearbeiten; doch sind die Klüfte sehr zahlreich, und es brechen in Folge dessen keine grossen Blöcke.

Zahlreiche Aufschlüsse liegen sowohl nördlich als südlich des Katzbachs und dessen Zuflusses des Heimbachs in den Gemeinden Tiefenbach, Odenheim und Zeutern. Auch hier fehlt es nicht an Steinbrüchen, unter denen jene beim Stift Odenheim wohl das beste Material liefern. In Folge des massenhaften Vorkommens kleiner Fetzen von Pflanzen sind in dieser ganzen Gegend einzelne Schichten schiefernden Sandsteins schwarz gefärbt. An dem Rücken südlich Zeutern tritt der Keuperwerkstein sowohl gegen das Katzbachthal, als auch auf der anderen Seite nach dem tief eingeschnittenen Thal zu heraus, welches nach Oberöwisheim und weiter nach dem Kraichbach (unterhalb unserer Karte) zieht.

Am nächsten an das Rheinthal tritt der Sandstein in einem leicht übersehenen Aufschluss zwischen zwei von Zeutern nach dem Kretzerbuckel führenden Feldwegen heran.

Endlich erscheint der Sandstein noch an einer ziemlichen Anzahl von Punkten zu beiden Seiten der sog. hohen Strasse zwischen Zeutern und Michelfeld unter dem Löss. Oestlich vom Schindelbacherberg und am Ulrichsberg bei Oestringen, ferner am Schindelberg bei Odenheim sind Steinbrüche in Betrieb. Von Interesse ist auch ein kleiner Aufschluss an der Strasse von Oestringen nach Eichtersheim, der sehr genau den Verlauf der Oestringen-Eschelbacher Spalte anzeigt.

c. Mittlerer Mergel.

In der Abtheilung der mittleren Mergel herrscht von allen Gruppen des Keuper die grösste Mannigfaltigkeit der Gesteine, ganz besonders in Württemberg und Franken, in welchen Ländern die vollständigste Ausbildung zu Stande gekommen ist. Das nördliche Baden schliesst sich auch hier der württembergischen Entwicklung am nächsten an und zeigt uns ziemlich alles dort vorkommende, nur in kleinerem Masstabe.

Die Mergel selbst unterscheiden sich ihrer Zusammensetzung und häufig auch ihrer Erscheinungsweise nach nicht von den tiefer liegenden. Im allgemeinen herrschen aber lebhaftere Farben, besonders in den grünen und rothen Nüancen, ein Verhalten, welches noch dadurch besonders auffallend wird, dass der Farbenwechsel wenig mächtiger, unmittelbar auf einander folgender Bänke in gewissen Regionen ein sehr schroffer ist.

Auch die Steinmergel zeichnen sich durch reine Farben aus. Sie sind nicht selten blendend weiss und gleichen gewissen norddeutschen Plänervarietäten zum Verwechseln. Auch grüne Steinmergel von ausserordentlich gleichartiger Beschaffenheit und feinem Korn, sehr vollkommen muschlig brechend, kommen häufig vor. Neben diesen der unteren Abtheilung fehlenden Abarten stellen sich aber auch trübe, graue oder violette Bänke ein, welche sich von den früher besprochenen nicht unterscheiden lassen.

Eigenthümlich sind die sogenannten Knollenmergel. Es liegen nämlich in den obersten Horizonten an Stelle fester zusammenhängender Schichten lagenweise feste concretionäre Mergelmassen von unregelmässig gerundeter, vielgestaltiger Form, die beim Verwittern aus den Wänden als Höcker hervorragen und an den Abhängen Haufwerke bilden. Rothe oder blaue flammige und wolkige Zeichnungen im Innern geben denselben ein recht bezeichnendes Ansehen. Eine Analyse liegt nicht vor, doch scheint ein verhältnissmässig hoher Gehalt an Carbonaten vorhanden zu sein.

Sehr verschiedenartig sind die Sandsteine, die bald in einzelnen dünnen Bänken, bald zu mächtigeren Ablagerungen anschwellend in den Mergelmassen eingebettet liegen. Es sei jedoch hier gleich bemerkt, dass Mächtigkeiten, wie sie der schwäbische Stubensandstein oder der fränkische Kellersandstein erreichen, bei uns nicht vorkommen.

Bezüglich des Bindemittels haben wir es theils mit thonigen, theils mit Kaolin führenden Sandsteinen zu thun. Untergeordnet sind grobe, aus im grossen zwar eckigen, aber im kleinen an den Kanten abgerundeten Körnern bestehende Sandsteine ohne Cement. Die thonigen Sandsteine führen meist auch lagenweise Glimmer und haben eine graue, auch etwas gelbliche, besonders aber grüne Färbung. Diese grünen Sandsteine sind bei uns (doch nur hier) auf die oberen Partien des bunten Keuper beschränkt. Die Kaolinsandsteine sind meist auch grobkörnig und von geringem Zusammenhalt. Eine ganz besondere Abart bilden die sog. Kieselsandsteine, nach denen man diese ganze obere Abtheilung auch wohl benannt hat. Bei ihnen sind die einzelnen Quarzkörner durch ein kieseliges, später hinzugetretenes Cement sehr fest mit einander verbunden. Einzelne dieser Sandsteine scheinen frisch von ganz ausserordentlicher Festigkeit zu sein; doch setzen sie der Verwitterung nur geringen Widerstand entgegen und fallen leicht zu Grus aus einander. Im frischen Zustand zeigen sie einen sehr lebhaften Fettglanz. Auch Kaolinsandsteine haben zuweilen eine solche Verfestigung durch Kieselerde erhalten.

Von sonstigen Gesteinen, die für die mittlere Mergelgruppe bezeichnend sind, verdienen noch eigenthümliche Breccien eine besondere Erwähnung. Dieselben bilden zusammenhängende Bänke oder ziehen sich in Lagen durch die Mergel hin. Sie erhalten sich in letzterem Falle lange auf den Aeckern und in den Weinbergen. Unregelmässige, scharfkantig-eckige gelbe, grüne und rothe Mergelbrocken und Haufwerke kleiner, weisser Kalkspathkrystalle setzen diese Breccien zusammen, die sich immer durch lebhafte Färbung auszeichnen.

Kalkspath bildet auch für sich allein Drusen, die stellenweise in grosser Menge in den Mergeln liegen.

Ein jeder Abhang am Eichelberg oder die Weinberge bei Rauenberg zeigen, zumal im Frühling, wenn frisch aufgegraben ist, die genannten und noch andere Gesteinsvarietäten, von welchen eine Beschreibung immer nur eine unvollkommene Vorstellung geben kann. Liegt doch das Bezeichnende in der Erscheinung dieser Abtheilung des Keuper nicht nur in der Beschaffenheit der Gesteine, sondern auch in der Art, wie die verschiedenen Bänke mit einander wechseln.

Die mittleren Mergel schliessen sich in ihrem Vorkommen im allgemeinen dem Keuperwerkstein an; doch ist ihr Gebiet ein noch beschränkteres, so dass sie nicht nur nordöstlich der Elsenz, sondern auch noch nördlich einer von Wiesloch nach Zuzenhausen gezogenen Linie fehlen. Die besten Aufschlüsse liegen in der Umgebung des Eichelbergs, welcher über dem Keuperwerkstein ausschliesslich aus mittleren Mergeln besteht; doch treten sie auch in der Nähe des Rheinthals noch mehrfach zu Tage. Wir beginnen mit den letzteren Vorkommnissen in der Nähe von Wiesloch.

Steigt man von Rauenberg einen der nach dem Reuthenberg oder dem Melsbacher Buckel führenden Wege hinauf, so durchschneidet man die ganze Reihe der bunten Mergelbänke und meist auf der Höhe noch eine in die Augen fallende Sandsteinbildung, welche auf der Karte mit einer besonderen Farbe angelegt wurde. Es ist ein mürber, kaolinführender Sandstein von höchstens 1 M. Mächtigkeit, dem man in gleicher Beschaffenheit und in demselben Horizont etwas oberhalb der Mitte der ganzen Mergelmasse überall wieder begegnet. Da keiner der anderen im Mergel liegenden Sandsteine diese Mächtigkeit erreicht, so wurde von weiteren Ausscheidungen, die nur Unklarheit in die Karte gebracht hätten, abgesehen.

Dieselben Bildungen stehen auf der anderen Thalseite an und bilden den Abhang, auf welchem Malschenberg steht. Die verschiedenen Wege in den Weinbergen geben gute Aufschlüsse. In den Weinbergen selbst kann man sich leicht täuschen, da hier die Mergel vielfach verschwemmt, wohl auch absichtlich ausgebreitet werden. Man hat nicht selten im Frühjahr Gelegenheit, beim tieferen Aufgraben plötzlich helle Sandstein- oder Steinmergelbänke erscheinen zu sehen, wo früher Alles aus gleichartigen bunten Mergeln zu bestehen schien.

Ganz ähnlich den Verhältnissen bei Rauenberg sind jene bei Rothenberg, wo besonders der Weg von dem Dorfe nach der Ruine und das kleine Thälchen südlich der Ruine instructiv sind. In dem Thal zwischen Rauenberg und Rothenberg, am linken Gehänge, sind in einer vielleicht etwas gerutschten Partie die breccienartigen Gesteine schön aufgeschlossen; ferner liegen in dem ausgedehnten Walde südlich von Mühlhausen zwei Kuppen mit Sandstein bedeckt, der mit dem vorher erwähnten übereinstimmt.

In den vereinzelten, durch Abwaschung des Löss frei gewordenen Aufschlüssen in nordöstlicher Richtung bis hinter Horrenberg treten bald Mergel, bald Sandsteine zu Tage, deren Zugehörigkeit zu der Gruppe der mittleren Mergel sich nach Gesteinsbeschaffenheit oder Lagerung stets mit Sicherheit nachweisen lässt. Prachtvoll entblösst stehen rothe Mergel im Dorfe Horrenberg an. Alles zwischen dem Angelbach und Horrenberg liegende gehört einer grossen zusammenhängenden Masse an, die nicht weiter durch Spalten getrennt ist.

Zwischen der Oestringen-Eschelbacher und der Hilsbach-Waibstadter Spalte bilden die mittleren Mergel die höchsten Erhebungen, welche auf unserer Karte überhaupt vorkommen, jene des Eichelbergs und des Kreuzbergs. Auf dem Plateau ist beinahe Alles mit Wald bedeckt und deshalb wenig anstehendes Gestein zu sehen, an den Abhängen, zumal in der Nähe der Ortschaften, finden sich aber hinreichende Entblössungen. Die Weinberge um Eichelberg, Tiefenbach und Elsenz weisen zusammenhängende Profile von den unteren Mergeln durch den Werkstein bis hinauf zu den Sandsteinen der mittleren Mergel auf. Besonders lehrreich ist der Weg von der Charfreitagmühle das Heimbachthal aufwärts nach Elsenz, ferner der Aufstieg von Waldangeloch nach dem Eichelberg mit dem Umweg über den Ziegelhof.

Hie und da tauchen obere Mergel aus der Lössdecke bis nahe an die Spalte bei Oestringen und Zeutern auf und gewinnen südlich am Rande der Karte auf der linken Katzbachseite über dem Werkstein noch eine beträchtliche Entwicklung. Das südwestlichste Vorkommen liegt im Kretzerbuckel bei Zeutern. Der von diesem Orte nach Ubstatt führende Weg läuft in den Mergeln.

Auf einer Karte in grösserem Masstabe würden sich, abgesehen von der oben schon berührten vollständigeren Ausscheidung der Sandsteine, mit geringer Mühe zwei Abtheilungen im mittleren Mergel auszeichnen lassen. Schon bei einer flüchtigen Betrachtung fällt es nämlich auf, dass unmittelbar über dem Werkstein eine sehr gleichartige rothe Färbung der Mergel herrscht, und dass die Sandsteine zunächst noch fehlen. Auch die hellen Steinmergelbänke treten sehr zurück, wenn sie auch vorkommen. Die einzigen Einlagerungen von grösserer Verbreitung sind Knollen und ellipsoidische Massen, auch Drusen von Kalkspath und Mergelbreccien. Bis zu 40 M. schwellen diese rothen Mergel an, so dass sie eine sonst im ganzen Keuper nicht wieder vorkommende Erscheinung bilden. Die württembergischen Geologen haben die „rothe Wand“, wie **Fraas** sich einmal ausdrückte, stets als besondere Abtheilung ihres Keuper ausgezeichnet. Das so constante Vorhandensein in unserem Gebiet ist ein weiterer gemeinsamer Zug mit der württembergischen Entwicklung. Indem der rothe Schlamm in den liegenden Sandstein sickert, erhält dieser seine oben geschilderte charakteristische Färbung, die bei mächtigeren Sandsteinablagerungen sich auf die oberen Schichten beschränkt, bei schwächeren die ganze Masse ergreift. Als besonders gute Beobachtungspunkte für die rothen Mergel heben wir nur die Umgebung der Orte Rauenberg, Horrenberg (hier auch die Wand im Dorf selbst am Ausgang nach Wiesloch) und Odenheim hervor. Blickt man von einem erhöhten Punkt südlich Odenheim gegen Norden, so erscheinen die rothen Mergelflecke in auffallendstem Contrast gegen die gelbe Lössdecke.

Im Gegensatz zu diesen rothen Varietäten enthält die obere Hälfte der Gruppe verschieden gefärbte Mergel — besonders tritt ein auffallender Wechsel grüner und rother Bänke hervor — Sandsteine und Breccien. Wenig feste, graue und grüne Sandsteine liegen etwa in der Mitte. Eine mit Versteinerungen erfüllte, meist oolithische Steinmergelbank stellt sich ziemlich tief unten ein. Der Mitte gehören die auffallendsten Steinmergelbreccien an. Doch wiederholen sich die Gesteine z. Th. ununterscheidbar in mehreren Horizonten, so dass eine speciellere Gliederung nur schwer durchzuführen ist. Eine solche würde nur Zweck haben, wenn sich einzelne Glieder mit den in Württemberg auftretenden in genaue Parallele stellen liessen. Das ist aber bisher nicht möglich gewesen, womit nicht gesagt sein soll, dass es nicht später nach genauerer Durchforschung der Epinger Gegend ausführbar sein wird.

d. Oberer Mergel.

Bei den geringen Aufschlüssen und dem beschränkten Vorkommen ist nur wenig über diese letzte Abtheilung des mittleren Keuper zu sagen. Es lässt sich darüber streiten, ob es überhaupt angemessen ist, dieselbe auszuscheiden und mit einer besonderen Farbe zu bezeichnen. Es geschah eben, weil in dem nahen Württemberg die Knollenmergel petrographisch unterscheidbar ein bezeichnendes Glied bilden. und weil es von Interesse ist, dass man dieselben bis hart an die Rheinthalspalte verfolgen kann.

Ueber die Beschaffenheit der Mergel ist wenig mehr zu sagen, als oben schon mitgetheilt wurde. An die Stelle der gewöhnlichen, in polyedrische Brocken zerfallenden, rothen Mergel treten hier thonreiche, beim Befeuchten schmierende, welche mit dolomitischen oder an Thoneisenstein reichen Knollen erfüllt sind, die sich in Lagen durch die Masse hinziehen. Die rothe Farbe geht häufig in violette über und zwar so, dass eine flammige oder wolkige Zeichnung hervorgebracht wird. Auf dem Querbruch der Knollen erfolgt die Anordnung der Farben auch wohl in unregelmässigen concentrischen Ringen und Bändern, moireeartig. Ganz besonders auffallend ist eine breccienartige feste Steinmergelbank von rother, violetter und gelber Farbe, die auch in Württemberg bekannt ist. Sie führt Fragmente von Knochen und ist von so eigenthümlichem Aussehen, dass man sie stets leicht wieder erkennt.

Die Knollenmergel stehen an in der Nähe der Ruine Rothenberg in den dort gelegenen Weinbergen, gegenüber am Galgenberg und wahrscheinlich auch am Letzenberg; doch ist an letzterem Punkte hierüber keine rechte Klarheit zu gewinnen, weshalb eine Auszeichnung auf der Karte unterblieb. Endlich gehören hierher noch die Mergel im Schlehbergwald südlich Mühlhausen, nämlich am sog. Säusutterschlag und am „steinig Kreuzweg“. Man darf mit einem Wort das Vorhandensein überall da annehmen, wo die Sandsteine des im nächsten Abschnitt zu besprechenden oberen Keuper eine schützende Decke gegen die Abwaschung abgeben. Lediglich der erodirenden Thätigkeit der Gewässer ist es zuzuschreiben, dass die Knollenmergel im ausgedehntesten Keupergebiet unserer Karte, am Eichelberg und Kreuzberg fehlen.

Versteinerungen sind im mittleren Keuper auf wenige Horizonte beschränkt und in diesen nur in geringer Mannigfaltigkeit, dafür aber in sehr grosser Individuenzahl vertreten.

Equisetum arenaceum Jaeg. sp. greift aus dem unteren Keuper herauf. Stammstücke kommen im Werkstein überall vereinzelt vor; häufiger sind dieselben nur in den aus den Aeckern am Kaiserberg bei Dühren gelegentlich herausgebrochenen Platten. Scheiden finden sich in guter Erhaltung in den schwarzen Schiefern unter dem Werkstein, besonders bei Horrenberg.

In der oben genannten Anatinenbank ist das Gestein beinahe allein zusammengesetzt aus Kernen jener nicht näher bestimmbaren Muschel, welcher zunächst der ihr in Württemberg gegebene Name *Anatina* verbleiben mag. Die oft oolithische Steinmergelbank der oberen Mergel enthält Gastropoden (*Natica* sp., *Chemnitzia* sp.) und Zweischaler, am häufigsten einer Form, welche als *Cyclas Keuperina* (Quenstedt, Handb. d. Petrefactenkunde, 2. Aufl. S. 631. Taf. 55. Fig. 17) aufgeführt worden ist.

Möglicherweise kommen noch andere Steinmergelbänke mit Versteinerungen vor. Es wurde anscheinend aus oberem Mergel stammend ein Gesteinsstück bei Malschenberg gefunden, welches eine gerippte *Myophoria* enthält.

Der Aufmerksamkeit der Heidelberger Geologen seien noch die festen, in dem von Rauenberg nach dem Melsbacher Buckel führenden Thälchen anstehenden Mergelbreccien empfohlen, da in denselben ein flacher, comprimirter Zahn und Fragmente von Knochen beobachtet wurden.

Beziehungen zu benachbarten Gebieten.

Die Entwicklung des mittleren Keuper stimmt so sehr mit der des fränkischen und schwäbischen überein, dass wenig Veranlassung zu allgemeinen Bemerkungen gegeben ist. Die Thatsache an und für sich, dass der Keuper in dieser Gliederung unmittelbar bis an die Rheinebene tritt, ist aber von Interesse.

Vom Keuperwerkstein geht man immer am besten behufs der Orientirung aus, da er von allen Sandsteinen des mittleren Keuper der beständigste ist. Vergleicht man irgend einen der von uns geschilderten Steinbrüche mit einem württembergischen oder fränkischen, so ist die Uebereinstimmung eine überraschende. Zumal fallen die eigenthümlich grau und violett gefleckten Färbungen der oberen Lagen auf. Grüne Sandsteine, die in der Gegend von Stuttgart gebrochen werden, fehlen. In dem Maasse als man sich dem Rheinthal nähert, wird der Sandstein schwächer, und eben deswegen kann er leichter durch seine ganze Masse die Färbung der auflagernden Mergel annehmen, so dass er vollständig roth erscheint, wie in der Gegend südlich von Wiesloch. Dicke graue Bänke, welche ein gutes Material liefern, treten nur im südwestlichen Theil des Gebiets unserer Karte auf z. B. am Steinsberg, bei Hilsbach, Odenheim u. s. w. Auf der anderen Rheinseite zwischen Strassburg, Wasselnheim und Zabern ist der Sandstein meist nur angedeutet; man würde denselben ohne Kenntniss der mächtigen rechtsrheinischen Entwicklung ganz übersehen. Nur hie und da kommt er in mächtigeren Ablagerungen vor. Etwas bemerkbarer macht er sich in Lothringen.

Durchaus an Württemberg [1] erinnern das Auftreten der sog. Anatinenbank unter dem Werkstein und die gleichzeitig vorkommende Entwicklung dunkler Mergel mit gelegentlicher Kohlenbildung. Es scheint, dass anderswo diese Schichten nicht bekannt sind.

Die tiefer liegende Hauptmasse des unteren bunten Mergel bietet in unserem Gebiet nichts auffallendes. Eine Steinmergelbank mit Muscheln, die in Franken [2] aufgefunden und mit alpinen Schichten verglichen wurde, sowie eine, wie es scheint, mit jener identische Muschelbank Württembergs, [3] die wie die fränkische Bleiglanz führt, sind bei uns noch nicht beobachtet worden, doch könnten sie übersehen sein. Es wäre

---

[1] Paulus u. Bach, Begleitworte zur geognost. Specialkarte von Württemberg. Atlasblätter Besigheim u. Maulbronn 16.

[2] Sandberger, Neues Jahrb. 1866. 34.

[3] Binder, Württemb. naturw. Jahresh. XX. 179.

auffallend, wenn eine Schicht hier ausfiele, die gegen Nordosten, Osten und Südosten in nicht zu grosser Entfernung vorhanden ist. Als ein negatives, übrigens unwesentliches Merkmal unserer unteren Mergel haben wir etwa noch das Fehlen des Gyps hervorzuheben.

Von den Schichten über dem Werkstein sind zunächst die mächtigen rothen Mergel von Interesse. Ohne dass denselben besondere petrographische Eigenthümlichkeiten zukommen, überraschen sie durch ihr constantes Auftreten in Franken, Württemberg, unserer Gegend und Elsass-Lothringen. Sie sind es, wie erwähnt, denen der Werkstein seine rothe Färbung verdankt.

Was uns nun von mittleren Keuperschichten noch zwischen den rothen Mergeln und dem oberen Keupersandstein übrig bleibt, ist im Vergleich zu den benachbarten Gebieten der rechten Rheinseite ausserordentlich reducirt und erinnert an die Entwicklung von Elsass-Lothringen. Schon Deffner und Fraas haben als eine bemerkenswerthe Eigenthümlichkeit das Fehlen jener z. Th. mächtigen Sandsteinbildungen hervorgehoben, welche unter den localen Bezeichnungen Stubensandstein, Kellersandstein, Kieselsandstein u. s. w. von fränkischen und württembergischen Geologen unterschieden worden sind. Wir konnten zwar stellenweise in diesen oberen Horizonten auf unserer Karte noch Sandsteine ausscheiden, sie haben aber überall eine geringe Bedeutung und verdienen nur als schwache Ausläufer der östlicher gelegenen Bildungen Interesse. In Elsass-Lothringen sind auch die wenige Fuss mächtigen, mürben, grünen Sandsteine verschwunden, welche bei Rauenberg und Rothenberg noch anstehen, und man trifft nur hie und da noch einmal ein häufig kaum zolldickes Bänkchen eines grobkörnigen, kaolinhaltigen Sandsteins von ähnlicher Beschaffenheit, wie solche in der Region der Kieselsandsteine auf der rechten Rheinseite mehrfach vorkommen.

Allgemein verbreitet sind bei uns die oft oolithischen Steinmergelbänke mit Kernen von Gastropoden und Zweischalern. Sie finden sich ganz in derselben Beschaffenheit in Elsass-Lothringen und lassen auch keine Unterschiede gegen jene versteinerungsführenden Mergel bemerken, welche Paulus und Bach von der Ruine Blankenhorn in Württemberg beschrieben haben. Auch können sie sehr wohl dieselbe Stellung einnehmen. Vollkommene Klarheit hierüber ist um deswillen schwer zu gewinnen, weil die Sandsteine, welche einen schärferen Vergleich gestatten würden, wie erwähnt, bei uns nur untergeordnet auftreten. Ganz zweifelhaft ist es, welche Stellung unsere Versteinerungsbank zu der fränkischen sog. Lehrberger Schicht einnimmt.

Schliesslich sei noch der bunten Knollenmergel gedacht. Sind sie auch bei uns schwächer, so stimmen sie doch mit den württembergischen ganz überein. Durch ihr Auftreten ist wiederum eine vollständige Gleichheit der Entwicklung zwischen Württemberg und unserem Gebiet hergestellt, welche sich in auffälliger Weise in den oberen Keuper fortsetzt. Auf der linken Rheinseite sucht man umsonst nach Schichten, welche den Knollenmergeln vergleichbar wären.

Oberflächenbeschaffenheit.

Der mittlere Keuper ist die einzige Abtheilung des Keuper, welche vermöge ihrer Mächtigkeit und Verbreitung einen ganz bestimmten und charakteristischen Einfluss auf die Landschaft ausübt. Der Eichelberg und der Kreuzberg im südöstlichen Theil unseres Gebiets sind ausgezeichnete Beispiele. Die Sandsteine der oberen bunten Mergel bilden die Plateaus, rings um dieselben fallen die aus Mergel bestehenden Gehänge in bunten, weithin leuchtenden Färbungen steil ab. Tiefer tritt der Werkstein als Stufe deutlich heraus, und unter denselben, wenn die Gewässer tief genug eingeschnitten haben, fallen die Gehänge der unteren Mergel wiederum steil ab. Aehnlich, nur wegen der geringeren Ausdehnung der Schichten und der theilweise auch stärkeren Neigung derselben weniger auffallend, ist der Bau der Hügel südlich Wiesloch. Ohne die schützenden Sandsteinlagen würde der Keuper bei Rauenberg bis auf ganz flache Anschwellungen weggewaschen sein, während er jetzt steil ansteigt.

Auf dem Sandstein stehen die ausgedehnten Laubholzwaldungen der oberen Elsenzgegend. Die nach Süden und Westen gerichteten Abhänge der Mergel dienen in erster Linie dem Weinbau. Durch Mischen der verschiedenen Mergelsorten weiss man dem Boden eine geeignete Beschaffenheit zu geben.

Bei geringer Neigung der Oberfläche liefern die Mergel einen schweren, nassen Ackerboden, dessen Beschaffenheit jedoch durch auflagernden Löss meist wesentlich geändert wird. Die Gewässer ziehen parallele Furchen in den Boden und nagen sich, wie der Oberlauf der Elsenz, der Hilsbach und der Bruchgraben zeigen, bald so tief ein, dass sie nur noch schwaches Gefälle haben und träge hinschleichen.

3. Oberer Keuper.

Der Keuper der Alpen hat eine so eigenthümliche Beschaffenheit und weicht so sehr von den Bildungen ab, die man in Deutschland zuerst als Keuper bezeichnete, dass man, wenn nicht unzweifelhafter, dem deutschen ähnlicher Muschelkalk und Lias in den Alpen als obere und untere Grenze entwickelt wären, nicht leicht auf die Parallelisirung der einander entsprechenden alpinen und ausseralpinen Bildungen gekommen wäre. Der Versuch, einzelne Abtheilungen des Keuper in den genannten Gebieten in genauere Uebereinstimmung zu setzen, hat denn bisher auch nur bei einer einzigen glücken wollen, eben den in Rede stehenden Sandsteinen und Thonen des obersten deutschen Keuper.

Im Jahre 1828 lenkte L. von Buch die Aufmerksamkeit zuerst auf gewisse Schichten mit *Gervillia* und *Avicula* vom Hirschberg bei Hindelang in den bayerischen Alpen, während Alberti 6 Jahre später in seinem Beitrag zu einer Monographie etc. S. 152 einen versteinerungsreichen Sandstein von der Steinermühle bei Täbingen in Württemberg beschrieb, den er als oberstes Glied seines Keuper ansah. An letzterer Stelle liegt nach der Beschreibung Albertis über sehr festem Sandstein weisser, feinkörniger Sandstein mit „fasriger Structur“, von kohligen Theilen durchzogen, bis 8″

mächtig. Darüber folgt eine dünne, bis 1′ mächtige, sich bald ganz auskeilende Schicht eines grünlichweissen, mit Säuren aufbrausenden Sandsteins von kaum erkennbarem Korn, splittrigem Bruch und einem ausgezeichneten Seidenglanz. In ihm liegen Gerölle — einzeln oder in Anhäufungen — von eisenschüssigem Sand, zerreiblichem Mergel, Kalkstein, Hornstein, Quarz, Anthracit. Ganz besonders auffallend ist aber eine Breccie aus Schuppen und Knochen von Fischen oder Reptilien, sowie aus einigen Zweischalern bestehend.

In den Alpen wie in Deutschland lernte man dann diese beiden Bildungen, die kalkig-merglige und die sandig-thonige an vielen Punkten kennen, ohne zu ahnen, dass sie irgend etwas mit einander gemeinsam hätten, bis es Oppel und Süss in einer Epoche machenden Abhandlung aus dem Jahre 1856 gelang, den Nachweis zu liefern, dass jener Sandstein von Täbingen und die Schichten des Hirschbergs gleichaltrige Bildungen seien und als gemeinsames leitendes Fossil die zuerst aus Irland beschriebene *Avicula contorta* führten. Nun gewann man auf einmal einen Horizont von den grossbritannischen Inseln durch Norddeutschland, Skandinavien, das mittlere Frankreich, Südwest-Deutschland und die alpinen Gebiete bis nach den Karpathen und dem mittleren Italien, der, wenn auch in recht verschiedener Facies entwickelt, sich doch immer mit Sicherheit wieder erkennen liess und inmitten der mesozoischen Schichtenmassen einen trefflichen Anhaltspunkt abgab.

Seitdem ist eine ganze Litteratur über diese Bildungen erschienen, die z. Th. über die Frage handelt, ob man unsere Schichten besser zum Keuper oder zum Lias zieht. Wir halten uns hier um so lieber an das historisch Begründete, als es den natürlichen Verhältnissen bei uns durchaus entspricht. Alberti stellte seinen Sandstein von Täbingen zum Keuper, in welchem die Ammoniten noch fehlen. Bei Malsch haben wir den dunklen Liaskalk mit Ammoniten auf Thonen und gelben Sandsteinen ohne eine Spur derselben und zwar so, dass man die Grenze mit der Hand bedecken kann. Wir gewinnen also, wenn wir der Auffassung Al-

bertis folgen, die zudem in Deutschland beinahe allgemein anerkannt ist, einen sehr natürlichen Abschnitt.

Wenige Formationsgruppen haben so viele verschiedene Bezeichnungen erhalten, und keine der letzteren hat sich bisher allgemein Geltung verschafft. Ausser den schon genannten spricht man von Kössener Schichten (nach einem ausgezeichneten Vorkommen der Alpen), von Rhätischen Schichten nach den Ablagerungen auf dem Gipfel der 10,000′ hohen Scesaplana im Rhäticon, von Schichten der *Avicula contorta*, von Bonebed-Sandstein, der mancherlei ausserhalb Deutschlands üblichen Benennungen nicht zu gedenken. Die Annahme von „oberem Keuper" oder „Rhätischen Schichten" empfiehlt sich am meisten.

Zweierlei Gesteine setzen bei uns den oberen Keuper zusammen: Sandsteine und Thone. Erstere haben eine recht charakteristische Beschaffenheit und sind bei einigermassen mächtiger Entwicklung stets leicht von allen anderen Keupersandsteinen zu unterscheiden. Selbst in Handstücken irrt man selten, indem nur die eine oder andere der den bunten Mergeln eingelagerten Sandsteinschichten einmal eine ähnliche Beschaffenheit annimmt.

Zunächst ist die Färbung eine im Keuper ungewöhnliche, nämlich ein oft recht lebhaftes Gelb, welches hie und da in Weiss übergeht; doch tritt die gelbe Farbe immer bald wieder hervor in Gestalt von Flecken, Bändern u. s. w. Einzelne Bänke zeigen eine rothe Streifung und zwar ein recht lebhaftes Roth, nicht ein trübes, wie es dem Werkstein eigenthümlich ist. Rothe und gelbe Streifen wechseln in nur wenige Millimeter Abstand und verleihen den Bruchflächen ein gefälliges Ansehen. Hie und da erzeugen viele eingestreute Pflanzenreste dunkle Färbungen. Dieselben halten aber nie lange an. Der Sandstein sieht dann schmutzig aus. Diese Erscheinung zeigt sich zumal an der Grenze gegen die Thone bei beginnender Wechsellagerung derselben mit den Sandsteinen.

Die den Sandstein zusammensetzenden Quarzkörner sind im allgemeinen fein, aber auffallend eckig, und da beinahe kein Cement vorhanden ist, so fühlen sich die Stücke rauh an. Unter dem Einfluss der Atmosphäre zerfällt der Stein bald zu einem losen Sand. Im Gegensatz zu dieser kantigen Beschaffenheit sind einzelne Gerölle von Quarz und Kieselschiefer ähnlichen Massen, die hie und da eingewachsen sich finden, stets vollkommen gerundet. In anderen Gegenden treten diese Gerölle zu ausgezeichneten Conglomeraten zusammen; bei uns wurde diese Erscheinung indess nur ganz selten beobachtet.

Als eine Eigenthümlichkeit des Sandsteins sind noch senkrecht durch die Schichtung setzende, nach verschiedenen Richtungen gebogene Stengel zu erwähnen, die in allen Steinbrüchen auftreten. Ob es concretionäre Bildungen sind, oder ob Organismen der Entstehung zu Grunde liegen, lässt sich nicht ausmachen. Letzteres ist das unwahrscheinlichere.

Die einzelnen Bänke des Sandsteins erreichen nur eine geringe Mächtigkeit, welche 30 Cm. kaum übersteigt. Häufig tritt eine ganz schiefrige Structur ein. Für technische Zwecke ist der Sandstein wegen seiner leichten Zersetzbarkeit wenig geeignet; auch durchziehen denselben zahlreiche Klüfte senkrecht zur Schichtung, welche die Gewinnung grösserer Quadern unmöglich machen. Doch bestehen eine Anzahl Steinbrüche, deren Material für Mauern mit Mörtelbewurf, zu Einfriedigungen u. s. w. in Ermangelung besserer Steine Verwendung findet.

Die Thone sind bei uns ausnahmslos grau bis schwarz und meist mager. Im Gegensatz zu den bunten Mergeln des mittleren Keuper sind sie meist ausgezeichnet blättrig und ähneln in dieser Hinsicht den entsprechenden Gesteinen des unteren Keuper. Bezeichnend ist das häufige Vorkommen von Schwefelkies in unregelmässigen Knollen. Pflanzenreste häufen sich hier mitunter so an, dass kleine Kohlenschmitze gebildet werden.

Lagerung und Verbreitung.

Die Lagerungsverhältnisse der Rhätischen Schichten in der Umgebung von Langenbrücken, dem beinahe einzigen Vorkommen unserer Gegend, haben D e f f n e r und F r a a s zuerst richtig erkannt und auf deren Wichtigkeit für das Verständniss des Baus der Liasmulde aufmerksam gemacht. Die Sandsteine, an die wir uns zunächst halten wollen, da sie leichter als die Thone zu beobachten sind, treten in mehreren ganz von einander getrennten Partien auf. Die grösste derselben stellt einen zusammenhängenden Zug in Gestalt eines doppelt gekrümmten Hakens dar, der am Letzenberg bei Malsch beginnt, in nordöstlicher Richtung bis zum Galgenberg zieht, sich hier nach Südosten wendet, um im Schlehbergwald nach Südwesten umzubiegen und im Dorte Oestringen, etwas unterhalb des Ausgangs nach Rettigheim und in der Tiefe des nach Odenheim führenden Wegs, nahe den letzten Häusern unter die Oberfläche zu sinken.

Zwischen Letzenberg und Galgenberg fallen die Schichten nach Südosten; zwischen letzterem Punkte und dem Schlehbergwald nach Südwesten, in Oestringen endlich nach Nordwesten. Der zu Tage tretende Strich ist also das Ausgehende einer Mulde, deren Muldenlinie etwa in der Richtung von Mühlhausen nach Langenbrücken läuft. Am Letzenberg liegen die Sandsteinschichten 820', am Galgenberg etwa 750', bei Mühlhausen und Oestringen 600' hoch. Der nördliche Rand der Mulde liegt also beträchtlich höher als der südliche, dabei ist das Einfallen des Nordflügels steiler als das des Südflügels. Fraas und Deffner nehmen denn auch bei Malsch einen nochmaligen Bruch an, dessen Spuren jetzt nicht mehr zu sehen sind. Jedenfalls kann derselbe von keiner grossen Bedeutung sein.

Aus der Lagerung der Juraschichten im Innern der Mulde darf man schliessen, dass bis in die Mitte derselben, also etwa bis zum Brettwald das Einfallen von allen Seiten her concentrisch ist, dass aber mehr nach Südwesten hin die Muldenlinie horizontal verläuft, bis dann am Rande der Rheinebene ein steiles Einstürzen nach dieser hin, oder ein vollständiger Abbruch stattfindet. Der Bau der Mulde ist also ein sehr regelmässiger, indem südöstlich einer von Malsch nach Oestringen gedachten Linie die eigentliche Mulde, nordöstlich derselben Linie die Muldenwendung liegt.

Man vergleiche über diese Verhältnisse die Profile bei Deffner und Fraas, denen wir nichts hinzuzufügen haben.

Ausserhalb dieser geschlossenen Mulde tritt der gelbe Sandstein nur in vereinzelten, von der meist zusammenhängenden Decke übrig gebliebenen Schollen auf. Die am weitesten nach Osten in der Verlängerung der Malscher Partie gelegene wurde früher auf dem Hattmannsberg bei Horrenberg abgebaut. Der Bruch ist wegen zudringender Gewässer jetzt ausser Betrieb. Es ist eine rings auf älteren Keuperschichten liegende Masse von geringer Ausdehnung, die etwas gegen Nordosten nach Horrenberg hin einfällt. Die Lagerung lässt sich aus den Verhältnissen der nächstliegenden Keupermassen z. B. des Werksteins nicht erklären. Das Einsinken einer solchen einzelnen Platte nach einer oder der anderen Richtung kann in Auswaschungen z. B. von Gyps, der bei Horrenberg erbohrt wurde, leicht seine Ursache haben.

Eine andere unter dem Löss zusammenhängende Partie beginnt nahe der Kreuzung der Strassen Rauenberg-Horrenberg und Dielheim-Mühlhausen in einer Höhe von 760', um gegen die Ruine Rothenberg auf 640' hinab zu sinken. Im Dorfe Mühlhausen kam beim Graben eines Kellers unter einem am Ausgang nach Oestringen gelegenen Hause der Sandstein bei 480' zu Tage. Dieses letztere Vorkommen kann eine Fortsetzung des auf der Höhe bei Schloss Rothenberg gelegenen sein, da auch die Keuperschichten im Hohlweg von Mühlhausen nach Dielheim stark gegen das Thal einfallen.

Dicht dabei, nur etwas höher gelegen verzeichnen schon Deffner und Fraas eine hufeisenförmig begrenzte Sandsteinmasse, die ebenfalls, wenn auch etwas verworfen. eher auf einen Zusammenhang mit dem Sandstein der linken Thalseite, als mit dem höher gelegenen im Schlehbergwald deutet.

Es bleiben uns noch die Sandsteinkuppen südlich Oestringen, am Schindelbacher Berg, Schlüsselberg und im Rosenbergwald südlich Stettfeld. Diese bilden die Fortsetzung des bei Oestringen noch zu Tage tretenden, weiterhin aber tief hinabgesunkenen Sandsteins der Langenbrückener Mulde. Bei Oestringen [1] beträgt die Differenz etwa 180′, bei Zeutern bedeutend mehr, doch ist das Maass hier nicht anzugeben, da die Mächtigkeit des auflagernden Jura unbekannt ist. Bei Balzfeld ist die Höhe der Verwerfung gerade der Mächtigkeit des Gypskeuper gleich, welche bald grösser, bald geringer, doch ungefähr zu 200′ angenommen werden kann. Von Balzfeld bis Oestringen ist also die Sprunghöhe ungefähr gleich; sie nimmt erst mit der Annäherung an das Rheinthal zu.

Am Schindelbacher Berg fallen die Sandsteinschichten noch schwach gegen die Spalte ein, gegen Südwesten hin aber immer stärker, so dass im Rosenbergwald nach Fraas der Winkel bereits 37 NW. beträgt.

---

[1] Der auf der Höhe des Weinbergs östlich Oestringen von Deffner und Fraas angegebene Sandstein ist jetzt nicht mehr sichtbar. Sollte derselbe etwa fehlen, so würde das doch an der Richtigkeit der Auffassung der Lagerung durch die genannten Forscher nichts ändern.

GEOGNOSTISCHE BESCHREIBUNG

DER

UMGEGEND VON HEIDELBERG

ZUGLEICH ALS ERLÄUTERUNGEN ZUR GEOGNOSTISCHEN KARTE DER UMGEGEND VON HEIDELBERG.

(SECTIONEN HEIDELBERG UND SINSHEIM)

VON

E. W. BENECKE UND E. COHEN.

HEFT III. (SCHLUSS): JURA, TERTIÄR UND QUARTÄRE BILDUNGEN.

STRASSBURG.
KARL J. TRÜBNER.

LONDON.
TRÜBNER & COMP.
1881.

tief hinabgesunkenen Sandsteins der Langenbrückener Mulde. Bei Oestringen [1] beträgt die Differenz etwa 180′, bei Zeutern bedeutend mehr, doch ist das Mass hier nicht anzugeben, da die Mächtigkeit des auflagernden Jura unbekannt ist. Bei Balzfeld ist die Höhe der Verwerfung gerade der Mächtigkeit des Gypskeuper gleich, welche bald grösser, bald geringer, doch ungefähr zu 200′ angenommen werden kann. Von Balzfeld bis Oestringen ist also die Sprunghöhe ungefähr gleich; sie nimmt erst mit der Annäherung an das Rheinthal zu.

Am Schindelbacher Berg fallen die Sandsteinschichten noch schwach gegen die Spalte ein, gegen Südwesten hin aber immer stärker, so dass im Rosenbergwald nach Fraas der Winkel bereits 37 NW. beträgt.

Gliederung.

Dicht am Schloss Rothenberg hat ein Graben, der zur Ableitung des Wassers von den Weinbergen gezogen wurde, die oberen Keupermergel (Knollenmergel) bis wenige Fuss unter dem gelben Sandstein aufgeschlossen. Die breccienartige Steinmergelbank liegt 3—4 M. unter der untersten Sandsteinbank.

Die obere Grenze der Rhätischen Schichten bilden die Kalkbänke mit *Ammonites planorbis*. Man sieht die Auflagerung gut bei Malsch am westlichen Ausgang des Dorfes, wenige Schritte von der kleinen Kapelle entfernt. Die zwischenliegenden Schichten erreichen im Maximum 12 M. und zerfallen überall in einen unteren mächtigeren, sandigen und einen oberen schwächeren, thonigen Theil. Daher die Ausdrücke Bonebedsandstein und Bonebedthon.

Deffner und Fraas haben bereits Profile mitgetheilt, die hier mit einigen neuerdings aufgenommenen folgen. Sie beweisen, dass die Verhältnisse in den einzelnen Brüchen

[1] Der auf der Höhe des Weinbergs östlich Oestringen von Deffner und Fraas angegebene Sandstein ist jetzt nicht mehr sichtbar. Sollte derselbe etwa fehlen, so würde das doch an der Richtigkeit der Auffassung der Lagerung durch die genannten Forscher nichts ändern.

einander sehr ähnlich sind, ohne vollkommen übereinzustimmen, wie das in der Natur solcher thonigen Ablagerungen liegt.

M.	1. Im Rosenbergwald bei Stettfeld:
0,30	Zerstörte Sandsteinlage
0,90	Lichtblaue, sandige Thonmergel
0,90	Mehrere Sandsteinbänke; dazwischen helle, sandige Thonmergellagen, oft bis zum dritten Theil aus Glimmerblättchen bestehend
0,15	Hellblaue Sandmergel mit weissem Glimmer und vertical durchsetzenden wurmartigen Schnüren
3,60	Massige Sandsteine, nicht bis zum Liegenden aufgeschlossen.
	2. Am Galgenberg bei Malsch:
1,50	Schwarze, feinblättrige, sandige Thone mit Ausscheidung von dünnen Sandsteinplättchen
0,09	Braune, thonige Sandsteinlage
0,74	Schwarze, sandige Thone wie oben
0,09	Rothbraunes, mit Wülsten bedecktes Thonsandsteinplättchen mit Schwefelkiesknauern, Knochenresten, Schuppen und Muscheltrümmern
1,35	Schwarze, sandige Thone wie oben mit kleinen Zweischalern und Pflanzentrümmern
7,50	Gelblichweisser Sandstein.
	3. Bei Oestringen:
0,03	Rothbraunes Sandsteinplättchen mit Zweischalern
0,36	Schwarze, sandige Thone
0,06	Bonebed: rothbraunes Sandsteinplättchen voll *Anodonta postera,* unten Zähne und Schuppen anhängend
0,33	Sandige, gelbliche Thone mit Ausscheidung von Sandsteinplättchen
0,42	Gelbe Sandsteinplatten, uneben geschichtet
0,63	Schwarze, blättrige Thone
5,40	Gelblicher Sandstein, unten massig, oben schiefrig.
	4. Bei Oestringen, am Nordende des Dorfes an der Abzweigung des Weges nach Mühlhausen:
3,00	Graublaue Thone; oben fett, plastisch, unten mehr blättrig; die plastischen Thone aus den blättrigen entstehend

0,33 Dunkle Thone
0,02 Sandsteinplättchen
0,35 Dunkler Thon wie oben
0,40 Sandstein mit parallelopipedischer Absonderung, in unregelmässige Stücke zerfallend.
0,60 Dunkler Thon; etwas über der Mitte desselben eine Lage ganz erfüllt mit *Avicula contorta*
5,00 Sandstein, nicht bis unten aufgeschlossen.

5. Bei Mühlhausen:

0,18 Schwarze, sandige Thone
0,39 Braunrothe Sandmergel, an der Luft zerfallend
0,75 Schwarze, sandige Thone mit kleinen Zweischalern
3,00 Gelblichweisser Sandstein; oben mit *Anodonta postera* und senkrecht hindurchsetzenden, wurmartigen Stengeln, sowie rothbraunen sphäroidischen Concretionen.

Versteinerungen.

Schizoneura Hoerensis Hisinger
Carpolithen (? Cycadeen)
Termatosaurus crocodilinus Qu.
Termatosaurus Albertii Plien.
Sargodon tomicus Plien.
Ceratodus cloacinus Qu.
Saurichthys acuminatus Ag.
Acrodus minimus Ag.
Hybodus minor Ag.
Hybodus sublaevis Ag.
Hybodus cuspidatus Ag.
Hybodus cloacinus Qu.
(Anodonta) postera Deffner u. Fraas.
Protocardia Ewaldi Born. sp.
Protocardia Rhaetica Mer. sp.
Avicula contorta Portl.
Pecten acuteauritus Schafh.
Lingula cloacina Deffner u. Fraas.

Schizoneura Hoerensis kommt in den dünnen, an Schwefelkies reichen Sandsteinlagen im Thon über dem Hauptsandstein vor. In den Thonen liegt, übrigens selten, *Lingula cloacina*. Die übrigen Versteinerungen liegen theils in Sandstein, theils in Thon, alle über dem Hauptsandstein, in welchem nur undeutliche, nicht bestimmbare Steinkerne beobachtet wurden. Die Stellung des Bonebed bei Oestringen wurde in dem Profil 3 angegeben. Hie und da vorkommende kleine Partien von Kohle und schwarze, abfärbende Ueberzüge der Sandsteine (Malsch) mögen auf Anhäufungen von *Schizoneura Hoerensis* zurückzuführen sein.

Von einem besonderen Einfluss des oberen Keuper auf die Oberflächenbeschaffenheit kann in unserem Gebiet nicht die Rede sein.

Beziehungen zu anderen Gebieten.

Der obere Keuper (die Rhätischen Schichten) geben wegen ihrer ausserordentlichen Verbreitung einen der ausgezeichnetsten Horizonte ab. Speciell im südwestlichen Deutschland ist auch die Gliederung desselben eine gleichartige in den verschiedenen Gebieten; nur darf man auf Einzelprofile nicht zu viel Gewicht legen. Gesteine wie die gelben Hauptsandsteine können auf ganz kurze Entfernung vollständig ausfallen, um dann durchaus typisch ausgebildet gleich wieder zu erscheinen. Der Hauptsandstein liegt im allgemeinen unten, meist scharf gegen die rothen Keupermergel abschneidend. Einzelne Gerölle kommen überall in demselben vor; förmliche Conglomerate entwickeln sich in Lothringen und Luxemburg. Die Zahn- und Knochenschichten liegen oben im Sandstein oder in den Thonen über den Sandsteinen, nicht selten an einzelne dünne Sandsteinlagen gebunden. Auch die Muscheln schwanken ziemlich in ihrem Vorkommen. Man kann nur festhalten, dass unten geschlossener Sandstein, oben Thon oder ein Wechsel von Thon und Sandstein herrscht. Im Elsass und in Lothringen nehmen die Thone eine lebhafte, rothe Färbung an und gleichen dann den unter dem Sandstein liegenden Schichten des mittleren Keuper.

III. Jura.

Wir haben oben gesehen, wie durch Hausmanns und Merians Arbeiten das Verhältniss des nord- und süddeutschen rothen Sandsteingebirges aufgeklärt wurde. Die Reihenfolge der jüngeren aufliegenden Bildungen war zwar in einigen Gegenden schon lange richtig erkannt, doch konnte man noch keine rechte Uebereinstimmung zwischen den norddeutschen und schwäbisch-schweizerischen Gliedern erzielen. Merian[1] unterschied über der Formation des „älteren (bunten) Sandstein" eine Formation des „Jurakalkstein" mit einem von Humboldt[2] zuerst gebrauchten, der schweizer Gebirgskette entlehnten Namen. In dieser wurden vier Gruppen angenommen (von unten nach oben):

1. Rauchgrauer Kalkstein.
2. Bunter Mergel mit seinen untergeordneten Lagen.
3. Aelterer Rogenstein.
4. Jüngerer Kalkstein und Mergel.

Die erste Gruppe wurde später Muschelkalk, die zweite Keuper und Lias zusammen nach unserer jetzigen Bezeichnung.

Merian selbst hat sehr klar auseinandergesetzt, wie sich seine Auffassung zu der anderer hervorragender Geologen seiner Zeit verhielt.[3] Im Jahre 1820 besuchte L. v. Buch Basel und widersprach lebhaft der Behauptung Merians, dass der Basler ältere Sandstein dem norddeutschen Buntsandstein im Alter gleich stünde. Der ältere Sandstein sei vielmehr Roth-

[1] Merian, Beiträge z. Geognosie. Basel 1821. 23.

[2] Humboldt, über die unterirdischen Gasarten.

[3] Beiträge 95 ff.

liegendes, und Buntsandstein fehle im Süden. Dass Merian seine ganz richtige Ansicht festhielt, haben wir oben bereits gesehen (S. 198). Nun irrte aber Merian in einem anderen Punkte. Da in Norddeutschland die Jurabildungen wenig auffallen, der Muschelkalk aber eine grosse Rolle spielt, in der Schweiz das umgekehrte der Fall ist, so stellte Merian seinen Jurakalk (in der oben angegebenen Begrenzung) mit dem norddeutschen Muschelkalk in Parallele, wie dies Hausmann[1] schon vor ihm gethan hatte.

Dem trat nun L. v. Buch ebenfalls entgegen. Wir führen Merians Worte, mit denen er L. v. Buchs Meinung wiedergibt, wörtlich an: „Die Gruppen des rauchgrauen Kalksteins und des bunten Mergels, die man unter dem Namen des Gryphitenkalks zusammenfassen kann, stimmen mit den ältern, zwischen dem Todtliegenden und dem bunten Sandsteine eingelagerten Kalksteinarten in Thüringen überein. Der bunte Sandstein fehlt in der Gegend von Basel ganz; der ältere Flötzkalk wird daher unmittelbar bedeckt vom Jurakalke, unter welcher Benennung Herr v. Buch nur unsre dritte und vierte Gruppe begreift. Der Jurakalk ist die der Kreide zunächst liegende Formation, und wahrscheinlich noch jüngrer Bildung als der Norddeutsche Muschelkalk.“[2]

Man sieht, dass L. v. Buch zu jener Zeit weniger unter Jurakalkstein begriff, als später unter seinem Jura, zu welchem noch Theile der Merian'schen Gruppe 2, der bunten Mergel mit untergeordneten Lagen, hinzukamen. Denn von diesen bunten Mergeln war der Lias damals noch nicht hinreichend getrennt. In Merians Jurakalkstein steckte hingegen noch der ganze Muschelkalk und Keuper nach unserer heutigen Ausdrucksweise. Buch war ganz im Recht, wenn er den Jurakalkstein als eine jüngere Bildung vom rauchgrauen Kalkstein trennte; doch irrte er, indem er letzteren mit dem Zechstein (Gryphitenkalk) identificirte, welchen Merian, wie früher schon auseinandergesetzt wurde, sehr richtig ganz aus dem Spiel liess.

---

[1] Merian, Beiträge 101.
[2] Ebendas. 110.

Von dem Irrthum L. v. Buchs war bald im Süden nicht mehr die Rede. Längerer Zeit bedurfte es aber, um Muschelkalk und Lias auseinanderhalten zu lernen, worauf jedoch nun Alles ankam. Der Umstand, dass Schlotheim in seiner ersten bahnbrechenden Arbeit mehrfach Versteinerungen des Muschelkalk und Lias mit einander verwechselt hatte, hinderte besonders eine scharfe Trennung der mitunter petrographisch ähnlichen Gesteine beider Formationen. Merian hatte aber selbst sehr wohl erkannt, dass allein mit Hülfe der Versteinerungen ein Fortschritt möglich sein würde, denn er sagt einmal:[1] „. . . . . soll indess keineswegs behauptet werden, dass sich nicht die Muschelkalkformation in Norddeutschland sowohl, als die Bildungen, welche wir unter dem Namen der Juraformation zusammen gefasst haben, in Folge fernerer Untersuchungen in mehrere Formationen werden abtheilen lassen, die vielleicht unter einander noch eine nähere Vergleichung zulassen; es ist sogar nicht unwahrscheinlich, dass wenn wir einst mit den Versteinerungen besser bekannt sind, solche Zusammenstellungen möglich sein werden; so viel scheint mir aber dargethan zu sein, dass die Bildung unsrer Juraformation, so wie die der Norddeutschen Muschelkalkformation, zwischen die Bildungsepoche des bunten Sandsteins und diejenige der Kreide fällt." In diesem Satz zieht Merian scharf die Consequenzen seiner Beobachtungen, hütet sich aber durch gewagte voreilige Folgerungen die gewonnene sichere Basis zu verlassen.

Bald darauf bediente er sich selbst der Versteinerungen in erfolgreichster Weise, um seinen rauchgrauen Kalkstein besser zu charakterisiren.[2]

In demselben Jahre (1820), in welchem L. v. Buch Basel besuchte, kam auch Buckland dorthin[3] und erkannte in Theilen des Merian'schen Jurakalkstein mit Bestimmtheit die englische Rogensteinformation wieder und zwar speciell in den Gruppen 2, 3 und 4. Die unteren Lagen dieser

---

[1] Merian, Beiträge 105.

[2] Merian in Leonhardt, Min. Taschenb. 1825. Bd. XIX. 99.

[3] Merian, Beiträge 114.

Rogensteinformation, fügt Merian hinzu, nehmen gewöhnlich Mergelarten ein, die in England den Namen „Lias“ erhalten haben. Sie enthalten Gryphiten, Ammoniten, Belemniten, Nautiliten, Terebrateln und zwar ganz dieselben, wie die Gruppe des bunten Mergel in der Umgegend von Basel. Wenn hier Merian in bunten Mergeln Fossilien des Lias angibt, so ist das ein Irrthum. Bunte Mergel sind nur dem Keuper eigenthümlich; erst über denselben liegen die dunklen Gesteine mit den Versteinerungen.

Auch in Norddeutschland war die Trennung von Keuper und Lias in jener Zeit noch keineswegs vollzogen. Boué[1] machte wohl zuerst (1822) darauf aufmerksam, dass der englische Lias in den Wesergegenden vertreten sei, zu einer Zeit, wo man dort den Keuper als eine selbständige Bildung noch nicht kannte. Im Jahre 1824 endlich sehen wir bei Hausmann die Trennung vollzogen, da er den Keuper als ein Gebilde bezeichnet, welches an der Weser wie in Schwaben den Muschelkalk vom Gryphitenkalk trenne.[2] Oeynhausen, Dechen und La Roche[3] sondern ebenfalls das über dem Keuper liegende Gebirge ab und charakterisiren dieses durch Ammoniten und andere thierische Reste im Gegensatz zum Keuper, welcher in erster Linie Pflanzen einschliesse. Ebenso verfuhr Alberti[4] im „Gebirge Württembergs“.

Anfangs bediente man sich vorzugsweise des Namens Jurakalkstein für die obere, Gryphitenkalk[5] für die untere Abtheilung der Formation, und die Grenzen dieser Abtheilungen wurden sehr verschieden gezogen, da mit dem Erkennen der Selbständigkeit einer Formationsabtheilung noch lange nicht überall die richtige Trennung vollzogen ist. Nach und nach bürgerte sich an Stelle des „Gryphitenkalk“ die englische Bezeichnung Lias ein, und wir begegnen derselben in Werken allgemeineren Inhalts, so in dem geognostischen

---

1 Boué, Journal de Physique 1822. Bd. 95. 104.

2 Göttinger gelehrte Anzeigen 1823. 1957.

3 Geognostische Umrisse der Rheinländer 1825. Bd. II. 189.

4 Alberti, die Gebirge des Königreichs Württemberg 1826.

5 Ohne mehr an Zechstein zu denken. *Gryphaea arcuata* und *Productus horridus* wurden jetzt unterschieden.

Gemälde Deutschlands von Boué 1829 und in dem weit verbreiteten De La Beche-Dechen'schen Handbuch der Geognosie 1832, wo die Selbständigkeit des Lias innerhalb der Oolith- oder Rogensteingruppe noch besonders hervorgehoben wird. Diese letzteren Namen wurden dann nach dem Erscheinen von L. v. Buchs berühmter Abhandlung „über den Jura in Deutschland" 1839 durch die Bezeichnung Juraformation verdrängt, in welcher nach der vorwaltenden Färbung des Gesteins drei Abtheilungen: schwarzer Jura (oder Lias), brauner Jura und weisser Jura unterschieden wurden. In neuerer Zeit haben die von Oppel in Anwendung gebrachten Ausdrücke Dogger und Malm für die mittlere und obere Abtheilung vielfach Annahme gefunden.

Speciell den schwäbischen Jura hat nun Quenstedt in seinen beiden Werken, dem „Flötzgebirge Württembergs" (1843) und dem „Jura" (1856) zu der wohl am genauest bekannten Formation Deutschlands gemacht. Nach den sechs ersten Buchstaben des griechischen Alphabets wurden in jeder der drei Buch'schen Abtheilungen sechs Unterabtheilungen benannt und diese in allen ihren Einzelheiten petrographisch und besonders paläontologisch geschildert. Das Hauptgewicht legte Quenstedt auf eine eingehende Darstellung der schwäbischen Entwicklung, und nur kurz gedachte er der gleichaltrigen Bildungen anderer Länder. Unser Jura von Langenbrücken schliesst sich nun dem schwäbischen sehr genau an, wie das zuerst von Deffner und Fraas in ihrer schon mehrfach citirten ausgezeichneten Abhandlung nachgewiesen wurde, eine Abhandlung, welche in solcher Weise erschöpfend ihren Gegenstand behandelte, dass wir derselben hier nur weniges beizufügen haben werden.[1]

Gesteinsbeschaffenheit.

Die Eigenthümlichkeiten der Gesteine der Juraformation sind derart, dass sie sich bei ihrer geringen Verbreitung in unserem Gebiet auf der Oberfläche nur wenig bemerkbar

---

[1] Die ersten genaueren Mittheilungen über Langenbrücken und Umgebung gab Bronn in der Gaea Heidelbergensis 157—167.

machen. Ein so auffallender Charakter, wie ihn der Buntsandstein der unteren Neckargegend oder der Keuper den Hügeln am Ursprung der Elsenz aufprägt, geht daher dem Landstrich zwischen Malsch und Ubstadt durchaus ab. Es wäre nun ein grosser Irrthum aus diesem Umstand folgern zu wollen, dass der Jura aus einförmigen oder petrographisch schwer zu erkennenden Gesteinen zusammengesetzt wäre. Im Gegentheil herrscht im Jura eine grössere Mannigfaltigkeit wie im Keuper oder gar im Buntsandstein und Muschelkalk, aber die Mächtigkeit der festen Bänke ist eine geringe gegenüber den herrschenden Thonen und Mergeln, und so fallen die ersteren nur wenig ins Auge, während die wahre Natur der letzteren unter dem Einfluss der Verwitterung und der Vegetation bald verwischt wird.

Der untere Jura ist schwarz, der mittlere braun, der obere weiss nach Buchs Bezeichnung. Für unser Gebiet passt das denn auch vortrefflich, wenn wir das Ganze im Auge haben; einzelne Schichten weichen wohl ab. Der weisse Jura fehlt bei uns; doch braucht man nur den Rhein aufwärts nach dem badischen Oberland zu gehen, um z. B. am Isteiner Klotz die demselben angehörigen weissen Kalke in grellen Wänden ansteigen zu sehen. Dass wir uns übrigens solcher Benennung nach der Farbe immer nur für ein beschränktes Gebiet bedienen dürfen, braucht kaum besonders hervorgehoben zu werden.

Die Schichten des Lias bestehen bei uns aus Thonen, Mergeln und Kalken. Sandsteine, die in Schwaben und auf der linken Rheinseite in Lothringen sehr entwickelt sind, fehlen. Sämmtliche Gesteine enthalten Bitumen, welches durch Erhitzen ausgetrieben werden kann, doch in sehr verschiedener Menge, immer aber hinreichend, um eine dunkelgraue bis schwarze Färbung zu erzeugen.

Vom nahezu reinen, fetten plastischen Thon finden sich alle Uebergänge bis zum mageren, mit Wasser nur wenig schmierenden Mergel. Es soll bei den einzelnen Abtheilungen noch auf besondere Eigenthümlichkeiten, soweit dieselben bezeichnend sind, aufmerksam gemacht werden. Eine auffallende Erscheinung bilden die im oberen Lias liegenden bituminösen

Mergelschiefer, die einen der leicht kenntlichsten und verbreitetsten Horizonte der ganzen Juraformation darstellen. Sie sind ausserordentlich ebehflächig und in oft nur papierdünnen, aber sehr zähen, lederartigen Blättern abgelagert. Der Bitumengehalt ist stellenweise so bedeutend, dass Tropfen von Erdöl herausschwitzen, oder auch kleine Ansammlungen sich bilden. Schiefernde Mergel kommen ausserdem noch gelegentlich in verschiedenen Horizonten des Lias, zumal des unteren vor, sind aber niemals so ausgezeichnet dünnschichtig und ebenflächig, wie jene des oberen Lias.

Auch die Kalke sind sämmtlich durch Bitumen gefärbt, zeigen daher alle Schattirungen vom hellen zum dunklen Grau; letztere herrschen aber bei weitem vor. Ein Thongehalt ist wohl allen Kalken eigen. Wie schon oben erwähnt, liegen die Bänke nun nicht in grösserer Zahl auf einander gepackt, so dass sie zusammenhängende Ablagerungen bilden, sondern sind durch mehr oder minder mächtige Lagen von Thonen und Mergeln getrennt. Die Schichtenflächen sind beinahe ausnahmslos eben, und wenn Erhöhungen aus denselben heraustreten, so rühren diese meist von Versteinerungen her. Hie und da kommt einmal eine gröber krystallinische Bank vor, im allgemeinen herrscht ein feines Korn und muschliger Bruch. Gewisse Bänke des unteren Lias, die unter leichtem Hammerschlage in Scherben zerspringen, gleichen einem dunkel gefärbten lithographischen Stein.

Eine besondere Erwähnung verdienen noch die Stinksteine, d. h. bituminöse, beim Schlagen oder Reiben übelriechende, dünne, merglige Kalkplatten, die zwischen den bituminösen Mergelschiefern des oberen Lias liegen.

Man sieht, dass die Elemente, welche diese Gesteine des Lias zusammensetzen, gering an Zahl sind, der Hauptsache nach nur Kalk und Thon; denn Beimengungen wie Glimmer und Sand treten ganz selten hinzu. Dennoch ist die Erscheinungsweise der einzelnen Gesteine eine so charakteristische, dass man manche derselben an Punkten, die weit entfernt von einander liegen, auf den ersten Blick wieder erkennt. Was wir hier vom Lias des Rheinthals sagten, gilt z. B. in gleicher Weise nicht nur für den nahen schwäbischen, sondern auch für den französischen oder englischen Jura. Gegen die Mergel des Keuper dürfte, abgesehen von der Farbe, die ja aber nur auf ganz geringen Beimengungen, wesentlich von Eisenverbindungen beruht, der Hauptunterschied in dem Mangel eines Magnesiagehalts liegen.

Der Lias ist ausserordentlich reich an Schwefelkies, der theils frisch in Schnüren und Knollen oder als Versteinerungsmittel vorkommt, theils — und zwar besonders häufig — in Brauneisenstein umgewandelt ist. So liegen in der oberen Hälfte des unteren Lias in einer mächtigen Thonmasse Kalkbänke, die durch und durch mit Schwefelkies imprägnirt sind. In den Mergeln des mittleren Lias sind die Versteinerungen meist mit mürbem, rostfarbenem Brauneisenstein erfüllt, der ausserdem auch in verschieden geformten Massen vorkommt und dem Gestein stellenweise eine gleichmässige braune Färbung verleiht. Als Ueberzug tritt Brauneisenstein noch in den Sandsteinen des braunen Jura auf, doch ohne eine besondere Bedeutung zu erlangen.

Am häufigsten findet sich Schwefelkies (und Brauneisenstein) wohl als Versteinerungsmittel, und es ist die Verkiesung oder Verkalkung der organischen Einschlüsse eine ganz charakteristische Eigenthümlichkeit gewisser Schichten, die oft auf weite Entfernung sich gleich bleibt. Unser Gebiet schliesst sich in dieser Beziehung ganz eng an die schwäbische Entwicklung an, und die so genauen und zutreffenden Beschreibungen Quenstedts lassen sich in den meisten Fällen direct auf die Gegend von Langenbrücken übertragen, wie das schon von Deffner und Fraas hervorgehoben wurde.

Sonst sind Lias und Jura an accessorischen Bestandtheilen sehr arm; es wären etwa nur noch kuglige und nierenförmige Massen von Baryt in radial-strahliger Anordnung zu nennen, welche mit der Etikette „unterer Lias der Gegend von Oestringen“, in der Heidelberger akademischen Sammlung liegen, und selten vorkommende Einschlüsse von Gagat aus dem unteren Lias von Malsch.

Das wenige, was über die Gesteinsbeschaffenheit des

Dogger zu sagen ist, folgt unten bei der Besprechung der Gliederung dieser Formation.

Lagerung und Verbreitung.

Juraschichten nehmen auf unserer Karte einen verhältnissmässig kleinen Raum ein. Sie sind beschränkt auf das Gebiet südwestlich des Angelbachthals und bilden hier eine von Südwest nach Nordost gestreckte Mulde, deren nach Nordwest gelegener Flügel den Triasschichten concordant aufliegt, während der Südostflügel durch eine Spalte begrenzt wird. Eine Verwerfung trifft man auch im Angelbachthal von Wiesloch gegen Mühlhausen hinaufziehend, so dass also nur im Nordwesten von Malsch nach dem Galgenberg hin ein normaler Zusammenhang stattfindet. Wir kommen weiter unten nochmals auf die Lagerung der Schichten in unserem ganzen Gebiet zu sprechen und verweisen hier nur auf das dort anzuführende. Am Rheinthal hat sich eine einzelne Scholle losgelöst und ist der Hauptmasse der Juraschichten in derselben Weise angelehnt, wie das bei den früher besprochenen Triasbildungen der Fall ist. Die Axe der Mulde liegt in einer Linie, welche von Langenbrücken nach Mühlhausen läuft. Von dem erstgenannten Orte bis etwa an den Freibach läuft die Muldenlinie nur wenig vom Rheinthal aus ansteigend, hebt sich aber dann etwas stärker. Längs der Rheinthalspalte findet ein stärkeres Einfallen nach dieser hin statt. Ausser diesen, sämmtlich in unmittelbarer Berührung, wenn auch nicht im ursprünglichen Zusammenhang stehenden Juraablagerungen sind keine Vorkommnisse in unserer Gegend bekannt. Nördlicher treten solche im Rheinthal überhaupt nicht mehr auf. In südlicher Richtung finden sich die ersten Andeutungen erst in der Gegend von Ettlingen, während ausgedehnte Juraablagerungen auf der anderen Seite des Rheins westlich von Hagenau auftreten. Dass mit ziemlicher Sicherheit eine einstige grössere Verbreitung der Jurabildungen angenommen werden darf, werden wir später sehen. Wir gehen zunächst zur Gliederung unserer Formation über und werden dabei Gelegenheit finden, über die

Verbreitung einzelner Abtheilungen noch manches nachzutragen.

Gliederung.

Lias.

Im Lias unterscheiden wir eine untere, mittlere und obere Abtheilung in Uebereinstimmung mit der allgemein üblichen Eintheilung. Bei der weiteren Theilung lassen wir uns von unserer localen Entwicklung oder den zu Gebote stehenden Aufschlüssen leiten und besprechen gesondert eine untere und obere Abtheilung des unteren Lias, den mittleren und den oberen Lias. Dies sind die Gruppen, welche auch trotz mannigfacher jüngerer Bedeckungen auf der Oberfläche sich leicht unterscheiden lassen.

Unterer Lias.

Untere Abtheilung. Die hierher gehörigen Schichten bezeichnete Quenstedt in Württemberg als α, und das bekannteste Glied derselben sind die Gryphitenkalke, nach *Gryphaea arcuata* oder Arietenkalke, nach Ammoniten aus der Gruppe der Buch'schen Arieten benannt. Oppel zerlegte nach einigen bezeichnenden Versteinerungen in: Zone des *Ammonites planorbis,* des *Ammonites angulatus,* des *Ammonites Bucklandi* und des *Pentacrinus tuberculatus.*

Ueber den früher genannten schwarzen Thonen, welche den Keuper schliessen, folgen blaugraue, splittrige Kalke, etwa 0,60 M. mächtig. Gewöhnlich trifft man zwei Bänke, welche in den meisten Fällen durch ein verschieden mächtiges Thonmittel getrennt sind. Man sah die Auflagerung dieser Bänke auf den unteren Thonen zeitweilig in einer Sandsteingrube an dem westlich von Malsch von der Hauptstrasse in die Weinberge führenden Seitenwege. In der Nähe der dort stehenden Kapelle schreitet man auf der Strasse über die Köpfe eben dieser Kalkbänke weg. Sie kommen endlich gelegentlich in den vielen Gruben zu Tage, welche behufs der Kalkgewinnung südlich und südöstlich Malsch sowie bei Oestringen angelegt werden. Die leitende Versteinerung ist *Ammonites planorbis.* Man trifft dieselbe mit anderen

Resten zusammen auf den Halden der Kalkgruben, doch seltener als die Versteinerungen der höheren Schichten, da die Arbeiter nicht immer bis auf die unterste Schicht hinunter gehen. Splittriger Bruch, sehr gleichartiges, feines Korn, flammige Zeichnung und eine Neigung in parallelopipedische Stücke in Folge senkrechter Klüfte zu zerfallen, zeichnen dieselben aus.

Auf diese Planorbis - Schichten folgen in auffallend schwacher Entwicklung im Vergleich zu östlich und westlich gelegenen Gegenden etwa 1 M. feinblättrige, nicht fette Thone, in denen sich ellipsoidische Massen von Kalk ausscheiden. In den Thonen findet sich bereits häufig die auch höher sehr verbreitete *Gryphaea arcuata.* In den Kalken kommt *Ammonites angulatus* vor, doch sehr selten. Recht bezeichnend sind auch graue auf dunklem Grunde sich abhebende wurmartig gebogene Bänder, die als Reste von Seepflanzen (Fucoideen) gelten. Dieselben kommen aber höher oben nochmals vor. Von einem eigentlichen System der Angulatenschichten, wie in Schwaben, kann also hier nicht die Rede sein. Doch ist es von grossem Interesse, dass Fraas den *Ammonites angulatus* in einer kleinen, rundmündigen, stark und eng gerippten Form in einer zwischen Mühlheim und Rettigheim am Walde anstehenden Kalkbank auffand.

Eine einzige, nur etwa 0,30 – 0,40 M. mächtige Bank eines im frischen Zustande dunklen, etwas geflammten Kalkes enthält Ammoniten aus den Gruppen der rund oder breitrückigen Arieten, unter welchen einer gewöhnlich als *Ammonites Bucklandi* aufgeführt wird. Diese Bucklandi-Schichten sind anderswo mächtiger, z. B. in Schwaben und auf der linken Rheinseite; doch bleibt die Mächtigkeit überall gering gegen andere Abtheilungen des unteren Lias. Fragmente der bezeichnenden Ammoniten findet man überall auf den Halden bei Malsch, so dass die Bank leicht aufgefunden werden kann. Vollständige Exemplare sind selten, schon weil die Individuen oft sehr gross wurden und Klüfte durch dieselben hindurchsetzen. *Gryphaea arcuata* ist auch hier eine häufige Erscheinung: zumal auf der Oberfläche der Bank fällt sie auf.

Den Schluss der unteren Hälfte des unteren Lias bildet ein System von Thonen, Schiefern und Kalken bis zu einer Mächtigkeit von nahezu 3 M. Die Thone sind nicht fett und zerfallen an der Luft zu kleinen Brocken, die Schiefer sind ebenflächig, oft in papierdünnen Lagen angeordnet und gleichen den sogenannten bituminösen Mergelschiefern des oberen Lias. Eine Bank mit Algen liegt in der Mitte. Kalke, von den früher besprochenen nicht wesentlich verschieden, wechseln mit den Schiefern und Thonen. Eine flammig gezeichnete Bank liegt unten, eine zuweilen nur durch ellipsoidische Knollen vertretene zwischen der unteren und der Seegrasschicht, eine etwas hellere, geflammte, sehr splittrige macht den Schluss der ganzen Abtheilung aus.

Leitend für diese Schichtenreihe ist *Pentacrinus tuberculatus*, dessen Stielglieder auf der Oberfläche der Kalkbänke herausragen und das Innere derselben oft so erfüllen, dass ein ganz späthiges Gefüge entsteht. Die Schichten mit *Pentacrinus tuberculatus* bilden einen Horizont von weiter Verbreitung. In den Schiefern kommt häufig flachgedrückt eine von Quenstedt als *Monotis papyria* bezeichnete Muschel vor, welche den Namen Monotisschiefer veranlasste, der in Württemberg für diese Schiefer gebräuchlich ist, und den Fraas auf Langenbrücken übertrug. Unter Tuberculatenbank begreift dieser Forscher nur die unterste, allerdings an diesem Fossil besonders reiche Bank.

Es ist eine Eigenthümlichkeit des untersten Lias von Langenbrücken, dass nicht nur wie in Württemberg in den Schichten des *Pentacrinus tuberculatus* und den zugehörigen Schiefern, den Oelschiefern Quenstedts, sondern in allen Bänken von der Planorbisbank an reichlich Bitumen auftritt. Zunächst färbt es die Gesteine dunkel, findet sich aber auch als Ausfüllung kleiner Spalten und Hohlräume, besonders der Ammonitenkammern, so dass es beim Zerschlagen der Stücke umherspritzt. Die frisch gebrochenen Haufen sind zuweilen ganz mit Bitumen übergossen.

Aus einer Anzahl Steinbrüche stellten Deffner und Fraas folgendes Profil für den unteren Theil des unteren Lias zusammen:

	p. F.	
Monotis-Schiefer	0,6	Bank hellgrauen, leicht springenden geflammten Kalkes.
	3,5	kurz-brüchige Thone, nach unten schiefrig, voll *Monotis papyria.*
	0,6	bituminöser Springer-Kalk, geodenartig.
	3,0	Seegras. *Ichthyosaurus communis.* Thone mit *Gryphaea arcuata* und *Monotis papyria. Pentacrinus tuberculatus. Pecten glaber.*
Tuberculaten-Bank	1,0	geflammte, thonige, bituminöse Kalkbank voll Steinöl. *Amm. Scipionanus, Amm. spinaries. Spirifer tumidus. Pentacrinus tuberculatus.*
	0,2	Thone mit *Gryphaea arcuata.*
Bank des *Amm. Bucklandi*	1,0	Bank dunkel geflammten Kalkes zum, Brennen am gesuchtesten. *Amm. Bucklandi.*
	3,0	Thone mit Gryphaeen. Bituminöse, feinblättrige Thone mit *Amm. spiratissimus, Inoceramus,* Fucoideen.
Psilonoten-Bank	1,0	Bank sehr thonigen, gross geflammten bituminösen Kalkes mit *Amm. laqueus Amm. psilonotus, Lima depunctata, L. Hermanni, Pecten disparilis.*
	0,3	Thone, sich auskeilend.
	1,0	*Amm. psilonotus plicatus.*
Bonebed: Sande und Thone		Bonebed-Thone mit *Avicula contorta* etc.

Wir selbst beobachteten in einem Bruch bei Malsch:

M.	
0,25	Tuberculatenbank
0,30	Thon

0,25 Kalkbank mit *Amm. Bucklandi*
0,80 Thon mit *Gryphaea arcuata*
0,35 Psilonotenbank
0,15 Thon
0,30 Psilonotenbank
Bonebedthon.

Ueber der Bucklandibank liegen Schiefer und Thone in den verschiedenen Brüchen in sehr verschiedener Mächtigkeit. *Pentacrinus tuberculatus* kommt noch überall vor, bald in mehr oder minder anhaltenden Kalkbänken, bald nur in einzelnen Kalkellipsoiden. In den Schiefern ist überall *Monotis papyria* mit weisser Schale häufig.

Die bisher besprochenen Schichten (XXI der Karte) bedecken eine hufeisenförmige zusammenhängende Fläche im nordöstlichen Theil der Mulde. Der breitere Schenkel liegt in sanfter Neigung vom Letzenberg und Galgenberg gegen den Hengstbockbach zwischen den Orten Malsch und Rettigheim. Alljährlich werden hier nach der Ernte die Kalkbänke, die nur wenig tief unter der Oberfläche anstehen, herausgehoben und die Gruben dann wieder eingeebnet. Ausgedehnte Partien sind derart schon abgebaut. Ebenso verfährt man auf dem südlichen, schmalen Schenkel bei Oestringen. In dem verbindenden Bogen im Schlehbergwald hindert die Vegetation die genaue und vollständige Beobachtung, doch liegen überall zur Orientirung ausreichende Gesteinsbrocken und Versteinerungen umher.

Von allen Abtheilungen des Lias ist diese die in unserem Gebiet am besten aufgeschlossene; sie ist auch die einzige, deren Gesteine eine ausgedehntere Verwendung finden. Es herrscht ein stetiger Zusammenhang, indem keine Verwerfung eine Trennung in einzelne Schollen bedingt.

Versteinerungen der unteren Abtheilung des unteren Lias.

(Schwarzer Jura *α* Quenstedt. Zonen des *Ammonites planorbis, angulatus, Bucklandi* und des *Pentacrinus tubercu-*

latus Oppel, letztere inclus. der Monotisschiefer Fraas.)

Belemnites acutus Mill.
Nautilus striatus Sow.
Ammonites Johnstoni Sow.
Ammonites laqueus Qu.
Ammonites longipontinus Opp.
(*A. laqueus longipontinus* Fraas)
Ammonites angulatus Schl.
(*A. angulatus depressus* Fraas)
Ammonites Bucklandi aut.
Ammonites multicostatus Qu.
Ammonites spiratissimus Qu.
Ammonites cf. olifex Qu.
Ammonites falcaries Qu.
Ammonites Sauzeanus Orb.
Pleurotomaria polita Sow. sp.
Turbo sp.
Pleurotomaria corrugata Koch u. Dunk.
(*Pl. prima* Qu. Jura Taf. V. f. 2.)
Cardinia crassiuscula Ag.
Unicardium cardioides Phil. sp.
Lima gigantea Sow.
Lima succincta Schl.
Lima pectinoides Sow.
Inoceramus Weissmanni Opp.
Monotis papyria Qu.
Monotis olifex Qu.
Monotis sp.
Avicula sp.
Pecten Trigeri Opp.
Pecten textorius Schl.
Pecten Hehli Orb.
Pecten sp.
Gryphaea arcuata Lamk.
Ostrea irregularis Qu. (non Mnstr.)
Ostrea semiplicata Mnstr.
Terebratula cor Lamk.
(*T. vicinalis arietis* Qu. Jura T. IX. f. 4 – 6.)

Rhynchonella variabilis aut.
(*Terebratulae gryphiticae* Qu. Brach. S. 40.)
Spirifer verrucosus B.
Spirifer Walcotti Sow.
Lingula cf. Kurri Andl.
Radioli *cf. Cidaris psilonoti* Qu.
Asseln *cf. Cidaris arietis* Qu.
Pentacrinus tuberculatus Mill.

Obere Abtheilung. Quenstedt führte den Namen Turnerithone (nach *Amm. Turneri*) für die nun folgenden Schichten ein. Sie repräsentiren den schwarzen Jura β. Oppel unterschied drei Zonen nach typischen, schwäbischen Vorkommnissen, welche auch in manchen anderen Gegenden sich wiedererkennen lassen. Auf das Vorhandensein derselben in der Umgebung von Balingen in Württemberg hatte Fraas schon 1846 hingewiesen. Es handelt sich hier um mächtige Thone mit einzelnen eingelagerten festen Kalkbänken, eine Gesteinsbeschaffenheit, welche die genaue Feststellung der specielleren Eigenthümlichkeiten sehr erschwert. Die Thone zerfallen leicht und überziehen sich mit Vegetation, die festen Kalkbänke verschwinden bald von der Oberfläche, indem die Thone über das Ausgehende derselben herunterrutschen, und so ist man auf gelegentliche, zufällige Aufschlüsse angewiesen. Trotz dieser Schwierigkeiten gelang es Deffner und Fraas, eine auffallende Uebereinstimmung der Gliederung mit der Entwicklung im Herzen Württembergs nachzuweisen, ein Umstand, der, wie wir noch sehen werden, gerade für diese Abtheilung von grossem Interesse ist.

In der Gegend zwischen dem Hohenstaufen und dem Plettenberg in Württemberg erreichen die Thone eine Mächtigkeit von über 30 M. Bei uns lässt sich die Mächtigkeit auch nicht annähernd bestimmen, doch kann sie nicht unbeträchtlich sein.

Die zunächst über den Schichten des *Pentacrinus tuberculatus* folgenden Thone — das mächtigste Glied der ganzen

Abtheilung — sind arm an Versteinerungen. Bezeichnend für die untersten Lagen derselben ist eine kleine, meist verdrückte *Rhynchonella*, welche Quenstedt als *Rh. Turneri* aufführt. Fraas wies deren Vorkommen im Schlehbergwald am Ausgang des nach Oestringen führenden Weges nach. Die Thone sind ferner noch zu sehen an der Oestringen-Rettigheimer Strasse, an der Ziegelei am Rettigheimer Kirchhof und mehrfach im Oestringer Wald. Oben in den Thonen liegen in Württemberg splitterharte, blaue, reichlich mit Schwefelkies imprägnirte Kalke, welche zahlreiche verkieste Versteinerungen enthalten. Von der gleichen Beschaffenheit ist eine Kalkbank, welche Fraas und seine Begleiter im Erlengraben, einige hundert Schritte oberhalb des Oestringen-Rettigheimer Weges entdeckten. Sie entspricht unzweifelhaft dem schwäbischen Vorkommen, da sie ausser anderen unten aufzuführenden Versteinerungen den *Ammonites obtusus (=Turneri)* führt. Leider konnte später trotz allen Suchens diese Bank, deren weitere Ausbeutung von grossem Interesse wäre, nicht wieder aufgefunden werden.

Nur etwa 15 M. mächtig sind in Württemberg die nun folgenden Schichten des *Ammonites oxynotus*. Es sind ebenfalls Thone, in frischem Zustande von blauer Farbe, aus denen die Versteinerungen als saubere Kieskerne sich herauslösen. An der Luft werden die Thone heller und nehmen in Folge der Zersetzung des Schwefelkies eine rostbraune Färbung an. Die Versteinerungen verlieren dann allen Zusammenhalt, und ihr einstiges Vorhandensein ist nur noch an den mit Mulm erfüllten Abdrücken zu erkennen. In diesem Zustand liegen die Mergel am Erlenbach über den unteren Thonen hie und da aufgeschlossen. Man hat sie natürlich nach dem Hangenden hin, gegen Südwesten zu suchen, also unterhalb der Oestringen-Rettigheimer Strasse, am Viehweg u. s. w. *Ammonites oxynotus* selbst ist gefunden.

Das letzte und oberste Glied des unteren Lias, die Raricostatenschichten, wurde von Fraas dicht bei Oestringen, in einem Einschnitt des Vicinalwegs, welcher aus dem Ort in den Wald am Dinkelberg führt, beobachtet. Auch tiefer liegende Thone sind hier noch aufgeschlossen. Zu oberst stehen hellere, etwas sandige Schichten an, die sich petrographisch kaum von der Basis des mittleren Lias unterscheiden, aber durch das Vorkommen des leitenden Ammoniten ausgezeichnet sind.

Auch diese Schichten liegen in einem ähnlich geformten zusammenhängenden Streifen, wie die früher besprochenen. Wiese und Wald, die leichte Zerstörbarkeit und in Folge Abschwemmens eintretende Vermengung der einzelnen Abtheilungen sind aber hier der Untersuchung ganz besonders hinderlich. Auf die einzige früher bekannt gewordene Stelle im Erlengraben, an der man die Kalke beobachtet hat, ist oben hingewiesen worden. Einzelne aus dem Thon ausgewaschene Fossilien bezeichnen das nördlichste Vorkommen an dem von Malsch nach Südwesten führenden Feldwege. Der ganze Untergrund des Brettwaldes zwischen Erlengraben und Hengstbockbach wird von den Thonen eingenommen, denen eine breite, zungenförmig nach Nordosten ziehende Lössmasse aufgelagert ist. Ebenso steht der Oestringer Wald auf den Thonen; nur auf der Nordseite desselben nahe der Rettigheimer Ziegelei und in den Strassengräben des Oestringen-Rettigheimer Weges, ferner auf der Südseite nahe Oestringen sammelt man die eine oder andere Versteinerung. Es unterliegt keinem Zweifel, dass ein in der Gegend Ansässiger bei Benutzung jeden Aufschlusses, wie er sich beim Auswerfen der Gräben, bei der Anlage neuer Waldwege u. s. w. ergibt, reichere Ausbeute erhalten würde, als sie dem gelegentlichen Besucher zu Theil wird. Gegenüber dem Schindelbacher Berg sinken die Thone an der Hauptspalte hinunter, doch scheinen sie bei Zeutern nochmals herauszutreten. Deffner und Fraas zeichnen sie wenigstens unten am Fahrweg nach Langenbrücken ein, und da etwas höher im Strassengraben mittlerer Lias mit vielen Fossilien ansteht, so mögen allerdings die untersten Partien des westlich an die Strasse anstossenden Weinbergs noch auf den obersten Lagen des unteren Lias ruhen. Der von der Farbe XXII auf unserer Karte eingenommene Raum hat jedoch unter allen Umständen eine zu grosse Ausdehnung erhalten.

Versteinerungen der oberen Abtheilung des unteren Lias.

(Schwarzer Jura β Quenstedt, Zonen des *Ammonites obtusus, oxynotus* und *raricostatus* Oppel.)

Belemnites acutus Mill.
(*B. brevis secundus* Qu.)
Ammonites obtusus Sow.
Ammonites oxynotus Qu.
Ammonites raricostatus Ziet.
Pleurotomaria sp.
Cardium multicostatum Fraas l. c. S. 20.
(? = *C. cingulatum* Gldf. *C. musculosum* Qu.)
Cardium cf. Qu. Jura Taf. VI. f. 10.
Nucula variabilis β Qu.
Pecten textorius Schl.
Gryphaea obliqua Gldf.
Rhynchonella Turneri Qu. sp.
Rhynchonella oxynoti Qu. sp.

Mittlerer Lias.

Der mittlere Lias zerfällt in zwei Abtheilungen γ und δ nach der Quenstedt'schen Bezeichnungsweise. Die untere ist in unserem Gebiet so weit aufgeschlossen, dass man eine vollständige Uebereinstimmung mit Württemberg constatiren kann. Von der oberen lässt sich wenig mehr sagen, als dass sie vorhanden ist.

Untere Abtheilung. Fraas hat schon auf den oben genannten Einschnitt des Weges von Oestringen nach dem Dinkelsberg als Aufschlusspunkt für die Basis des mittleren Lias hingewiesen. Eine andere für die Untersuchung geeignete Localität ist ein Hopfenacker unmittelbar rechts am Wege von Zeutern nach Oestringen. Es liegen hier auf den Raricostatusschichten etwas festere, plattige Bänke eines graugelben Sandmergels, bis auf den festeren Zusammenhalt den tieferen Schichten ganz gleichend. *Gryphaea obliqua*, die zwar tiefer schon vorkommt, wird hier besonders gross und verschwindet dann; *Rhynchonella oxynoti, Rhynchonella curviceps* und *Spirifer verrucosus* in kleinen Exemplaren mit sehr deutlicher Punctirung kommen häufig vor; dazu treten dann noch einige Ammoniten, unter denen *Amm. armatus* zu nennen ist.

Mehr gegen die Mitte des genannten Ackers nach Nordwesten hin folgt nun die Hauptmasse der verkiesten, in Brauneisenstein umgewandelten Dinge: *Terebratula numismalis, Rhynchonella rimosa, Ammonites Jamesoni, pettos* u. s. w. Das Gestein ist hier theils grauer Mergel, in welchem die meisten Versteinerungen liegen, theils etwas festerer mergeliger Kalk. Als Numismalisschichten wird diese mittlere Partie des mittleren Lias gewöhnlich aufgeführt. Den Schluss, nahe am Wege und am Walde zu Tage tretend, machen feste graue, von Kalkspathadern durchzogene Kalke aus, in welchen *Ammonites Davoei* leitend ist.

Bald die eine, bald die andere Schicht tritt an manchen Stellen des Weges von Zeutern nach Oestringen, am Dinkelsberg, im Biesinger Wald und am Erlenbach auf, ohne dass vollständige Profile blosgelegt wären. Man ist dann auf die jedesmal auftretenden Versteinerungen angewiesen, mit deren Hülfe man sich auch nur deshalb orientiren kann, weil die Uebereinstimmung mit Württemberg eine bis ins einzelne vollständige ist.

Obere Abtheilung. Es ist jetzt wohl nur eine einzige Stelle vorhanden, an welcher diese obere Hälfte des mittleren Lias einigermassen gut aufgeschlossen ist, nämlich am Wege von Zeutern nach Langenbrücken, ganz nahe am ersteren Ort, an der starken Steigung der Strasse. Hier stehen am Strassengraben, wenn derselbe frisch ausgeräumt ist, dunkle Thone an, aus denen zahlreiche Belemniten, besonders *Belemnites clavatus* und kleine verkieste Ammoniten herauswittern. Unter letzteren bemerkt man bald den leitenden *Ammonites margaritatus.* Derselbe findet sich vereinzelt auch am nördlichsten Rand des Ackers, welcher oben beim unteren Theil des mittleren Lias besprochen wurde; doch hindert der Wald dort jede weitere Beobachtung. Mit den Thonen am Wege bei Zeutern contrastirt auffallend eine etwa 0,30 M. mächtige Bank grauen Kalks, welche ganz mit grossen Exemplaren des *Belemnites spinatus* erfüllt ist, und auf deren Oberfläche *Ammonites spinatus* Brug (*costatus*) herauswittert. Diese Bank (Costatenbank), welche quer über die Strasse hinübersetzt, hat eine grosse Verbreitung und gibt einen trefflichen Horizont ab. Fraas fand *Ammonites spinatus* in Bruchstücken zwischen Zeutern und dem Biesinger Wald. Spuren der Bank sind gegen den Dinkelberg und gegen den Brettwald vorhanden.

Die Margaritatusschichten (Amaltheenschichten) haben in Württemberg eine Mächtigkeit von ziemlich 20 M. Die Mächtigkeit bei uns ist nicht genau festzustellen, kann aber ziemlich ebenso bedeutend sein. Die Costatenkalke erreichen immer nur einige Meter; wegen ihrer grösseren Widerstandsfähigkeit gegen das Zerfallen machen sie sich aber leichter bemerklich.

Versteinerungen des mittleren Lias.

Belemnites elongatus Mill.
Belemnites paxillosus Schl.
Belemnites clavatus Schl.
Belemnites compressus Stahl
Belemnites umbilicatus Blainv.
Nautilus intermedius Sow.
Ammonites[1] *brevispina* Sow. (*A. natrix rotundus* Fraas l. c. S. 23.)
Ammonites submuticus Opp. (*A. natrix oblongus* Fraas l. c. S. 23.)
Ammonites Jamesoni Sow.
Ammonites Maugenesti Orb.
Ammonites binotatus Opp.
Ammonites ziphoides Qu.
Ammonites Davoei Sow.
Ammonites Loscombi Sow. (*A. heterophyllus numismalis* Fraas l. c. S. 23.)
Ammonites ibex Qu.
Ammonites fimbriatus Sow. (*A. lineatus* Fraas l. c. S. 24.)

---

[1] Einen verdrückten *A. natrix* aus den Thonen mit *Rhynchonella curviceps* citirt Fraas l. c. S. 23.

Ammonites Henleyi Sow. (*A. striatus* Fraas l. c. S. 23.)
Ammonites hybrida Orb. (*A. polymorphus* Fraas l. c. S. 23.)
Ammonites pettos Qu.
Ammonites centaurus Orb.
Ammonites margaritatus Mntf. (*A. amaltheus* Fraas l. c. S. 24.)
Ammonites spinatus Brug. (*A. costatus* Fraas l. c. S. 24.)
Ammonites Zetes Orb. (*A. heterophyllus* Fraas l. c. S. 24.)
Pleurotomaria cf. amalthei Qu.

Mehrere unbestimmbare Steinkerne von wenigstens noch 2 Arten.

Turbo cf. T. valvatus Qu. Jura S. 157, Taf. XIX. f. 35.
Arca Münsteri Qu.
Isocardia inversa Qu. (? Gldf.)
Isocardia rugata Qu.

Es liegen noch einige kleine Kerne in der Heidelberger Sammlung, doch meist nur in einzelnen Exemplaren, so dass eine genauere Bestimmung unausführbar ist.

Cypricardia cucullata Gldf. sp.
Crenatula gammae Fraas (l. c. S. 22.)
Nucula acuminata Gldf.
Nucula complanata Gldf.

Andere Steinkerne von *Nucula*, ebenfalls in der Heidelberger Sammlung aufbewahrt, sollen von Rettigheim stammen. Sie sind dann vielleicht aus β; da aber andere Dinge dabei liegen, welche jedenfalls in Schwaben, nicht in der Langenbrückener Gegend gesammelt sind, so sehen wir von einer Aufzählung derselben ab.[1]

[1] Es liegen in der Heidelberger Sammlung Ammoniten wie *A. Lamberti*, *aspidoides* etc. in kleinen Kieskernen, welche zwischen Oestringen und Mingolsheim gesammelt sein sollen. Da Schichten, in welchen diese Formen vorkommen könnten, in der ganzen Gegend nicht anstehen, so ist bei Benutzung des in früherer Zeit gesammelten Materials immerhin Vorsicht nöthig.

Avicula Sinemuriensis Orb.
Lima acuticosta Gldf.
Lima gigantea Sow. sp. (*L. gigantea* Fraas l. c. S. 22.)
Pecten textorius Schl. (*P. textorius* γ Fraas l. c. S. 22.)
Pecten strionatis γ Qu.
Plicatula spinosa Sow.
Terebratula numismalis Lamk.
Terebratula numismalis lagenalis Qu. Jura Taf. XVIII. f. 3.
Rhynchonella rimosa B. sp.

Ausserdem eine ganze Reihe von Formen, welche z. Th. mit *T. rimosa oblonga* Qu., *T. rimosa multiplicata* Qu. = *Rh. parvirostris* Roem. nach Schlönb. und *Rh. Thalia* Orb. stimmen.

Rhynchonella furcillata Theod.
Rhynchonella calcicosta Qu.
Pentacrinus subangularis Mill.
Pentacrinus basaltiformis Mill.
Pentacrinus cf. moniliferus Qu.

Oberer Lias.

Im oberen Lias sind in unserem Gebiet, ebenso wie in den meisten anderen jurassischen Territorien, zwei Glieder zu unterscheiden, deren unteres — die Posidonomyenschiefer — von so auffallender petrographischer Beschaffenheit ist, dass es der Beobachtung nicht leicht entgeht. Das obere — die Jurensismergel — ist der Zerstörung leichter ausgesetzt, nur wenig mächtig und von den untersten Schichten des Dogger nicht immer leicht zu unterscheiden, weshalb zu seiner Beobachtung und Ausscheidung grössere Aufmerksamkeit erforderlich ist.

Die Posidonomyenschiefer bestehen der Hauptsache nach aus den oben bereits erwähnten, in papierdünne Lagen zerfallenden, zähen, an Bitumen reichen Schiefern, zwischen denen ebenflächige, gleichfalls an Bitumen reiche Kalke (Stinkkalke) liegen, deren Stelle mitunter nur brodförmige, ellipsoidische

Kalkknollen einnehmen. Der Bitumengehalt ist so gross, dass man bei Langenbrücken (im Rosenbergwald) an eine Gewinnung denken konnte. Doch kam das Unternehmen bald wieder zum Erliegen. Hie und da kommt auch ein Einschluss von Gagatkohle vor, der die Hoffnung auf Steinkohle hier, wie an so manchen anderen Punkten, erweckte. Natürlich waren alle auf Versuchsarbeiten verwandte Ausgaben umsonst. Nur durch die ihnen entströmenden Schwefelquellen liefern die Schiefer Nutzen. Schwefelkies ist daher auch ein sehr gewöhnliches Vorkommen in denselben. Die bituminösen Massen wirken auf die in den Gewässern gelösten schwefelsauren Salze reducirend ein, und so ist fortwährend Gelegenheit zur Bildung von Schwefelkies und Schwefelwasserstoff geboten.

In den Jahren 1857/58 wurde von dem Kurbrunnen an der Ostseite des Pfarrwaldes ein 3300 M. langer Graben behufs der Zuführung des Schwefelwassers nach Langenbrücken aufgeworfen, der ganz in den Posidonomyenschiefern liegt. Fraas konnte die bei dieser Gelegenheit gebotenen Aufschlüsse untersuchen, ein Umstand, der um so glücklicher ist, als man sich jetzt zwar ein ziemlich genaues Bild der Verbreitung des Gesteins an der Oberfläche verschaffen kann, irgend nennenswerthe Entblössungen aber durchaus fehlen.

Die Schiefer selbst lassen das Wasser hindurch; erst auf den Thonen des mittleren Lias sammelt es sich. Man täufte daher beim Badehaus in Langenbrücken einen Schacht bis auf die Margaritatusschichten ab, mit dem die ganze untere Abtheilung des oberen Lias durchsunken wurde. Leider war der tiefere Theil des Schachtes bei der Anwesenheit von Fraas nicht mehr zugänglich, und so konnte nicht festgestellt werden, ob die Stinksteine (Fleins) hier auch in derselben Ordnung zwischen den Schiefern liegen, wie in Württemberg. Es wurde in der oberen Hälfte der Schiefer eine Steinbank angetroffen und fast 1 M. über dieser eine Lage des sog. Seegrasschiefer, eines etwas helleren mergligen Gesteins mit Massen von *Fucoides Bollensis*. Diese Algenbank hat grosse Aehnlichkeit mit den Algenschichten des unteren Lias, deren oben Erwähnung gethan wurde. Sie dient in ausgezeichneter Weise, um die untere von der oberen Hälfte des oberen Lias zu trennen.

Die Muschel, nach der die Schiefer benannt sind — *Posidonomya Bronni* — findet sich in flach gedrückten Exemplaren, ist jedoch nicht sonderlich häufig. Ausserdem kommen einige Belemniten und Ammoniten häufiger vor; doch erstere zerbrochen und letztere flach gedrückt, so dass ihre Bestimmung schwierig ist.

Die Kalkellipsoide sind innen von Klüften durchsetzt (Septarien), auf welchen Kalkspath auskrystallisirt ist ($-\frac{1}{2}$ R . ∞ R). Man trifft im Rosenbergwald hie und da noch ein von den Versuchsarbeiten auf Kohle herrührendes Gesteinsstück, ebenso wie von dem oben genannten Gagat.

Die Jurensisschichten werden von grauen Mergeln gebildet, welche sich schon durch ihre Farbe von ihrer Unterlage unterscheiden. Die Versteinerungen sind hier verkalkt oder verkiest und wohl erhalten. Man findet Brocken des Gesteins und gelegentlich einen Belemniten in den Weinbergen zwischen Langenbrücken und dem Pfarrwald. Fraas konnte die Schichten in grösserer Erstreckung beim Canalbau untersuchen und machte eine reiche Ausbeute an Versteinerungen. Damals waren ihm zwischen Langenbrücken und Pfarrwald die unteren Schichten mit *Ammonites radians* und *Ammonites jurensis* mit Massen von Belemniten, alles verkalkt, zugänglich; östlich vom Pfarrwald wurden die oberen Schichten mit verkiesten Versteinerungen, zumal einer Menge Falciferen der Gruppe des *Ammonites radians* Rein. beobachtet. Es sind die in Schwaben als Schichten des *Ammonites Aalensis* unterschiedenen Bänke. Als eine petrographische Eigenthümlichkeit ist noch das Vorkommen von Nagelkalk zu nennen, welcher als Kruste die Muscheln überzieht.

Versteinerungen des oberen Lias.

Belemnites acuarius Schl.
Belemnites irregularis Schl.
Belemnites tripartitus Schl. (*oxyconus* Fraas.)
Ammonites communis Sow.
Ammonites Lythensis Y. u. B.

Ammonites concavus Sow.
Ammonites bifrons Brug.
Ammonites radians Rein. sp.
Ammonites Aalensis Ziet.
Ammonites striatulus Sow.
Ammonites hircinus Schl.
Aptychus zu Falciferen gehörig.

Zwei neue Ammoniten erwähnt Fraas l. c. S. 27 aus diesen Schichten.

Euomphalus minutus Ziet.
Leda sp.
Lima sp.
Inoceramus dubius Sow.
Avicula substriata Mnstr.
Avicula inaequivalvis aut.
Avicula interlaevigata Qu.
Posidonomya Bronni Voltz
Pecten cf. textorius Schl.
Pecten tumidus Ziet. (*papyraceus* Ziet.)

Dogger.

Der in unserem Gebiet anstehende Theil des Dogger zerfällt in eine untere, thonige und in eine obere, sandige Abtheilung. Erstere entspricht dem Quenstedt'schen braunen Jura α, letztere dem β desselben Autors. Eine Trennung der ersteren Abtheilung in zwei Zonen, jene des *Ammonites torulosus* und der *Trigonia navis*, wie sie in Württemberg und im Elsass durchzuführen ist, gelingt bei uns wegen mangelnder Aufschlüsse nur unvollständig. Doch weisen die Versteinerungen darauf hin, dass eine untere und eine obere Hälfte mit verschiedenem Charakter ihrer organischen Einschlüsse zu unterscheiden ist. Die obere Abtheilung, die Zone des *Ammonites Murchisonae* Oppels lässt zwar auch in Uebereinstimmung mit Württemberg mehrere gesonderte Schichtenreihen erkennen; doch hat bisher keine Veranlassung vorgelegen, nach einzelnen Petrefacten Zonen in derselben zu unterscheiden.

Untere Abtheilung. Ueber den grauen, mergeligen Schichten des obersten Lias macht sich ein Wechsel in der Gesteinsbeschaffenheit erkennbar, der die Trennung erleichtert. Es treten dunkle, in frischem Zustande etwas blättrige, durch die Einwirkung der Atmosphärilien aber vollkommen plastisch werdende Thone von beträchtlicher, doch nicht näher zu bestimmender Mächtigkeit auf. In denselben kommen häufig Knollen eines etwas eisenhaltigen, sehr zähen thonigen Kalks vor, welche theils versteinerungsleer sind, theils im Innern als Kern einen organischen Rest enthalten. Beim Verwittern nehmen diese Knollen eine rostbraune Farbe an und werden mürbe. Mitunter stellen sie auch eine vollkommene Lumachelle dar; man kann dann aus denselben die Versteinerungen wohl erhalten herauslösen. Auch liegen einzelne Versteinerungen lose in den Thonen. Bezeichnend für die untersten Thonlagen ist eine bis 30 Cent. mächtige Bank von Nagelkalk.

Der beste Aufschluss ist am Rand des Biesinger Waldes, da wo der Weg von Zeutern nach Oestringen in denselben eintritt, wenige Minuten entfernt von dem Acker mit den oben besprochenen Aufschlüssen des mittleren Lias. Hier liegen zu unterst zahlreich die Ammoniten aus der Gruppe des *Amm. radians*, meist nur mit erhaltener Wohnkammer umher. Ueber denselben folgen Thone mit Kalkknollen und mit der Nagelkalkbank, sowie häufiger mit Belemniten (*B. conoideus* und *Rhenanus*). Die Thone ziehen sich noch ziemlich hoch am Waldrand hinauf und enthalten hier besonders *Amm. opalinus*. Sie nehmen schliesslich Glimmer und Quarzkörner auf und gehen in die Sandsteine der nächsten Abtheilung über.

Versteinerungen der Schichten des Ammonites torulosus und der Trigonia navis.

Ammonites torulosus Schübl.
Ammonites opalinus Rein.
Nautilus opalinus Qu.
Belemnites Quenstedti Opp.
Belemnites subclavatus Voltz.
Belemnites brevis Blainv.
Rostellaria subpunctata Mnstr.

Turbo capitaneus Mnstr.
Turbo subduplicatus Orb.
Trigonia pulchella Ag.
Astarte Voltzi Hön.
Nucula Hammeri Defr.
Leda rostralis Lam.
Arca liasina Roem.
Pecten undenarius Qu.
Anomia opalina Qu.
Pentacrinus Württembergicus Opp.

Die obere Abtheilung, gewöhnlich schlechthin als Murchisonsandstein bezeichnet, zerfällt in der Langenbrückener Gegend in zwei Schichtenreihen, eine untere versteinerungsleere und eine obere an Versteinerungen reiche. Erstere sieht man gut aufgeschlossen zwischen dem Wege von Zeutern nach Langenbrücken und jenem von Zeutern nach Oestringen. Auf den oben geschilderten Thonen mit *Ammonites opalinus* liegen hier anfangs noch dunkle, nach oben heller werdende Mergel mit Glimmer, und je höher man sich erhebt, desto mehr zunehmenden Quarzkörnern, bis schliesslich ein thoniger, häufig reichlich mit Eisenoxydhydrat durchzogener Sandstein entsteht. Die Flächen der Klüfte sind meist mit einer Rinde von Eisenoxydhydrat überzogen, und das ganze Gestein erscheint dann viel lebhafter gefärbt, als es in Wirklichkeit ist. In frischem Zustande enthält das Gestein in Schnüren und Knollen Schwefelkies und Sphärosiderit. Die Concretionen des letzteren, die erst durch ihre runde Gestalt auffallen, liegen zahlreich auf den Aeckern zu beiden Seiten des Zeutern-Langenbrückener Weges umher. Hie und da trifft man einmal einen flachgedrückten Ammoniten; sonst sind diese Schichten sehr arm an Versteinerungen. Dass man durch die im frischen Zustande dunkle Farbe verleitet auch hier nach Steinkohlen gesucht hat, berichtet Fraas (l. c. 30.).

Ganz ebenso wie am Biesinger Wald tritt diese Abtheilung etwas südlich von Langenbrücken und in Mingolsheim auf, wo der Einschnitt des Freibachs dieselbe entblösst, ferner gegenüber Kisslau am Abfall nach dem Rheinthal.

Den Schluss der am Biesinger Wald aufgeschlossenen Schichten bilden Sandsteine und Mergel, welche sich durch grösseren Reichthum an Versteinerungen auszeichnen. Theils sind diese gleichmässig im Gestein einzelner Bänke vertheilt, theils zu Knollen angehäuft, welche letztere in Folge der Ausscheidung von Eisenoxydhydrat durch ihre rothe Färbung scharf hervortreten. Etwas festere, in Platten brechende Sandsteine tragen auf der Oberfläche eigenthümliche Erhöhungen und langgestreckte Wülste, deren auffallendst gestaltete in Württemberg den Namen Zopfplatten veranlassten. Von Interesse war das Auffinden des *Ammonites Murchisonae* und *A. Stauffensis* am Biesinger Wald, welche den Nachweis liefern, dass man es hier mit eben denselben Schichten zu thun hat, deren genaue Reihenfolge Deffner und Fraas an der jetzt beinahe ganz überschütteten und zugewachsenen Materialgrube einige hundert Schritt südlich des Langenbrückener Bahnhofs feststellen konnten.

Dort wurden von den genannten Forschern beobachtet:

10′ feinplattige Sandsteinbänke mit *Ammonites Murchisonae, Avicula elegans, Pecten personatus.*

8′ feste, plattige Sandsteinbänke mit Fucoideen = Zopfplatten Quenstedts.

4′ dunkle, leicht verwitternde Sandthone.

0,6′ mergelige Sandsteinbank mit *Amm. Stauffensis (discus* Qu.), *Gervillia tortuosa*, *Trigonia costata* β etc.

8′ sandige Thone. Nach oben scheiden öfters sich wiederholende Thoneisenstein-Bänkchen sich ab.

30′ (?) dunkle Petrefactenleere Sandthone mit Schwefelkiesknollen und Sphärosideriten.

Die obersten 10′ messenden Sandsteinbänke sieht man noch jetzt in der Materialgrube, da sie oben an der Kante, unmittelbar unter dem Acker liegen. Sie sind noch ausserdem kenntlich durch die stellenweise massenhafte Anhäufung von *Pecten personatus* und *Avicula elegans.* Die tiefer liegenden Schichten sind nicht mehr deutlich zu unterscheiden. Da sich an anderen Punkten der Umgebung von Langenbrücken wohl die eine oder andere Schicht, nicht aber alle zusammen aufgeschlossen finden, so ist die Mittheilung von Deffner und Fraas von besonderer Wichtigkeit. Allein durch sie konnte festgestellt werden, dass über den unteren versteinerungsleeren, auf 30—40′ Mächtigkeit geschätzten Schichten zunächst *Amm. Stauffensis,* höher oben erst *Amm. Murchisonae* herrscht.

Jüngere Schichten des Jura und überhaupt einer mesozoischen Formation fehlen in unserem Gebiet. Aus Andeutungen, auf welche wir bei Besprechung der Diluvialablagerungen zurückkommen werden, lässt sich zwar folgern, dass früher noch die zunächst über dem Murchisonsandstein folgenden jüngeren Bildungen anstehend vorhanden waren; doch wird dadurch die schon seit längerer Zeit gemachte Annahme, dass die obere Hälfte des Dogger und der Malm in unserem Theil des Rheinthals niemals vorhanden waren, nicht alterirt.

Versteinerungen der Schichten des Ammonites Murchisonae.

Ammonites Murchisonae Sow. (var. obtusus u. acutus Qu. Fraas l. c. S. 33.)
Ammonites Stauffensis Opp. (*A. discus* Ziet. und *A. discus* var. Heiningensis Qu. Fraas l. c. S. 33.)
Belemnites breviformis Voltz.
Rostellaria subpunctata Mnstr. (*R. caudata* Fraas l. c. S. 34.)
Dentalium elongatum Mnstr. (*D. filicauda* β Fraas l. c. S. 34.)
Pholadomya cordata Qu.
Myacites ferratus Qu.
Goniomya Knorri Ag.
Leda acuminata Ziet. (? *Nucula bebeta* Qu.)
Nucula Aalensis Opp. (*Nucula variabilis* Park. Fraas l. c. S. 34.)
Nucula sp.
(Lucinopsis) trigonalis Qu.
Trigonia costata Park.
Cucullaea oblonga Sow.
Cucullaea cancellata Phill.

Astarte sp.
Tancredia oblita Phill. sp. (*Hettangia oblita* Fraas l. c. S. 32.)
Cardium substriatulum Orb.
Pinna Murchisonae Fraas.
Inoceramus amygdaloides Gldf.
Modiola Sowerbyana Orb.
Modiola cf. gregaria Qu. Jura Taf. 48 f. 17.
Gervillia tortuosa Sow. (?*G. subtortuosa* Opp.)
Avicula elegans Mnstr.
Pecten pumilus Lam.

Das wenige, was über die Oberflächengestaltung des Juragebiets etwa zu sagen wäre, ergibt sich schon aus dem oben mitgetheilten. Die einzelnen Gesteine sind überhaupt zu wenig ausgedehnt, um irgend ein besonders auffallendes Gepräge zur Schau zu tragen. Auch haben die späteren Störungen grade hier so tief eingegriffen, dass sie in mindestens eben so hohem Grade formend wirkten, als Verwitterung und Erosion.

Die ganz auffallende Uebereinstimmung des Langenbrückener Jura mit dem schwäbischen haben Deffner und Fraas zuerst betont. Wir konnten oben vielfach an die Angaben der genannten Autoren erinnern. Es sei hier nur noch darauf hingewiesen, dass auch nach neueren Untersuchungen — zumal des linksrheinischen Jura — dieses Verhältniss keine Aenderungen erlitten hat. So manche die Jura-Bildungen des Elsass auszeichnende Züge sind dem Langenbrückener Jura fremd. Dieser schliesst sich durchaus der württembergischen Entwicklung an.

IV. Tertiär.

Ablagerungen der Tertiärzeit trifft man nur im Hügelland an der Grenze gegen das Rheinthal, und auch hier treten sie nur an wenigen Stellen unmittelbar zu Tage. Ihr Vorkommen an und für sich ist jedoch von Interesse, indem dasselbe Andeutungen über die einstige Verbreitung der tertiären Gewässer gibt; dagegen bieten weder petrographische Beschaffenheit, noch Versteinerungsführung etwas besonders bemerkenswerthes. Bezüglich der beiden südlichen Vorkommnisse müssen wir uns auf Wiedergabe des seit längerer Zeit schon Bekannten beschränken, da neue Aufschlüsse oder Funde nicht vorliegen, diese Ablagerungen im Gegentheil der Untersuchung beinahe ganz entzogen worden sind. Die nördlich von Heidelberg bei Grossachsen von Löss überlagerten Klippen waren bisher nicht bekannt. Sie liegen auch so versteckt, dass man kaum ohne eine gleichmässige Begehung des Gebiets, wie sie eine kartographische Aufnahme erfordert, dieselben entdecken konnte.

1. Sandkalk von Ubstatt.

Deffner und Fraas haben diese Bildungen, welche den Heidelberger Geologen schon früher bekannt waren, zuerst genauer beschrieben. Etwas nördlich von Ubstatt, wo der Weg nach Stettfeld und Zeutern von der Rheinstrasse sich abzweigt, finden sich auf den Aeckern und gelegentlich bei Vertiefung der Gräben, bei dem Ausroden von Bäumen u. s. w. Brocken eines sandigen, in Platten gelagerten Kalkes, welche

Steinkerne von Süsswassermuscheln enthalten. Das Gestein kann nur wenig tief unter der Oberfläche liegen, denn die einzelnen Brocken sind nicht selten, und es sind ausserdem in alten Bauresten Stücke eingemauert, welche direct ausgehoben sein müssen. Aus solchen stammen die Handstücke, welche in früherer Zeit vielfach durch das Heidelberger Mineraliencomptoir verbreitet wurden. Gegen die Rheinebene bildet Sandstein des unteren braunen Jura mit *Pecten pumilus* die Unterlage, während östlich ein scharfes Abschneiden gegen den Keuper stattfinden muss, da in der Richtung des genannten Weges nach Zeutern eine Spalte läuft. Das Profil VI. bei Deffner und Fraas erläutert diese Lagerung.

Spuren eines zweiten Vorkommens waren südlich des von der Station Rothmalsch nach Malsch führenden Weges, in der Nähe der Hauptstrasse bemerkbar. Es scheint nach den Angaben von Deffner und Fraas sich hier nur um vereinzelte Brocken gehandelt zu haben.

Folgende Versteinerungen gibt Sandberger[1] nach einer Revision der Liste von Deffner und Fraas (l. c. 36) an:

Paludina Orbignyana Desh.
Euchilus Deschiensianum Desh.
Planorbis Chertieri Desh.
Planorbis pseudammonius Schl. sp.
Pomatias Sandbergeri Noulet.

Ferner eine *Melanopsis* vielleicht *M. Castrensis* Noulet, Fischschuppen, einen Krokodilzahn und Schildkrötenschilder.

Diese Fauna beweist, dass es sich um eine Süsswasserablagerung handelt vom Alter der auf der anderen Rheinseite bei Buxweiler und dann im südöstlichen Frankreich sehr verbreiteten versteinerungsreichen Kalke von obereocaenem Alter.

2. Thon von Wiesloch.

Nördlich Wiesloch, zwischen der Heidelberger Strasse und dem Dämmelwald, liegt unter dem Löss (welcher allein auf

---

[1] Sandberger, die Land- und Süsswasserconchylien der Vorwelt 222 ff.

der Karte eingezeichnet ist) ein bläulicher, fetter Thon, der früher gewonnen wurde, da man denselben zur Herstellung feuerfester Gegenstände besonders geeignet hielt. Er taugt jedoch nur zur Anfertigung gewöhnlicher Töpferwaaren. Jetzt sind die Schächte zusammengesunken, da man den Abbau aufgegeben hat. Eine Bohrung bis auf 400 Fuss[1] Tiefe hat den Thon noch nicht durchsunken. Als Unterlage desselben könnte nach den Verhältnissen zwischen der Bohne und dem Dämmelwald Keuper erwartet werden. Holzmann (l. c.) erwähnt auch ein keuperähnliches Gestein aus dem Sumpf eines Schachtes, eine Angabe, die jedoch mit der durch das Bohrloch nachgewiesenen Mächtigkeit des Thones nicht wohl in Einklang zu bringen ist, da die Schächte, deren mehrere abgeteuft wurden, nur eine geringe Tiefe hatten.

Im Thon fanden sich:

Cyrena semistriata Desh.
Buccinum sp.
angeblich auch ein Zahn von *Lamna*.

Man nimmt daher für diesen Thon ein oberoligocänes Alter (Cyrenenmergel des Mainzer Beckens) an.

3. Kalksandstein von Grossachsen.

Verlässt man etwa in der Mitte von Grossachsen den Hauptweg und steigt in das tiefgelegene Bett des Baches hinab, welcher den Ort durchfliesst, so trifft man thalaufwärts bald Blöcke eines festen Sandsteins mit kalkigem Bindemittel. Diese mehren sich allmählich, an den Wänden des Einschnitts glaubt man oft anstehenden Fels zu sehen, ohne sich jedoch sicher von der Richtigkeit der Beobachtung überzeugen zu können. Erst am oberen Ende des Ortes, dicht am Mühlgraben erscheint es unzweifelhaft, dass eine Klippe anstehenden Sandsteins vorliegt, welche der Bach durch Einschneiden in die mächtige Lössdecke freigelegt hat. Selbst

[1] Leonhard (geognost. Skizze des Grossh. Baden. 2. Aufl. 116) gibt diese Zahl an. Holzmann in Leonh.: Beiträge zur mineralog. und geogn. Kenntniss des Grossh. Baden. I. 72 hat 212 Fuss.

die schmale auf der Karte angegebene Zone stellt den Aufschluss noch stark vergrössert dar.

Petrographisch erscheint der vorliegende Sandstein Handstücken ausserordentlich ähnlich, welche die Heidelberger Universitäts-Sammlung von dem oligocänen Sandstein von Heppenheim aufbewahrt; doch zeigt die dortige, allerdings auch viel ausgedehntere Ablagerung nach den Angaben von R. Ludwig [1] eine grössere Mannigfaltigkeit an Gesteinen, als das Vorkommen von Grossachsen, wo nur der erwähnte Kalksandstein von durchaus constantem Habitus beobachtet wurde. Dass in der That eine oligocäne Ablagerung vorliegt, entsprechend dem Meeressandstein von Heppenheim, dem Barytsandstein von Kreuznach und dem Sand von Weinheim bei Alzei und von Waldböckelheim, beweisen die zahlreichen Fossilien, deren Bestimmung Herr Dr. O. Boettger so gefällig war zu übernehmen. Es wurden gefunden:

Cristellaria sp.
Miliola sp.
Globulina sp.
Membranipora sp.
Eschara 3 sp.
Idmonea sp.
Defrancia sp.
? *Entalophora* sp.
Celleporaria od. *Cumulipora* sp.
Ostrea callifera Lmk.
Pecten pictus Goldf.
Plicatula dispar Sbg.
Anomia sp. (häufig)
Chama exogyra A. Braun
Saxicava arctica L.
Patella alternicostata Sbg.
Dentalium fissura Lmk.
Dentalium Kickxi Nyst.

[1] Erläuterungen zur geolog. Specialkarte des Grossherzogthums Hessen. Section Worms. 21.

4. Nephelinbasalt.

Ausser den bisher beschriebenen alteruptiven und dyadischen Massengesteinen treten im südlichen Odenwald noch solche auf, welche an wesentlichen Gemengtheilen Nephelin, Augit, Magnetit, Apatit und Olivin enthalten. Sowohl diese Mineralcombination, als auch der Gesammthabitus lassen nicht daran zweifeln, dass Eruptivgesteine tertiären oder nachtertiären Alters vorliegen, obschon der Beweis für dieses Alter nicht aus den Lagerungsverhältnissen erbracht werden kann. In der That hat man auch wegen der vollständigen Uebereinstimmung mit anderen sicher bestimmbaren Vorkommnissen nie Bedenken getragen, die vorliegenden Gesteine als Nephelindolerite und Basalte zu bezeichnen.

Nephelingesteine sind an vier Punkten im südlichen Odenwald nachgewiesen worden: am Katzenbuckel bei Eberbach, am Steinsberg bei Weiler unweit Sinsheim, am Hamberg bei Neckarelz und bei Neckarbischoffsheim. Ueber den letzteren Fundort, der nicht mehr aufgeschlossen ist, hat G. Leonhard berichtet.[1]

In das Gebiet unserer Karte fällt eigentlich nur das Vorkommen am Steinsberg; da aber der Katzenbuckel mit zu den interessantesten Excursionsgebieten der Umgegend von Heidelberg gehört und auch von hier aus häufig besucht wird, so hielten wir es für zweckmässig, denselben mit zur Darstellung zu bringen und ihm eine kleine Separatkarte zu widmen. Der Vollständigkeit wegen mögen dann auch noch die zwei übrigen Varietäten kurz beschrieben werden, deren Fundorte überdies nicht weit von der östlichen Grenze unserer Karte liegen.

An allen erwähnten Punkten durchsetzen die Nephelingesteine Schichten der Trias, aber verschiedene Abtheilungen derselben: am Katzenbuckel den Buntsandstein bis zu seinen obersten Schichten; am Hamberg die Myophorienmergel des Wellenkalk; am Steinsberg die bunten Keupermergel mit Kieselsandstein. Aus den Lagerungsverhältnissen ergibt sich

[1] Ueber die vulkanischen Gebilde bei Neckarelz und Neckarbischoffsheim. G. Leonhard: Beiträge zur mineralog. und geognost. Kenntniss d. Grossherzogthums Baden. I. 90. 1853.

also nur, dass diese Gesteine — ein gleiches Alter für alle angenommen — jünger als der obere Keuper sind.

Kaustische Contacterscheinungen irgend welcher Art hat man bisher nicht beobachtet; doch sind die Aufschlüsse für Beobachtungen nach dieser Richtung hin auch sehr ungenügend. Meist sieht man die Grenzflächen gar nicht, am Hamberg nur auf kurze Entfernung blosgelegt, und hier ist die Mächtigkeit des Ganges eine so geringfügige, dass man kaum eine Beeinflussung des Nebengesteins erwarten kann.

Auf der Farbentafel wurden die Gesteine noch als Nephelinite bezeichnet, da man zur Zeit des Kartendruckes mit dem Namen Nephelinbasalt nur die feinkörnigen bis dichten Varietäten der Nephelingesteine zu belegen pflegte, während unter den vorliegenden Felsarten die verschiedensten Korngrössen vertreten sind. Da die Zusammengehörigkeit aller Varietäten durch eine gemeinschaftliche Bezeichnung hervorgehoben werden sollte, so erschien die gewählte am zweckmässigsten. Wenn man sich dem neueren Vorschlag von Rosenbusch anschliesst, die olivinfreien Glieder der Nephelingesteine als Nephelinite von den olivinführenden, den Nephelinbasalten, zu trennen, so gebührt allen hier in Betracht kommenden Felsarten der letztere Name, der auch im Text weiterhin ausschliesslich Verwendung finden wird. Doch mag hier schon erwähnt werden, dass zuweilen ein accessorischer Gemengtheil sich derart anreichert, dass man die Varietäten vom rein petrographischen Standpunkt aus einem anderen Gesteinstypus — dem Phonolith — zuweisen müsste. Man könnte in Folge dessen geneigt sein, innerhalb der Hauptmasse untergeordnete gangförmige Glieder anzunehmen. Da aber solche sich nirgends auch nur mit einiger Wahrscheinlichkeit nachweisen liessen, so wurde von einer derartigen Annahme um so mehr Abstand genommen, als der petrographische Unterschied stets nur ein quantitativer ist, und überall nicht allein die gleichen Gemengtheile auftreten, sondern diese auch bis ins einzelne die gleichen, durchweg sehr charakteristischen physikalischen Eigenschaften zeigen.

Die Nephelinbasalte des Odenwaldes — besonders diejenigen des Katzenbuckels — sind schon vielfach und nach den verschiedensten Richtungen hin untersucht worden. Ueber die Art des Vorkommens und über die makroskopischen Eigenschaften haben K. C. von Leonhard,[1] Bronn,[2] G. Leonhard,[3] Rosenbusch,[4] über die mikroskopische Zusammensetzung Rosenbusch,[5] Zirkel,[6] Sandberger,[7] Möhl[8] berichtet; chemische Untersuchungen haben Gmelin,[9] Rosenbusch[10] und Möhl[11] ausgeführt. Es kann daher an dieser Stelle im wesentlichen nur Bekanntes wiederholt werden, wofür in dem Wunsche eine Rechtfertigung liegen mag, unsere Gegend möglichst vollständig zu beschreiben.

a. Der Katzenbuckel.

Die Hauptpartie des Nephelinbasalt stellt sich von den meisten Punkten aus gesehen als eine flache dem Buntsand-

---

[1] Nephelin in Dolerit am Kazzenbukkel. Heidelberg 1822. Nephelinfels in Baden. Beiträge zur mineralogischen und geognostischen Kenntniss des Grossherzogthums Baden von G. Leonhard. I. 26.

[2] Gaea Heidelbergensis. Heidelberg 1830. 64.

[3] l. c. s. Anm. S. 502. Ueber die geognostischen Verhältnisse der Umgebungen von Sinsheim. Ebendaselbst 83. Geognostische Skizze des Grossherzogthums Baden. Stuttgart 1861. 142.

[4] Der Nephelinit vom Katzenbuckel. Freiburg 1869.

[5] l. c. und Mikroskopische Physiographie der massigen Gesteine. Stuttgart 1877. 506.

[6] Basaltgesteine. Bonn 1870. 173—175. Die mikroskopische Beschaffenheit der Mineralien und Gesteine. Leipzig 1873. 449 und 452.

[7] Nephelinit vom Katzenbukkel. Jahrbuch für Mineralogie etc. 1869. 337. Ueber den Buchonit. Sitzungsberichte der Münchener Akademie der Wissenschaften. 1872. 203; 1873. 11; Jahrbuch für Mineralogie etc. 1874. 607.

[8] Mikroskopische Untersuchung einiger Basalte Badens. Jahrbuch für Mineralogie etc. 1873. 824; Zusammenstellung, mikroskopische Untersuchung und Beschreibung einer Sammlung typischer Basalte. Ebendaselbst. 1874. 897.

[9] K. C. von Leonhard und Gmelin: Nephelin in Dolerit am Kazzenbukkel. Heidelberg 1822; G. Leonhard: Ueber die geognostischen Verhältnisse der Umgebungen von Sinsheim. Beiträge zur mineralogischen und geognostischen Kenntniss des Grossherzogthums Baden. I. 85.

[10] Der Nephelinit vom Katzenbuckel. Freiburg 1869.

[11] Sammlung typischer Basalte. 941.

stein aufgesetzte Kuppe dar,[1] deren Basis etwa die Gestalt eines nach der Spitze zu stark abnehmenden Eies besitzt. Nur von Ost aus erkennt man nahezu in der Mitte eine muldenförmige Einsenkung, welche höchst wahrscheinlich durch Erosion entstanden ist, nicht auf mehrere Ausbrüche schliessen lässt. Der grössere Durchmesser der elliptisch geformten Basis (in der Richtung NW — SO) misst etwa 1300, der kleinere 1100 Meter. Genau liessen sich die Grenzen nicht feststellen, da anstehender Fels gerade an den peripherischen Stellen fehlt. Wir mussten uns zumeist darauf beschränken, die obere Grenze der Buntsandsteinbrocken aufzusuchen. Aber auch dieses Hülfsmittel erweist sich stellenweise als unzureichend, besonders in südöstlicher Richtung nach dem Dorf Wald Katzenbach zu, wo Wiesengründe die Untersuchung sehr erschweren.

Von dieser Hauptpartie, welche auf der Karte dunkelgrün eingetragen ist, wurde durch lichtere Färbung ein Nord-Ost sich anlehnendes Gebiet getrennt, dessen anstehende Felsart nicht mit Sicherheit ermittelt werden konnte. Einerseits ist Buntsandstein überall in Bruchstücken vertreten, andererseits sind Zersetzungsproducte des Nephelinbasalt der Ackerkrume zu gleichmässig beigemengt, als dass man dieselben unter Berücksichtigung der Terrainverhältnisse durch Zuschwemmung allein erklären könnte. Ausserdem trifft man grosse Blöcke sehr viel zahlreicher und regelmässiger vertheilt, als an anderen Gehängen, deren Böschung für ihre Anhäufung günstigere Bedingungen bietet. Schliesslich spricht die vorherrschend eckige Form der Blöcke für eine Entstehung an Ort und Stelle. Bei diesen Verhältnissen erschien die Annahme am angemessensten, es sei hier früher eine zusammenhängende Decke von Nephelinbasalt vorhanden gewesen — vielleicht eine locale stromartige Ausbreitung der im ganzen domförmig emporgepressten Gesteinsmasse —, welche soweit der Erosion zum Opfer gefallen ist,

[12] Die Kuppe des Katzenbuckels bezeichnet Bronn (l. c. 64) als Katzenkopf. Der Name scheint den Anwohnern jetzt nicht mehr bekannt zu sein. Ebensowenig der von K. C. von Leonhard neben Kazzenbukkel angeführte Name Winterbukkel.

dass sie nirgends mehr zusammenhängend auftritt. In diesem Sinne wurde die Partie auf der Farbentafel als „Reste früherer Nephelinitbedeckung“ bezeichnet.

Von den vielen, in ihren extremen Gliedern recht stark unter einander abweichenden Varietäten ist nur eine anstehend bekannt, nämlich die durch grosse Augite porphyrartige mit kleinkörniger, anamesitischer Grundmasse. Sie bildet den Gaffstein,[1] den obersten Gipfel, auf welchem der Aussichtsthurm steht, senkt sich als massiver Fels auf der Nordseite noch ein nicht unbedeutendes Stück bergabwärts und verschwindet überall unter dem Waldboden. Bei beginnender Veränderung tritt gewöhnlich eine deutlich eckig-körnige Absonderung hervor. Dass diese, wenn auch versteckt, stets vorhanden ist, ergibt sich beim Zuschlagen von Handstücken; selbst das scheinbar frischeste Material zerspringt gern in eckige Bruchstücke.

Trotz des verhältnissmässig feinen Korns der anamesitischen Varietät scheint sie doch besonders leicht dem Angriff der Atmosphärilien zu unterliegen, da secundäre Mineralbildungen bei ihr am häufigsten vorkommen. Die Geschiebe-Anhäufungen am westlichen Abhang des Gipfelfelsens liefern die beste Fundstätte. Die Oberfläche der Schollen ist oft dicht mit zierlichen Dodekaëdern von Granat bedeckt, welche selten einige Millimeter gross werden. Sie sind gewöhnlich honiggelb bis gelblichgrün und durchscheinend oder braun und undurchsichtig. Rosenbusch erwähnt ferner fast farblose bis grünlichweisse und sammetschwarze Krystalle, sowie solche mit mehreren Färbungen, welche sowohl neben einander, als auch zonal über einander liegen. Auch sonst noch finden sich in der citirten Arbeit von Rosenbusch viele interessante Beobachtungen über den Granat, auf welche wir verweisen können.[2] Da das Vorkommen von Granat auf Verwitterungs- und Kluftflächen beschränkt zu sein scheint, und er hier stets mit anderen unzweifelhaften Neubildungen — besonders

---

[1] Während K. C. von Leonhard den Namen von „gaffen“ herleitete, hält Rosenbusch Beziehungen zu „Gavi-Stein (Gaustein)“ für wahrscheinlicher.

[2] p. 69—74.

mit Natrolith — vergesellschaftet ist, so kann man an seiner secundären Entstehung nicht zweifeln. Der eben erwähnte Natrolith tritt entweder auf Kluftflächen in grösseren, rundlichen Knollen mit radial-faseriger, auch wohl concentrisch-schaliger Structur auf, oder er vertheilt sich in Form kleiner, unregelmässiger Partien durch anscheinend recht frisches Gestein. Oft lässt sich noch erkennen, dass er aus Nephelin entstanden ist, indem man ihn in Hohlräumen von der Form des letzteren antrifft; oft ist er auch gewandert und bildet ein zartes Geäder. Neben Nephelin hat auch jedenfalls der in mikroskopischen Individuen stets reichlich vorhandene Hauyn Material geliefert. Feine Nadeln, welche Granat und Natrolith begleiten und auch sonst nicht selten Verwitterungsflächen wie mit einem zarten Gespinnst überziehen, wurden von Rosenbusch als Strahlstein bestimmt. Als Seltenheit führt dieser Forscher noch Chabasitkrystalle an.

Ausser den Gesteinen mit anamesitischer Grundmasse sind nur noch solche stark verbreitet, die man nach der Grösse der Hauptgemengtheile als „doleritische Varietäten“ zusammenfassen kann. Treten dieselben auch nur in losen Blöcken auf, so lässt sich doch aus deren Dimensionen, Form und Verbreitung schliessen, dass sie ursprünglich eine grössere zusammenhängende Felsmasse bildeten, welche sich in südlicher und östlicher Richtung an den Gaffstein anschloss, und deren Fortsetzung in der Tiefe wahrscheinlich noch jetzt vorhanden ist. Besonders in dem östlich vom Hauptweg zwischen dem Gipfel und Wald Katzenbach liegenden Wäldchen trifft man die Blöcke in bedeutender Menge und Grösse. Zusammen mit solchen, welche am Waldsaum zeitweise zur Gewinnung von Schotter ausgegraben und zerschlagen werden, liefern sie das frischeste Material.[1]

Obwohl die zahlreichen porphyrartig hervortretenden Nepheline oft so vollständig zersetzt sind, dass auf der Ver-

[1] Früher wenigstens wurden die von Dielbach nach Mudau und von Friedrichsdorf nach Ernstthal führenden Strassen ausschliesslich mit Nephelinbasalt vom Katzenbuckel beschottert. Der sehr geringe Aufwand an Material beweist am besten dessen Güte, selbst wenn die Strassen erheblich weniger als andere befahren werden sollten.

witterungsfläche nur noch scharf rectangulär oder hexagonal begrenzte Hohlräume deren früheres Vorhandensein anzeigen, treten doch eigentliche Neubildungen, wie wir sie oben kennen lernten, nicht auf. Die rundliche Form mancher Blöcke scheint mehr durch eine Neigung zu kuglig-schaliger Absonderung bedingt zu werden, als durch den Einfluss der Atmosphärilien, da man zuweilen eine sehr vollkommen krummschalige Absonderung wahrnimmt, die auch wohl in eine gradflächig-plattenförmige übergeht. Von etwas zersetzten Blöcken lassen sich dann eine grosse Zahl kaum Centimeter dicker Scherben ablösen, bis man, wie gewöhnlich, auf einen frischen scheinbar ganz compacten Kern stösst, in dem die Absonderung gleichsam noch latent ist.

Sehr selten tritt ein abrupter Wechsel des Korns auf, so dass etwa Centimeter dicke, für das unbewaffnete Auge scharf begrenzte dichte Trümer entstehen, welche in Folge ihrer grösseren Widerstandsfähigkeit gegen die Einwirkung der Atmosphärilien als Wülste oder in Form eines Netzwerks von Leisten hervorragen. Es sind, wie Rosenbusch durch mikroskopische Untersuchungen schon nachgewiesen hat, gleichzeitig mit der Hauptgesteinsmasse entstandene Ausscheidungen, deren makroskopisch scharfe Grenze unter dem Mikroskop vollständig verschwindet. Das Fehlen eigentlicher Gänge, also späterer Injectionen, ist bereits von K. C. von Leonhard bestimmt hervorgehoben worden, und jeder spätere Beobachter hat die Angabe nur bestätigen können.

Die übrigen Varietäten sind so spärlich verbreitet, dass ihre Auffindung lediglich vom Zufall abhängt. Eine dichte, schwarze Varietät ohne Einsprenglinge wurde z. B. nur einmal in wenigen Blöcken am N.-W. Abhang angetroffen. Gesteine mit ebenso dichter Grundmasse aber mit kleinen Einsprenglingen von Nephelin, denen sich zuweilen einige grössere Augite zugesellen, treten hie und da im Gebiet der doleritischen Varietäten auf. Besonders am südlichen Waldsaum werden spärlich Blöcke eines sanidinreichen Nephelinbasalt ausgegraben, dessen grünliche Grundmasse homogen aussieht und reich an den prächtigst ausgebildeten Einsprenglingen ist. Der Habitus ist ein für dieses Gebiet so eigenthümlicher, dass man bei flüchtiger Betrachtung glaubt, ein von den übrigen vollständig abweichendes Gestein vor sich zu haben.

Nach der angegebenen Art der Verbreitung der einzelnen Varietäten und nach dem makroskopischen Habitus könnte man zur Aufstellung der Hypothese geneigt sein, dass mehrere Eruptionen stattgefunden haben. Die dichten Gesteine, welche nur in isolirten Blöcken vorkommen, könnten dann etwa zerstörten Gangtheilen entstammen, während solche mit doleritischer und anamesitischer Ausbildung, deren räumliche Verbreitung eine ausgedehnte ist, sich als selbständige Ströme oder Kuppen deuten liessen. Als negative Stütze für eine solche Annahme könnte man anführen, dass weder ein regelmässiger, etwa nach den peripherischen Theilen der Kuppe hin stattfindender Structurwechsel, noch ein allmählicher Uebergang der Varietäten im Anstehenden nachzuweisen ist.

So nahe aber auch eine solche Annahme liegt, so ist doch zunächst hervorzuheben, dass die geognostischen Beobachtungen zur Lösung dieser Frage nicht direct beitragen. Man ist also genöthigt, das Hauptgewicht auf die mikroskopischen Untersuchungen zu legen, und diese sprechen entschieden gegen mehrere Eruptionen. Weder nach der qualitativen Zusammensetzung, noch nach den physikalischen Eigenschaften der Gemengtheile lässt sich ein Kennzeichen fixiren, durch welches die oben genannten Varietäten in irgendwie wesentlicher Weise von einander abweichen. Unterschiede, welche allerdings oft bei flüchtiger Betrachtung gross zu sein scheinen, sind stets nur quantitativer Natur. Tritt auch wohl hie und da ein accessorischer Gemengtheil ganz zurück oder ein wesentlicher mit veränderten Eigenschaften auf, so ist dies nicht einmal constant in einer der Hauptgruppen der Fall, sondern innerhalb einer sonst auf das innigste verknüpften Gesteinsreihe.

Zur Vermeidung von Wiederholungen erscheint es angemessen, die Eigenschaften der Gemengtheile im Zusammenhang zu beschreiben und darauf eine kurze Charakteristik der Hauptgruppen folgen zu lassen.

Es dürfte wenige Nephelinbasalte geben, an deren Zusammensetzung sich so viele Mineralien betheiligen, wie an dem Gestein vom Katzenbuckel. In jeder Varietät sind vertreten: Nephelin, Augit, Olivin, Magnetit, Apatit, Hauyn und Biotit; in den meisten kommen noch Hornblende und Sanidin hinzu. Als seltene und auf einzelne Handstücke beschränkte Gemengtheile werden ausserdem angeführt: Titanit, Granat (Melanit), Pleonast und eine glasige Basis. Abgesehen vom Melanit, dem einige wenige braun durchscheinende Körner zugezählt werden *könnten*, sind die zuletzt genannten Mineralien sowie glasige Basis in den zahlreichen untersuchten Dünnschliffen jedenfalls nicht vorhanden.

Der *Nephelin* tritt in den gröber struirten Varietäten fast durchweg in wohl ausgebildeten Krystallen der Combination $\infty P \,.\, oP$ auf, in den feiner struirten nur als porphyrartiger Einsprengling, und liefert dann meist kurz rectanguläre und hexagonale Durchschnitte von idealer Gestalt. Verzerrungen oder polysynthetische Zusammensetzung eines scheinbar einheitlichen Krystalls sind selten. In den Gesteinen mit feinerem Korn, welche auch unter dem Mikroskop einen deutlichen Gegensatz zwischen porphyrartigen Einsprenglingen und Grundmasse erkennen lassen, bildet er in Form unregelmässig begrenzter Partien einen Hauptbestandtheil der letzteren. Von Einschlüssen ist er meist frei, beherbergt aber zuweilen reichlich Augitmikrolithe, ferner farblose Stäbchen, winzige schwach gelbliche Nadeln, welche wohl auch dem Augit angehören, Poren, kleine scharf begrenzte Nepheline mit abweichender optischer Orientirung und ganz vereinzelt Olivinkörner. Die Anordnung ist gewöhnlich eine regellose, nur ausnahmsweise eine reihenförmige oder zonale. Obwohl die Krystalle makroskopisch selten ganz frisch erscheinen (dann zeigen sie einen fettartigen Glasglanz), sondern in Bezug auf Färbung und Glanz mehr an den Elaeolith erinnern, so erweisen sie sich doch unter dem Mikroskop öfters frisch, als man erwarten sollte; nur eine schmale Randzone ist gewöhnlich stark getrübt, wodurch die Umrisse besonders scharf hervortreten. Diese Zone kann aber den elaeolithartigen Fettglanz ebenso wenig erzeugen, wie die spärlichen Interpositionen, da er auf den Bruchflächen ebenso kräftig erscheint. Der Glanz muss entweder der Substanz selbst eigenthümlich oder durch eine molekulare Umlagerung hervorgebracht sein, welche letztere sich sonst durch keine Veränderungen kund gibt. Da, wo der Nephelin stark angegriffen ist, zeigt er die normalen Umwandlungserscheinungen.

Am wenigsten constant ist der Augit, sowohl bezüglich seiner Form, als seiner übrigen Eigenschaften. Am häufigsten bildet er gut begrenzte Krystalle von licht gelblichgrüner Farbe, welche meist gar nicht, zuweilen schwach pleochroitisch sind. Dabei verhalten sich aber die grösseren Individuen, welche porphyrartig hervortreten, verschieden von den winzigen, bis zu Mikrolithengrösse hinabsinkenden Säulchen in der Grundmasse. Erstere sind ausserordentlich reich an Einschlüssen, welche meist gleichmässig vertheilt sind, zuweilen sich auch nur am Rand oder nur im Centrum anhäufen. Unter ihnen herrschen Magnetit, Nephelin und Glasfetzen vor, während Apatit und Biotit schon spärlicher, Olivin und Hornblende nur vereinzelt vertreten sind. Hie und da ist eine schmale, aber nicht scharf begrenzte Randzone lebhaft blaugrün gefärbt; dann pflegt Pleochroismus sich einzustellen und die Auslöschungsschiefe etwas kleiner zu sein, als im Kern. Grössere Krystalle gruppiren sich gern knäuelförmig und liefern dann ein buntes Polarisationsbild, da alle optisch verschieden orientirt sind. Von diesen grösseren Augiten unterscheiden sich die kleinen in der Grundmasse durch das Fehlen der Einschlüsse und der überhaupt nicht allzu häufigen Zwillingsbildungen. In einem Theil der doleritischen Varietäten tritt der Augit ausschliesslich oder stark vorherrschend in schilfförmigen, an den Enden sich ausfasernden Stängeln auf, welche oft Querabsonderung zeigen und meist büschelförmig von einem Punkt ausstrahlen. Auch in dieser Form ist der Augit frei von Einschlüssen und von Zwillingsverwachsung, zeigt aber bei lebhafter Färbung kräftigen Pleochroismus. Die parallel $\mathfrak{c}$, $\mathfrak{b}$ und $\mathfrak{a}$ schwingenden Strahlen sind der Reihe nach bläulichgrün, gelbgrün und grüngelb. Die Absorptionsunterschiede sind wie gewöhnlich nicht gross. Schliesslich enthalten die Varietäten mit homogen erscheinender Grundmasse, denen sicher bestimmbarer Augit fehlt, in bedeutender Menge ein grünliches Mineral in kleinen Säulchen und moosförmigen Aggregaten, welches sich nur als Augit deuten lässt, obwohl er sich in der Art seines Auftretens allerdings wesentlich von dem der übrigen Gesteine unterscheidet.

Die Menge des Olivin ist eine recht wechselnde und niemals eine sehr grosse. Auch die Dimensionen sind selten derart, dass man ihn schon makroskopisch deutlich wahrnehmen könnte; seine Anwesenheit wird jedoch öfters durch rostbraune Körnchen angedeutet. Nur spärlich zeigt er Krystallformen; Körnerform ist weitaus vorherrschend, und es ist bemerkenswerth, dass er sich in manchen Vorkommnissen fast ganz auf die Grundmasse beschränkt, blos vereinzelt mikroporphyrisch hervortritt. Wenn er bei der Zersetzung in normalen grünen Serpentin übergeht, so ist das Erzgeäder nur zum Theil opak, öfters braun bis rothbraun durchscheinend und dann wohl als Eisenoxyd oder Eisenoxydhydrat zu deuten. Ist die Veränderung nicht über das Stadium der Erzausscheidung hinausgegangen, so erinnern die Durchschnitte an den Hyalosiderit. Sehr häufig kommt es aber gar nicht zu einer eigentlichen Serpentinbildung, sondern das Olivinkorn wird vollständig durch braun durchscheinende Eisenverbindungen ersetzt; dann ist eine Verwechslung mit Melanit leicht möglich. Die spärlichen Interpositionen bestehen aus Glas mit Entglasungsproducten und ohne solche, dem sich hie und da ein Magnetitkörnchen zugesellt, während Picotit nicht beobachtet wurde.

Im Gegensatz zum Olivin tritt der Magnetit viel häufiger in Krystallformen als in Körnern auf. Ein Theil der Individuen ist sehr klein, ein anderer sehr gross ohne vermittelnde Dimensionen. Grosse treten gradezu porphyrartig auf und kommen oft allein vor, während kleine entweder gleichförmig in der Grundmasse vertheilt sind oder nur vom Augit eingeschlossen werden. Man gewinnt den Eindruck, als ob die Ausscheidung in zwei verschiedenen Stadien der Gesteinsentwicklung stattgefunden habe. Der Magnetit wird schon in der Kälte von Salzsäure angegriffen, grössere Krystalle aber gewöhnlich so ungleichmässig, dass schmale unter 90 oder 60 Grad sich schneidende Leisten übrig bleiben, die dann von quadratischen und rhombischen farblosen Feldern unterbrochen sind. Diese Leisten lösen sich bedeutend langsamer. Es liesse sich fast an ein Netz von Titaneisenstäben denken, dessen Maschen durch Magnetit ausgefüllt sind, obwohl man sonst nichts wahrnimmt, was auf die Anwesenheit von Titaneisen in selbständigen Krystallen deuten könnte. Nur in einem Dünnschliff sind einige wenige Körner von doppeltbrechenden Zonen umgeben, welche an das bekannte Zersetzungsproduct des Titaneisen erinnern.

Ein stets sehr reichlich vorhandener und gewöhnlich schon mit scharfer Lupe deutlich zu erkennender Gemengtheil ist der Apatit, welcher sich auch durch die ausnahmsweise Grösse der Individuen auszeichnet, deren Durchmesser meist zwischen $^1/_3$ und $^1/_2$ Millimeter schwankt. Dabei sind die Formen gedrungen, durchschnittlich nur doppelt so lang als breit. Die Krystalle treten durchaus selbständig im Gesteinsgewebe auf, ja, in den feiner struirten Varietäten stehen sie bisweilen keinem der übrigen Gemengtheile an Grösse nach. Solche deutlich porphyrartig eingelagerte Apatite zeigen vollständig die Eigenschaften echt porphyrischer Gesteinselemente: Einschlüsse und Einbuchtungen der Grundmasse; Verkittung zerbrochener Krystalle durch letztere. Dünne und lange Nadeln als Gäste in den übrigen Bestandtheilen mit Ausschluss des Hauyn und Olivin fehlen übrigens auch nicht, spielen aber eine untergeordnete Rolle. Sehr charakteristisch für den Apatit sind die Interpositionen, welche fast ausnahmslos vorhanden sind und sich häufig bis zur gleichmässigen Graufärbung des Wirths anhäufen. Da sie zwar dicht, aber in recht regelmässigen Abständen von einander liegen, so lassen sie sich mit starken Vergrösserungen hier ganz besonders gut untersuchen. Am spärlichsten sind durchsichtige Mikrolithe, welche dem Aussehen nach dem Augit angehören könnten; auf einzelne Varietäten beschränkt, winzige dunkle Stäbchen, die sich entweder zonal ordnen oder derart an einander reihen, dass in basischen Schnitten unter 60 Grad sich schneidende Liniensysteme entstehen, während Schnitte parallel zur Hauptaxe regelmässig gestreift erscheinen. Weitaus am häufigsten sind runde Einschlüsse und solche von der Form des Apatit (∞ P . o P); sie führen gewöhnlich ein scharf umrandetes Bläschen, dessen Grösse zu derjenigen des Einschlusses in sehr wechselnden Verhältnissen steht. Bei Erwärmung bis auf 100 Grad blieben die Bläschen stabil. ihr Volumen constant. Wenn man in Ermangelung sicherer Kennzeichen die Einschlüsse nach der Schärfe und Breite der Contouren zu bestimmen versucht, so muss man sie bald als leere oder mit Flüssigkeit gefüllte Poren, bald als Glas deuten. Sollten Flüssigkeitseinschlüsse in der That unter ihnen vertreten sein, so wäre es immerhin auffallend, dass solche in den übrigen Gemengtheilen nicht vorzukommen scheinen. Zuweilen scharen sich die Interpositionen besonders dicht in einer schmalen Randzone, so dass bei basischen Schnitten einige Aehnlichkeit mit Hauyn entstehen kann; doch wird der Rand nie so gleichmässig dunkel.

Ebenfalls stets und sehr reichlich vorhanden ist der Hauyn. Obwohl die Krystalle, deren Dimensionen auffallend wenig schwanken, durchschnittlich etwa eben so gross sind, wie die grössten Apatite in basischen Schnitten, so nimmt man sie makroskopisch doch nie wahr. Die Umrisse sind oft von idealer Regelmässigkeit, jedenfalls selten stark verzerrt oder gelappt. Der Hauyn unterliegt von allen Gemengtheilen am leichtesten dem Einfluss der Atmosphärilien und ist daher nirgends ganz frisch. Von individualisirten Einschlüssen ist er gewöhnlich frei; um so auffallender erscheint es, wenn er zuweilen eine grosse aus Augit- und Magnetitkrystallen zusammengesetzte Gruppe beherbergt oder einen zierlichen Olivinkrystall, so dass der Gast den Wirth an Volumen weit übertrifft. Wo die opaken Strichsysteme fehlen, ist zonaler Aufbau für den Hauyn besonders charakteristisch und lässt ihn im allgemeinen leicht vom Nephelin und Apatit unterscheiden. Erst wenn die Zersetzung sehr weit fortgeschritten ist, verliert sich jede Andeutung dieser Structur, und dann ist eine Verwechslung mit Nephelin leicht möglich. Die Zonen und die Strichsysteme sind übrigens selten so vollkommen, wie man sie in anderen Gesteinen am Hauyn zu sehen gewohnt ist; auch ist die Mikrostructur fast in jedem Handstück eine etwas verschiedene. Bald werden grosse opake Kerne oder mehrere unregelmässige dunkle Flecken von einer schmalen farblosen Randzone umgeben; bald folgt auf letztere nach Innen eine schmale dunkle Zone, von der opake Strichsysteme auslaufen, welche entweder den ganzen centralen Theil erfüllen oder sich allmählich in ein lichtes Centrum verlieren; bald — und zwar am häufigsten — nimmt man mehrere, aber wenig scharf begrenzte dunklere und lichtere Zonen wahr.

Biotit fehlt in keinem Präparat ganz; seine Menge schwankt jedoch innerhalb der allerweitesten Grenzen. In den doleritischen Varietäten ist er oft sehr reichlich vorhanden. Die scharf hexagonal begrenzten, tombackbraunen, kräftig glänzenden Blättchen und niedrigen Säulchen, deren Durchmesser zwei Millimeter erreichen hann, fallen makroskopisch scharf ins Auge. Nur ausnahmsweise ist er in dieser Gesteinsreihe in kleinen, aber um so zahlreicheren Leisten auf die Grundmasse beschränkt. In den Varietäten mit feinerem Korn tritt er öfters vereinzelt und unregelmässig vertheilt auf, und ist dann ohne Hülfe des Mikroskops gar nicht wahrzunehmen. Der Glimmer ist deutlich zweiaxig und wird durch Salzsäure nur schwierig zersetzt, in der Kälte gar nicht angegriffen. Die Farben sind stets sehr prächtig: der parallel zur Spaltung schwingende Strahl tief blutroth bis rothbraun, der senkrecht zu dieser Richtung schwingende orangefarben bis bräunlichgelb. Die Absorption ist nicht stark. Von Einschlüssen ist er im ganzen frei; vereinzelt wurden Apatit, Augit, Magnetit und Nephelin in ihm beobachtet, letzterer in besonders zierlichen Krystallen. Zusammen mit Magnetit, Apatit und Augit bildet er zuweilen knäuelförmige Anhäufungen.

Hornblende begleitet mit Ausnahme einiger dichter Nephelinbasalte den Biotit. Beide sind entweder in etwa gleicher Menge vertreten, oder eines der beiden Mineralien herrscht gegenüber dem anderen stark vor. Makroskopisch lässt sich die Hornblende nicht erkennen, da die Krystalle nicht hinreichend gross werden, um sie mit Sicherheit vom Augit zu unterscheiden. Im Dünnschliff ist sie wie der Glimmer und pleochroitische Augit durch prächtige Farben ausgezeichnet. Die parallel $\mathfrak{a}$, $\mathfrak{b}$ und $\mathfrak{c}$ schwingenden Strahlen sind der Reihe nach lichtbräunlich, bräunlichviolett bis fast schwarz und gelbbraun bis olivengrün. Wenn ein deutlicher Absorptionsunterschied zwischen $\mathfrak{b}$ und $\mathfrak{c}$ wahrzunehmen ist, so wird $\mathfrak{b}$ unzweifelhaft stärker absorbirt als $\mathfrak{c}$, ein an Hornblende bisher wohl noch nicht beachtetes Verhalten. Abgesehen von einigen, wie es scheint, leeren Poren wurden keine Einschlüsse wahrgenommen. Die Umrisse weisen zuweilen auf sehr vollkommen ausgebildete Krystalle, sind aber vorherrschend unregelmässig. Wo der Augit in der stängligen, kräftig pleochroitischen Varietät vorkommt, vereinigt er sich mit der Hornblende derart zu büschligen Aggregaten, dass die Individuen beider Mineralien recht regelmässig mit einander wechseln.

Am wenigsten constant stellt sich der Sanidin ein. In den dichten Varietäten ist er öfters gar nicht und nie reichlich vorhanden. In den doleritischen Varietäten trifft man ihn stets; hier bildet er grosse Individuen — meist Karlsbader Zwillinge — von unregelmässiger Begrenzung, welche alle übrigen Gemengtheile einschliessen und den Eindruck machen, als hätten sie die noch freien Räume ausgefüllt. In einigen Gesteinen von mittlerem Korn tritt der Sanidin an Menge gegen keinen anderen Bestandtheil zurück, so dass man dieselben ausserhalb des Zusammenhangs betrachtet, unbedingt als Phonolithe bezeichnen müsste. Dann bildet er kleine, scharf leistenförmige Krystalle ohne Einschlüsse. Schliesslich finden sich in der grünen Varietät mit homogen erscheinender Grundmasse winzige, farblose, doppeltbrechende Leisten, welche selbst durch Digestion mit starker Salzsäure nicht angegriffen werden, und welche sich nur als Sanidin deuten lassen, obwohl eine exacte Bestimmung wegen der winzigen Dimensionen nicht möglich ist. Ueberall, wo schmale Leisten vorhanden sind, gruppiren sich dieselben gern divergent büschelförmig und lassen sich dann ohne Prüfung mit Säuren nicht sicher von Zeolithen unterscheiden. Der Sanidin ist stets sehr frisch, selbst wenn die meisten übrigen Gemengtheile schon stark zersetzt sind. Grössere Individuen beherbergen oft eigenthümliche langgestreckte Einschlüsse, welche auf kleine Partien eines Krystalls beschränkt sind, hier aber dicht beisammen liegen. Die meisten scheinen hohle Canäle zu sein, andere sind wie mit feinem Staub erfüllt. Sie sind bald gerade und parallel angeordnet, bald auf das mannigfachste verästelt und winzigen Korallenstöcken vergleichbar.

Plagioklas liess sich mit Sicherheit nicht nachweisen; aber selbst wenn man alle zweifelhaften Individuen demselben zurechnen wollte, würde er neben Sanidin nur in verschwindender Menge vertreten sein.

Nach diesen Angaben über die Eigenschaften der einzelnen Gemengtheile mag es genügen, kurz die Hauptgruppen zu charakterisiren.

Feinkörniger bis dichter Nephelinbasalt. Makroporphyrisch hervortretende Einsprenglinge fehlen entweder ganz oder sind in sehr geringer Zahl vorhanden.

Im ersteren Fall sind die Gesteine von gleichmässig feinem Korn, einheitlicher matt schwarzer Farbe und recht vollkommen muschligem Bruch. Nur mit scharfer Lupe erkennt man hie und da ein Glimmerblättchen, häufiger feine glänzende Apatitnadeln und kleine Nester von Zeolithen, am reichlichsten Magnetit. Unter dem Mikroskop erweist sich die Grundmasse als ein durchaus krystallines Aggregat von unregelmässig begrenztem Nephelin, licht gelbgrünen, seltener blaugrünen Augitsäulchen, reichlichem Magnetit und wechselnden Mengen vollständig serpentinisirter Olivinkörner. Hinzu kommen bald in geringer Menge Biotitblättchen und feine, oft zu divergent büschligen Aggregaten angeordnete Sanidinleisten, bald statt dieser in sehr reichlicher Menge Hornblende. Mikroporphyrisch tritt ganz besonders Apatit hervor, welcher von keinem anderen Gemengtheil an Grösse übertroffen wird, ausserdem Hauyn, Magnetit, Nephelin und Olivin, die beiden letzteren am spärlichsten. Weniger frische Gesteine enthalten auch Nester von Zeolith. Ist die Zersetzung so weit vorgeschritten, dass alle grösseren Krystalle von

Nephelin und Hauyn zeolithisirt sind, so heben sich dieselben mit röthlicher oder weisser Farbe makroskopisch deutlich von dem dunklen Untergrund ab, und es entsteht eine porphyrartige Structur, obwohl in der That kein Individuum grösser, als in den übrigen Gesteinen dieser Gruppe ist. (Porphyrartiger Nephelinit Rosenbusch. Analyse I. Die mineralogische Zusammensetzung des analysirten Stücks ist genau die gleiche, wie diejenige des hornblendefreien Typus.)

Charakteristisch für diese kleine Gruppe ist das Fehlen grösserer Augite, das sehr spärliche Auftreten von Glimmer, der dann meist mit dem Magnetit verwachsen und nie in grossen Tafeln vorhanden ist, Reichthum an Magnetit, nahezu vollständiges Beschränktsein des Olivin auf die Grundmasse. Die Gesteine sind bald hornblendereich, bald hornblendefrei; bald enthalten sie Sanidin, bald fehlt derselbe.

Die zweite Varietät besteht aus einer vollkommen dicht erscheinenden, dunkel bräunlichvioletten Grundmasse, aus der sich reichlich kleine weisse bis röthliche, zeolithisirte Nepheline und Hauyne und in mässiger Menge bis zu zwei Centimeter grosse Augitkrystalle recht scharf abheben. Nur durch letztere entsteht eine eigentlich makroporphyrische Structur. Auch im Dünnschliff zeigt die Grundmasse, welche sich aus unregelmässig begrenztem Nephelin, lichtgrünen Augitsäulchen, Magnetit und vereinzelten Biotitblättchen zusammensetzt, die feinste Structur unter allen Gesteinen des Katzenbuckels. Mikroporphyrisch eingesprengt kommen vor: Olivin, sehr reichlich Apatit, Magnetit, Augit, wenig Nephelin und wahrscheinlich auch Hauyn. Die beiden letzten sind so stark verändert, dass hier allein eine sichere Unterscheidung nicht möglich ist.

Charakteristisch ist die dichte Grundmasse, das Fehlen von Sanidin, Hornblende und nahezu auch von Biotit.

Kleinkörniger (anamesitischer) Nephelinbasalt. Die Gemengtheile grenzen sich unter der Lupe zwar gegen einander ab; doch lassen sich nur Apatit, kleine Sanidinleisten mit stark glänzenden Spaltungsflächen, Magnetit und Nester oder Adern zeolithischer Mineralien mit Sicherheit bestimmen. Die Korngrösse der Grundmasse wechselt, aber innerhalb nicht allzu weiter Grenzen. Grosse, porphyrartig eingelagerte Augite fehlen nie, treten aber oft erst bei aufmerksamer Betrachtung hervor, da ihre Färbung mit derjenigen der dunkel grünlichgrauen Gesteinsmasse nahe übereinstimmt. Nur die gewöhnliche Combination $\infty P \bar{\infty} . \infty P \infty . \infty P . P$ scheint vorzukommen und zwar meist mit tafelförmigem Habitus durch Vorherrschen von $\infty P \bar{\infty}$.

Die mikroskopische Untersuchung ergibt, dass diese Varietät alle Gemengtheile enthält, welche überhaupt am Katzenbuckel auftreten. Da sie ausserdem am weitesten verbreitet, allein anstehend bekannt und von mittlerer Korngrösse ist, so kann man sie als den Normaltypus der Varietätenreihe bezeichnen. Am spärlichsten ist der Glimmer vertreten, welcher stellenweise ganz fehlt, dann wieder sich anhäuft. Die reichlich vorhandene Hornblende bildet grössere Individuen als gewöhnlich und ist recht gleichmässig vertheilt. Sehr scharf tritt der Unterschied in den Dimensionen der kleinen Magnetite in der Grundmasse und der grossen mikroporphyrischen Krystalle desselben Minerals hervor. Bei dem Fehlen vermittelnder Grössestufen kann man wohl annehmen, dass der Magnetit sich in verschiedenen Stadien der Gesteinsbildung aus dem Magma ausgeschieden habe. Ebenso unvermittelt stehen sich die einschlussfreien Augitkryställchen der Grundmasse und die grossen makroporphyrischen Augite, welche von Einschlüssen strotzen, gegenüber. Der nur in sehr grossen Individuen auftretende Sanidin ist zuweilen, der Olivin stets recht reichlich vorhanden. Deutliche Krystallform ist am Nephelin selten; derselbe bildet weitaus vorwiegend in unregelmässig begrenzten Partien mit Augit und Magnetit eine Grundmasse; aus ihr heben sich Hauyn, Apatit, Olivin, Hornblende, Glimmer und Magnetit in Krystallen von annähernd gleicher Grösse recht deutlich ab, und schliesslich treten Sanidin und Augit eigentlich porphyrisch hervor. Auf eine besonders kleinkörnige Varietät vom Gaffstein (basaltischer Nephelinit Rosenbusch) beziehen sich die unter II und II *a* angeführten Analysen. Erstere ist von Rosenbusch, letztere von einem Praktikanten im Heidelberger Universitäts-Laboratorium ausgeführt worden.

Wahrscheinlich auch vom Gaffstein stammt ein von Doelter analysirtes Stück (Analyse III), obwohl es von der soeben beschriebenen Hauptvarietät etwas abweicht. Es enthält keine Hornblende, Glimmer nur spurenweise, dagegen sehr reichlich Olivin und zwar letzteren, was am Katzenbuckel selten der Fall ist, in meist regelmässig begrenzten, frischen Krystallen. Diese Eigenschaft ist um so auffallender, als die übrigen Gemengtheile wenig frisch sind.[1]

Grobkörniger (doleritischer) Nephelinbasalt. Als doleritische Varietäten kann man alle diejenigen zusammenfassen, in welchen die Hauptgemengtheile sich nicht nur deutlich gegen einander abgrenzen, sondern auch ihrer Natur nach erkennen lassen. Der stark vorherrschende fettglänzende Nephelin bestimmt die meist graue, seltener röthlichgraue oder bräunliche Gesammtfärbung des Gesteins. Bald treten Nephelin und Augit, bald nur eins dieser beiden Mineralien porphyrartig hervor. Die Nephelinkrystalle, welche durchschnittlich etwa vier, zuweilen auch sechs Millimeter gross sind, stellen sich öfters so reichlich ein, dass man bei flüchtiger Betrachtung nur sie wahrnimmt und ein gleichmässig grobkörniges Gestein vor sich zu haben glaubt. Sie werden aber in Wirklichkeit stets durch ein Aggregat kleinerer Gemengtheile getrennt. Die bis zu 1½ Centimeter

[1] Obwohl eine Kritik älterer Untersuchungen dem Zweck dieser Arbeit fern liegt, so erscheint doch eine Berichtigung der Moehl'schen Angaben über das Gestein vom Gaffstein (Neues Jahrbuch für Mineralogie etc. 1874. 927—929) nothwendig, da diese zusammen mit der Schliffsammlung von Fuess zu Lehrzwecken dienen sollen und daher weit verbreitet sein dürften. Als chocoladebrauner Augit ist augenscheinlich die Hornblende bestimmt, welche gar nicht erwähnt wird; die als Nephelin beschriebenen und abgebildeten einschlussreichen Krystalle sind Apatit; der Nephelin in der Grundmasse wird als „theils absolut amorphes, stellenweise umgewandeltes Glas, theils als Sanidinsubstanz" gedeutet; Spinelleinschlüsse sollen für den Olivin des Katzenbuckels charakteristisch sein, während es gerade charakteristisch ist, dass sie wahrscheinlich ganz fehlen; Titaneisen wird als reichlich, Magnetit als spärlich angeführt, jedoch ohne Angabe irgend welcher Eigenschaften, auf welchen die Bestimmung beruht. Weder die Umrisse, noch Aetzversuche, noch Zersetzungserscheinungen sprechen dafür, dass Titaneisen überhaupt vorhanden ist.

langen Augite treten mehr vereinzelt auf. Glimmer in ein bis zwei Millimeter grossen tombackbraunen Blättchen und niedrigen Säulen fehlt nie und ist oft in ausserordentlicher Menge vorhanden. Ausserdem sind Magnetit, Sanidin und Apatit, zuweilen auch Olivin makroskopisch zu bestimmen.

Die mikroskopische Untersuchung ergibt, dass in der ganzen Varietätenreihe alle oben genannten Gemengtheile vertreten sind, ja, mit Ausschluss des Sanidin, der den untersuchten Präparaten wenigstens zuweilen fehlt, in jedem Handstück vorkommen. Trotzdem ist die Mannigfaltigkeit grösser, als man hiernach erwarten sollte, da Menge und Grössenverhältnisse der einzelnen Gesteinselemente sehr wechseln. Hornblende und blutrother Glimmer ersetzen sich derart, dass bald erstere, bald letzterer in hohem Grade vorherrscht und zwar sowohl der Zahl, als der Grösse der Individuen nach. Der Augit stellt sich zuweilen nur in grossen, gelbgrünen, nicht pleochroitischen Krystallen ein, von denen sich öfters eine grössere Zahl recht regelmässig um einen Punkt gruppiren; in anderen Gesteinen werden diese von langen, blaugrünen, kräftig pleochroitischen Säulen begleitet, oder der Augit tritt nur in letzterer Form auf. Magnetit als selbständiger Gemengtheil ist der Regel nach nur in grossen Krystallen vorhanden, die kleineren trifft man dann allein als Gast.

Besonders charakteristisch für diese Varietätenreihe ist der Reichthum an Nephelin, sein alleiniges Auftreten in gut begrenzten Krystallen, die verhältnissmässige Armuth an Magnetit und Apatit und das farbenprächtige Bild, welches die Dünnschliffe in Folge der scharf contrastirenden, lebhaften Färbungen von Hornblende, Glimmer und Augit liefern.

Man kann die grobkörnigen Nephelinbasalte etwa in drei Gruppen zerlegen.

Die eine wird charakterisirt durch porphyrartiges Hervortreten von Nephelin und Augit; bei ihr wurde besonders deutlich plattenförmige Absonderung beobachtet. Biotit fehlt auch unter dem Mikroskop fast ganz, während Hornblende oft in sehr erheblicher Menge vorhanden ist. Sanidin tritt reichlich in grossen Zwillingen auf.

Eine zweite sehr verbreitete Gruppe unterscheidet sich von der vorigen leicht durch das Fehlen grösserer Augite und durch den Reichthum an tief blutrothem Biotit. Sanidin und Magnetit sind spärlicher beigemengt. Der Augit ist nur durch die stänglige, pleochroitische Varietät vertreten. In dieser Gruppe allein wurden einige opake Körner beobachtet, welche sich nach der Art ihrer Veränderung als Titaneisen deuten lassen.

Die von Rosenbusch ausgeführte Analyse IV scheint sich auf ein solches glimmerreiches Gestein zu beziehen.

Die dritte Gruppe ist dadurch ausgezeichnet, dass nur Augite porphyrartig hervortreten, und dass das Korn der Hauptgesteinsmasse etwas feiner, als in den beiden anderen Gruppen ist. Die dadurch schon makroskopisch angedeutete Vermittlung der anamesitischen und doleritischen Varietäten bestätigen auch die mikroskopischen Eigenthümlichkeiten. Einerseits sind die Nepheline wie in den grobkörnigen Gesteinen regelmässig begrenzt; andererseits finden sich neben den grossen Augiten auch zahlreiche Mikrolithe, welche nicht der pleochroitischen Varietät angehören. Ferner ist der Magnetit in zweierlei Grössen vorhanden, und der über die Hornblende stark vorwiegende Glimmer braun, nicht blutroth.

Sanidinreicher Nephelinbasalt. Eine ganz besondere Gruppe repräsentiren die sanidinreichen Nephelinbasalte, da der Sanidin nicht wie in allen übrigen Gesteinen des Katzenbuckels in verhältnissmässig wenigen aber grossen Individuen auftritt, sondern in kleinen und so zahlreichen Leisten, dass er hinter keinem der übrigen Gemengtheile an Menge zurücksteht, ja, die meisten sogar entschieden übertrifft.

Diese Varietäten bilden eine continuirliche Reihe, deren Endglieder so verschiedenartig entwickelt sind, dass man sie — ausserhalb des Zusammenhangs untersucht — für ganz verschiedene Gesteine halten kann und auch bisher in der That gehalten hat.

Das eine Endglied besteht aus einer kleinkörnigen, grünlichgrauen Grundmasse, deren Hauptgemengtheile (Nephelin, Glimmer und Sanidin) sich unter der Lupe deutlich von einander abheben. In derselben liegen vereinzelte bis zu 9 Millimeter grosse Nephelinkrystalle, so dass porphyrartige Structur schärfer hervortritt, als in den übrigen Varietäten mit doleritischem Korn. Unter dem Mikroskop bilden die zahlreichen, fast ausschliesslich in Karlsbader Zwillingen auftretenden Sanidinleisten zusammen mit blaugrünen, säulenförmigen Augitkryställchen und grösseren, vorherrschend gut begrenzten Nephelinen eine Art Grundmasse, an deren Zusammensetzung sich Hornblende und Glimmer derart betheiligen, dass bald das eine, bald das andere Mineral sehr stark vorherrscht. Durch etwas grössere Dimensionen zeichnen sich die spärlichen Magnetite, Apatite und Olivine, sowie die reichlichen Hauyne aus, während Nephelin, Augit, Glimmer und Sanidin vereinzelt porphyrartig hervortreten.

Neben dem hohen Sanidingehalt ist im Vergleich zu den übrigen Varietäten noch die Armuth an Olivin, Magnetit und Apatit charakteristisch. Letztere beschränken sich zuweilen fast gänzlich auf knäuelförmige Verwachsungen mit grösseren Augiten und Biotiten.

Wenn die Structur der Gesteine feiner wird, so sind es vorzugsweise die Dimensionen der Sanidinleisten und Augitsäulchen, welche abnehmen. Erstere ordnen sich dann gern zu divergent strahligen Büscheln, letztere ballen sich zusammen, doch so, dass noch sicher bestimmbare Individuen übrig bleiben. Dabei stellt sich Glimmer in sehr grosser Menge ein und gruppirt sich oft kranzförmig um grössere Gemengtheile.

Schliesslich entwickelt sich das andere Endglied, welches makroskopisch aus einer lebhaft öl- bis lauchgrünen, anscheinend homogenen Grundmasse besteht, aus der prächtige wasserklare Nephelinkrystalle, scharf hexagonal begrenzte Biotittafeln, Körner und Oktaëder von Magnetit und Olivin sich scharf porphyrisch abheben. (Nephelinitporphyr Rosenbusch; Analyse V von Rosenbusch und Va von Dauber.)

Unter dem Mikroskop stellt sich die Grundmasse als ein äusserst feines Gewebe wasserklarer Leistchen, grüner Fasern und flockiger Anhäufungen, sowie winziger Biotitblättchen dar, getrennt durch einen farblosen, schwach doppeltbrechenden

Untergrund. Selten sind die Dimensionen eines dieser Bestandtheile derart, dass auch nur eine annähernd sichere Deutung möglich ist. Trotzdem kann man nach dem Resultat der Aetzversuche und nach den verschiedenen oben erwähnten Uebergängen nicht daran zweifeln, dass ein Gemenge von Sanidin, Nephelin und Augit vorliegt, nicht ein verändertes Glas, wie bisher angenommen worden ist. Als Einsprenglinge herrschen Nephelin und hier besonders deutlich zonal aufgebauter Hauyn vor, während Augit gänzlich fehlt. Olivin, Biotit, Apatit und Magnetit, vorzugsweise letzterer, treten nur in mässiger Menge mikroporphyrisch hervor. Hornblende wurde gar nicht wahrgenommen. Auch bezüglich der relativen Menge der Bestandtheile verhält sich dieses Endglied ähnlich wie die anderen Glieder der Reihe.

Auf die in der folgenden Tabelle zusammengestellten Analysen wurde schon oben an den betreffenden Stellen hingewiesen.

	I.	II.	IIa.	III.	IV.	V.	Va.
Kieselsäure	44.80	45.04	46.97	40.96	42.30	48.28	48.21
Phosphorsäure	0.45	0.12			0.65	0.18	
Thonerde	11.11	11.35	14.55	9.01	12 63	20.71	18 33
Eisenoxyd	9.82	13.92	8 79	19.49	15,48	6.24	4.29
Eisenoxydul	5.82	4.89	6.02	7.07	5.07	3.58	4 64
Manganoxydul, Kobaltoxyd, Nickeloxyd	0.12	0.18			0.12	0.22	0.27
Kalk	9.54	7.86	9 46	8.98	8.42	2.88	2.77
Magnesia	4.88	4.62	1.40	1.62	5.23	2.32	1.41
Kali	3.67	2.93	3.07	2.31	2.73	4.42	5.83
Natron	6.75	7.86	8.18	8.80	5.19	11.00	11.75
Wasser	2.96	1.52	1.53	1.92	3.59	1.50	1.97
	99.92	100.29	99.97	100.16	101.41	101.33	99.47
Spez. Gew.	2.843	3.096			2.974	2.76	
bei Grad Celsius	22.5	25.5			23	24.5	

Nach der allerdings leicht täuschenden Schätzung unter dem Mikroskop sollte man mehr Phosphorsäure erwarten, als die Analysen angeben. In Nro. IIa. und III. fällt der niedrige Gehalt an Magnesia auf, besonders da gerade das zur Analyse III. verwandte Gesteinsstück sich als olivinreich erweist. Wie schon Rosenbusch bezüglich IIa. vermuthet, dürften vielleicht Kalk und Magnesia nicht vollständig getrennt sein. V. und Va. weichen in chemischer Beziehung, wie auch die Dünnschliffe in mineralogischer, erheblich von den übrigen Varietäten ab. Der höhere Gehalt an Kieselsäure, Thonerde und Alkalien stimmt recht gut mit der Deutung der feinen Leisten als Sanidin überein, während andererseits die geringen Mengen der alkalischen Erden und des Eisenoxyd der absoluten Armuth an Magnetit und Olivin, der relativen an Augit entsprechen.

b. Der Steinsberg.

Obwohl der Nephelinbasalt auf der Höhe des Steinsbergs in so zahlreichen und grossen Blöcken vorkommt, dass er schon seit langer Zeit ausgiebiges Material zur Beschotterung der nächstgelegenen Strassen geliefert hat, so ist derselbe doch bisher nicht anstehend beobachtet worden. Wenn der Gang oder die Kuppe überhaupt jemals den Keupermergel überragte, so kann dies kaum in bedeutender Weise der Fall gewesen sein, da sonst wohl Blöcke am Fuss des Berges von grösserer Verbreitung sein würden.

Die Hauptvarietät ist ein äusserst zähes, graulichschwarzes, dichtes Gestein ohne jegliche porphyrartige Einsprenglinge, welches grosse Neigung zu eckig-kleinkörniger Absonderung zeigt. Entsprechend dem makroskopischen Habitus erweist sich das Korn auch unter dem Mikroskop als ein recht gleichförmiges, indem die einzelnen Gesteinselemente unter sich nur wenig an Grösse differiren. Farbloser, nirgends deutlich begrenzter Nephelin bildet einen Untergrund, dicht erfüllt mit kleinen, lichtgelben Augitsäulen, die meist als einfache Krystalle auftreten. Augit ist entschieden vorwaltender Gemengtheil. Ausserdem enthält die Grundmasse sehr reichlich Magnetit und weniger reichlich, aber recht regelmässig vertheilt, kleine fetzenförmige Glimmerblättchen. Möglicherweise gesellt sich in einigen Dünnschliffen auch Plagioklas in wenigen winzigen Leisten hinzu; doch konnte derselbe nicht mit vollständiger Sicherheit nachgewiesen werden. Ganz vereinzelt trifft man neben dem Glimmer sehr kleine Hornblendesäulchen.

Mikroporphyrisch eingebettet sind zahlreiche Olivine, grosse Magnetite und vereinzelte Augite. Der Olivin zeichnet sich durch seine Frische und durch Armuth an Einschlüssen aus. Er bildet meist Körner, welche zuweilen polysynthetische Zusammensetzung zeigen, doch trifft man auch sehr regelmässig begrenzte Krystalle. Picotit scheint nicht im Olivin vorzukommen. Beim Glühen nimmt letzterer in diesem Gestein eine besonders schöne rothbraune Färbung an [1] und wird deutlich pleochroitisch. Hier verdient auch eine Erscheinung hervorgehoben zu werden, welche wahrscheinlich jedem Mikroskopiker bekannt, aber, wie es scheint, noch nicht beschrieben worden ist. Am Olivin, sowie auch am Titanit, Augit, Zirkon und manchen anderen doppeltbrechenden Mineralien beobachtet man häufig, dass Schnitte bei Drehung in der Horizontalebene zwischen gekreuzten Nicols sich in Bezug auf Lichtintensität nur minimal oder gar nicht ändern. Da es meist Mineralien sind, welche eine rauhe Schlifffläche annehmen, so dürfte vielleicht Depolarisation, bedingt durch vielfache unregelmässige Brechung an den kleinen muschligen Vertiefungen der Schliffflächen, die Ursache sein. In anderen Fällen können wohl auch zahlreiche winzige und dicht liegende Interpositionen Depolarisation bewirken.

Wie in vielen Varietäten des Katzenbuckels, so treten auch am Steinsberg kleine und grosse Magnetite scharf neben einander hervor. Während erstere etwa 0.01 Millimeter messen, sind letztere durchschnittlich zehnmal so gross. Wo der Nephelin etwas grössere Partien bildet, enthält er zuweilen in reichlicher Menge feine wasserhelle Nadeln, welche als Apatit zu deuten sind, da das Gesteinspulver eine kräftige Phosphorsäure-Reaction gab. Zeolithische Zersetzungsproducte sind in dem untersuchten frischen Material nur spärlich vorhanden.

Eine zweite untergeordnete Varietät unterscheidet sich von der soeben beschriebenen durch einen reichlichen Gehalt an makroporphyrisch hervortretenden, dunkel tombackbraunen Glimmertafeln. Die Absonderung ist hier eckig-grobkörnig

---

[1] Diese Reaction wurde wohl zuerst von C. W. C. Fuchs angegeben. Jahrbuch für Mineralogie etc. 1869. 577.

und dann überzieht der Glimmer gewöhnlich die Absonderungsflächen in Form allerdünnster Häute.[1] Zuweilen ist auch kugelförmige Absonderung recht vollkommen entwickelt, während gleichzeitig die centimeterdicken äusseren Schalen eine — wenn auch nicht sehr deutliche — eckig-körnige Absonderung zu zeigen pflegen.

Unter dem Mikroskop verhalten sich beide Varietäten im wesentlichen identisch. Nur tritt in der letzteren Glimmer sehr viel reichlicher auf und nur in grösseren Individuen, so dass er als Gemengtheil der Grundmasse fehlt. Auch konnte hier an einigen Stellen, wo die Augitmikrolithe weniger dicht liegen, mit Sicherheit eine isotrope, gekörnelte Basis erkannt werden.

Hauyn, welchen Möhl übrigens auch nur als selten anführt, fehlt den zahlreichen vorliegenden Dünnschliffen. Die grossen Individuen opaken Erzes, welche in allen hier in Betracht kommenden badischen Nephelinbasalten mikroporphyrisch hervortreten, hält derselbe Forscher für Titaneisen, jedoch sicherlich mit Unrecht. Dagegen sprechen die meist quadratischen, rhombischen oder dreiseitigen Umrisse, das Fehlen jeglicher für das Titaneisen charakteristischer Umwandlungsproducte und das Verhalten von Gesteinsstückchen vom Steinsberg und von Neckarelz gegen Salzsäure in der Kälte. Nach wochenlanger Einwirkung bilden sich zunächst gallertartige Kieselsäure und eine chlornatriumreiche Lösung, während die Stückchen ihre Form vollständig bewahren. Untersucht man dieselben nach dem Zerdrücken, so zeigt sich, dass Nephelin, Olivin, Glimmer und alle Eisenerze vollständig verschwunden und nur Augitkryställchen zurückgeblieben sind.

---

[1] Solche Gesteinsstücke sind makroskopisch dem Tephrit (Buchonit Sandberger) von Poppenhausen in der Rhön zum Verwechseln ähnlich. Daher mag auch Sandberger den Nephelinbasalt vom Steinsberg mit dem Buchonit identificirt haben. Mikroskopisch sind die Unterschiede sehr wesentlicher Art, wie schon Rosenbusch hervorgehoben hat. Das Poppenhausener Gestein enthält viel Plagioklas und Hornblende, wenig Glimmer und keinen Olivin; das Steinsberger ist dagegen stets olivinreich, zuweilen auch glimmerreich und führt die beiden ersteren Mineralien nur spurenweise.

Am Steinsberg fanden sich neben letzteren in einer grösseren Menge des Rückstandes etwa vier Säulchen von Hornblende, so dass auch dieses Mineral kaum als Gemengtheil angeführt werden kann.

Nicht gerade häufig trifft man am Steinsberg grössere olivinreiche Ausscheidungen, welche sich makro- und mikroskopisch genau wie die gleichen Bildungen in anderen Basalten verhalten. Sie bestehen aus grossen farblosen Olivinkörnern, lichtgrünem Diallag mit spärlichen braunen Tafeln und Stäben, aber reichlichen in Zwillingsstellung eingeschalteten Lamellen, schwach gelblichem Enstatit ohne deutliche Spaltung und ganz unregelmässig gestalteten Picotitkörnern, welche als selbständiger Gemengtheil auftreten. Der Olivin enthält in geringer Menge leere, auf das mannigfachste verästelte Poren und fetzenförmige Gebilde, welche wie Glas mit Entglasungsproducten aussehen.

An accessorischen Bestandmassen kommen Nester von schalig aufgebauten Kieselsäurevarietäten und eckige, scharf begrenzte lichtgraue Partien vor, welche zuweilen schwach mit Säuren aufbrausen, und die man kaum für etwas anderes als veränderte Einschlüsse von Keupermergel halten kann. Zwei derartige Einschlüsse wurden mikroskopisch untersucht. Der eine besteht vorherrschend aus einer flockigen, trüben Masse, in welcher rundliche concretionsartige Anhäufungen wasserklarer Körnchen liegen. Gegen den Basalt grenzt er sich scharf mit einer augitreichen Zone ab. Dieser Augit unterscheidet sich durch seine lebhaft grüne Farbe und durch Pleochroismus deutlich von dem lichtbräunlichen, nicht pleochroitischen Augit des Basalt. Durch den zweiten Einschluss vertheilt sich der Augit gleichmässig und macht etwa die Hälfte desselben aus. In reichlicher Menge sind ferner wasserklare Leisten vorhanden, die an Muscovit erinnern, aber von Salzsäure leicht zersetzt werden. Den Untergrund bildet theils eine farblose isotrope Substanz, theils eine mit den allerzartesten Fasern dicht erfüllte und vielleicht in Folge dessen schwach doppeltbrecheden, welche beide ebenfalls von Salzsäure leicht zersetzt werden und dann Fuchsinlösung stark imbibiren.

Von der glimmerarmen Varietät besitzen wir zwei Analysen, eine ältere von Gmelin (I.)[1] und eine neuere von Möhl (II.).[2]

	I.	II.
Kieselsäure	51.42	50.64
Titansäure		0.86
Phosphorsäure		0.48
Thonerde	15.39	14.70
Eisenoxyd		12.66
Eisenoxydul	21.04	7.42
Kalk	4.09	4.46
Magnesia	3.68	3.22
Kali	1.07	1.42
Natron	2.37	4.02
Wasser	0.55	0.26
	99.61	100.14
Spez. Gew.		2.874
in Säure löslich	44.5	44.6

Obwohl diese beiden Analysen sehr gut mit einander übereinstimmen, so können sie doch unmöglich richtig sein. Der Kieselsäuregehalt ist so hoch, wie er es etwa in dem kieselsäurereichsten Bestandtheil, einem thonerdehaltigen Augit sein kann. Nach mikroskopischer Schätzung und nach dem von Möhl angegebenen Löslichkeitsverhältniss des Pulvers in Salzsäure macht Augit etwa die Hälfte des Gesteins aus, so dass die übrigen kieselsäureärmeren Silicate (Nephelin, Olivin, Glimmer) und der reichlich vorhandene Magnetit den Kieselsäuregehalt merklich herabdrücken müssen. Eine Controlbestimmung ergab denn auch nur 40.75 Procent Kieselsäure, wonach eine Wiederholung der chemischen Untersuchung nothwendig erscheint.

---

[1] G. Leonhard: Beiträge zur mineralogischen und geognostischen Kenntniss des Grossherzogthums Baden I 85. Berechnet von Roth: Die Gesteins-Analysen in tabellarischer Uebersicht und mit kritischen Erläuterungen Berlin 1861. 46

[2] Sammlung typischer Basalte Jahrbuch für Mineralogie etc. 1874, 941.

c. Der Hamberg bei Neckarelz und das Vorkommeu von Neckarbischofsheim.

Ueber das Vorkommen des Nephelinbasalt, welcher am Hamberg bei Neckarelz die Myophorienmergel des Wellenkalk gangförmig durchsetzt, hat G. Leonhard ausführlich berichtet. Da dessen Angaben nichts hinzuzufügen ist, so kann um so mehr auf dieselben verwiesen werden, als der Gang ausserhalb des Kartengebiets liegt. Der Nephelinbasalt ist sehr geneigt zu kugelförmiger Absonderung und meist stark zersetzt. Die Zersetzung liefert ein schmutzig grünlichgraues bis braunes, beim Anhauchen stark thonig riechendes, tuffartig aussehendes Product, auffallenderweise jedoch ohne makroskopische Zeolithbildung. Frisches Gestein kann man sich fast nur durch Herausschälen des Kerns aus grösseren Kugeln verschaffen. Dann erscheint es vollständig dicht und grünlichschwarz gefärbt. Die am Steinsberg so häufige eckigkörnige Absonderung scheint nicht vorzukommen.

Die Hauptgesteinsmasse zeigt ein gleichmässiges Korn und besteht stets aus unregelmässig begrenztem Nephelin, sehr reichlichen Augitkryställchen, Magnetit, Hauyn, Apatit und Glimmer. Letzterer tritt bald nur in wenigen winzigen Leisten auf, welche sich vorzugsweise da finden, wo der Augit etwas zurücktritt; bald nimmt er in grösseren und gleichförmig vertheilten Individuen einen wesentlicheren Antheil an der Zusammensetzung. Im letzteren Fall ist das Korn um ein geringes gröber, und auch Hauyn beträchtlich reichlicher vorhanden. Durch etwas grössere Dimensionen, aber nicht eigentlich porphyrartig, hebt sich ein Theil des Magnetit und Augit, sowie der Olivin ab, der aber hier in so spärlicher Menge auftritt, dass man ihn als accessorisch ansehen könnte. Bemerkenswerth ist, dass der Hauyn durchweg in kleinen Krystallen vorkommt, während er gewöhnlich mikroporphyrisch hervortritt. Mit Calcit gemengte Zeolithe bilden rundliche Nester. Aehnlich gestaltete lichtbräunliche Partien, welche gewöhnlich Glimmer und Apatit einschliessen, verhalten sich vollständig isotrop. Obwohl sie einer Glasbasis durchaus gleichen, so lässt doch die Art ihres Auftretens diese Deutung als fraglich erscheinen.

Von dem Nephelinbasalt von Neckarbischofsheim konnte nur ein Dünnschliff zur Vergleichung untersucht werden, der aus einem von Herrn Professor Leonhard freundlichst zur Verfügung gestellten Splitter angefertigt wurde. Das Vorkommen schliesst sich dem zuletzt erwähnten durch die Hauynführung und das sehr spärliche Auftreten von Olivin an. Glimmer tritt noch mehr hervor, als in der glimmerreichsten Varietät vom Hamberg und wird von etwas Hornblende begleitet. Die Färbung beider Mineralien ist nahezu die gleiche; bei der Hornblende ist das Braun nur ein reineres, während es beim Glimmer ins Röthliche spielt.

Nach der Angabe von Leonhard ist der Nephelinbasalt von Neckarbischofsheim ausgezeichnet sowohl durch kuglig-schalige, als durch plattenförmige Absonderung von grosser Regelmässigkeit. Makroskopisch soll die Felsart derjenigen ähnlicher sein, welche früher in der Thalsohle bei Neckarelz durch Wegbauten aufgeschlossen war, als dem Ganggestein auf der Höhe des Hambergs.

V. Quartäre Bildungen.

I. Diluvium.

Unter den in unserem Gebiet vorhandenen diluvialen Ablagerungen ist der Löss die bei weitem verbreitetste. Seine sich stets gleich bleibende Beschaffenheit gestattet, ihn mit Leichtigkeit überall wieder zu erkennen und sich seiner als eines bequemen Orientirungsmittels über das Alter der nur local auftretenden und recht verschiedenartig entwickelten sonstigen diluvialen Bildungen zu bedienen.

Einige dieser letzteren Ablagerungen sind unzweifelhaft älter als der Löss. Wir wollen sie zunächst besprechen. An sie werden sich zweckmässig solche Bildungen anschliessen, deren Alter zwar etwas zweifelhaft ist, welche jedoch wahrscheinlich ebenfalls dem Löss vorangingen. Dem letzteren selbst lassen wir dann die entschieden jüngeren Bildungen folgen und diejenigen, welche wahrscheinlich nach dem Löss abgelagert wurden. Einen sicheren Schluss auf die relativen Altersverhältnisse darf man demgemäss aus der gewählten Reihenfolge nicht durchweg ziehen.

Sand von Mauer.

Auf der Südseite des Bergrückens, welchen die von Wiesenbach nach Mauer führende Chaussee überschreitet, befindet sich eine mächtige, seit alter Zeit abgebaute Sandablagerung. Die nicht direct sichtbare Unterlage, auf deren Natur aber aus den Lagerungsverhältnissen in der Nähe anstehender Gesteine geschlossen werden kann, bilden Buntsandstein und unterer Muschelkalk. Mächtige, auf dem Sand abgelagerte Lössmassen bedecken diesen so vollständig, dass derselbe ohne künstliche Aufschlüsse der Beobachtung ganz unzugänglich sein würde.

Auf dem Feldweg, der von dem Bahnwarthäuschen bei Reilsheim bergaufwärts nach der oben genannten Chaussee führt, konnte man vor Jahren an einem gelegentlichen Aufschluss eine Lehmablagerung sehen. Diese ruhte auf Geröllbänken und wurde ihrerseits von Löss bedeckt, der oben auf dem Rücken unmittelbar mit der grossen Lössmasse zusammenhängt, welche sich bis zum Judenwald hinauf erstreckt. Unter der genannten nur wenig mächtigen Geröllablagerung stand Sand an, durchaus von derselben Beschaffenheit, wie jene in den grossen Gruben jenseits der Chaussee.

Der Lehm ist also unzweifelhaft jünger als der Sand. Was die Gerölle anbetrifft, so ist festzustellen, dass mehrfach im Sand von Mauer (in den grossen Gruben) Lagen von Geröllen auftreten, die vorzugsweise in den oberen Regionen desselben sich finden. Eine solche im Vergleich zur Hauptmasse des Sandes junge Geröllbildung mag die oben erwähnte am Feldweg sein. Sehr feste Geröllbänke liegen in tieferem Niveau, nur wenig über den Spiegel der Elsenz erhaben, am Fussweg von dem genannten Bahnwarthäuschen nach Mauer. Dies sind jedoch Bildungen einer späteren Zeit, entstanden als das Elsenzthal schon ziemlich bis auf seine jetzige Tiefe ausgewaschen war.

Der Sand ist bis zu einer Tiefe von 10 M. aufgeschlossen. Die Gesammtmächtigkeit mag noch einige Meter mehr betragen. An den steilen Wänden der Gruben, welche bei dem lebhaften Abbau stets frische Anbrüche zeigen, lässt sich die Lagerung gut beobachten. Massen gröberen und feineren Sandes wechseln regellos mit einander ab; sehr gewöhnlich zeigt sich discordante Parallelstructur, wie sie solchen zusammengeschwemmten Massen so häufig eigen ist. Hie und da schieben sich wenig mächtige Lagen eines grauen oder bläulichen Thons in Gestalt von Schmitzen und bald sich auskeilenden ellipsoidischen Massen ein. Recht häufig sind ferner Gerölle einzeln eingestreut oder durch etwas kalkigen Sand zu bizarr geformten Conglomeraten cementirt. Sie liegen, wie erwähnt, vorzugsweise in den oberen Partien des Sandes. Kanten und Ecken der Gerölle sind gerundet, doch immer noch deutlich erkennbar. Nur ganz selten ist eine so vollständige Abrollung eingetreten, wie sie die Gerölle der jüngeren Conglomerate der Thäler gewöhnlich zeigen. Sandsteine und Kalke herrschen; erstere entstammen nachweisbar dem Buntsandstein und sämmtlichen Abtheilungen des Keuper bis hinauf zum Rhätischen Sandstein. Unter den Kalksteinen erkennt man leicht solche aus unterem, mittlerem und oberem Muschelkalk. Nicht selten sind oolithische Hornsteine des mittleren und chalcedonreiche Geschiebe des obersten Muschelkalk, letztere mit sehr schön erhaltenen Versteinerungen. Gesteine des Odenwaldes fehlen ganz; was man findet, stammt aus Schichten, die höher oben im Elsenzthal anstehen, mit Ausnahme der Rhätischen Sandsteine, welche auf primärer Lagerstätte allein im benachbarten Leimbachthal vorkommen, von wo sie nicht nach Mauer verschwemmt sein können. Man darf mit Sicherheit annehmen, dass noch zur Diluvialzeit der Rhätische Sandstein auf den Höhen südlich von Eppingen und an anderen Punkten im oberen Elsenzthal anstehend vorhanden war.

Jurагerölle haben wir nicht gefunden; doch erwähnt Holzmann ein solches. Dass bei der weiten Verbreitung, welche der oberste Keuper zur Zeit der Ablagerung des Sandes von Mauer in unserem Gebiet hatte, auch noch der im ganzen südwestlichen Deutschland concordant folgende Lias vorhanden war, ist sehr wahrscheinlich. Letzterem entstammende Gerölle zu finden, könnte daher nicht überraschen. Holzmann[1] gibt aber ein Gesteinsstück mit einem wohl erhaltenen Planulaten an, und das deutet auf oberen Jura, dessen einstiges Vorkommen bei Mauer allerdings sehr unwahrscheinlich ist.

---

[1] Ueber die Umgegend von Wiesloch. G. Leonhard, Beiträge zur mineralogischen und geognostischen Kenntniss des Grossherzogthums Baden. I. 73.

Der Sand ist meist locker angehäuft, nur hie und da finden sich durch Kalk cementirte Partien. Diese und die Thonlagen geben der ganzen Masse etwas Zusammenhalt. Die grössten Körner erreichen die Dimensionen eines Hirsekorns. Bei entsprechender Vergrösserung bemerkt man vereinzelt gerundete Quarzkrystalle; meist handelt es sich jedoch um echte Körner, bestehend aus durchsichtigem, farblosem Quarz, Milchquarz und durch Eisenoxyd roth gefärbtem Quarz, Elementen, wie sie in Triassandsteinen gewöhnlich sind. Da scheinbar gleichartige Körner sich bei genauer Betrachtung als Fragmente rothen Sandsteins erwiesen, so erhellt daraus, dass speciell Buntsandstein einen erheblichen Beitrag lieferte.

Sowohl im Sand, als im Thon finden sich zahlreiche gut erhaltene, doch sehr mürbe und zerbrechliche Versteinerungen, welche man, um ein Zerfallen zu verhindern, gleich an Ort und Stelle mit einer bindenden Flüssigkeit überziehen muss. Die unten angeführten wurden auf einigen wenigen Excursionen gesammelt; es muss aber hervorgehoben werden, dass Fragmente noch von anderen Formen, besonders von *Helix* und *Hyalina* beobachtet wurden. Man könnte hier eine reiche Fauna zusammenbringen, welche wahrscheinlich für die schon mehrfach gemachte Annahme, dass der Sand von Mauer mit dem Sand von Mosbach bei Wiesbaden gleichaltrig sei, sichere Anhaltspunkte ergeben würde.

Es wurden gesammelt:

Bythinia tentaculata L. sp.
Valvata naticina Mk.
Hyalina crystallina Müll. sp.
Hyalina cf. nitidosa
Patula solaria Mk. sp.
Helix bidens Chemn.
Helix hispida L. (minor)
Helix arbustorum L.
Cionella lubrica Müll.
Pisidium supinum A. Schm.
Pisidium amnicum Müll.
Unio batavus Müll.

Sandberger[1] führt noch an:

Helix rufescens Penn.
Helix fruticum Müll.
Succinea oblonga Drap.

Von höheren Thieren sind nach häufigen Zähnen, selteneren Resten von Schädeln und Knochen vertreten:

Equus caballus L.
Elephas primigenius Blmb.
Ursus spelaeus Ros.
Rhinoceros Mercki Jaeg.

Letztere beiden kommen spärlicher vor.

Als der Sand von Mauer abgelagert wurde, bestand ohne Zweifel in der ganzen Breite des Elsenzthals ein See mit keinem oder nur flachem Abfluss nach dem Neckar. An den Ufern desselben oder seiner Zuflüsse lebten die Landthiere, deren Reste sich in dem Sande finden. In den seichten Theilen des Sees fanden die Süsswassermuscheln einen geeigneten Aufenthalt. Manche der letzteren, wie z. B. die Valvaten, erfüllen mitunter die eingelagerten Thonschichten fast allein; sie lebten also wohl in seichten Tümpeln. Dass es sich um eine Ablagerung in ruhigem Wasser handelt, beweist die Art des Vorkommens der Muschelschalen. In fliessenden Gewässern, wie man jetzt leicht am Neckar beobachten kann, sinken die schweren Schalen der Unionen nach dem Absterben der Thiere meist an Ort und Stelle zu Boden. Seltener werden sie verschwemmt und tragen dann deutlich die Spuren der Abrollung an sich. Die feinen Schalen der Gastropoden und von *Cyclas* werden jedoch vom Wasser fortgetragen und an geschützten Stellen wieder abgelagert, natürlich ohne alle Ordnung. Hier bei Mauer wechseln aber Lagen von Sand und Thon, welche die Schalen gesondert und nur in vortrefflicher Erhaltung — abgesehen von der mürben Beschaffenheit — beherbergen. Ein derartiges Vorkommen erklärt sich nur aus einer langsamen, ungestörten Ablagerung an Ort und Stelle.

---

[1] Die Land- und Süsswasserconchylien der Vorwelt 813. 864.

Anfangs, als gegen das Neckarthal noch ein Damm bestand, mochte die Niederung von Mauer in ihrer ganzen Breite mit Sand erfüllt worden sein; später, als der Abfluss sich tiefer eingrub, wurde der Sand nach und nach fortgeschwemmt und blieb nur hinter dem zwischen Mauer und Wiesenbach sich hinziehenden Rücken erhalten.

Es sei hier darauf hingewiesen, dass eine ganz auffallende Analogie besteht zwischen dem Theil des Elsenzthals, welcher unmittelbar vor der Durchbruchstelle des Flusses nach dem Neckarthal liegt, und dem Neckarthal oberhalb Binau. Auch in letzterer Gegend mochte in der Thalerweiterung bei Neckarelz, wo Neckar und Elz sich vereinigen, eine seeartige Wasseransammlung bestanden haben, in welcher durch einmündende Bäche herbeigeführtes Material zur Ablagerung gelangte. In der That findet sich bei Obrigheim zwischen dem Dorfe und der Eisenbahn an der Chaussee eine beträchtliche Sandablagerung, jener von Mauer vergleichbar. Dieselbe war zu Ende der sechziger Jahre durch eine später zugeschüttete Grube aufgeschlossen.

Folgendes Profil wurde beobachtet:

M.	
0,30	Ackererde
2,10	Lehm
1,50	Grober Sand, grau, gelb und braun mit schwachen Kieslagen
1,20	Wechsel grauen und gelben Sandes mit eingelagerten ellipsoidischen Kiesmassen
1,80	Blauer Lehm im Wechsel mit Kies und grauem, sowie durch Eisenoxyd rostbraun gefärbtem Sand.

Das Liegende des Sandes wurde nicht erreicht; es muss aus dolomitischen Gesteinen des unteren Muschelkalk bestehen. Der Sand gleicht jenem von Mauer bis auf die mehr gelbe und braune Färbung. In dem Kies finden sich Gerölle von Muschelkalk und grössere Blöcke von Buntsandstein. Berücksichtigt man nun, dass etwas neckarabwärts in tieferer Lage feste Conglomeratbänke auftreten, ganz denen zwischen Bammenthal und Mauer vergleichbar, so springt die Aehnlichkeit der Gesammtverhältnisse in die Augen.

Genau gleichaltrig brauchen die Sande von Mauer und Obrigheim natürlich nicht zu sein; mit Sicherheit lässt sich nur aus beiden Ablagerungen folgern, dass zuerst in einem ruhigen Wasser Sand mit Kies und wenig gerundeten Rollstücken — letztere zeitweilig stärkeren Wasserzufluss anzeigend — sich ablagerte, dass später ein Abfluss hergestellt wurde, in Folge dessen continuirliche Strömung eintrat, das Flussbett sich tiefer eingrub und Material für die Conglomeratbildung in tieferem Niveau herbeigeführt wurde.

Conglomerat von der Diebsbrücke.

Zwischen Baierthal und Horrenberg, in der Nähe der Vereinigung von Angelbach und Holderbach, wurde vor Jahren ein eigenthümliches Gestein gefunden, welches durch zahlreiche Einschlüsse von Landschnecken die Aufmerksamkeit erregte. Leider konnten nur einige wenige Blöcke desselben unter der mächtig entwickelten Lössdecke hervorgeholt werden, und so ist nicht mehr Material verfügbar geworden, als das früher Herrn Professor Sandberger[1] übersandte.

Als wir das Gestein auffanden, glaubten wir zuerst Keuper vor uns zu haben, bis uns die organischen Einschlüsse eines besseren belehrten. Auf einer Unterlage von bunten Keupermergeln, die in der Nähe anstehend zu sehen sind, liegt — offenbar in geringer Ausdehnung und nur wenig mächtig – ein Conglomerat aus Brocken von Keupergesteinen, besonders Mergeln bestehend, welche durch Kalk zu einer festen Masse cementirt sind. Es ist eine Bildung ganz ähnlich jener von Deffner und Fraas[1] als „Neokeuper" bezeichneten, welche sich im Tertiär bei Zeutern findet. Wo kalkhaltige Gewässer mit Keupermergeln in Berührung kommen, bilden sich solche Massen noch heute.

Folgende Conchylien sind durch Sandberger (l. c.) bestimmt worden:

Pisidium supinum A. Schm.
Valvata depressa C. Pfeif.

---

[1] Sandberger, die Land- und Süsswasserconchylien der Vorwelt 760.

[2] Die Juraversenkung bei Langenbrücken. N. Jahrb. 1859. 519.

Valvata piscinalis Müll.
Limneus truncatulus Müll.
Limneus ovatus Drap.
Planorbis albus Müll.
Succinea oblonga Drap.
Helix hispida L.
Helix (Vallonia) n. sp.
Pupa muscorum L.
Pupa columella Benz.
Clausilia gracilis Rossm.

Die Lagerung beweist unzweifelhaft, dass es sich um eine vor dem Löss entstandene, ältere Diluvialbildung handelt, deren Vorhandensein eine der jetzigen bereits sehr ähnlichen Gestaltung des Angelbachthals und seiner Seitenthäler voraussetzen lässt. Da das Gestein nur wenig über dem Niveau des Angelbachs ansteht (nämlich gleich an der Strasse), so darf angenommen werden, dass seine Entstehung in die Zeit unmittelbar vor der Ablagerung des Löss fällt, als die Ausfurchung des Thales nahezu beendet war. Entweder trat früher an dieser Stelle eine kalkhaltige Quelle zu Tage, oder aus dem Löss stammender Kalk bewirkte die Cementirung.

Conglomeratbildungen der Thäler.

In den meisten Thälern unseres Gebiets finden sich in verschiedener Höhe über dem jetzigen mittleren Niveau der Flüsse und Bäche Conglomeratbildungen von oft sehr bedeutender Festigkeit. Dieselben bestehen mit einer Ausnahme aus Geröllen von solchen Gesteinen, welche thalaufwärts anstehen. Dadurch ist der Beweis geliefert, dass dieselben locale Bildungen sind und zwar aus einer Zeit, zu welcher die Thäler bereits in ihrer jetzigen Gestalt vorhanden, nur etwas weniger tief ausgewaschen waren. In einigen Fällen ist eine Bedeckung durch Löss constatirt, in anderen darf mit ziemlicher Sicherheit angenommen werden, dass die Zeit der Conglomeratbildung derjenigen der Lössbildung vorausging. Die unten angeführten Vorkommnisse dürften alle älter als der Löss sein. Es mag jedoch hier gleich darauf hingewiesen werden, dass es auch jüngere Conglomerate in unserem Gebiet gibt, ja dass die jetzt vom Neckar transportirten Gerölle sich in keiner Weise von denen der älteren Conglomerate unterscheiden. Sobald sich irgend ein Cement findet, entstehen daher jetzt genau eben solche Conglomeratablagerungen wie zur Diluvialzeit. Würde nicht die Lösszeit eine Pause andeuten, in welcher ein geringeres Gefälle des Wassers, somit ein schwächerer Transport der Gerölle stattfand, so müssten sich continuirliche und im ganzen gleichartige Ablagerungen von den allerältesten Conglomeraten bis zu denen unserer Tage nachweisen lassen. Einen Masstab für das Alter derselben könnten dann nur organische Einschlüsse abgeben. Diese sind aber äusserst selten, hauptsächlich weil in dem groben Material Alles zertrümmert und bis zur Unkenntlichkeit zerrieben wurde.

Wir haben diese Schwierigkeiten bei der Altersbestimmung der Conglomerate besonders hervorgehoben, um darauf aufmerksam zu machen, dass sich bei fortgesetzter Beachtung gelegentlicher Aufschlüsse für einzelne Vorkommnisse vielleicht ein anderes, als das von uns angenommene Alter wird nachweisen lassen.

Folgende Conglomeratbildungen sind uns bekannt geworden:

Neckarthal. Das Neckarthal ist reich an älteren Conglomeraten. Dieselben bestehen aus Rollstücken von Buntsandstein und Muschelkalk; selten gesellen sich solche von Keuper und noch seltener solche von Jura hinzu. Alle einigermassen festen Gesteine kommen vor, und man kann meist unschwer noch die Bänke bestimmen, aus denen dieselben stammen; besonders leicht gelingt dies bei dem versteinerungsführenden Muschelkalk. Ein einziges Mal kam uns ein Stück aus oberem Jura mit einem Planulaten zu Gesicht, welches in einer Kiesgrube am Ausgang des Neckarthals gefunden war.

Am augenfälligsten sind die Neckarconglomerate ausserhalb unseres Gebiets zwischen Neckarelz und Mörtelstein. Sie liegen dort z. B. im Hangenden der früher erwähnten Chirotherium-Bänke unter dem Schreckhof und sind in neuerer Zeit durch die Eisenbahn, welche am genannten Punkt das

Neckarthal verlässt, entblösst worden. Ueber diese Bildungen dürfen wir nach einer uns freundlichst gemachten Mittheilung noch genaueren Angaben des Herrn Professor Platz entgegensehen, welcher im Auftrag der badischen Regierung das Eisenbahnprofil aufgenommen hat. Unter dem Schreckhof fanden wir, fest in der Geröllbank sitzend, den Ausguss der Schädelkapsel eines „kolossalen Höhlenbären“. [1]

Mächtige Conglomeratbänke stehen etwas weiter neckarabwärts am Ausgang des Mörtelsteiner Thälchens an [2]. Während die oben (S. 537) erwähnte Sandablagerung bei Obrigheim aller Wahrscheinlichkeit nach zu einer Zeit gebildet wurde, als die unterhalb Binau beginnende Thalenge noch nicht bestand oder nur wenig tief eingeschnitten war, liefern die mehrfach thalabwärts zu beobachtenden Conglomeratbänke den Beweis, dass zur Zeit ihrer Bildung ein tiefes Thal den Gewässern durch den Sandsteinwall des Odenwaldes den Weg bahnte.

Nach Mittheilungen der Ortseinwohner trifft man bei Keller- und Brunnengrabungen in Eberbach überall unter einer alluvialen Decke auf Kies und feste Conglomeratbänke. Dasselbe gilt von Hirschhorn und Neckargemünd.

Weiter neckarabwärts fanden sich gelegentlich Blöcke eines festen Conglomerats aus Buntsandstein- und Muschelkalkstücken unterhalb des Stifts Neuburg, wo der nach demselben führende Fahrweg dicht beim Haarlass von der Hauptstrasse sich abzweigt. In der Nähe anstehender Löss scheint auf dem Conglomerat zu liegen.

Ebenso, wie die oben genannten Orte, steht auch Heidelberg auf einem Untergrund von Kies und Geröllen, welche in bald festem, bald lockerem Zusammenhang eine mächtige Schichtenreihe bilden. Ausgedehnte Flächen bedecken diese Massen am Austritt des Neckars in die Rheinebene, wo der Fluss in der Diluvialzeit ein ausgedehntes, vorzugsweise rheinabwärts sich erstreckendes Delta bildete, dessen genaue Umgrenzung bei einer geologischen Aufnahme

[1] Nach einer freundlichen Bestimmung des Herrn Professor Fraas.

[2] Wie gewöhnlich liegen die Geröllanhäufungen auf der convexen Seite der Flussströmung.

der Rheinebene festzustellen sein wird. Innerhalb desselben liegen die Kiesgruben an der Karlsruher, Schwetzinger und Mannheimer Strasse, in welchen man ausschliesslich Gerölle des Neckars findet. Erst in grösserer Entfernung kommen die Rheingerölle vor, welche viel mannigfaltiger sind. Es finden sich unter denselben, wenn auch selten, sogar noch alpine Gesteine.

Folgende Profile wurden im westlichen Theile der Stadt und nahe vor derselben aufgenommen:

Bei der früheren Ultramarinfabrik:

M.
2,70 Lössartiger Boden
9,30 Sand und grober Kies; Buntsandstein und Muschelkalk in bis zu $^{2}/_{3}$ M. grossen Blöcken; bei 11 M. sandige Lehmschmitzen
Fest cementirte Kiesbank; nach dem Erreichen derselben stellte sich das gesuchte Wasser ein.

Senkgrube bei der Reiss'schen Fabrik:

M.
1,00 Bauschutt
1,00 Löss, nach oben lehmig
0,55 Grober Kies mit grossen Sandsteinblöcken
4,30 Feiner Sand mit schwachen Lagen von gröberem Sand oder von Kies
Sehr schwache Lage von Letten
6,00 Sand.

An anderen Punkten in der Nähe der Bergheimer Strasse:

M.
0,75 Bauschutt oder Humus
2,25—3,00 Löss
Sand und Kies; letzterer vorzugsweise Kalksteingerölle; eingeschlossen Blöcke von Buntsandstein und Granit mit einem Durchmesser bis zu $^{1}/_{3}$ M.

Nicht selten finden sich in den Kiesgruben Reste von *Elephas primigenius* Blumb.

Elsenzthal. Im Elsenzthal wurden Conglomerate zunächst bei Zuzenhausen (am Ausgang des Ortes gegen

Horrenberg), dann mehrfach bei Bammenthal beobachtet. An beiden Orten herrschen Muschelkalk- und Keupergerölle vor, doch fehlt Buntsandstein nicht. Wo zwischen Bammenthal und Mauer der Fussweg nahe an den Hügel auf der rechten Thalseite hinantritt. ist das Conglomerat in einer Kiesgrube gut aufgeschlossen. Die Gerölle sind durch kalkigen Sand cementirt; auch schieben sich unregelmässige Bänkchen von Sandstein ein. Gerade hier ist die Rundung der Rollstücke auffallend im Vergleich zu der mehr eckigen Form der in den oberen Partien des Sandes von Mauer (S. 434) eingelagerten Fragmente. Die Annahme, dass die Geröllbänke jünger seien und längere Zeit bewegtes Material enthalten, als die bald zur Ruhe gekommenen, aus grösserer Nähe stammenden des Sandes, ist um so mehr gerechtfertigt, als die Lagerungsverhältnisse der Annahme nicht widersprechen.

Angelbachthal. Die ausgedehntesten Conglomeratbildungen zeigt in unserer Gegend ein jetzt unbedeutender Bach, der Angelbach, welcher bei Wiesloch in die Rheinebene tritt und sich unterhalb dieses Ortes mit dem von nun an namengebenden Leimbach vereinigt. Der Angelbach muss, wie wohl alle Bäche unseres Gebiets, in der Diluvialzeit eine viel grössere Wassermasse geführt haben; schon die Breite des von ihm durchflossenen Thals deutet darauf hin. In den Dörfern Rothenberg und Rauenberg fallen Prellsteine und gelegentlich zusammengetragene Haufen von festem Conglomerat auf, welches ausschliesslich aus Keupergeröllen besteht. An einer auf der Karte angegebenen Stelle etwas unterhalb Rothenberg wurde in einer Grube dieses Conglomerat anstehend gefunden; jede Kellergrabung in den genannten Dörfern bringt es ausserdem zu Tage, so dass dasselbe eine allgemeine Verbreitung im unteren Theil des Thals haben muss. Es liegt nur wenig über dem Niveau des Baches. Der Angelbach entspringt am Eichelberg und fliesst ausschliesslich im Keupergebiet. Das absolute Fehlen von Muschelkalk- und Buntsandsteingeröllen kann daher nicht auffallen.

Ganz gleiche Keuperconglomerate liegen an der Grenze des Hügellandes und der Rheinebene an den sog. Kalbachwiesen, einer Localität nahe an der Wiesloch-Mingolsheimer Strasse. Wahrscheinlich fand durch die Niederung gerade westlich von Rauenberg zwischen Galgenberg und Gänsberg ein Abfluss von dem Angelbach statt, und wurde durch die Stauung des Rheinwassers das Niedersinken der Gerölle veranlasst.

Bohne bei Wiesloch. Besonderes Interesse verdient eine Geröllablagerung dicht unterhalb Wiesloch an der sog. Bohne, dem südlichen Abhang eines Rückens, welcher seine Entstehung einer dem Rheinthal parallelen Verwerfung verdankt. Wir haben früher (S. 440) gesehen, dass hier, getrennt von den östlicher liegenden ausgedehnten Massen, Keupermergel anstehen, welche eine Kuppe von Rhätischem Sandstein tragen.[1] An diesem Rücken liegt eine Geröllablagerung, welche durch das sie zusammensetzende Material ausgezeichnet ist. Ausser Muschelkalk- und Keuperstücken kommen nämlich häufig jurassische Geschiebe vor. Es wurden beobachtet: Arietenkalk, Seegrasschiefer des unteren Lias, Costatenkalk des mittleren Lias, Knollen mit *Ammonites opalinus* — kurz sehr verschiedenartige Gesteine, wie solche in der Umgegend von Langenbrücken anstehen. Man trifft aber ausserdem noch gar nicht selten Gesteinsstücke, welche Jurabildungen angehören, die jetzt in unserem Gebiet unbekannt sind. Besonders auffallend ist ein brauner, ursprünglich wohl blauer, dichter mergeliger Kalk mit Ammoniten, welche auf mittleren braunen Jura deuten.[2] Anstehend werden aber bei Langenbrücken keine Schichten jünger als Murchisonsandstein angetroffen. Es müssen also ganze Schichten im Laufe der Zeit der Erosion zum Opfer gefallen sein.

Wo dieselben anstanden, ist nicht mit Sicherheit zu sagen. Am nächsten läge anzunehmen, dass jüngere Schichten unmittelbar an der Rheinebene auf die Murchisonsandsteine

---

[1] Das Vorkommen von diesem allerdings nur in losen Stücken erhaltenen Rhätischen Sandstein wäre auf Seite 462 noch anzuführen gewesen.

[2] Es fanden sich Formen von *Stephanoceras*, welche wenigstens bei uns in Murchisonschichten unbekannt sind.

der Linie Mingolsheim-Stettfeld folgten und durch den Anprall der Gewässer vom Rhein her zertrümmert wurden. Die nach und nach rund gewaschenen Gerölle wären dann weiter abwärts, nämlich an der Bohne, in einer Bucht abgelagert worden. Wir haben jedoch hervorgehoben, dass an den Kalbachwiesen, also zwischen der angenommenen ursprünglichen Lagerstätte der jüngeren Juraschichten und der Bohne ausgedehnte Geröllmassen liegen, welche nur Fragmente von Keuper enthalten. Hier müssten aber nothwendig auch Juragerölle sich finden, wenn sie den angedeuteten Weg nach der Bohne genommen hätten.

Es bleibt nur noch die Annahme übrig, dass die Gerölle aus dem Angelbachthal stammen, in welchem aber nirgends Jura ansteht. Dabei ist immerhin zu berücksichtigen, dass die jetzt noch anstehenden Gebirgsmassen uns durchaus keinen brauchbaren Masstab abgeben für die Beurtheilung der einstigen Verbreitung der Schichten. Dürfen wir Schichten des mittleren braunen Jura überhaupt nur da als einst vorhanden annehmen, wo wir noch jetzt unteren braunen Jura sehen, in unserem Fall also unmittelbar am Rand des Rheinthals?

Wie früher angeführt, liegt eine kleine Scholle von Rhätischem Sandstein bei Horrenberg ganz isolirt; die Bohne selbst trug eine Decke dieser Abtheilung des obersten Keuper. Niemand wird bezweifeln, dass wir in solchen isolirten Partien nur Reste einer ausgedehnten Decke vor uns haben, die einerseits mit dem Vorkommen von Oestringen, andererseits mit dem württembergischen vom Stromberg zusammenhing. Während der so ausserordentlich langen Zeit der Kreide- und Tertiärbildungen war unser jetziges Hügelland dem Einfluss der Atmosphärilien ausgesetzt. Sollte es da wohl denkbar sein, dass wenn Rhätische Bildungen überhaupt die jüngsten zwischen Rhein- und Neckarthal zur Ablagerung gekommenen marinen Schichten wären, noch eine Spur derselben erhalten sei? Sicherlich lagen noch jüngere und zwar Lias- und Jurabildungen auf denselben, und diese verfielen der Erosion zunächst. Solchen Schichten können die Gerölle der Bohne sehr wohl entstammen. Es wäre dann diese Geröllablagerung eine ältere gegenüber den nur aus Keupermaterial bestehenden Anhäufungen, wie jenen im Angelbachthal und auf den Kalbachwiesen.

Die bei Rainbach und an der Brahnig bei Schriesheim vorkommenden Gerölle werden weiter unten beim Löss Erwähnung finden.

Schliesslich wurden in dem bei Stettfeld mündenden Katzbachthal an einigen Punkten Gerölle unter dem Löss beobachtet: so halbwegs zwischen Odenheim und Zeutern am Abhang des Atzelbergs und etwas südwestlich von Zeutern, ohne dass jedoch die Aufschlüsse zu irgend welchen sicheren Ermittlungen genügten. Die Gerölle sind hier zuweilen mit Brauneisenstein incrustirt.

Bei dieser Gelegenheit sei darauf hingewiesen, dass eigentliche Bohnerzablagerungen — in anderen Gegenden in der älteren Diluvialzeit so häufig — bei uns nicht zur Entwicklung gelangt sind. An den Bedingungen zur Bildung derselben hat es jedoch nicht ganz gefehlt; besonders nördlich und östlich der Hässel bei Wiesloch trifft man gelegentliche, kleine Ansammlungen von Eisenerz in den bekannten erbsen- oder bohnenförmigen Kugeln, während vereinzelte und gewöhnlich unregelmässiger gestaltete Brocken sich über ein ausgedehntes Gebiet zerstreuen. Man begegnet ihnen oft da, wo sonstige Diluvialbildungen vollständig fehlen. Diese Eisenerze sind augenscheinlich Auslaugungsproducte des Muschelkalk, die bald wieder und nicht weit vom Orte ihrer Entstehung zum Absatz gelangten. [1]

Gleichaltrig mit diesen bohnerzartigen Bildungen sind wahrscheinlich jene, welche z. B. zwischen Zeutern und Stettfeld als „zerstreute Gerölle“ auf der Karte eingetragen wurden. Sie bestehen vorzugsweise aus Buntsandsteingeröllen mit charakteristischer geglätteter Oberfläche, von Haselnuss- bis Kinderkopfgrösse, welche vereinzelt auftreten, bald leicht

[1] So unbedeutend auch diese Erzanhäufungen selbst da sind, wo sie noch am stärksten zur Entwicklung gelangten, so hat man doch mehrfach auf dieselben geschürft. Soweit unsere Erfahrung reicht, kann von einer technischen Verwerthbarkeit nicht die Rede sein.

von Löss überdeckt, bald dem älteren Gebirge direct aufliegend. Bemerkenswerth ist die erhebliche Entfernung vom anstehenden Buntsandstein.

Unsere Karte verzeichnet nun noch einige Sandablagerungen, deren Alter nicht genau festzustellen ist.[1] Zunächst finden sich südlich von Oestringen am Fuss des Sandkellerbergs an der „im Sand" genannten Localität einige wenig tiefe Gruben, in welchen man ein feines, dem Sand von Mauer ähnliches Material gewinnt. Wahrscheinlich handelt es sich um eine der gleichartigen Ablagerung von Bruchsal[2] verwandte Bildung, welche durch Abspülung des Löss auf kurze Erstreckung freigelegt wurde. Kleine Partien von Keupergeröllen sind dem Sand eingelagert; auch wurden einige Versteinerungen gefunden:

Elephas primigenius Blumb. (Stosszahn)
Helix hispida L.
Succinea oblonga Drap.

Ferner haben wir auf unserer Karte mit einer besonderen Bezeichnung den sanften Abfall des Hügellandes nach dem Rheinthal zwischen Nussloch und dem Galgenberg südlich Wiesloch versehen. Der Hauptsache nach hat man es mit Löss zu thun; demselben ist aber viel Sand beigemengt, strichweise überwiegt dieser sogar den Löss und nimmt besonders nach dem Rheinthal hin zu, während näher am Gebirge reiner Löss liegt. Auch scheint es an einigen Punkten, als bilde Sand die Unterlage des Löss. Es handelt sich also wohl um einen längs der Grenze des Rheinthals abgelagerten Streifen von Löss, welcher gegen Westen dem in der Rheinebene zu langen Dünenzügen aufgethürmten Sand aufliegt. Wo der Löss nur eine dünne Decke bildet, konnte leicht eine Mischung mit dem Sand eintreten.

Schärfer als die letztgenannten Bildungen springt der eigenartige Charakter der Sandablagerung bei Weinheim ins

---

[1] Ueber die Sande, welche sicher älter als der Löss sind, vergleiche weiter unten beim Löss.

[2] Sandberger, die Land- und Süsswasserconchylien der Vorwelt 760.

Auge, sowohl in Folge ihrer bedeutenden Mächtigkeit und Ausdehnung, als auch wegen der geringen Vermischung mit anderen Producten, besonders im centralen Theil. Der Hügel, auf welchem die meisten Häuser von Weinheim gebaut sind, setzt sich grösstentheils aus Sand zusammen, der auf Lehm oder auf Geröllen liegen soll. Gegen Westen erstreckt sich reiner Sand mindestens bis an die Eisenbahnstation. Aufschlüsse waren zur Zeit der Aufnahme nicht vorhanden, so dass eine nähere Untersuchung der Lagerungsverhältnisse nicht ausgeführt werden konnte. Die im östlichen Theil des Ortes hie und da hervortretenden, scheinbar sehr mächtigen Geröllanhäufungen liegen wahrscheinlich unter dem Sand, nicht neben demselben, und treten dort hervor, wo der Grundelbach tief einschneidet.

Es ist möglich, dass wir es hier zumeist mit Ablagerungen des Neckars zu thun haben, die aus einer Zeit stammen, als der Fluss noch seinen Lauf nach dem Verlassen des Gebirges nordwärts lenkte. Der Neckar mag den Sand und einen Theil der Gerölle (besonders Buntsandstein und Kalkstein), der Grundelbach einen anderen Theil (Felsarten des nahen krystallinischen Odenwaldes) geliefert haben, wobei letzterer seinen Unterlauf immer mehr von der ursprünglichen Richtung ablenkte. Noch jetzt führt der zu gewöhnlichen Zeiten unscheinbare Bach bei Hochwasser Blöcke von ganz erstaunlichen Dimensionen thalabwärts. Jedenfalls ist der Hügel, auf dem Weinheim steht, die alleinige Ursache, dass der Grundelbach, nachdem er das Gorxheimer Thal in rein westlicher Richtung durchflossen hat, plötzlich rechtwinklig nach Norden umbiegt.

Löss.

Nicht nur unter den Ablagerungen der quartären Zeit spielt der Löss in unserem Gebiet die hervorragendste Rolle, indem er unter ihnen allein wesentlichen Antheil an der Zusammensetzung der Oberfläche nimmt, sondern er bildet überhaupt die wichtigste Formation. Bezüglich der Verbreitung steht ihm allerdings der Buntsandstein nicht nach, ja, letzterer dürfte sogar um ein geringes überwiegen. Dafür ist aber der

Einfluss des Löss auf die Culturfähigkeit des Bodens ein so entschieden günstiger, dass man die Zahl der Bewohner eines Landstrichs in der Umgebung von Heidelberg und ihre Wohlhabenheit ohne weit fehlzugreifen nach der Verbreitung des Löss direct abschätzen könnte, wenn man etwa das Juragebiet von Langenbrücken ausnimmt. Südlich von Heidelberg bedingt der Löss die Fruchtbarkeit des Kraichgaus, in nördlicher Richtung die Fruchtbarkeit der Bergstrasse. Doch bedarf es wohl kaum einer speciellen Erwähnung, dass auch der Untergrund von bedeutendem Einfluss ist, wenn er nicht allzu tief liegt, und ganz besonders dürfte eine Beimengung von Grus der granitischen Gesteine die Güte des Lössbodens durch Auflockerung und Zufuhr, vorzugsweise von Alkalien, noch erhöhen. Die Weinberge an der Bergstrasse mit gemischtem Boden scheinen die vorzüglichsten Reben zu tragen.

Zu dieser mehr localen Bedeutung kommt hinzu, dass der Löss in neuster Zeit — namentlich durch die von Sandberger und von Richthofen gegebene Anregung — wieder Gegenstand des lebhaftesten geologischen Interesses geworden ist.

Je mehr wir uns in der Reihe der Formationen der Jetztzeit nähern, um so mehr nehmen dieselben einen localen Habitus an, und bei quartären Bildungen kann man im allgemeinen die an einem Punkte gemachten Beobachtungen nicht auf selbst nahe gelegene Ablagerungen übertragen. Es verbietet dies sowohl der häufige Facieswechsel, als die Erkenntniss, dass recht ähnliche, ja dem Material nach identische Producte auf sehr verschiedene Weise entstehen können. Der Löss bildet in mehrfacher Beziehung eine Ausnahme unter den im wesentlichen gleichaltrigen Bildungen: Lagerungsverhältnisse, organische Einschlüsse, Art der Verbreitung weichen an den entferntesten Punkten wenig von einander ab; die Gleichartigkeit in verticaler und horizontaler Erstreckung ist durchschnittlich eine grössere. als bei irgend einer anderen quartären Ablagerung; seine petrographische Beschaffenheit ist so constant, dass man ihn bei nur einigermassen typischer Entwicklung überall wiedererkennt. Letztere Eigenschaft dürfte wohl die auffallendste sein und zugleich diejenige, welche für die Erklärung der Entstehung die grösste Schwierigkeit bietet.

Es ist daher leicht erklärlich, dass man etwa seit Hibbert[1] (1832) und Lyell (1834) sich für berechtigt hielt, den Löss anders zu behandeln, als die übrigen quartären Ablagerungen und — welcher Hypothese man auch huldigte — die gleiche Art der Entstehung für allen Löss anzunehmen. Wir glauben von dieser allgemeinen Regel abweichen und uns im wesentlichen darauf beschränken zu müssen, über den Löss der Heidelberger Gegend allein einige Mittheilungen zu machen, ohne die Resultate auf andere Gebiete zu übertragen.

Diese Beschränkung erscheint uns aus mehreren Gründen nothwendig: in Rücksicht auf den Zweck unserer Arbeit wurde dem Löss nicht eine solche Aufmerksamkeit gewidmet, wie den älteren Formationen, so dass die Beobachtungen entschieden als lückenhafte zu bezeichnen sind; bei den Untersuchungen haben wir nur wenig die Grenzen unseres Gebiets überschritten und besonders die Rheinebene von vorn herein ausgeschlossen, deren Erforschung auf die Anschauungen bezüglich der quartären Bildungen überhaupt sicherlich von Einfluss sein wird: schliesslich scheint uns im Gegensatz zur Ansicht anderer Forscher die Zeit noch nicht gekommen, über den Löss der uns nahe liegenden Gegenden ein entscheidendes Wort zu sprechen. Da auf den Uebersichtskarten die diluvialen Ablagerungen, wie es erklärlich ist, nicht mit genügender Schärfe getrennt sind, so wird man sich erst, wenn die kartographischen Detailuntersuchungen weiter fortgeschritten sind, ein Bild von der Verbreitung des Löss und der Art seines Auftretens im grossen entwerfen können und damit allein eine Basis für die Aufstellung einer allgemein gültigen Hypothese gewinnen. Diese Ansicht scheint auch Sandberger zu theilen, der mehrfach mit Bestimmtheit hervorhebt, dass er für seine Resultate zunächst nur locale Geltung beanspruche.

Die Verbreitung des Löss ist, wie ein Blick auf die Karten zeigt, eine sehr verschiedene im Bereich der Sectionen Heidelberg und Sinsheim d. h. im eigentlichen Odenwald -

---

[1] Vgl. Jahrbuch für Mineralogie etc. 1834. 679.

dem Gebirgsland — und im Kraichgau — dem die Einsenkung zwischen Odenwald und Schwarzwald ausfüllenden Hügelland.

Im Gebirgsland bildet der Löss zunächst einen zusammenhängenden Streifen längs der Bergstrasse, die Vorhügel fast vollständig bedeckend. Die Grenze gegen Westen ist keine allzu scharfe; sie wurde im wesentlichen gezogen, wo starkes und schnelles Aufbrausen des Bodens beim Besprengen mit Säure aufhörte. Dabei zeigte sich, dass lehmige oder sandige Bildungen in der Regel dort begannen, wo das Hügelland an der Ebene absetzt. So fällt denn im ganzen die Lössgrenze mit der Chaussee zusammen, welche am Fuss der Hügel in einer Höhe von etwa 380' über dem Meeresspiegel hinläuft. Gegen Osten greift der Löss nur hie und da in das eigentliche Gebirgsland über. Meist beschränkt er sich auf die Sohle der Thäler oder liegt in kleinen isolirten Partien an den Thalgehängen; nur wenn die Thäler sich erweitern und die Abhänge sanfter geneigt sind, treffen wir ausgedehntere Ablagerungen, wie im Gorxheimer- und besonders im Weschnitzthal, wo Löss und ältere Lehme oder Thone in der Umgebung von Birkenau zu einer ansehnlichen Entwicklung gelangen. Durchschnittlich liegt die obere Grenze im Gebirgsland zwischen 600 und 800' über dem Meeresspiegel, also etwa 200 bis 400' über der Rheinebene; doch steigen einzelne Partien z. B. am Westabhang der Hohen Waid und an der Steinrussel oberhalb Grossachsen bis zu 1000', in der Gegend von Gaiberg und am Hirschkopf sogar bis zu 1100'. Derartige hoch gelegene Vorkommnisse hat S a n d b e r g e r als Berglöss vom tiefer gelegenen Thallöss getrennt, hebt aber selber hervor, dass beide Arten von Löss sich wesentlich nur durch ihr Niveau, nicht durch petrographische Beschaffenheit, chemische Zusammensetzung oder organische Reste unterscheiden. Denn das seltnere Vorkommen der letzteren und die geringere Grösse der Concretionen im Berglöss sind doch nur relative und wenig charakteristische Merkmale. Diese auch wohl sonst schwer durchzuführende Gliederung des Löss in zwei verschieden altrige Abtheilungen lässt sich in unserer Gegend sicherlich nicht begründen. Ueberall, wo sich in einem hohen Niveau noch Löss findet, trifft man tiefer liegend eine Reihe kleiner isolirter Partien, und man kann fast ausnahmslos leicht ersehen, dass die Terrainverhältnisse die Unterbrechung bedingten, dass aber eine lössfreie Zone ursprünglich nicht vorhanden war.[1]

Aus der angegebenen Art der Verbreitung kann man wohl kaum einen anderen Schluss ziehen, als dass in früherer Zeit ein breiter Streifen des Gebirgsrandes mehr oder minder zusammenhängend mit Löss bedeckt war, der gegen Ost in die Thäler zungenförmige Ausläufer entsendete. Ueberall, wo er nicht durch günstige Bodengestaltung Schutz fand, wurde er fortgeschwemmt, und so blieben oft nur Partien von minimalem Umfang übrig, welche Zeugniss für seine ehemalige Verbreitung ablegen[2]. Die Thaleinschnitte werden zur Zeit der Ablagerung schon im wesentlichen ihre jetzige Gestalt besessen haben, denn die in oder nahe der Sohle noch vorhandenen Reste tragen den Charakter ursprünglicher Bildungen. Umgelagerter Löss enthält, wie wir später sehen werden, eine abweichende Fauna. Ferner scheint die Art der Verbreitung im Norden von Heidelberg darauf hinzudeuten, dass der Löss hier von Westen nach Osten vorgedrungen ist, nicht etwa von dem höher gelegenen centralen Odenwald aus nach den tiefer gelegenen Theilen hin abgeschwemmt wurde. Sonst müsste sich doch wohl irgend ein Rest in den tiefen und zum Theil auch breiten Thälern des Laxbachs oder der Steinach finden, wenn man überhaupt seine vollständige Entfernung von den breiten Plateaus im Innern des westlichen Odenwaldes für wahrscheinlich oder auch nur für möglich halten sollte.

Im Hügelland südlich vom Neckar liegt die Hauptmasse des Löss nicht wie im Gebirgsland am Rheinthal, sondern im centralen Theil. Er bedeckt fast die ganze Fläche gleich-

---

[1] Vgl. auch: Jahrbuch für Mineralogie etc. 1880. II. Referate 210.

[2] Die Vertheilung solcher kleiner Partien an den Gehängen ist eine sehr unregelmässige. Bald trifft man sie allein auf den buckelförmigen Anschwellungen, bald nur in den muldenförmigen Vertiefungen. Die Bedingungen, welchen wir ihre Erhaltung verdanken, waren sehr wechselnde und scheinbar zufällige. Nicht immer gestattete der Massstab der Karte, diese Verhältnisse deutlich zum Ausdruck zu bringen

mässig und nimmt noch mehr an der Zusammensetzung der Oberfläche Theil, als es nach einem Blick auf die Karte der Fall zu sein scheint. Ueberall, wo es irgend thunlich war, wurde nämlich das unterliegende Gebirge eingezeichnet, und da es wesentlich darauf ankam, dessen Grenzen und die vielen Verwerfungen zur Anschauung zu bringen, so mussten kleine Aufschlüsse oder in Einschnitten hervortretende ältere Formationen stark vergrössert werden. Auch wurde hier wie überall beim Löss das Princip befolgt, denselben nur anzugeben, wenn er sich unzweifelhaft nachweisen liess: und zwar entweder durch charakteristische organische Einschlüsse oder durch Erkennung der typischen petrographischen Eigenthümlichkeiten, besonders des gleichmässig und fein vertheilten Kalkgehalts, welcher ein starkes aber kurzes Aufschäumen beim Besprengen mit Säure bewirkt[1]. Da es ausserordentlich schwierig ist, ohne Bohrversuche nachzuweisen, ob ein oberflächlich seiner Carbonate beraubter, zu einem sandigen Lehm umgewandelter Löss vorliegt oder das Zersetzungsproduct eines thonigen Sandsteins resp. Kalksteins, so wurde vorgezogen, die Farbe der sicher constatirten Unterlage statt zweifelhaften Löss einzutragen. Wahrscheinlich ist z. B. der Löss in der Gegend von Mückenloch und im Bannholz — zwischen Reyhen und Hilsbach — weit ausgedehnter, als es die Karte angibt.

Grössere, ganz oder fast lössfreie Gebiete sind im Hügelland nur zwei vorhanden: das eine umfasst die mächtigen Keuperbildungen in der Gegend des 1094' hohen Eichelbergs und 1106' hohen Kreuzbergs, das andere den grössten Theil der Juraversenkung von Langenbrücken, welche sich kaum über 600 Fuss erhebt. Die Thatsache, dass der Löss in letzterer Gegend in auffallender Weise gegen die angrenzenden Regionen zurücktritt, haben schon Deffner und Fraas hervorgehoben[2].

[1] Mit ganz besonderer Vorsicht wurde bei den höchst gelegenen Vorkommnissen verfahren, da es wichtig erscheint, hier jeden Irrthum auszuschliessen. An solchen Punkten haben wir nur Partien mit charakteristischen organischen Resten eingezeichnet.

[2] Die Juraversenkung bei Langenbrücken. Jahrbuch für Mineralogie etc. 1859. 529.

Die im allgemeinen gleichmässige Vertheilung des Löss im Hügelland lässt nicht erkennen, auf welchem Wege etwa der Löss eingewandert sein mag; er kann sowohl von Osten aus dem Württembergischen, als von Westen aus dem Rheinthal in die Hauptmulde eingedrungen sein. Am naturgemässesten wäre wohl die Annahme, dass beide Wege benutzt wurden. In der kleinen Juramulde kann durch die tiefe Lage eine spätere Abschwemmung des Löss bedingt sein; denn es lässt sich kaum ein Grund ersehen, weshalb sich derselbe gerade dort nicht abgelagert haben sollte, wo die Niveauverhältnisse ganz besonders günstig waren.

Jedenfalls darf nicht unerwähnt bleiben, dass das Neckarthal in auffallender Weise arm an Löss ist, in den grossen Nebenthälern der Steinach, des Laxbachs, Finkenbachs und Itterbachs sogar überhaupt keiner vorkommt. Nur am unteren Theil des Neckars — von Heidelberg bis etwas oberhalb Neckarsteinach — trifft man vereinzelte Ablagerungen. Durch die Annahme einer von Westen aus eingetretenen Aufstauung und in Folge dessen einer späteren beschleunigten Abfuhr der Gewässer liesse sich etwa eine Erklärung finden, besonders wenn man das im Vergleich zu seiner Tiefe ausserordentlich enge Thal mit in Rechnung zieht. Der später noch zu erwähnende regenerirte Löss am Eintritt des Neckars in die Rheinebene dürfte über den Verbleib der ursprünglich höher oben im Thal vorhanden gewesenen Lössmassen Auskunft geben.

Die petrographischen Eigenschaften des Löss scheinen überall die gleichen zu sein, wenn man ihn den mittleren Partien einer nicht zu geringfügigen Ablagerung entnimmt. Man könnte in der That irgend eine der zahlreich vorliegenden Beschreibungen wählen und sie fast wörtlich auf unsere Gegend übertragen.

Der Löss stellt sich als eine lichtgelbliche bis bräunlichgelbe, feinerdige Masse dar, die sich in trockenem Zustand leicht zu Staub zerreiben lässt, im feuchten Zustand ziemlich fest zusammenhält, ohne doch eigentlich plastisch zu werden, und im Wasser schnell zerfällt. Da die Carbonate über den sogenannten Thon erheblich vorherrschen, und erstere jedenfalls viel mehr als letztere den Löss zu einem eigenartigen Gebilde stempeln, so dürfte die petrographische Bezeichnung „sandiger Kalkmergel“ oder „Lehmmergel“ wohl zutreffender sein, als die eines „kalkigen Lehm“. Glimmerblättchen, opake Körner, trübe Partikel von Eisenoxyd oder Eisenoxydhydrat, Feldspath, Fragmente verschiedener, meist nicht sicher bestimmbarer Mineralien sind in sehr untergeordneter Weise beigemengt.[1]

Die bis zu 50 Proc. und mehr ausmachenden Quarzkörner zeichnen sich, wie alle Autoren gleichmässig betonen, durch zwei Eigenschaften aus: durch gleichförmige Korngrösse und eckige Gestalt oder wenigstens sehr unvollkommene Abrundung. Messungen an Proben von verschiedenen Punkten des Odenwaldes ergaben, dass Dimensionen über 0.08 Mm. sehr selten sind, und dass man einen Durchmesser von 0.04 Mm. nicht nur als durchschnittliche, sondern auch als die am häufigsten vorkommende Grösse bezeichnen kann. Diese Werthe stimmen recht gut mit den von J e n t z s c h ermittelten überein.[2] Jedoch muss hervorgehoben werden, dass wenn auch grössere Körner als angegeben, nur äusserst spärlich auftreten, die untere Grenze eine weniger scharfe ist; man kann eine nicht unbedeutende Quarzmenge abschlemmen mit einer zwischen 0.004 und 0.01 Mm. schwankenden Korngrösse.

Zur Vermeidung von Missverständnissen dürfte es daher zweckmässig sein, statt der „gleichförmigen Korngrösse“ die zwischen engen Grenzen liegende Korngrösse zu betonen. Es liegt nahe, hiermit gewisse Eigenschaften des Löss — besonders die Art des Zerfallens in Wasser und den Mangel an Schichtung — in Beziehung zu bringen, wenn auch zur Erzeugung dieser Eigenschaften noch andere Umstände von Einfluss gewesen sein mögen. Jedenfalls stellen sich da, wo die Gleichförmigkeit des Korns nicht vorhanden ist, Erscheinungen ein, welche man wohl nur als Schichtung bezeichnen

---

[1] Einmal wurde ein ringsum ausgebildeter Turmalinmikrolith und ein concentrisch-fasriges Kalkspathkügelchen beobachtet, welches letztere ein zierliches Interferenzkreuz lieferte.

[2] Ueber das Quartär der Gegend von Dresden und über die Bildung des Löss im Allgemeinen. Halle 1872. 51.

kann, worauf wir noch später zurückkommen. Das Fehlen vollkommen abgerundeter Körner kann man aus gleich zu erwähnenden Gründen am Löss direct nicht so gut constatiren, als an dem in Salzsäure unlöslichen Rückstand. An diesem nimmt man auch wahr, dass weitaus vorwiegend eine wasserklare Quarzvarietät vertreten ist.

Eigenthümlicherweise scheint man sich bisher mit der Art, wie die Carbonate auftreten, nicht beschäftigt zu haben. Man findet nur angegeben, dass „kalktuffartige Partikel" oder „Kalkbruchstücke" sich erkennen lassen. Dies ist auch zuweilen im Odenwald der Fall; doch scheinen solche hier stets nach Ablagerung des Löss in gleicher Weise wie die grösseren Nester von bergmilchartigem Kalkcarbonat entstanden zu sein: durch Auflösung von Carbonaten durch die Atmosphärilien und Absatz an einer anderen Stelle. Wenn man Löss in Wasser fein zertheilt unter dem Mikroskop betrachtet, so fällt zunächst die geringe Menge der sicher als Quarz zu bestimmenden Körner auf. Weitaus die meisten sind trüb, werden bei Horizontaldrehung zwischen gekreuzten Nicols bei keiner Lage dunkel und zeigen eine feinstkörnige Aggregatpolarisation, etwa wie ein sehr dichter krystallinischer Kalkstein. Die Natur dieser Körner war nicht ganz leicht sicher zu ermitteln. Zahlreiche unter den wechselndsten Bedingungen angestellte Versuche scheiterten, weil die Körnchen, sowie sie mit Säuren in Berührung gebracht wurden, in so lebhaft wirbelnde Bewegung geriethen, dass sie sich nicht im Auge behalten liessen. Erst als sie auf die Oberfläche einer dünnen Schicht schwach erweichten Canadabalsams gleichsam aufgekittet wurden, liess sich die schon früher nahezu als sicher erkannte Thatsache unzweifelhaft bestätigen, dass der Kalk fast stets eine zarte krystallinische Hülle um die Quarzkörner bildet, nur sehr spärlich als selbständiges Partikelchen von der gleichen Structur vorkommt. Dadurch erklärt sich eine charakteristische Eigenschaft des Löss: die plötzliche und sehr kräftige, aber schnell wieder aufhörende, unter starkem Aufschäumen stattfindende Kohlensäure-Entwicklung beim Betupfen mit Salzsäure. Bei der gleichmässigen Vertheilung der äusserst feinkrystallinischen Carbonate kann die

Salzsäure dieselben alle gleichzeitig treffen und sehr schnell einwirken.

Bezüglich der Genesis des Löss scheint uns diese Beobachtung insofern nicht von geringer Bedeutung zu sein, als die Carbonate jedenfalls nicht als feste Fragmente demselben beigemengt wurden, sondern sich aus einer Lösung niedergeschlagen haben, und zwar wahrscheinlich vor oder gleichzeitig mit der Ablagerung des Löss. Durch eine spätere, von oben nach unten stattfindende Infiltration könnte wohl kaum eine so gleichmässige Vertheilung der Carbonate in verticaler Richtung entstanden sein, wie sie in der That vorhanden ist. Gesättigte Lösungen würden den oberen, ungesättigte den unteren Lagen einen höheren Kalkgehalt zugeführt haben, wenn nicht — wie es am wahrscheinlichsten ist — durch beide nur oder fast nur concretionäre Bildungen entstanden wären.

Als dritter Hauptbestandtheil des Löss wird stets Thon angeführt, jedoch ohne weitere Angabe, wie dieser Thon beschaffen und in welcher Form er vorhanden ist. Irgend einen mineralogischen Begriff muss man doch mit dem Wort verbinden, und dann kann man nur an wasserhaltige Thonerdesilicate denken.[1] Solche müssen nun thatsächlich in nicht unbedeutender Menge vorhanden sein, da die vorliegenden Analysen einen Thonerdegehalt von 6 — 13 Proc. angeben; aber in entsprechender Menge lassen sie sich unter dem Mikroskop nicht nachweisen. Die erkennbaren kaolinartigen Producte oder Silicate genügen bei weitem nicht. Richthofen sagt zwar[2]: „Durch vielfach wiederholtes Schlemmen mit Wasser kann man den Sand von einem an Masse bedeutend überwiegenden. gemeinhin als thonig zu bezeichnenden Bestandtheil trennen, welcher durch geringen Eisengehalt braun gefärbt ist.“

---

[1] Die in der Petrographie und besonders in der Bodenkunde gewöhnlich als Thon bezeichneten Bildungen scheinen als gemeinschaftliche Eigenschaft nur ein sehr feines Korn zu besitzen, chemisch aber und besonders mineralogisch in der heterogensten Weise zusammengesetzt zu sein.

[2] China Bd I. 57.

So einfach wie Richthofen glaubt, scheint die Trennung denn doch nicht zu sein. Man kann — wenigstens am Löss des Odenwaldes — die Operation sehr oft wiederholen, und schliesslich erweisen sich die verschiedenen Schlemmproben qualitativ durchaus gleich zusammengesetzt. Selbst die relative Menge der einzelnen Gemengtheile ist dem Anschein nach gar nicht, jedenfalls nur sehr wenig verändert. Der einzige Unterschied, welcher sich ohne quantitative Analyse sicher nachweisen lässt, ist eine Scheidung nach der Korngrösse. Vielleicht ist der thonerdehaltige Gemengtheil den Carbonaten beigemengt und umhüllt wie letztere die Quarzkörner.

Eine zweckmässige Vereinigung von chemischen, mechanischen und mikroskopischen Untersuchungsmethoden wird nothwendig sein, um zunächst einmal genauer die petrographische Beschaffenheit des Löss zu ermitteln, als es bisher geschehen ist. Wir haben von einer eingehenden Untersuchung Abstand genommen wegen der localen Beschränkung, welche der Zweck dieser Arbeit bedingt, und da die für die nächste Zeit beabsichtigte Durchforschung des elsässischen Rheinthals Gelegenheit geben wird, den Löss im Zusammenhang über ein grösseres Gebiet zu verfolgen.

Die geschilderte petrographische Beschaffenheit gilt nur, wie erwähnt wurde, für den mittleren Theil der Ablagerungen. An ihrer Basis mischen sich andere Elemente bei, welche abhängig sind von der Natur der Unterlage; in den oberen Partien haben die Atmosphärilien oft durchgreifende Veränderungen bewirkt, den Kalk vollständig ausgelaugt und einen lehmigen Boden zurückgelassen, der sich von den Zersetzungsproducten der verschiedenen kalkigen oder sandigen Gesteine meist schwer, zuweilen gar nicht unterscheiden lässt. Derartige Lagen können im Odenwald bis zu 4 M. und mehr mächtig werden und sind nur dann ihrer Natur nach sicher bestimmbar, wenn ein Wasserriss tief genug einschneidet, um den allmählichen Uebergang in normalen Löss verfolgen zu lassen.

Accessorische Bestandtheile kommen zwar im Löss recht reichlich vor, zeigen aber bei uns, wie wohl zumeist, eine geringe Mannigfaltigkeit. Dass Carbonate in feinerdiger, bergmilchartiger Form und von schneeweisser Farbe hie und da grössere Nester bilden, haben wir schon oben bemerkt. Als Fundstätten lassen sich unter anderen das Siebenmühlenthal bei Handschuchsheim und die Gegend der Schauenburg, nördlich von Dossenheim anführen, wo auch kleine Partien den Löss überall durchschwärmen. An sonstigen accessorischen Bestandmassen wurden nur organische Reste und die bekannten, in unserer Gegend als Lösskindchen, Lössmännchen, Lösspüppchen bezeichneten Concretionen beobachtet, welche sich bald lagenweise in grosser Zahl anhäufen, bald vereinzelt auftreten, oder auch wohl auf grössere Erstreckung ganz fehlen. Ihre mannigfache, oft bizarre Gestalt, welche die verschiedenartigsten Benennungen durch den Volksmund veranlasst hat, ist schon so oft beschrieben und auch abgebildet worden, dass ihre einfache Erwähnung hier genügen mag. Sie sind zuweilen im Innern septarienartig geborsten, und auf den Wandungen der Risse trifft man dann hie und da Calcit auskrystallisirt. Hohle Concretionen mit einem festen, beim Schütteln klappernden Kern, wie sie sonst wohl vorkommen, wurden nicht beobachtet.

Die Lösskindchen entstehen augenscheinlich durch Concentration der fein vertheilten Carbonate und bilden sich noch jetzt fort; denn man kann oft an den Wurzeln der auf dem Löss wachsenden Bäume die ersten Anfänge in Form kleiner Klümpchen erkennen, wie auch grosse Concretionen zuweilen noch an Wurzeln haften. Es ist bemerkenswerth, dass kohlensaure Magnesia in den Concretionen sehr viel reichlicher vertreten ist, als in den Carbonaten des Löss selbst, so dass die Atmosphärilien letzterem mehr kohlensaure Magnesia als kohlensauren Kalk entziehen. Seltener trifft man den Concretionen analog gebildete Platten eines sandreichen Kalkstein in unserer Gegend.

An organischen Resten ist unser Löss verhältnissmässig reich; doch sind sie, wie überall, sehr unregelmässig vertheilt und gewöhnlich zonenweise angehäuft, obwohl sie auch zerstreut auftreten. Im letzteren Fall übersieht man dieselben nur leicht, besonders wenn nicht ein frischer Anbruch vorliegt. An manchen mächtigen Lösswänden findet man übrigens kaum hie und da ein Exemplar, während wiederum kleine, kaum beachtete Partien eine überraschende Ausbeute liefern.

Wenn man für den Löss einen Absatz aus Wasser annimmt, so ist sowohl diese unregelmässige Vertheilung, als auch die dichte Anhäufung in einzelnen Lagen den Verhältnissen vollständig entsprechend. Die leichten Schalen mussten alle auf der Oberfläche schwimmen und ziemlich gleichzeitig abgesetzt werden; die Hauptmasse des in Wasser suspendirten Materials sank erst allmählich zu Boden, entweder ganz frei von Conchylien oder untermengt mit einigen wenigen, welche durch zufällige Ausfüllung mit Schlamm schwerer als die übrigen geworden waren.

Von leicht zu erreichenden Fundstätten, welche sich theils durch die Zahl der Individuen, theils durch Artenreichthum auszeichnen, mögen einige wenige hervorgehoben werden: Haarlass, am Wege unmittelbar hinter der Gerberei; Siebenmühlenthal bei Handschuchsheim an den obersten Häusern auf der linken Thalseite; oberhalb Leutershausen in dem auf die Hohe Waid führenden Hohlweg; Laupelt unweit Schriesheim, etwas nördlich vom Signal Brahnig; Fenzengrund im Schriesheimer Thal; Gehänge des Hirschkopfs bei Weinheim. Alle diese Punkte liegen nördlich vom Neckar. Südlich wären etwa zu erwähnen: Scholenweg oberhalb Rohrbach, Schatthausen, Mauer, Bammenthal, Wiesenbach, Langenzell Schloss, Dilsbergerhof, Hoffenheim, Waldangeloch. Mag es auch Zufall sein, so erscheint es doch erwähnenswerth, dass die reichen Fundstätten südlich vom Neckar (mit Ausschluss von Hoffenheim und Waldangeloch) alle in der Nähe des hohen Gebirgsrandes liegen, welcher den eigentlichen Odenwald gegen das Hügelland abgrenzt. Die im folgenden aufgezählten Arten repräsentiren sicherlich nicht die ganze Fauna, da das Gebiet keineswegs in systematischer Weise ausgebeutet wurde; doch wird kaum eine Species der Aufmerksamkeit entgangen sein, welche auch nur zu den mässig häufigen gehört. Herr Dr. O. Boettger war so freundlich, die Bestimmungen dieser, sowie aller übrigen, quartären Ablagerungen entstammenden Conchylien zu revidiren, wofür wir ihm hiermit unseren verbindlichsten Dank abstatten. Die Clausilien wurden schon von ihm beschrieben.[1] Die Arten ohne nähere Fundortsangabe trifft man fast überall, wo überhaupt Lösschnecken reichlicher vorkommen; die übrigen keineswegs nur an den angegebenen Punkten, doch an diesen sicher.

Hyalina crystallina Müll. sp. Haarlass, Siebenmühlenthal, Leutershausen, Dossenheim.

Helix pulchella Müll.

Helix rufescens Penn. typ. Leutershausen. Die Form dürfte vielleicht schon zur Varietät montana Stud. gehören.

Helix rufescens Penn. var. montana Stud. Gaiberg, Epfenbach.

Helix suberecta Clessin. Kleine und hohe, wahrscheinlich zu *H. rufescens* Penn. gehörige Form. Diese Art ist wohl *H. hispida* L. var. major anderer Autoren.

Helix hispida L. Kleine Varietäten sind im Siebenmühlenthal und am Haarlass sehr reichlich vertreten.

Helix hispida L. var. terrena Clessin. Hohe Formen von mittlerer Grösse; an vielen Punkten südlich vom Neckar.

Helix sericea Müll. Waibstadt, Erlenbach; hier scheint *H. hispida* L. ganz zu fehlen.

Helix striata Müll. Zeutern, Neckargemünd.

Helix arbustorum L. var. alpicola; südlich vom Neckar sehr verbreitet, an der Bergstrasse spärlich und an vielen Oertlichkeiten gar nicht. Verhältnissmässig häufig ist sie bei Leutershausen und Schriesheim.

Cionella lubrica Müll. Siebenmühlenthal, Leutershausen, Epfenbach.

Clausilia parvula Stud. var. minor A. Schm. Laupelt, Siebenmühlenthal, Oestringen.

---

[1] Dr. Oskar Böttger: Clausilienstudien. Cassel 1877. 97—101.

Clausilia dubia Drp. Laupelt, Hirschkopf.
Clausilia nigricans Pult. Laupelt.
Clausilia corynodes Held var. minor A. Schm. Hirschkopf, Birkenau.

Ausserdem sind der Fenzengrund, Leutershausen und Mauer noch gute Fundstätten für Clausilien.

Pupa dolium Drp. Siebenmühlenthal.
Pupa muscorum L.
Succinea oblonga Drp. und var. elongata A. Braun.
Limnaea truncatula Müll. sp. Laupelt.

Meist nach den Angaben von A. Braun und A. Gysser führt Sandberger noch an[1]:

Vitrina elongata Drp.
Hyalina subterranea Bourg.
Helix fruticum Müll. Mauer.
Clausilia gracilis Rossm. Mauer, Bergstrasse; sie soll nach Sandberger im Neckarlöss fehlen.
Pupa columella Mart. Mauer.
Pupa secale Drp.
Pupa pygmaea Drp. Bergstrasse.

Durch weitere Forschungen wird die Zahl der Arten jedenfalls noch vergrössert werden; immerhin enthält obige Liste schon mehr als zwei Drittel der aus dem Rheinthal zwischen Basel und Mainz bekannt gewordenen Conchylienfauna, welche Sandberger 1875 auf 30 Landschnecken und 3 Wasserschnecken schätzte, von denen 25 noch in der Gegend leben.

An Säugethieren erwähnt Sandberger:

Elephas primigenius Blumenb.
Cervus alces L.
Cervus tarandus L.

Die beiden letzten von Weinheim.

Das auch aus obiger Liste hervorgehende Vorwalten von Landschnecken ist stets betont worden, und man hat

[1] Die Land- und Süsswasserconchylien der Vorwelt. Wiesbaden 1870—75.

diese Thatsache sowie den wohlerhaltenen Zustand der allerdings leicht zerbrechlichen Schalen mit als Hauptbeweis angesehen, dass der Löss nicht aus Wasser abgesetzt sein könne. Aus diesen beiden Beobachtungen liesse sich unserer Ansicht nach mit dem gleichen, ja vielleicht mit noch grösserem Rechte gerade der umgekehrte Schluss ziehen. Wenn man nämlich die Conchylien untersucht, welche der Neckar noch jetzt nach den jährlichen Hochwassern absetzt, so findet man, dass unter ihnen ebenfalls die Landschnecken weitaus vorherrschen, und dass die Schalen so vollkommen erhalten sind, wie es sich nur für die Einreihung in eine Sammlung wünschen lässt.[1] Man kann dies kaum anders erwarten, da die Schnecken durch das steigende Wasser langsam gehoben, schwimmend transportirt und schliesslich beim Sinken des Flusses sanft am Ufer niedergelegt werden. Bei der weiteren Untersuchung der Neckaranschwemmungen wird man sogar finden, dass viele der im Löss häufigen Species in ihnen ebenfalls sehr reichlich vertreten sind, wie z. B. *Hyalina crystallina, Helix pulchella, Helix hispida, Cionella lubrica, Pupa muscorum.* Daneben kommen allerdings auch in grosser Menge *Carychium minimum* und *Cionella acicula* vor, welche im Löss zu fehlen scheinen, dagegen Süsswasserschnecken und -muscheln fast gar nicht, wie sich leicht erklärt, da sie meist dickschalig sind und zu Boden sinken. Aus diesem Grunde vermissen wir vollständig die im Neckar reichlich lebenden Neritinen und Unionen, während dünnschalige jugendliche Exemplare von Anodonten vertreten sind[2]. Die gleichen Beobachtungen hat Sandberger am Main gemacht. Nach den bisher vorliegenden Untersuchungen könnte man den Satz aufstellen, dass zerbrochene Gehäuse

---

[1] S. Jahrbuch für Miner. etc. 1880. II. Referate 210.

[2] Das Fehlen der Unionen in den Neckaranschwemmungen und im Löss im Gegensatz zu ihrem reichlichen Vorkommen bei Mauer scheint uns eine beachtenswerthe Thatsache zu sein. Bei Mauer liegen z. Th. organische Reste vor, die an Ort und Stelle gelebt haben (vgl. oben S. 536); was sich im Löss findet, ist fast ausschliesslich zugeschwemmt.

im Löss gegen einen Absatz aus Hochwasserfluthen sprechen würden.

Bei dieser Gelegenheit dürfte noch eine andere Beobachtung Erwähnung verdienen, welche zeigt, dass ein Gebilde wie der Löss auch aus Wasser zum Absatz gelangen kann. Wenn man von Neuenheim den Leinpfad flussabwärts geht, so trifft man am Ufer nicht hoch über dem jetzigen Neckarspiegel zunächst einen kalkreichen conglomeratartigen Sandstein, auf demselben eine Ablagerung von Löss, der sich petrographisch nicht von dem Löss der Bergstrasse unterscheiden lässt. In dem Sandstein wurden beobachtet:

Bythinia tentaculata L. sp.
Helix pulchella Müll.
Helix hispida L.
Cionella lubrica Müll.
Succinea oblonga Drp.
Succinea Pfeifferi Rossm.
Limnaea ovata Drp.
Limnaea truncatula Müll. sp.
Cyclas cf. calyculata Drp.

Im Löss: *Bythinia tentaculata* L. sp.
Vitrina diaphana Drp.
Helix rufescens Penn.
Helix strigella Drp.
Helix arbustorum L.
Cionella lubrica Müll.
Limnaea ovata Drp.
Limnaea truncatula Müll sp.

Von diesen organischen Resten ist nicht nur der grössere Theil dem normalen Löss vollständig fremd, sondern die auch in letzterem vorkommenden Species wie *Helix arbustorum* und *H. rufescens* besitzen auf das schärfste ausgeprägte abweichende Eigenschaften. Beide sind von einer Grösse, wie sie im Löss nie beobachtet wurde, aber den im Neckarthal jetzt lebenden Exemplaren zukommt; ferner sind die Schalen der *Helix arbustorum* glänzender, frischer, dünnwandiger und überhaupt nicht zu verwechseln mit der bekannten gedrungenen var. alpicola, dagegen identisch mit den im Kalktuff von

Binau am Neckar gesammelten Formen. Man kann nur annehmen, dass bei Neuenheim ein regenerirter Löss vorliegt, d. h. ein Löss, der oben im Thal abgeschwemmt und hier wieder abgesetzt wurde, gemengt mit der in und am Neckar noch jetzt lebenden Fauna. In gleicher Weise dürfte ein grosser Theil des in der Rheinebene lagernden Löss entstanden sein. Wenn aber ein vom Wasser aufgenommener Löss mit unveränderten petrographischen Eigenschaften abgesetzt werden kann, so kann er jedenfalls auch ursprünglich in Wasser suspendirt gewesen sein.

Für die Beurtheilung, wie etwa der Löss entstanden sein dürfte, scheint uns ferner ein Studium der Lagerungsverhältnisse von ganz besonderer Wichtigkeit zu sein. In dieser Beziehung können uns fast nur Beobachtungen an der unteren Grenze Aufschluss liefern. Der Löss ist nämlich durchweg von so gleichartigem Habitus, dass es sehr selten gelingt, eingeschaltete Lagen von abweichender Beschaffenheit zu beobachten, und er wird von keiner Bildung überlagert, welche nicht rein localen Charakter hätte und sich nicht stets auf zufällige spätere Einflüsse zurückführen liesse.

An den meisten Punkten ruht der Löss direct der Trias oder den krystallinen Gesteinen auf; seine tiefsten Lagen mischen sich wohl mit dem Grus dieser Gesteine, aber sehr bald stellt sich der reine Löss ein, welcher sich meist ohne Schichtung gleichartig bis an die Oberfläche fortsetzt. Ueber Mauer und einige andere Punkte im Hügelland, welche eine Ausnahme von dieser Regel machen, wurde schon oben berichtet. An der Bergstrasse lassen sich aber vielerorts die Ablagerungen studiren, welche der Lössbildung direct vorausgingen, da man dieselben zu technischer Verwenduug aufdeckt und gewinnt. Leider werden die Gruben meist nach der Ausbeutung wieder eingeebnet, so dass man das Gebiet oft begehen und dann noch auf einen günstigen Zufall rechnen muss. Doch sind immerhin einige Punkte stets der Beobachtung zugänglich. An allen Aufschlüssen fand sich unter dem Löss Sand, Lehm oder Thon.

Lehm oder Thon wurde z. B. beobachtet: bei Handschuchsheim — in der Umgebung des Fleckens Schriesheim

— im Eengrund Südost von Leutershausen (zur Fabrikation von Ziegeln ausgebeutet) — zwischen Schriesheim und Leutershausen (ebenfalls zu Ziegeln verarbeitet); hier geht er allmählich in Löss über und enthält dieselben organischen Reste wie der letztere — oberhalb der Ziegelhütte südlich von Weinheim; zu unterst liegt weisser Thon, aus dem Dachziegel angefertigt werden, darauf folgt ein lehmiger Grant, nach Vermischung mit reinerem Lehm zu Backsteinen verwendbar, dann Löss. — Am zahlreichsten und am ausgedehntesten sind die Aufschlüsse in der Umgebung von Birkenau: an dem bei der Ziegelhütte vorbeiführenden sogen. Lettenweg sind $2^{1}/_{2}$ bis 3 Meter eines lehmigen Granitgrus zwischen Löss und weissem Thon eingeschaltet; in dem stark welligen Terrain südöstlich und nordöstlich vom Ort trifft man bald Lehm unter dem Löss, bald beide nebst Gruslagen an der Oberfläche strichweise wechselnd. Man kann sich hier leicht construiren, wie die ursprüngliche Lagerungsform gewesen sein muss, um unter Einwirkung der Erosion eine so stark variirende Oberflächenbeschaffenheit zu ermöglichen.

Auf den mit unregelmässiger Oberfläche abgesetzten Lehm lagerte sich zunächst Kies ab; in den Mulden bildete derselbe dickere Schichten, welche sich nach den Buckeln zu auskeilten und stellenweise den Lehm gar nicht bedeckten. Zum Schluss nivellirte der Löss. Da demnach die Bänke nicht horizontal liegen, so können wir selbst bei nur schwach welligem Terrain jetzt die gleichen Bildungen bald auf den Buckeln, bald am Gehänge, bald im Tiefsten der Mulden antreffen. Gerölle und Kies stammen durchweg von Gesteinen, welche in nicht allzu grosser Entfernung anstehen.

An anderen Punkten überlagert der Löss direct Sande, welche ihrer Hauptmasse nach sehr arm an Carbonaten sind. Einen der besten Aufschlüsse bietet die Sandgrube im Thal oberhalb Lützelsachsen. Zu unterst liegt ein mächtiger Sand mit festen, bis zu $^{1}/_{2}$ M. starken Bänken eines kalkigen Sandstein und mit Concretionen, die aus Quarzkörnern und einem schwachen Bindemittel von Carbonaten bestehen. An der oberen Grenze stellen sich Lösschmitzen im Sand ein, darauf folgt Löss mit den für ihn typischen Fossilien *(Succinea oblonga, Helix hispida, Pupa muscorum)* und eingeschalteten Sandschmitzen, schliesslich reiner Löss. Thalabwärts, wo der Bach einen fast rechtwinkligen Knick macht, tritt der gleiche Sand noch einmal in Form eines hohen isolirten Hügels auf. Er enthält eckige Gesteinsbrocken, unbestimmbare Fragmente von Conchylienschalen und sehr reichlich scheibenförmige Concretionen. Dieselben sind meist aus concentrischen Schalen aufgebaut mit kreiselförmigen Einschnürungen und haben gewöhnlich eine ebene und eine convexe Seite, auf welch letzterer oft noch eine kleine Concretion wie ein Knopf aufsitzt, so dass die Form eines flachen mit Griff versehenen Schüsseldeckels entsteht. Die Concretionen liegen mit der ebenen Seite nach unten und reihen sich lagenweise aneinander, ebenso wie die Brocken von Quarzit und granitischen Gesteinen, so dass eine allerdings nicht sehr vollkommene Schichtung unverkennbar ist. Vereinzelter treten grosse eckige Blöcke und nach Art der Lösskindchen ganz unregelmässig gestaltete Concretionen auf. Alle diese concretionären Bildungen sind augenscheinlich durch spätere Concentration der ursprünglich in feiner Vertheilung im Sande vorhanden gewesenen Carbonate entstanden. Der Sand wird von Thon, dieser von Löss umgeben, ohne dass sich die Altersverhältnisse an dieser Stelle genau ermitteln lassen. Nach Aussage der Ziegler soll strichweise Sand und Lehm als Unterlage des Löss wechseln, wenn man von hier gegen Süden fortschreitet.

Unmittelbar hinter der Kirche von Grossachsen ist eine Sandablagerung etwa 4 M. tief aufgeschlossen, welche sicher älter als Löss ist. Dem vorherrschenden, stellenweise mit Salzsäure schwach aufbrausenden feinen Sand sind horizontale Lagen von gröberem Sand, hie und da auch Kiesbänke eingeschaltet, deren Geschiebe (besonders Gneiss, schiefrige Ganggranite, Biotitgranit, hornblendeführender Biotitgranit) aber selten über 3 Centimeter gross werden. Conchylien kommen vor, sind jedoch durch das beigemengte grobe Material meist stark zertrümmert, so dass sich nur eine der *Helix hispida* nahe stehende Art erkennen liess. Den gleichen

Sand trifft man vor dem Besserungshaus zwischen Lützelsachsen und Weinheim unter dem Löss.

Wahrscheinlich älter als Löss ist auch die oben erwähnte Sandablagerung südlich von Oestringen mit *Helix hispida, Succinea oblonga, Elephas primigenius* und schwachen Lagen von Geröllen, welche meist dem Keuper entstammen.

Lehrreiche Profile liefern noch die Sandgruben etwas oberhalb der Chaussee unmittelbar vor Leutershausen, der Südabhang der Brahnig [1] bei Schriesheim und der Hohlweg, welcher von Rainbach nach dem Dilsberg hinaufführt.

Bei Leutershausen besteht das Tiefste aus einem unten bald thonigen, bald kalkigen, oben rein kalkigen Sand mit zwei parallel verlaufenden dünnen Lagen von granitischem Grus. Der Sand grenzt sich dann gegen den Löss mit einer stärkeren Grusbank ab, welch letztere eine nicht gerade unbedeutende Lehmschicht einschliesst.

Am Abhang der Brahnig ruht der Löss auf Lehm, dieser auf einer Bank grober Gerölle von Minette, Porphyr, Buntsandstein und Granit, deren aller Abstammung aus dem Schriesheimer Thal leicht und sicher nachweisbar ist; unter dem Conglomerat liegt Sand. Die Grenzen sind nirgends scharf, und das Ganze macht den Eindruck unmittelbar auf einander gefolgter und in einander übergreifender Absätze.

Bei Rainbach schliesslich ist die Reihenfolge von unten nach oben: Buntsandstein, Conglomerate, mächtiger Sand, Löss.

An allen diesen Punkten beschränkt sich die Wechsellagerung von Löss mit anderem Material — Sand, Lehm, Geröllen — auf die unteren Grenzpartien des Löss. Innerhalb der Hauptmasse des letzteren fehlt es jedoch durchaus nicht an ähnlichen Erscheinungen, wenn sie auch entschieden weniger häufig sind und zum Theil auch weniger scharf hervortreten. Oft nur einige Centimeter starke Grusbänkchen mitten im typischen Löss lassen sich z. B. gut in der Bippelbach an der hessischen Grenze, Nordost von Weinheim beobachten. Die strichweise Anreicherung der organischen

[1] Der Name Brahnig wird von „Prangert — Prangertsberg" abgeleitet; jedenfalls soll sich früher auf dem betreffenden Berge der Pranger von Schriesheim befunden haben.

Reste lässt sich doch auch nur als Schichtung auffassen. Dass die Quarzkörner durch in der Tiefe sich ansammelnde Carbonate zu kalkigen Sandsteinen verfestigt werden, welche horizontale Bänke bilden, und dass die bekannten kalk- und dolomitreichen Concretionen sich horizontal und oft dicht gedrängt aneinander reihen, scheint uns ebenfalls ein Beweis von Schichtung zu sein. Denn es muss doch irgend eine Ursache vorhanden sein, weshalb die von den Atmosphärilien in den oberen Lagen aufgenommenen Carbonate gleichmässig auf grössere Erstreckung gerade nur bis zu diesem Niveau gelangten, und es liegt entschieden am nächsten, als Ursache einen — wenn auch noch so geringfügigen — Wechsel in der Beschaffenheit des Materials anzunehmen.

Ist der Löss wenig mächtig, so dringen die mit Carbonaten beladenen Sickerwasser auch in die Unterlage ein, setzen dieselben in Form von Kalksinter auf Klüften ab oder bilden Breccien und Conglomerate mit kalkmilchartigem Bindemittel, wenn das Grundgebirge zur Zeit der Lössablagerung an der Oberfläche zertrümmert war. Es ist dies z. B. der Fall auf der Südwestseite des Hirschkopfs nicht weit unterhalb dessen Gipfel. Wir erwähnen dies besonders, weil Pauly eine analoge Breccie bei Unterlaudenbach (Nord von Weinheim und etwas ausserhalb unserer Kartengrenze) beobachtete, irrthümlicherweise als Rothliegendes deutete und in Folge dessen zu nicht gerechtfertigten Schlüssen über das Alter der Minetten gelangte. [1]

Aus den genannten Aufschlüssen lässt sich mit Sicherheit ersehen, dass die hier in Betracht kommenden Sande, Thone, Lehme und Conglomerate zwar ihrer Hauptmasse nach älter als die Hauptmasse des Löss sind, dass sie aber nicht unter wesentlich anderen Verhältnissen als letzterer abgesetzt sein können in Folge der Wechsellagerung und der allmählichen Uebergänge in den Grenzregionen. Diese Thatsachen, welche auch nicht an der Ursprünglichkeit der

---

[1] Pauly: Jahrbuch für Mineralogie etc. 1863. 434. Vgl. auch: E. Cohen: Die zur Dyas gehörigen Gesteine des südlichen Odenwaldes 131.

Lagerstätten zweifeln lassen, dürften besonders zu betonen sein, da gerade das Gegentheil — eine stete scharfe Scheidung von der Unterlage — von Richthofen hervorgehoben worden ist.[1] Ob aber die verschiedenen Bildungen unter dem Löss in einem bestimmten Altersverhältniss zu einander stehen und in welchem, kann man wegen der geringen Ausdehnung der Aufschlüsse einstweilen nicht feststellen. Wahrscheinlich repräsentiren die Sande und Lehme, resp. Thone nur verschiedene Facies. Dafür spricht die bei einer Brunnenanlage oberhalb der Ziegelei am Lettenweg bei Birkenau beobachtete wiederholte Wechsellagerung: auf 3 M. Löss und Lehm folgten 3 M. weisser Letten, 3 M. Sand und dann 21 M. reiner Thon und reiner Sand in je 0.6 M. starken Schichten. Nach den Lagerungsverhältnissen erscheint es ferner am einfachsten anzunehmen, dass an der Bergstrasse das feinere Material durch westliche Strömungen herbeigeführt wurde, während die Gerölle jedenfalls dem unmittelbar angrenzenden Gebirgsrand entstammen.[2]

Die Mächtigkeit des Löss ist eine sehr wechselnde, wie man bei der starken, noch jetzt nach jedem kräftigen Regen zu beobachtenden Abschwemmung nicht anders erwarten kann. Wo er genügenden Schutz fand, hat er sich erhalten, wo dieser fehlte, wurde er fortgeführt. Als Punkte, an denen er besonders imposante Wände bildet, mögen hervorgehoben werden: die Schluchten, welche von Weinheim zur Windeck hinaufführen, die tiefen Wegeinschnitte bei Leutershausen und Grossachsen, „An der hohen Strasse" zwischen Dielheim, Thairnbach und Mühlhausen, die Umgegend von Rauenberg im Angelbachthal, die Höhen zwischen Oestringen, Waldangeloch und Odenheim, das Katzbachthal zwischen letzterem Ort und Zeutern sowie bei Tiefenbach.

---

[1] China Bd. I. 162. Vgl. auch: Verh. der k. k. geolog. Reichsanstalt 1878. 294

[2] Wenn auch im allgemeinen die Sande etc. sicher älter als der Löss sind, so ist damit doch nicht ausgeschlossen, dass stellenweise schon letzterer zur Ablagerung gelangte, als an anderen Punkten jene sich noch absetzten. In der That sprechen mancherorts die Niveauverhältnisse direct für eine derartige Annahme

In Folge der Eigenschaft, in senkrechten Wänden abzustürzen, verleiht der Löss bei erheblicher Mächtigkeit der Landschaft oft ein sehr charakteristisches Gepräge. Die Hügel fallen gern in Terrassen ab, und nach trockener Witterung wirft der Steilrand einer jeden Stufe im Sonnenschein weithin sichtbar ein grelles Licht. Um eine typische Lösslandschaft zu sehen, wählt man am besten das Katzbachthal zwischen Odenheim und Zeutern und zwar den Weg, welcher am linken Gehänge in mässiger Höhe über der Thalsohle hinführt. Die Terrassen des gegenüberliegenden Hügellandes sind zwar nicht durchweg natürliche; um den Anbau zu erleichtern und Rutschungen zu vermeiden, hat man oft, vielleicht sogar vorwiegend nachgeholfen — nicht nur hier, sondern auch an vielen anderen Punkten —, aber man hat keine, dem Löss nicht von Natur zukommende Absonderungsformen künstlich erzeugt. Die entstandenen Formen sind die gleichen, wie sie sich von selber bilden, und wie man sie im kleinen fast überall beobachten kann.

Ist die Oberfläche eines Lössgebiets eine schwach wellenförmige, so sind die Bedingungen zu Terrassenbildungen nicht günstig, aber auch dann tritt die charakteristische Absonderung deutlich hervor. Die Wege schneiden tief ein und sind oft von einer senkrechten Wand auf jeder Seite begrenzt, so dass es nöthig ist, regelrechte Treppen anzulegen, um auf die Höhe zu gelangen. Nicht selten stürzt eine dünne plattenförmige Masse von der ganzen Höhe der Wand auf einmal ab, wodurch sich die Hohlwege erweitern. Der gebildete Schutthaufen wird meist schnell durch Fortschwemmung entfernt.

Die Art der Absonderung lässt sich wohl am einfachsten, wie es zuerst von J e n t z s c h geschehen ist, als eine zur petrographischen Beschaffenheit in Beziehung stehende Eigenschaft auffassen. Als einen Beweis gegen ehemalige Suspendirung des Materials in Wasser kann man sie schwerlich ansehen; denn welche Entstehung man auch für den Löss annehmen mag, stets ist er doch eine successive, keine einmalige Bildung, und bei jeder Theorie bleibt die gegenüber der Horizontalstructur vorherrschende Verticalstructur gleich schwer erklärlich. Für die Auffassung von J e n t z s c h spricht auch die Beobachtung, dass die Neigung zu verticaler Absonderung stark abnimmt, ja vollständig aufhört, wenn das Material durch Einfluss der Atmosphärilien wesentlich verändert wird.

Nach obiger Darstellung bedarf es wohl kaum noch der besonderen Hervorhebung, dass wir geneigt sind, für den Löss des südlichen Odenwaldes anzunehmen, er sei vor seiner Ablagerung in Wasser suspendirt gewesen. Es scheint uns, als wenn die meisten Beobachtungen — besonders die Wechsellagerung mit Sand und Lehm an der Basis, die eingeschalteten Geröllbänke, die Vertheilung der Carbonate, die zwar durchaus nicht gleichmässige, aber bestimmte Dimensionen nicht überschreitende Korngrösse, die Art der Verbreitung, die Vertheilung und Art der organischen Reste — sich bei dieser Annahme am einfachsten und leichtesten erklären lassen und jedenfalls nicht schwieriger, als nach irgend einer anderen Hypothese. Dabei bleiben allerdings noch mancherlei Schwierigkeiten übrig, aber das gleiche dürfte der Fall sein bei der jetzt so weit verbreiteten Theorie der atmosphärischen Bildung. Näher auf letztere einzugehen, würde uns zu weit führen. Für den Zweck einer Localbeschreibung scheint uns der versuchte Nachweis zu genügen, dass die in unserer Gegend zu beobachtenden Erscheinungen sich ohne Zwang mit der gegebenen Anschauung vereinigen lassen. Doch mag noch hervorgehoben werden, dass es leichter ist nachzuweisen, der Löss k ö n n e als ein Absatz aus Hochwasserfluthen angesehen werden, als die atmosphärische Theorie zu widerlegen. Durch die zahlreichen und ganz verschiedenartigen Factoren, welche bei dieser Lössbildung mitgewirkt haben sollen — Zusammenhäufung feiner erdiger Theile durch Wind, saigernde Thätigkeit des letzteren, Vegetation einer Grassteppe, Zusammenspülung durch Regen, locale und periodische Ueberschwemmungen, verschiedenartiger Einfluss abweichend beschaffener Unterlage — hat man der Theorie ein ausserordentlich elastisches Gewand gegeben. Man wird kaum eine anormale Erscheinung erfinden können, welche sich nicht durch den einen oder anderen Factor schliesslich erklären lassen muss. Es will uns jedoch bedünken, dass die Nothwendigkeit, so viele Factoren zur Erklärung eines Gebildes herbeizuziehen, welches wie wenige andere seiner Hauptmasse nach den Charakter einer gleichartigen Bildung besitzt, nicht gerade dazu beiträgt, die Wahrscheinlichkeit der Hypothese zu erhöhen.

Sand, Thon und Lehm des Neckarthals.

Von den Sand-, Thon- und Lehmbildungen unserer Gegend wurden diejenigen, welche unzweifelhaft älter als Löss sind, im Zusammenhang mit letzterem beschrieben, da sie uns von Wichtigkeit zu sein schienen zur Beurtheilung der Bedingungen, unter welchen der Löss zur Ablagerung gelangt sein mag. Die jetzt zu besprechenden im Neckarthal auftretenden Gebilde, welche jenen dem Material nach meist sehr ähnlich sind, stehen entweder in gar keiner nachweisbaren Beziehung zum Löss oder werden von kleinen Partien desselben begleitet, ohne dass sich die relativen Altersverhältnisse sicher ermitteln lassen. Es liegt dies besonders an der Schwierigkeit zu entscheiden, ob Löss auf primärer oder secundärer Lagerstätte vorliegt.

Von Ost nach West fortschreitend trifft man Lehm oder Thon theils mit, theils ohne Sand an folgenden Punkten: bei Eberbach, besonders in der Umgebung des Kirchhofs und im unteren Mühlbachthal; „im Sande“ (Weidenau) oberhalb Hirschhorn am Westabhang des Feuerbergs; Hirschhorn gegenüber, oberhalb der Ziegelhütte bei der Ersheimer Kirche; gleich oberhalb Neckarhausen; in der Kimmelbach bei der sogenannten Ziegelhütte unterhalb Neckargemünd; oberhalb Schlierbach, der Gerberei am Ausgang des Bärenbachthals gegenüber; nördlich und nordöstlich von Ziegelhausen.

Alle diese Ablagerungen beginnen nicht sehr hoch über der Thalsohle und erstrecken sich bei grösserer Ausdehnung weit an den Gehängen hinauf: bei Eberbach etwa bis zu 560′, bei Ziegelhausen bis zu 650′ absoluter Höhe, also 100—200′ über den Neckarspiegel.[1] Sie müssen aus einer

[1] Der die Oberfläche bedeckende Lehm steigt bei Ziegelhausen gegen den Steigenhang hin sogar noch höher; doch scheint er anderer Entstehung zu sein, als die unter ihm liegenden Thone und Sande.

Zeit stammen, zu welcher das Wasser im Neckarthal ein weit höheres Niveau erreichte, als es jetzt selbst während abnormer Hochfluthen der Fall ist. Der diluvialen Periode gehören die Bildungen wohl zweifellos an, da keine Beobachtung vorliegt, aus welcher man schliessen könnte, dass ihr Absatz bis in verhältnissmässig jugendliche Zeit fortgedauert habe. Mit ihnen irgendwie vergleichbare Producte setzt der Neckar jetzt, wie es scheint, nirgends ab.

Die ausgedehnteste Ablagerung ist die Ziegelhausener, welche früher, wie es noch an den übrigen Fundorten geschieht, nur durch Tagebau ausgebeutet wurde. In neuerer Zeit hat man einen unterirdischen Abbau eingeführt, um an die besseren Lagen zu gelangen, ohne gar zu viel des werthlosen Abraums beseitigen zu müssen. Die an die Unternehmung geknüpften Hoffnungen scheinen aber nicht in Erfüllung gegangen zu sein, vermuthlich weil das Material sich für feinere Thonwaaren nicht hinreichend eignet. 1874 wurde ein Schacht abgeteuft und ein Stollen getrieben, um das gewonnene Material zu fördern. Man beabsichtigte vom Schacht aus den Thon terrassenförmig abzubauen. Wie weit man die Pläne ausgeführt hat, ist uns nicht bekannt geworden.

Im December 1874 waren im Schacht folgende Lagen durchsunken worden:

M.	
3,9	Aufgefüllter Grund
1,6	Blauer Letten
1,4	Schwarzer Letten, oft reich an braunkohlenartigen Hölzern, welche sich aber nicht bestimmen liessen; hie und da Schmitzen von blauem Letten
1,2	Weisser Letten
1,8	Brauner lehmiger Letten
1,2	Lehmiger Mergel mit Brauneisenstein-Geoden
	Brauner Sand mit Schmitzen von weissem Sand.

Die Lettenlagen enthielten öfters Nester von Vivianit.

Im Stollen hat man zuerst 7,5 M. eines sandigen Löss durchfahren; darauf folgte auf eine Strecke von 50—60 M. feiner Sand ohne Gerölle, aber mit concretionären Bildungen, gleich denen, welche oben (S. 567) von Lützelsachsen beschrieben wurden. Die letzten 9 M. des Stollens standen an der Sohle in Sand mit Geröllen von Buntsandstein und Kalkstein (meist unterer Muschelkalk), gegen das Dach in einem braunen lehmartigen Boden (Leimen nach der Localbezeichnung[1]), während der grösste Theil der Stollenwand in feinen weissen Sand einschnitt.

An den Gehängen bildet gewöhnlich Lehm die Oberfläche; nur etwas westlich vom oben erwähnten Schacht wird er local durch einen lehmigen Sand mit Geröllbänken ersetzt, unter dem erst der Lehm in etwa 4 M. Mächtigkeit folgt, bis man auf den blauen Letten stösst. Reiner Thon scheint ebenfalls nur local an die Oberfläche zu treten, wie z. B. in den nördlichen Partien der auf der Karte eingetragenen Ablagerung. Im allgemeinen dürfte bei Ziegelhausen Sand mit Geröllen oder reiner lockerer Sand zu unterst liegen, darauf Thon und dann Lehm folgen.

Ob der Löss, der nur in der Nähe des Dorfes ansteht, sich auf ursprünglicher Lagerstätte befindet, oder etwa wie der Neuenheimer auf secundärer, liess sich nicht entscheiden. Im ersteren Fall würde der Thon wohl im wesentlichen mit dem an der Bergstrasse vorkommenden gleichalterig sein. Dem Lehm dürfte aber ein viel jüngeres Alter zukommen, da er höchst wahrscheinlich ein Ausschlemmungsproduct des Buntsandstein ist.

In der Kimmelbach bei Neckargemünd trifft man reinen Sand, sandigen Lehm und grünlichen bis blauschwarzen Letten, letzteren sehr reich an organischen Beimengungen, dicht neben einander, ohne sich bei den mangelhaften Aufschlüssen über die Lagerungsverhältnisse orientiren zu können. Die fetteren Lagen werden mit dem weiter unten zu er-

---

[1] Als „Leimen“ wird in der Gegend von Heidelberg ein Boden bezeichnet, der bald aus Lehm besteht, bald aus Löss, dessen Carbonate grösstentheils ausgelaugt sind, bald aus zersetzten Kalkgesteinen der Trias oder aus Gemengen der letzteren mit jenen. Der Leimen ist meist dunkler gefärbt als normaler Löss, der als „Löss“ oder als „Schneckenhäuslelehm“ bestimmt unterschieden wird.

wähnenden Hilsbacher Thon gemengt und zu nicht feuerfestem Geschirr verarbeitet.

„Im Sande“ bei Hirschhorn treten ebenfalls neben einander blauschwarze fette Letten und gelbe sandige Lehme auf, bedeckt von Sand, der wahrscheinlich aus dem rings umher dominirenden Buntsandstein entstanden und herabgeschwemmt ist. Die Gruben werden von den Hafnern nach der Ausbeutung sogleich wieder eingeebnet, so dass man sich kein Urtheil über Ausdehnung und Lagerung verschaffen kann.

An den übrigen oben erwähnten Punkten kommt vorzugsweise Lehm vor, der wohl noch hie und da zu Ziegeln verarbeitet wird, aber oft brüchige Steine liefert. Fettere Lagen benutzen auch bisweilen Hafner zu Oefen, wie z. B. bei Schlierbach. Die früher ziemlich ausgedehnten Gruben bei der Ersheimer Kirche waren in der letzten Zeit fast ganz auflässig. Diese Lehme scheinen meist Ausschlemmungsproducte des Buntsandstein zu sein, welche dann mit anderem Material gemischt zum Absatz gelangten.

Thone von Waldhilsbach und Nussloch.

Wenn wir die Thone von Waldhilsbach und Nussloch hier anschliessen, so geschieht es vorzugsweise wegen des mit den zuletzt genannten Ablagerungen verwandten Materials; für eine Altersbestimmung liegen keinerlei Momente vor. Es sind wahrscheinlich rein locale Bildungen, entstanden aus den thonigen Schichten des oberen Buntsandstein, welche an beiden Punkten noch in geringer Mächtigkeit vorhanden sind und früher jedenfalls in stärkerer Entwicklung vorhanden waren. Dass die Schieferthone des Röth Thon, die Sandsteinplatten Sand liefern können und zwar von ausgezeichneter Reinheit, wenn die Zersetzungsproducte einem Schlemmprocess unterworfen waren, ist nicht zu bezweifeln. Auffallend könnte nur die schneeweisse Farbe einzelner Lagen sein; diese ist augenscheinlich entstanden, indem organische Substanzen auf das den Röth färbende Eisenoxyd oder Eisenoxydhydrat reducirend wirkten, und lösliche Eisenoxydulverbindungen dann vollständig ausgelaugt wurden. Derartige Processe kann man noch heute an dem von Waldhilsbach nach Neckargemünd führenden Hauptweg auf das deutlichste verfolgen. Wo hier Bäume ihre Wurzeln in den Röth treiben, ist dieser in der Nähe der Wurzeln vollständig gebleicht, so dass die rothen Wände der Einschnitte von einem zierlichen weissen Geäder durchzogen werden. Auch bei Nussloch beobachtet man nicht selten entfärbte knollenförmige Partien mitten im normalen Röth.

Aus dem unten folgenden Profil ergibt sich, dass bei Hilsbach zwar auch, wie an der Bergstrasse und im Neckarthal, Thon und Sand zusammen vorkommen, aber sie treten nicht der Hauptmasse nach gesondert auf, sondern gemischt oder in mehrfachem Wechsel. Schon dadurch scheinen andere Bedingungen angezeigt, unter denen die Ablagerung stattfand.

Bei Waldhilsbach sind die Thone von nicht unerheblicher Mächtigkeit, ziemlich ausgedehnt und zu verschiedenen Zwecken verwendbar. Besonders werthvoll sind die weissen Lagen, welche ein vortreffliches Material zur Anfertigung feuerfester Thonwaaren liefern. Auch die weissen Sande sind technisch gut verwerthbar. Die dunkel gefärbten, unreineren Thone sind weniger geschätzt, werden aber mit ausgebeutet. Es findet daher ein regelmässiger Abbau statt und zwar nur im Winter, wenn die Feldarbeiten ruhen (besonders während der Monate December und Januar); im Sommer trifft man dann alle Gruben wieder eingeebnet. Um den Thon zu gewinnen, wird ein sogenannter Tonnenschacht angelegt (ein enger mit Tonnenreifen ausgekleideter Schacht), von dessen Sohle aus in die werthvolleren Lagen Strecken getrieben werden.

Die Mächtigkeit der einzelnen Schichten wechselt beträchtlich und oft schon in geringer Entfernung, so dass die Arbeiten nicht immer den gewünschten Erfolg liefern. Als mittlere Maasse wurden uns von den Arbeitern angegeben:

M.	
3.6—4,5	Lehm (Leimen)
1,2—1,5	Rother Letten
1,8—2,4	Rother magerer Boden mit Geröllen von Buntsandstein

M.

1.8—2,4 Gelber und weisser, mit Sand gemengter Thon
0,6—1.2 Thonschmitzen und Sand (Lupe der Arbeiter)
2,7—3,0 Weisser Thon, in den obersten Lagen grau[1]
0,3—0,6 Feiner weisser Quarzsand (Glassand der Arbeiter)
Grauer Kies.

Die gesperrt gedruckten Lagen sind die werthvollen.

Eine von Herrn A. Böhringer ausgeführte Analyse des weissen Töpferthon ergab folgende Zusammensetzung:

Kieselsäure	68.68
Thonerde	18.24
Eisenoxydul[2]	3.24
Kalk	0.86
Magnesia	0,81
Kali	1.10
Natron	1.14
Wasser	8.17
	102.24

Die bei Nussloch (südlich der vom Ort nach Baierthal führenden Strasse) über dem Röth vorkommenden weissen Thone sind von ganz untergeordneter Verbreitung und wenig mächtig. Hier erscheint es nach den Lagerungsverhältnissen als unzweifelhaft, dass ein locales Zersetzungsproduct des oberen Buntsandstein vorliegt, da der Thon noch am Orte seiner Entstehung liegt.

II. Alluvium.

Die jüngsten, vielfach noch unter unseren Augen entstehenden Bildungen werden gewöhnlich unter der Bezeichnung Alluvium zusammengefasst. Eine scharfe Grenze dieses Alluvium gegen das Diluvium besteht in sehr vielen Fällen

---

[1] Man theilte uns 1874 mit, dass 100 K° an der Bahnstation Bammenthal mit 75 Pf. bezahlt würden.

[2] Die Oxydationsstufe des Eisens ist nicht ermittelt worden; doch wird letzteres wohl grösstentheils als Eisenoxydulverbindung vorhanden und dieser Ansicht entsprechend in Rechnung zu ziehen sein.

nicht, und wenn eine solche angegeben werden kann, so ist es eben nur eine locale, für einen speciellen Fall und für ein beschränktes Gebiet gültige. Man ist daher auch vielfach davon abgegangen, von Diluvium und Alluvium im Sinne allgemein gültiger Formationsbezeichnungen zu sprechen, und hat die jüngeren Bildungen überhaupt zu einer Gesammtheit zusammengefasst, in welcher dann je nach den Verhältnissen mehr oder weniger Abschnitte unterschieden werden können.

Bei der Einzeichnung diluvialer und alluvialer Bildungen in geologische Karten verfährt man meist sehr inconsequent, allerdings mit Bewusstsein, insofern der Masstab der Karten in der Regel ein ganz bestimmtes Verfahren vorschreibt.

Wie wir gesehen haben, ist die grössere Zahl der diluvialen Bildungen von nur geringer Verbreitung: oder richtiger gesagt, die meisten derselben wechseln in ihrer petrographischen Beschaffenheit innerhalb wenig ausgedehnter Gebiete so schnell, dass ein vollständiges Eintragen in eine Karte nur dann möglich wird, wenn hinreichende Anhaltspunkte gegeben sind, um für eine grössere Anzahl verschieden ausgebildeter Ablagerungen gleichzeitige Entstehung anzunehmen. Aber gerade das Alter ist nach der Lagerung oft schwer festzustellen. Eine Ausnahme macht der Löss, dessen grosse Verbreitung in ganz gleich bleibender Beschaffenheit den Schluss gestattet, dass es sich bei ihm um eine gleichzeitige, unter gleichartigen Bedingungen entstandene Ablagerung handelt. Zudem ist seine Mächtigkeit auch meist so bedeutend, dass er das feste Gebirge vollständig verhüllt. Daher ist der Löss häufig auf Karten ausgeschieden, welche andere, für die Bildungsgeschichte des Landes kaum weniger wichtige diluviale Massen nicht zur Darstellung bringen.

Aehnlich ist man mit dem Alluvium verfahren. Auf den meisten Karten fallen in den Thälern, zumal längs den Flüssen, weiss gelassene Partien auf, welche die Verbreitung jüngster Bildungen anzeigen. Man würde jedoch sehr irren, wenn man meinte, alluviale Bildungen seien auf diese weissen Stellen der Karten beschränkt. Es hat nur hier ein leicht in die Augen fallendes Zusammenschwemmen stattgefunden, die Mächtigkeit pflegt eine bedeutende zu sein, und die Bildungen tragen ein bestimmtes, von den anstehenden Massen ihrer Umgebung verschiedenes Gepräge. Auf sie fand eben das Wort „Alluvium“ frühzeitig Anwendung.

Eine durchaus nicht unwichtige Classe alluvialer Bildungen unterscheidet sich von den eben genannten dadurch, dass dieselben an dem Orte ihrer Entstehung geblieben sind oder doch nur wenig von ihm entfernt wurden. Diese Verbindung mit dem Muttergestein, dem sie ihre Entstehung verdanken, bedingt die weniger auffallende Erscheinungsweise. Hierher gehören alle Verwitterungsproducte, der Acker- und Waldboden, soweit sie nicht angeschwemmt sind. Auch wir mussten bei dem kleinen Masstab unserer Karte davon absehen, diese recht mannigfaltigen Gebilde auszuzeichnen. Der Versuch hätte sicherlich ein sehr buntes, wenig übersichtliches Bild ergeben. Anstehendes festes Gestein würde nur in schmalen Streifen an steilen Böschungen und in kleinen freigelegten Partien zur Einzeichnung gekommen sein, wodurch wir einen der Hauptzwecke unserer Karte, eine Vorstellung des festen Gebirgsgerippes unserer Gegend zu geben, verfehlt haben würden. Karten in viel grösserem Masstab, wie man sie in neuerer Zeit in Norddeutschland benutzt hat, können allein eine geeignete Unterlage solcher Bodenkarten geben.

Wo auf unserer Karte Löss verzeichnet ist, steht durchaus nicht immer ein echter, dem petrographischen Begriff entsprechender Löss an. Die nahe an der Oberfläche liegenden Partien sind vielmehr durch Auslaugung eines Theiles ihres Kalks beraubt, sie gleichen oft einem etwas kalkigen Sand oder einem Lehm, organische Beimengungen bedingen eine dunkle Färbung — kurz es liegen lockere Massen ganz verschiedener Beschaffenheit vor, die gerade der einen charakteristischen Eigenschaft des Löss, der Gleichartigkeit entbehren. Die Wälder am Königstuhl stehen nicht etwa auf nacktem Buntsandstein, wie ihn die Karte anzeigt, sondern auf einem oft mehrere Meter tiefen Sandboden, dessen Entstehung aus dem festen Sandstein leicht festgestellt werden kann, der aber doch ein ganz anders geartetes Gebilde als dieser darstellt. Der obere Muschelkalk ist meist von einem festen, schweren, oft rothen oder braunen Lettenboden bedeckt, welcher in der Weise entstand, dass der Kalk aufgelöst wurde, der Thon zurückblieb und durch das in Oxyd umgewandelte Eisenoxydul seine Färbung erhielt. Weitere Beispiele lassen sich einer jeden auf unserer Karte angegebenen Formation entnehmen.

Was wir hervorheben möchten ist also, dass alluviale Bildungen nicht allein durch die an niedrig liegenden Punkten zusammengeschwemmten Massen verschiedenster Herkunft vertreten werden, sondern dass ihnen auch alle an Ort und Stelle gebliebenen Zersetzungsproducte zuzuzählen sind, welche unter dem Einfluss der Atmosphärilien sich bildeten und noch bilden. Ihre Natur wird übrigens unschwer sich dann folgern lassen, wenn das unterliegende Gestein nach seiner Zusammensetzung bekannt ist. Dies ist in unserem Gebiet stets der Fall, und darum ist der Mangel einer besonderen Bezeichnung der Oberflächenproducte auf der vorliegenden Karte kein allzu schwer ins Gewicht fallender Mangel.

Eine nur untergeordnete Rolle spielen bei uns einige andere Formen alluvialer Bildungen, deren Bedeutung in manchen Gegenden allerdings sehr gross ist: nämlich die Absätze aus Quellen und die wesentlich unter Mithülfe von Organismen zu Stande gekommenen Ablagerungen. Wir wollen über dieselben später noch einige Worte hinzufügen, nachdem wir die Alluvialbildungen der Thäler besprochen haben.

Alluvialbildungen der Thäler.

Die jüngsten Bildungen der Thäler bestehen entweder aus Fragmenten der in nächster Nähe anstehenden Gesteine oder aus ihren Zersetzungs- und Schlemmproducten, also aus Lehm (Thon) und Sand. Der früher wohl durchweg etwas höhere Wasserstand bedingte eine Ausbreitung dieser Massen auf beiden Seiten des jetzigen Flussbettes, so dass man kaum in einem Thal von irgend erheblicher Breite alluviale Massen vermissen wird. Ziemlich sichere Kennzeichen derselben sind ein ebener Grund und die Wiesen. Natürlich wechselt die Zusammensetzung ausserordentlich, so dass eine genaue Beschreibung jedes Thal einzeln in Betracht ziehen müsste. Sehr schwer ist in vielen Fällen die Unterscheidung gegenüber diluvialen Massen, die ja aus ganz denselben Quellen ihr Material bezogen.

So geringfügig auch die Wassermenge ist, welche unter normalen Umständen die das krystallinische Gebirge durchfliessenden Bäche führen, so transportiren sie doch bei Hochwasser Blöcke von sehr ansehnlichem Umfang. Die Grösse des Weges, welchen solche Blöcke zurücklegen, lässt sich am sichersten im Schriesheimer Thal erkennen. Es sind nämlich einzelne Gesteine auf dieses Bachgebiet beschränkt, andere von so charakteristischem Habitus, dass man sie mit Sicherheit auf ihren Ursprung zurückführen kann, ein günstiger Umstand, der sich in keinem anderen Thal in gleichem Grade findet. Zu diesen Gesteinen gehören viele Varietäten der Minetten, Diorite und Augitdiorite, das Olivin-Diallag-Gestein, Einlagerungen im Gneiss des Gerstenbergs, Porphyre und viele Schichten des Rothliegenden. Meist sind solche Blöcke, deren Transport beständig noch fortdauert, vom Anstehenden der Gesteine an bis ins Hügelland der Bergstrasse zu verfolgen, bald vereinzelt liegend, bald dichter zusammengedrängt. Zu eigentlichen Geröllanhäufungen, welche sich auf Karten mit kleinem Masstab ausscheiden lassen, kommt es nur selten. Zu den bedeutendsten gehört diejenige auf dem linken Ufer des Geisenbachs an seiner Mündung in den Kanzelbach, welch letzterer das Schriesheimer Thal durchfliesst. Die Gerölle haben sich hier zu einem stattlichen Hügel angehäuft, auf welchen man schon von weitem aufmerksam wird. Man kann an diesem Punkt leicht eine Sammlung aller im Flussgebiet vorkommenden Gesteine anlegen, und viele der vom Heidelberger Mineraliencomptoir in früherer Zeit versandten Stücke mit der Etiquette „Schriesheim“ stammen von dort.

Weniger auffallend, doch immerhin leicht zu bemerken, sind die Anhäufungen an dem anderen Seitenbache, welcher von Süden in das Hauptthal einmündet; ferner oberhalb und unterhalb des unmittelbar an der Schriesheim-Altenbacher Strasse anstehenden Olivin-Diallag-Gestein. Stets liegen sie auf der linken Seite der Bäche, wodurch letztere ihren Unterlauf allmählich gegen Osten vorgeschoben haben.

In den nördlichen Thälern machen sich die Schottermassen nicht so bemerkbar, doch sind sie auch hier vorhanden. Es sei nur auf jene dicht oberhalb Grossachsen am Bache auftretenden hingewiesen, ferner auf die schon oben erwähnten, welche Weschnitz und Grundelbach mit sich führen. Eine gewisse selbständige Rolle, so dass sie bei einer Aufnahme in grösserem Masstabe ausgeschieden werden können und müssen, spielen dann wieder Geröllanhäufungen im Laxbachthal, besonders in dessen oberem Theil. So liegt bei Oberschönmattenwaag in der Thalerweiterung ein isolirter Hügel, der sich wohl zwei Meter über das Niveau der Wiese erhebt und die Veranlassung ist, dass der kleine von Osten herkommende Bach seine Mündung in so auffallender Weise nach Süden verschoben hat.

Anderer Art und weniger in die Augen fallend sind die alluvialen Bildungen im Neckarthal, hauptsächlich wohl wegen des seit langer Zeit schon schwächeren Gefälles, zum Theil auch wegen der leichteren Zerstörbarkeit der transportirten Gesteine. Die meisten im Flussbett liegenden gerundeten Gerölle von Muschelkalk und Buntsandstein sind wahrscheinlich schon in der Diluvialzeit von ihrer ursprünglichen Lagerstätte gelöst. Jedes Hochwasser treibt sie natürlich weiter abwärts. Alluvial sind aber jedenfalls gewisse feine, kalkige Sande, welche unmittelbar am Ufer beginnen und sich an einzelnen Punkten, wie bei Eberbach, noch über den höchsten Wasserstand erheben. Beim Befeuchten mit Säure brausen sie bald schwach, bald lebhaft auf; doch ist die Kohlensäure-Entwicklung schneller beendigt als beim Löss, und vor allem findet kein so lebhaftes Aufschäumen wie bei diesem statt. Bruchstücke von Schneckenschalen sind häufig, wie es scheint Lössarten angehörig. Vollständig erhaltene Gehäuse wurden gar nicht beobachtet. Das Material entstammt wohl meist dem Löss, welcher zunächst den geschlemmten Sand und die Schneckenschalen lieferte, während von den Carbonaten und thonigen Bestandtheilen der grösste Theil fortgeführt wurde; daher die lockere, sandige Beschaffenheit. Allerlei im Fluss suspendirt gewesene Partikel organischer Substanzen wurden dann beigemengt. Solche Ablagerungen treten besonders hervor: auf dem linken Neckarufer bei Eberbach; oberhalb Hirschhorn an der Sectionsgrenze; unterhalb der Ersheimer Kirche bis gegenüber Hirschhorn; in der Gegend von Neckarhausen; unterhalb des Dilsbergs; ober- und unterhalb Neckargemünd; an der Mündung des Bärenthals oberhalb Ziegelhausen und bei Ziegelhausen selbst. Aus dem Umstand, dass es sich hier um Lössmaterial auf secundärer Lagerstätte handelt, und Reste von allerhand noch nicht ganz zersetzten Organismen beigemengt sind. darf gefolgert werden, dass die Entstehung dieser Uferbildungen in eine ganz junge Zeit fällt.

Die sanft ansteigenden Gehänge und der träge Lauf der Gewässer sind wohl die Ursache, dass auf dem Gebiet der Section Sinsheim die jüngsten Alluvionen sich nur wenig bemerkbar machen. Die ausgedehnten Wiesenflächen deuten jedoch ihr Vorhandensein auch hier an. Zwischen Mauer und Bammenthal hatten wir einmal Gelegenheit, die Erde zu untersuchen, welche aus dem Abzugsgraben einer Wiese herausgeworfen war. Sie bestand aus einem durch vermoderte Organismen braun gefärbten sandigen Lehm, welcher in Masse Schalen von *Bythinia tentaculata* und anderen noch jetzt in der Gegend lebenden Schnecken enthielt. Aehnlich, bald mehr sandig, bald mehr lehmig oder auch von kiesiger Beschaffenheit ist der Untergrund aller Wiesen unseres Gebiets. Local werden etwas mächtigere Ablagerungen von Wiesenlehm auch wohl technisch verwerthet, wenn anderes Material zur Ziegelbereitung nicht zur Verfügung steht. Zur Zeit der Kartenaufnahme war dies z. B. in der Gegend von Buchklingen der Fall.

Der Alluvialzeit gehört auch die Bildung der mancherlei Sand- und Blockanhäufungen am Fuss der Thalgehänge an, welche die Grenze des anstehenden Gebirges und das Thaldiluvium in der Regel verhüllen. Sandmassen werden noch jetzt bei jedem starken Regen, oft in sehr bedeutender

Menge, von den Bergen hinabgeschwemmt und machen z. B. bei Heidelberg fortdauernd Abfuhr nöthig. Ehe eine schützende und bindende Vegetationsdecke vorhanden war, lösten sich auch am Ausgehenden der Schichten, besonders an Steilgehängen, grosse Blöcke ab und lieferten das Material zur Bildung der sogen. Felsenmeere, deren mehrere von charakteristischem Gepräge im Neckarthal vorhanden sind. Können dieselben sich an Grossartigkeit auch nicht mit denen des Schwarzwaldes und besonders denen der Vogesen messen, so haben sie doch eine solche Ausdehnung und Mächtigkeit, dass sie mit vollem Recht als selbständige Ablagerungen angesehen werden müssen.

Absätze der Quellen.

Bäche mit hinreichendem Kalkgehalt, um Kalktuff abzusetzen, treten im Gebirgsland nur ausserordentlich selten auf; die hornblendereichen Gesteine, bei deren Zersetzung allerdings Carbonate entstehen müssen, liefern augenscheinlich dieselben nicht in hinreichender Menge. Die auf Kluftflächen im Quarzdiorit, Porphyr und Buntsandstein auftretenden Sinterabsätze entstammen grösstentheils nachweisbar dem überlagernden Löss, und wo der Nachweis nicht direct geliefert werden kann, ist doch eine gleiche Abstammung sehr wahrscheinlich. Der einzige Bach, aus welchem sich noch fortdauernd an Aesten, Blättern und Geröllen Kalktuff niederschlägt — zuweilen in 3—4 Centimeter dicken Krusten — durchfliesst den Lösszipfel, welcher oberhalb Lützelsachsen, südlich vom Geiersberg den Molkengrund hinaufzieht; er entnimmt also seine Carbonate wahrscheinlich auch dem Löss.

Häufiger trifft man Kalktuff im Hügelland, theils ebenfalls durch Auslaugung des dort so verbreiteten Löss entstanden, theils aus Gewässern abgeschieden, deren Quellen in Kalken und Mergeln der Trias liegen. Den ersteren Fall kann man an den meisten Steinbrüchen im Lössgebiet beobachten. Die Wände der Klüfte sind entweder nur mit einer Rinde von Sinter überzogen, oder es fand eine vollständige Ausfüllung statt, wobei oft Brocken des Gesteins zu einer festen Breccie cementirt wurden. Ausgezeichnete

Sandsteinbreccien haben sich z. B. in einem Bruche von Keuperwerkstein bei Meckesheim gebildet; Kalkbreccien kommen bei Mönchzell, Hoffenheim und an anderen Punkten sehr häufig im Muschelkalk vor. Dass in diesen Fällen auflagernder Löss die Sinterbildung veranlasste, ist besonders bei den Sandsteinen ersichtlich, welche gewöhnlich nicht einmal nachweisbare Spuren von Kalk enthalten.

Der andere Fall — die Auslaugung älteren Kalkgebirges — lässt sich sehr schön an den südlich von Wiesloch aus den Keupermergeln hervortretenden Quellen beobachten.[1] Am Keitelberg ist das Bett eines kleinen Baches fusstief mit verschieden geformten kleinen Knollen eines mürben, zerreiblichen, der schweizer Seekreide ähnlichen Kalkes erfüllt. Sie enthalten im Innern ein Stengelfragment, ein Blatt oder einen beliebigen anderen Körper, auf welchem die Abscheidung begann. Dieselbe Erscheinung zeigt ein Bach bei Dielheim.

Zusammenhängende Ablagerungen festen Kalksinters, und auch diese nur von geringer Ausdehnung, sind uns blos an einer Stelle unseres Gebiets etwas nördlich Hilsbach bekannt geworden. Dort tritt eine Quelle aus dem Keuperwerkstein zu Tage, welche auf eine Erstreckung von mehreren Metern traubige, knollige, hie und da oolithische Sintermassen abgeschieden hat. Die Möglichkeit, dass der Kalk auch hier aus dem Löss stamme, ist übrigens nicht ausgeschlossen.

Diese Tuffbildungen sind ganz verschwindend im Vergleich mit den unfern der Grenze unseres Kartengebiets zwischen Binau und Neckarelz abgelagerten. Dort treten Quellen aus dem Buntsandstein, deren Absätze eine bedeutende Mächtigkeit erreicht haben. Sie sind durch Strassen- und Eisenbahnbauten unter dem öfters genannten Schreckhof besonders gut aufgeschlossen, wurden dort auch gelegentlich ausgebeutet. Die vom Heidelberger Mineraliencomptoir mit der Etiquette Binau versandten Handstücke von Kalktuff stammen von dieser Localität. Es kommen sehr häufig Ein-

[1] Von der Hässel bei Wiesloch erwähnt schon Leonhard Kalktuff. Geognostische Skizze des Grossherzogthums Baden. Stuttgart 1861. 139.

schlüsse von Blättern und Schneckengehäusen vor, sämmtlich recenten Arten angehörig.

Wir sammelten bei Gelegenheit einiger flüchtigen Besuche:

Hyalina cellaria Müll.
Hyalina nitens Mich.
Hyalina nitida Müll.
Helix rotundata Müll.
Helix obvoluta Müll.
Helix fruticum Müll.
Helix rufescens Penn.
Helix rufescens Penn. var. subcarinata Cless.
Helix hispida L.
Helix ericetorum Müll.
Helix incarnata Müll.
Helix arbustorum L.
Helix sylvatica Drp.
Cionella lubrica Müll.
Succinea Pfeifferi Rossm.
Succinea oblonga Drp.

Besonders bemerkenswerth ist das Vorkommen von *H. sylvatica,* welche Art subfossil nur von wenigen Fundorten (z. B. von Cannstatt) erwähnt wird und auch an diesen nicht ganz unzweifelhaft zu sein scheint. Der vollkommene Erhaltungszustand des vorliegenden Exemplars lässt nicht daran zweifeln, dass die Schnecke in der Nachbarschaft gelebt hat. Für die vereinzelten Fundstätten in der badischen Rheinebene wird gewöhnlich eine Herabschwemmung aus dem Juragebirge angenommen,[1] eine Annahme, die nach unserem Funde vielleicht nicht mehr als nothwendig erscheint.

Ein anderes ausgezeichnetes Vorkommen von Kalksinter wurde vor mehreren Jahren bei Adelsheim gelegentlich des Eisenbahnbaues aufgeschlossen. Der Kalksinter liegt dort auf einem Torflager. Die beobachteten Konchylien — besonders *Planorbis* und *Limneus* — gehören ebenfalls nur lebenden Arten an.

---

[1] Vgl. z. B. Gysser: Die Molusken-Fauna Baden's. Heidelberg 1863. 16.

Andere als kalkige Ausscheidungen der Gewässer kommen auf unserem Gebiet nur in ganz untergeordneter Weise vor. In den Bächen tief gelegener Wiesen zeigen sich hie und da wohl flockige Massen von Eisenoxydhydrat; eine eigentliche Bildung von Raseneisenstein findet jedoch nirgends statt.

Etwaigen Anfängen einer Torfbildung wurde keine specielle Aufmerksamkeit gewidmet; auch lassen sich solche ohne Bohrversuche nur durch zufällige Aufschlüsse sicher constatiren. Doch mag immerhin erwähnt werden, dass wenig mächtige Ablagerungen torfartiger Massen im Thal von Unter-Flockenbach und auf dem Buntsandsteinplateau in der Gegend von Haag und Moosbrunn beobachtet wurden.

Rückblick.

Als das älteste Gebirge in unserer Gegend müssen wir die Reste krystallinischer Schiefer — Gneisse mit ihren Einlagerungen und Glimmerschiefer — ansehen, welche theils auf dem Gipfel nahezu der höchsten Berge, theils in abgerutschten Schollen von sehr wechselnden Dimensionen an den Thalgehängen liegen oder in Form kleiner Klippen aus dem Waldboden hervorragen. Das isolirte Auftreten gestattet nicht, eine Altersfolge unter ihren recht mannigfaltigen Schichten festzustellen; doch kann man annehmen, dass dieselben ursprünglich eine zusammenhängende und ziemlich mächtige Formation gebildet haben. Ihre Zerstückelung wurde nicht der Erosion allein zugeschrieben, sondern es wurde die Ansicht ausgesprochen, dass auch die Emporhebung des Granit mitgewirkt habe, den Zusammenhang zu lockern, und dass die grossen Schollen, wie z. B. die Leutershausener, mit dem ganzen Gebirgsrand gegen das Rheinthal zu gesunken seien.

Dass der mächtige Stock der massigen Gesteine jünger als die krystallinischen Schiefer ist, geht aus zwei Beobachtungen mit Sicherheit hervor: aus den Apophysen, welche der Granit in den Gneiss entsendet, und aus den kleinen, in den Granit keilförmig eingesenkten Gneisschollen. Trotz der stark von einander abweichenden Entwicklungsformen des Hauptmassivs, welches sich im wesentlichen aus hornblendefreien und hornblendeführenden Graniten, Syeniten und Dioriten zusammensetzt, liess sich keine Thatsache ermitteln, die für eine getrennte Eruption der verschiedenen petrographischen Typen spräche. Im Gegentheil deuten alle Beobachtungen darauf hin, dass wir es mit einer Entwicklungsperiode zu thun haben, ähnlich wie es neuerdings auch Lossen für die noch mannigfaltigeren Gesteine aus dem Brockengranit-Massiv im Harz angenommen hat. Dabei bedarf es keineswegs der Annahme, dass das ganze Material absolut gleichzeitig emporgehoben wurde, sondern es haben wahrscheinlich wiederholt Nachschübe stattgefunden, bevor die älteren Massen vollständig erstarrt waren. Wie man sich etwa den Vorgang denken kann, wurde oben auseinandergesetzt.

Unter den zahlreichen gangförmigen Gebirgsgliedern liessen sich zunächst diejenigen ausscheiden, welche sicher wässriger Entstehung sind, wie Schwerspath-, Quarzit- und Erzgänge. Aber auch die übrigen scheinen trotz der Uebereinstimmung in vielfacher Beziehung verschiedenartiger Bildung zu sein. Während ein Theil — besonders unter den Graniten — wohl nahezu gleichzeitig mit der Hauptgebirgsmasse entstanden ist, und jedenfalls nicht nach deren vollständiger Erhärtung, repräsentiren andere entschieden spätere und durchaus selbständige Eruptionen: das Material erfüllte Spalten, als das Nebengestein schon seinen jetzigen petrographischen Habitus erhalten hatte. Hierher rechnen wir alle scharf abgegrenzten, ihrem mineralogischen Bestande nach stark vom Nebengestein abweichenden Gangmassen, wie die Diorite, das Olivin-Diallag-Gestein, die Minetten. Die zuweilen sehr vollkommen plattenförmige Absonderung und die dichtere Structur am Salband weisen auch die Ganggranite von Grossachsen (Granitporphyre) dieser Gruppe zu. Der Versuch einer Altersbestimmung konnte nur bei der Minette gemacht werden, deren Eruption sich etwa gegen das Ende der Dyasperiode annehmen lässt. Wiederum andere Ganggesteine — eruptiven, echten Graniten oft zum Verwechseln ähnlich — sind augenscheinlich Ausscheidungen wässriger Solutionen, welche ihr Material dem Nebengestein entzogen haben und daher auch letzterem ähnliche Mineralaggregate wieder absetzten. Doch lassen sie sich nicht immer mit wünschenswerther Sicherheit unterscheiden, und sie wurden daher nicht scharf von den übrigen Gängen getrennt. Besonders schwierig ist die Entscheidung, welcher Gruppe man die grobkörnigen Muscovitgranite, Schriftgranite und feldspathreichen Gänge zutheilen soll.

Erze und überhaupt nutzbare Mineralien birgt der Odenwald nicht in irgendwie nennenswerther Art.

Paläozoische Ablagerungen fehlen bis zur Dyas vollständig. Vorher muss der Odenwald längere Zeit hindurch Festland gewesen sein, so dass die Erosion mächtig einwirken konnte; denn die ältesten Schichten der Dyas ruhen auf einer sehr unebenen Oberfläche und enthalten reichlich Grus granitischer Gesteine. Trotzdem lässt sich kaum annehmen, dass erst zur Dyaszeit der Odenwald unter die Meeresfläche tauchte. Es wird dies schon früher gleichzeitig mit den benachbarten Gebieten, in denen Carbon vertreten ist, der Fall gewesen sein. Da alle Beobachtungen ganz entschieden dafür sprechen, dass die zuletzt genannte Formation bei uns nicht vorhanden ist, so müssen wir dies localen Ursachen zuschreiben, eine Annahme, welche um so wahrscheinlicher wird, als überhaupt in Südwest-Deutschland die carbonische Formation stets nur in isolirten Becken von geringer Ausdehnung zur Ablagerung gelangte.

Die Dyaszeit muss bei uns, wie in vielen anderen Gegenden, mit sehr gewaltsamen Erscheinungen — wahrscheinlich eine unmittelbare Folge von Eruptionen massiger Porphyre — eingeleitet worden sein. Dafür sprechen die Breccien, Conglomerate und Arkosen, welche die Unterlage der ganzen Formation bilden. Das kaum Gebildete ist vielfach wieder zerstört worden und hat das Material zu neuen Schichten geliefert. Vom älteren Porphyr sind z. B. nur noch so geringe anstehende Reste erhalten geblieben, dass wir dessen petrographische Eigenschaften vorzugsweise an den in jüngeren Schichten vorkommenden Bruchstücken studiren müssen. Ihre Menge und Mannigfaltigkeit nöthigt aber zu der Annahme, dass der ältere Porphyr eine wichtige Rolle gespielt habe und in gewaltigen Massen emporgedrungen sei.

Zunächst folgte eine Zeit verhältnissmässiger Ruhe,

indem das mittlere Rothliegende durch Tuffe von sehr gleichartiger Beschaffenheit charakterisirt ist. Das Material, aus welchem die Tuffe bestehen, ist wahrscheinlich in Form schlammartiger Massen ausgeworfen und nach der schichtenförmigen Ausbreitung durch kieselsäurereiche Lösungen verfestigt worden. Nicht ohne Interesse ist die Beobachtung, dass die tieferen Lagen des Rothliegenden östlich und westlich vom Feuersteinbuckel, welcher noch jetzt mit seinen Ausläufern eine Wasserscheide scharf markirt, von ganz verschiedener Entwicklung sind. Man kann daraus schliessen, dass hier schon in jener alten Zeit eine Barriere vorhanden war, welche der Ausbreitung des Materials eine Schranke setzte.

Zur Zeit der jüngsten und mächtigsten der drei unterschiedenen Abtheilungen herrschten wohl wieder stürmisch bewegte Gewässer; denn sonst würden sich die gewaltigen Geröllmassen aller älteren Sedimente und mancher krystallinischen Gesteine, die in den Tuffen aufgespeichert liegen, schwer erklären lassen.

Erst gegen das Ende des Rothliegenden traten von neuem Eruptionen massiger Gesteine ein: der jüngere Porphyr breitete sich deckenförmig aus, nur von schwachen Sandsteinen überlagert, welche als Grenzschicht gegen die Trias vielleicht mit gleichem Recht zu letzterer gezählt werden könnten.

Die vier isolirten Kuppen des Wagenberg-Porphyr stehen in keiner Beziehung zu irgend welchen Sedimenten; es lässt sich daher nur vermuthen, dass er ebenfalls dyadischen Alters ist.

Obwohl sich bei unserem Rothliegenden eine Reihe von Abtheilungen scharf gegen einander abgrenzen liessen, so verhindert doch das Fehlen jeglicher organischen Reste eine Parallelisirung mit den Ablagerungen anderer Gegenden. Auch mag noch erwähnt werden, dass die in hohem Grade unebene Unterlage eine ausserordentlich wechselnde Mächtigkeit bedingte, welche entschieden späteren Abtragungen nicht allein zugeschrieben werden kann.

Viel stärker haben diese augenscheinlich auf den nächst folgenden Zechstein gewirkt, von dem nur noch geringfügige

Reste vorhanden sind. Die Vertheilung derselben, die Aehnlichkeit der organischen Einschlüsse und der Gesteine selbst entfernter Vorkommnisse — Heidelberg, Waldmichelbach — rechtfertigen die Annahme einer ursprünglich zusammenhängenden Bedeckung, während andererseits wieder die Verschiedenheit einzelner Lagen — Dolomit, Eisenkiesel, Thon — auf eine sehr viel grössere Mächtigkeit deutet, als jetzt vorliegt.

Irgend eine Discordanz zwischen dyadischen und triadischen Bildungen, welche auf eine merkliche Störung in der Lagerung der ersteren hinweist, ist nicht beobachtet worden. Buntsandstein scheint ganz regelmässig auf den Dolomit des Zechstein oder, wo dieser fehlt, auf Rothliegendes zu folgen. Erscheinungen wie die unmittelbare Auflagerung von Buntsandstein auf Rothliegendem können übrigens local auch wohl Folge späterer Rutschungen und Ueberschiebungen an den Gehängen sein. Unter keinen Umständen scheint es geboten, in unserem beschränkten Gebiete grössere Niveauveränderungen nach Abschluss des Rothliegenden ohne ganz evidente Anzeichen derselben durch die Lagerungsverhältnisse anzunehmen, so lange in dem benachbarten, an guten Aufschlüssen weit reicheren Gebiete des Schwarzwaldes und der Vogesen concordante Lagerung im ganzen und grossen angenommen wird.

Wenn nun auch keine gewaltsamen Störungen nach der Bildung des Rothliegenden eintraten, so fand doch unzweifelhaft mit dem Beginn der Triaszeit eine langsame Senkung sehr ausgedehnter Areale statt, in Folge deren der Buntsandstein übergreifend gelagert wurde und stellenweise unmittelbar mit dem krystallinischen Grundgebirge in Berührung trat. Natürlich wird bei einer solchen Senkung die Dyas nicht eine absolut horizontale Lagerung behalten haben. Wenn wir daher von Concordanz sprechen, so meinen wir damit eine Lagerung, bei der für die wenig ausgedehnten, jedesmal zu übersehenden Aufschlüsse Parallelismus der Schichtungsflächen zweier auf einander folgenden Gesteinscomplexe zu bestehen scheint. Absolute Concordanz wird überhaupt niemals vorkommen.

Die Trias gliedert sich in derselben Weise, wie in den benachbarten Gebieten. Ein genauerer Vergleich einzelner Gruppen und Horizonte lässt erkennen, dass bald nach der einen, bald nach der anderen Seite hin sich Beziehungen zeigen, wie das bei der geographischen Lage des Odenwaldes zwischen Franken, Schwaben und den linksrheinischen Gebieten natürlich erscheint. Wir haben das wesentlichste in dieser Beziehung früher hervorgehoben. Besondere, die ganze Formation oder auch nur eine der drei grossen Abtheilungen derselben bezeichnende Eigenthümlichkeiten bestehen in der weiteren Umgebung von Heidelberg nicht. Unsere Trias erscheint als ein — wenn der Ausdruck gestattet ist — normales Beispiel der ausseralpinen Entwicklungsform.

Was über die Art der Auflagerung von Trias auf Dyas gesagt wurde, gilt auch für das Verhältniss der Lagerungsform zwischen Trias und Jura. Gleichartig und ohne bemerkbare Discontinuität liegt die unterste Kalkbank mit *Ammonites planorbis* auf den obersten Rhätischen Thonen. Gleichzeitig folgen alle anderen jurassischen Schichten bis zu den jüngsten bei uns beobachteten, den Sandsteinen mit *Ammonites Murchisonae*.

Mögen auch, wie wir oben andeuteten, noch etwas jüngere Schichten des braunen Jura in der Gegend von Langenbrücken abgelagert und später weggeschwemmt worden sein, so hat doch mit der Zeit des mittleren braunen Jura die grosse, für das ganze südwestliche Deutschland so charakteristische Unterbrechung in der Sedimentbildung begonnen, welche erst in der Tertiärzeit ihr Ende erreicht.

Deffner und Fraas haben zuerst darauf aufmerksam gemacht, dass die scheinbar so regelmässig muldenförmige Anordnung der Schichten zwischen Odenwald und Schwarzwald bei einer genaueren Untersuchung mancherlei Abweichungen zeigt, indem sie die von Ubstatt nach Oestringen am südöstlichen Rande der Langenbrückener Juraablagerung verlaufende Spalte nachwiesen. Die genannten Forscher liessen es jedoch unentschieden, ob sich der ganze Schichtenzug von den Höhen des Odenwaldes an bis zur Juraspalte gleichmässig neige, oder ob derselbe durch Verwerfungen und Treppen charakterisirt sei. Ersteres Verhalten wurde jedoch für wahrscheinlicher gehalten. Mit sehr richtigem Tacte wurde scharf getrennt zwischen der eben genannten Südwest—Nordost gerichteten Spalte und anderen, welche sich unmittelbar am Rande der Rheinebene dieser parallel hinziehen. Speciell hervorgehoben wurde jene, die den Muschelkalk von Leimen gegen den Buntsandstein des Königstuhls geworfen hat und eine andere, welche die kleine Kuppe von oberem Keupersandstein am Dämelwald in gleiche Höhe mit dem Nodosuskalk am nördlichen Ausgang von Wiesloch brachte.

Es erscheint uns zweckmässig, hier die gelegentlich früher schon erwähnten Dislocationen noch einmal im Zusammenhang zu betrachten, da die zerstreuten Angaben einen Ueberblick erschweren.

Wir unterscheiden nach unseren Aufnahmen drei Systeme von Spalten:

1. in der Nähe des Rheinthals liegende und diesem der Hauptsache nach parallel verlaufende
2. die Richtung Südwest—Nordost einhaltende, welche durch das ganze Gebiet verfolgt werden können
3. von Südost nach Nordwest gerichtete, welche die vorigen rechtwinklig kreuzen.

Die den beiden letzteren Systemen angehörigen bilden mit der Hauptrichtung des Rheinthals in unserer Gegend einen nicht unbedeutenden Winkel, eine Thatsache, auf die Gewicht zu legen ist.

Ehe wir zur Besprechung der unter 1. zusammengefassten Erscheinungen übergehen, möchten wir über das Wesen der oft genannten Rheinspalte ein Wort vorausschicken. Zunächst handelt es sich hier nicht etwa um eine einzige lang fortlaufende Spalte, sondern um ein ganzes System aneinander gereihter Spaltenzüge, die ungefähr SSW—NNO streichen, ohne im einzelnen genau die gleiche Richtung einzuhalten. Der dem Rheinthal zugewandte Rand der Gebirge verläuft durchaus nicht in einer geraden Linie, sondern zeigt vielfach zackenartige Einsprünge, welche durch rechtwinklig gegen die Hauptrichtung gestellte Verwerfungen hervorgebracht werden. Auch setzen aus den Winkeln solcher Einsprünge wieder Spalten ins Gebirge hinein und lassen sich in demselben auf weite Erstreckung verfolgen. Diese Erscheinung zeigt sich z. B. in den Vogesen westlich von Strassburg, wo eine Spalte aus dem Hügelland zwischen Molsheim und Zabern in das obere Breuschthal und weiter südlich sogar auf die Westseite der Vogesen zu treten scheint.

Wir möchten also ganz besonders hervorheben, dass es sich bei dieser sogenannten Rheinthalspalte um sehr complicirte Vorgänge handelt, und dass die Bildung der Thalstrecken etwa oberhalb und unterhalb Strassburg wahrscheinlich nach ganz verschiedenen Gesichtspunkten zu beurtheilen ist. Es würde ein grosser Irrthum sein anzunehmen, die gewaltige Lücke zwischen Schwarzwald und Odenwald einerseits, Vogesen und Hardt andererseits sei durch eine grosse Katastrophe entstanden; sehr mannigfaltige Wirkungen mussten nach einander thätig sein, um das zu Stande zu bringen, was uns jetzt als einheitliche Schöpfung erscheint. So können denn auch die zunächst anzuführenden Verwerfungen nur in Beziehung gesetzt werden zur Bildung desjenigen Theils vom Rheinthal, welcher an der Grenze unseres Gebiets liegt. Eine Zusammenfassung aller am Rande des Gebirges liegenden Verwerfungen im ganzen Rheinthal könnte zu unrichtigen Schlüssen führen.

Die Bildung des letzteren — man mag sich dieselbe denken, wie man will — muss zur Folge gehabt haben, dass einzelne Partien der am Rande entweder stehen gebliebenen oder gehobenen respective gesunkenen Gebirgsmassen losgelöst und ausser Zusammenhang mit dem nach Osten und Westen sich erstreckenden Gebirge gebracht wurden. In der That findet man sowohl auf der rechten, wie auf der linken Rheinseite solche losgerissene Schollen mit den verschiedensten, zuweilen sehr auffallenden Neigungen: sie senken sich bald gegen das Rheinthal, bald von demselben ab gegen das Gebirge. Mitunter ist es auch nicht zu einer an der Oberfläche sichtbaren Zerreissung des Gebirges gekommen, sondern die Schichten neigen sich nur auffallend nach dem Rheinthal hin. Der eigentliche Abbruch liegt dann erst in der Tiefe, durch auflagernde jüngere Sedimente dem Auge entzogen.

Aus der Gegend nördlich von Heidelberg haben wir solche Schollen schon oben namhaft gemacht. Es sind die S. 316 aufgezählten Vorkommnisse von Buntsandstein, welche an mehreren Punkten eine hinreichende Ausdehnung besitzen, um Abbau zu gestatten. Sie haben natürlich ursprünglich mit der Hauptmasse auf der Höhe des Gebirges in Zusammenhang gestanden.

Eine kleine gesunkene Partie steht auch am unteren Gehänge des Heiligenbergs an, nämlich am Philosophenweg in der Richtung gegen Neuenheim. Die Cultur lässt zwar die Verhältnisse nicht genau übersehen; doch zeigen hie und da hervortretende Gesteinsklippen, dass das Einfallen durchaus nicht dem der Schichten des eigentlichen Heiligenbergs entspricht.

Als Muster von Bildungen dieser Art kann der Geisberg mit dem sich südlich anschliessenden Rücken gelten. Eine Spalte läuft das Klingenthal bei Heidelberg hinauf nach dem sogenannten Sprung, von da nach Speyerershof, am Bierhälterhof vorbei nach den Mühlen oberhalb Rohrbach und bei Leimen, um schliesslich halbwegs zwischen diesem Orte und Nussloch in die Rheinebene zu treten. Schon aus der Configuration der Oberfläche kann man den Verlauf der Spalte folgern, zumal wenn man von der Ebene zwischen Heidelberg und Kirchheim, also von einem entfernten Standpunkt aus das Gebirge betrachtet. Es verschwinden dann die Unregelmässigkeiten im kleinen, und man nimmt nur einen staffelförmigen Absatz wahr. Der westliche Steilabfall von den drei Eichen, dem Goosberg und Häuselsberg gehört dem stehen gebliebenen Haupttheil des Gebirges an, welcher sich in sanfter Abdachung vom Königstuhl nach Nussloch zieht und ganz aus Buntsandstein besteht. An letzteren stossen — nur wenig über die Rheinebene erhaben — die kleine Keuperpartie zwischen Nussloch und Leimen, der diese unterlagernde Muschelkalk von Rohrbach, endlich der Buntsandstein des Geisbergs.

Der Steinbruch an der Kanzel bei Heidelberg liegt im Hauptbuntsandstein; gegenüber an der stehen gebliebenen

Partie unter der Molkenkur (Friesenweg u. s. w.) trifft man in gleicher Höhe auf unteren Buntsandstein. Auf dem Rücken des Geisbergs wurde Carneol gefunden, dessen Vorkommen oberen Buntsandstein andeutet; sucht man am Königstuhl die Schichten gleichen Niveaus auf, so erweisen sich diese als Hauptbuntsandstein. Es stellt also die Geisbergscholle eine regelmässige Aufeinanderfolge der ganzen Schichtenreihe dar, welche man auf der Strecke Königstuhl—Wiesloch oder Königstuhl—Meckesheim beobachten kann. Dem stärkeren Einfallen dieser Scholle ist es zuzuschreiben, dass man den ihr angehörenden Keuper schon vor Nussloch trifft, während die gleichaltrigen Schichten des Hauptgebirges erst weiter südlich auf dem Rücken des Keitelbergs bei Wiesloch zu Tage treten.

Sehr unregelmässig ist die Lagerung an der Hässel bei Wiesloch, wo früher der Bergbau stattfand. Vom Ludwigsberg scheint eine Verwerfung in südlicher Richtung nach der Mühle zwischen Wiesloch und Altwiesloch zu laufen. Jedenfalls stösst der untere Muschelkalk auf grössere Erstreckung an den oberen, statt ihn zu unterlagern. In dem losgelösten Streifen herrscht sehr unregelmässiges, zum Theil steiles Fallen. Eine zweite Verwerfung muss der genannten etwa parallel in der Richtung der Nussloch—Wieslocher Chaussee laufen, da zwischen Dämelwald und Bohne oberster Keuper ansteht, welcher ein gleiches Niveau mit dem unmittelbar östlich gelegenen oberen Muschelkalk einnimmt. Man könnte versucht sein, in diesem obersten Keuper der Bohne eine Fortsetzung der Geisbergscholle zu sehen, aber die Entfernung ist zu gross, als dass bei dem herrschenden Einfallen an einen solchen Zusammenhang zu denken wäre. Unzweifelhaft hängen diese Spalten mit der Bildung des Rheinthals zusammen; doch treffen sich gerade bei Wiesloch Spalten verschiedener Systeme, so dass die Beurtheilung der Lagerung in dieser Gegend eine besonders schwierige ist.

Es sind ferner hier die Verhältnisse der Langenbrückener Juraablagerung am Rande des Rheinthals anzuschliessen. Die äussersten, gegen Westen anstehenden Schichten brechen theils scharf ab, theils sinken sie steil in die Tiefe und entziehen sich unter einer Bedeckung jüngerer Massen vollständig der Beobachtung. Eine Combination der Wirkung des gleich zu besprechenden zweiten Spaltensystems mit der Rheinthalspalte macht die Lagerung auch an anderen Punkten ähnlich verworren, wie bei Wiesloch. Aus dem Gebiet des Rosenbergwaldes zwischen Stettfeld und Ubstatt hat Fraas bereits ein Profil gegeben, welches das steile Einfallen deutlich zur Anschauung bringt. An und für sich würde eine von Südwest nach Nordost verlaufende Spalte allein keine solche Wirkung gehabt haben; es musste der Bruch am Rheinthal hinzukommen, um eine solche Stellung der Schichten zu ermöglichen.

Wenden wir uns nun zur Betrachtung der hauptsächlichsten Südwest Nordost streichenden Verwerfungen. Dieselben laufen einander auffallend parallel und zerlegen unser Gebiet in eine Anzahl relativ schmaler Streifen. Wir beginnen im Südosten. Die erste auffallende Störung (von den unbedeutenden wollen wir überhaupt absehen) folgt einer Richtung, welche etwa durch die Linie Elsenz—Steinsfurth bezeichnet wird. Wir wollen die Verwerfung nach dem grössten Orte, den sie berührt, „Hilsbacher Verwerfung“ nennen. Am meisten fällt die durch letztere hervorgerufene Verschiebung der Schichten am Steinsberg auf. An den letzten Häusern von Weiler (auf der Südost-Seite des Berges) steht noch der Schilfsandstein an, welcher regelmässig rings um den Berg zu Tage tritt und eine Kuppe von rothen Mergeln trägt. Unter dem Schilfsandstein liegen am Wege nach Ittlingen normal untere Keupermergel. Aus diesen gelangt man ganz unvermittelt in unteren Keuper (Lettenkohle) und (in den Steinbrüchen gegen Reyhen) in oberen Muschelkalk. Der Augenschein lehrt, dass hier Bildungen von verschiedenem Alter ein gleiches Niveau einnehmen. Die südöstliche Partie ist die relativ höher liegende. Wahrscheinlich ist eine Verwerfung, deren auffallende Wirkungen sich am Hohberg zwischen Rohrbach und Waibstadt, dann bei Waibstadt selbst zeigen, und die wir nach letzterem Orte als „Waibstadter Verwerfung“ bezeichnen wollen, die Fortsetzung der oben besprochenen. Von Steinsfurth bis nach dem Hohberg bildet oberer Muschelkalk einen gegen Westen gekehrten Absturz, an dessen Fuss untere Mergel des mittleren Keuper liegen. Zwischen dem Brackenwald und der Sinsheim—Waibstadter Chaussee steht auf der Höhe aus dem Löss herausragend Trochitenkalk an, während tiefer an der Strasse ein kleiner Steinbruch Nodosuskalk aufschliesst. Unmittelbar nördlich von Waibstadt baut man in ausgedehnten Brüchen oberen Buntsandstein ab, unmittelbar daneben gegen Neidenstein trifft man oberen Muschelkalk. Genau wie wir es oben geschildert haben, ist also auch hier der nach Osten liegende Theil der gehobene.

Wie ein Blick auf die Karte lehrt, bestehen die höchsten Erhebungen des südöstlichen Theiles unseres Gebiets — der Steinsberg, der Eichelberg und der Kreuzberg — aus oberen Keupermergeln und Sandsteinen. Bei einer normalen Lagerung mit dem im ganzen und grossen herrschenden südöstlichen Einfallen könnte nicht ein und dieselbe Formationsabtheilung auf so weite Erstreckung mit so geringen Niveau-Unterschieden zu Tage treten. In der That läuft auch eine Verwerfung zwischen Steinsberg und Kreuzberg einerseits und Eichelberg andererseits.

Da durch dieselbe mehrfach bunte Mergel wieder gegen bunte Mergel geschoben sind, so ist diese Spalte nur schwer zu verfolgen. Günstige Aufschlüsse trifft man westlich von Weiler „In den Helden“, dann an der von Elsenz nach Tiefenbach führenden Poststrasse. Hier kommt der Werkstein zum Vorschein und erleichtert die Orientirung. Er liegt stets südöstlich von der Spalte höher, so dass also hier, wie an der Hilsbacher Verwerfung der nordwestliche Streifen der gesunkene ist. Verlängert man die durch die genannten Beobachtungspunkte gelegte Linie nach Nordosten, so trifft dieselbe auf Rohrbach (bei Sinsheim) und zugleich auf die Hilsbacher, eventuell also auch auf die Waibstadter Spalte. Es ist zu beachten, dass da, wo die beiden Spalten sich scharen, das Elsenzthal auffallend breit wird, eine Erscheinung, die in dem Zusammentreffen mehrerer Spalten und in der dadurch bedingten grösseren Verschiebbarkeit der Gebirgsmassen eine natürliche Erklärung findet.

Es bleibt uns nun noch die am frühesten erkannte und in der That auch durch die so eigenthümlich isolirt auftretenden Liasbildungen von Langenbrücken besonders augenfällige Verwerfung übrig, welche bei Ubstatt beginnend bis an das Buntsandsteingebiet in der Gegend von Spechbach zu verfolgen ist. Wir haben dieselbe schon früher als Oestringen—Eschelbacher Spalte bezeichnet. Ihr Verlauf von Ubstatt bis Oestringen tritt schon bei einem flüchtigen Blick auf die Karte so deutlich hervor, dass eine weitere Erläuterung nicht nöthig ist. Auch haben wir auf die Niveau-Differenzen zwischen den verschiedenen Aufschlüssen des Rhätischen Sandstein und auf das mitunter sehr steile Einfallen der Schichten schon hingewiesen, als wir die Verbreitung der Formationen besprachen. Zwischen Oestringen und Eichtersheim hat man unmittelbar an der Strasse rechts den Werkstein, links den oberen bunten Mergel anstehend und zwar neben einander gelagert, so dass hier der weitere Verlauf der Spalte genau bezeichnet ist. Sehr schön sind auch die Lagerungsverhältnisse bei Eschelbach im sogenannten Kirchengrund zu erkennen. Ganz unten in dem Thälchen steht Keuperwerkstein an, über demselben oberer bunter Mergel. Oestlich Eschelbach liegt derselbe Keuperwerkstein hoch oben „In den Steinhälden“, durch Steinbruchbetrieb aufgeschlossen. Am schärfsten prägt sich die Niveauveränderung wohl bei Zuzenhausen aus, wo man auf oberem Muschelkalk des Himelbergs stehend auf den unteren Keupermergel am Schloss hinabschaut. Die hohe Lage des Trochitenkalk zwischen Zuzenhausen und Eschelbronn im Vergleich mit dem tiefer liegenden Nodosuskalk und der Lettenkohle des Blösenbergs und Brändelswaldes bezeichnet den weiteren Verlauf der Spalte, die schliesslich zwischen Eschelbronn und Spechbach an den Buntsandstein hinantritt. Bei der unteren Mühle hat man gegen Epfenbach oberen Buntsandstein, gegen Spechbach Muschelkalk, beide in gleichem Niveau liegend. Uebrigens treffen unmittelbar nördlich von Eschelbronn eine ganze Zahl verschieden streichender Verwerfungen zusammen, so dass sich nicht deutlich sehen lässt, welche Spalte als Fortsetzung der Hauptspalte zu bezeichnen ist. Es liegt hier ein förmliches kleines Einsturzgebiet vor, welches auf der Karte nur unvollkommen dargestellt werden konnte. Dass die Spalte sich gegen Waldwimmersbach in den Buntsandstein fortsetzt, folgt unzweifelhaft aus der zum Biddersbacher Hof hinaufziehenden Muschelkalkzunge einerseits, andererseits aus dem Vorspringen des Buntsandstein bis beinahe nach Eschelbronn. Eine solche Lagerung ist die nothwendige Folge der längs der ganzen Spalte von Ubstadt an beobachteten Hebung des südöstlichen Theils.

Bemerkenswerth ist, dass die Verschiebungen der einzelnen Streifen gegen einander immer in demselben Sinne erfolgten. Der jedesmal gegen Südosten gelegene ist der relativ höhere, so dass also ein ausgezeichnet staffelförmiger Aufbau stattfindet.

Die dritte Gruppe von Störungen, nämlich die Nordwest-Südost verlaufenden Spalten sind geringer an Zahl und schwerer zu verfolgen. Sie mögen auch im Vergleich mit den eben besprochenen mehr secundärer Natur sein. Die Gegend zwischen Wiesloch und Langenbrücken nimmt hier ebenfalls die Aufmerksamkeit in erster Linie in Anspruch, indem die Liasablagerungen mit ihrer nächsten Unterlage nicht nur, wie geschildert, gegen Südost, sondern auch gegen Nordost von dem übrigen Gebirge losgelöst sind. Der Verlauf des Angelbachthals bezeichnet diese zweite Trennungslinie. Die regelmässige Reihenfolge der Schichten, welche man von der Hässel bei Wiesloch bis hinauf nach dem Melsbacher Buckel zwischen Rauenberg und Dielsheim beobachtet, findet ihre Fortsetzung nicht auf der gerade gegenüber liegenden Thalseite, sondern erst um ein ziemliches Stück südlicher. Mit der Hässel correspondirt der Gänsberg u. s. w., wie man auf der Karte leicht erkennen kann, da bei der in dieser Gegend fehlenden Lössbedeckung die Farben der älteren Sedimente in längeren Zügen hervortreten. Dass es sich hier um eine wirkliche Trennung, nicht nur um Biegung der Schichten handelt, beweist auch die Lagerung weiter aufwärts im Angelbachthal. So trifft man unten im Dorfe Mühlhausen Rhätischen Sandstein, dessen Fortsetzung beträchtlich höher oben im Schlehbergwald liegt. Das Verhalten des Keuperwerkstein zu beiden

Seiten der von Waldangeloch nach Eichelberg führenden Strasse scheint zu beweisen, dass hier die Verwerfung bereits ihr Ende erreicht hat.

Sehr wahrscheinlich verlaufen Störungen ähnlicher Art im Elsenz- und im Schwarzbachthal. Die directe Beobachtung ist aber hier durch die ausgedehnten Lössmassen sehr erschwert. Treten die Schichten der Trias einmal zu Tage, so sind die Aufschlüsse meist nicht hinreichend, um ein sicheres Urtheil über die Lagerungsverhältnisse zu gestatten. Ganz besonders im Muschelkalk, welcher beinahe in jedem Steinbruch Biegungen und Knickungen zeigt, darf aus dem localen Verhalten nur mit grosser Vorsicht auf die Lagerung im allgemeinen geschlossen werden. Auffallend wäre es, wenn Auswaschung allein dem scharf in die Augen springenden parallelen Verlauf des Angelbachthals mit den Nordost auf dasselbe folgenden Thälern zu Grunde läge. Man vergleiche den Unterlauf des Leimbachthals von Dielheim bis Wiesloch, das Angelbachthal von Baierthal bis zur Diebsbrücke und das die unmittelbare Fortsetzung desselben bildende obere Leimbachthal, das Elsenzthal von Mauer bis zur Grenze unseres Gebiets, endlich das Schwarzbachthal von Eschelbronn bis Waibstadt.

Wesentlich für die Beurtheilung der Bedeutung dieser verschiedenen Spaltensysteme wird eine genaue Untersuchung des ganzen Buntsandsteingebiets zwischen Odenwald und Spessart sein. Dass unsere Südwest—Nordost streichenden Spalten in den Buntsandstein eingreifen, wurde oben an einem Beispiel bei Eschelbronn und Spechbach gezeigt; dass sie sehr viel weiter fortlaufen, beweist allein schon das ganz isolirte Auftreten des unteren Muschelkalk bei Erbach und Michelstadt. Es kann sich dort nur um den Rest einer einst ausgedehnten, durch Verwerfungen gesprengten Decke handeln, welcher in Folge seiner besonderen Lage der Abwaschung entging. Der durch das Mümlingthal angedeuteten Spalte laufen wahrscheinlich andere parallel. Ob auch hier die oben als dritte Gruppe bezeichneten Spaltensysteme vorhanden sind, scheint bisher nicht untersucht zu sein. Lediglich nach dem Auftreten oder Fehlen solcher Spalten wird sich aber entscheiden lassen, ob den Südost—Nordwest gerichteten Spalten unseres Gebiets dieselbe Bedeutung beizulegen ist, wie den von Südwest gegen Nordost sich erstreckenden, oder ob sie als untergeordnete Erscheinungen, etwa nur als kurze, mit der Rheinthalbildung zusammenhängende Einbrüche aufzufassen sind.

Es kann keinem Zweifel unterliegen, dass die gesammten hier in Betracht kommenden jurassischen Bildungen von den oben besprochenen Störungen und zwar von allen drei Arten derselben betroffen wurden. In horizontaler Lage verblieben der Kalksandstein von Ubstatt und die jüngeren Tertiärbildungen. In die Zeit zwischen Ablagerung des mittleren braunen Jura und des Eocän fallen daher die grossen, wichtigen, durch Zerreissung des Gebirges auffallend gewordenen Niveauveränderungen unserer Gegend. Niemals darf aber ausser Acht gelassen werden, dass auch in den Perioden, in welchen sogenannte concordante Schichtenbildungen auf einander folgten, die Meerestiefe steten Veränderungen unterlag; nur vollzogen sich dieselben langsam und während längerer Zeiträume mit einer gewissen Stetigkeit.

Man hat schon wiederholt darauf hingewiesen, dass nach den stürmischen Zeiten der unteren Dyas mit ihren Porphyrausbrüchen durch Zechstein und Buntsandstein eine ruhige Entwicklung angedeutet werde. Die Bildung des ausserordentlich mächtigen Buntsandstein setzt ein Sinken ausgedehnter Gebiete voraus. Nur unter Annahme wechselnder Ausdehnung, Tiefe und Beschaffenheit des Meeres, grösserer oder geringerer Nähe des Ufers werden sich die so mannigfaltig entwickelten Verhältnisse des Muschelkalk und Keuper erklären lassen. Dabei wird weder die Annahme einer einseitigen Bewegung zu Gunsten einer Vergrösserung der Meeresfläche ausreichen, noch eine solche, welche die Grenzen des Landes hinausschob; es muss vielmehr ein mehrfach wiederholtes Schwanken stattgefunden haben. Wie dieses auf unsere Gegend eingewirkt hat, lässt sich natürlich nur nach dem Verhalten der ganzen Formationen auf weite Erstreckung beurtheilen, nicht nach dem Auftreten in einem kleinen beschränkten Gebiet wie dem unsrigen, und in dieser Beziehung stehen wir noch ganz am Anfang der Erkenntniss.

Für den Jura gilt das gleiche wie für die Trias. Es ist einmal die Ansicht ausgesprochen worden, dass das Auftreten der Korallenbildungen in verschiedenaltrigen Juraschichten des Pariser Beckens ein allmähliches Zurückweichen des jurassischen Meeres gegen Nordwesten andeute. Ausgezeichnete Korallenriffe hat die schwäbische Alp im weissen Jura aufzuweisen; unserem Gebiet fehlen dieselben, wie der Malm überhaupt. Allein aus dem Vorkommen solcher zoogenen Bildungen, die auf ganz bestimmte Verhältnisse des Meeres hindeuten, sowohl im Westen als im Osten des Rheinthals, lässt sich folgern, dass auch zur Jurazeit Niveauschwankungen stattfanden. Dieselben im Detail zu verfolgen, ist für den Augenblick noch nicht möglich.

Während der Kreidezeit lag die weitere Umgebung von Heidelberg trocken und war im ausgedehntesten Maasse der Denudation ausgesetzt. Es treten dann vor der Bildung neuer Sedimente — wie man gewöhnlich annimmt, zu Anfang der Tertiärzeit — die oben ausführlicher besprochenen Störungen ein, welche noch wesentlich dazu beitrugen, die Physiognomie des ganzen südwestlichen Deutschlands umzugestalten.

Die Gewässer der Tertiärzeit fanden das Rheinthal wohl der Hauptsache nach in seiner jetzigen Gestaltung vor. Das Gebirge zu beiden Seiten mag aber, da es bis zur Ablagerung des Löss nicht mehr vom Wasser bedeckt wurde, noch weiter abgetragen und erodirt worden sein.

Damit sind wir allmählich zu denjenigen Veränderungen gelangt, welche im grossen und ganzen bei uns nur noch auf eng begrenzte Gebiete umgestaltend eingewirkt haben: Tieferlegung von Thälern, Erhöhung ihrer Sohle, Durchnagung von Barrieren und in Folge dessen Umwandlung seeartiger Becken in Flussläufe, Verlegung der letzteren, localer Absatz von Sanden, Thonen, Geröllen u. s. w. So wichtig derartige Vorgänge auch sein können für die klimatischen Verhältnisse und für die Fruchtbarkeit einer Gegend, so ist der Einfluss doch ein räumlich beschränkter. Nur eine Periode hebt sich aus dieser diluvialen Zeit in jeder Beziehung scharf hervor, nämlich die Lösszeit. Welche Hypothese man auch für die Bildung dieser eigenthümlichen, so bestimmt charakterisirten Massen als die wahrscheinlichere annehmen mag, immer muss sie unter ganz besonderen, über weite Länderstrecken gleichartig verbreiteten Bedingungen stattgefunden haben. Was jünger als Löss ist, bedarf zur Erklärung nicht nur qualitativ, sondern im wesentlichen auch quantitativ keiner anderen Kräfte, als wir sie noch täglich vor unseren Augen wirksam sehen.

Wenn wir als Hauptaufgabe bei der Erforschung eines Gebiets die harmonische Einfügung in das Ganze sehen, so sind wir uns wohl bewusst, dieses Ziel nicht erreicht zu haben. Unter den Punkten, deren endgültige Klarlegung wir weiteren Forschungen überlassen müssen, möchten wir etwa folgende besonders hervorheben: Prüfung unserer Anschauung über die Entstehung des massigen Grundgebirges; Feststellung des Zusammenhangs unserer Spaltensysteme mit denen benachbarter Gebiete; Ermittlung der genauen zeitlichen Aufeinanderfolge dieser Systeme; Aufklärung über die Bedingungen, unter welchen der Löss zum Absatz gelangte.

In den zwei ersten Lieferungen der Sammlung von Mikrophotographien, welche im Schweizerbart'schen Verlag zu Stuttgart erscheint, sind folgende mikroskopischen Erscheinungen in Gesteinen aus dem südlichen Odenwald zur Darstellung gelangt:

Titanit mit prismatischer Spaltbarkeit in einem Schnitt senkrecht zur Verticalaxe. Vgl. S. 89. Tf. XV. 4.

Ovaler Glaseinschluss mit zackigem Rand im Quarz des älteren Porphyr von Handschuchsheim. Der Glaseinschluss wurde derart getroffen, dass er die ganze Dicke des Dünnschliffs ausmacht; das Bläschen ist genau halbirt und erscheint daher ohne dunkle Contour. Vgl. S. 201. Tf. III. 4.

Einbuchtung von Grundmasse im Quarz des älteren Porphyr vom Leichtersberg. Der die Einbuchtung mit der übrigen Grundmasse verbindende Stiel ist gerade noch sichtbar; eine um ein geringes veränderte Schnittlage würde die Einbuchtung als Einschluss erscheinen lassen. Vgl. S. 201. Tf. V. 3.

Dihexaëdrische Glaseinschlüsse im Quarz des älteren Porphyr von Dossenheim. Ein Theil besteht aus reinem Glas mit grossen geschlossenen Bläschen, ein anderer Theil ist entglast und enthält keine Bläschen. Die zarten unregelmässig verlaufenden Linien auf den Einschlüssen sind augenscheinlich Risse, entstanden durch Contraction; man nimmt sie nur wahr, wenn man scharf auf die Oberfläche der Dihexaëder einstellt. In unmittelbarer Nähe der letzteren beobachtet man zuweilen feine Spalten auch im Quarz. Vgl. S. 201. Tf. IV. 1.

Fluidalstructur durch secundär ausgeschiedene Eisenerze wahrnehmbar geworden, indem diese sich vorzugsweise da angesiedelt haben, wo Schlieren von geringerer Dichtigkeit vorhanden waren: sogenannte moleculare Fluidalstructur Vogelsang. Aelterer Porphyr vom Kirchberg. Vgl. S. 208. Tf. XII. 4.

Abgeplattete und schwach eingeschnürte Gaspore zwischen Mikrolithe eingeklemmt im Quarz des Wagenberg-Porphyr vom Raubschlösschen. Man ersieht daraus, dass Gasbläschen das Magma durchschwärmten, und dass dieselben durch Adhäsion an festen Körperchen haftend, mit diesen eingeschlossen werden können. Vgl. S. 275. Tf. VIII. 4.

Einschlüsse in gleichmässiger und dichter Anordnung im Apatit des Nephelinbasalt vom Katzenbuckel. Vgl. S. 513. Tf. IX. 1.

Auch in den weiteren Lieferungen werden noch manche in dieser Arbeit erwähnten Structurverhältnisse Aufnahme finden.

Inhaltsverzeichniss.

40*

BERICHTIGUNGEN.

Seite 1 Zeile 11 von oben lies „Trias“ statt „Lias“.
„ — „ 14 von oben lies „Keuper“ statt „Keuper-“.
„ 6 „ 10 von oben lies „1792“ statt 1722“.
„ — „ 18 von oben lies „bilden“ statt „bildet“.
„ — „ 8 von unten lies „westliche“ statt „westlich“.
„ 7 „ 7 von unten lies „bedingen“ statt „bedingt“.
„ 9 „ 9 von oben lies „rechter“ statt „rechten“.
„ — „ 2 von unten lies „bezeichnet“ statt „bezeichet“.
„ — „ 1 von unten lies „dann, sich“ statt „sich dann“.
„ 10 „ 1 von oben lies „Thals“ statt „Thal“.
„ — „ 9 von oben lies „Buchen“ statt „Buchen,“.
„ 12 „ 1 von oben lies „1094“ statt „1091“.
„ 15 „ 2 von oben lies „dieser“ statt „demselben“.
„ — „ 4 von oben lies „gestatten“ statt „gestattet“.
„ 23 „ 1 von oben lies „Gneissblöcken“ statt „Blöcken“.
„ 31 „ 10 von unten und Seite 34 Zeile 17 von oben. Die als Staurolith gedeuteten Krystalle haben sich nach der Isolirung und chemischen Untersuchung als Rutil erwiesen. Die für Zirkon gehaltenen Mikrolithe gehören in der That diesem Mineral an.
„ 40 „ 24 von unten lies „und“ statt „and“.
„ 55 „ 18 von oben lies „gröberer“ statt „groberer“.
„ 56 „ 8 von unten lies „Die wenigen vorhandenen“ statt „Einige wenige“.
„ 60 „ 9 von oben lies „Absteinach,“ statt „Absteinach“.
„ 61 „ 16 von oben lies „klein-“ statt „klein“.
„ — „ 1 von unten lies „krystallographischen“ statt „krystallograpischen“.
„ 76 „ 2 von oben lies „Amphibol-Plagioklasgesteine“ statt „Diorite“.
„ 84 „ 8 von oben lies „von weniger vollkommenen, unter annähernd rechtem Winkel sich schneidenden Rissen“ statt „von weniger vollkommenen Rissen unter annähernd rechtem Winkel“.
„ — „ 1 von unten lies „zu dem bekannten“ statt „zu dem“.
„ 173 „ 13 von oben lies „letzterer“ statt „letztere“.
„ 230 „ 14 von oben lies „Gesteine vulcanischen Ursprungs“ statt „Gesteine“.
„ 266 „ 17 von unten lies „würde“ statt „wurde“.
„ 280 Nachträglich wurde im Porphyr vom Raubschlösschen noch Zirkon aufgefunden, allerdings nur in einigen wenigen Mikrolithen.
„ 290 Zeile 16 von unten lies „Gattungen“ statt „Arten“.
„ 389 „ 13 von oben lies „trennen“ statt „nennen“.
„ 420 „ 10 von unten lies „Kieselsäure“ statt „Kohlensäure“.
„ 469 „ 2 von unten lies „Leonhard“ statt „Leonhardt“.
„ 528 „ 3 von unten lies „doppeltbrechende“ statt „doppeltbrecheden“.
„ 530 „ 1 von oben lies „Vorkommen“ statt „Vorkommeu“.
„ 546 Anm. Aus der Angabe von A. Schmidt (Die Zinkerz-Lagerstätten von Wiesloch 115. Heidelberg 1881.) geht hervor, dass zu Anfang dieses Jahrhunderts auf den Höhen östlich von Nussloch 1—3 M. mächtige Bohnerzlager wirklich abgebaut worden sind.

Notiz für den Buchbinder.

Der Separat-Titel der I. Lieferung und das Schlussblatt der II. Lieferung (S. 463) ist zu cassiren.

Kolibri 360 GmbH
Ferdinand-Jühlke-Straße 7
99095 Erfurt, Deutschland
produktsicherheit@kolibri360.de